U0651190

公益性行业（农业）科研专项经费项目－旱地合理耕层构建技术指标研究（201503116）资助

旱地合理耕层构建理论与实践

齐　华◎主编

中国农业出版社
北　京

本书编委会

主　　编　齐　华

副 主 编　（按姓氏笔画排序）

王旭东　王鸿斌　杨　丽　姜　英

参　　编　（按姓氏笔画排序）

王云霞　王吉权　王宇先　王丽群
王玥凯　王俊河　王福林　亢龙飞
邓艾兴　田　平　白文波　吕国华
朱宝国　乔云发　刘云霄　李　亮
李　嵩　李玉环　李宏哲　李宝筏
李海波　李瑞平　宋吉青　张　宇
张　雯　张　霞　张中彬　张丽丽
张春峰　张振平　陈宗金　林　静
罗　洋　依艳丽　周　虎　郑成岩
郑金玉　郑洪兵　孟庆英　赵兴敏
宫香伟　贺丽燕　贾会彬　徐莹莹
郭自春　陶　瑞　梅　楠　崔　涛
隋鹏祥　彭新华　韩　巍　褚贵新
赛力汗·赛

PREFACE 序

旱作农田是我国耕地资源的重要组成部分，承担着保障农产品有效供给和国家粮食安全的重任。构建合理耕层是维持和提升农田地力的基础支撑，对旱作农业的高产、稳产、高效、绿色发展尤其重要。根据不同生态区的气候、土壤和作物生产特点，提出相应的合理耕层评价体系及构建技术途径，不仅是农业生产的迫切需求，也是土壤学和农学领域的前沿科学和热门研究问题，对优化区域种植制度、土壤耕作制度和提升作物产能具有重要意义。

“十三五”期间，《旱地合理耕层构建理论与实践》一书作者围绕国家农业发展战略需求和国内外农作制度发展趋势，在农业农村部公益性行业（农业）科研专项经费支持下，针对我国东北、华北和西北旱地农田制约作物产量的耕层关键问题，组织开展了合理耕层评价、合理耕层构建指标、合理耕层构建技术及农机选型与编组等系统性研究，取得了一系列创新性研究成果。第一，建立了依据作物产量、资源利用效率、年际产量波动等指标的旱地合理耕层评价方法，明确了合理耕层构建依据；第二，以耕层土壤结构与功能分析为切入点，以结构与功能相互协调为主线，提出了旱地合理耕层构建技术指标；第三，实现了农艺与农机的有效融合，构建了旱地合理耕层构建的技术体系；第四，基于合理耕层构建技术体系，形成了以合理耕层构建为核心的不同生态区旱作农田高产稳产高效的技术集成模式。这些研究成果在我国典型北方旱作农区得到示范应用，获得了显著社会效益、经济效益和生态效益，得到了国内外同行认可。

《旱地合理耕层构建理论与实践》一书基于作者长期学术积累及公益性行业（农业）科研专员经费项目相关研究成果编写而成，涵盖了旱地合理耕层构建的基本理论、研究方法、评价体系、关键技术和应用前景等，具有较高的学术水平和实用性。无论是对相关专业科研同行和在读学生，还是对基层农技推广人员和生产一线从业者均具有重要的参考价值。期望通过该书的出版，能够有力推动我国旱作农区耕作制度改革发展和耕地质量保护水平的提升。

中国农业大学教授

中国农学会耕作制度分会理事长

2023 年 12 月

FOREWORD 前言

旱地面积占我国耕地总面积的一半以上，主要分布在东北、华北以及西北等粮食主产区，其作物产量对保障国家粮食安全具有重要的战略意义。然而，持续小型农机浅耕作业及农田重用轻养的掠夺性生产方式，导致土壤耕层变浅、犁底层上移、缓冲能力减弱、水肥气热矛盾突出等问题发生。由此导致作物产量低、产量年际变幅大、资源利用效率下降等问题日趋严重。土壤耕层环境恶化已成为制约作物高产、稳产与资源高效利用的关键瓶颈。

旱地普遍采用浅耕等不合理的耕作方式，引发了耕层结构性问题。耕层厚度普遍较浅（<15 cm），连年相同深度机械作业与碾压，也导致犁底层厚度与紧实度增加。有限的活土层与紧密的犁底层不仅抑制作物根系生长，也造成雨水难以入渗、地表径流和风蚀水蚀加剧等。此外，从业人员长期忽视对旱地有机物料的投入，单纯依赖大量使用化肥来维持作物产量。这种重用轻养的生产方式，导致一系列耕层功能性问题，如有机质含量降低、土壤板结、耕性变差等。耕层结构与功能性障碍及相互间不协调的叠加效应，加剧了维持作物生产的农田水、肥、气、热矛盾，成为制约旱地农田高产稳产与资源高效利用的关键症结。

近年来，针对上述耕层问题而发展起来的深耕改土、间隔耕作、秸秆还田等技术，对耕层障碍性问题起到了缓解作用，一定程度上促进了旱地作物产量提高。但解决旱地耕层障碍还存在 3 个关键问题：合理耕层评价指标尚不完善，缺乏针对不同类型土壤合理耕层构建技术的评价指标；作物及土壤耕作与培肥技术不匹配，而单项技术成果对解决耕层问题多治标不治本；缺乏与不同土壤相适应的合理土壤耕作制度与配套机具，其技术可行性值得商榷。

为了从根本上解决我国旱地耕层障碍问题，通过2015年农业部公益性行业（农业）科研专项经费项目，沈阳农业大学组织了14家高校与科研院所的16支研究团队，开展了“旱地合理耕层构建技术指标研究（201503116）”项目攻关。本书对该项目5年的成果进行了系统梳理与总结，针对我国不同区域旱地土壤类型和种植制度，提出合理耕层评价指标，有针对性地建立了不同区域主要土壤类型旱地合理耕层构建技术指标与模式，并集成了相关配套技术与农机选型编组研发等。

由于水平有限，文中疏漏之处敬请广大读者批评指正。

编　者

2023年12月

CONTENTS 目 录

第一章
总　论

第一节　旱地与作物生产

一、旱地分布及其作物生产意义

旱地尚没有统一的定义，《联合国防治荒漠化公约》（UNCCD）根据干旱指数（AI）来定义旱地。干旱指数是指年平均降水量（P）与潜在蒸发量（ETP）的比值，根据干旱指数的差别，旱地可以进一步划分为极端干旱带、干旱带、半干旱带和干燥的半湿润带。而对于狭义的用于农业生产的旱地，是指无灌溉设施、主要依靠天然降水种植旱生农作物的耕地，一般分布在干旱区、半干旱区和半湿润区。

（一）旱地的分布

1. 世界旱地的分布

根据《联合国防治荒漠化公约》的定义，世界旱区总面积约为 61 亿 hm^2，占世界陆地总面积的 41%。其中：约 9 亿 hm^2 为极端干旱的沙漠；约 52 亿 hm^2 是干旱带、半干旱带和干燥的半湿润带。在各大洲分布中，大洋洲旱区面积占其总面积的比例最大，为 75%；其次是非洲，旱区面积占 66%；接下来是亚洲，旱区面积占 46%；在欧洲、北美洲和南美洲，旱区面积约占 1/3。表 1-1 为全球各大洲旱区分布及面积。其中，极端干旱带、干旱带、半干旱带以及干燥的半湿润带划分的指标为干旱指数（AI=P/ETP）。极端干旱带的 P/ETP<0.05，干旱带在 0.05～0.20，半干旱带在 0.21～0.50，干燥的半湿润带在 0.51～0.65。

表 1-1　全球各大洲旱区分布及面积

项目	非洲	亚洲	大洋洲	欧洲	北美洲	南美洲	合计
极端干旱带	62 700 万 hm^2	27 700 万 hm^2	0	0	0	2 600 万 hm^2	93 000 万 hm^2
干旱带	50 400 万 hm^2	62 600 万 hm^2	30 300 万 hm^2	1 100 万 hm^2	8 200 万 hm^2	4 500 万 hm^2	157 100 万 hm^2
半干旱带	51 400 万 hm^2	69 300 万 hm^2	30 900 万 hm^2	10 500 万 hm^2	41 900 万 hm^2	26 500 万 hm^2	230 500 万 hm^2
干燥的半湿润带	26 900 万 hm^2	35 300 万 hm^2	5 100 万 hm^2	18 400 万 hm^2	23 200 万 hm^2	20 700 万 hm^2	129 600 万 hm^2
占旱区总面积的比例	32%	32%	11%	5%	12%	8%	100%
占本洲面积的比例	66%	46%	75%	32%	34%	31%	41%

2. 我国旱地的分布

我国旱地面积较大，其中 85%的旱地分布在昆仑山、秦岭、淮河以北的广大地区，称为北方旱地。北方旱地分布在全国16个省（自治区、直辖市）的965个县（市），土地总面积542万km^2，其中耕地面积51.33万km^2。北方旱地的分布大致如下：东北平原和黄淮海平原旱地面积占全国旱地面积的55%以上；旱地中的水浇地及平川地主要分布在华北平原、东北平原及河西走廊等地；旱地中的山坡地主要分布在山东丘陵、辽东丘陵及黄土高原。据统计，我国旱地分布最多的前12个省份依次是黑龙江、内蒙古、山东、河南、河北、四川、甘肃、陕西、吉林、山西、新疆和云南，占总面积的74.4%。

根据1983年中国农业科学院、中国农学会有关专家提出的分区依据，我国北方旱地所在的旱区可划分为5个一级区和57个二级区。一级区采用主导指标与辅助指标相结合的分区方法，主导指标为80%保证率的全年降水量，辅助指标为干燥度，因此，比较能够反映出一个地区的干湿情况。按照这两个指标，我国北方旱区可划分出干旱区、半干旱偏旱区、半干旱区、半湿润偏旱区和半湿润区5个一级区。二级区是在一级区的基础上，综合考虑地貌、热量和干旱成因，结合各大区域旱地农业类型及农业发展方向、建设途径而划分出来的。表1-2为北方旱地一级区的详细指标信息。

表1-2　中国北方旱地一级区指标

分区	主导指标：80%保证率的全年降水量（mm）	辅助指标：干燥度
干旱区	<200	>3.5
半干旱偏旱区	200～250	3.0～3.49
半干旱区	250～400	1.6～2.99
半湿润偏旱区	400～500	1.3～1.59
半湿润区	500～600	1.0～1.29

数据来源：中国农业科学院农业自然资源和农业区划研究所（1986）。

干旱区包括内蒙古自治区的西北部、宁夏回族自治区北部、甘肃省黄土高原西部、河西走廊、青海省的柴达木盆地以及新疆维吾尔自治区除伊犁盆地外的全部，面积284万km^2。半干旱偏旱区东起呼伦贝尔高原，向西南延伸，经鄂尔多斯高原、陇西黄土丘陵沟壑、祁连山北麓，到柴达木盆地，属内蒙古、甘肃、青海的一部分，面积26万km^2。半干旱区自东向西为大兴安岭西麓、东北西部丘陵-平原、冀北晋北高原山地、河北平原中部、晋陕黄土高原北部、内蒙古河套地区、鄂尔多斯高原东部、陇西黄土丘陵区、祁连山地、青海湖环湖地带、湟水谷上游、甘肃高原北部和新疆伊犁盆地等，包括12个省（自治区、直辖市），面积119万km^2。半湿润偏旱区包括大兴安岭、松嫩平原东部、吉林中部平原、辽西南的中北部、燕山北部山地、华北滨海低平原、豫北-豫西、太行山、太岳山地、关中平原、陇中黄土高原南部和海北、门源山谷滩地等14个省（自治区、直辖市）311个县（旗），面积67万km^2。半湿润区东起东北边陲的小兴安岭南麓低山丘陵、三江平原和张广才岭，老爷岭低山丘陵台地，向西南延伸，经松辽平原狭长带，到辽南丘陵，过华北南部黄河以南伏牛山以北，南四湖（南阳湖、独山湖、昭阳湖、微山湖）北部至山东半岛北半部的一条状地带，向西到渭北高原、秦岭北麓、陇东、陇西黄土高原和陇南山地的黄土区，面积46万km^2。

(二)旱地作物生产的意义

旱地作物生产即发展旱地农业。旱地农业一般指在干旱、半干旱和半湿润偏旱区依靠天然降水所从事的农业生产方式，与非灌溉农业和雨养农业的概念是一致的。我国旱地面积大，从农业资源利用现状与生产实践看，旱地农业发展潜力巨大，对国家粮食安全、资源安全以及生态安全起着极其重要的作用。

1. 保证粮食安全

旱地是我国粮、棉、油、豆的重要产地，也是林果业和畜牧业的重要基地。改革开放之前，受干旱频繁、生态环境脆弱以及社会经济发展缓慢等多种因素的制约，北方旱地农业作物产量低而不稳；改革开放之后，北方旱地农业出现了明显的转机，不再仅仅作为一个生存地带而存在，逐渐成为国家农业的重要基地。

2. 保障生态安全，实现可持续发展

北方旱区是一个特殊的自然生态类型区域，区内干旱少雨、土壤水蚀和风蚀严重、农业生产力水平低下以及植被稀少等特点决定了旱区生态系统具有明显的不稳定性和较低的抵抗外来扰动的能力。对于这些地区而言，提高农业生产力是生态环境改善和生态系统可持续发展的关键环节。因此，在旱区种植作物、发展旱地农业对保障生态安全，实现可持续发展具有重要的作用。

旱地农业建设是减少水土流失的重要途径。不合理地开发和利用土地资源，如毁林开荒、陡坡垦殖以及粗放式耕作等是造成旱区水土流失的主要因素之一。旱地农业建设中的一项重要任务是对坡耕地进行山、水、林、田、路综合治理，把坡地改造成梯田，减少土面冲刷，增加降水就地入渗量，可有效地减少地表径流和土壤流失量，因而对控制水土流失起着非常重要的作用。以黄土高原为例，新中国成立到20世纪90年代后期，国家在黄土高原地区持续开展大规模的梯田建设，并不断提高梯田的建设标准，对于治理水土流失和发展农业生产产生了非常重要的作用。进入21世纪，在黄土高原发展集水农业和沟垄覆膜栽培技术，土地利用的弹性与适应性得到大幅度提升，极大地促进了农业生态系统的可持续性。

水分是旱区的限制因子，在旱地农业建设中，用秸秆或地膜覆盖土地，减少水分蒸发，增强土壤保水蓄水能力，对防治土地沙漠化以及盐碱化有非常重要的影响。目前，旱地采用的是以提高水资源利用率和水分利用效率为中心的工程、农艺、技术、生物相结合的节水体系（李福等，2010），实现集水、保水、高效用水相互结合，形成农业高效用水模式，对实现农业增效以及改善旱区的生态环境具有重要的作用。

二、旱地资源特点

(一)光热资源特点

我国旱区地处北纬30°～50°，跨越了暖温带和温带地区，因此，有着得天独厚的光照资源条件：日照时数长，年均日照时数在2 800～3 000 h，日照百分率在60%～70%；光能辐射强度大，大部分旱区每年太阳辐射量在502（东部）～628 kJ/cm^2（西部），高于我国南方；

光合有效辐射充足，东北、华北大部分地区每年光合有效辐射为 251 kJ/cm^2 左右，西北地区高达 293 kJ/cm^2。总的来说，光照资源的特点为日照时数长、光能辐射强度大以及光合有效辐射充足，这些特点对作物生长以及作物产量提高有着良好的作用。除此之外，旱区的光质优越，紫光和蓝紫光分别为长江中下游地区的 1.5～2.0 倍，这种优越的光质促进了作物光合作用的进行，光合产物积累快，也有利于光合作用产物向蛋白质、脂类物质等转化，对提高作物产量和品质有重要作用。在优越的光量和光质条件下，旱区出现了许多优质的农产品，如华北平原的冬小麦，东北的大豆，陕西的谷子、糜子，宁夏的稻米，内蒙古的甜菜，新疆的长绒棉、葡萄、西瓜等。

旱地热量资源分布的总趋势为由南向北和由东向西逐渐递减，因旱地纬度、海拔偏高，热量资源不如光照资源优越，绝大多数地区可种植喜温作物，但发展越冬性作物在一些地区受到限制。旱地大部分地区年均温度低于 10 ℃，无霜期少于 170 d。≥0 ℃的积温在 3 000～4 000 ℃（冯起等，1999）；华北及陕西关中、辽宁南部等暖温带地区＞10 ℃的积温在 3 400～4 800 ℃；其他中温带地区，＞10 ℃的积温在 1 600～3 400 ℃。虽然热量资源相对较差，但雨热同步为旱地农业生产创造了有利条件，6—7 月平均气温多在 15～25 ℃，此时也是降水集中时期，因此，热量资源的利用率可以被大大提高。

（二）水资源特点

水分是旱地农业的主要限制因子。北方旱区水资源仅占全国总量的 7%左右，而且水资源量分布很不均匀，缺水地区的水资源开发程度已经很高，生态环境已经受到明显的负面影响。水资源短缺不仅限制了作物生长，而且造成了土壤盐碱化、水土流失、土壤沙化、草场退化等环境问题，从而导致整个生态系统严重退化。

北方旱区年降水量少，年内分配不均，地区之间存在差异。根据水资源条件不同划分的五个地带中，北方旱区主要属于 3 个地带：过渡带（半湿润带）、少水带（半干旱带）以及干涸带（干旱带）（黄让堂，1990）。区内年均降水量如下：半干旱偏旱区 250～350 mm，半干旱区 350～450 mm，半湿润偏旱区 450～600 mm。除了年降水量少，旱区降水还呈现出年内分配不均的特点，降水主要集中在夏秋季，夏季降水量占全年的 40%～60%，秋季降水量占全年的 20%～35%。在这样大的季节变化的影响下，造成春旱频发。

北方旱区地表水资源贫乏，时空分布不均。旱区降水少，而蒸发强，降水量最终消耗于蒸发蒸腾，径流在流域内发生同时在流域内消耗，因而内陆地表水缺乏。除此之外，北方旱地年径流深在不同地区变异很大，地表水资源在年内分配也存在较大差异，每年 6—9 月或 5—8 月为汛期，径流量一般占全年的 60%～80%，特别是 7—8 月的径流量往往占全年的 40%左右。

北方旱区地下水资源变化不大，但部分地区有减少趋势。地下水资源指能够被人类直接利用而又不断得到补充的地下含水层水量，一般用降水、地表水体（含河道、湖库、渠系和渠灌田间）入渗补给地下含水层的动态水量来表示。总体而言，地下水资源年际间变化率不大。相较于地表水而言，该区的地下水较丰富，特别是在一些新生代大型地质构造盆地（塔里木、鄂尔多斯盆地等）以及断陷平原，均有巨大的地下水储量。但是由于长期超量开采，华北平原已经形成了明显的“漏斗区”，节约、保护地下水资源已经成为当地农业发展的重要内容。

（三）土壤资源特点

北方旱区土地面积辽阔，土壤类型丰富。由于气候和地形的差异，北方旱区形成了多种多样的土壤类型，分布有灰漠土、栗钙土、褐土、黄绵土、塿土、黑垆土、潮土、黑土、盐碱土等多种土壤类型。其中，分布在东北平原的黑土、华北平原的潮土以及黄土高原的黄绵土、塿土、黑垆土在北方旱区中有很大面积。按照土壤系统分类，旱区土壤以正常/寒性干旱土、正常/碱积盐成土、寒冻雏形土和沙质新成土为主，只有局部“湿岛”的山地垂直谱有干润雏形土和干润淋溶土分布，此外，还分布有人为土、潜育土、均腐土及淋溶土。这些丰富的土壤类型，与多种多样的地形地貌以及气候类型相结合，形成了旱区不同的地理生态景观，使得旱区农业类型、作物种群、种植结构、熟制各不相同，从而形成了与地形、气候相适应的多样化的农业生产模式。

北方旱区部分区域土壤盐碱化严重。我国北方旱区，广泛分布有不同程度的盐渍化土壤，可造成多种危害。旱区的降水量少而蒸发量大，促使地下水补给土壤水向上运动，地下水在向上运动的同时携带盐分，运动到土壤表层时，“水去盐留”，盐分在表层积聚，造成土壤盐渍化。从形成盐渍化的过程可以看出，降水量少是主导盐渍化形成的主要自然因素。除此之外，旱区长期过量引水灌溉，导致地下水位升高以及灌区无排水系统或排水系统不畅是造成土壤次生盐渍化的重要因素。土壤盐碱化会造成土粒分散、土壤板结以及通透性变差等物理性质恶化的情况，同时还会造成土壤肥力下降、土壤元素失衡等化学性质变差的情况，严重影响作物的生产。除此之外，旱区还存在土地沙漠化、水土流失以及土层变薄等问题。

三、旱地耕作制度

近年来，随着社会经济迅速发展，对旱地农业生产提出了新的要求。旱地耕作制度随着农业科学技术的发展，也发生了新的变化，从新中国成立后的恢复生产、引进国外先进耕作技术，到用养结合、间作套种，再到调整作物结构布局、提高农业效益等。党的十九大以来，面对新时期的农业转型，旱地耕作制度也将走向绿色发展的道路，构建“节本增效、质量安全、绿色环保”的旱地耕作制度是未来相当长历史时期的主旋律。全国约65%的粮食、60%的油料、77%的棉花、65%的肉类、80%的奶类、75%的禽蛋均出自旱地农业产区。作为我国耕地资源的主要类型，旱地农业生产对保障我国粮食安全的作用举足轻重，而旱地耕作制度在促进和保持旱地农业绿色稳定发展中具有重要意义。东北平原丘陵旱作区、华北黄淮海平原旱作区、西北高原及河套旱作区是我国北方主要旱作农业生产区域，此外，南方云贵高原区及部分平原区存在一定面积的旱作区域。不同区域由于气候环境等条件差异，形成了各具区域特色的旱地耕作制度。

（一）东北平原丘陵旱作区旱地耕作制度

本区范围包括东北平原及其周围山前丘陵缓坡地，北部是大小兴安岭，东南是绵延的长白山和内蒙古呼伦贝尔市东部的农区，行政区域包含黑龙江、吉林和辽宁的大部及内蒙古三市一盟部分区域。耕地面积约占我国土地面积的23%，人均耕地面积是全国平均水平的2倍。该区域耕地主要以旱地为主，占耕地面积的88%以上，主要为半湿润喜温作物一熟区，复种指数较低，低于全国平均水平。但耕地广阔平坦，气候适宜，是我国主要的农业区和商品粮基地，整体农业生产水平较高，粮食单产稳定增加，是我国玉米和大豆的主要产区，玉米是第一大作物，大豆和水稻分列二、三位。此外，在部分丘陵坡地区域，如大小兴安岭山麓及长白山区域，作物布局特点以春小麦、马铃薯、大豆和部分高粱、谷子等小杂粮作物为主，其气候的主要特点是温度和降水量偏低。

整体来看，东北平原丘陵旱作区的旱地农业具有机械化程度高、作物生产氮肥投入量大等特点，这为粮食常年稳产、增产提供了基础保障。该区域机耕面积占耕地面积的60%以上，松嫩平原区的大型国有农场农业机械化率在90%以上。但高度密集的大型机械作业严重影响了农田耕层土壤的紧实度、田间持水等一系列理化生物学特性，导致了该区农田土壤耕层质量下降等一系列问题。大量的氮肥投入不仅带来了环境问题，同时也导致资源利用效率降低等问题的发生。

（二）华北黄淮海平原旱作区旱地耕作制度

本区位于我国东部，东濒渤海、黄海，西倚太行山、桐柏山，北以长城为界，南至淮河，包括黄河、淮河、海河流域中下游的京、津、冀、鲁、豫大部，苏北、皖北、黄河支流的汾渭盆地，土地面积57万km^2，是我国主要的农区之一，为我国夏粮的主要生产基地。该区年平均气温8～15℃，无霜期170～200 d，热量适于一年二熟。年降水量500～950 mm，60%～70%集中在夏季，春旱、夏涝。

平原地区主要是潮土与褐土，土地平坦，土层深厚，土质适宜耕作。山东丘陵为棕壤，障碍性土壤有部分沙土、盐渍土（沿海）、砂姜黑土（皖北、豫东南）。作物结构以小麦、玉米为主，油料作物和蔬菜占小部分比例，花生以一熟为主，多实行冬小麦-夏玉米（豆、薯、菜）等间套作及轮作。近年来，华北平原区由于冬小麦-夏玉米种植模式水资源消耗大的特点，导致了一系列的水资源及肥料利用等问题出现，如该区典型的地下水资源“漏斗区”问题。为了应对这些问题，新的耕作制度在黄淮海平原区不断被探索，将冬小麦-夏玉米的一年两熟制变为春玉米的一熟制、玉米季替换为节水省肥的豆科作物（如大豆、花生等）等不同种植模式都在不断地涌现。

（三）西北高原及河套旱作区旱地耕作制度

本区范围包括了我国西北干旱地区的内蒙古河套地区、宁夏引黄灌区、河西走廊和新疆内陆灌区的几乎所有灌溉农区，农村劳动力中超过3/4从事农业生产。农区分布于荒漠半荒漠中的绿洲，周围为荒漠草原、荒漠、戈壁或沙漠，除少数沿山耕地外，有效灌溉面积达70%以上，新疆和河西走廊依靠周围雪山及冰川融化的大量雪水资源灌溉，而宁夏、内蒙古灌区主要靠引黄灌溉。作物以小麦、玉米、棉花、油料为主，其中新疆棉区是我国主要的棉区之一。

河套河西灌溉一熟填闲区，包括祁连山雪山内陆灌区及内蒙古的土莫特、宁夏银川的引黄灌区及北疆等地，该区气候温和、干旱。主要作物是小麦、玉米，以春小麦为主，冬小麦也有小面积分布。水稻、大豆、高粱等也生长良好，多一年一熟，小麦下茬根据气候条件，可适当套种饲料、甜菜、马铃薯或填闲复播短生育期的向日葵、油菜、荞麦等作物。北疆灌溉一熟区，位于天山北麓准噶尔盆地南缘绿洲、伊犁河谷平原的大部分灌溉农田。粮食作物以小麦和玉米为主，为冬春麦混播区。热量条件较好的地区冬麦下茬可套种大麦、玉米、向日葵、绿肥等填闲作物。

（四）其他高原、部分平原及盆地旱作区旱地耕作制度

1. 北部高原旱地一熟区

本区分为中高原喜凉作物一熟区和低高原喜温作物一熟区。中高原喜凉作物一熟区地处北部内蒙古高原南部和黄土高原西部，属中海拔地区。耕地多连片，是主要的农牧交错区，主要分布于阴山山脉两侧和山西高原北部、陇中、宁中南、青东和陕北的长城沿线。作物种类较多，以喜凉作物薯类、春小麦、杂粮等为主，在边远地区还有一定面积的休闲和撂荒，基本无复种，间混作也较少。

低高原喜温作物一熟区东起大兴安岭南侧，西止于六盘山东侧，其北部为内蒙古高原和向东北平原过渡的浅山低丘与燕山地区，南部为黄土高原东部。该区地貌比较复杂，高原、丘陵、山地、山间盆地都有分布。天然草地接近土地面积的40%，主要分布在丘陵山地，北部主要分布在河谷山间谷地，南部则主要分布于黄土高原的梁塬沟坡与川台地上，除少部分农牧交错区外，绝大部分为农区。该区也是我国水土流失最严重地区，是黄河泥沙的主要来源地。

2. 东南及华南丘陵旱地两熟三熟区

本区地貌大部分为低山缓坡丘陵，少量山间盆地或谷地，耕地主要分布在海拔800米左右的山间盆地、谷地或缓坡上，滇南耕地多分布在山间平坝、盆地、沟川或坡地上，红壤、水稻土是耕地的主要土壤类型。但随着耕作制度调整，该区旱地作物种植规模在不断扩大，如经济作物甘蔗、黄麻、花生、油菜等作物种植面积在不断增加。丘陵土壤以砖红壤性红壤和红壤分布最广，三角洲河谷多为冲积土、水稻土，土壤肥沃深厚，有利于发展各种作物。

3. 西南中高原及盆地旱地一熟两熟区

本区北起秦岭南麓，南至中亚热带与南亚热带分界线，西接青藏高原，东至巫山、武陵山。该区气候环境复杂，温度变化幅度大，热量条件较好，无霜期长。耕地质量差，以旱地为主，退耕还草还林面积大。贵州云南的岩溶地区土层薄，不易蓄水，旱地占了整个区域总耕地面积的70%以上，是二熟、三熟旱地农作比例最大的地区，其中大于25°的坡耕地超过全区耕地面积的15%，也是全国坡耕地比例最大的地区。

第二节 旱地耕层障碍与合理耕层概念

一、旱地耕层障碍

我国农业集约化生产方式导致旱作农田经受了严峻考验。同时，受人类活动、经济、环

境、政策等因素影响，农田土壤结构不合理、土壤三相比不协调、耕层土壤缓冲能力下降等问题加重，对根系的生长发育造成不利影响，使产量不稳定，资源利用率降低，旱地耕层结构性、功能性及生态性方面都受到了较大影响。

（一）耕层变浅，结构不合理

长期浅耕、机械配套不合理等给耕地带来一系列问题，农田土壤耕层明显存在“浅、实、少”的问题，即土壤耕层明显变浅，土壤结构紧实，严重板结，有效耕层土壤量显著减少。2008 年对玉米主产区耕地质量进行调查，结果显示：一是全国平均耕深为 16.5 cm，其中东北地区仅 15.1 cm，远低于 22 cm 的基本要求，与美国的 35 cm 相差甚远；二是犁底层越来越厚，土壤紧实，容重增加。由于长期实行同一深度的耕作，从而使其耕层下部形成了一个厚度为 5～10 cm 的坚硬犁底层，这个犁底层的土壤容重一般都在 1.5 g/cm^3。20 世纪 80 年代，全国平均犁底层为 6 cm，现在普遍达到 12 cm，增加 1 倍。对耕作土壤来说，具有适当厚度的犁底层对保持养分、储蓄水分是非常有益的；但是犁底层过厚、坚实，不仅影响作物根系的穿插，同时阻碍了耕层与心土层之间水、肥、气、热的连通性。目前，我国玉米主产区耕地犁底层土壤密度为 1.52 g/cm^3，全国平均耕层土壤密度达 1.38 g/cm^3，耕层土壤容重加大不利于根系下扎。另外，作业机具和车辆轮胎经常碾压对耕层土壤的压实效应更为严重，使土壤透气不良。拖拉机轮胎碾压和铧式犁耕作而形成的犁底层，严重地妨碍作物根系吸取土壤深层水分和营养，阻挡水分的渗透，加重水土流失。种植过程中，由于受到土壤自身重力以及雨水渗透力等的作用，使土壤逐渐下沉，总孔隙减少，大孔隙所占比例降低，土壤容重加大，致使耕层紧密度增大。长期浅耕不仅带来耕层结构的改变，也限制了耕层功能的发挥。

东北黑土区耕地质量总体水平趋于下降。黑土开垦后土壤表层有机质含量会降低，并且随着耕种年限延长逐渐降低。黑土区春季少雨多风，刮风持续时间长，土壤风蚀严重，并且夏季降水集中，暴雨冲刷，形成面蚀和沟蚀，造成了黑土的流失和质量下降。在当前全球性气候变暖的条件下，土壤有机质的分解加速，土壤有机质含量也略有下降。此外，一些人为因素如超量化肥和农药投入、长期连作、不施有机肥等情况也造成了黑土区土壤质量下降与结构不合理。

黄淮海犁底层增厚已成为影响旱地耕层结构的重要因素。该地区犁底层现状不利于作物根系生长及作物对土壤养分的充分利用，需要适度打破犁底层，构建合理耕层结构。

（二）土壤肥力下降

土壤质量是指土壤肥力质量、土壤环境质量及土壤健康质量三方面的综合量度，即土壤在生态系统的范围内，维持生物的生产能力、保护环境质量及促进动植物健康的能力。由于长期连作、耕作管理不当、施肥方式不合理，导致土壤中某些营养元素的耗竭，土壤养分失去平衡，土壤有机质含量降低，耕层质量下降。研究表明，我国耕地肥力呈持续下降态势。由于有机肥投入不足，化肥使用不平衡，造成耕地退化，保水保肥的能力下降。

（三）土壤生态性破坏

1. 土壤酸化

由于农家肥数量不足、施用不便、成本高等因素，我国农田现阶段有机肥投入较小、单一依靠化肥现象较普遍。就单位耕地面积化肥消费量而言，2000—2013年，我国单位耕地面积化肥消费量从288 kg/hm^2 增长至364 kg/hm^2，远远超过发达国家。长期单一施用化肥容易造成土壤板结、酸化，降低土壤的养分供给及自我调节能力。在东北吉林、辽宁等地区，已经出现大片耕地pH降低的现象。土壤酸化后，养分供给会发生很大改变，土壤中镁、铝等离子大量释放，还有可能造成毒害。

2. 土壤缓冲协调能力下降

健康土壤对酸碱、水分、温度、重金属及其他外界物质都有一定的防御缓冲能力，耕层结构与质量对土壤缓冲能力有巨大影响。当耕层质量遭到破坏后，土壤的缓冲能力会下降，有机质含量降低后土壤对重金属的螯合作用减弱，土壤孔隙度改变会影响土壤对水分的束缚及通气状况。

3. 水体污染

过量施氮造成的面源污染已有大量研究。氮素通过地表径流淋溶、迁移等方式造成地表水富营养化和地下水的硝酸盐富集。耕层结构遭到破坏后，土壤的保水、保肥能力下降，土壤淋溶作用增强，会进一步加剧面源污染。

4. 温室气体排放

温室效应与CO_2、CH_4 和 N_2O 三大温室气体的大量排放密切相关。据研究，大气中20%的CO_2、70%的CH_4 和90%的N_2O来源于农业活动及其相关过程。耕作措施对土壤有机碳、农田碳排放损失的影响机制，土壤碳组分的变化及其与土壤质量的关系是目前的研究热点。不同耕层类型及不同耕层质量条件下温室气体排放差异较大。一般认为保护性耕作能够减少农田土壤CO_2 排放量。秸秆还田条件下，免耕秸秆覆盖较秸秆翻入土壤CO_2 排放量低。不同施肥技术中，施用稳定型氮肥能够减少N_2O的排放量。

二、旱地合理耕层概念

耕层是指受人类耕作活动影响所形成的土壤层面，旱地耕层是区别于水田耕层而言的。旱地耕层是旱地土壤-作物-环境体系中重要的组成部分。旱地耕层从功能而言，一是为体系内作物提供生长、生存空间，二是提供水分、养分等资源，三是提供相适应的环境条件。这三方面的作用决定了旱地耕层应具结构性、功能性、生态性等三方面特性。耕层结构性，包括耕层占作物根系生长空间的比例如耕层厚度，耕层内不同构成部分组成情况，例如土壤三相比、孔隙度、团聚体数量等。功能性是指耕层提供水分、养分等资源的能力，包括耕层有机质、氮磷钾等养分含量及其供应能力。生态性是耕层为作物提供适宜生存环境而具有的能力。耕层的生态性一方面体现为协调性，即耕层要协调作物与土壤体系的关系，作物与环境系统中光、温、水、气的关系，作物与土壤生物及微生物的关系；另一方面体现为持续性，即耕层作为系统中的一部分维持自身功能的能力，包括对外界破坏因素如雨水冲刷、淋溶、有毒有害物质等的防御、缓冲及修复能力。

合理耕层的概念，学者从不同方向进行了研究。普遍认为合理耕层要具备耕层结构且功能协调，并使土壤具有适宜的水、肥、气、热条件；能促进耕层中的矿质化作用，加速养分释放为作物根系提供良好的土壤环境；促进耕层内腐殖化，保存和积累有机质培肥土壤。良好的耕层构造从用养结合的标准要求，要能最大限度地蓄纳并协调耕层中水、气、热状况，从而为作物提供良好的土壤环境，更好地促进耕层中矿质化作用，加速养分释放，满足作物对养分的需求。作者认为，合理耕层是能够最大程度支撑作物群体，实现高产、稳产、绿色、可持续的耕层状态。耕层能够最大限度地发挥其功能，应具备以下方面特征。

（一）资源高效利用

实现资源高效利用，就是要实现高产、稳产、高效、优质，四者是现代农业发展所追求的目标，相互联系，缺一不可。目前在我国东北、华北、西北等区域粮食单产不断突破，但区域稳产性差，化肥、农药等投入量大，粮食品质参差不齐。在一些地区为了追求高产，盲目增大投入，水分、养分投入量远远超过作物生长的需求。东北地区氮肥利用率不到30%，高产与高效没有做到协调一致。合理耕层状态下，土壤结构有利于水分蓄纳、气体交换、矿化作用与养分释放，土壤地力稳定恢复力强，水分与养分供给与需求耦合度高。

（二）协调可持续发展

健康土壤对酸碱、水分、温度、重金属及其他外界物质都有一定的防御缓冲能力，同时还具有协调耕层体系内水、肥、气、热关系的能力。正是这种缓冲协调、自我修复能力，才使得土壤能够实现生态效益、经济效益及社会效益协调发展。

（三）生态友好与绿色发展

随着农村经济迅速发展，农业集约化程度提高，人类活动如施肥、灌溉、耕作、播种、秸秆还田等越来越多地干预影响着农业生态系统的碳氮循环过程，导致传统的农业生态系统物质流动与循环被打破，加剧了碳氮损失风险，从而造成各种环境污染问题。我国仍存在着“消耗资源、污染环境”为特征的粗放式农业经济发展模式。合理耕层应该满足环境保护与绿色发展相适应，减少温室气体排放，减少农药、重金属等污染。

三、构建旱地合理耕层途径

合理耕层构建以土壤耕作为核心，通过对耕层结构、耕层内养分、水分及生物量进行调控，使耕层适合作用生长发育，最终获得高产。通过耕作措施、秸秆还田、施肥与合理轮作等都可以进行耕层优化。

（一）培肥土壤与耕层优化

1. 生物培肥

生物培肥主要是利用植物的固氮作用与固碳作用。豆科作物的固氮能力非常强，一般豆科植物中的氮有 1/3～1/2 来自空气，一年生豆科作物可固氮 45～75 kg/hm^2，多年生豆科作物可固氮 75～150 kg/hm^2。非豆科作物的固氮作物相对较弱。禾本科作物生物量大、根系发达、秸秆多，通过光合作用进行固碳，并以绿肥的方式将有机物归还土壤从而增加土壤有机质。

2. 有机培肥

有机培肥主要有两种形式，一是直接施入有机肥料，二是秸秆还田。通过向土壤中施入有机质，一方面能够直接增加土壤有机质含量，补充土壤养分，缓解土壤肥力降低；另一方面增加有机质后，土壤理化性质、缓冲能力都得到改善。土壤有机质含量是土壤肥力的重要指标，有机质含量高则土壤肥力也高。增施有机肥与秸秆还田已成为增加土壤有机质的主要手段。有机培肥可以显著提高粒径＞0.25 mm 机械稳定性团聚体和水稳定性团聚体含量，对旱地土壤理化性质具有一定的改善作用。施用有机肥对增加土壤微生物生物量碳氮、可溶性碳氮的含量，以及黑土表层和亚表层土壤有机碳氮活性有重要作用。

3. 无机培肥

无机培肥就是通过施用无机肥料补充土壤中养分缺失，是当前我国土壤培肥的普遍方式。我国是化肥消费大国，每年化肥消费量达到世界化肥总用量的 30%。在现阶段，施用化肥是较快补充土壤养分培肥地力的重要途径。一是化肥养分释放速度快，可快速补充作物经济产物所带走的养分；二是增加土壤碳库，增施化肥促进作物产量的同时，也增加了作物根茬量，改善土壤有机质含量，提高土壤肥力，同时根系的生长对耕层结构也有调节作用。

通过化肥培肥土壤时，要合理运筹施肥时间及施肥量、注意有机无机肥配施，降低环境污染风险。不同耕作措施条件下进行合理的施肥运筹，能够调节耕层结构及质量。长期单一大量施用化肥有可能造成土壤 pH 降低、土壤板结等情况。有机肥配施化肥，在一定程度上可以缓解单一施用化肥带来的不利影响。

（二）耕作制度与措施

1. 保护性耕作

保护性耕作是保持、提升土壤质量与综合生产能力的重要手段。土壤耕作不合理，会造成土壤结构破坏、土壤质量降低，土壤保水、保肥、防止水土流失能力的下降。保护性耕作通过减少土壤耕作次数和作物残茬覆盖，增加土壤有机质含量、改善土壤结构、改变土壤微生物环境，从而提高土壤保土、保水、保肥能力，已成为一项重要的土壤耕作措施，对合理耕层构建有重要作用。

免耕是指从播种到收获，除追施肥料外，整个生育期不对土壤进行翻动的耕作方式，也称零耕或直接播种。免耕对耕层内温度、水分、养分及微生物量都有一定调协作用。免耕地升温和降温都比较缓慢且幅度小，翻耕地土壤温度在日间总体高于免耕地。

免耕增加表层土壤团粒体稳定性与大孔隙度，提高土壤水分渗透速率和水分渗透量，从而显著减少了地表径流与土壤流失。免耕通过增加土壤表层残茬量，能够增加土壤表层有机碳、土壤微生物生物量碳与氮含量。但由于土壤类型、气候环境等不同，免耕对不同耕层深度内有机碳与氮含量影响不同。有结果显示，与传统耕作相比，少耕、免耕主要增加 0～5 cm土层的有机碳，并不总是引起整个土体土壤有机碳的增加，甚至表现随着深度的增加有机碳含量下降的趋势。此外，气候环境等条件不同也影响少耕、免耕的作用。在沿江沙壤土上进行少耕、免耕试验 5 年后，全耕层有机质含量在不同耕作处理下无显著性差异，但在层次分布上两种处理都表现出表层富集。说明土壤质地不同，免耕效果也不同，在质地黏重和排水不良的土壤上实行免耕，短期内土壤有机碳含量并没有增加。

少耕、免耕等保护性耕作对耕层结构与质量也存在着若干负面效应。一是土壤坚实与粗糙问题，免耕只降低了土壤表层容重，但却增加了耕层中下部土壤坚实度。长期免耕造成的土壤体积质量增加、质地紧实、孔隙降低等土壤物理性质变化从而影响了土壤功能发挥，不利于作物生长发育。二是耕层温度调节问题，华北平原小麦-玉米一年两熟区，玉米秸秆覆盖冬小麦田后，冬季具有提高土壤温度的作用，春季则有降温作用，覆盖处理春季的低温效应，会推迟小麦生育期 3～7 d，增加了小麦后期遭遇干热风的风险，有可能造成冬小麦的产量降低，在东北地区降温作用同样不可忽视。三是耕层土壤健康问题，秸秆覆盖少耕、免耕条件下，短期内杂草加重，越冬性病虫发生加重，除草剂、农药的投入量超过常规耕作农田，容易造成环境污染。四是耕层内养分表层富集不利于土壤养分供给与循环，少耕、免耕不翻土，不能将有机肥与化肥翻入整个耕层，不利于土壤增肥与作物根系生长。

2. 秸秆还田

秸秆还田对耕层的调节作用，主要体现在以下几方面。一是提高耕层土壤肥力，补充养分，实现资源高效利用。秸秆还田通过秸秆腐解过程中养分释放，能够将作物秸秆中的养分重新返还土壤，补充作物经济产物所带出土壤的养分，特别是对钾素的补充，在我国钾素资源紧缺的情况下尤其重要，秸秆还田还能够为土壤微生物增长提供有效碳源，促进土壤微生物量的增加。二是秸秆还田改善了耕层土壤物理状况，降低土壤容重、增加孔隙度，为水分、养分及温度传递与交换创造有利条件，提高土壤保水、保肥能力，耕层的结构性功能得以发挥。三是耕层内有机质、氮、磷、钾等养分含量增加，土壤的缓冲能力得到改善，对阳离子交换能力、土壤 pH 也有一定改善作用，特别是在秸秆腐解过程中，产生土壤团粒的黏合剂，起到螯合剂作用，对提高耕层缓冲协调能力有巨大作用。

秸秆还田按还田方式一般可分为覆盖还田与翻埋还田。东北地区秸秆量大、冬季温度低，秸秆腐解速率低，如果秸秆全量覆盖对春季播种将会造成巨大的困难。华北平原小麦-玉米一年两熟区，小麦收获后可以实现行间免耕播种玉米，但是玉米收获后秸秆无论覆盖还是翻埋都对小麦播种有较大影响。覆盖还田的优点一是操作成本低于翻埋还田，省时省力，有利于复种，在东北一些播种期短的地区较为适宜。二是秸秆表面覆盖，有利于抵抗土壤的风蚀与水蚀，冬季增加水分渗入，为春季播种储备水分，在东北雨养区、西北干旱区具有显著优势。三是秸秆覆盖下，土壤表层有机质、氮、磷、钾等养分含量及微生物量增加。四是免耕后耕层土壤缓冲能力有所提高，残茬表层覆盖可促进耕层根系发育，在盐碱逆境下秸秆覆盖可促进根系向更细更长方向发育。秸秆覆盖处理，不同作物土壤全氮含量表现不同，种植春小麦表现为有所增加，而春玉米土壤全氮含量却略有下降，这一现象可能与两种作物的生物学特性如生育期长短、生长季节等有关。

连续秸秆还田结合土壤浅耕或深翻耕，在一定程度上能够克服秸秆还田对出苗的不利影响。深翻耕与秸秆还田两项技术结合使土壤具有一定的容重保持和调节能力，以协调土壤的水肥气热条件。连续秸秆还田对出苗速率及整齐度都有一定影响，特别是免耕条件下土壤容重大，再加上土壤表层秸秆覆盖，可能导致出苗速率降低。

深松耕作能够打破犁底层，降低深层土壤紧实度和土壤容重，促进根系向水平和垂直方向生长，从而有利于作物吸收土壤深层的水分和养分。对于下层容重大的土壤，可通过间隔深松播种的方法改善下层土壤容重。在西北干旱少雨的生态环境下，深松/翻耕土壤耕作模式可以显著改善土壤的理化性状，增加土壤水稳性团聚体，降低土壤容重，增加土壤养分，从而提高作物产量。在东北地区，间隔深松能够缓解长期免耕造成的 0～25 cm 土壤硬度增加，特别是冻融交替后作用更加明显。松辽平原中部地区，免耕秸秆还田配合宽窄行种植技术为核心的保护性耕作技术在土壤耕层构造、土壤透水性改善、土壤水分含量增加和玉米水分利用效率提高方面较常规旋耕起垄技术表现出一定优势。

（三）种植制度对耕层结构的调控

作物通过自身残茬养分及根系结构分布差异而影响土壤化学及生物学特性。长期连作，以及耕作管理不当，引起土壤有机质大量消耗，土壤肥力下降，侵蚀严重，病虫草害频发，作物产量降低。通过调整种植制度，可以有效地调节耕层结构及质量。合理的轮作搭配养分需求不同的作物，如禾本科与豆科作物、一年生与多年生作物，就能够做到用养结合，有利于调节耕层质量补充地力。合理轮作可以增加土壤微生物量碳，小麦-玉米→小麦-大豆复种轮作并且施氮磷钾肥农田的土壤微生物生物量碳、氮和磷高于长期小麦 夏玉米复种连作并且施氮磷钾肥的农田，土壤微生物与土壤养分之间具有很好的相关性，其中土壤微生物生物量碳氮与土壤有机质、全氮呈极显著的正相关，土壤微生物生物量磷与土壤全磷和有效磷呈显著正相关。

在轮作中插入豆科作物、施用有机肥和化肥等农业管理措施均可显著提高土壤中的有机碳及其物理化学稳定性，增加土壤的氮素供应，提高土壤微生物对有机碳氮的利用率。在轮作体系中，要考虑不同作物养分吸收特性，避免轮作对土壤养分需求相同的作物，以减少耕层养分的快速消耗。玉米连作对土壤氮素的消耗非常大，配施有机肥，可以促进土壤氮素有效性，减缓土壤中氮素消耗。

对于长期免耕造成的体积质量增加、质地紧实、孔隙度降低等土壤物理性质变化，合理的轮作能够显著改善土壤的物理性状，调整耕层结构与功能。有研究表明，轮耕处理显著降低了冬小麦生育前期耕层土壤体积质量，改变了土壤孔隙的空间分布特征，增加了耕层土壤总孔隙度和毛管孔隙度。轮耕后土壤孔隙状况的改善和体积质量的降低，显著提高了耕层土壤的渗透性能。

第三节 旱地合理耕层构建技术

一、发展趋势

（一）土壤耕作演变趋势

土壤耕作受地形、土壤状况影响较大，具有强烈的区域性。一熟耕作区最主要的限制因子是水分，核心任务是保水、保土、聚肥、增产。因此，本区域土壤耕作的基本任务之一是蓄水保墒，充分利用天然降水，减少以春旱为主的干旱和土壤水分蒸发的损失。在冬小麦等秋播作物上基本上实行以伏耕续墒为中心的耕作技术，如山西屯留的冬小麦夏闲期深松和深翻耕、麦秸覆盖等措施；春播秋收作物上则实行秋耕耙耢以及采取冬、春秸秆覆盖等方法，保证储纳秋季降水，防止春季干旱。1985 年以后，一熟耕作的东部和中部地区土壤耕作向少耕、免耕、深耕和资源保护型耕作方向发展。而少耕、免耕技术往往与其他农艺措施相结合，如地下深松耕作体系和地上种植方式配套与相应的栽培技术措施相结合，并向规范化、简单化、模式化方向发展。黑龙江采取的以间隔深松为主体结合耙茬、普通翻耕等方式的土壤耕作体系，为保证春小麦水分供应起到了重要作用；吉林中部平原地区实行的轮翻少耕土壤耕作体系，各种中耕作物不再秋翻耕，只进行春耙茬或原垄上播种，实现了防止春季跑墒，保苗增产的目的；山西推广的玉米/高粱整株秸秆覆盖少耕技术，既减少了秋季作业时间，又增加了土壤含水量和土壤微生物数量，取得了良好的效果。20 世纪 90 年代，一些特殊的土壤耕作技术，如等高耕作、聚肥改土耕作等在西北地区的应用日渐广泛。

二熟耕作区域土壤耕作方式由传统耕法逐步向简单化、轻型化发展，少耕、免耕大量涌现。二熟耕作区少耕、免耕应用主要包括：河南麦后铁茬复种玉米，北京等城市郊区正在推进的现代机械化免耕覆盖耕作技术，江苏等省稻麦两熟区推行的少耕、免耕技术，四川冬水田推行的自然免耕技术等。少耕、免耕等土壤耕作方式应用越来越普遍。

三熟区耕作方式演变的主要特点是少耕、免耕方式增多，主要有半旱式耕作，板田油菜、稻茬板麦、早稻收后直接栽插晚稻、再生稻、晚稻套播紫云英、稻底蚕豆、旱地间套作等；红壤、黄壤旱地深耕作技术在山区丘陵旱坡地大面积推广；在生产实践上，将少耕、免耕、深耕、浅耕和常规耕作方式结合起来，相互配套、成为促进农作物稳产高产的重要因素。土壤耕作方式向将常规耕作和少免耕、深松、浅耕相结合的方向发展。

（二）用地和养地演变趋势

农田有机质含量急剧下降，并对土壤质量产生严重影响。用农业生态系统生物地球化学模型模拟显示，在目前的农作制度下，大多数地区土壤有机碳库都处于负平衡状态，东北地区和内蒙古自治区是主要的土壤有机碳损失区。在一熟耕作区，耕地的 79%以上为完全依靠天然降水的旱地往往地力低下，水肥问题是制约旱地农业高产的主要障碍。尤其实行土地承包经营制度后，往往是用地多、养地少，再加上耗地作物面积增多，秸秆还田少等，土壤有机质含量下降，结构变差。同时，由于无机氮大量投入，耕地土壤氮库表现为盈余。养地技术向以无机投入为主的单一化趋势发展。1980—2014 年，我国农作物化肥使用总量从 12.69×10^9 kg 增加至 59.96×10^9 kg，几乎增长了 4 倍，增长速度较快。其中复合肥用量年度增长速度最快，从 27.2×10^7 kg 增长至 21.16×10^9 kg，到 2014 年已接近氮肥用量。同时，重氮肥轻磷、钾肥的现象比较严重。谷类作物化肥用量仍然是我国农作物化肥使用总量的主要贡献者，其化肥用量从 1998 年的 27.12×10^9 kg 增加到 2014 年的 34.15×10^9 kg，但其占农作物总化肥用量的比重呈现明显的下降趋势，从 1998 年的 60.02%降至 2014 年的 49.75%。我国农作物化肥使用量呈现较大的区域差别，从各地区农作物的化肥用量分析来看，我国化肥用量大致呈现从东到西逐渐递减的趋势。依据各地区单位面积化肥用量分析，既呈现从东到西逐渐递减的趋势，又呈现从南到北不断递减的趋势。

（三）土壤耕作发展趋势

1. 土壤耕作方式应向区域化和多样化方向发展

通过合理的耕作方式，保持和提高土壤肥力，促进土地生产力水平的提高，是耕作制度改革的重要内容，各地应因地制宜地确定适应不同类型地区和土壤的耕作方式。东北地区深松耕作是 20 世纪 70 年代在黑龙江省兴起的比较合理的耕作方式，因其本身具有成本低、效益高、耕层深，又能打破犁层、蓄水保墒、提高抗旱能力的特点，应在东北地区推广应用和继承发展。北方旱地面积达 4×10^7 hm^2 以上，耕作方式多种多样，近几年黄土旱塬出现的丰产沟、坡地水平沟、缓地起垄、平地起垄等旱作形式，有利于蓄水保墒，改善土壤结构，达到丰产丰收目的，是比较成功的形式。南方水田半旱式耕作，可以改善田间土壤状况，较好地协调光、热、水、气矛盾，为农作物生长创造较好条件，特别有利于冬水田的开发。20 世纪 80 年代以来，南方不少地区免耕方式有新的突破。如稻茬麦免耕以及机条播配套耕作、油菜少免耕移栽、水稻免耕浅旋移栽、棉花免耕移栽、甘蔗少耕等，不仅能促进作物增产，而且能防止土壤养分流失，实现土壤养分良性循环。

2. 少免耕是未来高效环保耕作方式的最佳选择

少免耕是 20 世纪 60—70 年代引起世界范围重视的新的耕作法，现在正在世界许多国家进行广泛的试验和研究。它是基于利用传统耕作方法导致严重的风蚀、水蚀以及经济学方面能源消耗较大等缺点而提出来的。少免耕法技术环节主要包括进行秸秆残茬覆盖、生物耕作、化学或生物除草和免耕机具等，目前在我国具有较好的发展前景。首先，少免耕面积仍可逐渐扩大，我国复种面积大，不必在每季作物播种前都进行耕翻，可局部以少耕代替常规耕作，可以节约能源，节省时间，在广大的西北、东北旱作地区具有广阔的推广前景；其次，少免耕与多种耕法的结合是土壤耕作方式的发展趋势，如深翻与深松耕结合，深耕与浅旋耕结合，耕与不耕结合，年内各季作物间深耕与浅耕结合等；还有农机与农艺的结合可以有效提高耕作效率，参考国外盛行的松土犁、无壁犁、免耕播种机等，进一步节约动力与燃油，提高效率和我国土壤耕作的水平。具体来讲，在各区域的主要应用前景如下。

(1) 东北地区少免耕的研究和应用。从 20 世纪 70 年代开始，东北地区在原有垄作基础上，发展了深松耙结合、耕耙相结合、原垄播种、掏墒播种等行之有效的土壤耕作法，其主要作用是保墒、抢农时、提高早春低温、防止风蚀，采用这种耕作的地区有较高的机械化程度。

（2）华北地区少免耕。主要形式是麦套玉米和铁茬播种玉米。近年少耕和秸秆覆盖发展较快，尤其和机械作业相结合，效果明显。北京和河北等地在两熟水浇地上实行夏玉米免耕覆盖，把农机农艺结合起来，其效率和效益都比较显著，科学研究方面也取得了可喜进展，在生产上已经大面积应用，其在农事季节紧张、经济发展较快的华北平原有广阔应用的前景。山西旱作地区发展了大面积麦田秸秆覆盖，蓄墒保墒效果明显，粮食增产13%～27%。

（3）西北地区少免耕。主要是在坡耕地上进行等高带状间隔免耕，平地上在传统沙田覆盖免耕，并发展了种草覆盖、秸秆覆盖、隔行耕作等，在防止水土流失，保墒培肥，改善土壤理化性状和增产增收方面等起到了积极的作用。

（4）发展大面积稻茬免耕种植油菜。南方水稻地区，在稻茬免耕种麦（即稻板麦）基础上发展了大面积的稻茬免耕种植油菜，尤以江苏发展最快。其解决的主要问题是争取农时、改善土壤理化性状。近年来，该地区在少免耕的理论和机制方面的研究取得可喜进展，并逐步由人工操作向机械化发展。南方旱地除麦-棉、油菜-棉、油菜-花生和小麦-花生套种实行少免耕种植外，在丘陵山地施行等高带状间隔翻耕，或间种牧草，免耕护土，尤其在江西、福建等红壤丘陵地区，防蚀增产效果显著。

（5）起垄半干旱式栽培技术。西南地区近年来在水稻地上，采用起垄半干旱式栽培技术，对常年浸水的冬水田，有明显改良土壤的效果，增产增收；对于丘陵旱地可以节省劳力，尤其在轮作倒茬过程中，针对不同作物采用免耕与深耕相结合的新型耕作体系，效果更为明显。

（四）用养结合发展趋势

用养结合是我国传统耕作制度的精华，但是在现代农业高投入高产出的目标下，用养结合的发展受到了极大的冷遇，近年来的土壤有机质含量下降和土壤理化性质恶化，养地水平降低，已成为农业赖以持续发展的重要制约因素。

1. 秸秆还田

当农田产量提高50%时，氮、磷、钾等养分和土壤水分的消耗也将至少增加50%，若按投入递减规律来计算，投入量可能会更大。因此，实现农田高产和超高产，必须补充较多的养分和水分。在未来资源和能源紧张的条件下，加大秸秆还田的比例，促进地力恢复是一个重要途径。

2. 秸秆过腹厩肥还田

有机肥投入是旱地农田快速培肥土壤的重要措施之一，随着人们对畜牧产品需求的增加，以作物秸秆养殖牛羊等反刍家畜规模也在不断地扩大。秸秆过腹厩肥还田的农牧结合模式，可实现以种促养、以养保种、土壤培肥、高产稳产，是旱地作物生产步入良性循环发展最为理想途径。

3. 发挥化肥养地作用

有关化肥和养地的关系，很多生态学家认为，过多施用化肥会破坏生态平衡，无助于地力的提高。单纯施用化肥不施有机肥或者仅施氮肥而少施或不施磷钾肥，可能会加速土壤有机质的分解，消耗潜在肥力，造成养分失调。但是从系统论的角度来看，增施化肥就会增加籽粒和秸秆产量，也就增加了有机质源，以无机促有机，同样可以维持生态平衡。因此，未来在化肥施用量继续增加的情况下，发挥化肥的养地作用是研究和推广应用的重要方向。

4. 积极挖掘豆科作物和绿肥的养地潜力

在一熟区，抓住以大豆需求增长和种植面积扩大的机遇，探索豆科作物在养地中的作用，促进用养结合。在南方水稻产区，因为水稻的单产提升空间较大，且需求的增长逐渐变缓，产需矛盾将渐趋宽松。因此，可结合水稻结构调整，将绿肥纳入种植体系，一方面可以促进地力恢复，另一方面还可以为畜牧业提供足够的饲料。

5. 推广草田轮作，促进地力恢复和农牧结合

21世纪以来，我国的粮食直接消费量有所下降，饲料粮的需求将迅速增加。因此，未来的种植结构中，饲用作物和牧草的种植面积将大幅度增加。研究和推广适合不同地区的粮饲间作套种模式，是满足饲料粮需求和养地作用的双赢措施。

二、全层耕作

全层耕作是指全面动土的耕作措施，如翻耕、旋耕、耙地、起垄、中耕、镇压等。关于全层耕作的保护性耕作措施日渐成熟并被广泛应用。

华北平原是中国东部大平原的重要组成部分。从2002年开始，山东省引进试验示范推广保护性耕作技术，通过多年探索和试验，伴随着农机农艺进一步紧密融合，在满足基本生产要求的前提下，黄淮平原干旱地区保护性耕作模式日趋成熟，形成较为完善的保护性耕作技术体系。小麦联合收获秸秆粉碎覆盖→玉米免耕或少耕播种→玉米田间管理→玉米联合收获→玉米秸秆粉碎还田→隔年深松→小麦免耕播种。目前，小麦收获提倡标准化作业，小麦联合收割机带有秸秆粉碎及抛撒装置，小麦秸秆实现全部还田，确保秸秆均匀覆盖地表。为防止留茬过高影响后续玉米免耕播种作业的质量，麦茬高度控制在10 cm以下。随着玉米免耕精播技术发展，小麦联合收获秸秆处理方式需要做出相应改变来适应保护性耕作的要求：提高秸秆切碎长度和抛撒均匀度，残茬高度小于10 cm，秸秆切断长度小于10 cm，合格率不小于90%，均匀抛撒田间。小麦收获后，对秸秆进行粉碎或不经处理直接进行免耕施肥播种玉米。小麦免耕播种是在秸秆还田但未耕整的条件下进行，秸秆覆盖量大，对免耕播种机具的作业性能要求相对比较高，免耕播种机的性能直接影响该环节的作业质量。

东北黑土区（东北平原东部），地势平坦，土质肥沃，农业生产水平较高，该地区种植制度基本为春玉米一年一熟制。由于该地区属于寒冷地区，有效积温低，目前主要采用秸秆还田、整地起垄种植模式。主要技术模式有3种：第一是秸秆翻埋模式。玉米机械收获后，秸秆粉碎，深翻掩埋秸秆，耙地，起垄镇压，春季播种。玉米联合收获机作业留茬高度要在5～10 cm，秸秆还田机秸秆切碎长度原则上要小于10 cm，以秸秆撕裂为宜，抛撒均匀，可以全量还田；大功率拖拉机带翻转犁翻埋作业，耕翻深度控制在30 cm以上，扣垡严密整齐，不重不漏，地表平整；播种前圆盘耙整地作业耙深达到8～10 cm，每平方米内最大尺寸大于10 cm的土块不得超过5个；起垄机作业时垄高要控制在17～22 cm，起垄后要及时镇压。第二是秸秆碎混模式。机械收获后，秸秆粉碎，深松联合整地，耙地，起垄镇压，春季播种。玉米收获后，将玉米秸秆粉碎还田覆盖，抛撒均匀；深松整地，深度要达到30 cm以上；重型圆盘耙进一步破碎秸秆，并将破碎后的秸秆与土壤混拌；起110 cm大垄，起垄后及时镇压保墒。第三是秸秆免耕覆盖模式。机械收获后，秸秆粉碎覆盖还田，春季免耕播种，机械植保。秸秆覆盖免耕技术的前提条件是地块前两年必须有深松或者深翻基础。在玉米联合收获机作业后，秸秆还田机或灭茬机将秸秆全量粉碎还田，抛撒均匀。

松嫩地区推广以秸秆还田为核心的保护性耕作技术，并逐步探索形成一套适合地域特点的保护性耕作技术模式。玉米在机械化收获后，秸秆粉碎还田，春季免耕播种以后实施镇压和药剂除草，在苗期采用垄沟深松一直到追肥封垄，秋季收获玉米如此反复。用秸秆覆盖减少风蚀和水蚀，从而提高土壤的肥力和抗旱能力。自2000年以来，松嫩平原区主要研究示范4种模式的保护性耕法：秸秆全覆盖直接免耕播种模式、宽窄行倒茬平作交替休闲种植模式、高留茬垄侧种植免耕播种模式及高留茬（或留置全秸秆）等行距苗带浅旋少耕模式。秸秆全覆盖直接免耕播种模式是一种农机、农艺融合的保护性耕作技术，可极大简化作业环节，达到节本增效的目的。在玉米机械收获时将秸秆全量还田覆盖地表，第二年用免耕播种机直接完成施肥播种作业。宽窄行倒茬平作交替休闲种植模式是指将现行垄作种植模式改为平作种植模式，将原来行距为65 cm的均匀垄改为宽行行距80 cm或90 cm、窄行行距40 cm，玉米收获后对宽行进行条带旋耕整地，满足播种要求，窄行玉米根茬腐烂还田。第二年，在整地后的宽行进行播种，形成新的苗带，完成苗带轮换、宽窄行倒茬平作交替休闲种植。高留茬（或留置全秸秆）等行距苗带浅旋少耕模式是在不改变农民传统垄作农艺习惯的条件下，秋季收获后田间留茬大于40 cm，播期采用苗带浅旋少耕的作业方式。

三、间隔耕作与少免耕

（一）深松的发展

间隔耕作指局部动土的耕作方式，如条带深松、秸秆条带还田等。深松作业作为保护性耕作四大关键技术之一，是一项基本的保护性耕作技术，也是传统耕翻作业的替代技术。深松是在翻耕基础上总结出来的利用深松铲疏松土壤、加深耕层而不翻转土壤、适合于旱地的耕作方法。具有调节土壤三相比、改善土壤的团粒结构，有利于雨水的入渗与作物根系的发育、提高蓄水保墒能力、改善土壤肥力等，是农田耕作环节的一项主要措施。深松形成虚实并存的土壤结构有助于气体交换、矿物质分解、活化微生物、培肥地力。在旱地保护性耕作中，深松被确定为一项基本的少耕作业。

（二）深松的优点

我国对深松的研究较为广泛，深松有以下优点。

1. 打破犁底层，加深耕层，改善土壤结构，增加土壤养分

使土壤中耕层与心土层之间的水、肥、气、热四大要素实现了良性循环，有利于微生物的活动，增加土壤中的有效养分。

2. 降低土壤容重，提高土壤温度

深松后土壤总孔隙度可增加7%～8%，土壤容重约降低0.6 g/cm^3。由于土壤疏松，孔隙增多，土壤通透性好，土壤热容量增加，能有效提高地温0.5～1.0 ℃。

3. 蓄水保墒，抗旱防涝

深松提高了土壤通透性，既可提高土壤蓄水能力，又可减少土壤中水分的蒸发，形成土壤水库，减轻土壤干旱程度。

4. 促进作物根系生长

深松改变了根系在土壤剖面上的正常分布，使深层根的比例增加，扩大了根系的营养范围。发达的根系提高了作物的抗倒伏能力，获得了一定的增产效果。

5. 减少水土流失

深松使耕层内土壤疏松，加快了渗水速度，减少了地表径流，不但提高了土壤的蓄水能力，而且形成了较为粗糙的地表，有利于水土保持，防止风蚀和水蚀，因而减少了水土流失。

6. 减少机组进地作业次数，低耗高效

以少耕低耗为原则，机组进地作业次数平均减少50%；再者深松比翻耕动土量少，阻力小，耗能低，效率高。促进土壤物理改良，有利于土壤肥力的自然恢复，改善长期以来由于施用大量化肥造成的增肥不增产现象。

（三）条带（间隔）深松的优点

间隔深松，打破了犁底层，不翻转耕层，不破坏耕层结构，合理地加深了耕层，减少了动土量，深松部分土壤孔隙度增加，增强了透气性，吸热性能增强，地温提高，协调了耕层水、肥、气、热状况。能使降水迅速渗透到耕层深处，防止雨水地表径流，有利于水土保持形成土壤水库，可做到伏雨秋用，秋雨春用，提高自然降水利用效率。研究表明，宽窄行深松处理较未深松处理更有利于玉米根系生长，增加了根系的总量，同时促进了根系向水平和垂直方向生长。由于深松打破了黏滞僵硬的犁底层，使土壤孔隙度增加10%～20%，渗透强度增加15%～25%，有利于伏秋雨及冬季融雪水下渗储存，加之深松增加了储水容积，又有利于冬季水分上升后冻结储存；冬季地表封冻，失墒少，春季机播重镇压又减少了孔隙度，减弱了气态水分损失，又有抑制土壤水分损失的作用所带来的效果。

深松的作用机理是创造了一个虚实并存的良好耕层构造，充分协调了耕层土壤中水、肥、气、热的供应，达到了用养结合，保墒，苗全齐壮，形成巨大土壤水库及增强抗秋旱能力进而增产的目的。在垄作条件下，采用垄沟或垄台、垄帮等部位进行局部深松，可部分消灭其封闭式波状或平板状犁底层，形成纵向虚实不同比例的耕层结构。深松后表层与深层的土壤密度差值减小，土壤上下层结构趋于均匀。因此，深松耕法创造了不同于传统耕法的“表土过虚、底土过实”的结构，形成了一个松紧适宜、通透性较好的耕层构造。宽窄行间隔深松所创造的虚实并存的耕层结构，符合合理耕层构造的标准，改善了通透性，创造了好气性土壤环境条件。而未深松的苗带部分，由于土壤紧实，水分充足，热容量大，温度变化平缓，有利于作物根系生长发育，同时造成了相对嫌气性的土壤环境，促进了腐殖质合成，起到了养地的作用。

（四）深松模式研究

辽宁平原地区和东北其他地区一样主要是以垄作为主，虽然垄作有很多优点，但也有耕层浅、犁底层上升且逐年加厚的弊端。据 2008 年国家玉米产业技术研发中心对玉米田的调查结果表明，东北地区土壤耕层深度仅为 15.1 cm（适宜深度为 22 cm），为全国最低，远低于美国平均耕层深度（35 cm）；土壤容重也较大，为 1.43 g/cm^3。据辽宁省农业科学院的调查表明铁岭地区的有效耕层土壤量为 1.97×10^6 kg/cm^3。土壤容重平均值为 1.38 g/cm^3，均高于作物生长适宜的土壤容重范围（1.1～1.3 g/cm^3）。尽管在 20 世纪 70 年代东北地区就出现了深松耕法，但由于农村长期使用小型农机具进行田间作业，达不到耕层深度标准。大部分耕地多年来未进行过深松整地。因此，辽宁平原地区农田土壤耕层存在的“浅、实、少”问题已经成为严重制约该区域粮食高产稳产的重要因素之一。

深松耕以间隔深松为主体，并与其他措施如耕翻、播种、耙地、起垄、中耕管理等结合进行。深松的方法和时间比较灵活，可深松垄台、垄沟，也可以深松垄帮。可于秋收后、春播前深松，有的还可以在作物生长的苗期深松。由于深松可与起垄、耙地、中耕，甚至与翻耕结合进行，所以组合多种多样，主要有垄翻深松、垄沟深松、垄帮深松、垄台深松、耙茬深松、平翻深松 6 种。深松耕法的核心问题是间隔深松创造出耕层构造虚实间隔状态。实践证明，辽宁平原地区采取深松耕法能较好地调节农田水分平衡、养分平衡和热量平衡。

黑龙江省于 1973 年立项开展深松耕法研究，由东北农业大学耕作教研室、中国科学院农业现代化研究所等多家科教单位协同攻关研究成功。并于 1975 年在黑龙江省推广应用，直至 1977 年达到 3.40×10^6 hm^2 以上。随着该项技术的不断发展和完善，又出现了以深松为主体的间隔深松技术。

深松是松耕或松地耕作的一种。松耕是不翻转土层，保持原有土壤层次，局部松动耕层土壤和耕层下面土壤的一种耕作方法。深度不打破犁底层称为浅松，一般 15～20 cm；深度打破犁底层称为深松，一般为 25～30 cm；深度打破黏盘层称之为超深松，一般为 35～50 cm。

由于长期运用平翻耕法或垄作耕法后，在耕层和心土层之间都形成了一层坚硬的、封闭式的犁底层。犁底层的厚度可达 6～10 cm，其总孔隙度比耕层或心土层减少 10%～20%，阻碍了耕层与心土层之间水、肥、气、热梯度的连通性，降低了土壤的抗灾能力。同时，作物根系难以穿透犁底层，根系分布浅，吸收营养范围减少，抗灾能力弱，易引起倒伏早衰等，影响产量提高。因此，破除犁底层成为重要的措施。除了人为造成的犁底层需要人为措施去破除以外，在土壤自然形成时，土层 30 cm 以下也有难透水、气的黏盘层形成，为了增强土壤和作物的抗灾能力也需要采取人为措施破除，深松就是这样一项措施。深松耕法的主要作用如下。

1. 提高土壤的储水能力

深松打破了犁底层，使土壤透水性增强，据测定，深松耕法储水深度可以达到 110～150 cm，而有封闭式犁底层，储水深度只达 60 cm，储水容量增加了 15%左右。底层储水多，有利于次年雨季前的抗旱，即秋降水得到储存有利于提高第二年春季土壤墒情，使土壤水分分布平稳。深松后的土壤能迅速地接纳降水，在降暴雨、急雨时，减少了水的径流和表土流失。

2. 形成良好的耕层构造

深松耕法的耕层构造使作物根系的密集层加厚，根系可随土壤含水量情况自由地向或实或松的部位伸展，而且可以从深松部位向底土层生长，其根量比未深松的增加 3 倍。由于有较多的根系留在土壤中，土壤有机质下降较缓和。深松使底层土在原地熟化，可有效使用土壤肥力，防止非生产性消耗。由于不打乱原有土壤层次，使肥沃的土层保持在有利于作物根系生长密集的部位，而播种时，将种子播在熟土上，有利于种子发芽和作物幼苗生长发育。

3. 增加农作物产量

经多年对黑龙江省深松增产效果的认定，深松同连年浅层垄耕和连年平翻（形成了犁底层）相比，一般各类粮食作物产量在深松当年可增加 8%～10%，而次年可增加 10%～20%，马铃薯、甜菜等作物可以增产 20%～30%，并可提前成熟。

（五）少免耕技术模式研究

辽宁平原地区推行的少免耕技术主要有 2 种形式，分别为原垄播种和减免中耕次数。辽宁平原地区传统的土壤耕作方法是连年翻耕，翻后耙压播种，这种耕作方法使土壤更加疏松，春季地温不易提高，夏季降水较多但不易保蓄，进而影响产量。辽宁省农业科学院在 20 世纪 80 年代就证明了减少中耕次数可以提高产量，降低生产成本。主要结论有：①中耕不能提高地温；②中耕抗旱保墒作用并不明显；③中耕后使土壤变松，易倒伏；④从经济效益考虑，用化学除草代替中耕除草，节约成本。

（六）秸秆条带还田方式的发展、研究现状和展望

针对传统秸秆还田方式的不足，近些年出现了一种新的还田方式，即秸秆条带还田。目前，秸秆条带还田主要包括条带覆盖、条带旋耕和条带沟埋等。首先，由于避免了作物与秸秆直接接触，秸秆条带还田在一定程度上解决了传统秸秆还田方式下播种和出苗困难的问题。其次，秸秆条带还田下土壤容重显著降低，疏松的土壤条件有利于促进根系生长发育。秸秆条带还田也利于增加水分的蓄纳和入渗能力，进而提高田间土壤含水量。最后，秸秆条带还田可以有效滞留氮素，减少土壤氮的淋失。短期表现为促进农作物的生长发育和具有增产效果。

但目前秸秆条带还田模式的田间效应研究与常规秸秆还田研究相比仍然处于初期阶段，需要更多、更长期的试验站点跟踪、监测和积累资料来判断其长期结果是否表现为有益。对农田土壤的调控机制也不清楚，仍需要后续试验进行研究。此外，秸秆条带还田（条带旋耕、沟埋、覆盖）与之配套的农机还处于研发状态，没有成型的操作一体化的农业机械。目前，秸秆条带还田仅在北方春玉米区和南方稻麦区进行研究，研究团队较少。

未来应该加强对秸秆条带还田技术的正负效应和其对土壤调控效应的研究，从生态环境效应和经济产量效应出发，对整个技术模式进行精确评价。加大研发配套农机的科研经费支持力度，研究出一种性能优良、操作一体化的配套农机。通过理论研究形成相关农艺技术，使农机、农艺相互融合，实现该技术的全面推广。

第二章

东北平原白浆土区旱地合理耕层构建理论与技术

白浆土是在温带半湿润及湿润区森林、草甸植被下，在土壤质地上轻下黏母质上，经过白浆化等成土过程形成的具有暗色腐殖质表层、灰白色的亚表层和白浆层及暗棕色黏化淀积层的土壤。主要分布在黑龙江和吉林两省，是我国东北平原20世纪50年代末期大面积拓垦的主要土壤资源，在两省的耕地资源中占有重要位置。白浆土与黑土、草甸土呈复区分布，但其黑土层在相邻土壤中最薄，平均为12.8 cm，厚度范围6～20 cm。其独特的成土条件不仅限制了黑土层的发育，还在黏化淀积层之上、黑土层之下形成了一个板结、紧实、阻碍植物根系生长、厚度范围在20 cm左右的白浆层。这层土壤不仅养分贫瘠，而且通透性极差，引起黑土层水分变动剧烈，土壤表旱、表涝频繁。针对白浆土存在的问题，通过对白浆土土体结构及障碍因素调查、明确合理耕层评价指标、集成构建合理耕层技术研究，提出合理耕层构建技术集成模式，从而创建合理耕层结构，提高白浆土区域旱地生产力和水肥资源利用效率。

第一节　东北平原白浆土区旱地合理耕层评价

一、区域概况、关键障碍与科学问题

（一）区域概况

1. 分布状况

我国东北白浆土北起黑龙江省的黑河，南到辽宁省的丹东—沈阳铁路线附近，东起乌苏里江沿岸，西到小兴安岭及长白山等山地的西坡，局部抵达大兴安岭东坡。垂直分布最低为海拔40～50 m的三江平原，最高在长白山可达700～900 m。

20世纪50年代末期，黑龙江省白浆土总面积为2.99×10^6 hm^2，占全省土地总面积的7%；耕地为6.73×10^5 hm^2，占全省耕地面积的9%。吉林省白浆土总面积为2.03×10^6 hm^2，占全省土地总面积的11%；耕地为4.11×10^5 hm^2，占全省耕地面积的9%。截至20世纪末，黑龙江省白浆土耕地面积已达1.16×10^6 hm^2，吉林省白浆土耕地面积达5.03×10^5 hm^2。在大约40年间，两省的白浆土耕地面积分别提高了72.3%和22.4%。作为主要垦荒对象，白浆土是两省，特别是黑龙江省扩大耕地规模提高粮食产量时期所依靠的主要土壤资源。在黑龙江省东部三江平原地区，白浆土耕地面积达8.84×10^5 hm^2，占该区总耕地面积的25.27%，约占全省白浆土耕地面积的75.9%。历经半个多世纪的大面积开发与治理，白浆土已经成为我国粮食主产区的主要耕地资源之一。

2. 气候条件

我国东北白浆土地区气候较湿润，年均降水量一般为500～700 mm，作物生长期降水量达360～500 mm；平均气温−1.6～3.5 ℃，≥10 ℃积温2 000～2 800 ℃；无霜期87～154 d，土壤冻层深1.5～2.0 m，表层冻结150～170 d，属于温带湿润和半湿润区。

白浆土集中分布的三江平原地区，春夏秋冬四季气候特征主要是：第一，冬季严寒干燥。冬季（11月至翌年2月）最冷月为1月，大部分地区温度为−22～−18 ℃，降水量在

20～40 mm，为年降水总量的5%～7%。第二，春季气温回升快，多大风，易旱易涝。春季（3—5月），至4月各地气温可回升至5℃，5月上中旬日平均气温可以稳定≥10℃。春季降水逐渐增多，如上一年秋雨多，冬雪大，白浆土区极易成涝，影响春播。由于春温上升快，蒸发量大，也容易造成长短不一的春旱。第三，夏季温暖多雨。夏季（6—8月）降水量显著增多，降水量可占全年降水量的70%以上，不仅降水量充沛，而且日照时间最长，最热月平均气温大部分地区在21～22℃，雨热同季对作物生长十分有利。第四，秋季降温急剧，降水变率大。秋季（9—10月）从9月下旬开始气温急剧下降，9月中下旬即可出现初霜。10月平均气温为5℃左右。秋季降水量占全年降水量的18%，降水变率可达40%～50%。

3. 种植制度

（1）主要作物。我国东北白浆土区的种植制度属于寒温带半湿润地区的雨养型旱作种植制度，一年一熟制，主要作物因时、因地而异。开发初期，基本维持了小麦-玉米-大豆"三三轮作制"，大豆面积不超过35%，小麦面积不超过45%。1985年以后，市场经济地位提升，"三三轮作制"开始瓦解，麦、豆、杂比例已经达到30：62：8，大豆连作障碍问题十分突出。2001年我国加入世界贸易组织（WTO）以后，作物布局深受进口国际农产品影响，大豆面积迅速缩减，玉米跃升为白浆土旱田地区的主栽作物。水稻面积自1980年以来，一直保持增长势头。由于白浆土地区土地连片、地势平坦、水资源丰富、国营农场集群，水稻生产优势明显，所以一直是推动黑龙江省水稻发展的关键产区。目前，三江平原白浆土集中分布区域，水稻在近几年间迅速成为部分区域的主栽作物。

（2）利用方式与肥力变化。以黑龙江省八五三农场白浆土为研究对象，以邻近的荒草地为对照，研究林地、旱田、水田3种利用方式及不同开垦年限（30～50年）旱地（大豆～玉米轮作）和水田的土壤肥力变化。结果表明：不同利用方式下，土壤表层（0～20 cm）的pH大小为：荒草地＞林地＞水田＞旱田；旱田和水田表层土壤有机质含量分别减少44.17%和44.74%，但是亚表层（20～40 cm）有机质含量提高。全氮含量分别减少19.92%和18.42%，全磷含量有所提高，全钾含量没有明显变化，旱田利用方式下土壤碱解氮含量最高，水田有效磷含量最高；旱田、水田速效钾含量显著下降（37.84%和60.18%）。开垦30～50年，旱田表层土壤pH下降1～1.09个单位；有机质、全氮含量分别减少28.23%～43.78%、12.03%～31.20%；而全磷含量呈增加趋势，全钾含量变化不大。土壤碱解氮、有效磷含量分别增加12.32%～42.15%和77.00%～195.35%，速效钾含量减少38.73%～43.08%，且随开垦年限增加，有机质、全氮含量减小幅度上升，碱解氮含量的增加幅度下降，有效磷含量的增加幅度上升。水田表层土壤pH下降0.62～0.84个单位，有机质含量减少33.16%～59.92%。土壤的碱解氮、速效钾含量均显著降低（24.25%～78.10%和49.95%～60.73%）；有效磷含量增加56.82%～281.90%，且随开垦年限增加，有机质、速效钾减小幅度上升而碱解氮减小幅度下降，有效磷增加幅度上升。

（二）关键障碍

1. 黑土层薄

三江平原各类土壤黑土层厚度一般为20～40 cm，黑土的黑土层厚度为30～80 cm，草甸土一般在50 cm左右，黑钙土为30～40 cm，而白浆土的黑土层厚度只有10～20 cm。据三江平原东部地区 143 个剖面调查结果，白浆土黑土层厚度平均为 12.8 cm，厚度范围为6～20 cm。按一般耕层厚度为 18～22 cm 计算，白浆土的黑土层尚不能达到耕层的厚度。经过长期土壤耕作，部分白浆层混入黑土层，黑土层有机质含量下降，颜色变浅，土壤易板结，通气透水能力降低，严重影响土壤自然肥力。因此，传统的土壤耕作一直避免白浆层混入黑土层。

2. 存在障碍性土层

从整体来看，白浆土黑土层薄并不只存在基础肥力低的问题，关键是提高了其下的障碍性土层——白浆层的出露部位。黑土层之下，即厚度一般为 20 cm 左右的白浆层，这一层次在成土过程中天然形成的土壤理化及生物学性状与黑土层存在天壤之别，养分含量仅相当于黑土层的 1/5～1/3，片状结构坚硬紧实，透水速度虽然略快于其下的淀积层，但比黑土层慢，成为一个明显的隔水层次。土壤溶液中溶氧量低，微生物活性差。尤其是干旱时，土壤紧实度可以达到 40 kg/cm^2，远超根系穿透能力。近地表只有 20 cm 左右出现明显结构性和功能性障碍层次，是白浆土旱田作物生产的天然障碍。

3. 土壤酸化

不同耕作制下白浆土 pH 变化较为明显，土壤呈现酸化趋势。不施任何肥料的土壤，18 年间 pH 也呈下降趋势；施用尿素和磷酸二铵可加速白浆土酸化，12 年间平均下降 0.47 个 pH 单位，大豆长期连作可使土壤酸化。长期新鲜秸秆还田以及耕作方式不影响土壤 pH 变化，亦不能缓解土壤 pH 下降，只有施入腐熟有机肥才能防止土壤 pH 下降。

（三）科学问题

1. 土层分化成因

（1）学名演变。白浆土在 20 世纪 60 年代以前曾先后被认为是灰化土和脱碱土。我国土壤学家曾昭顺在大量调查和研究的基础上，提出白浆土的成土过程不是灰化过程，而是包括了潴育、淋溶、草甸化的白浆化过程，指出白浆土是一种区别于灰化土和脱碱土的独立土类，与法国的淋洗土、德国的假潜育土、苏联的假灰化土以及美国的黏磐土中某些土系类似，并沿用当地习称的白浆土定名并沿用至今。根据地形、植被和发育类型，白浆土又被细分为典型（岗地）白浆土、草甸（平地）白浆土和潜育（低地）白浆土。在之后的中国土壤系统分类中，这类土壤被统一划入淋溶土纲，冷凉淋溶土亚纲，漂白冷凉淋溶土类。

（2）剖面特征。我国东北白浆土是一种土壤发生层次分化特征非常明显的土壤，其成土母质为第四纪河湖沉积物，黏粒矿物以 2：1 型矿物为主，特点是易膨胀且易分散。地形位置为丘陵漫岗至低平原，气候条件处于寒温带湿润、半湿润地区，草甸植物生长茂盛，土壤表层有机质积累明显，春秋之际经常产生周期性滞水，易膨胀且易分散的母质类型和周期性滞水气候环境创造了易于土壤淋溶的成土条件。黏粒向下迁移或侧迁，在近地表约 40 cm 深处形成了作为划分淋溶土类的诊断层次黏化淀积层，厚度范围一般在 120～160 cm。黏粒迁移之后，土体上部整体形成了一个土壤质地相同而土壤形态和功能特性迥异的淋溶层次。经过长期草甸化过程，淋溶层的表层形成了厚度范围一般在 17 cm 左右、有机质丰富、团粒结构较发达的黑土层。受干湿交替影响，黑土层之下黏化淀积层之上则形成了厚度范围一般在 20 cm 左右，具有片状结构、脱色、板结、紧实的白浆层。白浆土的黏化层是土壤形成的结果，而不是白浆土形成的原因，白浆层的形成是在黏粒淋溶淀积的基础上，在有机质的参与下，土体中的 Fe、Mn 络合淋溶的结果。在 0～100 cm 土体内一般依次呈现黑土层（A），白浆层（Aw）或称漂白层（E）和淀积层（B）3 个层次（图 2-1），母质层（C）一般出现在土体下部约 200 cm 深处。剖面层次明显分化，直接后果是层次间的土壤毛管空隙大小和直径不一而产生水分张力差异，导致各土层的透水速度存在巨大差异，经常表现上层滞水，所以土层分化明显的土壤往往是透水不良的土壤。

图 2-1　白浆土剖面

（3）淋溶机制。国外与白浆土对应的类似土壤，即所谓的黏磐土，其英文学名为 Planosol，1938 年被引入美国土壤分类系统。据柯林斯英语词典，Planosol 是指地处湿润、半湿润地区的在黏盘之上发育有强烈淋溶层次的隐域性（非地带性）土壤。另据大英百科全书，Planosol 是联合国粮食及农业组织（FAO）土壤分类系统中 30 个土类之一，其本质特征是有一个黏粒淀积的亚表层，主要分布于低湿地上，植被类型多为草地或稀疏林。植物营养虽然贫瘠，但在精细管理之下，可以种植水稻、小麦、甜菜，不过主要用途是放牧。其总面积占陆地面积的 1%，主要分布于巴西、阿根廷北部、南非、澳大利亚东部等地。关于白浆土黏粒淀积成因，其解释是渗透水流过度淋洗粗质矿物，或使黏粒发生铁解作用（图 2-2），黏粒向下迁移使上部形成了一个淋溶层，这一成土过程使其成为天生养分贫瘠的土壤。

2. 土壤改良关键点

探索适宜的土壤改良和利用方式一直是近半个世纪以来白浆土开发与治理的主要课题。白浆土是三江平原的主要农田土壤，又是有名的低产土壤，亟待改良。在相同生产条件下，旱作产量低，一般比附近黑土或草甸土低 15%～25%。因此，白浆土被列为传统的区域性低产土壤，土壤改良一直是白浆土旱作生产面临的首要问题，是国家“六五”至“十五”期间科技攻关的重点课题。白浆土种稻可以趋利避害，是开发初期就提出的发展策略，受限于

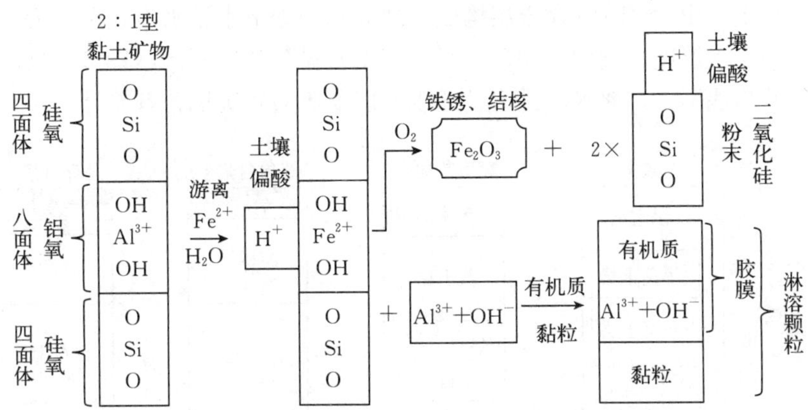

图2-2　白浆土黏粒淋溶、酸化、锈斑和二氧化硅形成机制

当时的生产力水平，一直难有大的突破。到了21世纪初期，市场导向、政策引导发挥重要作用，我国综合国力明显提高，白浆土种稻实现跨越式发展，土地利用方式取得巨大突破。同时应该看到，受水资源制约，白浆土扩种水稻潜力已经受到诸多限制，一些地区地下水位下降，灌溉难以保障，“水改旱”面积回升的现象时有出现。

根据白浆土旱田作物的低产特点，培肥黑土层、改造白浆层被列为白浆土耕作的主要任务。

（1）培肥黑土层。白浆土在我国东北地区与黑土呈复区分布。黑土的主要特征包括，有机质含量高，具有疏松表层，稳定的团粒结构，暗褐色至黑色的腐殖质表层，较高的代换盐基。单从黑土层来看，黑土的主要特征白浆土都具备，因此，有学者认为黑土层厚度可以作为一个划分指标，黑土层不足“一犁土”（约20 cm）的是白浆土，超过的是黑土。但根本差异是，黑土上下土体之间没有发生黏粒迁移，黏粒分布均匀，土壤机械组成不存在两层性。相反，黏粒从表层、亚表层迁移以后，白浆土形成了明显的黏化淀积层，土壤质地呈现上轻下黏，土壤机械组成具有明显的两层性，导致土壤的颜色、质地、结构、养分含量等特征指标呈现显著的土层差异化。

对于白浆土来讲，黑土层厚薄取决土壤自然肥力高低。黑土层厚者，土壤养分储量高，物理性状适宜，表旱、表涝容易缓解，作物产量相对较高。黑土层薄者，不仅土壤养分储量低，物理性状差，表旱、表涝易发生且危害重，耕作中白浆层也极易混入黑土层，降低土壤自然肥力。因此，保护黑土层、培肥改良白浆层在白浆土耕作中占有重要位置。

（2）改造白浆层。白浆层出露部位浅，进一步加剧了黑土层问题的严重性。白浆土根系有效土层浅，表旱、表涝严重，问题反映在黑土层，但症结却出在白浆层。因此，保护黑土层、培肥黑土层是白浆土耕作的基本任务，而打破白浆层，提高白浆层的通透能力，必须采取特殊的土壤改良措施。

二、合理耕层特征

（一）作物与耕层结构及功能关系

1. 白浆土土体构型特点

白浆土及其相邻土壤如黑土、黏质草甸土的土体，多由第四纪河湖相沉积物组成。经调查，一般土质黏重，由5～10 m黏土层构成。地表水与地下水无水力联系，为承压水。由于组成每种土体的层次厚度、结构、颜色、紧实程度及排列顺序不同（图2-3），因此表现出储水“库容”的深浅不一，储水、排水、透水性能及肥力状况也各有差异。

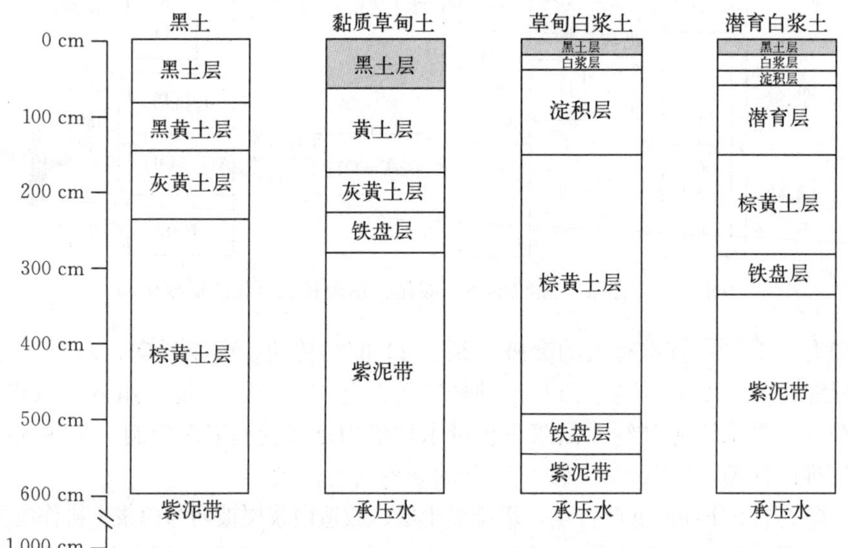

图2-3 三江平原白浆土土体构型特点

草甸白浆土的土体由5个层次构成。主要特征是，黑土层平均厚度18 cm，仅一犁土，有机质含量较多，土壤松散，质地为轻黏土，容重0.9 g/cm³，透水、持水能力强，释水量高。白浆层平均厚度25 cm，分布深度18～43 cm，有机质含量1.08%，质地为轻黏土，容重1.5 g/cm³，土壤水分性质显著变差，影响水分下渗，易形成上层滞水，致使该种土壤既不抗旱又不抗涝。淀积层平均厚度164 cm，分布深度43～207 cm，块状结构，有发亮的黑褐色胶膜，质地为轻黏-中黏土，容重1.5～1.6 g/cm³，持水能力强，透水能力很弱。棕黄土层平均厚度304 cm，分布深度207～507 cm，无结构，黏硬，质地为轻黏-中黏土，容重1.5～1.6 g/cm³，持水能力强，透水能力很弱。铁盘层平均厚度80 cm，分布深度507～567 cm，由于干湿交替变化，使铁、锰氧化还原淀积，形成坚硬的隔水层。紫泥带分布深度567～1 000 cm，该层为还原层，呈灰蓝色。

潜育白浆土的土体由7个层次组成。其特征是，黑土层平均厚度20 cm，有机质含量较高，土壤疏松，质地为重黏壤土，容重0.72～0.9 g/cm³，持水能力很强，透水能力较强。白浆层平均厚度20 cm，分布深度20～40 cm，有机质含量1.4%，质地为轻黏土，容重1.4～1.5 g/cm³，透水、持水性能极弱，为障碍层次。淀积层平均厚度34 cm，分布深度40～74 cm，有机质含量1.1%～1.3%，质地为中黏土，容重1.4 g/cm³，结构呈核状，松散，透水、持水性能较强。潜育层平均厚度114 cm，分布深度74～188 cm，有机质含量0.5%～0.6%，质地为轻黏-中黏土，容重为1.5～1.63 g/cm³，小核状，呈蓝色，含有大量FeO，透水、持水性能较强，但低于淀积层。棕黄土层平均厚度113 cm，分布深度188～301 cm，有机质含量低，质地为轻黏土，容重1.5～1.6 g/cm³，中块状，黏硬，在260 cm

处有潜水流出，透水、持水性能很弱。铁盘层平均厚度 60 cm，分布深度 301～361 cm，同样为坚硬的隔水层，切断了承压水与地表水的联系，质地为轻黏土，容重 1.7～1.8 g/cm^3。紫泥带平均厚度 222 cm，分布深度 361～583 cm，呈还原状态，有大量 FeO 分布，土层潜育为蓝色，质地为轻黏土，容重 1.5～1.6 g/cm^3，为深厚的隔水层。

从上述调查结果看出，三江平原两种白浆土与草甸土的土体构型有以下共性：首先是具有独特的水文状况，即受隔水层影响，透水性能弱，库容小，因而土体储水量少，在春秋集水期，草甸土易遭受涝害，而在干旱年份或季节，土壤易迅速干涸，严重危害作物生育。其次因黑土层厚薄不同及障碍层次的影响，土壤肥力差异大。

2. 白浆土微结构

岗地白浆土不同层次土壤微结构的显微照片如图 2-4 所示。实地观察表明，未经人为扰乱的自然林下的白浆土，在浅薄的黑土层下面可以观察到数厘米厚的片状结构的过渡层，其下为白浆层。但是在耕地上，由于大型机械的耕翻作业，片状的过渡层已经完全同黑土层混到一起，成为耕层的一部分。有的地方甚至将白浆层混入耕层内。图 2-4a 是自然林下白浆土表层土壤的微结构，该层土壤有机质丰富，有大量的植物根系和土壤动物的残留物质，土壤团粒结构发达，土质疏松，孔隙量大；图 2-4b 是耕地白浆土的耕层土壤，机械耕翻造成大量的白浆层碎片混入耕层内，使土壤团粒结构遭到破坏，孔隙变少，犁底层土壤变得更加紧实，孔隙量显著减少；图 2-4c、d 分别为白浆层和淀积层。白浆层土壤结构为片状，厚度为 2～3 mm，孔隙极少，而且均向水平方向发展，几乎观察不到有利于土壤排水的纵向孔隙，也无植物根系；淀积层土壤呈小核状结构。由于在制造薄片过程中，样品曾一度干燥收缩，故结构周围的孔隙比较明显。

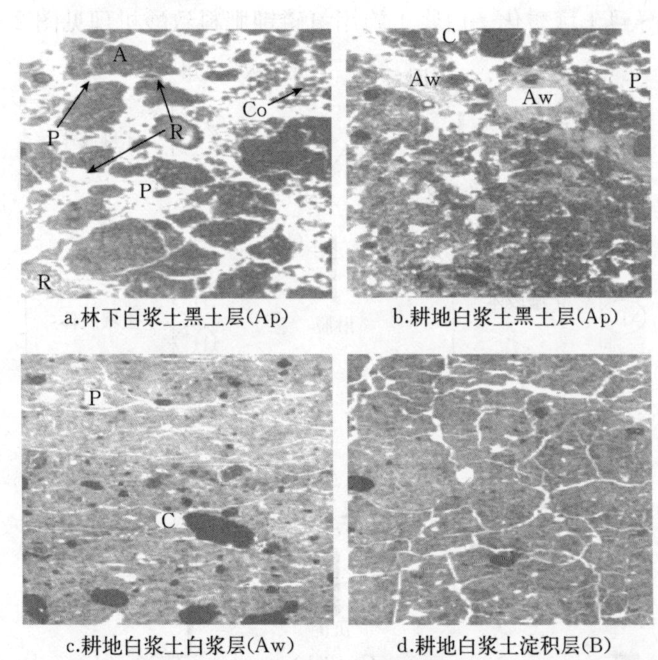

a.林下白浆土黑土层(Ap)　b.耕地白浆土黑土层(Ap)

c.耕地白浆土白浆层(Aw)　d.耕地白浆土淀积层(B)

图 2-4　白浆土土壤微结构

注：A 为团粒，C 为铁锰结核，Aw 为白浆层，Co 为土壤动物排泄物，P 为土壤孔隙，R 为未分解植物根系。

3. 白浆土致酸机理

(1) 土壤自然酸化。白浆土自然成土过程中的酸化机理见图 2-5。

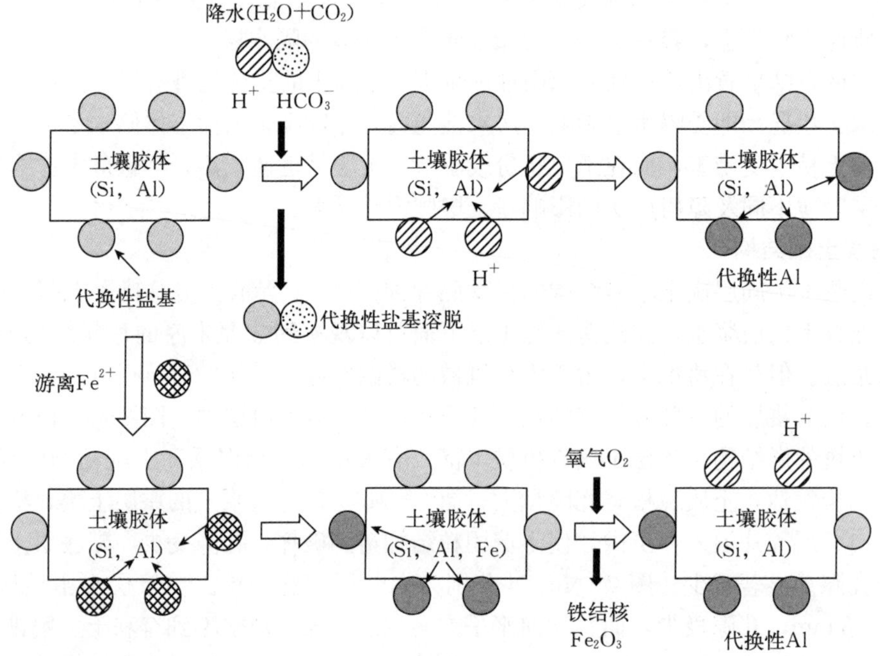

图 2-5 白浆土自然成土过程中的酸化机理

(2) 施用肥料导致土壤酸化。白浆土施用氮磷钾肥料致酸机理见图 2-6。

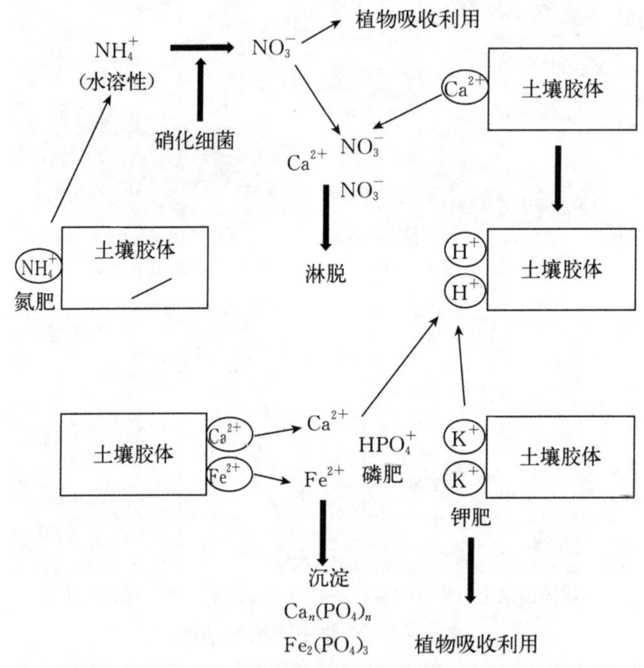

图 2-6 白浆土施用氮磷钾肥料致酸机理

（二）合理耕层评价

1. 白浆土评价指标

为了深入挖掘土壤潜在肥力，国内多家研究机构相继开展了白浆土关键土壤指标的探索，并积累了一定的研究成果。主要从两方面入手。

一是探索决定白浆土农业生态系统功能和结构的主导因子。依据土壤类型、地貌类型、土地潜在旱涝类型、白浆层厚度、黑土层厚度、有机质含量、施氮量、施磷量、土壤全氮含量、全磷含量、有效磷含量、速效钾含量、作物茬口、灌溉条件和作物品种 15 个差异因子，分析这些空间差异因子与小麦、大豆产量的相关程度。研究结果认为，在这 15 个差异因子当中，土壤类型、土地潜在旱涝类型、白浆层厚度和地貌类型是决定农业生态系统功能和结构的主导因子。影响岗地白浆土作物产量的主导因子，依次为土壤类型、土地潜在旱涝类型、白浆层厚度和地貌类型等。

二是探索决定土壤基础肥力的关键因子。在豆麦占种植结构主导地位的 20 世纪 80 年代时期，中低产田利用改良规划曾经“以产定土”，将粮豆每公顷产量低于 1 500 kg 列为低产田，1 500～2 250 kg 列为中产田，高于 2 250 kg 列为高产田。农业产量是由气象条件、土壤基础地力以及技术经济投入 3 个要素构成的，是一个综合指标，一方面包括一些当前条件下几乎是无法改变的气象条件，如生产季、热量、光照等，同时又受制于很多极不稳定的因素，如异常天气灾害、病虫害、栽培管理水平等，因此，单用产量划分中、低产田有很大的偶然性和不稳定性，在实际应用中会遇到很大的困难。原则上讲，应当根据耕地的基础地力来划分中、低产田。决定基础地力的因素包括地力条件、土壤理化性状以及农田基本建设与培改良使基础地力发生变化的技术经济投入。高水平化肥投入、高产品种以及提高经营管理水平所得到的增产部分是与基础地力没有关系的，不能作为划分中、低产田的依据。如果是施用有机肥料，使土壤有机质有所增加或使土壤结构得到改善；施用磷肥，使土壤中磷素有所积累，提高了土壤供磷水平，这些使基础地力发生变化的投入，其表现出的产量，可作为中、低产田划分的依据。因此，空白产量或称地力贡献可代表基础地力。从这一观点出发，黑龙江垦区中、低产田利用改良规划列出了白浆土耕层指标与作物产量相关权重排序（表 2-1）。

表 2-1　白浆土耕层指标与作物产量相关权重排序

权重排序	大豆	玉米	小麦	其他旱田作物
1	坡度	白浆层厚度	水分	水分
2	水分	水分	有机质（40 cm 土层内）	坡度
3	有机质	坡度	坡度	白浆层厚度
4	黑土层厚度	全磷	白浆层厚度	有机质（40 cm 土层内）
5	白浆层厚度	全钾	容重	全钾
6	全氮	全氮	全钾	容重
9	淀积层出现深度	容重	全磷	全氮

（续）

权重排序	大豆	玉米	小麦	其他旱田作物
10	容重	有机质（40 cm 土层内）	全氮	全磷
11	有机质（40 cm 土层内）	黏粒		黏粒
12	黏粒	有机质		有机质
13	全磷			土壤阳离子交换量（CEC）
14	土壤阳离子交换量（CEC）			
15	全钾			

表中水分是指正常、偏干或偏湿、过湿和渍涝 4 个分级。从土壤改良与利用历程来看，白浆土区域性低产特点主要由宏观治理能力、作物布局和土壤基础肥力决定。目前，白浆土地区的农业基础条件已经显著改善，高产作物玉米、水稻已经占据作物布局的主导地位，区域性低产特点逐步隐性化，但土壤基础肥力是一个不进则退的性状指标，在旱田仍占主导地位的地区，土壤退化、侵蚀、压实和污染风险加大。分析以往的研究结果，土壤类型、土地潜在旱涝类型、白浆层厚度和地貌类型是决定农业生态系统功能和结构的主导因子，土壤水分、白浆层厚度、土壤有机质以及坡度等是决定土壤基础肥力的关键因子。

2. 土层划分

白浆土的黑土层、白浆层和淀积层是依据土壤成土过程产生的差异人为划分的 3 个土壤发生层次。而在土壤耕作学中，主要是根据是否受土壤耕作影响以及作物根系生长的有效范围，依次划分为有效土层、耕层、心土层、犁底层、硬盘层。

有效土层是指作物根系可以自由穿透的土壤层次，一般土壤紧实度小于 20 kg/cm^2，土层厚度大于 10 cm。地表以下 50 cm 以内可能存在硬盘层影响有效土层，但通过心土耕可以有效改良，仍然可以认为是有效土层。

耕层也称之为耕层，是指土壤最上部进行耕作、施肥、灌溉，受人类影响最直接、最频繁的土层。

心土层是指耕层以下的土层总称。与耕层相比，心土层的致密化程度高，腐殖化程度低，有机质以及养分含量低。但也有例外，存在因耕层养分淋脱而形成肥沃度较高的心土层，可以通过土层置换、“翻天覆地”培肥耕层。

犁底层是指耕层由于机械耕作产生的致密化土层。犁底层上移或浅层化，会产生一系列问题。

硬盘层是指严重阻碍作物根系伸展、透水性极差的致密土层，土壤紧实度大于 20 kg/cm^2，土层厚度大于 10 cm。

白浆土的有效土层与黑土层的发育程度密切相关，一般黑土层有多厚，有效土层就有多深。辟为农田以后，普通土壤耕作深度一般在 20 cm 左右，主要作物的根系延续了自然植被的根系分布特征，集中分布在 20 cm 左右的耕层内，很难穿透白浆层。但对于多年生豆科牧草，如苜蓿，其发达的根系不仅可以穿透白浆层，而且可以深达淀积层，可以发挥很好的生物改土作用。可以认为，目前主要作物根系的有效土层即白浆土的黑土层，深度比较一致，一般在 20 cm 左右，但深度可能会随选择个别作物而有所变化。

如果说黑土层是白浆土的耕层或有效土层，白浆层则是天然的硬盘层。干旱时，土壤极端紧实度可以达到 40 kg/cm^2，有“旱天刀枪不入，雨天滴水不漏”之说。作为硬盘层，白浆层出露部位浅，引起表旱、表涝问题最为严重。深松、心土混层耕等改土措施，并不是为了打破犁底层，而是为了打破白浆层，缓解或消除硬盘层的障碍作用。

3. 土壤指标变动类型

在土壤质量评价中，根据时间因素土壤指标被分成快变、缓动、固有指标三类（表 2 - 2）。快变和固有两类指标的评价意义不大，一般多采用缓动指标。

表 2 - 2　土壤性状指标分类

快变指标（几天或数周）	缓动指标（受制于人为管理，数年）	固有指标（在成土过程中形成）
含水量	微生物群体	深度
田间呼吸量	土壤基础呼吸量	坡度
酸碱度，含盐量	蚯蚓/线虫数量	气候
碱解氮	有机质	质地
有效磷	活性有机质	石砾
速效钾	酶活性	脆盘
容重	水稳性团聚体	矿物质

注：土壤质量评价分类由美国俄亥俄州立大学南部中心 Rafiq Islam 博士提供。

（三）合理耕层结构与功能特征

1. 土壤理化指标基础

通过对黑土层厚度、有机质（20 cm）、全氮、全磷、全钾、阳离子交换量、容重、孔隙度、黏粒（<0.002 mm）、白浆层厚度、pH、有机质（40 cm）、淀积层出现深度、坡度 14 项土壤理化指标测定分析，得到表 2 - 3。由表 2 - 3 可知，上述 14 项土壤理化指标变异系数变化范围为 8.64%～72.57%，其中有机质（20 cm）、全磷、黏粒、有机质（40 cm）和坡度变异系数较大。

2. 土壤理化指标相关分析

对土壤各理化指标（表 2 - 3）进行相关性分析，结果如表 2 - 4 所示，黑土层厚度与有机质（40 cm）呈显著正相关，与淀积层出现深度呈极显著正相关；有机质（20 cm）与全氮、全磷、有机质（40 cm）呈极显著正相关，与容重呈显著负相关；全氮与全磷、有机质（40 cm）呈极显著正相关，与阳离子交换量和孔隙度呈显著正相关，与容重呈极显著负相关；全磷与白浆层厚度呈显著正相关，与有机质（40 cm）呈极显著正相关，与 pH 和坡度呈显著负相关；全钾与白浆层厚度呈显著负相关，与坡度呈极显著正相关；阳离子交换量与有机质（40 cm）呈极显著正相关；容重与孔隙度呈极显著负相关，与白浆层厚度呈显著负相关；黏粒（<0.002 mm）与白浆层厚度呈显著正相关，与坡度呈极显著负相关；白浆层厚度与坡度呈显著负相关；pH 与淀积层出现深度呈显著负相关，与坡度呈显著正相关；有机质（40 cm）与淀积层出现深度呈显著正相关。

表 2-3　土壤理化指标基础数据

土壤代号	黑土层厚度（cm）	有机质（20 cm）（%）	全氮（%）	全磷（%）	全钾（%）	阳离子交换量（cmol/kg）	容重（g/cm^3）	孔隙度（%）	黏粒（<0.002 mm）（%）	白浆层厚度（cm）	pH	有机质（40 cm）（%）	淀积层出现深度（cm）	坡度（°）
1	16.0	8.12	0.33	0.096	3.27	29.7	1.2	51.0	17.07	17	6.4	3.90	40.9	5.0
2	27.0	7.62	0.30	0.113	3.13	35.6	1.0	59.6	17.50	18	6.3	5.97	45.0	4.0
3	9.0	3.84	0.20	0.071	2.32	25.0	1.2	53.2	25.73	21	6.3	1.80	32.0	5.0
4	18.2	4.25	0.28	0.081	2.29	30.0	1.2	53.5	20.10	19	6.4	2.66	35.2	4.0
5	26.0	4.68	0.27	0.068	2.28	27.0	1.1	51.7	32.40	17	6.1	3.23	47.9	3.0
6	17.4	2.54	0.15	0.039	2.42	21.0	1.3	50.4	37.05	19	6.8	1.83	36.7	4.0
7	23.0	2.75	0.14	0.053	2.12	23.0	1.3	51.7	36.00	15	6.6	2.36	37.5	3.0
8	16.0	4.57	0.25	0.080	1.59	18.0	1.0	61.9	21.11	20	6.0	2.36	35.0	2.0
9	24.0	3.94	0.18	0.098	1.91	20.0	1.3	52.2	18.79	22	5.9	2.64	46.0	1.0
10	8.0	4.56	0.25	0.066	2.01	20.0	1.0	62.3	27.90	22	6.0	2.66	40.0	2.0
11	18.1	4.22	0.19	0.097	2.18	29.0	1.1	49.8	43.23	24	6.0	3.11	41.5	2.0
12	24.6	3.99	0.25	0.122	2.36	38.0	1.2	51.6	40.60	20	6.0	4.73	44.5	1.0
13	17.7	6.41	0.33	0.136	2.18	31.0	1.0	62.4	39.22	25	5.9	4.03	42.2	0.5
14	26.0	5.79	0.28	0.120	2.03	20.0	1.1	60.0	54.93	24	5.5	3.98	45.0	0.2
15	18.0	7.60	0.38	0.116	1.47	44.0	1.0	60.6	55.00	28	6.6	4.47	38.0	0.5
16	23.0	4.43	0.21	0.078	2.06	40.0	1.2	53.9	40.00	17	6.3	3.28	40.0	0.2
平均值	19.500	4.957	0.249	0.090	2.226	28.206	1.138	55.363	32.914	20.500	6.194	3.313	40.463	2.338
标准差	5.727	1.684	0.068	0.027	0.461	7.958	0.115	4.783	12.445	3.502	0.330	1.136	4.519	1.696
变异幅度（%）	29.372	33.966	27.216	30.363	20.690	28.214	10.088	8.639	37.811	17.085	5.321	34.299	11.168	72.566

表 2-4　土壤理化指标相关分析

项目	黑土层厚度	有机质 (20 cm)	全氮	全磷	全钾	阳离子交换量	容重	孔隙度	黏粒 (<0.002 mm)	白浆层厚度	pH	有机质 (40 cm)	淀积层出现深度	坡度
黑土层厚度	1													
有机质 (20 cm)	0. 079 738	1												
全氮	0. 003 602	0. 887 413**	1											
全磷	0. 311 778	0. 661 854**	0. 667 654**	1										
全钾	0. 127 006	0. 320 313	0. 091 618	0. 025 835	1									
阳离子交换量	0. 251 354	0. 468 789	0. 500 893*	0. 466 15	0. 124 768	1								
容重	0. 161 289	−0. 600 82*	−0. 681 63**	−0. 471 31	0. 184 469	−0. 198 12	1							
孔隙度	−0. 189 38	0. 469 241	0. 562 222*	0. 408 928	−0. 353 23	−0. 007 42	−0. 815 98**	1						
黏粒 (<0.002 mm)	0. 200 442	−0. 008 64	0. 102 263	0. 270 028	−0. 469 75	0. 301 218	−0. 144 89	0. 124 833	1					
白浆层厚度	−0. 244 93	0. 300 781	0. 413 679	0. 574 277*	−0. 518 62*	0. 131 672	−0. 497 66*	0. 493 078	0. 526 101*	1				
pH	−0. 180 82	−0. 104 68	−0. 143 24	−0. 538 44*	0. 206 23	0. 285 201	0. 359 173	−0. 355 4	−0. 129 76	−0. 366 74	1			
有机质 (40 cm)	0. 515 935*	0. 751 226**	0. 670 552**	0. 774 373**	0. 352 253	0. 653 813**	−0. 477 47	0. 315 878	0. 175 838	0. 179 316	−0. 196 46	1		
淀积层出现深度	0. 698 056**	0. 282 572	0. 195 984	0. 464 644	0. 214 545	0. 117 166	−0. 128 25	−0. 026 66	0. 126 056	0. 023 167	−0. 526 56*	0. 585 101*	1	
坡度	−0. 318 75	−0. 046 18	−0. 152 66	−0. 506 05*	0. 658 825**	−0. 214 9	0. 280 012	−0. 404 92	−0. 641 82**	−0. 538 65*	0. 532 306*	−0. 258 33	−0. 386 14	1

注：*表示在 0. 05 水平上显著相关，**表示在 0. 01 水平上显著相关。

3. 大豆、玉米产量与土壤理化指标多元回归

（1）大豆。将黑土层厚度、有机质（20 cm）、全氮、全磷、全钾、阳离子交换量、容重、孔隙度、黏粒（<0.002 mm）、白浆层厚度、pH、有机质（40 cm）、淀积层出现深度、坡度作为自变量，将大豆产量作为因变量进行逐步回归分析，经过模型自动识别，最终余下黑土层厚度、容重、pH、坡度共 4 项，R^2 为 0.961，表明黑土层厚度、容重、pH、坡度可以解释大豆产量的 96.1%变化原因。模型通过 F 检验（$F=68.242$，$P<0.05$），模型有效。模型公式为：大豆产量＝－85.854＋2.543×黑土层厚度＋25.971×容重＋16.451×pH－5.688×坡度，模型较好。分析可知：黑土层厚度、容重、pH 和坡度的回归系数分别为 2.543（$t=11.535$，$P=0.000<0.01$）、25.971（$t=2.309$，$P=0.041<0.05$）、16.451（$t=3.854$，$P=0.003<0.01$）、－5.688（$t=-6.743$，$P=0.000<0.01$），表明黑土层厚度、容重、pH 会对大豆产量产生显著的正向影响关系，坡度会对大豆产量产生显著的负向影响关系。

（2）玉米。将黑土层厚度、有机质（20 cm）、全氮、全磷、全钾、阳离子交换量、容重、孔隙度、黏粒（<0.002 mm）、白浆层厚度、pH、有机质（40 cm）、淀积层出现深度和坡度作为自变量，将玉米产量作为因变量进行逐步回归分析，经过模型自动识别，最终余下黑土层厚度和坡度共 2 项，R^2 为 0.637，表明黑土层厚度，坡度可以解释玉米产量的 63.7%变化原因。模型通过 F 检验（$F=11.416$，$P<0.05$），模型有效。模型公式为：玉米产量＝155.343＋3.148×黑土层厚度－10.712×坡度。模型较好。分析可知：黑土层厚度和坡度回归系数值分别为 3.148（$t=2.778$，$P=0.016<0.05$）和－10.712（$t=-2.800$，$P=0.015<0.05$），表明黑土层厚度对玉米产量产生显著的正向影响关系，坡度会对玉米产量产生显著的负向影响关系。

第二节 东北平原白浆土区旱地合理耕层构建技术

土壤耕作属于耕作制度范畴。广义的耕作制度是指农作物栽培的方式及用地、养地农业技术体系的总称，又称农作制度。以种植制度和作物布局为中心，包括土壤耕作、栽培、施肥、灌溉、水土保持、植保等农业技术措施的综合运用。田间土壤耕作，一般是指通过机械手段，向土壤施加机械作用力，以创造适合作物生长发育需求的土壤物理条件为目的的机械作业。

为了减少作业次数，避免反复压实土壤，平翻、耙地、起垄联合整地一体机械在机械化程度较高的地区有所发展。白浆土区土壤板结、耕层浅薄，表旱、表涝严重，客观上对于合理的、科学的土壤耕作制度比其他邻近土壤要求更高。

一、土壤耕作与培肥对耕层结构与功能的影响

（一）土壤耕作与培肥对耕层结构的影响

1. 土壤应力

耕作机械向土壤施加机械作用力，土壤会产生支撑力（土壤紧实度）、剪断力（土粒

之间的结合力）、黏着力（土粒与机具之间的结合力）等抵抗应力，从而对耕作机械的牵引力、行走速度、打滑率、燃料消耗以及作业效率等产生影响。土壤抵抗应力大小与土壤质地和含水量密切相关。粗质地的土壤，支撑力较强，剪断力、黏着力较弱，机械作业效率较高。相反，细质地的土壤，支撑力较弱，剪断力、黏着力较强，机械作业效率较低。土壤含水量对土壤抵抗应力的影响相对较为复杂。随着含水量增加，土壤的支撑力、剪断力逐渐减小，黏着力先增后减，含水量再大时，土壤抵抗应力消失，耕作机械向土壤施加的机械作用力也随之消失。土壤水分一般在塑限（干土加水刚好可以搓成条状时的水分含量）附近时，耕作阻力最小，碎土效果最好。此外，土壤抵抗应力大小还与机具材质、曲面设计相关，采用塑料材质犁壁、栅条形犁壁设计等方法可以有效降低土壤抵抗应力。

2. 土壤三相及水分变化

受到耕作机械向土壤施加机械作用力的影响，耕作前后土壤的物理性质会发生显著变化。耕作前土壤容重为 1.5 g/cm^3 左右，土壤孔隙比在 0.7～0.8；耕作后土壤容重可降低到 1.1～1.2 g/cm^3，土壤孔隙比达到 1.0 以上。耕作可以提高土壤通气透水性能，副作用是保水性降低。年年耕作，表层土壤疏松，但机械反复压实心土，加之细颗粒土壤沉降，表层之下土壤会形成坚硬的犁底层，即所谓的透水不良的硬盘层，对于水田具有保水作用，对于旱田则会阻碍根系伸展，因此需要深松。

3. 心土紧实度

白浆土存在不良层次白浆层，该层土壤粉沙含量高，容易沉实，造成土壤板结、紧实。为了降低白浆层紧实度，淀积层混拌白浆层后，土壤机械组成由原来的两层变为三层，即耕层、混拌层和淀积层，土壤紧实度明显降低。从图 2－7 可以看出，土壤处理 2 年后，对照区 0～60 cm 土层土壤紧实度值随着土层加深先增大后减小，在 20～40 cm 处出现峰值。心土混合及配施改土物料区各处理随着土层深度的加深紧实度由小变大，白浆层区域没有出现峰值。经过心土混合处理的小区 0～20 cm、40～60 cm 土层土壤紧实度与对照区相比虽有下降，但变化不明显，20～40 cm 混合层土壤紧实度明显下降，下降幅度为 40％～50％，根系能够下扎，满足根系正常生长要求，改土效果显著。

（二）土壤耕作与培肥对耕层功能的影响

1. 土壤熟化

（1）旱作熟化。东北旱作土壤是一年种一季作物，通过耕作、施肥、灌溉等措施培育出的土壤。黑土、草甸土、白浆土旱作熟化过程中有一些共同点，开垦前积累大量有机质，结构好，潜在肥力高，低平地土壤春季返浆现象普遍、地温低，通气透水性能差，雨季易涝，影响土壤潜在能力的发挥。开垦后，针对有机质多、土性冷、湿、黏等特点，采取深耕以破坏密集的草根层和杂草的再生能力，造成深厚疏松的耕层；加强中耕铲趟促进土壤微生物的活动，加速有机质的分解，使养分逐步释放以供应作物需要；实行垄作、晒垡，开排水沟排出过多水分；施用热性肥料和含磷钾多的肥料，提高地温。土壤逐步由原来的冷浆变为热潮适量掺部分细沙，进一步改善土壤通气透水性能。土壤生产特性变为热潮、土体沉实、结构好、肥沃度高。如果不注意熟化土壤、在坡地不注重水土保持，则肥沃的表层受到冲刷，有

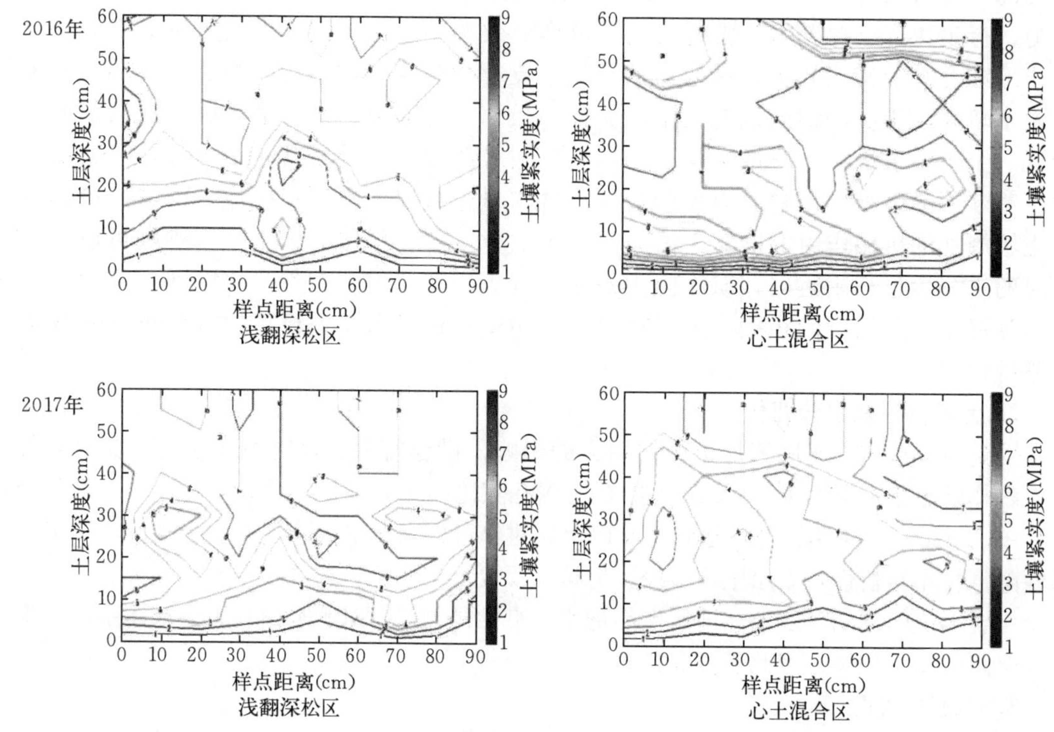

图 2-7　不同处理对土壤紧实度的影响

机质逐渐消耗，结构变差，肥力降低，导致作物减产。可见本区土壤虽然潜在肥力高，但只有采取正确的耕作措施，才能使土壤肥力可持续利用。

(2) 改造熟化。处于不利自然条件的低产土壤，土壤肥力方面多存在突出的不利因素，如土壤侵蚀、风沙、盐碱等，必须通过人为措施对土壤进行改良，才能使土壤向肥沃的方向发展。

黑龙江省农业科学院佳木斯分院土壤肥料研究室在黑龙江省八五四农场白浆土上开展了心土配肥试验，结果表明：白浆土耕层翻转，白浆层与淀积层随机混拌，明显降低了白浆土心土紧实度，提高了土壤通透性和储水库容，有利于作物根系下扎，促进了作物生长发育。调查数据显示，0～20 cm 土层土壤物理性质变化不明显，20～40 cm 土层土壤含水率明显提高。心土混合配施改土物料各区含水率提高幅度为 2.11～6.11 个百分点，改善土壤三相比值，固相降低，降低幅度为 8.5～9.97 个百分点，液相和气相提高，提高幅度分别为2.82～5.41 个百分点和 3.89～6.65 个百分点，容重降低，降低幅度为 10.13%～17.09%，40～60 cm 土壤物理性质变化不明显。说明白浆土土体构型差，物理性状不良，水气失调，心土混合配施改土物料后，白浆土坚硬的白浆层被打破，土壤通透性提高，土壤物理性状得到明显改善。

白浆土白浆层有机质含量低，粉沙含量高，养分含量低，特别是有效磷含量低，土壤呈酸性，影响作物对有效养分的吸收利用。秸秆、磷肥和石灰还入 20～40 cm 心土层，心土层养分得到明显改善，2 年后调查白浆土改土效果，不同处理与对照区相比心土层速效养分含量和全量养分含量提高了，有机质、全氮、全磷、全钾、碱解氮、有效磷和速效钾均得到不同程度提高，特别是添加磷肥处理变化明显，是对照处理6.5～6.8倍。加石灰处理20～60 cm土层pH得到提高，20～40 cm和40～60 cm土层分别提高7.55%～7.89%和3.89%～4.06%。

2. 秸秆还田

农作物秸秆是农田生态循环中重要的物质基础，对于维持农田生态平衡具有十分重要的作用。近年来，随着玉米播种面积的不断扩大，玉米秸秆等生物产量的不断增加，秸秆量越来越大，而秸秆中含有大量的有机质、氮、磷、钾和微量元素，是农业生产重要的有机肥源之一，能够提高土壤肥力、保护农田生态环境、增加耕地综合生产能力。秸秆作为植物残体，含有作物生长所需的大量和微量元素，这些营养元素在秸秆腐解过程中陆续释放出来为作物所利用。土壤有机质是土壤的重要组成成分，是衡量土壤肥力的重要指标。相关研究结果表明，2年的玉米秸秆还田能够增加土壤有机质含量，但对土壤全氮的影响不大；秸秆全量还田可以增加大豆生长后期的土壤全磷和全钾含量，而根茬还田对其影响较小。土壤速效养分主要来自土壤有机质的矿化和施入土壤中肥料的速效成分，这部分养分是作物养分的直接来源，也是土壤重要的属性之一。从本试验研究结果可以看出，秸秆还田增加了土壤碱解氮含量；秸秆全量还田增加了土壤速效钾含量，而根茬还田对土壤速效钾含量影响不大，这与前人研究结果相似。因此，在寒地白浆土条件下，秸秆还田能够增加土壤养分，且以秸秆全量还田效果最好。

二、合理耕层构建技术

（一）合理耕层构建技术指标

1. 黑土层厚度

在翻耕前或收获期测定，白浆土剖面中黑土层厚度应该在20～25 cm，或大于此范围。采用深松或非常规措施，使旱田农作物根系有效深度达到60 cm以上。

2. 白浆层紧实度

土壤pF为3.8左右时，采用穿透式紧实度计（锥角30°，截面积2 cm^2）测定白浆层紧实度，紧实度应为2.0 MPa。耕层容重应在1.1～1.2 g/cm^3。

3. 心土层（白浆层和淀积层）**透水系数**

心土层（白浆层和淀积层）透水系数即饱和透水系数，为2×10^{-4}～4×10^{-4} mm/s。耕层排水速率达到20～50 mm/d，耕层（地表）水下降速度，1 d后30 cm以下，2 d后40 cm以下。

4. 气相率

土壤pF为1.5时气相率为15%～20%，亦即耕层排出重力水时的孔隙度。

5. 土壤适宜耕作水分

黑土层为26%～28%（干基），白浆层为18%～22%（干基），淀积层为27%～30%（干基）。土壤适宜耕作水分指土壤液性下限水分，即手搓土球变碎时的土壤水分。

6. 临时潜水位

临时潜水位是白浆土旱地合理耕层构建化学性质关键指标，在60 cm以下。

7. 土壤 pH

土壤 pH 是土壤反应指标，主要用于微量元素施用时参考。水浸 5.5～6.5，盐浸 4.5～5.5。

8. 有机质

有机质是土壤基础肥力指标，土壤耕层有机质应大于或等于 3%。

9. 耕层速效养分

耕层速效养分是土壤供肥能力指标，土壤耕层碱解氮（N）180～240 mg/kg，有效磷（P_2O_5）15～25 mg/kg，速效钾（K_2O）150～260 mg/kg。

10. 阳离子交换量（CEC）

阳离子交换量是土壤保肥能力指标，耕层土壤阳离子交换量 20～30 cmol/kg。

11. 电导度（EC）

电导度是土壤盐分指标，耕层土壤电导度 0.2～0.5 mS/cm。低于临界值，表明土壤养分匮乏；高于临界值，根系吸水受阻。

12. 微量元素临界值

锌临界值 0.5 mg/kg，钼临界值 0.15 mg/kg。

13. 碳氮比（C/N）

耕层土壤碳氮比（C/N）应调节为（25～30）∶1。碳氮比成倍增加，容易导致有害病菌繁殖，土壤呈现氮素饥饿状态。碳氮比极高时，宜适当补充氮肥。

（二）合理耕层构建技术与土壤耕作制度

1. 机械改土技术分类

机械改土技术，是以提高土地生产力为目的，利用现代农业机械改造土壤剖面中的不良性状的技术。通过机械改土，可以有效地改良土壤中的障碍因素，如增加耕层厚度，改善土壤通透性；加速土壤熟化，提高土壤肥力；消除土壤障碍层，改善土体构型，提高作物产量；消除杂草残渣，防除病虫害等。目前，我国针对不同土壤类型所采用的机械改土技术如下。

（1）深耕。利用铧式犁、深松机等深翻深耕土壤，将土体深层的土壤翻上来、浅层土壤覆下去，或者在不搅乱土层的情况下深耕。作业深度以打破犁底层为宜，一般为 25～50 cm。

（2）混层耕。将土体中的两个或两个以上层次进行机械混拌的耕作技术。

（3）深松。保持原土层基本不变，利用深松机等打破犁底层而加深耕层，作业深度一般 25～35 cm。若深度打破黏磐层则称之为超深松，作业深度一般为 35～50 cm。

（4）心土混层耕。在保证耕层位置不变的前提下，利用心土混耕犁、心土培肥犁等将第二层和第三层土壤按适当比例混拌，以创造一种沙黏适中、有利于作物生长的土体构型。

（5）客土改良。利用外源土壤或其他物料改造理化性状不良的土壤。常见对黏重的土壤掺入沙土等粗质地材料，对沙性土壤掺入黏土、河泥等材料以达到改变土壤质地、适宜作物耕种的目的。

（6）有机物料心土回填。在保持耕层位置不变的前提下，向心土层施入有机物料（如秸秆、食用菌渣等）形成夹层，以改善剖面中水盐运移不良的状态，同时提高土壤的养分含量。

2. 白浆土土壤耕作特点

由于白浆土土体构型特殊，决定了旱作白浆土耕地机械作业的特点，即打破障碍层次白浆层，生产上广泛应用的是深松技术，特点是改土效果明显，一次投入成本偏低，但是需要年年深松。黑龙江省农业科学院佳木斯分院土壤肥料研究室采用淀积层与白浆层混拌技术，彻底改变了白浆土的土体构型，一次作业后效可达5年以上，有效地改善了白浆土物理性质，提高了白浆土区旱田作物产量。

3. 白浆土保护性耕作

旱田白浆土地区主要农作物是玉米和大豆，受价格以及农机因素的影响，近年来，玉米种植面积呈上升趋势，产生了大量玉米秸秆。一直以来，玉米秸秆是农村主要燃料，但随着农村生活水平的提高，天然气等清洁能源逐渐替代了作物秸秆，加之玉米秸秆密度小、体积大、运输和存放成本高，使得各种利用途径难以实施，且由于秸秆是易燃物品，集中存放极易引起火灾。另外，由于原有的耕作方式使得耕地的土壤有机质含量逐年下降，土壤水蚀、风蚀情况严重，地力亟待提升。生产中追求高产，盲目过量施用化肥，耕地土壤板结越来越严重。为了达到地力提升、区域农业可持续发展的目的，补偿土壤的有机质含量已经是农业生产上迫在眉睫的头等大事。把过剩的秸秆覆盖在地表，可以降低土壤风蚀程度和防止土壤内的水分蒸发，同时也减轻了农业从业人员的劳动强度。保护性耕作可减少大风刮起的沙尘暴、增加土壤有机质、培肥地力的功用已经成为人们的共识，所以近年来，保护性耕作逐渐引起各相关部门和生产者的重视，并得以推广和实施。

第三节 东北平原白浆土区旱地合理耕层构建技术模式

一、白浆土心土改良与培肥技术

心土混层耕是以现代机械为手段，以改良或利用表层以下土壤即心土为目的的一种新的改土技术。在20世纪50—60年代，我国开始进行深耕试验，苏联在灰化土上进行分层深耕试验，美国研究剖面改良技术，以及80年代日本研究的混层耕及反转客土耕，其目的或为了加厚活土层，或为了消除某一障碍层次，或为了利用深层肥沃土壤。从中反映出的一个共同倾向，就是人们对心土的日益重视。我国学者认为，决定土壤肥力的物质基础，不但包括土壤的“体质”，还包括土壤的“体型”。基于土壤体型的某些改良措施虽未给土壤带来新鲜物质，但却提高了作物产量。显而易见，为作物创造一个良好的土体构型，是土壤改良工作的一项重要内容。

过去在改良白浆土的研究和实践中，往往只注意对表层土的改良，多从增加土壤养分和提高土壤有机质等方面入手，虽然收到一定的改土增产效果，但没有从根本上消除白浆层的不良影响。黑龙江省农业科学院佳木斯分院20世纪80年代开始进行白浆土土体构型改造的研究，提出了在保证白浆土耕层位置不变的前提下，使白浆层和淀积层按比例混拌，以创造一种沙黏适中的土体构型，提出了白浆层与淀积层适宜混拌比例，为研制改土机械提供了农艺参数。在此基础上与日本国际协力机构（JICA）合作，分别对分布在八五三农场、前进农场、创业农场及富锦市、宝清县等地的白浆土做了典型调查，研制出两段式心土混层耕犁，重点在八五三农场进行心土混层耕改造白浆土效果试验。其后，与日本专修大学环境科学研究所合作共同研制出三段式心土混层犁，改土机械成功实现了“上翻 20 cm，下混 30～40 cm”的农艺要求。同时，还研制出秸秆心土混合犁，在完成以上农艺措施的前提下，又实现了向心土还入秸秆的农艺措施，为彻底改变心土理化性状提供了技术支撑。

为了提高改土作业效率、降低作业成本、克服秋季心土过饱和导致陷车弊端，借助国家科技攻关和国际合作契机，共同研制出心土间隔混层犁。通过承担农业农村部东北平原白浆土区旱地合理耕层构建行业项目，设计和制造了双联式心土间隔混层犁，2017 年秋季试车成功，为大面积应用机械改土手段改良白浆土提供了坚实的技术储备。

（一）淀积层混拌白浆层改土机理

1. 土层间基础肥力存在明显差异

白浆土盆栽模拟试验的研究结果表明，黑土层、白浆层和淀积层的土壤基础肥力，具有黑土层＞淀积层＞白浆层的趋势，淀积层混拌白浆层（$B+A_w$）＞黑土层混拌白浆层（A_p+A_w）。白浆土盆栽小麦长相，白浆层最差，混入黑土层越多（$A_p:A_w=4:1$；$2:1$；$1:1$），小麦长相越差，淀积层混拌白浆层（$B+A_w$）小麦长相明显好于黑土层混拌白浆层（图 2－8a）。白浆土盆栽水稻根系发达程度也是黑土层＞淀积层＞白浆层（图 2－8b）。水稻根系的颜色反映了各层土壤的游离铁丰度。根系呼出的氧气使二价游离铁氧化成三氧化二铁，在根周形成红色的铁壳。水稻根系的颜色黑土层最深，白浆层和淀积层的最淡，显示黑土层的游离铁较多，而其他两层的较少，黑龙江八一农垦大学也开展了相应的白浆土盆栽试验并得到类似结论。在白浆层中添加不同的改土物料并种植不同的作物（小麦、大豆、玉

图 2－8　白浆土盆栽各土层及混拌层作物长势

a. 小麦植株，黑土层（A_p），白浆层（A_w），淀积层（B），黑土层与白浆层混拌（A_p+A_w），白浆层与淀积层混拌（$B+A_w$）；b. 未垦白浆土无肥区水稻根系。

米），各种处理中，加黏土调节白浆层的机械组成，再配合施用氮、磷、钾，有很好的增产效果，优于单施化肥的处理。

2. 淀积层与白浆层混拌改变了心土质地

白浆土在土壤机械组成上具有两层性：白浆层粉沙（0.001～0.005 mm）含量高，黏粒（<0.001 mm）含量低，沙黏比高达 1.7 以上。相反，淀积层粉沙含量低，黏粒含量高，沙黏比只有 0.3。黑土层、白浆层和淀积层的沙黏比依次为 1.8、1.6、0.3，黑土层、白浆层的土壤质地均为黏壤土，淀积层的则为黏土。混拌层各部位的沙黏比大致介于白浆层和淀积层之间，多为 0.8 左右，土壤质地有黏土、粉黏土、粉黏壤土，轻黏不一。普通耕作措施例如深翻或深松并不能改变土壤质地，而淀积层混拌白浆层以后，白浆土的心土质地发生了明显改变。

3. 心土理化性状得到改善，作物增产效果明显

田间试验和盆栽模拟试验的研究结果表明，最适宜的沙黏比为 0.8 和 1.0。混拌以后，降低了白浆层的复原性，改善了土壤易板结、淀浆的不良特性，土壤容重和紧实度明显降低，通气孔隙增加 12.6%～16.7%，改善了白浆土的水分性质，土壤水分特征曲线由平缓趋于倾斜，提高了土壤抗旱、抗涝能力，土壤交换性阳离子得到调剂，过氧化氢酶含量有所提高，扩大了土壤库容，扩展了作物根系的生活（吸水、吸肥）领域，白浆层的不良影响得到明显缓解。在诸种土体构型中，淀积层混拌白浆层 1∶1 和 0.5∶1 型具有持续增产的效果，玉米、大豆、甜菜等作物的增产率为 12%～52%。据此提出了“上翻 20 cm，下混 30～40 cm”的农艺参数。

（二）心土改良与培肥机械

根据白浆土在机械组成上呈现两层性的特点，赵德林提出了以淀积层的“黏”来治白浆层的“沙”的改土路线，经过多年试验研究，明确了“上翻 20 cm，下混 30～40 cm”的改土原理。新家宪等根据其改土理论成功地研制了三段式心土混层犁（图 2-9），这一改土机械可以在保持黑土层位置不变的条件下，实现白浆层和淀积层的随机混拌，在三江平原国营农场和地方市县进行了大面积改土示范，对白浆土物理性质的改良效果十分明显，一次改土

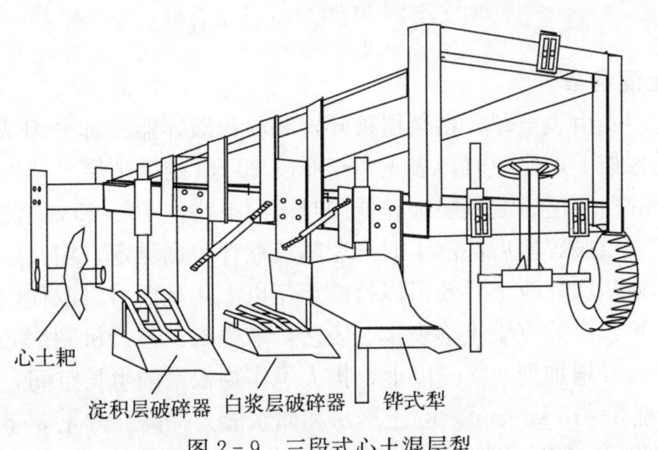

图 2-9　三段式心土混层犁

后效可持续5年以上。在此基础上，根据改土实践需要，又先后设计制造了心土间隔混拌犁（图2-10）和根茬秸秆心土混合犁（图2-11）。通过承担农业农村部东北平原白浆土区旱地合理耕层构建行业项目，设计和制造了双联式心土间隔混层犁，2017年秋试车成功，为大面积应用机械改土手段改良白浆土提供了坚实的技术储备。

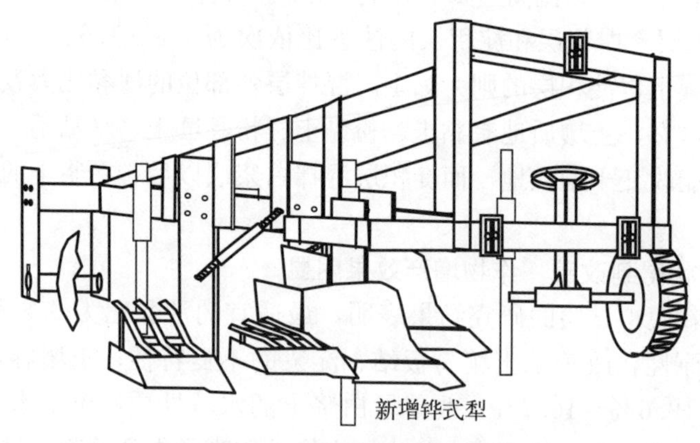

图2-10　心土间隔混拌犁

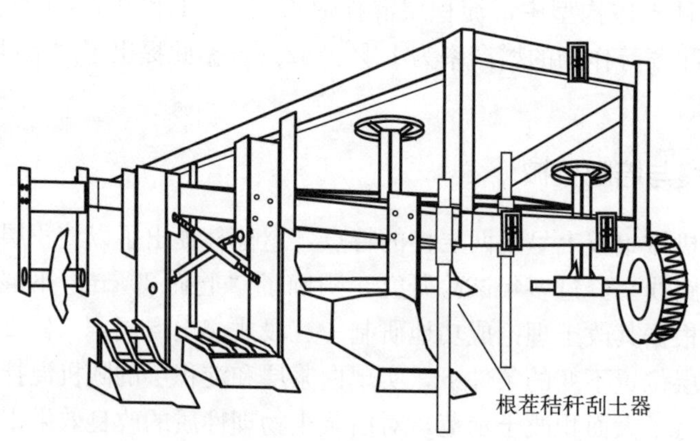

图2-11　根茬秸秆心土混合犁

1. 三段式心土混层犁

三段式心土混层犁由表土犁、白浆层破碎器和淀积破碎器三部分组成（图2-9）。这些部件顺次安装在主犁架上，作业时，表土犁将厚度20 cm的黑土层平移反转，白浆层破碎器随即向下耕作20 cm白浆层，淀积层破碎器同时再向下耕作10～20 cm淀积层。被耕起的白浆层和淀积层在淀积层破碎器后部落下时产生随机混拌。据测定，白浆层与淀积层混拌率达70%。改土机械作业1次，改土后效可以持续5年以上，从而可以取代白浆土区年年深松或隔年深松的做法，可以有效克服土壤表旱、表涝，增强农田稳产机制。心土混拌以后，作物根系有效土层由20 cm增加到30 cm以上，扩大了作物根系的生长空间，心土土壤紧实度由20～50 kg/cm^2 降至5～15 kg/cm^2。心土透水和储水能力提高。改土5年后测定的土壤紧实度依然没有恢复（图2-12）。改土效益期内，作物增产率在10.1%～27.5%。

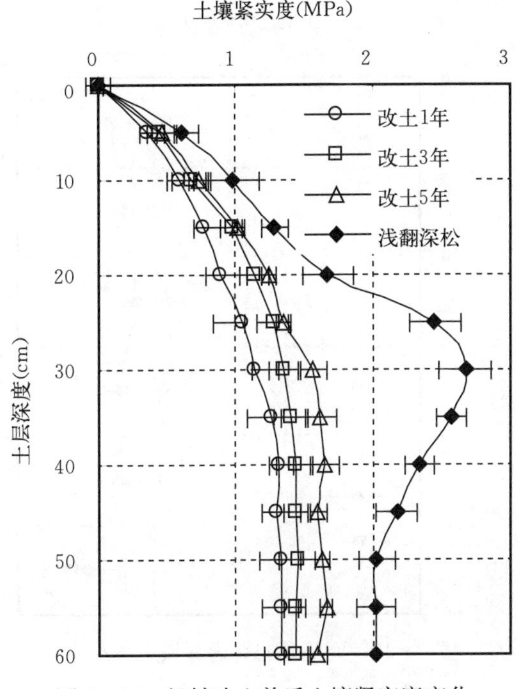

图 2-12　机械改土前后土壤紧实度变化

2. 心土间隔混拌犁

心土间隔混拌犁是较早开发的三段式心土混层犁的改进型，该改土机械主要由 4 个主体机械部件构成：新增的和原有的第一犁为表土犁，第二犁为白浆层破碎器，第三犁为淀积层破碎器，这些部件顺次安装在主犁架上，作业时，原有的第一犁作业幅宽 46 cm，其下心土混拌幅宽 30 cm，心土未混拌幅宽 16 cm；新增的第一犁作业幅宽亦为 46 cm，其下心土未混拌幅宽 46 cm，从而实现 30 cm 混拌、62 cm 未混拌的心土间隔混拌，心土紧实度明显降低，改土后效可持续 5 年以上，有利于作物根系生长发育。间隔犁与普通深松土壤水分对比见图 2-13。

3. 双联式心土间隔混拌犁

在心土间隔混拌犁的基础上，根据生产需要，研发出双联式心土间隔混拌犁（图 2-14），与心土间隔混拌犁相比，作业效率增加了 2 倍，与三段式心土混层犁相比，作业效率增加了 4 倍。间隔混拌犁改土作业后，土壤剖面如图 2-15 所示。

4. 根茬秸秆心土混合犁

三段式心土混层犁、心土间隔混拌犁混彻底或部分打破了白浆层，在降低白浆土心土紧实度、增加土壤通透性方面发挥了积极作用，并且改土效果持久。但这类改土机械只是改变了白浆土的不良物理性质，白浆土心土养分贫瘠的不良化学性质并没有改变。随着改土实践的不断深入，在已有三段式心土混层犁的基础上，具有将根茬和秸秆混入心土作用的根茬秸秆心土混合犁被研制开发出来，这一兼具综合改土目标的改土机械为进一步解决白浆土心土养分贫瘠的不良化学性提供了可行性，也为解决秸秆过剩问题开

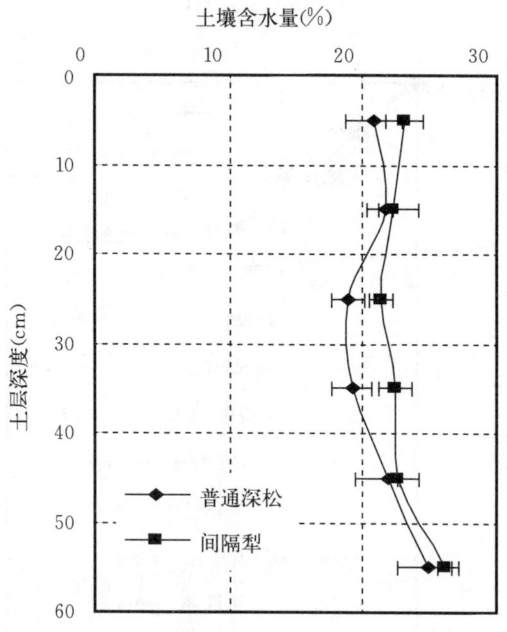

图 2-13　间隔犁与普通深松土壤水分

图 2-14　双联式心土间隔混拌犁

辟了新的途径。

根茬秸秆心土混合犁由 4 部分组成，分别为第一犁滚垡犁、第二犁根茬刮土器、第三犁栅条型心土破碎器和第四犁栅条型根茬心土混合器（图 2-11）。作业时，第一犁翻耕 20 cm 表土层；第二犁随即将下一垡表层根茬 3～5 cm 刮入第一犁耕起的犁沟中；第三犁沿着第一

心土间隔混拌犁改土作业剖面

双联式心土间隔混拌犁改土作业剖面

图 2-15　间隔混拌犁作业后土壤剖面

犁的犁沟表面向下耕起约 20 cm 心土，同时第四犁沿着第三犁犁沟表面再向下耕起 10～15 cm心土。第二犁耕起的根茬与第三犁、第四犁耕起的两层心土，经第四犁的栅条末端落下，横垡变立垡，产生土层混拌和秸秆与心土随机混拌。重复作业时，下一垡已经被刮掉根茬的厚 15～17 cm 的表土层被翻扣在已经混拌和培肥的心土之上。

研究结果表明，与浅翻深松相比，秸秆心土混合改善心土层土壤理化性质，20～40 cm 土层土壤含水量提高幅度为 2.69%～4.90%；紧实度降低 40%～50%，且没有出现峰值；改善土壤通透性，固相降低幅度为 4.51～2.14 个百分点，液相增加幅度为 1.17～4.13 个百分点，气相增加幅度为 0.38～0.98 个百分点，容重下降幅度为 0.16～0.11 g/cm^3；心土层养分含量提高，碱解氮提高 17.33%，有效磷提高 16.39%，速效钾提高 37.86%，有机质提高 36.86%，同时提高心土层全量养分含量，缓解土壤酸性。连续 2 年调查大豆产量，秸秆心土混合区比对照区增产 15.77%～16.33%。

（三）心土改土机械作业参数

上述改土机械作业参数如表 2-5 所示。

表 2-5　心土改良与培肥机械作业参数

改土机械	作业幅宽 (mm)	作业深度 (mm)	作业效率 (hm^2/8 h)	牵引阻力 (kN)	土壤比阻 (N/cm^2)
三段式心土混层犁	460	450～550	3.0	30～35	15.2
根茬秸秆心土混合犁	460	450～550	2.5	35～40	15.8
心土间隔混拌犁	920	450～550	6.0	40～45	14.1
双联式心土间隔混拌犁	1 840	450～550	10.0	90～100	15.6

(四) 心土改良与培肥技术应用前景

随着生产力水平的提高，机械改土已经成为白浆土改良的主要途径。在改土实践当中，根茬秸秆心土混合犁能够有效改善心土理化性状，在降低土壤紧实度、增加土壤含水量方面具有突出效果，作物产量增加明显，而且也能够延长改土时效。

白浆土的心土在作物生育期间经常呈现“硬、板、瘦”的理化特性，不但引发耕层严重的表旱、表涝，而且致使作物根系有效土层浅至只有 20 cm 左右。心土混拌，即将白浆层和淀积层按约 1∶1 厚度混拌以后，土壤通透性和储水能力显著改善，同时由于耕作深度可达 50 cm 以上，为将表层秸秆施入心土、改善贫瘠的心土层创造了条件。心土改良与培肥机械聚焦白浆土根本问题，改土效果持久，是解决白浆土旱田土壤的关键措施，彻底打破白浆层后，采取配套栽培方式，可以取得事半功倍的效果，应用前景广阔。

二、白浆土合理施肥技术

(一) 白浆土地力、气候、肥料贡献率

作物生产是一个自然再生产和社会经济再生产的过程。作物产量的高低既受气候、土壤等自然因素的影响，又受政策、投入、科技水平等社会经济因素的影响。有些因素可控，呈现相对稳定或趋势性变化，如投入、科技水平等；有些因素无法或难以控制，表现出随机性或不确定性，如气候因素。一般将一定时期内相对稳定或呈现趋势性变化的作物产量称为趋势产量，而将主要由气候因素决定、人们无法或难以控制、表现出随机性或不确定性的作物产量称为气候产量。趋势产量包含了土壤基础肥力产量、肥料产量、品种产量、栽培方式产量和农业基础设施保障产量等。根据黑龙江省统计年鉴的产量数据和黑龙江省八五四农场 3414 肥料试验数据，初步估计白浆土主要作物地力、气候、肥料贡献率如图 2-16 所示，三者贡献率因作物而异。地力贡献率大豆最高达到 69%，水稻为 60%，玉米最低只有 35%；气候贡献率大豆、水稻、玉米依次分别为 12%、9%、14%；肥料贡献率依次为 19%、31%、51%。

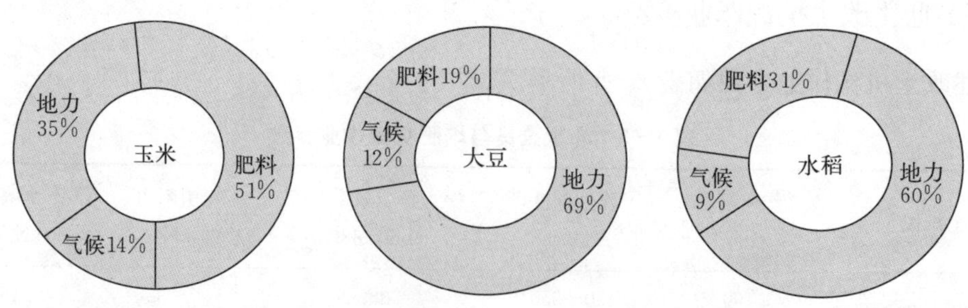

图 2-16　白浆土主要作物地力、气候、肥料贡献率估值

白浆土主要作物的施肥量，从产量构成进行分析，尽量剔除环境和人为因素的影响，这样有利于准确把握白浆土的地力特征，明确作物与耕层结构及功能关系。通过对黑龙江省八五四农场 3414 肥料试验数据分析，玉米、大豆和水稻的公顷标准施肥量如表 2-6 所示。

表 2-6　主要作物标准施肥量（kg/hm^2）

作物	氮肥（N）	磷肥（P_2O_5）	钾肥（K_2O）
玉米	166.5	84.0	28.5
大豆	49.5	88.5	12.0
水稻	84.0	43.5	39.0

（二）白浆土合理耕层构建技术模式

1. 白浆土秸秆心土还田土层混拌技术模式

（1）模式概述。该模式针对三江平原地区耕层土壤有机质含量低，白浆层紧实度大，大豆生育期内表旱、表涝严重等问题，通过秸秆心土还田、白浆层和淀积层混拌技术，结合大垄密植播种技术，形成大豆秸秆心土还田土层混拌技术模式。从而改善土壤结构，降低土壤紧实度，提高土壤通透性，增加土壤蓄水保墒能力，提高心土层有机质含量及肥力，增加大豆产量。

（2）主要技术环节。

① 秸秆心土还田土层混拌技术。秋季作物收获后，通过秸秆心土混合犁将收获后的大豆秸秆全部还入心土层，同时将白浆层和淀积层随机混拌，打破坚硬白浆层，有利于作物根系下扎。

② 作业指标。耕作幅宽为 46～60 cm，耕作深度为 40～60 cm，入土行程为 3.1 m，牵引阻力为 $2.0～3.5×10^3$ kg，作业效率为 0.2～0.4 hm^2/h。一次改土后效持续 5 年以上。

③ 整地。秸秆心土混合犁处理后的土壤，需要进行耙地作业，之后再进行起大垄，大垄垄宽 130 cm。

④ 大垄密植播种技术。垄上 4～5 行播种机进行精量播种，要求一次完成大豆播种、施肥、镇压作业。

⑤ 播期。在土壤 0～5 cm 土层温度稳定通过 7～8 ℃时播种，三江平原一般在 5 月 1—10 日。

⑥ 播种深度。干旱年份地块播种深度 4～5 cm，正常年份地块播种深度 3～4 cm。

⑦ 播种密度。根据当地生态条件、地力水平、施肥量、降水量和品种特性等具体情况确定。一般品种保苗 $30×10^4～35×10^4$ 株/hm^2。

⑧ 施肥。应按照测土配方施肥技术标准确定，做不到测土配方施肥的地块，一般地力条件下，尿素 50～60 kg/hm^2，磷酸二铵 150～180 kg/hm^2，氯化钾 45～60 kg/hm^2，地力高的地块，应适当减量施肥，一般减量 10%～20%。

（3）应用效果及适用范围。

① 秸秆心土还田土层混拌下土壤物理性质。由表 2-7 可知，秸秆心土混合犁改土 2 年内 0～60 cm 土层土壤固相减少，液相和气相增多，导致容重降低。2 年内 20～40 cm 土层与对照相比固相降低 4.51 个百分点和 2.14 个百分点、液相提高 4.13 个百分点和 1.17 个百分点、气相提高 0.38 个百分点和 0.98 个百分点、容重降低 0.16 g/cm^3 和 0.11 g/cm^3。40～60 cm 土壤三相虽有变化，但不明显。经过秸秆心土混合犁处理过的土壤，土壤通透性得到

提高，物理性质得到明显改善。

表 2-7　不同耕作方式下土壤物理性质变化

处理	年份	土层（cm）	固相（%）	液相（%）	气相（%）	容重（g/cm³）
浅翻深松	第 1 年	0～20	51.25±1.75	26.88±1.31	21.88±0.66	1.29±0.05
		20～40	55.46±1.64	24.80±1.34	19.75±0.73	1.47±0.04
		40～60	52.41±1.86	28.85±1.76	18.75±1.01	1.37±0.04
	第 2 年	0～20	50.59±1.54	28.22±1.15	21.20±1.04	1.20±0.05
		20～40	54.89±2.40	29.31±1.16	15.80±0.59	1.48±0.05
		40～60	53.77±1.73	34.08±1.34	12.16±0.88	1.41±0.04
秸秆心土混合	第 1 年	0～20	47.33±1.52	29.62±1.56	23.05±0.94	1.27±0.04
		20～40	50.95±2.56	28.93±0.88	20.13±0.70	1.31±0.04
		40～60	52.72±1.96	26.07±1.31	21.21±0.60	1.33±0.05
	第 2 年	0～20	47.90±2.35	30.73±1.56	21.38±0.93	1.25±0.04
		20～40	52.75±2.19	30.48±1.68	16.78±0.59	1.37±0.05
		40～60	52.61±2.08	34.89±1.01	12.50±0.40	1.39±0.03

② 秸秆心土还田土层混拌下土壤化学性质。秸秆心土混合犁将地表秸秆还入 20～40 cm 心土层，使秸秆与心土随机混拌，由表 2-8 可知，20～40 cm 土层速效养分得到明显提高，与对照相比碱解氮提高 17.33%，有效磷提高 116.39%，速效钾提高 37.86%；全氮和全磷含量提高，全钾变化不明显；有机质含量提高 36.66%，pH 也有所提高。40～60 cm 土层土壤速效养分和全量养分虽有提高，但与 20～40 cm 相比，变化不明显。秸秆还入心土层后，显著提高了 20～40 cm 土层养分供给能力。

表 2-8　不同耕作方式土壤养分变化

处理	层次（cm）	碱解氮（mg/kg）	有效磷（mg/kg）	速效钾（mg/kg）	pH	有机质（g/kg）	全氮（g/kg）	全磷（g/kg）	全钾（g/kg）
浅翻深松	0～20	175.80±3.77	84.00±1.93	137.67±2.77	5.80±0.05	37.55±0.40	2.12±0.23	1.60±0.22	26.6±0.44
	20～40	143.31±3.36	30.50±1.33	111.07±3.05	5.59±0.07	27.44±0.40	1.70±0.12	1.20±0.13	27.1±0.30
	40～60	57.32±2.32	21.50±1.06	149.70±2.96	5.93±0.05	14.90±0.53	0.80±0.10	0.90±0.14	28.3±0.61
秸秆心土混合	0～20	175.80±3.25	99.50±2.03	166.75±3.53	5.85±0.04	38.70±0.46	2.10±0.26	1.70±0.23	27.7±0.52
	20～40	168.15±3.73	66.00±1.41	153.12±2.51	5.84±0.05	37.50±0.36	2.00±0.25	1.40±0.15	27.0±0.35
	40～60	64.97±2.27	21.50±1.20	167.60±3.49	6.34±0.05	16.70±0.35	0.90±0.16	0.90±0.14	28.9±0.61

③ 秸秆心土还田土层混拌下作物产量。秸秆心土混层犁改土处理可提高大豆的单株株高、节数、荚数，增加大豆单株粒数和百粒质量，提高大豆产量（表 2-9）。改土后第 1 年秸秆心土混层区比对照区大豆增产 16.33%，第 2 年增产 15.77%。说明秸秆心土混层犁改土后 2 个作物生育期内大豆增产 15%以上，改土效果显著。经过调查，改土区后效可持续 5 年以上。

表 2-9　不同耕作方式对大豆产量性状影响

处理	年份	株高（cm）	节数（节）	荚数（个）	粒数（个）	百粒质量（g）	产量（kg/hm²）	增产（%）
浅翻深松	第1年	48.5±3.29b	13.8±0.44a	16.2±0.53b	37.8±1.10b	17.56±0.75b	2 041.2±34.96b	—
秸秆心土混合		50.1±3.03a	14.9±0.89a	20.4±0.61a	45.9±0.92a	18.27±1.15a	2 374.6±67.74a	16.33
浅翻深松	第2年	80.4±6.15b	15.2±0.78a	31.6±0.92b	49.4±1.30b	22.07±0.72b	2 416.5±63.00b	—
秸秆心土混合		83.8±7.10a	16.7±0.56a	34.3±1.30a	58.3±1.14a	23.44±1.25a	2 797.5±51.48a	15.77

注：同列数值后不同小写字母代表在 0.05 水平上差异显著。

④ 适用范围。该技术适宜白浆土旱作区域。特别注意以下两点：一是牵引动力要求，链轨式拖拉机 58.8 kW 以上，轮式拖拉机需要 73.5 kW 以上；二是根据黑土层厚度，调整作业深度，以达到最佳改土培肥作业效果。

2. 白浆土秸秆还田心土间隔混拌综合技术模式

（1）模式概述。该模式针对三江平原白浆土地区耕层土壤有机质含量低，心土层紧实度大，玉米生育期内表旱、表涝严重等问题，通过白浆层和淀积层随机间隔混拌技术，结合宽窄行大垄密植栽培技术，形成以秸秆还田和心土间隔混拌为主的玉米宽窄行密植栽培综合技术模式，从而改善土体结构，提高土壤通透性，增加土壤蓄水保墒能力，降低土壤紧实度，提高心土层有机质含量及肥力，增加玉米产量。

（2）主要技术环节。

① 秸秆还田心土间隔混拌综合技术。秋季作物收获后，通过心土间隔混拌犁将收获后的玉米秸秆全部还田，同时将白浆层和淀积层进行间隔混拌，形成虚实并存的土体构型，既达到了改善土壤通透性、提高心土层养分含量的目的，又解决了土壤过度疏松的问题。作业时，第一犁作业幅宽 46 cm，其下心土混拌幅宽 30 cm，心土未混拌幅宽 16 cm；新增的第一犁作业幅宽亦为 46 cm，其下心土未混拌幅宽 46 cm，从而实现 30 cm 混拌、62 cm 未混拌的心土间隔混拌，改土后效可持续 5 年以上。

② 作业参数。耕作幅宽为 92 cm，耕作深度为 50～60 cm，牵引阻力为 45 kN，作业效率为 0.6～1 hm²/h，作业成本为 700～1 000 元/hm²。

③ 整地。以秋整地为主。心土间隔混拌犁处理后的土壤，整地前不需要再深松，采用耙、压相结合的少耕、免耕土壤耕作制，起垄后要及时镇压。

④ 宽窄行密植栽培技术。选用适生育期、耐密抗逆良种。采用 110 cm 大垄双行栽培，垄上行距 40 cm，垄间行距 70 cm，精量等株行距密植播种，精细田间管理、适期机械化收获。播期为在土壤 0～5 cm 土层温度稳定通过 7～8 ℃时播种，三江平原一般在 5 月 1—10 日。播种密度为一般保苗 6.5 万～7.5 万株/hm²。个别因品种特性、栽培水平、气候条件等因素，种植密度适当增减。

⑤ 施肥。一般施用磷酸二铵 150～225 kg/hm²、硫酸钾 60～90 kg/hm²。结合整地做底肥或种肥施入尿素 250～375 kg/hm²，其中 75～90 kg/hm² 作底肥或种肥，另 175～285 kg/hm² 作追肥施入。底肥深度 15～20 cm，种肥施在距种子 5～6 cm 的侧下方、深度 8～10 cm。

(3) 应用效果及适用范围。

① 心土混拌下土壤物理性质。由表 2-10 可知，心土间隔混拌处理 2 年后，20～60 cm 土层土壤容重下降，下降幅度为 0.12～0.07 g/cm³，土壤气相增加，增加幅度为 0.96%～2.52%，土壤液相增加，增加幅度为 1.67%～2.19%，土壤固相降低，降低幅度为 2.63%～4.71%。

表 2-10　不同耕作方式土壤三相和容重变化

处理	深度（cm）	固相（%）	液相（%）	气相（%）	容重（g/cm³）
浅翻深松	0～20	51.25±1.75	26.88±1.31	21.88±0.66	1.29±0.05
	20～40	55.46±1.64	24.80±1.34	19.75±0.73	1.47±0.04
	40～60	52.41±1.86	28.85±1.76	18.75±1.01	1.37±0.04
心土间隔混拌	0～20	47.62±1.54	32.31±1.56	20.08±0.85	1.27±0.03
	20～40	50.75±1.46	26.99±1.46	22.27±0.89	1.35±0.04
	40～60	49.78±1.68	30.52±1.35	19.71±0.56	1.30±0.03

心土间隔混拌处理后土壤坚硬的白浆层被间隔打破，提高土壤通透性，紧实度降低，有利于水、肥、气、热协调发展，物理性质得到明显改善。

② 心土混拌下土壤化学性质。由表 2-11 可知，白浆土经过心土间隔混拌处理后，白浆层和淀积层土壤随机间隔混拌，20～40 cm 心土层速效养分得到明显提高，与对照相比碱解氮提高 33.77%，有效磷提高 39.25%，速效钾提高 4.16%；全量养分全氮和全磷含量提高，全钾变化不明显；有机质含量提高 15.85%，pH 变化不明显。40～60 cm 土层土壤速效养分和全量养分虽有提高，但与 20～40 cm 相比，变化不明显。心土间隔混拌后，提高了 20～40 cm 土层养分供给能力。

表 2-11　不同耕作方式土壤养分变化

处理	深度（cm）	碱解氮（mg/kg）	有效磷（mg/kg）	速效钾（mg/kg）	pH	有机质（g/kg）	全氮（g/kg）	全磷（g/kg）	全钾（g/kg）
浅翻深松	0～20	225.07±7.10	81.23±1.74	143.22±2.62	6.23±0.07	25.53±0.89	1.35±0.11	2.53±0.10	21.62±0.50
	20～40	86.39±3.33	4.56±0.32	81.31±1.85	6.13±0.05	12.62±0.73	0.54±0.13	1.14±0.10	23.10±0.31
	40～60	96.39±5.23	8.27±0.60	90.56±2.06	6.20±0.06	11.64±1.00	0.87±0.12	1.06±0.08	24.94±0.69
心土间隔混拌	0～20	219.06±6.92	76.50±1.40	136.98±1.88	6.28±0.14	25.34±1.10	1.32±0.12	2.60±0.11	21.35±0.71
	20～40	115.56±4.46	6.35±0.47	84.69±1.21	6.14±0.07	14.62±1.11	0.72±0.10	1.36±0.11	23.67±0.49
	40～60	99.68±6.34	7.52±0.37	88.33±1.67	6.22±0.10	12.23±0.05	0.70±0.11	0.99±0.16	22.49±0.37

③ 心土混拌下作物产量。由表 2-12 可知，心土间隔混拌处理后第 1 年比对照区玉米增产 20.4%，第 2 年比对照区玉米增产 21.3%。改土效果持久、显著。

表 2-12　不同耕作方式对玉米产量影响

处理	年份	总产（kg/hm²）	增产（%）
浅翻深松	第 1 年	8 310.94bB	—
心土间隔混拌		10 002.2aA	20.4
浅翻深松	第 2 年	9 027.0bB	—
心土间隔混拌		10 951.5aA	21.3

注：小写字母代表在 0.05 水平上差异显著，大写字母代表在 0.01 水平上差异显著。

④ 适用范围。该技术适宜白浆土旱作区域。特别注意以下两点：一是牵引动力要求，链轨式拖拉机 58.8 kW 以上，轮式拖拉机需要 73.5 kW 以上；二是根据黑土层厚度，调整作业深度，以达到最佳改土培肥作业效果。

第三章

东北平原盐碱土区旱地合理耕层构建理论与技术

盐碱土是可溶性盐分含量过多的盐土和交换性钠过多的碱土的统称。我国盐碱土区主要分布在西北、华北和东北平原的干旱、半干旱地区的低洼地带，其中东北平原地区是我国土壤盐碱化最严重的地区之一，同时也是我国重要的粮食、经济作物生产基地，在我国农业发展中起到重要作用。土壤盐碱化既与自然条件有关，又与人类活动有关，特别是农业耕作和灌溉措施。近年来，随着耕地的利用强度不断增大，土地资源利用与保护失衡，加之受全球环境变化的影响，土壤盐碱化日趋加重，不仅直接危害作物，导致农业减产，还破坏土壤生态系统，降低土地生产力。针对东北平原盐碱土雨养旱地土壤耕层浅、犁底层厚、缓冲能力差、养分含量低以及春季返盐严重等耕层障碍问题，进行合理耕层指标的评价，构建东北盐碱土区旱地合理耕层，从而实现作物产量提升、耕地资源的可持续发展。

第一节　东北平原盐碱土区旱地合理耕层评价

一、区域概况、关键障碍与科学问题

（一）区域概况

1. 区域特点

东北平原盐碱土占东北总土地面积的20%，集中分布于黑龙江、内蒙古和吉林3省（自治区）35市（县），主要集中分布在3个区，分别为松嫩平原西部，西辽河平原冲积低地、丘陵间低地、封闭盆地、古河道等地区以及辽西西侧的小柳河、绕阳河和大小凌河中下游地区（辽河平原北部辽河中游河谷也有分布），其中松嫩平原西部是东北地区也是我国最大的苏打盐碱土分布区，也是世界上三大片苏打盐碱土集中分布区之一。目前东北盐碱土面积已达3.50×10^{6} hm^{2}，且每年以1%～1.4%速度迅速扩增，盐碱化程度不断加剧，部分土地“碱斑”累累，造成了大片良田产量下降和耕地质量退化。

东北盐碱土区地处我国东北平原中西部，位于东经118°～126°，北纬43°～48°，按自然地理条件及土壤形成过程，属于东北半湿润-半干旱草原-草甸盐渍区，是在特殊的水文和地质地貌环境下发育而成的，其低洼部分堆积了近代湖相黏质和细沙质沉积物，质地黏而重，渗透性差，pH普遍偏高，一般大于8，呈碱性或者微碱性，其中Na^{+}、HCO_3^{-}、Cl^{-}含量明显偏高，呈现苏打盐碱土类型特点。

东北盐碱土区属半干旱农牧交错地带，从每年10月秋整地直到翌年4月春整地，休耕期长达7～8个月。年平均降水量为380～600 mm，降水时空分布很不均匀，大多集中在7—9月，占全年降水量的70%～90%，极易发生局部洪涝灾害；4—6月降水很少，占全年降水量的20%左右，且多为无效降水；冬季降雪量很小，仅有5～20 mm，占全年降水量的4%左右。春季的大风，多年平均水面蒸发量（E601型蒸发器）为700～1 000 mm，使土壤内的水分大量蒸发，而水中的盐分却留在土壤内，盐分随水分向上走而积于地表。由于雨季淋溶与旱季积盐交替作用，加之受到冻融作用的影响，存在着土壤发生盐碱化的自然条件。

东北盐碱土区被嫩江和松花江分割成南北两大块。南片以吉林省镇赉县、洮南市、通榆县、乾安县、农安县、前郭尔罗斯蒙古族自治县等为主要分布区，北片以黑龙江省的安达市、肇州县、肇源县、杜尔伯特蒙古族自治县、林甸县、龙江县、泰来县等地为主要分布区。东北平原区为典型寒温带大陆季风气候区，大陆性气候，冬夏季风更替明显，温差较大。因干燥多风、蒸发量大、盐分表聚作用明显，常形成盐霜或盐结皮，遇大风易形成“盐尘暴”或“碱尘暴”。夏季降水量约占全年总量的80%，而春季降水少且时空分布不均，素有“十年九春旱”之称，加之受西伯利亚寒流影响，冬季寒冷干燥，使土壤冻土层深度达到1.2～1.5 m，部分地区甚至达到3 m以上，“隐蔽性”积盐现象十分严重，土壤冻结和融化也形成了该区特有的水盐运动规律。地带性气候是土壤盐渍化的驱动因素，盐碱化土壤形成是干旱-半干旱地区内陆盆地的必然产物，其出现与有限的降水量有密切联系，年复一年的蒸发量远远大于降水量，必然引起盐分的表聚。由于春末夏初气温高、降水稀少，蒸发强烈，土壤中盐分随水分垂直运动并聚集于地表。

2. 种植制度

东北平原盐碱土区主要农作物旱田以玉米种植面积排在第一位，其他还有大豆、油料作物。受土壤环境影响，东北平原盐碱区轻度盐碱化旱田可种植玉米、春小麦、大豆、高粱等作物，中度盐碱化旱田只能种植向日葵、甜菜等耐盐作物，重度盐碱化旱田不适宜耕作，无法种植农作物，多已撂荒或种植耐盐碱植物，如羊草、虎尾草、星星草等。

由于东北平原盐碱土区地势平坦、土地集中连片、便于农机具作业，所以已经基本实现农业机械化，土壤耕作水平明显高于全国其他地方的土壤耕作水平。但由于地方家庭承包经营的推行，使农业生产由集体转向分户经营，耕地相对分散，不适宜大中型农业机械作业。除国有大中型农场、垦区耕地集中连片，可以进行大中型农业机械为主体的土壤耕作外，其他地方一般以小四轮拖拉机耕翻整地，形成生产上广为应用的垄作耕法。这种作业方式具有稳产、促早熟的优点，同时也适宜一家一户经营的耕作模式，但由于小四轮拖拉机普遍功率小，耕层深度较浅，整地不到位，而且小四轮拖拉机作业方式单一，长期进行同一深度耕作的方法需要在一条垄上经过多次反复碾压使其耕层下部形成一层封闭式波浪状的坚硬犁底层，影响作物后期生育。相关研究表明，传统垄作方式的耕层深度平均只有16.5 cm，犁底层厚度却高达10.6 cm。由于耕层浅、犁底层较硬，影响了作物根系的下扎和深层水分的利用，造成土壤理化性状恶化，地越种越硬。

3. 土壤盐碱化成因

土壤盐碱化是指在自然和人为作用下，土壤表层盐分含量不断增加，以致超过某一限度的地质过程和现象。土地盐碱化一般发生在干旱、半干旱地区，由于大水漫灌或者只灌不排，导致土壤底层或地下水的盐分随毛细水上升到地表，当水分蒸发后，使盐分积累到表层土壤中，当土壤含盐量太高（0.3%）时，形成盐碱灾害。

从东北平原盐碱土区地质背景的历史因素来看，新构造运动在松嫩盆地盐碱土的形成和分布过程中起了重要的控制作用。从自然因素角度考虑，主要是由于气候干旱且地下水矿化程度高。人为因素在该区的盐碱化过程中也不可忽视，不合理的耕作和灌溉活动是导致土地盐碱化加重的重要原因。

东北平原盐碱土从形成的分类来看，可以分为两类，一类是原生盐碱化，另一类是次生盐碱化。

原生盐碱化是由自然环境因素（气候、地质、地貌、水文和土壤条件）变化引起的土壤盐碱化，新构造运动对东北盐碱土的形成及分布与富集起到了关键作用。东北盐碱土区的形成原因主要是松嫩平原春季干旱频发，土壤蓄水量低，而夏季温度高，水分蒸发量大，致使地下水也随之向上蒸发，水分蒸散作用导致的盐分上移效应大于自然降水淋溶盐碱效应，地下水中的盐分便源源不断地迁移积聚于地表，土壤含盐量及土壤 pH 的升高，形成地表盐壳，这也是多年来东北盐碱土苏打盐碱化旱田区土壤含盐量及土壤 pH 有所升高的重要因素之一。加之冬季"隐蔽性"积盐现象的发生，春季时下层冻层解冻缓慢，使上层的融水不能下渗，此时植物所排水量微乎其微，水分只能由土体表面蒸发，盐分再次富集于上层，由于雨季淋溶与旱季积盐交替作用，加之受到冻融作用的影响，土壤发生盐碱化。更为严重的是，近半个世纪以来，由于人类活动和气候变化的双重影响，东北盐碱土的面积和盐碱化的程度不断增加。

次生盐碱化是人类对土地资源和水资源的不合理利用引起区域水盐失调，所导致的土壤耕层不断积盐过程，不合理的耕作和灌溉活动导致土地次生盐碱化范围不断扩大，程度不断加剧，人类活动在盐碱土的形成与发展中具有重要的推动作用。由于受传统种植习惯的影响，东北部分地区仍采用"广种薄收、粗放经营"的生产方式。耕整地不规范，种植结构单一且常年重茬连作、大水漫灌等粗放的种植管理方式，使该区耕地养分平衡严重失调，有机质含量逐年下降，地力和生物活性渐趋降低；化肥的大量使用降低了化肥利用率的同时，化肥残留部分在土壤中随土壤水分蒸发沿毛细管上升，最终集聚在土壤表层，如硫酸铵、氯化铵等。因为这些肥料中可利用的成分被吸收后剩下的硫酸根等在土壤中产生硫酸盐、氯化物，使土壤内盐离子浓度增加，加重土壤盐碱化程度；再加上地面作物、秸秆覆盖率低，促使盐碱在土壤表层大量积聚；在耕地盐碱化发生初期时，由于未采取有效措施及时控制和修复，从而加重了东北平原盐碱土区旱田耕地盐碱化的程度；同时由于盲目大面积对轻度盐碱化草甸土开荒和对一些黑钙土和淡黑钙土耕地长期过度开垦，土壤结构受到破坏，出现板结现象，原有的深位含碱层逐渐向上移动，产生耕地盐碱化。

土地盐碱化破坏了该区生态平衡，导致大面积荒漠形成和土地生产力衰退甚至丧失，且直接影响当地农业发展，粮食单产降低，农业生产条件恶化，严重影响和制约了该区农业和农村经济的持续发展。

4. 类型及特点

东北平原属中生代沉陷地带，地面坡降小，地表积水，排水不畅，地下水储量大，易形成盐分累积。根据成土过程和盐化、碱化程度，该区盐碱土分为草甸盐土、草甸碱土和盐碱化土壤 3 种类型。

东北平原盐碱土区属于苏打盐碱土类型。主要成分为 $NaHCO_3$、Na_2CO_3 和交换性钠离子，并伴有少量硫酸盐和氯化物，由于土壤在苏打盐化过程中伴随发生碱化过程，所以苏打盐碱土兼有不同程度的盐化和碱化特性，盐分多积累于土壤表层，随深度增加而降低，盐剖面呈 T 形，属积盐类型盐碱土。东北平原盐碱土主要表现出质地黏重、结构致密、pH 和碱化度相对较高、容重较大、孔隙细微、通气透水性差等特点，这也是该区盐碱地利用的关键障碍因素。从地理分布上看，松嫩平原的碱土大多分布在低洼处地势相对较高的部位，盐土分布的部位较低。东北平原盐碱土区旱田耕地土壤多为轻度苏打盐碱土，pH 范围在 7.1～

8.5，含盐量在3‰以下。盐分多积累于土壤表层，随深度增加而降低，盐剖面呈T形，属积盐类型盐碱土。一般规律是：地表下30 cm含盐量高，30～50 cm以下突然降低，1.0～1.5 m以下变化趋于稳定，但随着土壤含盐量的增加，可溶盐离子含量发生了变化。SO_2^{2-}和Cl^-随着含盐量增加而增加，含盐量达到0.4%以上时，HCO_3^-含量开始减少；Ca^{2+}、Mg^{2+}与含盐量增加的关系不大，Na^+随含盐量的增加直线上升。土壤含盐量低，碱化程度较高，松嫩平原盐碱土含盐量大部分小于0.25%，最高达0.76%，多为轻度盐化土，中、重度盐化土壤仅局部、零星分布，但代换性钠和残余碳酸氢钠较高，碱化度一般大于30%，甚至大于90%。对松嫩平原苏打盐碱土区而言，Na_2CO_3和$NaHCO_3$对作物危害最大，钠离子被土壤吸附后积累量增加，导致pH和碱化度升高，土壤生物活性受到严重限制，进而影响作物生长发育。研究表明，制约盐碱土利用的化学性质主要表现在总盐量高、盐分组成碱性盐比例大、电导率高、碱性强、土壤对酸的缓冲性能强。

由此可知，东北平原盐碱土区旱田耕地土壤虽然含盐量不高，但因碱化程度较强，理化性状不良，营养有效性差，多数为中低产田。

（二）关键障碍

东北平原盐碱土区，主要位于松嫩平原西部，该区域生态环境脆弱，由于气候干旱、地表排水不畅、地下水位高等自然因素，加上过度开垦等人为因素，使这里成为中国北方土地荒漠化最严重的地区之一。近半个世纪以来，土地盐碱化面积每年增加1.4%，许多地块在20世纪50—60年代初期可以种植玉米，80年代后被迫改种向日葵等耐盐碱但耗地力的作物，当地农民收入水平很难提高，严重制约区域经济发展。

东北平原盐碱地旱田利用中存在较多问题（图3-1、图3-2）。第一个问题是耕层土壤盐碱化问题。东北平原盐碱土区受自然因素和人为因素的影响，耕地土壤盐碱化日趋严重，随着盐碱化程度的提高，作物生长发育受抑制的程度加重，严重影响作物产量的形成和提高。当土壤盐碱化达到一定程度时，就会在耕层土壤表面汇集，出现一定的碱斑，主要是耕层土壤表层盐分碱化度含量高所致，它和作物的产量有直接关系。东北平原盐碱土区旱田表层多含有以Na_2CO_3和$NaHCO_3$为主形成的“苏打碱斑”，在轻度盐碱地中苏打碱斑的面积一般占5%～20%，其特点是表层呈灰白色，沙性大，黏粒下移至一定深度。碱斑土壤的含盐量和pH一般较周围非碱斑土壤高，干时土壤板结坚硬，常规耕整播种困难，湿时黏重紧实，通透性极差，作物种子难以发芽出土，根系难以下扎延伸，作物长势极差。再加上种植结构单一，地面作物覆盖率低，促使土壤盐碱在表层强烈积聚，如不加治理，碱斑还会逐年加重，从而影响整块地的作物产量。

第二个影响盐碱地旱田利用的关键问题是肥力瘠薄。受东北平原盐碱土区苏打盐碱土旱田耕层土壤pH、碱化度和盐分含量较高的影响，耕层土壤有机质和有效养分含量较低，耕层地力相对弱、耕层结构质量差是旱田盐碱地肥力的主要特征。由于受传统习惯的影响和经济条件的限制，东北大部分地区仍沿袭着广种薄收、粗放经营的生产方式。重用轻养、重化肥轻农肥、重产出轻投入，这种掠夺式的经营方式，使全区土壤养分平衡失调，有机质含量下降。东北盐碱土区尽管旱田作物在轻、中度盐碱土上能够生长，但由于土壤整体肥力欠佳，最终导致产量不高。

图 3-1　土壤表层盐碱化

图 3-2　碱斑

第三个关键障碍问题是耕层结构不合理。伴随着东北平原种植业迅速发展和粮食产量的逐年增加，松嫩平原耕地质量不断地下降。由于人为管理不当，特别是大水漫灌、长期过量施用化肥、种植制度不合理（即掠夺式种植）、小型农机具的连年使用导致耕层变浅、犁底层加厚、土壤容重下降、紧实度增加、三相比不合理、土壤板结严重等，已造成一定数量的土壤次生盐渍化，严重阻碍了作物根系的深层分布和水肥吸收功能，致使作物水肥资源利用率降低、抗逆减灾能力和产出能力变弱，制约了作物的高产稳产和耕地的可持续利用。当耕地发生盐碱化后，由于未及时采取措施进行精耕细作，培肥改土，从而加重了该区耕地盐碱化的程度。可以预见，随着土壤理化性状渐趋恶化，若不采取相应科学措施，由于土壤盐碱化而造成的土壤质量下降、生产力的破坏问题将在东北平原耕地上愈演愈烈。

（三）科学问题

特有的地质地貌条件、气候环境的变化以及人为因素的干扰是影响东北地区盐碱土发生和发育的重要因素，大面积的苏打盐碱土在表层强烈积聚、耕地黏粒含量较高，土壤容重大、结构紧实、渗透性差，是东北平原盐碱区旱田土壤改良与利用的难点。因此针对该区盐碱土的特殊形成机制，应结合当地具体农业基础现状，选择最适的耕作改良措施和种植管理模式，创造微区域的地势高差，对部分耕种地区排盐，从根本上缓解盐碱土的形成，实现盐碱区农田作物增收及盐碱地资源的可持续利用，充分发挥盐碱土旱田利用的最大效益。

耕作改良措施直接针对盐碱土不良的物理性质，适宜的耕作有利于改善土壤结构等特性。土壤物理性质是土壤化学性质、生物和酶活性等一系列特性的基础，改良了土壤的物理性质就把握了土壤改良的大方向，再结合化学改良和生物改良措施，土壤质量就会逐渐改善，地力也会逐渐提升，所以耕作措施至关重要。合理的耕作措施主要包括确定合理的耕作制度、耕作方式及培肥改土措施等。在选择耕作措施时必须结合当地种植情况，适应于气候、土壤、田间管理条件等。

由于盐碱化旱田土壤碱化度高，理化性状不良，营养有效性差，多数为中低产田，因此构建东北平原盐碱土旱地合理耕层，解决盐碱土耕层关键障碍因子，应以改土培肥为核心，以农艺措施为手段，用地与养地相结合，提升盐碱土旱田中低产田粮食产量，实现土地的持续利用。运用合理深松，特别是秋深松，增加耕层厚度，改善耕层结构，切断土壤毛管孔隙，抑制土壤深层盐分的上升和由于冻融作用而造成的盐碱化；基于“盐随水来、盐随水去”的水盐运移规律，推行玉米免耕秸秆覆盖技术，减少土壤水分蒸发和运移，防止土壤表层的盐分积累；根据“肥能吃盐”的特点，增加土壤有机物肥的投入量，实行玉米秸秆全量还田技术，培肥地力；实行农作物轮作倒茬，尤其是与豆科作物轮作，培肥土壤，改善土壤环境，降低盐分含量，提高粮食产量。通过进行深松耕作、秸秆全量还田覆盖技术，玉米大豆轮作技术的综合利用，将地下水位控制在临界深度以下，达到土壤脱盐和防止次生盐渍化的目的，并实现培肥地力、改善物理结构、构建合理耕层的效果。

就东北苏打盐碱土区而言，良好的农田耕层结构可通过协调土壤的水、肥、气、热等状况，有效减轻盐碱下移大量沉积，为作物稳产、高产奠定重要的土壤基础；而适宜的耕作措施有利于构建良好的耕层结构，可促进作物生长发育和产量形成。土壤健康耕层是实现“藏粮于地、藏粮于技”战略的重要手段，也是实现发展农业转型、绿色生产的重要措施，关系国家粮食安全与耕地可持续发展。

二、合理耕层特征

（一）作物与耕层结构及功能关系

合理耕层是指根据土壤耕层分布特征，通过外力对土壤耕层进行自然定向扰动，改造农田土壤结构的不良性状，调节耕层和团粒结构分布，构建合理土壤剖面结构，调节耕层土壤固、液、气三相比，土壤结构疏松，有利于构建作物根系分布、养分吸收和安全生长的理想环境。合理的耕层土壤是作物产量形成的物质基础，就东北苏打盐碱土区而言，良好的农田耕层结构可通过协调土壤的水、肥、气、热等状况，有效减轻盐碱下移大量沉积，为作物稳产、高产奠定重要的土壤基础。

1. 作物产量与耕层结构的关系

对东北盐碱土不同样点的玉米产量与耕层结构性状调查可知（图 3-3），东北盐碱土耕层厚度与产量呈极显著正相关，相关系数为 $r=0.833^{**}$，（当 $a=0.05$ 时，$r=0.468$；$a=0.01$ 时，$r=0.590$。下同），随着耕层厚度的增加，产量有逐渐递增趋势；产量与土壤容重之间呈极显著负相关，相关系数为 $r=-0.761^{**}$，随着土壤容重的增加，产量呈递减趋势；产量与土壤固相体积呈显著正相关，相关系数为 $r=0.680^{*}$，随着土壤固相体积的增加，产量呈递增趋势；玉米产量与土壤总孔隙度之间呈显著正相关，相关系数为 $r=0.578^{*}$，产量随着总孔隙度的增加呈抛物线曲线分布，即随着土壤总孔隙度的增加，产量先增后减，有极大值。

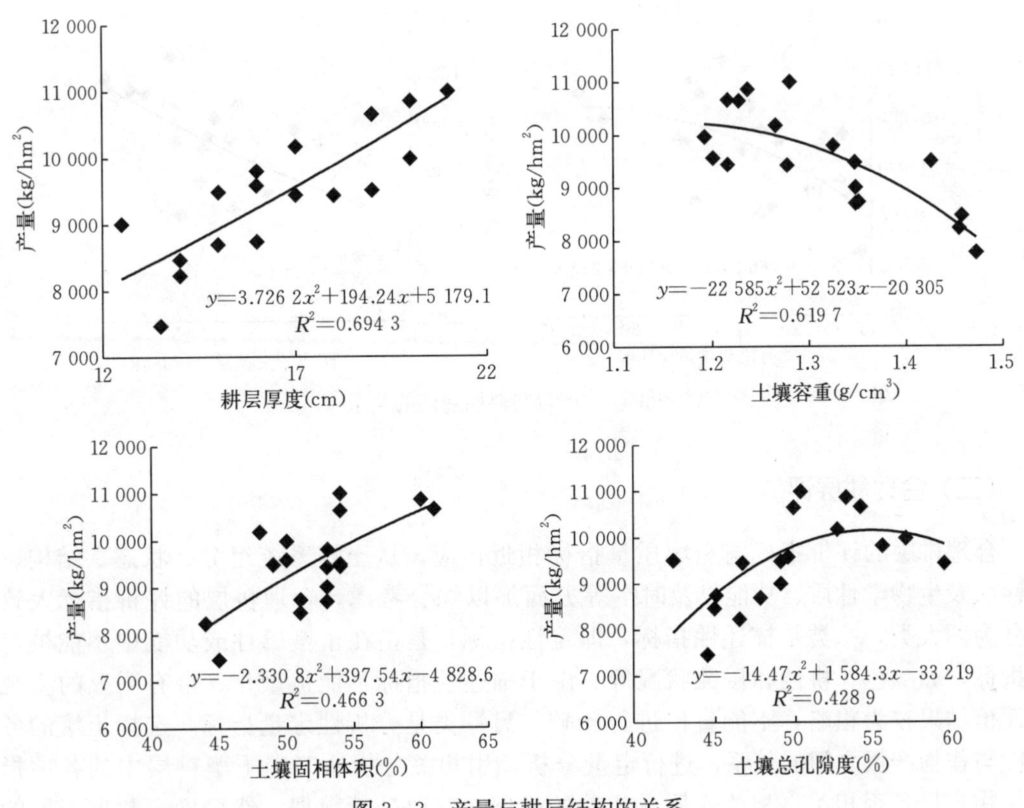

图 3-3　产量与耕层结构的关系

2. 作物产量与耕层功能的关系

对东北盐碱土不同样点的玉米产量与耕层功能性状调查可知（图 3-4），东北盐碱土玉米产量与耕层 pH 呈显著负相关（$r=0.575^{*}$），随着耕层 pH 的降低，产量有逐渐递增趋势；产量与耕层全盐量指标之间呈极显著负相关（$r=-0.693^{**}$），随着耕层全盐量的增加，产量呈递减趋势；产量与土壤耕层的有机质含量呈显著正相关（$r=0.560^{*}$），随着土壤耕层有机质含量的增加，产量呈递增趋势；玉米产量与土壤耕层的阳离子交换量（CEC）之间呈极显著正相关（$r=0.626^{**}$），产量随着阳离子交换量的增加逐渐递增。

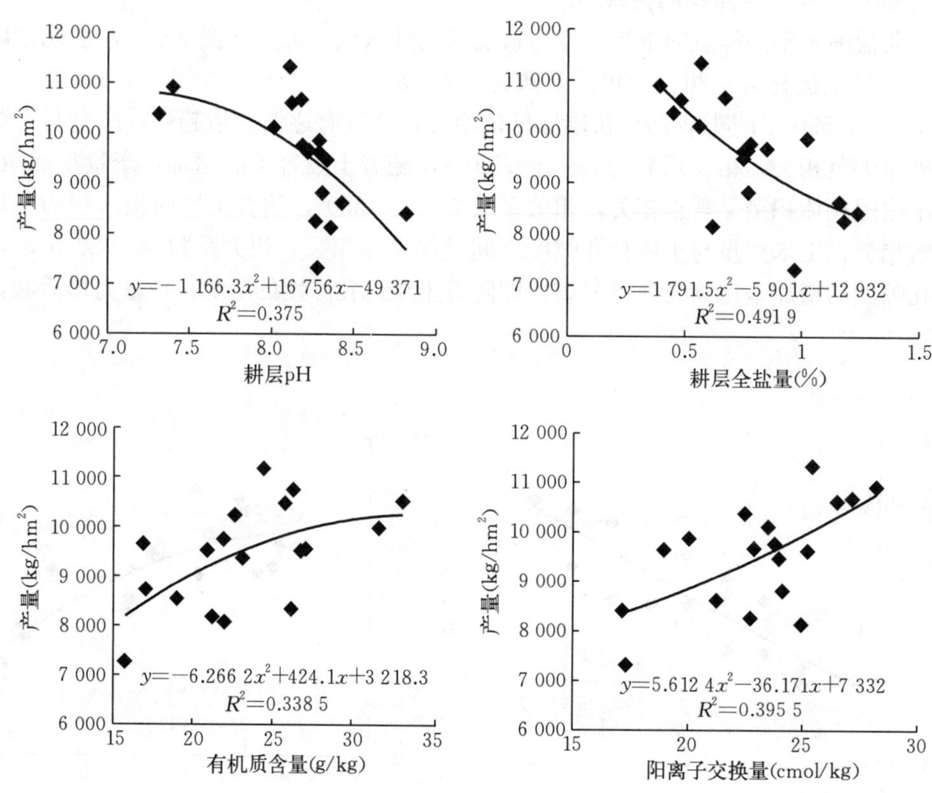

图 3-4　产量与耕层功能的关系

(二) 合理耕层评价

合理耕层的评价指标与土壤质量指标相近，应该从土壤系统组分、状态、结构、理化性状及生物学性质、功能以及时空等方面加以综合考虑。合理耕层的评价指标大致可以分为两大类，一类是描述性指标，即定性指标，是指在土壤属性或功能中不能被量化的指标，如颜色、耕性和侵蚀状况等。由于描述性指标不能被量化、带有明显的主观性且评价结果较为粗略，不能直接进行比较。另一类是分析性定量指标，选择土壤的各种属性与作物产量之间的关系，进行定量分析，用相关分析法确定土壤耕层中的各项指标与作物产量是否相关、相关性质及相关的程度，获取分析数据，然后确定数据指标的阈值范围。

根据东北盐碱土分析性指标的性质，将东北盐碱土合理耕层的评价指标分为合理耕层结构评价指标和合理耕层功能评价指标两个方面。通过对产量与耕层结构指标及耕层功能指标之间的关系分析，并对各项指标进行综合评价，运用相关分析方法筛选出与产量密切相关的性状指标作为合理耕层的评价指标。

综合分析表明，东北盐碱土耕层结构指标中的耕层厚度、土壤容重等指标与玉米产量之间的相关性达到极显著水平，土壤总孔隙度等与产量达到显著相关水平，犁底层厚度、最大田间持水量、>0.25 mm 水稳性团聚体含量等指标未达到显著水平。耕层厚度、土壤容重、土壤固相体积、土壤总孔隙度等物理指标与产量关系更为密切，由于土壤总孔隙度与土壤容重存在相关性，因此，可将耕层厚度、土壤容重、土壤固相体积作为衡量东北盐碱土合理耕层结构的评价指标。

耕层功能指标中的耕层全盐量、阳离子交换量与玉米产量之间的相关性达到极显著水平，耕层 pH 有机质含量与产量达到显著相关水平。碱解氮、有效磷、速效钾等指标未达到显著水平，因此，可将 pH、全盐量、阳离子交换量、有机质含量指标作为东北盐碱土合理耕层功能的评价指标。

（三）合理耕层结构与功能特征

通过分析东北平原盐碱土区玉米产量与耕层结构和耕层功能各项指标的相互关系，剔除变异值较大的性状指标，得到高产田模式下耕层土壤各项性状指标的阈值范围（表 3－1），确定出合理耕层的结构和功能特征。

表 3－1　合理耕层物理和化学指标阈值范围

项　目		指标
物理性质	耕层厚度（cm）	19～25
	土壤容重（g/cm^3）	1.21～1.25
	土壤固相体积（%）	52.1～55.7
化学性质	耕层 pH	7.40～8.18
	全盐量（g/kg）	0.45～0.57
	有机质含量（g/kg）	24.1～31.4
	阳离子交换量（cmol/kg）	23.48～27.13

第二节　东北平原盐碱土区旱地合理耕层构建技术

一、土壤耕作与培肥对耕层结构与功能的影响

土壤农耕历史悠久，按照耕作措施对土壤影响的深度和强度分类，主要包括旋耕、翻耕、深松和免耕。近年来，耕作措施对土壤耕层结构的影响得到广泛研究。土壤是作物生长的基础，对土壤进行耕作可改善耕层土壤结构，调节土壤中的固相、液相、气相的三相比例，协调好土壤中水、肥、气、热的关系，为作物生长发育创造良好的环境和条件。不同耕作措施对耕层结构及功能的影响存在差异，从而使作物的生长及产量形成受到不同程度的影

响。适宜的耕作措施有利于构建良好的耕层结构，可促进作物生长发育和产量形成。

土壤保肥性是土壤对养分的吸附和保蓄能力，是反映土壤肥沃性的一个重要指标。土壤耕作方式是影响耕层养分垂直分布的重要因素，土壤耕层肥力是衡量土壤能够提供作物生长所需养分的能力。耕作方式改变了土壤肥力质量，土壤适耕性是判断土壤肥力的重要指标。合理耕作和培肥，有利于创造良好的土壤结构，调节土壤养分的分解和转化，是提高土壤保肥和供肥性能的重要措施。

（一）土壤耕作与培肥对耕层结构的影响

1. 不同耕作方式对土壤容重的影响

如图 3-5 所示，对作物播种前、开花期、成熟期的不同行间深松处理进行 0～50 cm 耕层深度土壤容重调查可知，在播种前、开花期、成熟期土壤容重随着土壤耕层深度的增加均呈递增趋势。在播种期秋季深松处理的土壤容重要高于春季处理土壤容重，秋深松 30 cm 土壤容重高于秋深松 40 cm，春深松 30 cm 土壤容重高于春深松 40 cm。常规垄作在 10 cm 处耕层的土壤容重低于秋季深松处理，与春季深松处理持平，但随着耕层深度的增加，常规垄作耕层土壤容重迅速上升，高于其他各深松处理。在开花期和成熟期春深松处理的土壤容重大于秋深松处理，且秋深松 30 cm 的土壤容重高于秋深松 40 cm，春深松 30 cm 的土壤容重高

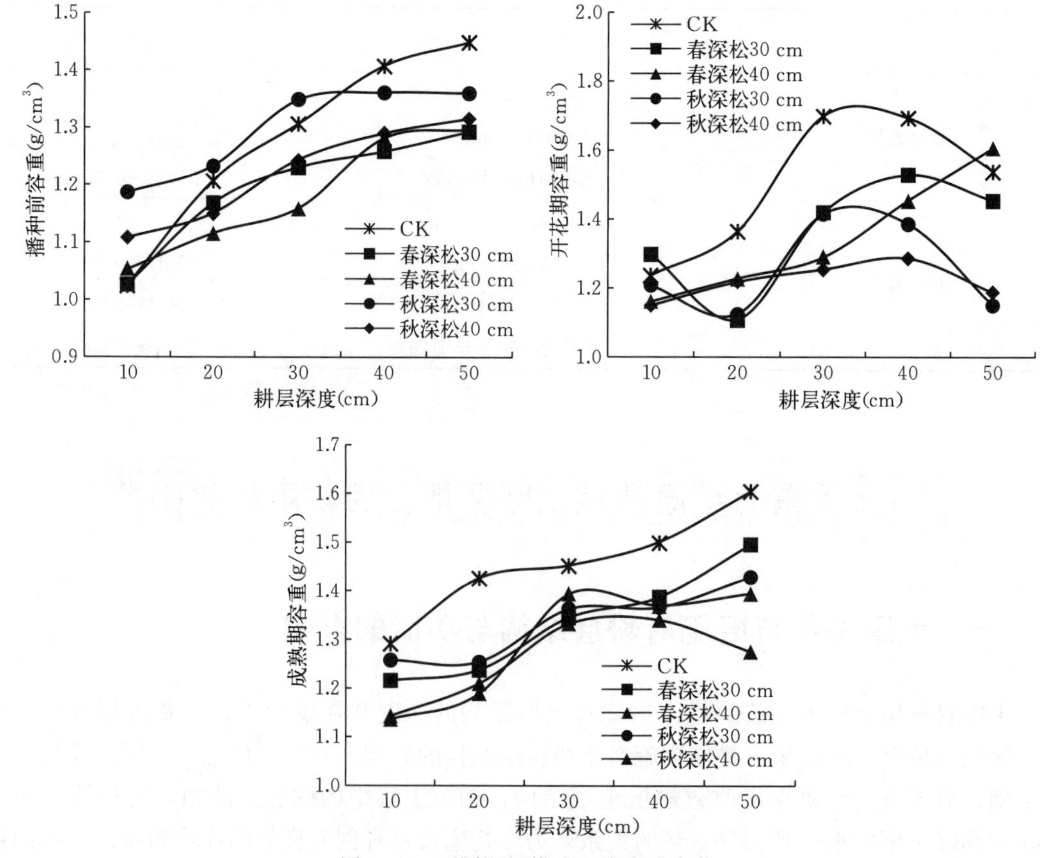

图 3-5　不同深松模式土壤容重变化

于春深松 40 cm。常规垄作处理的 10 cm 耕层土壤容重与其他各处理相差较小，但随着耕层深度的增加耕层土壤容重也迅速上升，高于其他各深松处理。

如图 3-6 所示，对比 0～50 cm 土壤耕层范围内，播种前、开花期、成熟期 3 个时期不同深松年限处理的耕层土壤容重可知，各处理间耕层土壤容重均表现出不深松处理>隔两年深松处理>隔年深松处理>连年深松处理的趋势。不深松处理的各耕层土壤容重均高于其他不同深松年限处理，说明不同深松年限的深松处理均有降低耕层土壤容重的效果，其中连年深松处理的土壤容重低于其他深松年限处理，说明持续深松处理对降低土壤容重效果明显。不同年限的深松处理在播种前差异较为明显，在开花期和成熟期则差异逐渐变小，说明不同深松年限处理在生育期间对土壤的作用效果随着时间的延长逐渐降低，并趋于一致。

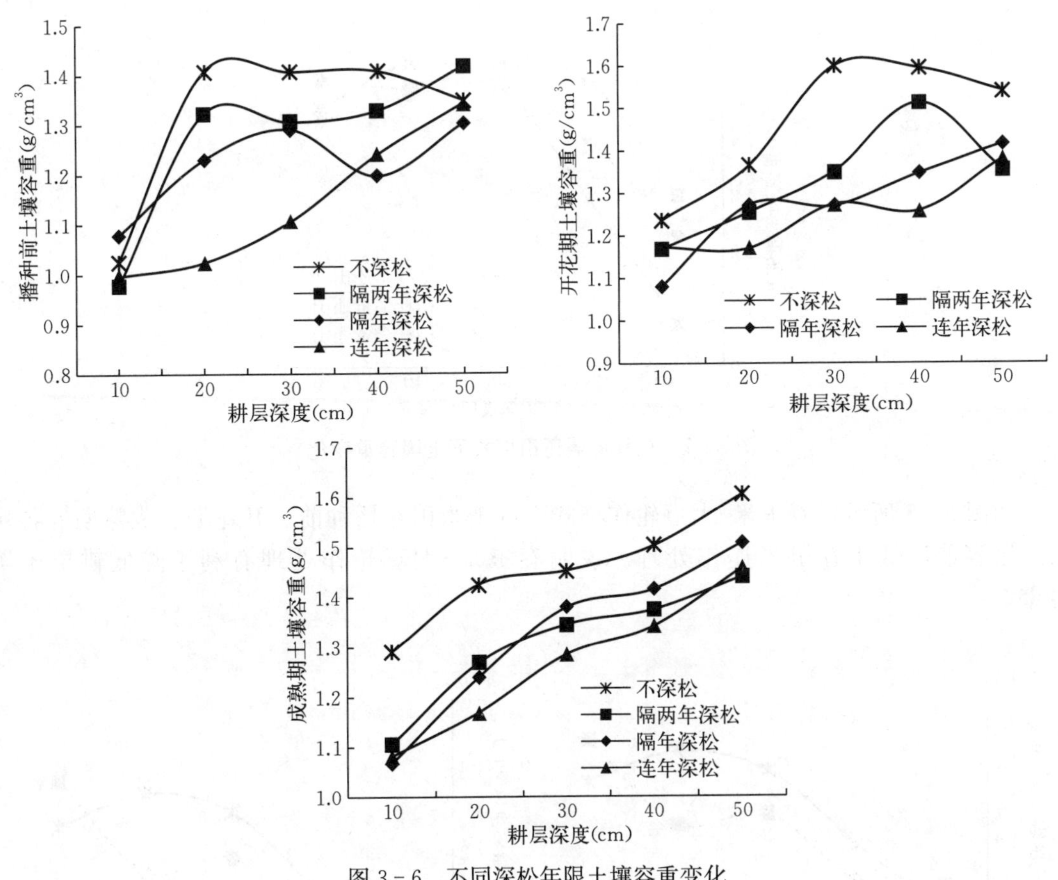

图 3-6　不同深松年限土壤容重变化

如图 3-7 所示，对比不同玉米秸秆覆盖还田处理的耕层土壤容重变化可知，各处理的容重都有随着耕层的增加而递增的趋势。在开花期，秸秆不还田处理>秸秆半量还田处理>秸秆全量还田处理的趋势，在成熟期，秸秆不还田处理的土壤容重仍然大于秸秆还田处理，但秸秆全量还田处理的土壤容重有大于秸秆半量还田的趋势。

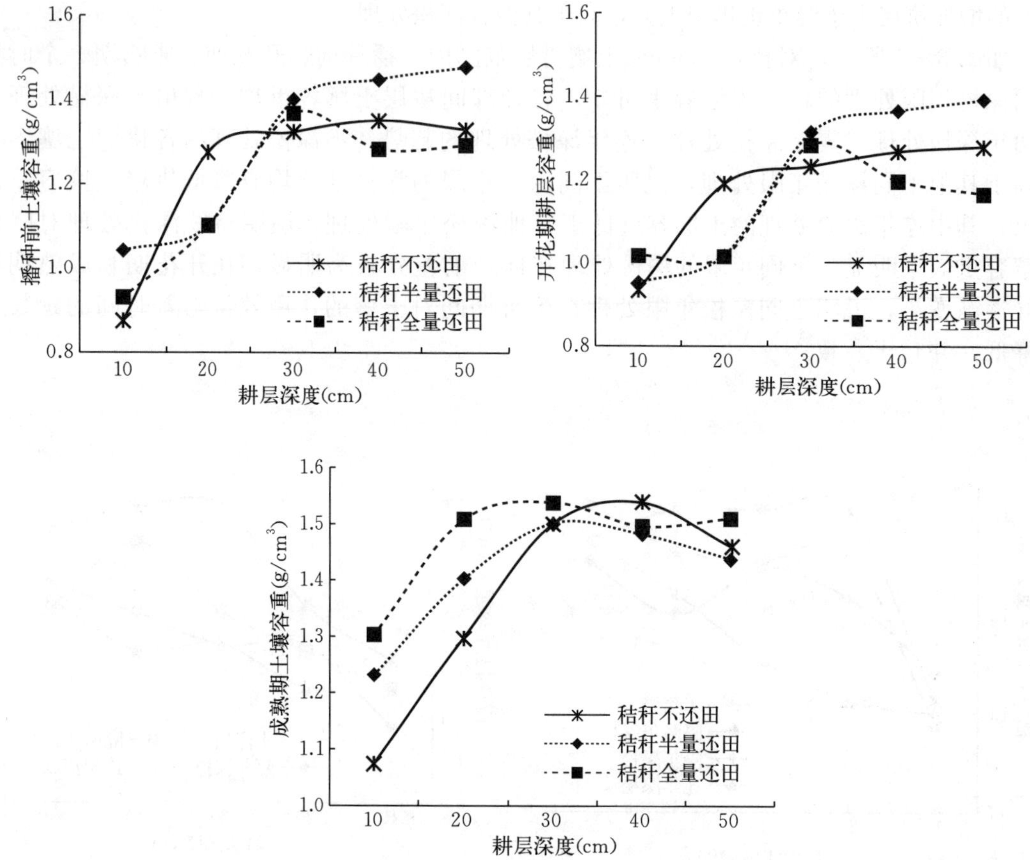

图 3-7　秸秆覆盖还田模式下土壤容重变化

如图 3-8 所示，春玉米-大豆轮作模式下的玉米田在播种前、开花期、成熟期的各耕层土壤容重均低于春玉米连作处理。说明春玉米-大豆轮作处理有利于降低耕层土壤容重。

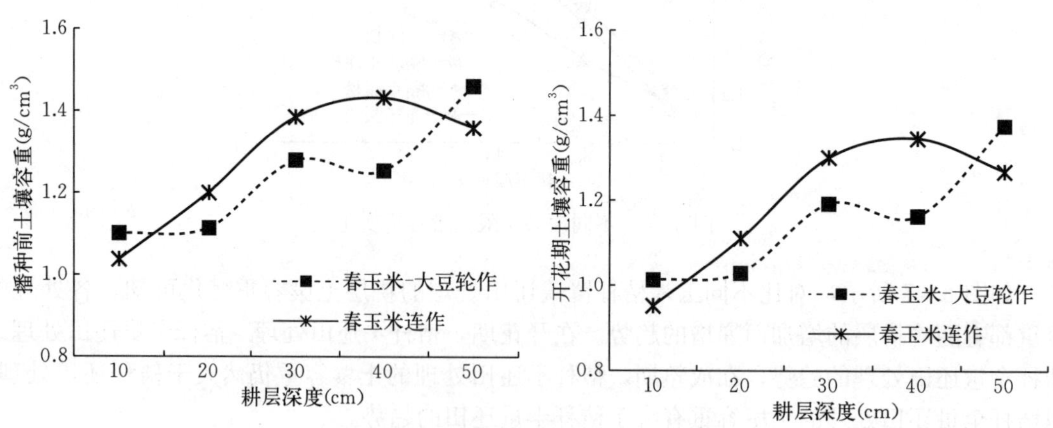

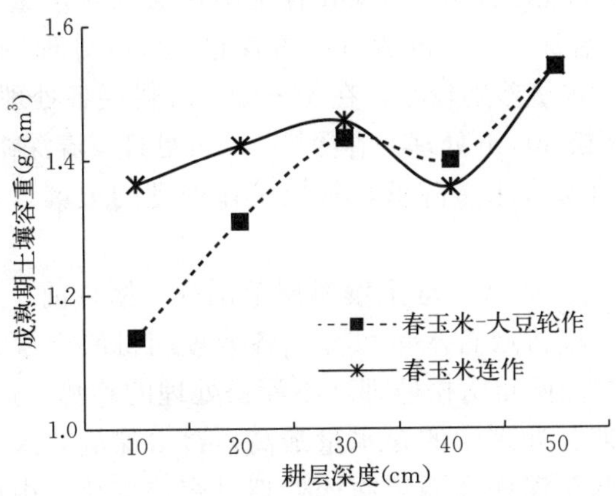

图 3-8　玉米大豆轮作模式下土壤容重变化

2. 不同耕作方式对土壤含水量的影响

如图 3-9 所示，对不同处理在播种期、开花期、成熟期的 0～50 cm 土壤耕层进行土壤含水量测定可知，在播种期前和开花期各处理在 0～50 cm 土壤耕层含水量随着土壤耕层深度的增加均呈现递增趋势，在成熟期呈递减趋势。

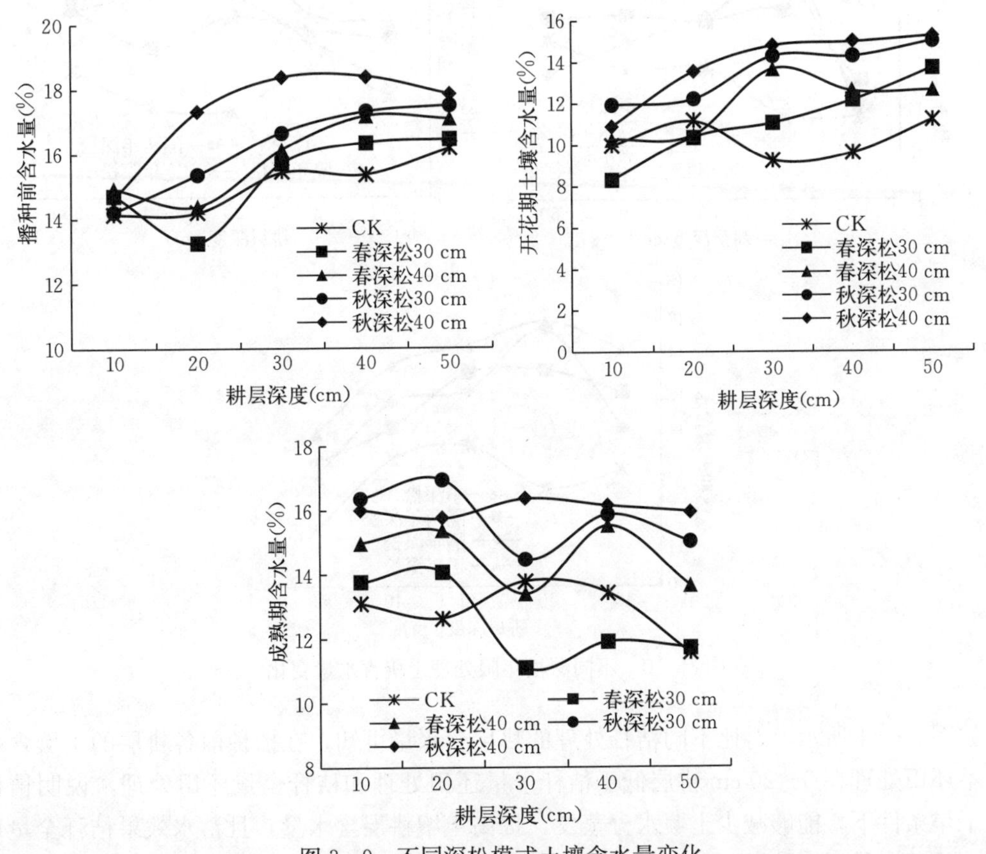

图 3-9　不同深松模式土壤含水量变化

在播种前、开花期、成熟期，0～50 cm 各土壤耕层的含水量表现为秋深松 40 cm 处理>秋深松 30 cm 处理>春深松 40 cm 处理>春深松 30 cm 处理>不深松处理的趋势。在 0～10 cm 耕层各处理间含水量差别较小，在 10～50 cm 耕层各处理间的差别较大，表现为秋深松 40 cm 处理>秋深松 30 cm 处理>春深松 40 cm 处理>春深松 30 cm 处理，在播种前春深松处理会导致土壤耕层含水量降低，常规垄作处理的土壤含水量均低于其他各深松处理。

如图 3－10 所示，对比 0～50 cm 土壤耕层范围内，播种前、开花期、成熟期 3 个时期不同深松年限处理的土壤耕层含水量可知，各处理间耕层土壤含水量均表现出连年深松处理>隔年深松处理>隔两年深松处理>不深松处理的趋势。连年深松处理在播种前、开花期、成熟期 3 个时期各处理中的含水量最高，蓄水保墒效果最好。不深松处理的土壤耕层含水量最低，隔两年深松和隔年深松处理呈交错变化。由此可见，深松耕作能够提高土壤蓄水能力，其中深松年际间深松频率越大，深松年限间隔越短，越有利于土壤耕层蓄水保墒。

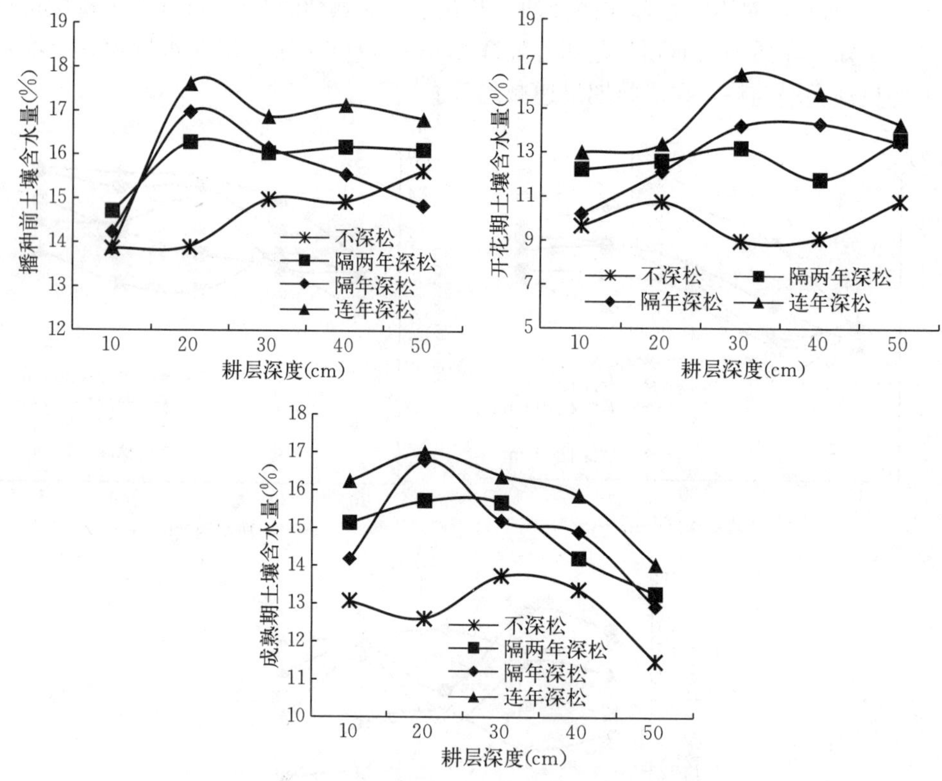

图 3－10　不同深松年限处理土壤含水量变化

如图 3－11 所示，对比不同秸秆处理的耕层含水量可知，在播种前各耕层的土壤含水量秸秆不还田处理在 0～20 cm 耕层低于秸秆半量还田处理和秸秆全量还田处理，说明秸秆覆盖在干旱条件下，能够减少土壤水分蒸发，提高土壤耕层含水量，且蓄水效果秸秆全量还田处理>秸秆半量还田处理>秸秆不还田处理。在开花期至成熟期，由于降水量充沛，秸秆还田处理对 0～30 cm 耕层的蓄水能力不如秸秆不还田处理，各处理的含水量对比，秸秆不还田处理＞秸秆半量还田处理＞秸秆全量还田处理，说明秸秆还田处理在湿润条件下秸秆还田量处理会吸收部分水分，从而降低耕层土壤水分含量。

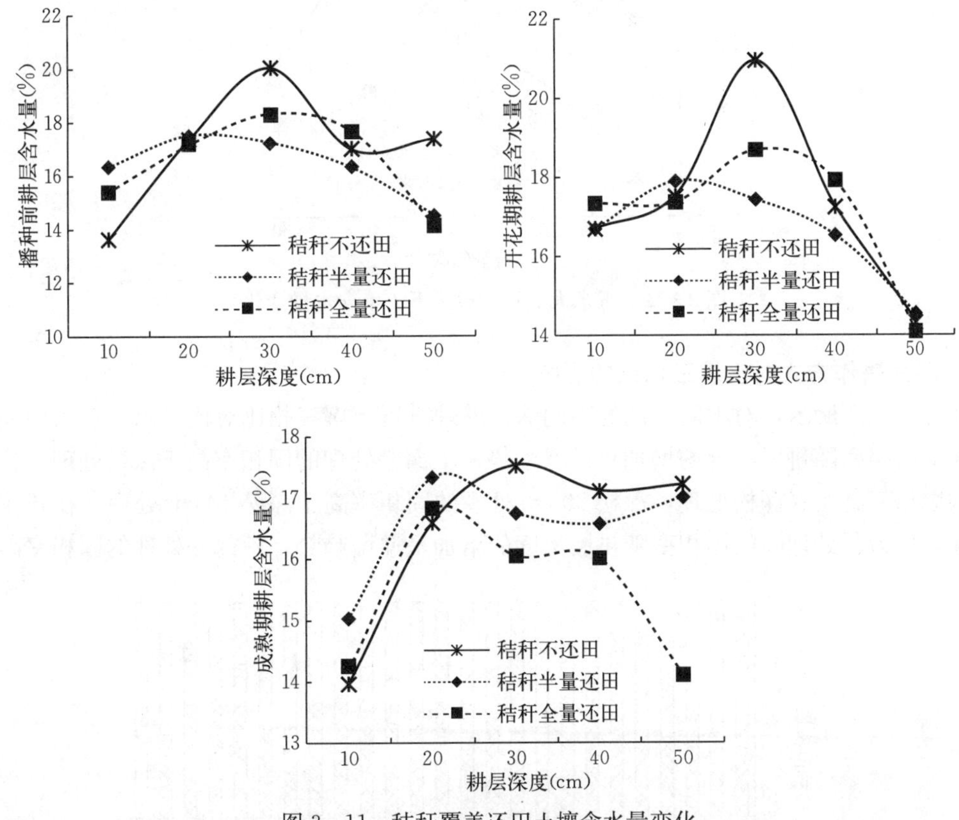

图 3－11　秸秆覆盖还田土壤含水量变化

如图 3－12 所示，由于轮作前茬均为玉米茬，在播种前各层土壤含水量变化差异较小，在开花期和成熟期，春玉米-大豆轮作处理 0～40 cm 耕层的含水量高于春玉米连作处理，在 50 cm 耕层则低于春玉米连作处理。说明轮作能提高耕层蓄水能力，有利于增加耕层含水量。

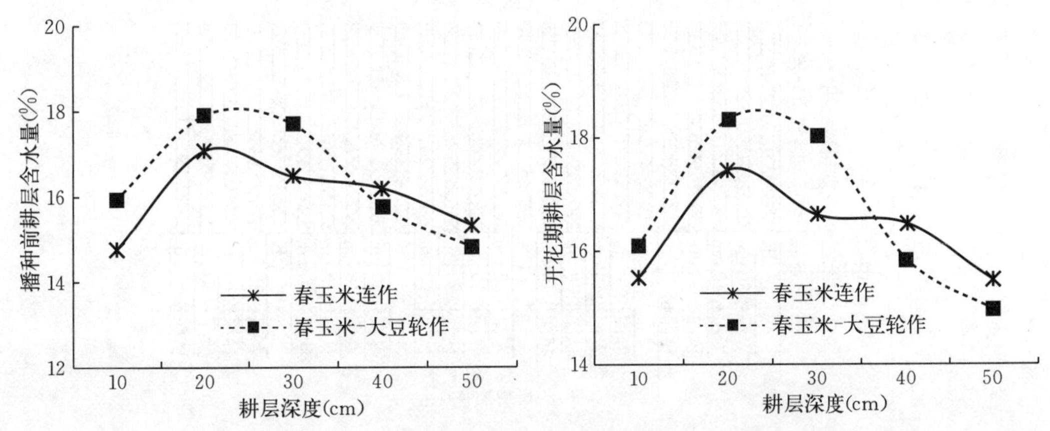

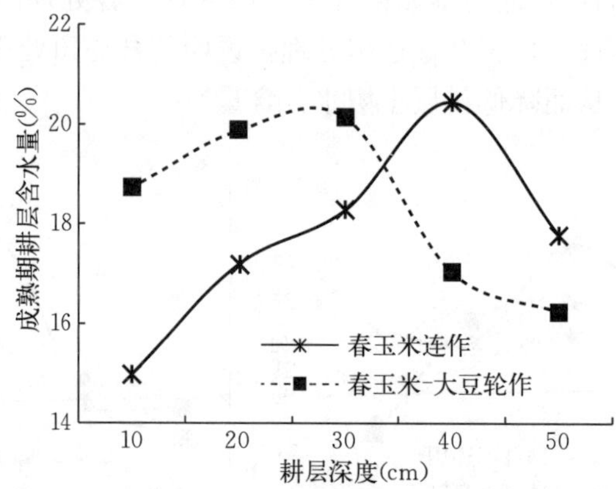

图 3-12 玉米大豆轮作模式下土壤含水量变化

3. 不同耕作方式对土壤三相比的影响

如图 3-13 所示，对不同时期的不同深松处理进行土壤三相比对比可知，在播种前，各处理间的固相率随耕层深度的增加呈递增趋势，不深松处理的固相率高于深松处理，秋深松处理的固相率高于春深松处理，深松 30 cm 处理的固相率高于深松 40 cm 处理；在开花期和成熟期表现为各处理间的固相率随耕层深度的增加呈递增趋势，不深松处理的固相率高于深

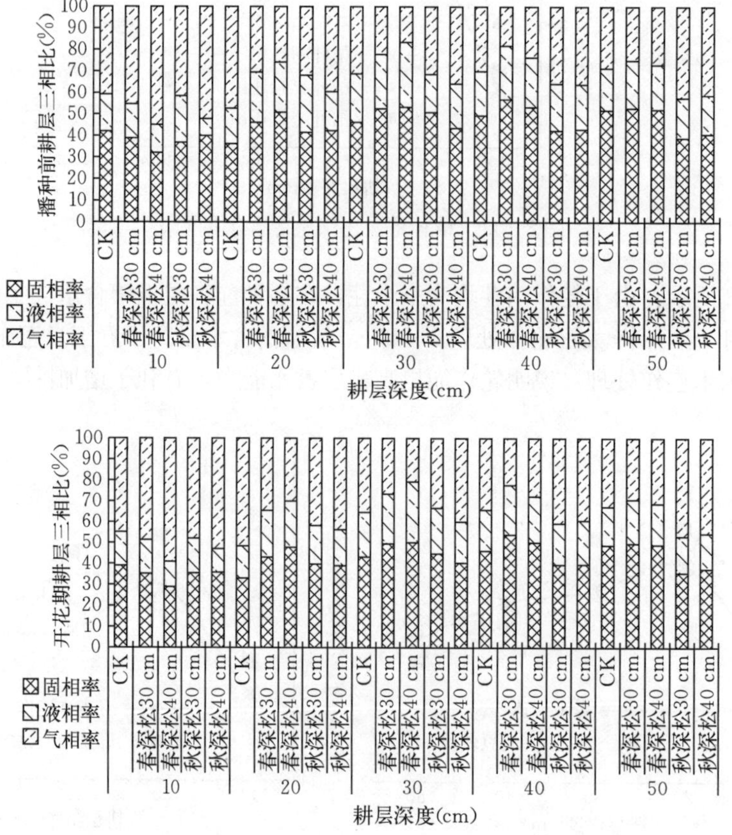

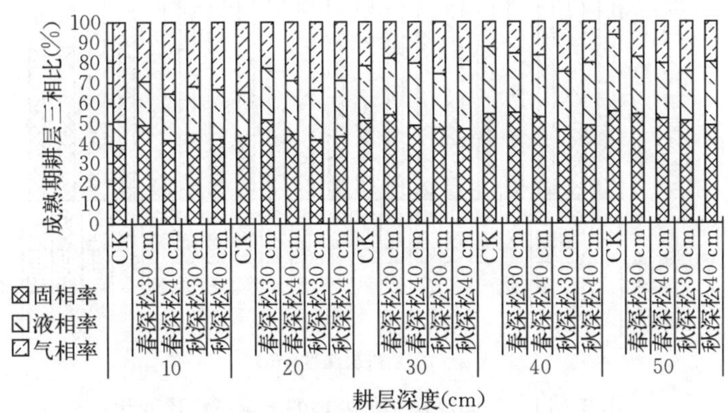

图 3－13　不同深松处理的土壤三相比变化

松处理，深松 30 cm 处理的固相率高于深松 40 cm 处理，但春深松处理的固相率表现为高于秋深松处理。可能是由于秋季休耕季节土壤水分运移小，而生长季水分条件变化大，水分运移快，导致土壤耕层结构变化所致。

如图 3－14 所示，对不同时期不同深松年限处理的土壤三相比分析可知，不深松处理的固相率在播种前、开花期和成熟期均高于其他处理。固相率对比呈隔两年深松处理＞隔年深松处理＞连年深松处理的趋势，说明随着深松年限和频率的增加，深松处理对降低固相率效果明显。

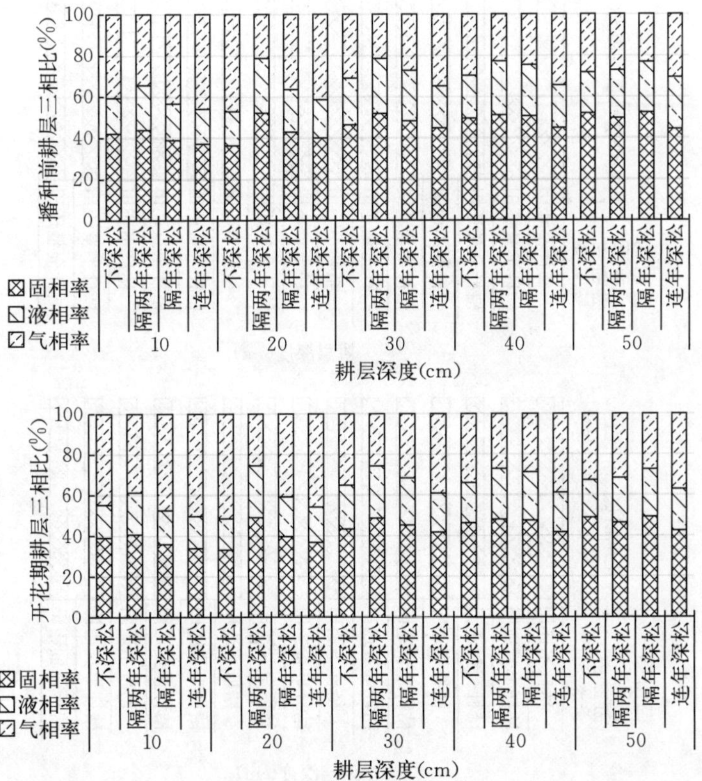

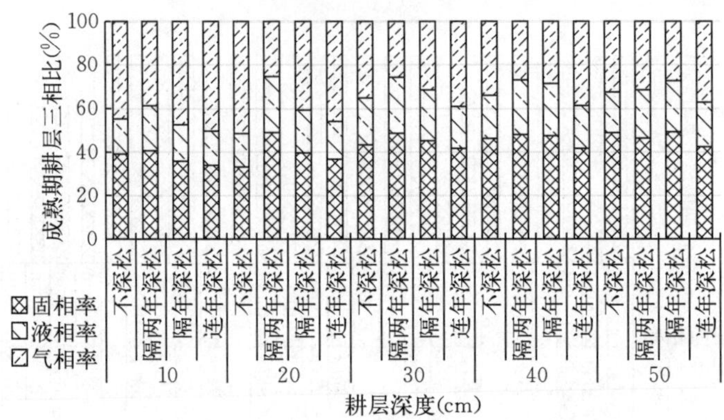

图 3-14　不同深松年限处理的土壤三相比变化

如图 3-15 所示，对比不同玉米秸秆还田处理的土壤耕层三相比可知，各处理的固相率随着耕层的增加呈递增趋势。在 20 cm 耕层范围内，开花期、成熟期秸秆不还田处理的固相率高于秸秆还田处理，且秸秆半量还田处理的固相率高于秸秆全量还田处理。说明秸秆还田能够改变土壤三相比，有利于降低土壤固相率。

如图 3-16 所示，在播种前春玉米-大豆轮作处理的固相率与春玉米连作处理无明显差异，在开花期和成熟期春玉米-大豆轮作处理的固相率低于春玉米连作处理。各处理间的固相率随耕层的增加逐渐递增。

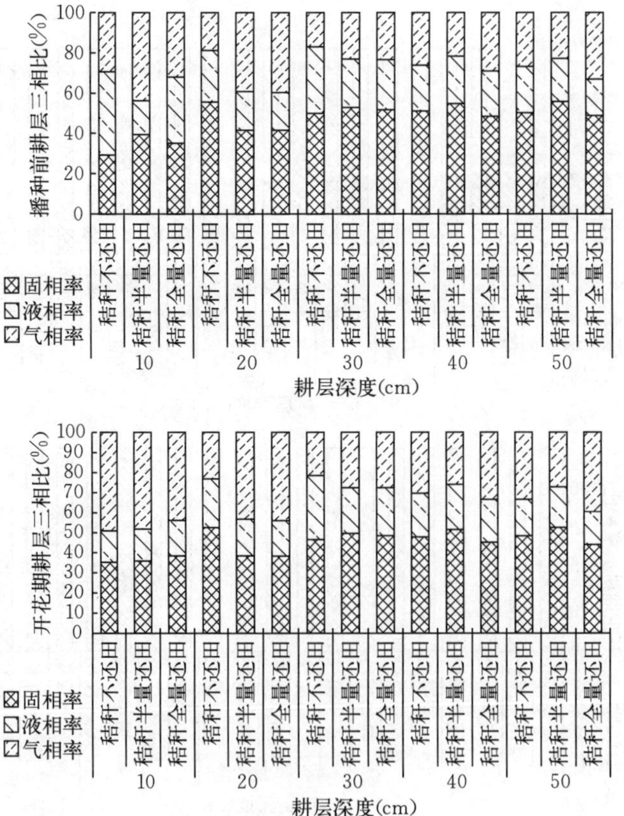

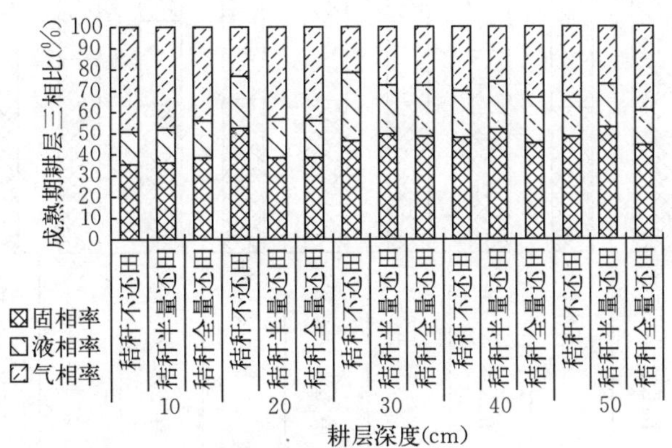

图 3-15　不同秸秆还田处理土壤三相比变化

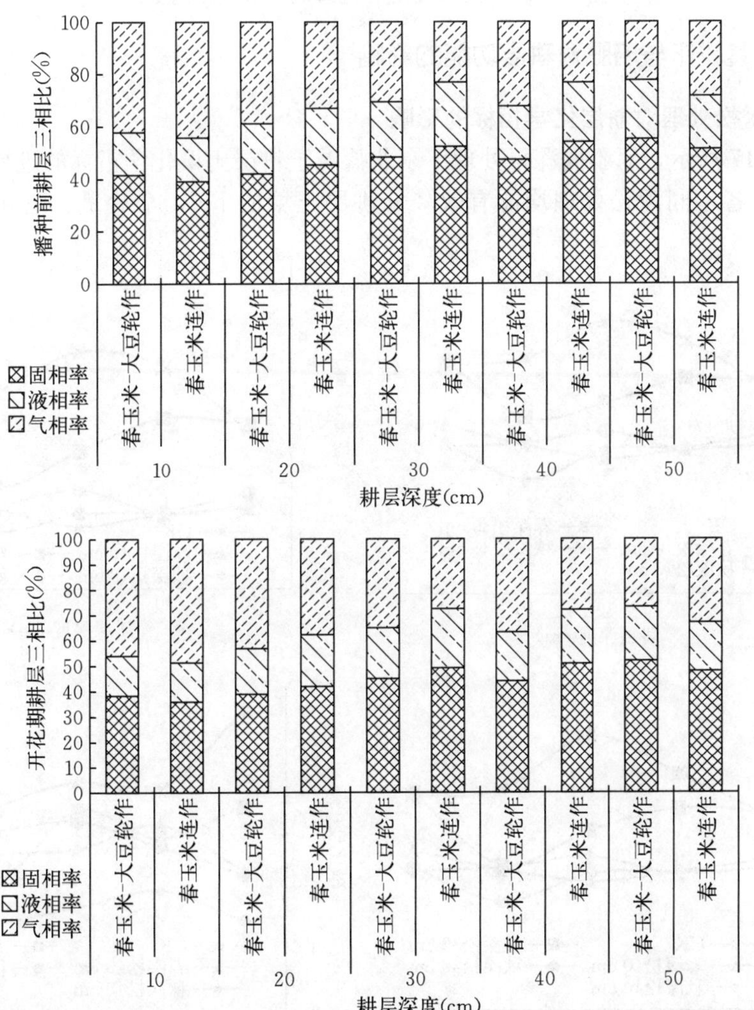

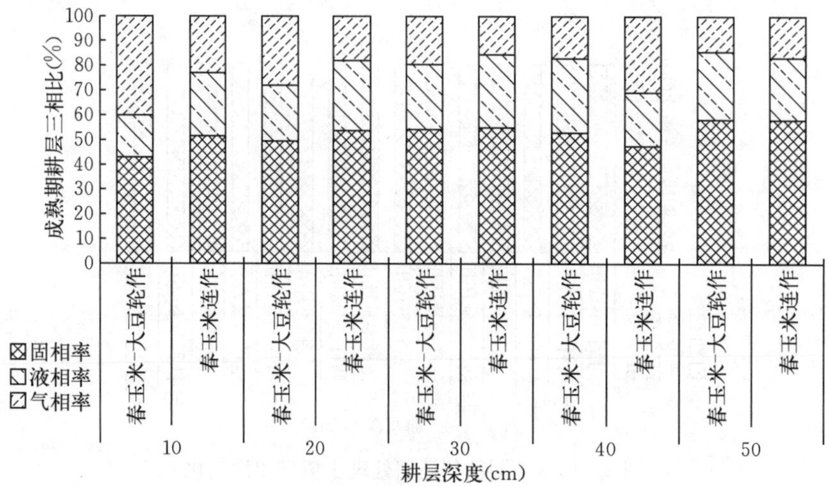

图 3-16 玉米大豆轮作处理的土壤三相比变化

（二）土壤耕作与培肥对耕层功能的影响

1. 不同深松处理对耕层化学指标的影响

如图 3-17 所示，对不同深松处理下东北盐碱土耕层土壤化学指标的进行测定，与不深松对照相比，各不同深松处理均能有效降低耕层土壤的 pH、全盐量、电导率等指标。以

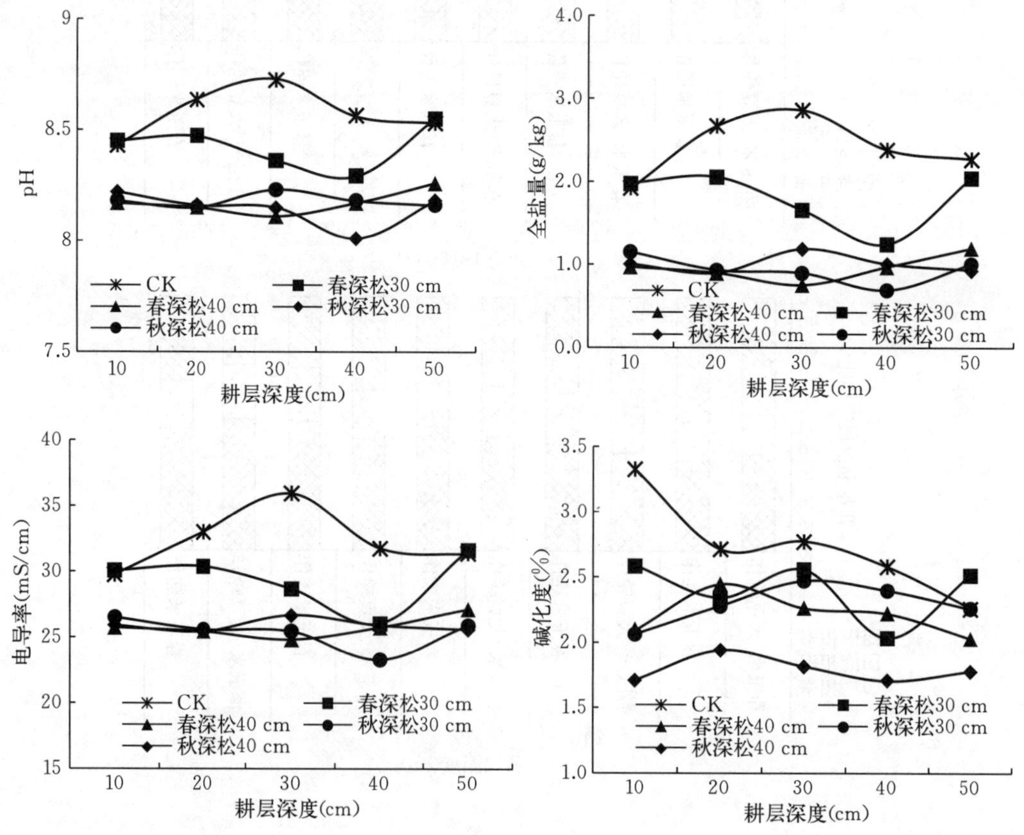

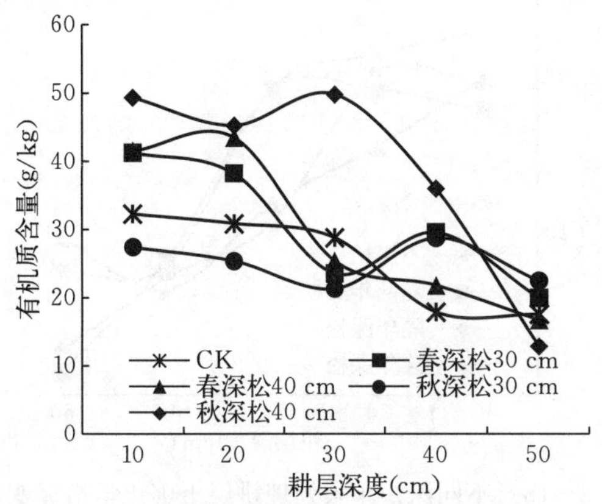

图 3-17　不同深松处理的耕层土壤化学指标变化

20～40 cm 耕层降低幅度较为明显，耕层表层（0～10 cm）及耕层下层（40～50 cm）降低幅度及变化趋势相对较小。各深松处理的耕层有机质含量、土壤碱化度等指标与不深松对照相比变化幅度较小，说明深松处理对提高耕层有机质含量、碱化度指标影响较小。

2. 不同深松年限对耕层化学指标的影响

如图 3-18 所示，对不同深松年限处理下东北盐碱土耕层土壤化学指标的进行测定，与不深松对照相比，各不同深松年限处理均能降低耕层土壤的 pH、全盐量、电导率等指标，

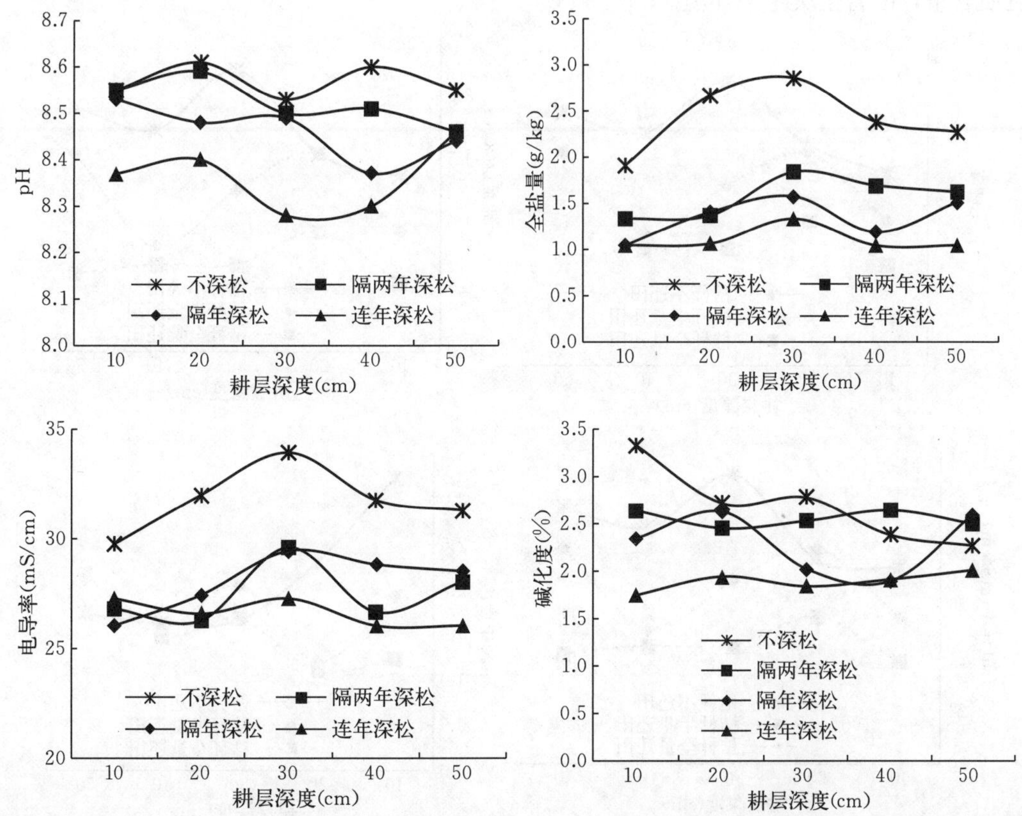

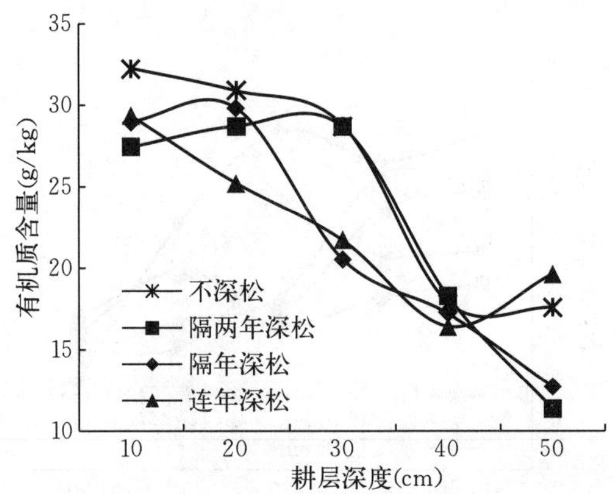

图 3-18 不同深松年限处理耕层土壤化学指标变化

且随着深松年限越短，下降幅度越大。各深松处理的耕层有机质含量、碱化度指标与不深松对照相比变化幅度较小，说明深松处理对提高耕层有机质含量、碱化度指标影响较小。

3. 不同秸秆还田处理对耕层化学指标的影响

如图 3-19 所示，玉米秸秆覆盖还田能够在干旱条件下减少土壤表层土壤水分蒸发，提高土壤耕层含水量，从而减少由于水分蒸发导致的盐分随水分运移到耕层表面造成耕层表面盐分积累，降低耕层全盐量、pH、电导率、碱化度等化学指标，同时秸秆腐解能增加土壤有机质含量，改善土壤生态环境。

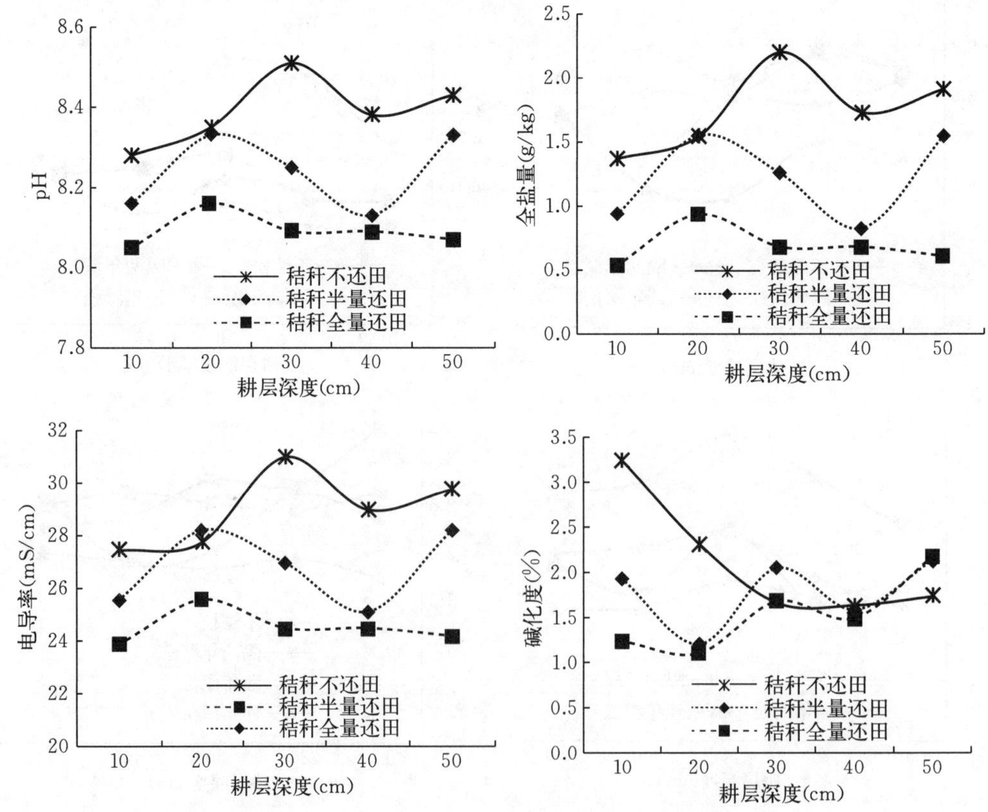

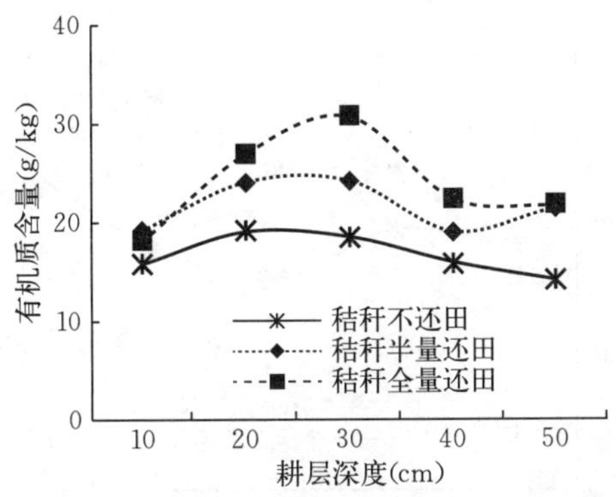

图 3-19　不同秸秆还田处理耕层化学指标变化

经多年试验测定，秸秆覆盖还田以玉米秸秆全量还田效果最好，保水性能强，土壤耕层有机质含量增加多，降低盐碱土耕层的盐分含量、碱化度、电导率和 pH 效果明显，同时能够改变耕层物理结构并大幅度提高玉米产量，是构建盐碱土合理耕层的有效技术措施。

4. 玉米大豆轮作对合理耕层构建技术指标的影响

如图 3-20 所示，与春玉米连作对比，春玉米-大豆轮作可有效降低耕层土壤的 pH、全盐量和电导率，调节土壤耕层的碱化度，提高耕层土壤的有机质含量，使耕层功能更加趋于合理，促使作物获得更高的产量。

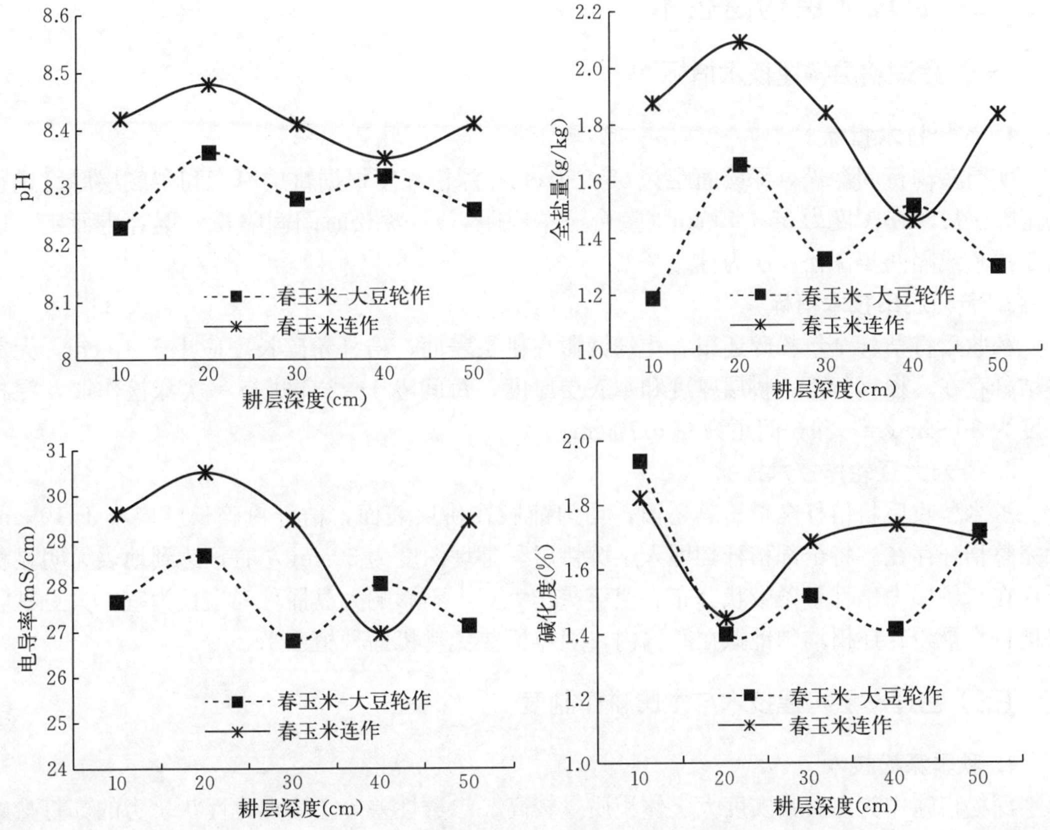

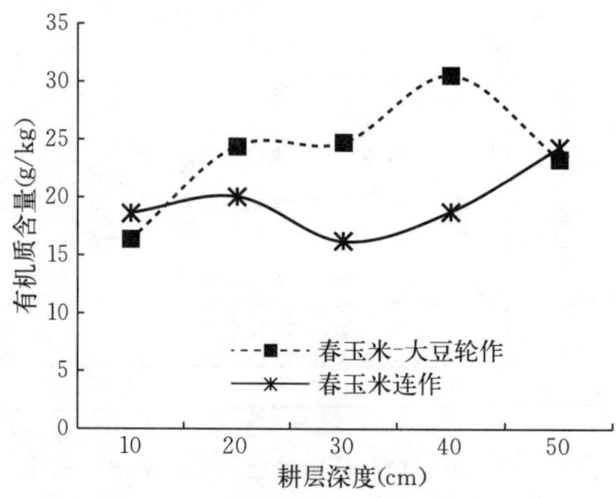

图 3-20　玉米大豆轮作耕层土壤化学指标变化

合理轮作能避免连作带来的养分偏耗和根系分泌物质的积累，调节土壤中微生物种群结构，加快土壤体系更新，缓解土壤盐碱化程度。实施春玉米-大豆轮作可以减少肥料的使用而不减产，避免了因单一作物连作导致大豆产量降低、土壤退化等问题，有效地提高两种轮作作物的产量及品质，同时能够降低耕层土壤容重和固相率，有效地改良土壤结构，构建合理耕层。

二、合理耕层构建技术

（一）合理耕层构建技术指标

1. 深松技术指标

实行垄沟行间深松，深松间距为 65～70 cm；深松深度根据耕层厚度和犁底层厚度进行判定，一般深松深度为 35～40 cm（垄台至垄底距离）；深松时间间隔视土壤容重而定，以隔年深松或隔两年深松一次为佳。

2. 秸秆还田技术指标

秋收后将秸秆全量粉碎还田，均匀铺撒在耕层表面，秸秆粉碎长度应小于 10 cm，无完整秸秆存在。根据行距、耕层厚度和犁底层厚度，每间隔 1～2 年进行一次深松作业，深松深度为 30～35 cm，深松间距为 65～70 cm。

3. 玉米大豆轮作技术指标

玉米秋收后将秸秆全量粉碎还田，均匀铺撒在耕层表面，秸秆粉碎长度应小于 10 cm，无完整秸秆存在。将全部秸秆翻埋入土壤耕层，翻埋深度为 30 cm 左右，达到地表无明显秸秆存在，耕层内秸秆呈条带状分布。翌年垄作大豆，不影响大豆播种和生长为宜。大豆秋收将秸秆全量粉碎还田均匀铺撒在垄沟内，翌年原垄免耕机播种植玉米。

（二）合理耕层构建技术与土壤耕作制度

1. 秋季深松技术

深松措施作为土壤紧实度大、体积质量较高、渗透性差等土壤理化性状恶劣的苏打盐碱土改良与持续高效利用的有效耕作方式很有必要。深松方法以常规垄作为基础，采用具有可操作性的垄沟行间作为主，秋季收获后，将秸秆移出，使用大功率拖拉机带凿式深松钩进行35～40 cm深松作业，打破长期传统翻耕带来的犁底层，有效疏松土壤并加深土壤耕层，提高土壤入渗能力，改善土壤的渗透性能，促进自然降水的入渗，提高土壤蓄水保墒能力，从而提高农田作物产量和水分利用效率。

深松技术不破坏原土层结构，碎土效果好，可改善土壤的物理性质，重新组合土壤团粒结构，创造作物根系生长和发育的良好环境。同时深松后切断土壤上升毛细管，抑制返盐现象；进入雨季起到土壤淋洗作用，达到脱盐、洗盐的目的。

2. 秸秆全量覆盖还田技术

秋季玉米采用联合收获机械进行收获，同时将秸秆全量粉碎均匀铺撒于地表，秸秆粉碎长度应小于10 cm，采用锤爪式秸秆粉碎机进行秸秆二次粉碎，作业效果达到秸秆粉碎长度5～10 cm且秸秆呈条络状，无完整秸秆存在，从而实现玉米秸秆全量覆盖还田。秸秆全量覆盖还田能够减少土壤水分蒸发，有效降低非生产性耗水，提高水分利用效率和土壤蓄水能力，调节盐分在土体中的分布，抑制盐分表聚，阻止水分与大气间直接交流，对土表水分上行起到阻隔作用。

3. 玉米、大豆秸秆还田轮作技术

秋季玉米采用联合收获机械进行收获，同时将秸秆全量粉碎均匀铺撒于地表，秸秆粉碎长度应小于10 cm。采用锤爪式秸秆粉碎机进行秸秆二次粉碎，作业效果达到秸秆粉碎长度5～10 cm且秸秆呈条络状，秸秆均匀铺撒在垄沟内，无完整秸秆存在。使用大功率拖拉机带自动旋转犁进行翻耕，翻耕深度为30 cm左右，将全部秸秆埋入土壤耕层，地表无秸秆存在。秸秆翻埋还田能够加大秸秆与表层土壤接触面积，提高玉米秸秆的腐解速度，有效地增加土壤有机质含量，调节土壤的C/N，降低土壤中盐分与pH，减轻盐碱对农作物的危害。玉米-大豆轮作可有效改善土壤次生盐渍化导致的连作障碍，减少单一作物连作导致的某些养分积累，减轻病虫害发生。

第三节　东北平原盐碱土区旱地合理耕层构建技术模式

一、玉米秋深松蓄水补墒早播技术模式

（一）模式概述

针对东北平原盐碱土传统垄作区的春季蒸发量大、底墒不足等问题，采用以深松技术为主的玉米秋深松蓄水补墒早播技术，实现节水、保苗、增产增效的目的。深松耕法的特点：以无壁犁、深松铲、凿型铲等机具疏松土层而不翻转土层，局部打破犁底层，形成纵向虚实并存的耕层构造，是一项调节水分，防旱、防涝的农业技术措施。

深松耕法的优势：不破坏原土层结构，碎土效果好，可改善土壤的物理性质，重新组合土壤团粒结构，科学调节土壤水、肥、气、热条件，创造作物根系生长和发育的良好环境；

深松切断土壤上升毛细管，抑制返盐现象，进入雨季起到土壤淋洗作用，达到脱盐、洗盐的目的；采用该技术能将每年秋、冬季的降水存蓄在土壤中，建立“土壤水库”，提高土壤保墒能力。通过土壤的调节，可实现水资源的高效利用，为植物创造良好的水分条件。

（二）主要技术环节

1. 秋深松

秋季收获后及时清理地上秸秆，在没有大量秸秆的耕地上用东方红 LG1204 牵引深松犁，进行垄沟间隔深松，深松深度为 35～40 cm。一般隔年或隔两年进行一次秋季深松。

2. 春整地

早春耕地化冻 10～15 cm，小四轮拖拉机进行灭茬，土壤化冻 20 cm 时，小四轮拖拉机进行扣垄夹肥；土壤化冻 20 cm 时，采用旋耕机，灭茬旋耕施肥起垄一体化作业，旋耕深度 16～18 cm。

3. 播种

当地温稳定通过 8 ℃连续 5 d 时，即可播种，采用精量穴播。由于底墒充足播种不宜过深，播种深度 3～4 cm。由于旱坐水地温较高，早播早扎根出苗，苗齐苗壮，可以躲过 5 月初的低温天气，抢夺前期积温，这是本技术的增产关键。

4. 中耕

苗后 2～3 叶期，小犁铧中耕深松垄沟，散寒增温，深度为 15～20 cm。

5. 收获

完熟后期，适时晚收，机械化收获。

（三）应用效果及适用范围

1. 应用效果

对比不同深松处理的产量表现，如表 3－2 所示。各处理间玉米产量排序：秋深松 40 cm>秋深松 30 cm>春深松 40 cm>春深松 30 cm>对照。秋深松 40 cm 处理增产幅度最高，两年平均增产幅度达到 11.82%，秋深松 30 cm 处理两年平均增产幅度为 9.63%。春深松 40 cm 处理两年平均增产幅度为 5.63%，秋深松 30 cm 处理两年平均增产幅度为 4.28%。秋季深松处理玉米产量高于春季深松处理，深松 40 cm 处理产量高于深松 30 cm 处理。

表 3－2　不同深松模式产量对比

处理	2017 年		2018	
	产量（kg/hm²）	增产幅度（%）	产量（kg/hm²）	增产幅度（%）
春深松 30 cm	8 280b	3.27	9 260c	5.29
春深松 40 cm	8 428ab	5.11	9 335c	6.14
秋深松 30 cm	8 696a	8.46	9 745b	10.80
秋深松 40 cm	8 786a	9.58	10 032a	14.06
CK	8 018b	—	8 795d	—

注：不同小写字母代表在 0.05 水平上差异显著。

2. 适用范围

适用于高纬度、半干旱、春季降水偏少、底墒不足、易发生春旱的地区推广应用。

二、玉米-玉米-大豆秸秆全量还田轮作技术模式

（一）模式概述

采用玉米秸秆全量翻埋还田技术、玉米秸秆全量覆盖还田技术、大豆精量播种技术相结合，轮作周期为三年，构建以玉米-玉米-大豆秸秆全量还田为核心的轮作技术模式。解决了玉米连作障碍问题和玉米秸秆还田腐解慢的问题，避免了大豆种植的重（迎）茬问题，减少了土壤风蚀和水分蒸发，减少了化肥和农药的投入量，降低了农业成本投入和病虫草危害，改善了土壤理化性状，增加了土壤养分含量，降低了耕层土壤含盐量和 pH，使土壤中的养分和耕层结构更趋于合理，实现了作物增产和地力逐渐提升，形成了具有区域优势的轮作种植模式。

（二）主要技术环节

1. 技术流程

如图 3-21 所示，玉米秸秆全量翻埋还田（上一年秋季）→玉米茬大豆精量播种（第一年春季）→大豆秸秆全量覆盖还田（第一年秋季）→大豆茬免耕播种玉米（第二年春季）→玉米秸秆全量覆盖还田（第二年秋季）→玉米茬免耕播种玉米（第三年春季）→玉米秸秆全量翻埋还田（第三年秋季）。

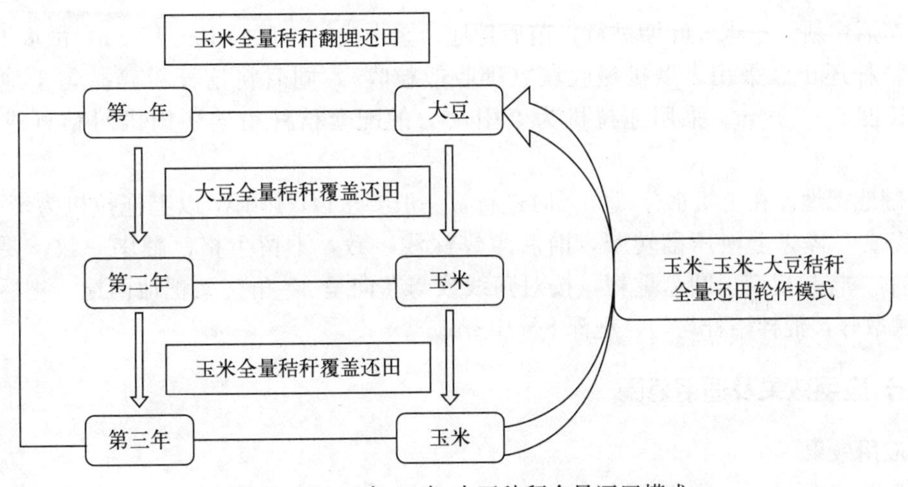

图 3-21　玉米-玉米-大豆秸秆全量还田模式

2. 技术要点

（1）第一年：玉米秸秆全量翻埋还田-玉米茬大豆精量播种。

① 秸秆粉碎还田。上一年秋季采用大型机械收获（穗收或粒收），同时将秸秆粉碎撒匀于地表，秸秆粉碎长度 5～10 cm。采用拖拉机为牵引动力的配套秸秆粉碎还田机对秸秆进

行二次粉碎。

② 翻地耙地。在土壤水分≤25%时进行，一般要求以 110 kW 以上拖拉机为牵引动力，配套 3 铧或 5 铧以上液压翻转犁，前后犁铧深浅一致，不留生格，翻垡一致，要求翻深 30 cm左右。拖拉机牵引圆盘重耙，按对角线或与垄向呈 30°角交叉耙地两遍，耙后不起黏条，土壤散碎，混拌秸秆均匀，耙深 8～10 cm。

③ 起垄施肥。采用拖拉机牵引旋耕起垄施肥机作业，使用大豆精量播种机进行播种。

④ 秸秆还田。大豆成熟后进行机械收获。收获标准为割茬低、不留底荚、割茬高 5～6 cm。大豆秸秆全部粉碎还田，均匀抛撒在地表。

（2）第二年：大豆秸秆全量覆盖还田-大豆茬免耕机播种玉米。

① 播种施肥。春季适墒早播，采用玉米免耕播种机在原垄侧进行免耕播种侧深施肥。种肥分离，分层施入。若播后墒情不足，可喷灌补墒。

② 苗后中耕。玉米 3 叶期进行，苗后趟地，垄沟浅松，散墒增温。

③ 秸秆还田。完熟后期，适时收获。采用大型机械收获（穗收或粒收），同时将秸秆粉碎撒匀于地表，秸秆粉碎长度 5～10 cm。采用拖拉机为牵引动力的配套秸秆粉碎还田机对秸秆进行二次粉碎。

④ 秋季深松。收获后，采用深松机进行秋季深松，深松深度为 30～40 cm。

（3）第三年：玉米秸秆全量覆盖还田-玉米茬免耕播种玉米。

① 播种施肥。春季适墒早播，当耕地 5 cm 地温稳定通过 10 ℃时，采用玉米免耕播种机在原垄侧进行免耕播种侧深施肥。种肥分离，分层施入。若播后墒情不足，可喷灌补墒。

② 苗后中耕。玉米 3 叶期进行，苗后趟地，垄沟浅松，深松 10～15 cm，散墒增温。

③ 秸秆还田。采用大型机械收获（穗收或粒收），同时将秸秆粉碎撒匀于地表，秸秆粉碎长度 5～10 cm。采用拖拉机为牵引动力的配套秸秆粉碎还田机对秸秆进行二次粉碎。

④ 翻地耙地。在土壤水分≤25%时进行，一般要求以 110 kW 以上拖拉机为牵引动力，配套 3 铧或 5 铧以上液压翻转犁，前后犁铧深浅一致，不留生格，翻垡一致，要求翻深 30 cm左右。拖拉机牵引圆盘重耙，按对角线或与垄向呈 30°角交叉耙地两遍，耙后不起黏条，土壤散碎，混拌秸秆均匀，耙深 8～10 cm。

（三）应用效果及适用范围

1. 应用效果

如表 3-3 所示，对比 2017 年、2018 年两年试验区的气象数据，2017 年生育期降水量为 327.2 mm，低于多年平均降水量，属于干旱年份。2018 年生育期降水量为 482.5 mm，属于湿润年份。对比两种不同类型的气候下各作物的产量可知，轮作模式各作物均表现出增产。其中干旱、湿润气候类型下轮作大豆分别比常规垄作大豆增产 5.49%、4.42%；豆茬玉米分别增产 8.70%、10.49%；玉米茬玉米分别增产 6.42%、9.33%。轮作模式下玉米、大豆均比常规模式增产，其中玉米产量显著高于常规垄作处理。

表 3-3　不同模式下各作物产量变化

年度	气候类型	模式	大豆（kg/hm²）	豆茬玉米（kg/hm²）	玉米茬玉米（kg/hm²）
2017	干旱	玉米-玉米-大豆轮作	2 422a	9 086a	8 896a
		常规垄作	2 296a	8 359b	8 359b
2018	湿润	玉米-玉米-大豆轮作	2 692a	9 908a	9 806a
		常规垄作	2 578b	8 586b	8 586b

注：不同字母表示在 0.05 水平上差异显著。

2. 适用范围

适用于年降水量在 350～450 mm、春季干旱、降水量偏少、土壤水分蒸发量大、土壤呈盐碱化的东北平原中低产田地区，配套秸秆全量还田技术推广应用。

第四章
东北平原风沙土区旱地合理耕层构建理论与技术

东北平原风沙土是干旱与半干旱地区形成于风沙性母质的具有AC层的幼年土壤，主要分布在东北三省及内蒙古自治区三市一盟所辖各县市旗区，其特点是黏粒和有机质含量少、结持力弱、易风蚀、质地松散、毛管孔隙少、保水保肥能力差、土壤缓冲性弱、生态系统服务功能脆弱。风沙土区是我国中低产田地区之一，干旱、风沙等自然灾害的袭击和人类的高强度活动使农业的可持续发展受到严重威胁。针对风沙土耕层障碍问题，通过明确合理耕层评价指标，有针对性地建立风沙土合理耕层构建技术指标与模式、集成相关配套技术，从而创建合理耕层结构，提高风沙土区域旱地生产力和水肥资源利用效率。

第一节　东北平原风沙土区旱地合理耕层评价

一、区域概况、关键障碍与科学问题

（一）区域概况

1. 气象条件

东北平原风沙土地区冬季漫长，严寒少雪，夏季短暂，炎热多雨，春季大风，多干旱。全年降水量在300～550 mm，年内分配不均，作物萌芽生长的4—6月，降水量不到全年降水量的15%，而且此时期风大，蒸发量大，造成严重的春旱。年平均蒸发量为813～1 675 mm，干燥度为1.0～2.0；年平均风速在2.7～4.4 m/s，春季风速比较大，可以达到4～5 m/s。地面植被稀疏，不能起到被覆作用，在频繁而强劲的风力吹蚀下，砾石残留，细土扬至远方，沙粒则在地表滚动、跳跃前进，以致流沙蔓延，形成风沙土。

2. 剖面特征

风沙土的形成特点是成土作用经常被风蚀和沙压作用打断，成土过程很不稳定，也很微弱。东北平原风沙土形成时间短，由早期的沙丘发育而来，田面有微地形起伏，低洼处土壤肥力较高，高岗处土壤肥力较低。风沙土土体发育不全，土壤剖面特征空间差异大，剖面形态在很大程度上表现为母质的性状。如图4-1所示，土壤剖面之间颜色差异明显，有机质含量高的剖面颜色趋于黑色，有机质含量低的剖面颜色趋于黄色。土壤剖面结构存在显著的分层特征，根据耕层次一般将剖面划分为耕层、犁底层、心土层和母质层，剖面土壤颜色由耕层到母质层逐渐变淡，剖面上层土壤颜色较深的原因是人类活动和有机质含量高。农田耕层厚度一般在15～23 cm，犁底层厚度5～13 cm。耕层土壤有机质含量6.1～19.6 g/kg，全氮含量0.40～1.27 g/kg，全磷含量为0.27～1.24 g/kg，土壤偏碱性。

3. 农田耕层土壤理化性状

东北平原风沙土耕层土壤属性特征差异明显（表4-1）。犁底层厚度、耕层厚度、pH、田间持水量、孔隙度的变异系数为13.0%～15.4%，变异程度较低，接近不敏感水平（变异系数<10%），符合农业生产耕层浅、犁底层厚、蓄水能力差、通透性低的现状。碱解氮、全氮、有机质、细沙、硬度、渗透速率为中敏感度指标（变异系数为31.9%～41.9%），是耕

图 4-1　东北风沙土典型土壤剖面

层土壤质量调控与恢复的主要指标。全钾、容重和粗沙粒的变异系数<10%，属于相对稳定指标，是维护耕层土壤结构稳定的主要因素。风沙土玉米种植区耕层土壤现状为耕层较浅，犁底层较厚，有机质和黏粒含量低，容重和硬度大，氮磷养分含量低，土壤保水保肥能力差。

表 4-1　东北平原风沙土农田耕层质量评价土壤参数统计特征

土壤参数	最小值	最大值	平均值	标准差	变异系数
犁底层厚度（cm）	5.0	13.0	10.8	1.65	15.4
耕层厚度（cm）	15.0	23.4	18.8	2.44	13.0
pH	5.4	8.5	7.4	1.01	13.6
碱解氮（mg/kg）	22	110	63	21.2	33.6
有效磷（mg/kg）	5.6	24.5	13.8	3.86	27.9
速效钾（mg/kg）	85	171	110	23.3	21.3
全氮（g/kg）	0.41	2.36	1.00	0.40	39.7
全钾（g/kg）	23.6	28.4	25.9	1.05	4.1
全磷（g/kg）	0.28	0.61	0.41	0.08	20.1
有机质（g/kg）	5.3	19.8	10.9	3.68	33.7
阳离子交换量（cmol/kg）	6.3	14.2	10.1	2.15	21.2
粗沙粒（%）	72	83	78	2.51	3.2
细沙（%）	0.9	11.0	5.62	2.20	39.1
黏粒（%）	10.1	23.3	16.0	3.64	22.8

（续）

土壤参数	最小值	最大值	平均值	标准差	变异系数
平均重量直径（mm）	0.31	0.83	0.55	0.14	25.0
容重（g/cm^3）	1.06	1.37	1.23	0.07	5.87
硬度（kg/cm^2）	33	125	64	20.5	31.9
含水量（%）	7.3	18.7	10.9	3.05	28.0
田间持水量（%）	18.6	29.8	22.2	2.93	13.3
孔隙度（%）	31.4	52.5	40.8	5.40	13.3
渗透速率（mm/min）	0.91	6.97	3.31	1.39	41.9

4. 农田种植制度

东北平原风沙土区光照充足，昼夜温差大，降水量少，季节分配不均，旱灾发生频繁，生态环境脆弱。农田耕作粗放，只用不养或重用轻养，导致土壤瘠薄，地力衰竭，土地生产力低。随着近年来生态环境逐渐恶化，自然灾害频繁发生，沙化现象日益加剧，土地生产力大幅度下降，严重影响了该地区农业的稳定和持续发展。

东北平原风沙土农作区是农牧交错区，农业主要是以种植春玉米为主，一年一熟制。春玉米是东北平原风沙土区主栽粮食作物，一般 4 月下旬开始播种，10 月上旬成熟收获。风沙土地力空间分布差异大，玉米产量地域分布变异大，一般情况下，玉米产量$<6\ t/hm^2$的定义为低产田，$6\sim8\ t/hm^2$定义为中产田，$>8\ t/hm^2$定义为高产田。风沙土保水保肥能力空间差异大，黏粒含量高的地区抵御干旱能力强，由于年际间降水不均，丰水年份玉米平均产量高达$8\sim9\ t/hm^2$，亏水年份产量大幅下降，区域平均仅为$6\ t/hm^2$，有些田块近乎绝收。不同田块之间的产量差异一方面是灌溉设施和土壤基础肥力的差异，另一方面与土壤质地有关。通常情况下，黏粒含量高的田块玉米产量高，抗自然灾害能力也强，产量年际间的波动较小。随着耕作管理措施的完善，部分地区采用防旱保墒，存水于土，通过改善土壤孔隙状况，提高土壤保水蓄水能力，调控根系的分布，扩大吸水范围。免耕、保护性耕作措施在干旱年份有稳产作用，在正常或丰水年份有减产效果。农业生产通过秸秆过腹还田培肥地力措施可使玉米增产 10%以上，而秸秆直接还田或免耕保护性耕作措施导致玉米减产 10%左右。

东北风沙土区春玉米主要耕作制度可分为两种，一种是以传统小四轮拖拉机为动力，采用破垄夹肥坐水播种模式为主（图 4-2）；另一种是在河漫滩附近地势比较低的农田，秋收时玉米秸秆直接还田，当年秋季或翌年春季前利用大功率拖拉机对土壤进行旋耕起垄作业（图 4-2）。第二种耕作方式虽然能缓解秸秆还田出苗困难，对防治杂草和病虫害具有一定的积极意义，但过量翻动耕层土壤加速土壤有机质矿化、土壤侵蚀和氮素损失，不利于春季土壤保墒，造成耕层透风，易引起风蚀。保护性耕作推广应用以来，结合大功率拖拉机的普及，少部分地区出现免耕、浅耕、少耕、深翻打破犁底层、宽窄行种植耕作方式，效果并不理想。近年来，进一步推行了质地改良、秸秆过腹还田、耕层扩容等措施，对提高土壤保水性、提高水分利用效率和玉米产量具有一定的积极意义。

图 4-2　当前东北平原风沙土区主要种植模式示意

（二）关键障碍

1. 耕层土壤黏粒含量少，阻碍团聚体的形成，结构不合理

一般风沙土区耕层土壤黏粒含量<14%，低于高产田耕层土壤黏粒含量。东北风沙土成土母质为第四纪风积沙，耕层土壤质地中细沙或细沙占 80%～90%，物理性黏粒含量 10%～20%。黏粒含量低，沙粒含量高，导致土壤透水性好，渗透速率大，田间持水量低（19%～28%），土壤保水保肥能力弱，肥料主要以淋溶损失为主，水分和肥料利用率都比较低。黏粒含量少，阻碍团聚体的形成，高产田耕层土壤团聚体含量高于低产田。

2. 耕层土壤发育不全，有机质及养分匮乏，土壤缓冲能力差

风沙土属于未成年土，土壤发育不全，受土壤沙性母质影响大，土壤有机质含量低于一般农业土壤高产田，耕层土壤有机质大于 14 g/kg，低产田低于 8 g/kg。养分匮乏，耕层土壤全氮<0.51 g/kg、磷含量<0.35 g/kg，低于同一微单元内高产田。土壤阳离子交换量是土壤吸收性能的重要指标，关系到土壤中养分的保存和供应，影响土壤的缓冲性能，低产田阳离子交换量低于高产田。

（三）科学问题

1. 客土改良质地，增强土壤保水保肥能力，改善耕层结构

在河道周边的风沙土农田采取引洪灌淤，洪水中含有大量牲畜粪便、植物残体和细土粒，引洪灌淤可提高土壤中有机质和黏粒含量。以淤泥或黏土作为改良剂，改良耕层土壤质地，增加黏粒含量，改善耕层土壤结构。风沙土农田采用翻黏压沙，可增加耕层黏粒含量。

2. 有机肥还田，大功率拖拉机扩容耕层，构建合理耕层结构

采用玉米秸秆过腹还田并结合大功率拖拉机进行耕层扩容，打破部分（3～4 cm）犁底层，使犁底层下移 3～4 cm，耕层厚度增加至 23 cm。更贫瘠风沙土农田采用休耕轮作农牧结合，种植一年玉米，休耕一年，同时在该地采用围栏放牧，牛采食玉米秸秆，通过动物排泄物还田，在休闲年份秋季 10 月深耕 23 cm，达到秸秆还田、绿肥养田、耕层扩容的目的。

二、合理耕层特征

（一）作物与耕层结构及功能关系

1. 作物产量与水分特征参数的关系

作物生长受耕层水分影响大，土壤含水量、田间持水量、水分渗透速率和饱和含水量4个水分特征参数是评价土壤保水特性的重要指标。将玉米产量与耕层土壤含水量、田间持水量、水分渗透速率、饱和含水量进行相关性分析（图4-3）。调查点土壤含水量变化范围为7.3%～18.4%，玉米产量与耕层土壤含水量呈极显著正相关（$r=0.542^{**}$），回归方程为$y=0.294x+4.363$。田间持水量是表征土壤蓄水能力的参数，是植物可以直接吸收利用水的上限，调查点田间持水量差异较大，变化范围为19%～30%，与玉米产量呈极显著正相关（$r=0.519^{**}$），回归方程为$y=0.324x+0.358$。

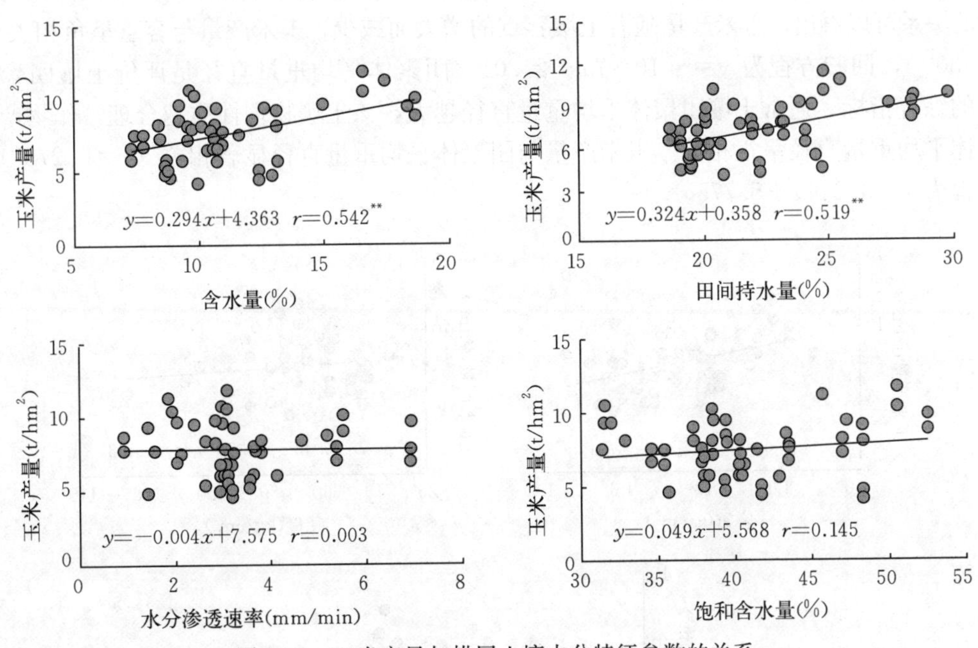

图4-3　玉米产量与耕层土壤水分特征参数的关系

2. 作物产量与耕层厚度、犁底层厚度的关系

耕层厚度和犁底层厚度是评价耕层结构最直观的表征参数，通常情况下，土壤耕层越厚，耕层有效土壤越多，越有利于作物生长。一般在黏壤质土壤犁底层是障碍层，而在风沙土犁底层也有有益的一面，可以减缓水分的淋溶。由图4-4可知，土壤耕层厚度15.0～23.4 cm，平均厚度为18.8 cm，玉米产量与耕层厚度呈极显著正相关（$r=0.273^{**}$），回归方程为$y=0.196x+3.877$，耕层厚度每增加1 cm，玉米产量增加近0.2 t/hm^2。玉米产量与犁底层厚度相关性不显著，风沙土耕作过程中以增加耕层深度为主，不用采用深翻打破犁底层。

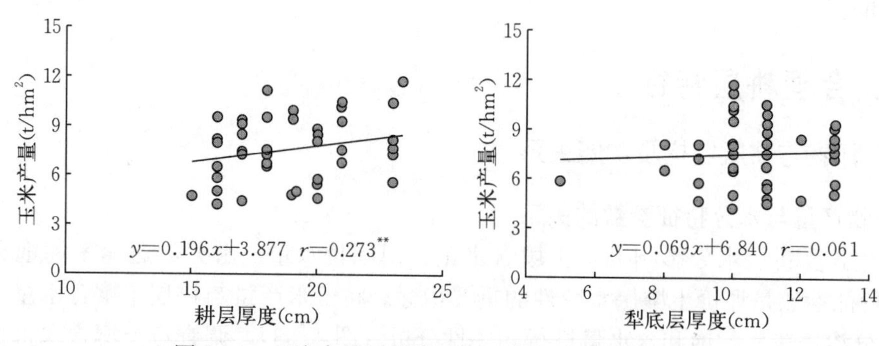

图 4-4 玉米产量与耕层厚度、犁底层厚度的相关性

3. 作物产量与土壤容重、硬度和平均重量直径的关系

耕层土壤容重和团聚体平均重量直径属于地力评价的全量数据集和最小数据集评价指标中高频率使用的 10 个指标。由图 4-5 所示，土壤硬度与玉米产量之间的相关性不显著，土壤容重和团聚体平均重量直径与玉米产量呈显著相关。从耕层土壤容重的分布散点图与玉米产量的关系可以看出，玉米产量随着土壤容重的增大而减少，玉米产量与容重呈负相关（$r=-0.430^{**}$），回归方程为 $y=-10.97x+21.01$。团聚体平均重量直径是评价土壤团聚体合理性的综合指标，通常土壤团聚体平均重量直径越大，该土壤物理性质越合理，作物产量与团聚体平均重量直径呈正相关。玉米产量与团聚体平均重量直径显著相关（$r=0.273^{*}$），回归方程为 $y=3.244x+5.775$。

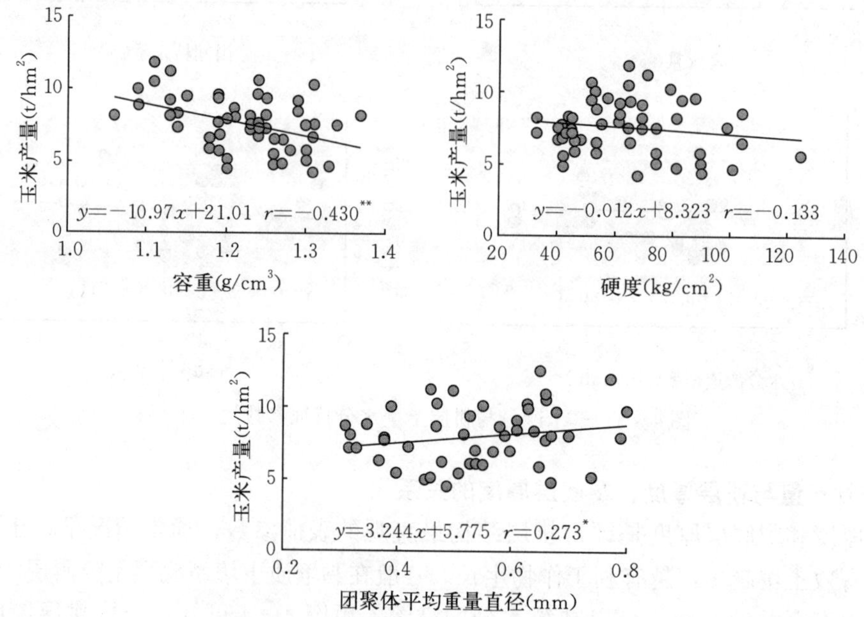

图 4-5 玉米产量与耕层土壤容重、硬度和团聚体平均重量直径的相关性

4. 作物产量与土壤质地的关系

土壤质地是土壤一种固有属性，是影响作物产量非常关键的因子。一般情况下，通过耕

作方式不能改变土壤质地，改良土壤质地的常规方法是添加沙粒或黏粒调整土壤沙黏粒比例。由图 4－6 可知，多点风沙土＞0.02 mm 粒级粗沙粒、0.002～0.02 mm 粒级细沙粒和＜0.002 mm 的黏粒平均含量分别为 78%、6%和 16%。玉米产量与三个不同粒级均呈极显著相关，与＞0.02 mm 粒级粗沙粒和 0.002～0.02 mm 粒级细沙粒呈极显著负相关（r=0.455**和 r=－0.459**），回归方程分别为 $y=-0.331x+33.574$ 和 $y=-0.390x+9.768$；与＜0.002 mm 粒级黏粒呈极显著正相关（r=0.594**），相关关系为 $y=0.299x+2.781$，改良风沙土目标是降低＞0.02 mm 粒级粗沙粒和 0.002～0.02 mm 粒级细沙粒比例，增加＜0.002 mm 粒级黏粒比例。

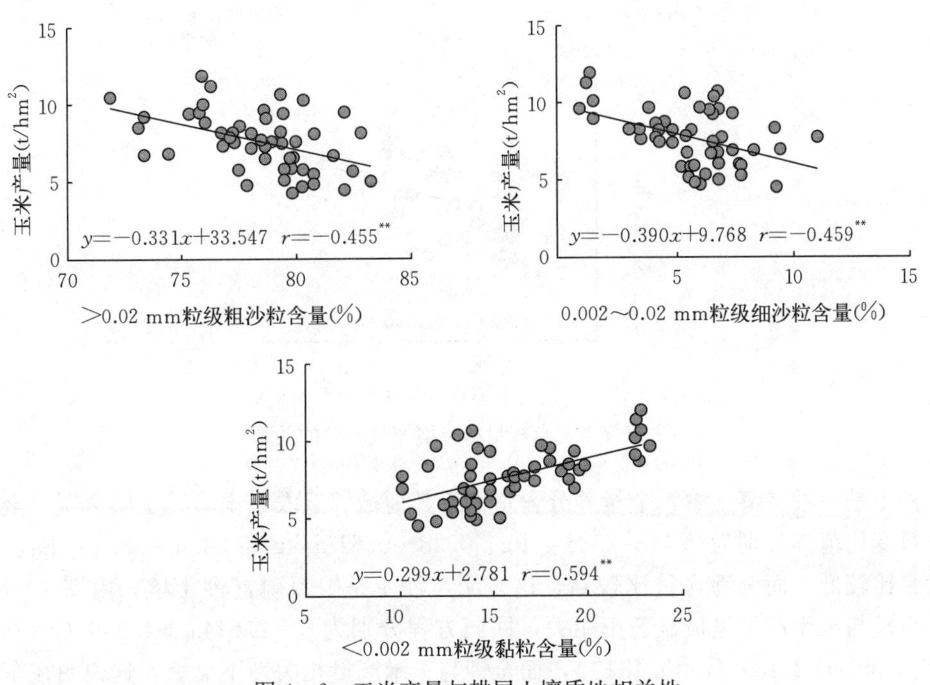

图 4－6　玉米产量与耕层土壤质地相关性

5. 作物产量与土壤速效养分的关系

风沙土是养分含量较低的土壤类型之一，作物生长所需要的三大营养元素氮、磷、钾极度匮乏，特别是直接供作物吸收利用的速效态养分。耕层土壤速效养分空间分布变异性大，碱解氮、有效磷、速效钾含量分别为 22～110 mg/kg、5.6～25 mg/kg 和 85～171 mg/kg，其平均值分别为 63 mg/kg、14 mg/kg 和 110 mg/kg。玉米产量与碱解氮、有效磷、速效钾含量呈极显著正相关（图 4－7），回归方程分别为 $y=0.048x+4.526$（r=0.568**）、$y=0.038x+0.479$（r=0.479**）和 $y=0.184x+5.023$（r=0.387*）。碱解氮、有效磷、速效钾与玉米产量都呈正相关，但是玉米产量对不同营养元素影响的敏感性差异较大，氮、磷、钾含量都提高一个单位，对玉米产量增长幅度影响顺序为有效磷＞碱解氮＞速效钾。

6. 作物产量与全量养分的关系

土壤全量养分指土壤全氮、全磷和全钾，全量养分的含量是评价土壤潜在肥力的重要指

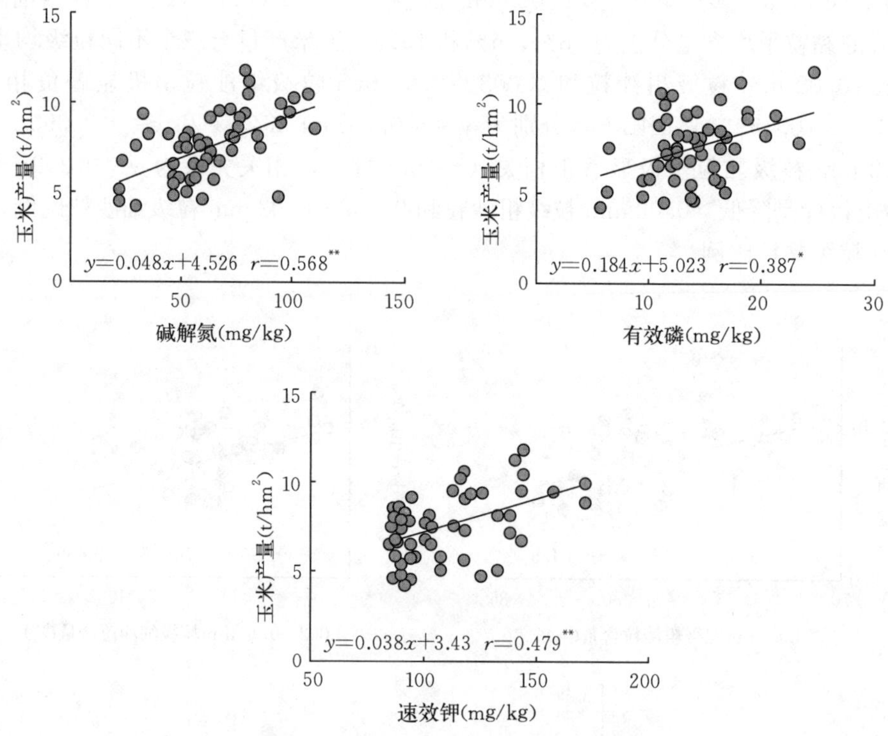

图 4-7 玉米产量与土壤速效养分的关系

标。风沙土是一种贫瘠土壤，全量养分含量低于其地域邻近农田土壤。土壤全氮、全磷和全钾的含量变化范围分别为 0.41～2.36 g/kg、0.28～0.61 g/kg 和 23.6～28.4 g/kg，全氮和全磷含量比较低，而全钾含量比较高，这表明风沙土是缺氮磷富钾土壤。由图 4-8 所示，全氮和全磷与玉米产量呈极显著正相关，回归方程分别为 $y=2.614x+4.946$（$r=0.568^{**}$）和 $y=10.665x+3.139$（$r=0.484^{**}$），而全钾与玉米产量相关性不显著，这说明在东北风沙土玉米种植生产过程中，应增施氮磷肥，而少施钾肥。

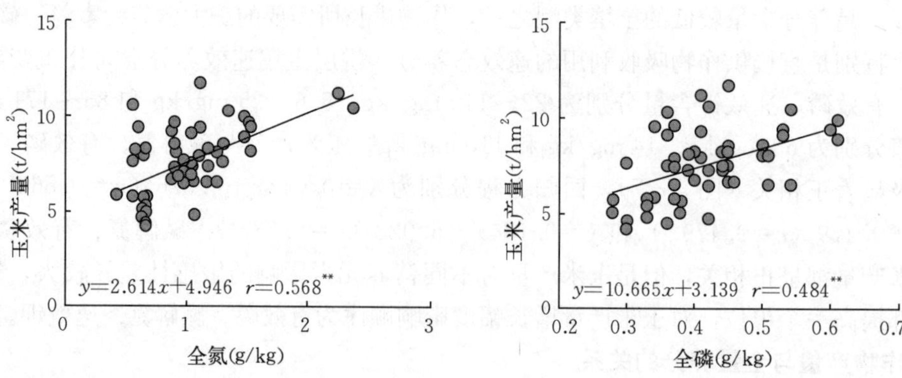

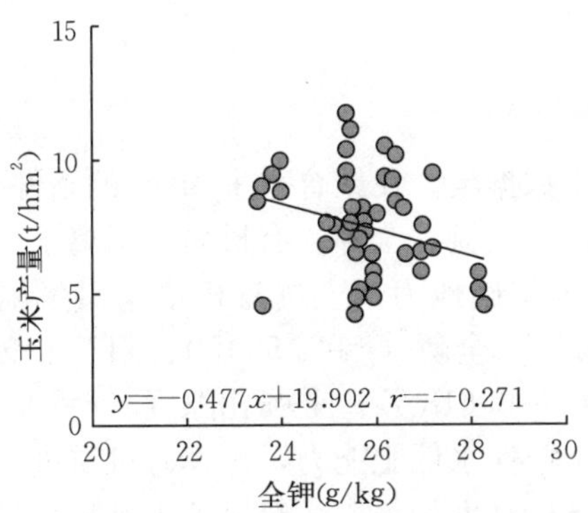

图 4-8　玉米产量与全量养分的关系

7. 作物产量与土壤有机质、pH 和阳离子交换量的关系

土壤有机质是评价土壤肥力的重要指标，位于土壤质量评价指标之首。风沙土是未成年土壤，有机质含量较低，一般含量低于 15 g/kg。东北风沙土区玉米产量与耕层土壤有机质含量、pH 和阳离子交换量的关系如图 4-9 所示，耕层土壤有机质含量变化范围为 5～20 g/kg，有机质含量与玉米产量呈极显著正相关，回归方程为 $y=0.312x+4.125$（$r=0.645^{**}$）。风沙土耕层土壤 pH 呈弱碱性，不是玉米生长的主要限制因子。土壤阳离子交换量决定土壤缓冲能力，耕层土壤阳离子交换量为 6.3～14.2 cmol/kg，变异系数为 21%，属于缓冲能力较弱的土壤，阳离子交换量与玉米产量呈显著正相关，回归方程为 $y=0.295x+4.582$（$r=0.345^{*}$）。

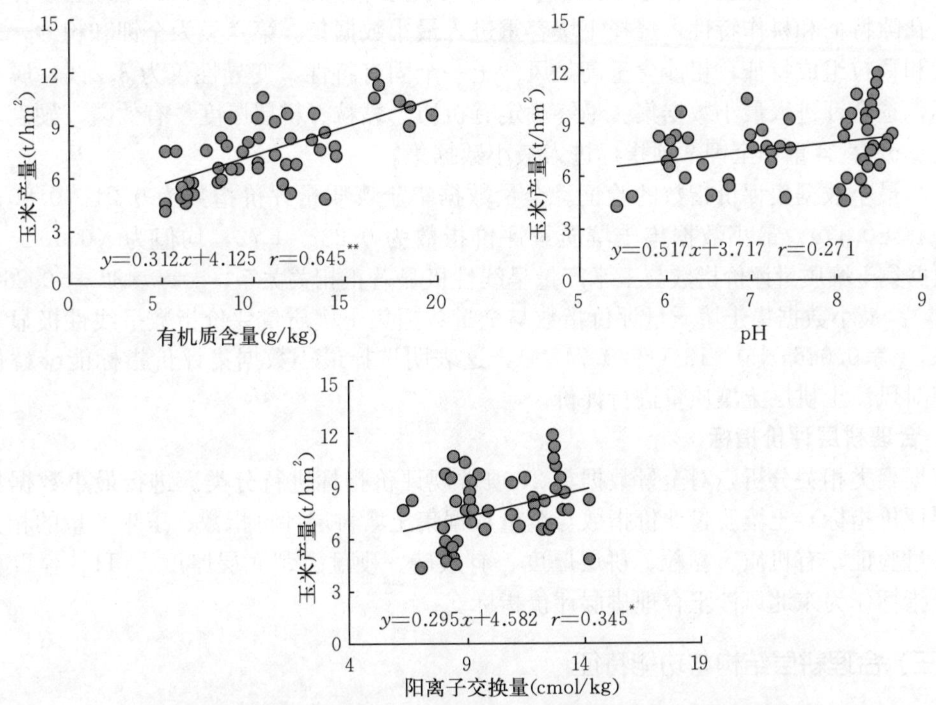

图 4-9　玉米产量与土壤有机质、pH 和阳离子交换量的关系

（二）合理耕层评价

1. 评价指标确定的依据

（1）建立评价指标的最小数据集。在聚合水平为10的条件下21项评价指标划分为六大类，第一类为碱解氮、速效钾、全氮、全钾、有机质、阳离子交换量、黏粒、含水量、田间持水量和土壤孔隙度表征土壤基础地力。土壤有机质与碱解氮（$r=0.763^{**}$）、全氮（$r=0.594^{**}$）、速效钾（$r=0.696^{**}$）、全磷（$r=0.530^{**}$）、阳离子交换量（$r=0.457^{*}$）、含水量（$r=0.720^{**}$）、田间持水量（$r=0.618^{**}$）、土壤孔隙度（$r=0.520^{**}$）均为高度相关，提高有机质含量，可以改善耕层土壤保水保肥能力，选择有机质进入最小数据集。风沙土黏粒含量与21个评价指标中14个指标高度相关，一般风沙土黏粒含量直接影响耕层土壤保水保肥能力评价，是反映风沙土质量的重要指标，也是改良风沙土质地的重要参考指标，则黏粒含量进入最小数据集。第二类为耕层厚度和团聚体平均重量直径，其表征耕层土壤基本物理性质，耕层厚度与团聚体平均重量直径呈极显著相关（$r=0.366^{**}$）。耕层厚度是土壤生产力的基本限制条件，前人研究中土壤质量评价指标中耕层厚度累积使用频率达50%，是反映土壤质量的重要指标，则耕层厚度进入最小数据集。第三类为有效磷和硬度，有效磷含量的变化可以反映土壤质量的变化，硬度是反映土壤耕性的重要指标，因此有效磷和硬度两者都进入最小数据集。第四类为犁底层厚度、pH和渗透速率，表征犁底层特性和土壤酸碱度，土壤渗透速率与犁底层厚度存在相关性（$r=0.268^{*}$）。犁底层厚度可以表征渗透速率部分信息，也是合理耕层评价重要指标，选择犁底层厚度进入最小数据集。pH是衡量土壤酸碱度的主要指标，在土壤质量评价中使用率达90%，因此选择pH进入最小数据集。第五类为土壤细沙和耕层土壤容重，容重和细沙含量存在高度相关性（$r=0.606^{**}$）。土壤容重能反映土壤孔隙特征和耕作特性，选择土壤容重进入最小数据集。第六类为全钾和粗沙，表征土壤钾素和颗粒组成特征，粗沙含量高是风沙土一个固有特性，变异性仅为3.2%，属于不敏感指标，选全钾进入最小数据集。最终确定有机质、黏粒、耕层厚度、有效磷、硬度、犁底层厚度、pH、容重和全钾9项指标进入最小数据集。

（2）最小数据集评价指数的验证。全量数据集土壤质量评价指数为0.21～0.80，均值为（0.46±0.17）。最小数据集土壤质量评价指数为0.23～0.72，均值为（0.46±0.11）。最小数据集土壤质量评价指数与玉米产量呈线性极显著正相关关系，$y=0.432x+0.260$（$r=0.672^{**}$）。最小数据集土壤质量评价指数与全量数据集土壤质量评价指数呈线性极显著正相关关系，$y=0.046x+0.113$（$r=0.747^{**}$），这表明选择最小数据集评价指标能够替代全量数据集对风沙土耕层土壤质量进行评价。

2. 合理耕层评价指标

根据聚类相关分析，对全量数据集21项常规评价指标进行分类。进行最小数据集（合理耕层评价指标）土壤质量评价指数与全量数据集土壤耕层评价指数、玉米产量的相关性分析，经过验证，有机质、黏粒、耕层厚度、有效磷、硬度、犁底层厚度、pH、容重和全钾共9项指标作为东北风沙土合理耕层评价指标。

（三）合理耕层结构与功能特征

基于风沙土耕层土壤评价指标的结果，以基于聚类分析得出的合理耕层评价指标：耕层厚度、犁底层厚度、pH、有效磷、有机质、全钾、黏粒、容重和硬度作为合理耕层诊断指标。合理耕层评价指数取值范围在0～1.0，其值越高耕层结构越趋于合理，作物产量越高。根据合理耕层评价指数，东北风沙土合理耕层结构划分为五个等级。野外调查53个点中34%样点合理耕层评价指数介于0.2～0.4，合理耕层结构为Ⅳ级；53%样点合理耕层评价指数介于0.4～0.6，合理耕层结构Ⅲ级；11.2%样点土壤质量指数0.6～0.8，合理耕层结构Ⅱ级；调查风沙土区域没有Ⅰ级和Ⅴ级合理耕层结构分布。调查区域风沙土的平均合理耕层结构评价指数为0.46，总体上东北风沙土合理耕层结构属于Ⅲ级。根据玉米产量差异，把合理耕层结构也划分为五级（表4-2），野外调查53个点中1个样点玉米产量为4.2×10^3 kg/hm²，合理耕层结构Ⅴ级，19个样点玉米产量4.4×10^3～6.8×10^3 kg/hm²，合理耕层结构属于Ⅳ级，22个样点玉米产量6.8×10^3～9.3×10^3 kg/hm²，合理耕层结构属于Ⅲ级，10个样点玉米产量9.3×10^3～11.7×10^3 kg/hm²，合理耕层结构属于Ⅱ级，1个样点玉米产量11.8×10^3 kg/hm²，合理耕层结构属于Ⅰ级。调查区域风沙土的平均玉米产量7.6×10^3 kg/hm²，总体上东北风沙土合理耕层结构属于Ⅲ级。由表4-2推测风沙土合理耕层应具备较厚的耕层，适当的犁底层、pH、黏粒、容重，较小的硬度，较高的有效磷和有机质含量。

表4-2　东北风沙土耕层合理耕层评价阈值诊断

评价指标	土壤地力等级划分				
	Ⅰ	Ⅱ	Ⅲ	Ⅳ	Ⅴ
合理耕层评价指数	0.8～1.0	0.6～0.8	0.4～0.6	0.2～0.4	0～0.2
玉米产量（kg/hm²）	≥11.7×10^3	9.3×10^3～11.7×10^3	6.8×10^3～9.3×10^3	4.4×10^3～6.8×10^3	≤4.4×10^3
耕层厚度（cm）	21～23	20～21	18～20	17～18	≤17
犁底层厚度（cm）	5～9	9～10	10～11	11～12	≥12
pH	8.01～8.45	7.86～8.01	7.27～7.86	6.68～7.27	6.09～6.68
有效磷（mg/kg）	≥17.1	15.2～17.1	13.3～15.2	11.4～13.3	≤9.5
全钾（g/kg）	≥26.0	25.5～26.0	25.0～25.5	24.5～25.0	≤24.0
有机质（g/kg）	≥19.8	14.7～19.8	9.5～14.7	4.3～9.5	≤0.8
黏粒（%）	24.8～29.9	19.7～24.8	14.6～19.7	9.4～14.6	≤4.3
容重（g/cm³）	0.97～1.07	1.07～1.16	1.16～1.25	1.25～1.35	≥1.35
硬度（kg/cm²）	36.1～46.5	46.5～57.0	57.0～67.4	67.4～77.8	≥88.3

第二节　东北平原风沙土区旱地合理耕层构建技术

一、土壤耕作与培肥对耕层结构与功能的影响

（一）土壤耕作与培肥对耕层结构的影响

1. 不同改良措施对土壤含水量的影响

风沙土质地主要以沙粒为主，黏粒含量小于15%，通常采用引洪灌淤，以及用池塘淤

泥和黏土改良风沙土质地。采用池塘淤泥和黄土母质黏土改良风沙土，改良后土壤含水量明显增加（图 4-10）。苗期不同改良剂对土壤水分影响显著。改良处理土壤含水量均高于对照，添加黏土和淤泥处理分别比对照处理高了 39%和 27%，添加黏土和淤泥处理间差异不显著。春季浇灌等量水播种，但是改良处理增加了土壤黏粒含量，增加了土壤保水性能，进一步增加土壤水分含量。大喇叭口期土壤水分变化与苗期相似，通过改良的处理显著高于未改良对照，两种改良处理之间的土壤含水量差异不显著。在拔节期、灌浆期和成熟期，土壤含水量表现为，改良土壤含水量高于对照未改良处理。在这三个生育时期不同改良剂之间也表现出显著差异，淤泥改良的效果显著高于黏土改良的效果，这主要由于淤泥富含有机质，而黄土黏土有机质含量低（0.5%）。施入淤泥带入的有机质增加土壤团聚体的形成，增加土壤田间持水量。东北风沙土地区降水主要在 6—9 月，而玉米的拔节期灌浆期和成熟期在 6—9 月，改良处理的耕层土壤的蓄水能力增加，使耕层储水量增加，可以为作物提供更多的有效水。

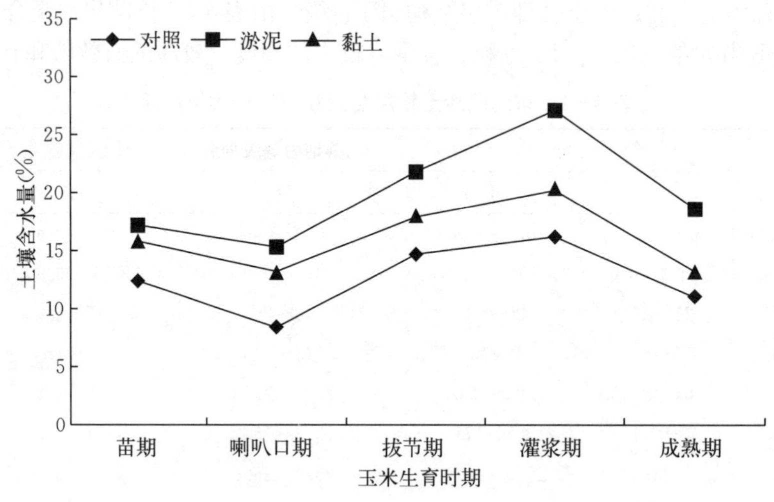

图 4-10　不同耕作方式对玉米收获期土壤含水量影响

2. 不同耕作措施对保水性的影响

土壤剖面不同层次含水量差异较大，犁底层土壤含水量比耕层土壤增加 7%。与农民常规耕作相比，翻耕和超深翻耕层土壤含水量分别增加 10%和 14%，犁底层土壤分别增加 10%和 21%，可见超深翻更有利于土壤保水；而旋耕和深翻对耕层和犁底层土壤含水量影响差异不显著。耕层较浅的农民常规耕作或旋耕处理，土壤相对板结，结构性差，不利于水分的运移。黏粒和有机质含量高的土壤持水性能较好，田间持水量较大，田间持水量与土壤结构具有一定相关性。耕作对土壤田间持水量的影响，由于犁底层土壤比较紧实毛细管不发达，耕层田间持水量比犁底层高出 6%～21%。与常规耕作相比，耕层土壤田间持水量的顺序为翻耕＞超深翻＞深翻＞旋耕，而犁底层为深翻＞翻耕、超深翻＞旋耕。不同耕作方式下耕层土壤饱和持水量在 36%～42%。与常规耕作相比，旋耕增加耕层饱和持水量 17%，但对犁底层饱和持水量影响不显著。翻耕、深翻和超深翻犁底层土壤饱和持水量平均达 34%，比常规耕作和旋耕处理增加近一倍。在风沙土区耕作显著影响土壤的渗透速率，特别影响犁底层的渗透速率，翻耕降低耕层土壤渗透速率，而显著增加犁底层渗透速率，增加 14%～

186%，不同耕作措施表现为深翻>超深翻>翻耕>旋耕>常规耕作，翻地主要作用是打破犁底层，导致漏水漏肥。

3. 耕作和施肥对水分渗透速率的影响

水分渗透速率是表示土壤对水分渗透能力的重要参数，耕作制度、施用有机肥和秸秆还田对土壤水分渗透速率都有显著的影响。在常规施肥条件下，土壤水分渗透速率最大的是打破犁底层处理，比常规耕作增加73%，这是因为多年耕作压实在耕层下的紧实、坚硬的犁底层被打破，水分可以顺利渗透到下层。免耕处理渗透速率最小，仅为常规耕作的48%，归因于长期不耕作，土壤容重增加、孔隙度降低。深翻处理土壤水分渗透速率比常规耕作处理高73%，但与打破犁底层处理几乎没有差别，这种结果来源于深翻处理打破了犁底层。超深翻处理虽然兼顾了深翻的两个特点，但因为剖面深层黏粒翻混入耕层土壤，使其渗水能力低于深松43%。这些结果表明，在风沙土区，为了保持土壤水分渗透速率，保护犁底层所处位置非常关键。

施用有机肥明显增加土壤水分渗透速率，但是并没有改变不同耕作制度对土壤水分渗透速率的影响规律。施用有机肥后，免耕、常规耕作、打破犁底层、深松和超深松处理土壤水分渗透速率比常规施肥增加了19%～114%，这一结果完全归因于有机肥在耕层土壤结构中所起的作用。除了打破犁底层耕作条件外，秸秆还田均增加了各种耕作制度条件下的土壤水分渗透速率。比较而言，在常规耕作和超深松条件下，秸秆还田在增加土壤水分渗透速率中的作用与有机肥的作用效果相似。在免耕条件下，秸秆还田处理土壤水分渗透速率比施用有机肥处理低24%。在深翻条件下，又比有机肥处理增加11%。这些结果表明秸秆还田对水分渗透速率的影响与有机肥的影响机制有所不同。

4. 耕作和施肥对土壤贯穿阻力的影响

耕层贯穿阻力大小反映土壤紧实状况，直接影响着植物根系的伸展。耕作处理土壤的贯穿阻力显著低于免耕土壤，各耕作处理贯穿阻力比免耕处理降低了35%～44%，这是因为耕作使紧实的土壤变得松散了，因此土壤的贯穿阻力下降。由此可见，通过简单的常规耕作就可以降低土壤的贯穿阻力。秸秆还田和施用有机肥都有不同程度降低土壤贯穿阻力的作用，但是在不同的耕作条件下，降低的程度不同。在免耕、常规耕作和打破犁底层耕作制度下，秸秆还田比施用有机肥降低土壤贯穿阻力的效果更明显，与仅施用化肥的处理相比，在这三种施肥条件下，秸秆还田降低土壤贯穿阻力效果最显著，分别为17%、23%和18%，而有机肥处理则分别降低了7%、16%和7%。这一结果再次证实了秸秆还田起到松散土壤的作用。在深松和超深松条件下，施用有机肥对耕层土壤贯穿阻力的影响较秸秆还田更明显。在这两种耕作条件下，与仅施化肥处理相比，秸秆还田处理降低耕层贯穿阻力分别为14%和1.1%，而施用有机肥处理降低耕层土壤贯穿阻力分别为17%和20%。

5. 耕作和施肥对耕层土壤三相结构距离的影响

土壤三相结构距离是表示土壤固、液、气三相比值的综合评价指标。土壤三相结构距离越接近理想状态，其值越接近零，理想状态下的耕层结构距离值为零。与常规耕作处理相比，深松降低了土壤的三相结构距离值（3.1%），免耕、打破犁底层和超深松处理土壤三相结构距离比常规耕作分布增加了16%、3%和16%。这一结果证实了免耕因长期不耕作，土壤非常紧实，导致土壤三相结构距离不协调。打破沙土犁底层后，基于沙土松散的特点，土壤的保水能力会明显降低，从而引起土壤三相比不理想。超深松处理因为底层黏重、有机质含量低的土壤翻入耕层，引起三相比较高。施用有机肥调整了免耕和超深松处理耕层土壤的三相结构距离，与其相对应常规施肥处理相比分别降低了 8%和 8%。这是因为施用有机肥后，有机肥在紧实和贫瘠的土壤中作为土壤结构改变的桥梁，而使土壤的结构性变好，提高土壤的水和气体保有量，因此，降低了三相结构距离值。这一结果再次证实有机肥在改良土壤结构中起到了非常重要的作用。秸秆还田主要降低了免耕和超深松处理耕层土壤的三相结构距离，比常规肥料处理分别降低了 2.3%和 21%。然而，秸秆还田增加了常规耕作和深松条件下土壤的三相结构距离，分别比常规施肥处理增加了 5.7%和 5.0%。

6. 耕作方式对土壤容重和紧实度的影响

土壤容重是土壤的一个基本物理性质，能够综合反映土壤耕作质量。土壤容重越大，表明土壤紧实、板结，土壤退化趋势越强；容重越小，则说明土壤疏松多孔，结构良好。耕作方式对耕层容重的影响小于对犁底层容重的影响，与常规耕作相比，翻耕、深翻和超深翻增加耕层土壤容重 3%～7%，同时降低犁底层容重 5%～13%，旋耕对耕层和犁底层容重影响较小，差异不显著。土壤紧实度是土壤管理的重要指标，与作物残茬还田、化肥利用、土壤养分循环、土壤微生物、作物生长及产量、土壤耕作方式等关系密切。农田紧实的土壤可阻止水分入渗，引起地表径流，降低化肥的利用率，导致作物减产。耕作方式对土壤紧实度影响较大，翻耕、深翻和超深翻耕层土壤紧实度增加 1.1～1.6 倍，犁底层则降低 9%～44%；旋耕不影响犁底层土壤紧实度，降低耕层土壤紧实度 7.4%，可见通过合理耕作，可以有效降低耕层和犁底层土壤紧实度，创建合理土壤剖面结构。

7. 耕作方式对风沙土三相比的影响

由表 4-3 所示，不同耕作方式下土壤三相比均表现为犁底层气相比呈下降趋势，下降范围 21%～60%，液相比和固相比呈上升趋势，旋耕增加 30%，常规增加 20%，翻耕、深翻和超深翻处理增加较小（6%～10%）。与常规耕作相比，其他耕作方式均有较大的土壤结构指数和较小的土壤三相结构距离，说明常规耕作对土壤物理结构的改善有积极作用。在耕层各深耕处理的土壤三相结构距离 11～12，均小于常规处理的 14，降低 18%。旋耕、翻耕、深翻和超深翻处理土壤结构较为合理，但处理间差异不显著。在犁底层，超深翻土壤物理结构最为合理，土壤结构指数较常规耕作处理提高了 30%，土壤三相结构距离降低了 40%，翻耕、深翻和超深翻处理无显著差异。

表 4-3 不同耕作方式对土壤三相比的影响

土层	处理	固相（%）	液相（%）	气相（%）	STPSD	GSSI
耕层	常规	63.66±3.62	12.59±0.56	23.74±3.94	13.84±2.04	84.99±2.58
	旋耕	57.48±2.81	12.27±0.96	30.25±2.11	11.55±1.16	87.66±2.44
	翻耕	60.27±1.24	13.92±0.83	25.81±1.28	10.82±0.83	90.20±1.48
	深翻	59.25±1.88	13.03±0.75	27.72±2.39	10.82±0.68	88.90±1.30
	超深翻	62.28±1.97	13.86±0.52	23.86±1.75	10.82±1.20	88.94±1.62

（续）

土层	处理	固相（%）	液相（%）	气相（%）	STPSD	GSSI
犁底层	常规	76.62±1.41	13.14±0.44	10.23±1.37	23.12±1.26	67.43±3.74
	旋耕	74.85±1.88	13.04±0.33	12.11±1.74	21.56±1.63	71.57±3.81
	翻耕	66.19±0.26	15.04±0.47	18.77±0.27	14.15±0.27	86.81±0.56
	深翻	65.16±0.98	13.01±1.39	21.84±2.33	14.14±0.42	85.08±1.00
	超深翻	65.87±1.83	15.86±0.38	18.27±1.48	13.84±1.51	87.32±2.30

注：STPSD代表土壤三相结构距离，GSSI代表广义土壤结构指数。

（二）土壤耕作与培肥对耕层功能的影响

1. 耕作与培肥对耕层土壤有机质的影响

风沙土是有机质含量低的土壤类型之一，通常土壤有机质含量与作物产量呈正相关。目前在风沙土区免耕生产技术得以应用，与农民常规破垄夹肥玉米种植制度相比，免耕种植制度增加土壤有机质含量；打破犁底层、深翻和超深翻措施对土壤有机质含量影响较小(图 4-11)。秸秆还田是培肥地力的有效途径之一，秸秆还田对风沙土有机质含量影响不明显，这表明秸秆还田种植模式不适合在东北风沙土玉米种植区应用。在不同耕作方式下，施用有机肥显著增加风沙土有机质含量，增加范围为 5%～40%。相同耕作方式下施用有机肥，在 5 种耕作方式下，常规耕作方式土壤有机质含量最大为 22 g/kg，深翻和超深翻对土壤有机质含量影响效果不明显。在免耕和常规耕作方式下，采用化肥配施有机肥进行农业生产，有助于耕层土壤有机质的积累。

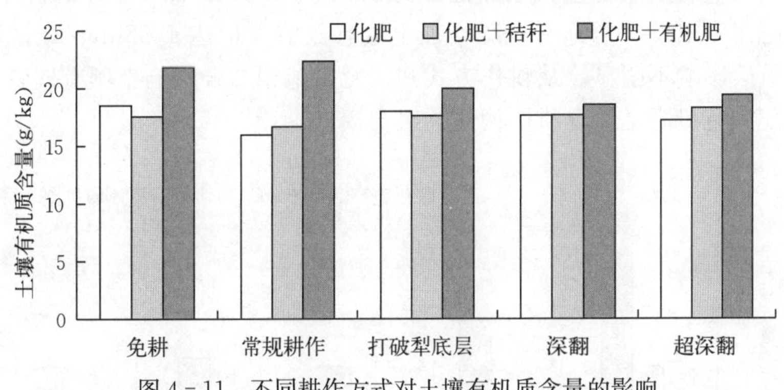

图 4-11　不同耕作方式对土壤有机质含量的影响

2. 耕作与培肥对耕层土壤碱解氮的影响

耕作方式影响土壤碱解氮含量（图 4-12）。风沙土区农业生产过程中，大多数农户以单一施用化肥为主，少数采用化肥配施有机肥，化肥+秸秆还田种植模式更少。单施化肥条件下，耕作本身对土壤碱解氮含量影响不明显。常规耕作和打破犁底层耕作方式有使土壤碱解氮含量增加趋势，而深翻和超深翻有使碱解氮含量下降趋势，化肥+秸秆还田与仅施化肥对土壤碱解氮含量的影响相似。化肥配施有机肥条件下，耕作方式对土壤碱解氮含量影响较大（85～107 mg/kg），免耕和常规耕作方式土壤碱解氮含量增加。深翻和超深翻耕作方式实际上也打破了犁底层，打破犁底层后，导致淋溶作用增强，可溶态的氮淋出耕层，所以打破犁底层、深翻、超深翻耕作方式耕层土壤碱解氮含量要低于免耕和常规耕作。仅从施肥角度分析，与施化肥相比，化肥配施有机肥土壤碱解氮含量增加 28%，而化肥结合秸秆还田土壤碱解氮含量降低了 3.5%，这主要是由于玉米秸秆 C/N 较高，微生物在分解秸秆过程中需要利用土壤中碱解氮。

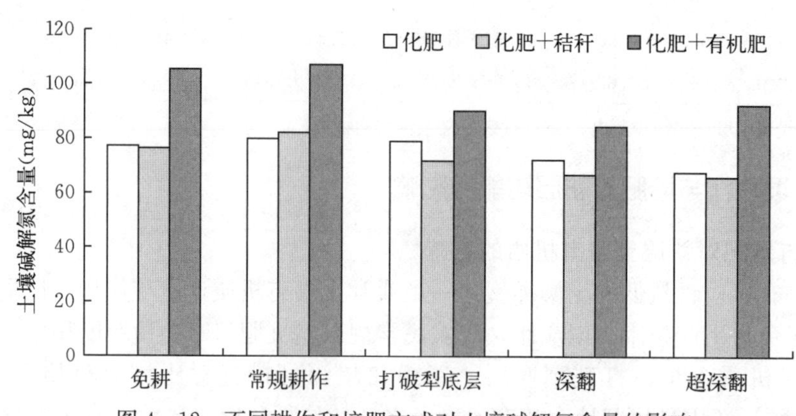

图 4-12 不同耕作和培肥方式对土壤碱解氮含量的影响

3. 耕作与培肥对耕层土壤有效磷的影响

耕作方式影响耕层土壤有效磷含量（图 4-13)。与常规耕作相比，免耕显著增加土壤有效磷含量，增加了 34%，打破犁底层、深翻、超深翻耕作方式降低土壤有效磷含量，降幅为 15%～28%。与施化肥相比，化肥＋秸秆还田对有效磷影响不明显。施用有机肥显著增加风沙土耕层土壤有效磷含量，增加范围为 54%～127%。如果不考虑耕作方式的影响，仅从施用有机肥角度出发，增施有机肥增加土壤有效磷含量达 4.55 mg/kg，采用秸秆还田措施对土壤有效磷影响不明显。从耕作方式和培肥措施相结合影响土壤有效磷效果来看，在风沙土区免耕配施有机肥是适合耕层构建的组合模式。

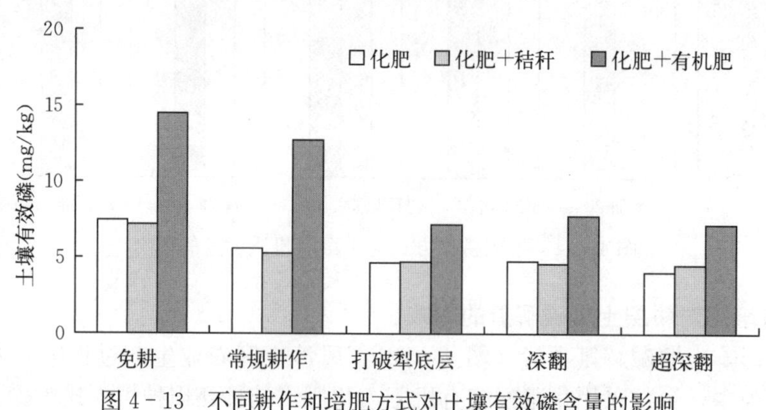

图 4-13 不同耕作和培肥方式对土壤有效磷含量的影响

4. 耕作与培肥对耕层土壤速效钾的影响

钾是植物所必需的大量营养元素之一。土壤中钾主要以速效钾、缓效钾和矿物钾形式存在，而土壤中对植物最有效的钾为速效钾。土壤速效钾含量能够直观反映土壤供给植物利用的钾素含量水平。传统农业种植以施用化肥为主，图 4-14 显示，在施化肥条件下，耕作方式对速效钾的影响不明显。在多种耕作方式中，与常规耕作相比，免耕方式的土壤速效钾含量增加 4.4%，超深翻则减少 8.4%。耕作方式对风沙土耕层土壤速效钾的影响小于有机肥施用的效果。秸秆还田和施用有机肥培肥措施的耕层土壤速效钾平均增加 7.5%和 55.0%，施用有机肥是增加土壤速效钾的有效农艺措施。免耕和常规耕作两种耕作方式下，与施用化肥相比，施用有机肥增加土壤速效钾近 1 倍。不考虑化肥和有机肥的影响，仅从耕作角度分析，免耕和常规耕作耕层土壤速效钾含量分别为 156 mg/kg 和 147 mg/kg，远高于打破犁底层、深翻和超深翻三种耕作方式。打破犁底层、深翻和超深翻对耕层土壤速效钾含量影响差异不显著，范围为 112～114 mg/kg。

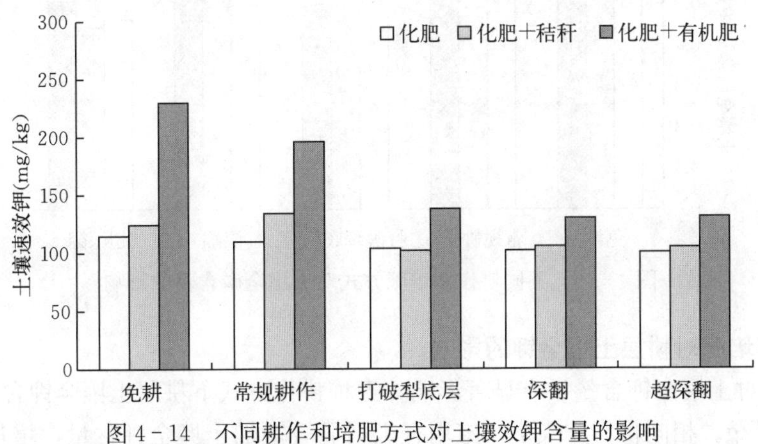

图 4-14　不同耕作和培肥方式对土壤效钾含量的影响

5. 耕作与培肥对耕层土壤全氮的影响

风沙土农田耕层土壤全氮含量较低，一般为 0.2～1.5 g/kg。施用有机物料显著增加土壤全氮含量，秸秆还田措施增加土壤全氮 12%，施用有机肥增加土壤全氮 28%。相同施肥方式下，不同耕作方式下土壤全氮含量差异不明显（图 4-15）。在免耕、常规耕作、打破犁底层三种耕作方式下，秸秆还田和施有机肥对耕层土壤全氮影响相似。在深翻和超深翻耕作方式，施用有机肥对土壤全氮有更明显的增加效果，秸秆还田对土壤全氮影响效果不明显。

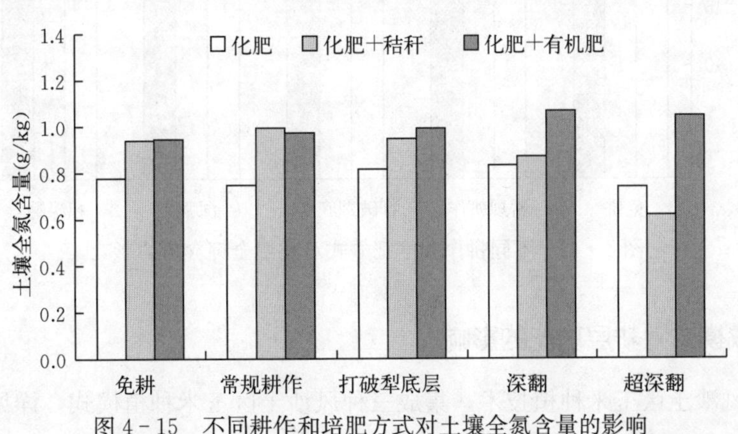

图 4-15　不同耕作和培肥方式对土壤全氮含量的影响

6. 耕作与培肥对耕层土壤全磷的影响

风沙土是土壤全磷含量较低土壤类型之一，全磷含量 0.2～0.6 g/kg。与施化肥相比，增施有机肥土壤全磷有增加趋势，施用秸秆对土壤全磷含量没有显著影响，见图 4-16。耕作方式对全磷影响较大，全磷变化范围为 0.47～0.60 g/kg，免耕＞常规耕作＞打破犁底层、深翻＞超深翻。

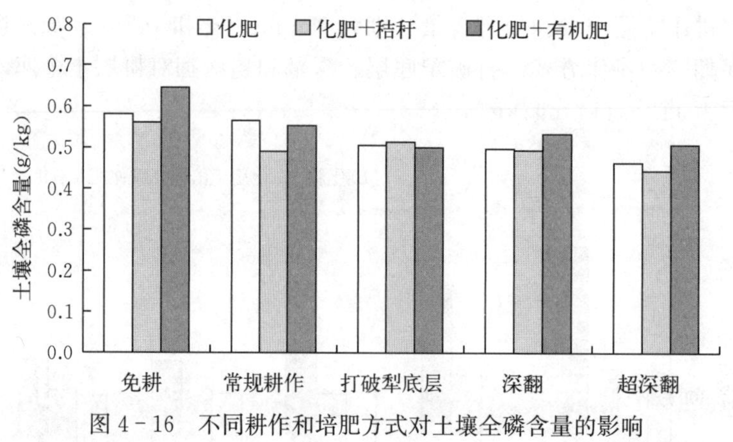

图 4-16　不同耕作和培肥方式对土壤全磷含量的影响

7. 耕作与培肥对耕层土壤全钾的影响

耕作方式对土壤全钾含量没有显著影响，五种耕作方式下耕层土壤全钾含量变化范围为 23.6～24.7 g/kg。相同耕作方式下，施用有机肥显著增加土壤全钾含量，增加 7%～11%。在免耕、常规耕作、打破犁底层耕作方式下，秸秆还田对耕层土壤全钾含量没有影响，而深翻和超深翻耕作方式对土壤全钾有增加趋势（图 4-17）。

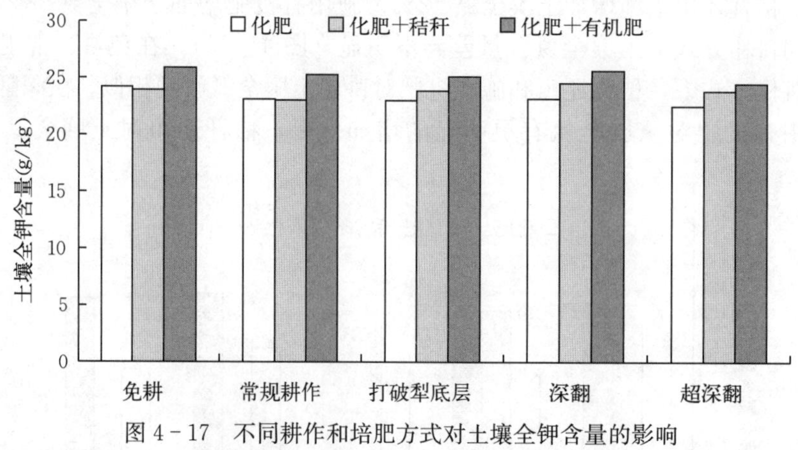

图 4-17　不同耕作和培肥方式对土壤全钾含量的影响

（三）集成模式对耕层功能的影响

通过优化风沙土区玉米种植技术，集成三种风沙土区玉米种植模式，详见表 4-4。

表 4-4　不同耕作模式描述

处理	集成农技	耕作方式
CT	传统耕作	春季破垄夹肥，耕深 17 cm，坐水播种、苗带位移，拔节前期追肥
ITP1	有机肥还田＋耕层扩容＋间隔深松＋侧向追肥	秋季施用有机肥，翻深 24 cm，春季起垄、坐水播种，夏季间隔深松追肥，深沟 30 cm，浅沟 24 cm，追肥施在浅沟侧垄台上
ITP2	秸秆覆盖＋免耕播种＋渐进深松＋表层追肥	秋收秸秆直接还田、免耕播种、苗后松土时尽量少伤根，第一次深松 10 cm，第二次深松 17 cm，第三次深松 25 cm，同时追肥施在垄台表层土 2～3 cm 处
ITP3	秸秆覆盖＋免耕＋表层追肥	秋季秸秆还田、免耕播种、追肥施在垄台表层土 2～3 cm 处

1. 耕作模式对土壤速效养分和有机质的影响

耕作模式显著影响土壤碱解氮、有效磷、速效钾和有机质含量，在四种模式中，ITP1 模式处理下土壤碱解氮、有效磷、速效钾和有机质含量都为最高，ITP1 模式有利于提高风沙土土壤肥力，ITP2 模式次之，ITP3 和 CT 模式最低。ITP1 模式处理碱解氮含量显著高于其他三个处理，含量为 94 mg/kg，比 CT 模式高 38%。ITP2 和 ITP3 模式具有相同免耕播种模式，但 ITP2 模式碱解氮含量比 ITP3 模式高 30%。有效磷含量对耕作模式的响应较弱，ITP1 模式显著高于其他三种模式，含量为 9.2 mg/kg，而 CT、ITP2 和 ITP3 模式间差异不显著。耕作模式对速效钾含量影响较小，与 CT 模式相比，ITP1 和 ITP2 模式分别高出 24%和 21%，ITP3 与其他三种模式之间差异不显著，ITP1 和 ITP2 两种模式之间差异也不显著。与 CT 模式相比，ITP1 模式有机质增加了 52%，ITP2 模式增加 22%，而 ITP3 模式仅有增加趋势。从耕作培肥土壤地力角度分析，ITP1 和 ITP2 两种模式适合东北风沙土区玉米种植。

2. 耕作模式对土壤酶活性的影响

风沙土玉米田耕作模式显著影响土壤酶活性。与 CT 模式相比，三种优化集成模式的脲酶活性增加 41%～69%，平均增加 55%，这表明优化集成的三种模式更有利于将土壤中有机氮水解成植物可以直接吸收利用的氨态氮，为玉米生长提供更充足的氮素，有利于玉米生长。三种优化模式之间的脲酶活性差异不显著。三种优化模式相同之处都施用有机物料还田，不同之处是耕作方式和有机肥种类，这表明施用有机肥比耕作方式对脲酶活性影响效果更明显，有机肥种类对脲酶活性影响差异不显著。三种优化耕作模式对蔗糖酶活性的影响与脲酶活性的影响相似，优化模式显著大于 CT 模式。三种优化模式之间蔗糖酶活性差异显著，ITP2＞ITP3＞ITP1，这表明秸秆还田促进蔗糖水解，增加土壤中易溶态营养物质，为植物及微生物生长提供更多的碳源和营养成分。ITP1 模式磷酸酶活性显著高于其他三种模式，其活性达到 0.496 mg/(g/d)，是 CT 模式的 1.7 倍。ITP2 模式磷酸酶活性显著高于 CT 模式，低于 ITP1 模式，与 ITP3 模式间差异不显著，ITP3 模式与 CT 模式间差异不显著。过氧化氢酶活性对耕作模式的响应比较特殊，秸秆还田的 ITP2 和 ITP3 两种模式均显著低于 CT 模式，而有机肥还田的 ITP1 模式则显著高于 CT 模式，这表明耕作方式本身对过氧化氢酶不起主要影响作用，而有机肥种类主要起调控作用。

3. 耕作模式对土壤微生物多样性指数的影响

土壤微生物多样性指数反映了微生物物种的丰富度及多样性，是保持农田土壤生态系统稳定性和土地生产力的基础。Shannon 指数常被用以表征土壤微生物群落多样性。有机肥施用的三种集成模式的 Shannon 指数显著高于单施化肥的 CT 模式，Shannon 指数各模式间顺序为 ITP1＞ITP3＞ITP2＞CT，这说明三种优化模式增加了土壤微生物的多样性。各模式微生物 Chao 指数变化趋势与 Shannon 指数相似，ITP1 模式 Chao 指数最高为 2 596，ITP2 和 ITP3 模式处理间差异不显著，介于 ITP1 和 CT 模式之间。ITP2 与 CT 模式间差异不显著，这表明 ITP1 和 ITP3 模式增加微生物的丰富度。从 Chao 指数和 Shannon 指数来看，与 CT 模式相比，ITP1 和 ITP3 模式的两个指数显著高于 CT 模式，这说明 ITP1 和 ITP3 模式增加土壤微生物多样性和丰富度。而 ITP2 模式的 Shannon 指数显著高于 CT 模式，Chao 指数差异不显著，这表明 ITP2 模式增加微生物的多样性，对微生物种群的丰度影响不显著。

4. 耕作模式对土壤微生物群落结构的影响

对不同耕作模式下土壤细菌、真菌和放线菌的分类操作单元（OTU）进行主成分分析，其因子载荷可反映土壤中微生物群落结构的变化。选取方差贡献率最高的前两个主成分 PC1 和 PC2 进行微生物群落功能多样性分析。主成分分析表明，土壤微生物群落遗传多样性的两个主成分 PC1 和 PC2 分别代表总变量的 33％和 17％。不同耕作模式在 PC 轴上差异显著，在 PC1 轴上，ITP1、ITP2 和 ITP3 模式分布在正方向上，而 CT 模式分布在负方向上。在 PC2 轴上，CT、ITP2 和 ITP3 模式分布在正方向上，而 ITP1 处理分布在负方向上。四种耕作模式的主成分分析结果分布在不同象限，ITP2 和 ITP3 两种模式同处于第一象限，处理间差异不显著，这表明 ITP2 和 ITP3 模式土壤微生物群落结构相似；CT 和 ITP1 模式分别位于第二和第四象限，相距最远，表明 CT 模式和 ITP1 模式的土壤微生物群落结构差异大，说明不同耕作模式改变了土壤微生物群落结构。

5. 耕作模式对土壤微生物种群结构的影响

土壤微生物种群结构的变化影响到土壤的质量和健康状况。种群结构失衡导致病原微生物富集，土传病害增加，作物减产、土壤质量下降。与 CT 模式相比，ITP1 模式细菌 OTU 数量显著增加，而真菌 OTU 数量变化不显著，导致土壤微生物细菌/真菌（B/F）值增加，土壤微生物种群结构由低肥真菌型向高肥细菌型转化。虽然 ITP2 和 ITP3 模式土壤细菌 OTU 数量也显著增加，但是增加速率没有真菌繁殖快，导致 ITP2 和 ITP3 模式土壤微生物细菌/真菌值显著减少，土壤微生物种群结构由高肥细菌型向低肥真菌型转化。ITP2 模式的土壤微生物细菌/真菌值显著高于 ITP3 模式，这说明在免耕种植过程中，适当增加少量耕作可以减缓土壤由细菌型向真菌型的转化。放线菌/真菌的比值与细菌/真菌的比值呈现相同的变化趋势。ITP1、ITP2 和 ITP3 模式的细菌/真菌的比值分别是 CT 模式的 1.14 倍、0.59 倍和 0.43 倍；放线菌/真菌比值分别是 CT 模式的 1.81 倍、0.71 倍和 0.51 倍。这说明秸秆还田 ITP2 和 ITP3 模式增加土传病害发生的概率。ITP1 模式有效改善土壤微生物种群结构，有利于提高土壤肥力，降低土传病害发生的概率，进一步说明，在农业生产过程中提倡推广 ITP1 模式。

6. 耕作模式对玉米氮吸收和分配的影响

不同优化集成耕作模式对玉米吸收氮量的影响与对玉米生物量影响规律相似。ITP1 模式处理的根和秸秆吸收氮量显著高于其他两个模式，而 CT 和 ITP2 模式处理间差异不显著，对籽粒吸收氮量影响表现为 ITP1＞ITP2＞CT。玉米吸收氮在根、秸秆和籽粒中分配比例分别为4.0%～4.8%、34%～38%和57%～62%，由此表明，玉米吸收氮主要分配在籽粒中，而分配在吸收器官根中很少（<5%）。与CT模式相比，ITP2模式处理玉米分配到根部吸收氮降低15%，ITP1模式处理玉米吸收氮分配到秸秆比例降低11.1%，而分配到籽粒中的比例变化不显著。这说明耕作模式主要影响氮分配到根和秸秆的比例，而对分配到籽粒中比例影响不显著。玉米器官从^{15}N标记肥料中吸收氮分配到不同器官全氮量的贡献率，反映了玉米不同器官对肥料^{15}N的吸收协调能力。三种集成耕作模式玉米直接吸收肥料中的^{15}N占玉米吸收总氮量的39%～43%，处理间差异不显著，这说明耕作模式不能有效调控玉米吸收肥料^{15}N能力。玉米吸收肥料^{15}N在根、秸秆和籽粒中分配比例与吸收全氮的分配比例相似，籽粒>秸秆>根。

7. 耕作模式对当季化肥氮去向的影响

农田化肥氮的去向包括玉米吸收氮、土壤残留氮和损失三部分。施入土壤化肥氮平均约42%残留在土壤中，31%被当季玉米吸收利用，27%以不同形式损失。大量残留在土壤中的氮肥成为土壤氮库的重要组成部分，为下季作物提供氮素营养，这表明玉米田施氮肥主要残留在土壤中。不同优化集成耕作模式之间玉米吸收氮、土壤残留氮和损失氮表现出显著差异，ITP1模式处理残留在土壤中肥料氮最多为87 kg/hm^2，达到施氮肥量的46%，显著高于CT模式处理的74 kg/hm^2。ITP2模式土壤残留氮为81 kg/hm^2，占施氮量的43%，介于CT和ITP1模式处理之间，与CT模式和ITP1模式处理间差异不显著。农田氮素的损失途径较多，对环境具有较大的负面影响。CT模式有近1/3氮肥当季损失，与CT模式相比，ITP1和ITP2两种优化集成耕作模式氮肥的损失较低，分别降低了46%和24%。

8. 耕作模式对当季氮肥利用率的影响

不同耕作模式处理间玉米的总氮量、吸收肥料^{15}N量及^{15}N肥料利用率存在显著差异，均以ITP1模式处理最大，CT模式处理最小，ITP2模式处理居中。吸氮量最多的ITP1模式处理达172 kg/hm^2，比CT和ITP2模式处理分别增加了39%和16%，ITP2模式处理比CT模式处理增加17%。三种集成耕作模式对玉米吸收^{15}N肥料占玉米总吸氮量比例的影响差异不显著，平均为41%。而影响吸收^{15}N肥料氮量，ITP1>ITP2>CT，与CT模式相比，ITP1模式处理吸收量增加31%，ITP2模式处理吸收量增加16%，ITP1模式处理吸收增加量接近ITP2模式处理的1倍。氮肥利用率是评价耕作模式的重要评价指标。本研究中3种耕作模式氮肥利率为27%～36%；氮肥利用率最高的ITP1模式处理为36%，比CT模式处理利用率提高31%，氮肥利用率次之的是耕作ITP2模式处理为31%。

二、合理耕层构建技术

（一）合理耕层构建技术指标

1. 土壤改良技术指标

利用黏土改良风沙土，一般间隔10年进行一次质地改良，不但促进土壤团聚体的形成，而且有利于形成高产稳产农田，创造良好的耕层结构，是一项值得推广的风沙土合理耕层构建技术。技术指标如下。

（1）在玉米秋收时，采用玉米联合收割机作业，将秸秆粉碎<10 cm还田。

（2）利用黏土或池塘淤泥作为改良剂，施入地表，进行风沙土质地改良。

（3）采用大功率拖拉机带七铧犁进行翻耕，翻耕深度为 23 cm 左右，阀片旋转 90°变成立垡，将秸秆和黏土改良剂翻至两立垡之间。

（4）深翻后，采用重耙把耕层土块和秸秆进一步耙碎，使改良施用的黏土、风沙土和秸秆充分混匀。

（5）施耕起垄镇压，增加接纳降水，减少风蚀，保墒。

（6）改良一次可耕种 10 年。

2. 土壤耕层扩容技术指标

翻耕耕层扩容结合有机肥还田，不但增加耕层有效土壤和保留部分犁底层，而且能培肥土壤有机质，创造合理的耕层结构，在东北风沙土地区是一项值得推广的合理耕层构建技术。技术指标如下。

（1）每年秋收后，收集玉米秸秆用于养牛。

（2）春季或秋季采用腐熟牛粪还田。

（3）采用大功率拖拉机带七铧犁进行翻耕，翻耕深度为 23 cm 左右，保留部分犁底层。

（4）深翻后，采用旋耕起垄镇压，防止风蚀跑墒。

（5）深翻结合有机肥还田每 3～5 年进行一次。

3. 玉米种植技术指标

通过土壤改良和耕作技术创建的合理耕层，改善玉米种植方式，使风沙土玉米田达到增产目的。在春季温度适宜的情况下，及时进行玉米播种，技术指标如下。

（1）玉米种植主要采用农民常规破垄坐水播种模式，垄距 67 cm，株距 25 cm。

（2）玉米收获同时或之后，视具体情况而定，收集秸秆用于畜牧业养殖，生产有机肥。

（3）玉米拔节前期，6 月下旬，进行间隔深松，深沟达 25 cm，浅沟达 20 cm 为宜。

（4）田间管理根据气候状况和玉米长势适时进行。

（二）合理耕层构建技术与土壤耕作制度

1. 播前整地技术

在春季 4 月下旬播种前如果地表不平整、作物残茬和杂草较多，特别是上茬收获时留下大于 10 cm 秸秆影响玉米出苗，应利用旋耕机旋深 10 cm 平整地表，形成适合播种的地表层。若秋季玉米收获时秸秆直接还田，可在播前采用灭茬机将残存长秸秆或根茬粉碎至长度小于 5 cm 还田，以便播种。

2. 玉米秸秆半过腹还田技术

玉米秋收后，收集玉米秸秆用于养牛，牛采食后残留的玉米秸和牛粪便一同转运到牛粪便堆放处，发酵腐熟后用于还田。此项技术在农业生产实际中解决了玉米秸秆直接还田出苗难和有机肥还田量不足的问题。

3. 深施肥坐水播种镇压一体化技术

春季玉米播种时，深施肥减少肥料的损失，苗带浇水达到坐水播种目的，有利于出苗，播后垄台镇压，避免种子悬空，保墒，提高土壤水分的有效性，增加出苗率。

4. 间隔深松侧向追肥技术

玉米生长到拔节前期，农业生产最后一次深松和追肥时期，采用间隔垄沟深松，深沟打破犁底层，增加雨季土壤的蓄水能力；浅沟侧追肥，追施的氮肥溶于雨水，在雨水发生淋溶和径流时，溶解于氮肥的雨水从浅沟一侧侧渗到深沟一侧，延长氮肥移动过程中与作物根系接触时间，增加氮肥的利用率。

第三节　东北平原风沙土区旱地合理耕层构建技术模式

一、玉米“三改”种植模式

（一）模式概述

该模式针对风沙土沙化严重，保水保肥能力差等问题，依据就地取材、操作简便的原则，改造一次10年受益特点对风沙土进行“三改”。一改，以池塘淤泥或黏土作为改良剂，结合土壤翻耕技术，使改良剂与耕层土壤相互混合，提高土壤黏粒含量，降低沙粒含量，改良风沙土质地。二改，通过改传统深松犁作业为间隔犁铧深松相同深度，使深松犁铧松土30 cm，打破犁底层，增加蓄水量，浅松犁铧松土24 cm，保留部分犁底层，阻碍水分淋溶作用，提高水肥利用率，浅松沟追肥溶于水，过量肥水侧渗经过盘根层到达深松沟，增加肥料与根系接触时间，提高肥料利用效率。三改，传统玉米专用肥是控释肥，是通过脲酶抑制剂来逐步控制养分的释放，而本模式所选用的控释肥，是用富含丰富纳米棒状晶体的天然矿物材料包裹肥料，减少水分与肥料接触，减少肥料溶于水的机会，控制肥料养分随水流失，提高肥料利用率，同时控释肥料外衣是控释黏土类材料，施入土壤后，增加耕层土壤黏粒含量，同时起到改良耕层土壤质地的效果。

（二）主要技术环节

1. 风沙土质地改良技术

玉米秋季成熟收获后，秸秆粉碎还田，施用300 t/hm^2 黏土或池塘淤泥作为改良剂，用大功率拖拉机牵引七铧犁翻耕，翻耕深度为23 cm左右，阀片旋转90°变成立垡，将秸秆和黏土改良剂翻至两立阀之间，采用重耙进行耙平耙碎，旋耕起垄，镇压保墒。

2. 间隔深松侧向追肥技术

玉米生长到拔节前期，农业生产最后一次深松和追肥时期，采用间隔垄沟深松，深沟打破犁底层，增加雨季土壤的蓄水能力；浅沟侧追肥，追施的氮肥溶于雨水，在雨水发生淋溶和径流时，溶解于氮肥的雨水从浅沟一侧侧渗到深沟一侧，增加氮肥移动过程中与作物根系接触时间，增加氮肥的利用率。

3. 化肥施肥技术

玉米专用肥或普通化肥，氮肥（N）80～150 kg/hm^2，磷肥（P_2O_5）100～120 kg/hm^2，钾肥（K_2O）75～100 kg/hm^2 作为种肥在播种时一次施肥，施肥深度9～12 cm，追肥利用

尿素（N）100～150 kg/hm^2 在玉米拔节前期采用间隔深松侧向追肥技术进行追肥，剩余氮肥在玉米大喇叭口期追施。

4. 播种技术

采用深施肥坐水播种镇压一体化技术，播种后采用镇压器垄台镇压，避免种子悬空，保墒，提高土壤水分的有效性，有利于种子发芽。

5. 玉米生育期间综合管理技术

在播种玉米后 5 d 内，喷施玉米苗前封闭除草剂，如果在 6 月上旬田间杂草较多，再次喷施玉米苗后除草剂。玉米生长期间进行病虫害控制，特别在连作玉米田块提前预防玉米螟。

（三）应用效果及适用范围

1. 应用效果

通过低产田风沙土质地改良试验示范，分别选择黑土母质黄土和嫩江岸边淤泥作为改良剂。选择田块是当地低产田，多年平均玉米产量为 5 000 kg/hm^2，耕层土壤质地为沙土（＞0.02 mm 粗沙粒 84%，0.02～0.002 mm 细沙粒 9%，＜0.002 mm 黏粒 7%），在改良后连续的试验示范中，玉米产量保持了较稳定的增产状态，土壤抵御逆境的能力明显增强。从玉米产量情况看，对照、淤泥和黏土改良质地田块玉米平均产量分别为 4 800 kg/hm^2、6 500 kg/hm^2 和 5 900 kg/hm^2，淤泥和黏土改良作为改良剂分别增产 34%和 22%。从年际间增长效果来看，改良第一年增产幅度最大，淤泥和黏土改良处理分别增产 46%和 36%，而第二年和第三年增产相对稳定，表现出土壤抵御干旱的能力明显增强。淤泥改良处理比黏土改良玉米增产 9%，这主要是由于淤泥含有较高的养分（碱解氮 142 mg/kg、有效磷 39 mg/kg、速效钾 129 mg/kg、有机质 92 g/kg）。而黑土母质黏土养分匮乏（碱解氮 33 mg/kg、有效磷 4 mg/kg、速效钾 52 mg/kg、有机质 5 g/kg），淤泥可比黏土带入更多有机质和养分，起到培肥地力作用。

2. 适用范围

适用于东北三省西部及内蒙古自治区三市一盟所辖各县市旗区内，降水量较少的半湿润易旱区和半干旱地区的风沙土农业种植区域。针对沙性较强的风沙土，采用改良质地结合施用有机肥的方式效果更好。一般 10 年进行一次质地改良，在改良后的 2 年内，注意防治杂草。

二、玉米“两增”种植模式

（一）模式概述

该模式针对风沙土农田耕层有效土壤少、有机质含量低的问题，通过大功率拖拉机进行深翻作业，结合玉米秸秆半过腹还田技术形成玉米农田“两增”种植模式。一增耕层有效土壤，采用合理耕层扩容技术，防止农田“漏水”，在保留 3～5 cm 厚部分犁底层的前提下，增加翻耕深度，达到增加耕层有效土壤的目的。由于常年淋溶作用使耕层黏粒下移，犁底层黏粒含量一般情况下高于耕层，在合理耕层扩容翻耕中，把深层部分犁底层翻耕到表土，增加表土层黏粒含量，可以起到耕层改良的效果。二增土壤肥力，在合理耕层扩容进行前施用有机肥，采用秸秆半过腹还田技术，增加有机肥产量，通过施用有机肥，增加土壤有机质，增强土壤团聚作用，改善耕层土壤结构。玉米秸秆半过腹还田技术解决了玉米秸秆直接还田导致风沙土跑墒和还田有机肥量不足的问题。采用秸秆养牛过腹排泄物混合牛采食残余秸秆来生产有机肥，增加有机肥产量。玉米“两增”种植模式，增加耕层有效土壤和土壤肥力，进一步提高玉米产量。

（二）主要技术环节

1. 技术流程

前茬作物收获→秸秆处理→有机肥还田→耕层扩容→表土作业→深施肥坐水播种镇压一体化→田间管理→玉米收获。

2. 收获残留秸秆技术

玉米收获后，利用秸秆打捆机收获地表秸秆，将玉米秸秆打捆运输到养牛场备用。

3. 有机肥快速生产技术

玉米秸秆用于养牛，牛采食后残留的玉米秸秆和牛粪便一同转运到牛粪便堆放处。施用前1个月，将牛粪便中加入有机肥发酵剂，每立方米牛粪便灌入100 kg水，利用塑料薄膜覆盖增温发酵腐熟，用于还田。

4. 有机肥施用技术

在耕层扩容作业前，利用抛撒方式施用发酵腐熟的有机肥15 t/hm^2 于地表。

5. 耕层扩容技术

秋季玉米机械收获时留20～25 cm高茬，实现部分秸秆还田，减少地表土和有机肥的风蚀。翻耕深度至23 cm，使作业后保留3～5 cm厚犁底层，增加耕层有效土壤，保留部分犁底层有利于减少淋溶作用。调整翻耕犁铧片角度，作业立垡翻转90°，使有机肥在两垡片之间，用重耙耙碎垡片，用旋耕机旋耕起垄，使有机肥与耕层土壤混为一体，达到改善耕层土壤结构和提高风沙土有机质含量的目的。用镇压器镇压垄台，有利于保墒，减少风蚀。

6. 施用化肥技术

玉米专用肥或普通化肥，氮肥（N）80～150 kg/hm^2，磷肥（P_2O_5）100～120 kg/hm^2，钾肥（K_2O）75～100 kg/hm^2 作为种肥在播种时一次施入，施肥深度9～12 cm，追肥时在玉米拔节前期追施尿素（N）100～150 kg/hm^2，采用间隔深松侧向追肥技术进行追施，剩余氮肥在玉米大喇叭口期追施。

7. 深施肥坐水播种镇压一体化技术

春季玉米播种时，深施肥减少肥料的损失，苗带浇水达到坐水播种目的，有利于出苗，播后垄台镇压，避免种子悬空，保墒，提高土壤水分的有效性，有利于种子发芽。

8. 玉米生育期间综合管理技术

在播种玉米后5 d内，喷施苗前玉米封闭除草剂，如果在6月中旬田间杂草较多，再次喷施玉米苗后除草剂。玉米生长期间进行病虫害控制，特别在连作玉米田块提前预防玉米螟。

（三）应用效果及适用范围

1. 应用效果

“两增”玉米种植模式，前两年玉米产量保持稳定增产，第三年增产幅度显著降低，“两增”玉米种植制度每三年为一循环周期。与传统种植模式相比，“两增”玉米种植模式实施第一年耕层土壤有机质、碱解氮、有效磷和速效钾含量分别增加了49%、38%、79%和24%。^{15}N示踪表明，“两增”耕作模式土壤氮肥残留量增加19%，损失量降低46%，氮肥利用率提高31%。“两增”玉米种植模式下，土壤脲酶、磷酸酶、蔗糖酶和过氧化氢酶活性分别提高了69%、74%、31%和20%。“两增”玉米种植模式下，土壤微生物细菌/真菌值提高，微生物种群结构由低肥真菌型向高肥细菌型转化。

2. 适用范围

适用于东北三省西部及内蒙古自治区三市一盟所辖各县（市、旗、区）内风沙土农业种植区域，养殖业较发达地区。针对沙化比较严重的风沙土，一般采用施用有机肥结合翻耕，耕作效果会更明显。

第五章 东北平原黑土区旱地合理耕层构建理论与技术

广义东北黑土主要是指在温带草原、草甸植被条件下形成的土壤。主要分布在我国东北平原中北部，黑土层厚，有机质含量高，保水保肥能力强，是东北地区主要农业土壤。东北黑土区也是我国最重要的商品粮生产区之一，长期以来一直以玉米连作为主，重用轻养，长期的高度利用以及耕作方式不合理，导致东北黑土区土壤耕层变浅、养分降低，土壤结构恶化等问题日益严重，土壤生产力下降，作物产量的稳定性降低，严重制约了区域粮食生产的可持续发展。针对目前东北黑土区耕层存在的主要问题，通过对黑土耕层结构及障碍因素的调查研究，确立合理耕层评价指标，提出合理耕层构建技术与模式，以期实现黑土区粮食生产的可持续发展，提高黑土区生产力和水肥资源利用效率。

第一节　东北平原黑土区旱地合理耕层评价

一、区域概况、关键障碍与科学问题

（一）区域概况

东北平原黑土区是我国重要的商品粮生产基地，东北黑土是我国重要的土壤资源。东北黑土是一个广义的土壤概念，主要分布在我国东北平原中北部，包括典型黑土、黑钙土、草甸土、白浆土、冲积土等，黑土有深厚的黑土层，厚度一般为 20～100 cm，其有机质含量一般为 2%～8%。但是随着黑土开垦年限延长，土壤有机质含量迅速降低，黑土层厚度变薄。从开垦利用状况来看，黑土主要集中在黑龙江与吉林两省。东北黑土分布状况见表 5-1。

表 5-1　东北黑土分布状况

地区	黑土总面积（hm^2）	已耕作黑土面积（hm^2）	资料来源
黑龙江省	4 825 000	3 606 000	黑龙江土壤，1992
吉林省	1 101 000	832 000	吉林土壤，1998
辽宁省	14 000	13 000	辽宁土壤，1992
内蒙古自治区	1 075 000	292 000	内蒙古土壤，1998

东北地区的耕作制度特点为一年一熟、旱作农业为主，机械化种植面积大，土壤耕作以垄作为主，垄作和平作相结合，深松、平翻和耙茬相结合。在 20 世纪 80 年代以前，旱地作物以玉米、大豆和小麦轮作为主，也有少部分玉米、大豆和杂粮轮作，基本保持了土壤肥力；进入 20 世纪 80 年代后期，受经济效益驱使，在黑土地南部玉米连作成为主要种植方式，而北部大豆连作则成为主要种植方式；到了 2000 年以后，玉米连作成了黑土区域内主要的种植方式。据统计，目前黑龙江省连作玉米种植面积一直保持在 4×10^6 hm^2 以上。吉林省玉米播种面积近年也一直保持在 4×10^6 hm^2 以上，占吉林省粮食作物播种面积的 70%。

目前在该区域旱地种植制度形成了以玉米为主要作物、单一连作的格局。该地区在耕作方式上的变化大体经历了以下几个时期。

1. 传统垄作方式

20 世纪 50 年代之前，东北平原黑土区旱地耕作方式以传统垄作制为主，依据作物前茬的种类，采取包括扣种、耲种、搅种、挤种与耠种等方式，主要以人工与畜力相结合，耕地工具以传统犁杖为主。一般在平地土壤水分较充足的地区主要用大犁扣种，土壤水分不足且底土为沙壤土的地区多采用挤种，在风沙干旱等地方采用耠种。这些传统耕法在播种环节上基本是开沟、点籽、覆土和镇压同时进行。扣种：所谓扣种，就是破旧垄、合新垄的垄翻方法。具体操作方式就是在木犁上装犁碗子向一边翻土。播种时先施入有机肥，然后破茬、踩格子、点籽，然后掏墒盖种并构成新垄台，两犁成一垄，用木磙子或石磙子镇压。该种方法一般播种深度在 4～5 cm，抗旱能力差，易出现芽干。这种方法在中部平原区春季土壤墒情好的地方及东部山区、半山区降水较多的地方采用。搅种：搅种的具体做法是，在犁上装上犁碗子向一边翻土。播种之前先撒上粪，点籽于旧垄沟里，再翻转旧垄台盖在种子上并构成新垄台，一犁成一垄。搅种的特点是，当种床土壤一旦闷透时种子才开始萌动，是干旱地区利用自然条件保籽保苗的播种方法。搅种主要在吉林省西部半干旱区及中部半湿润区的坡岗地和沙坨地上采用。挤种：挤种是在犁上安装分土板向两边分土。挤种有两种方式，一种方式是先破垄，然后将种子点在新垄沟里，施肥，踩格子，用大犁趟原垄沟覆土；另一种方式是先将种子、肥料点在原垄沟里，然后破旧垄起新垄，一犁一垄。挤种的特点是，将干、湿土混合挤向垄心，在两犁的情况下种子点在湿土上，形成一个宽平的大垄。挤种易于抓苗，是固有耕种方法中动土换垄保苗的有效方法。耠种：耠种是用小耠子在垄上耠沟播种。垄台耠沟称为原垄原，垄沟耠沟称为趟老沟。耠种是在原垄干土层下掏墒，垄台上的干土分于垄沟，种子点在湿土里，后回湿土，加重镇压。这是干旱地区深层借墒保苗的一种方式。

2. 大型机械化翻耙播耕作方式

20 世纪 50—60 年代，随着新中国工业化进程的发展，同时受苏联耕作方式的影响，东北地区开始引进了双轮一铧犁、双轮双铧犁、机引五铧犁、钉齿耙、圆盘耙、播种机、中耕机等苏式农机具，开始了机械化耕作。这个时期正处在人民公社管理体制下，土地生产方式集中，促进了机翻机耙机械化播种作业方式的大面积应用。机械化翻耙播方式的主要操作程序为秋收后用铧式犁翻地，基肥随翻地施入，之后用圆盘耙、钉齿耙进行秋耙或春耙，于春季用机引型播种机播种。玉米采用机械播种，开沟、下种、施肥、覆土、镇压作业一次完成。该套耕作方式在生产应用上一般因耕地的类型不同而异，在岗平地上翻地作业后，采取平播后起垄的方式；而在低洼地上，则先起垄然后播种。采用这种机械化翻耙播的耕作方式，与过去的常规耕作方式相比，具有播种深浅一致、覆土均匀、进度快易抢墒、苗齐苗壮等优点，而且劳动生产力得以迅速提高。该项技术体系至 70 年代中期达到高峰，目前该种耕作方式在黑龙江省仍有很大应用面积。

3. 深耕轮翻平播苗带重镇压耕作方式

20 世纪 60—70 年代，东北地区玉米、大豆、高粱、谷子等各种作物种植比例差距较小，旱地作物的轮作换茬在生产上较为普遍。针对这种作物轮作的生产方式，吉林省提出了深耕轮翻机械化耕作的新方式。该种耕作方式建立在一个以大豆为主，包括玉米、高粱、谷子的4种作物5年轮作的基础上。其轮作顺序为大豆—高粱—大豆—玉米—谷子。在上述轮作制中，实行轮翻。即种大豆时耕翻，深浅交替。其中一次耕深20～23 cm，一次耕深18～20 cm。玉米实行耙茬播种，高粱和谷子实行原垄穰种，结合耕翻轮施基肥。这种耕作制度，体现了用地与养地的协调关系。5年内，结合耕翻、施肥栽培两年大豆。其后茬安排了高产作物——高粱、玉米，可充分利用豆茬肥力与深耕后效。谷子适宜种在两年未翻的紧实土壤上，其肥力较强，也能获得较高产量。该种耕作方式的具体做法是因作物不同采取深、浅耕或隔1～2年不翻。在轮作周期内，种大豆和玉米时，深耕20～23 cm（5年轮作内可进行一次深耕，一次浅耕）。深耕后一、二年原垄种高粱和谷子，玉米可实行耙茬播种。深耕、耙茬后岗地和平地上实行平播后起垄，洼地实行翻后打垄，于垄上播种。

4. 小型机械化灭茬垄作方式

进入20世纪80年代后，实行了家庭承包经营，土地的经营权由集体转变为小农户所有，实现了分散经营。由于生产方式的转变，大型动力及农机具迅速被小型动力及农机具取代，耕作方式又发生了新的变化。由20世纪80年代直到现在，吉林省以及黑龙江省在玉米生产上普遍采用小四轮灭茬打垄垄上机播种的耕作方式。小型机械化灭茬垄作方式的主要操作程序是于春季或秋季采用小四轮带灭茬机行灭茬，灭茬后一般采取扶原垄或进行三犁川打垄。播种时采取播种机播种，开沟、播种、施肥、覆土、镇压一次完成作业。

5. 深松少耕方式

进入21世纪以来，黑土区农田生物产量、耕作栽培方式以及化肥和有机肥的投入结构等都有了很大的改变，尤其是玉米长期连作及化肥的大量使用，在获得大量粮食产量的同时，黑土区土壤肥力也随之发生变化。黑土区土壤肥力的退化问题引起了政府和社会的广泛关注。2000年以来，在东北地区广泛开展了以实现耕地保护性利用为目的的耕作方式研究。不同地区提出了以深松少耕为特征的保护性耕作方式。吉林省提出了以玉米宽窄行耕种、行间深松、立茬还田、苗带轮换的新型耕作方式。该耕作方式主要是针对现在生产上长期采用小四轮进行耕整地作业，导致的耕层变浅、土壤结构恶化、自然降水利用效率低等问题，通过采取机械化深松加深耕层，建立土壤水库，改善耕层结构。并通过秸秆立茬覆盖，增加有机物料还田量。该种耕种方式的主要操作程序是将现行的均匀垄种植转变成宽窄行种植方式，采取平作。在伏季结合追肥在宽行间采取配套的宽幅深松机进行追肥深松作业。秋收时玉米留高茬40 cm左右，并在宽行进行浅旋耕作业，整平作为来年的苗带，实现苗带的换位休闲。自2006年以来该种耕种方式在吉林省中部地区的梨树县、公主岭市等推广面积较大。

目前东北地区种植制度及品种单一的问题已十分严重，尤其是玉米的长期连作与不合理耕作，缺少轮作换茬、有机肥与秸秆还田等培肥地力的措施，导致土壤养分不平衡、耕层地力质量下降、可持续生产能力降低。相关资料显示目前东北地区大部分农田土壤耕层深度平均只有15 cm，保水保肥能力急剧下降。整体有机质含量与开垦初期相比显著降低，目前黑龙江省耕层土壤有机质含量在1.5%～2.5%，吉林省耕层土壤有机质平均含量也在2%左右。

（二）关键障碍

黑土的初始肥力较高，由自然土壤到农田土壤转变的过程中，黑土肥力的演化分为3个时期，即形成期、开垦期和稳定利用期。黑土肥力退化主要表观体现在有机质含量减少、土壤结构劣化两方面。耕地质量的变化包括自然因素与人为因素，不合理的耕作措施与培肥措施是耕地质量下降的主要人为因素。

公主岭黑土肥力长期定位监测基地的数据表明，1990—2013年，表层0～20 cm土壤有机质在单施氮肥情况下由22.8 g/kg下降了22.1%，氮、磷、钾配合施用情况下，下降了3.3%。同时单一施用化肥的方式对土壤氮、磷、钾等矿物质元素含量变化也有显著影响。此外，耕作措施是导致农田土壤质量下降的另一重要因素。目前东北黑土区的玉米生产上存在许多问题，如耕地水土流失、春旱保苗难、作物生长不良、倒伏、早衰、晚熟和结实不良等，都与耕作措施不合理有直接关系。

以吉林省的农业技术发展过程为例，吉林省玉米生产从传统畜力垄作经过了半个多世纪的变革，经过了大力推广大型机械深翻深松后，又回到了传统垄作上来，只是由人、畜力作业变成了小四轮和小机械作业。长期小型机械的耕整地作业，以耕层全幅浅层作业为特点，由此导致的问题主要表现在以下两个方面：一是耕层土壤的频繁扰动，导致土壤有机质矿化，肥力下降迅速；二是长期机动动力碾压导致耕地压实、作物发育不良等问题更为严重。主要问题表现为以下两方面，一是土壤肥力持续下降，以吉林省中部黑土区调查数据显示，目前吉林省中部黑土区表层有机质普遍在2%左右，较50年代开垦初期下降1/3以上；二是耕层结构明显恶化，耕层变浅，犁底层加厚。吉林省中部耕地的可耕层为33.3 cm，旧垄作耕层才有8～13 cm，仅为可耕层的1/3。耕地的增产潜力，不可能充分发挥出来。

吉林省农业科学院耕作课题组针对生产上的传统小型机械化垄作开展调查显示：垄下部有宽23 cm、高10～12 cm、从未耕过的土壤——三角形“生格子”（犁底层）（图5-1），从容重

图5-1　小四轮长期作业后的耕层构型

分布状况的调查结果来看，耕层构造整体表现为上虚下实（表 5-2），耕层下方土壤结构形态为棱块状和大块状土体，非常紧实，容重达 1.42～1.55 g/cm³，通透性很差，根系很难通过，干旱时只能沿着土壤缝隙向下扎根（图 5-2）。1 h 内的透水量仅有 0.25～0.86 mm/cm²。生格子以下，未耕层的容重达 1.42～1.47 g/cm³，过于紧实，结构形态为片状和屑粒状，群众称之为“千层土”，透水性很差，每小时透水量为 0.71 mm/cm²，水土流失严重。

表 5-2　不同土类耕层及未耕层土壤容重（g/cm³）

土类（位置）	耕层			未耕层				
	0～5 cm	5～10 cm	10～20 cm	20～30 cm	30～40 cm	40～50 cm	50～75 cm	75～100 cm
黑土（公主岭）	1.21	1.26	1.28～1.37	1.38～1.45	1.37～1.45	1.38～1.45	1.43～1.48	1.43～1.55
栗钙土（洮南）	1.10	1.23	1.23～1.36	1.36～1.40	1.35～1.40	1.36～1.42	1.36～1.42	1.48～1.53
淡黑钙土（乾安）	1.0	1.1～1.3	1.40	1.41～1.43	1.35～1.45	1.35～1.45	1.45	1.45

图 5-2　田间玉米根系生产状况

采用传统小四轮耕作，近 30 年，耕层深度减少了 4.9 cm，平均每年减少 0.14 cm，形成了波浪式“三角形”犁底层，渗透系数仅为 2.34 m/d，妨碍玉米根系深扎（赵兰坡，2003）；长期浅层耕作，耕层有效土壤量明显减少，近 30 年传统耕作耕层有效土壤量已由 20 世纪 80 年代的 3.7×10^6 kg/hm² 减少到现在的 1.97×10^6 kg/hm²，比正常耕层有效土壤量减少 27.3%，耕层有效土壤量 30 年间减少了 1.73×10^6 kg/hm²；同时耕层土壤全量养分随土壤利用时间推移呈下降趋势，全氮量减少 0.25%，全磷减少 0.15%，全钾减少 0.17%。

采用传统小四轮长期垄作，耕层浅，结构不合理，资源利用率低，调节功能差，灾害多，生产力低下。严重影响了农业良种、化肥等增产因素作用的发挥。

大型机械化翻耙目前也是东北地区部分农场和一些规模化经营主体普遍采用的耕作方式。该耕法在应用初期，通过深翻消除小型机械化作业产生的过于紧实的耕层，土壤容重由 1.47 g/cm³ 降到 1.0 g/cm³，孔隙度由 44%增加到 63%，增强了土壤生物活性，提高了土壤肥力，从而增加了产量。20 世纪 90 年代，吉林省农业科学院耕作课题组在吉林省 4 个地区 400 多块地的调查结果和 20 多处试验证明：耕深 10～23 cm，在适宜的土壤紧实度条件下，耕深每加深 1 cm，可增产 50～100 kg/hm^2，但是在长期连续翻耙且缺乏有机物料还田措施相结合的条件下，出现了许多问题。比较突出的问题是连年翻耙导致土壤过松过细、土壤有机质含量下降。吉林省农业科学院长期耕作定位试验表明，连年翻耕地块土壤有机质含量显著低于少耕田块。生产上表现为风蚀严重，浮土层增厚，播种保苗困难，作物生长不齐，倒伏等现象频发，因此，亟须改良现有耕作措施，从而改善耕层结构与环境。

（三）科学问题

合理的耕作措施必须实现用地与养地相结合，在保证粮食产出的同时保持土壤肥力是农业研究者和生产者应兼顾考虑的问题。土壤肥力是土壤物理、化学和生物学性质的综合反映，土壤养分是土壤肥力的物质基础，而良好的土壤结构和耕层构造又是协调土壤水、肥、气、热的关键因素。不合理的耕作措施与缺少培肥措施是导致土壤肥力下降的两个主要人为因素。随着黑土大规模的耕垦，加之管理不善，东北黑土区黑土质量退化现象日益严重，已危及东北农业生产的可持续发展。黑土质量退化主要表现在两个方面。一方面是肥力下降。研究表明黑土开垦后，土壤表层有机质含量发生明显变化，随着耕种年限延长逐渐降低。开垦 40 年较开垦 28 年下降 5.49 g/kg，开垦 60 年较开垦 40 年下降 2.42 g/kg，开垦 100 年较开垦 60 年下降 4.89 g/kg。从平均下降速率来看，在开垦前期（40 年）下降较大，以后趋于平缓。有研究认为，东北黑土地带土壤有机质含量由刚开垦时的 8%～10%已降为目前的 1%～5%。公主岭黑土肥力长期定位监测基地的数据表明，1990—2013 年，表层 0～20 cm 土壤有机质在单施氮肥情况下由 22.8 g/kg 下降了 22.1%，氮、磷、钾配合施用情况下，下降了 3.3%。另一方面，东北地区黑土长期耕垦后，土壤结构劣化。主要表现在耕层土壤团聚结构减少。如荒地 0～12 cm 土层>1 mm 的水稳性团聚体结构为 51.5%，垦后一年即减至 14.8%。近年来国内外研究资料显示，采用以秸秆覆盖结合少免耕技术为特征的保护性耕作措施，与常规耕作相比，可以减轻土壤侵蚀，减少土壤有机碳从土体的直接迁出，促进土壤表层的生物活性，包括真菌、根和土壤动物，有助于大团聚体内部形成颗粒态有机物质，增加水稳性大团聚体及其结构稳定性，改善土壤结构。研究发现，免耕处理下较慢的大团聚体周转，有利于大团聚体中更多微团聚体的产生，更有利于增加土壤团聚体稳定性，促进土壤有机碳的增加和积累。

目前，以美国为代表的农业发达国家在玉米生产上广泛采用以秸秆覆盖＋少（免）耕为主体的保护性耕作措施。通过长年实施全量秸秆还田，减少对土壤的耕作幅度，有效保持了土壤的肥力（图 5-3）。

吉林省农业科学院耕作定位试验也表明长期少耕土壤团聚体含量高于常规耕作（表 5-3）。宽窄行深松耕作大于 0.25 mm 团聚体含量明显高于传统耕作，尤其以宽窄行深松耕作土壤中>5 mm 的团聚体含量较多。0～30 cm 范围内，不同处理>0.25 mm 团聚体含量的均值有明显差异，其平均含量高低顺序为留茬苗带（81.07%）>留茬松带（78.67%）>全面旋耕深松（77.95%）>秋灭茬匀垄（70.51%）>秋翻秋耙匀垄（64.45%），这主要是由于传统耕作翻耕搅动了土壤结构，使团聚体被挤压而破碎，因而水稳性团聚体含量较低。

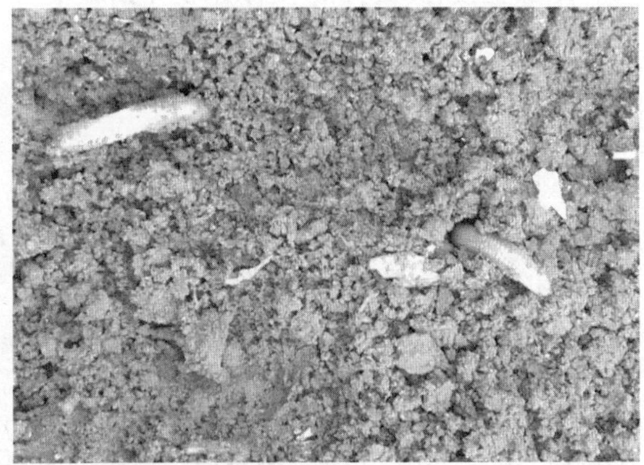

图 5-3　美国伊利诺伊州家庭农场表层土壤状况（2016）

表 5-3　不同耕作方式土壤水稳性团聚体组成（%）

耕作方式	层次（cm）	粒径（mm）						
		>5	5～2	2～1	1～0.5	0.5～0.25	<0.25	>0.25
秋翻秋耙匀垄	0～10	7.25	9.23	9.58	24.45	17.29	32.20	67.80
	10～20	3.17	5.10	5.08	19.17	21.11	46.37	53.63
	20～30	9.38	9.68	8.97	26.05	17.83	28.09	71.91
秋灭茬匀垄	0～10	11.35	15.02	11.37	18.93	12.60	30.73	69.27
	10～20	16.26	11.58	11.88	22.84	13.22	24.22	75.78
	20～30	3.60	9.50	9.93	23.15	20.31	33.51	66.49
全面旋耕深松	0～10	22.93	13.61	10.70	20.26	11.80	20.70	79.30
	10～20	22.13	18.60	12.61	19.52	8.11	19.03	80.97
	20～30	14.93	8.55	11.07	23.53	15.49	26.43	73.57
留茬苗带	0～10	22.47	7.32	12.70	24.37	12.42	20.72	79.28
	10～20	23.75	21.26	13.86	19.35	6.96	14.82	85.18
	20～30	12.49	15.87	13.19	24.12	13.08	21.25	78.75
留茬松带	0～10	31.71	9.51	8.52	18.67	11.58	20.01	79.99
	10～20	31.18	10.91	10.08	20.89	9.54	17.40	82.60
	20～30	15.73	8.05	11.05	23.93	14.67	26.57	73.43

目前，东北地区黑土有机质含量平均在2%左右，而美国的玉米主产区黑土有机质含量在5%左右，与之相比，东北地区黑土的肥力恢复与提升有很大空间。因此，适度减少耕

作，增加土壤有机物料，是未来耕作措施发展的必然方向。

二、合理耕层特征

(一) 作物与耕层结构及功能关系

合理的耕层结构可以良好地协调土壤的水、肥、气、热，是保证作物正常生长发育并获得高产的重要条件。土壤通气不良，容易造成根系的活力及吸收能力下降，甚至造成根系死亡、作物早衰、成熟不良、减产等一系列灾害。土壤过于通透，容易降低土壤水分的保持能力，从而影响作物生长过程中对水分的需求。吉林省农业科学院通过在吉林省中部黑土区的耕作定位试验中全耕层模拟，明确了全紧型耕层（NT）、苗带紧行间松型耕层（ST）、全松型耕层（PT）及上虚下实型耕层（CT）4 种不同耕层结构全生育期耕层土壤水、气变化及对玉米的生育影响，提出了合理耕层的构型特征。

全耕层处于较疏松状态，容重<1.1 g/cm^3 时，固相占总体积的 35%～40%，液相占 20%～30%，到雨季增至 40%，春季气相占 30%～45%，雨季保持在 20%～35%，通气良好，保证了土壤生物活性和根系活性，土壤供肥力亦较强。全耕层处于紧实状态，容重在 1.25～1.35 g/cm^3 时，固相占土壤总体积的 45%～50%，液相占 33%～45%，春季气相占 20%～25%，到雨季气相只能占 5%～15%。这样的通气条件，保证不了根系生长正常的呼吸需求，同时也无法保证土壤好气微生物的活性，抑制根系生长，土壤营养供应不足，产量下降。长期采用小四轮浅耕整地的耕层构造，大都处在这种状态下。当耕层处于过紧状态，容重大于 1.41 g/cm^3，固相占 50%～55%，液相占 40%～45%，春季气相占 10%～14%，雨季气相降至 0～7%，通气条件极端恶化，作物根系几乎处于窒息状态，作物早死早衰，造成难以补救的灾害。

通过构建行间松苗带紧、松紧兼备的耕层，可以良好地协调耕层土壤水、气，在雨季也能保证耕层具有 24%～27%的气相容积，保证作物根系的旺盛活力和土壤的供肥能力。

1. 不同耕层结构对玉米出苗率的影响

通过对不同耕层玉米出苗率（表 5－4）的测定表明，ST 和 NT 出苗率最高，与 PT 耕层比较，分别提高 18.5%和 15.9%，与 CT 耕层比较分别提高 16.4%和 13.9%，而且株高、茎粗和叶片数也明显高于 PT 耕层和 CT 耕层。此外，从长势分级来看均生长良好，说明苗带紧不仅对种子吸水发芽和保苗有利，而且对玉米早期生长亦有显著的促进作用。

表 5－4 不同耕层结构对出苗率及苗期形态指标的影响

处理	出苗率（%）	分级	株高（cm）	茎粗（cm）	叶数
ST	94.9	优	50.9	0.94	9.6
NT	92.8	良	51.2	0.92	9.7
PT	80.1	下	40.0	0.68	8.8
CT	81.5	劣	38.2	0.63	8.4

2. 不同耕层结构对玉米叶面积的影响

不同时期 ST、NT、PT 叶面积均高于 CT。8 月 6 日 ST、NT、PT 叶面积分别比 CT 高 4.59%、3.34%和 2.12%，9 月 7 日分别高 14.18%、9.99%和 8.71%。而且，ST 叶面积均高于 NT 和 PT（表 5-5）。

表 5-5　不同耕层结构对玉米叶面积的影响

日期	处理	平均值（cm^2）	标准差（cm^2）	显著水平	叶面积指数
8月6日	ST	7 588.19	1 237.26	a	4.55
	NT	7 497.41	182.91	a	4.50
	PT	7 409.16	561.41	a	4.45
	CT	7 254.73	289.55	a	4.35
9月7日	ST	5 900.51	914.03	a	3.54
	NT	5 684.21	262.52	a	3.41
	PT	5 617.79	968.54	a	3.37
	CT	5 167.65	575.34	a	3.10

注：表中不同小写字母表示差异显著（$P<0.05$）。

3. 不同耕层结构对玉米株高的影响

通过对不同耕层玉米株高数据分析（表 5-6）可知，不同耕层对株高有一定的影响，处理间差异显著，ST 分别比 NT、PT 和 CT 株高增加 6.73%、4.22%和 9.36%，与 CT 差异达到显著水平（$P<0.05$）。

表 5-6　不同耕层结构对玉米株高的影响（m）

处理	重复					平均值±标准误	显著水平
	Ⅰ	Ⅱ	Ⅲ	Ⅳ	Ⅴ		
ST	2.15	2.20	2.25	2.25	2.29	2.22±0.02	a
NT	2.16	2.14	2.04	2.06	2.03	2.08±0.02	ab
PT	2.03	2.26	2.28	2.12	1.96	2.13±0.06	ab
CT	2.10	2.12	2.15	2.04	1.76	2.03±0.07	b

注：表中不同小写字母表示差异显著（$P<0.05$）。

4. 不同耕层结构对玉米根系的影响

由表 5-7 可知，ST 土壤水气协调，促进根系生长的同时促进了气生根的生长。气生根条数比 CT 增加 16.8 条，气生根干重比 CT 增加 4.62 g，地下根干重比 CT 增加 20.52 g，气生根层数比 CT 增加 0.8 层，处理间差异达到显著水平（$P<0.05$）。

表 5-7　不同耕层结构对玉米根系性状的影响

处理	重复	根条数	气生根干重（g）	地下根干重（g）	气生根层数
ST	Ⅰ	20.00	2.29	75.43	2.00
	Ⅱ	34.00	11.67	35.82	2.00
	Ⅲ	26.00	9.53	81.40	2.00
	Ⅳ	27.00	9.20	79.99	2.00
	Ⅴ	34.00	7.35	49.78	2.00
	平均值±标准误	28.20±2.65a	8.01±1.58a	64.48±9.17a	2.00±0.00a
CT	Ⅰ	9.00	2.88	47.32	1.00
	Ⅱ	4.00	0.40	46.71	1.00
	Ⅲ	22.00	8.11	53.05	2.00
	Ⅳ	9.00	2.70	30.32	1.00
	Ⅴ	13.00	2.88	42.41	1.00
	平均值±标准误	11.40±3.01b	3.39±1.26b	43.96±3.80b	1.20±0.20b

注：表中不同小写字母表示差异显著（$P<0.05$）。

5. 不同耕层结构对玉米产量的影响

不同耕层构造影响玉米产量，处理间产量变幅为 9 470.65～10 893.92 kg/hm²，其中 ST 产量最高，CT 产量最低。ST 与 NT 产量间差异不显著，但与 PT 差异达显著水平（$P<0.05$），产量提高 10.93%，与 CT 差异达极显著水平（$P<0.01$），产量提高 15.02%，说明通过间隔深松形成的 ST 增产效果明显（图 5-4）。

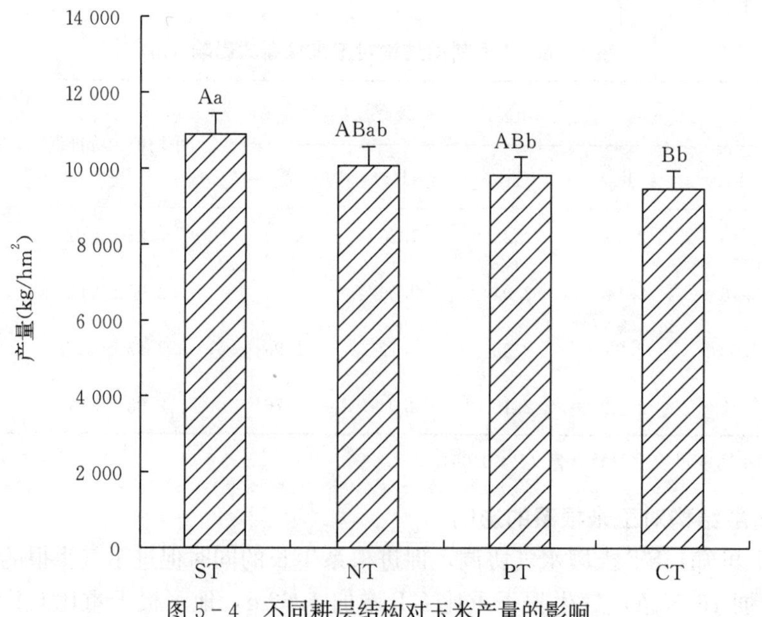

图 5-4　不同耕层结构对玉米产量的影响

注：不同大、小写字母表示差异极显著、显著。

(二) 合理耕层评价

耕层土壤养分含量是衡量耕地质量的重要因素，全国第二次土壤普查推荐的土壤肥力分级主要以土壤养分含量作为土壤肥力分级依据。主要对有机质、全氮、碱解氮、有效磷和速效钾的含量进行分级，将不同土壤养分的含量分为 6 级（表 5－8)。

表 5－8　土壤养分含量分级指标

分级	有机质（g/kg）	全氮（g/kg）	碱解氮（mg/kg）	有效磷（mg/kg）	速效钾（mg/kg）
1	＞40	＞2	＞150	＞40	＞200
2	30～40	1.5～2	120～150	20～40	150～200
3	20～30	1～1.5	90～120	10～20	100～150
4	10～20	0.7～1	60～90	5～10	50～100
5	6～10	0.5～0.7	30～60	3～5	30～50
6	＜6	＜0.5	＜30	＜3	＜30

而土壤物理性质是影响土壤养分传导与利用的主要因素。结合吉林省农业科学院公主岭院区的长期耕法定位试验，采用 Pearson 相关系数法对产量与土壤物理指标的相关性进行了分析，结果表明，在一定区间内，产量与土壤容重、含水率、固相比和液相比呈正相关，其中与土壤含水率相关性达到显著水平（$r=0.86^*$），而与土壤硬度、总孔隙、地温和气相比呈负相关，其中与地温和气相比相关性达到显著水平（$r=-0.90^*$ 和 $r=-0.85^*$），其他指标间存在不同程度的相关性（表 5－9)。可见，对于玉米产量高低而言，众多物理指标中其土壤含水率、地温和气相比是较为敏感的关键性指标。

表 5－9　产量与土壤主要物理指标的相关系数

	产量	容重	硬度	总孔隙	地温	含水率	固相比	液相比
容重	0.75							
硬度	－0.10	0.54						
总孔隙	－0.70	－1.00**	－0.59					
地温	－0.90*	－0.43	0.52	0.36				
含水率	0.86*	0.63	－0.29	－0.59	－0.90*			
固相比	0.46	0.88*	0.84*	－0.91*	－0.03	0.20		
液相比	0.75	0.45	－0.47	－0.40	－0.89*	0.97**	－0.02	
气相比	－0.85*	－0.97**	－0.31	0.95**	0.62	－0.81	－0.74	－0.66

(三) 合理耕层结构与功能特征

1. 合理耕层的结构特征

以不同耕作方式下耕层剖面的土壤容重及土壤硬度为主要参数，通过多点取样，明确了不同耕作方式下的土壤耕层结构特征（图 5－5)。以灭茬打垄为代表的 CT 结构，该种耕层结构的总体特点是 10 cm 以上土壤过松，而 10～20 cm 形成一层坚硬的犁底层，表现为上实下虚，下部土壤容重达 1.4 g/cm³ 以上；以翻耕为代表 PT 结构，该种耕层结构的特点总体表现为具有 20 cm 左右厚度的松土层，20 cm 以下土壤过于紧实（容重达 1.37 g/cm³ 以上）；以免耕为代表的 NT 结构，长期免耕耕层，0～40 cm 土壤紧实度相近，整体表现为偏紧（土壤容重为 1.28～1.30 g/cm³）；以留茬深松（苗带紧行间松）为代表的 ST 结构，采取宽窄行种植的耕层结构整体表现为纵向松紧兼备的特点，宽行深松带土壤疏松（0～40 cm 土壤容重 1.10～1.26 g/cm³），而窄行苗带土壤略偏紧实（0～40 cm 土壤容重 1.27～1.31 g/cm³）。

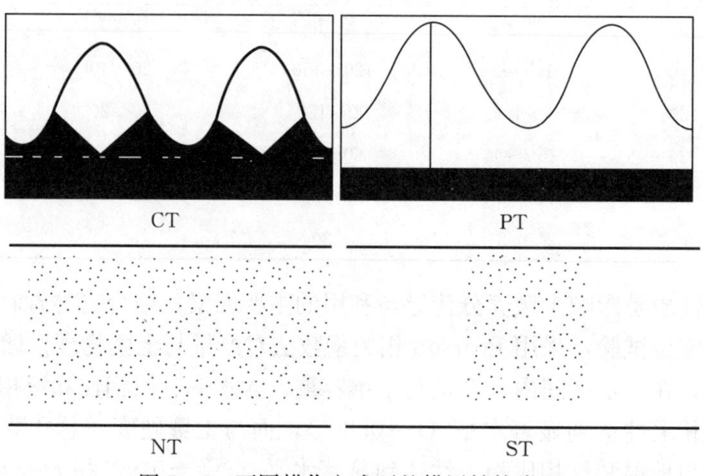

图 5-5 不同耕作方式下的耕层结构类型

通过对不同耕作措施下形成的耕层构型进行的人工模拟与田间小区模拟试验，提出 ST 为合理耕层结构模式。

不同耕层结构模式透水性差异显著（图 5-6），以 PT 接纳阵性降水效果最好，ST 优于 NT 与 CT。

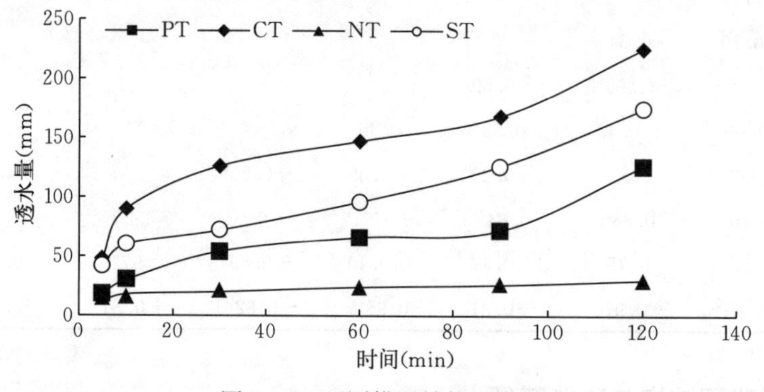

图 5-6 不同耕层结构透水性

通过对不同时期耕层土壤气相（表 5-10）的调查，结果表明：PT 生育期间可以保持良好的透气性。而 ST 在雨季气相也可满足作物生长的需求。CT 与 NT 透气性在雨季明显过低，不适宜作物生长发育。

表 5-10　不同耕层气相调查

处理	春季气相	雨季气相
PT（容重<1.1）	30%～45%	20%～35%
CT（1.25～1.35）	20%～25%	5%～15%
NT（容重>1.4）	10%～14%	0～7%
ST	30%～40%	24%～27%

从玉米苗期的生长调查结果来看（表 5-11），苗带紧实的耕层普遍优于苗带松的耕层。保持苗带紧实度适宜，可以保证适度提墒，促进玉米苗期的发育，并且增加玉米根系与土壤的接触面积，有利于其对土壤养分的吸收利用。

表 5-11　不同耕层结构玉米苗期长势

处　理	出苗率（%）	5 月 26 日调查苗情长势	6 月 18 日调查		
			株高（cm）	茎粗（cm）	叶数
全紧耕层	93.6	优	50.9	0.94	9.6
苗带 1/3 紧，行间 2/3 松	94.9	良	51.2	0.92	9.7
全松耕层	80.1	下	40.0	0.68	8.8
苗带 1/3 松，行间 2/3 紧	81.5	劣	38.2	0.63	8.4

不同耕层结构模式对玉米群体发育（图 5-7）有明显影响，苗带紧实的耕层玉米群体整齐，在开花吐丝期相对集中。而苗带过于疏松，玉米群体开花吐丝期过于分散，群体发育整齐度明显变差。

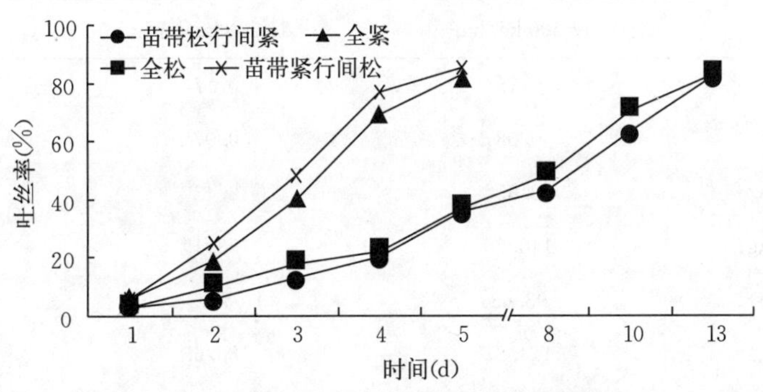

图 5-7　不同耕层结构群体发育进程

通过对不同耕作措施下形成的耕层结构的人工模拟试验与田间小区模拟试验及田间试验验证，证明了苗带紧行间松耕层构造模式能够充分协调耕层水气与作物生长的需求。

2. 良好耕层土壤特征

通过对吉林省中部不同产量水平土壤耕层的调查，从土壤物理特性、化学特性等层面，获取了良好耕层的指标。

(1) 土壤物理指标。从表 5－12 可以看出，产量为 13 500 kg/hm^2 的高产土壤黑土层厚度为 34.5 cm，耕层厚度为 24.63 cm，犁底层厚度为 8 cm，有效耕层土壤量为 3.49×10^6 kg/hm^2；产量为 10 500 kg/hm^2 的中产土壤黑土层厚度为 30.7 cm，耕层厚度为 19.52 cm，犁底层厚度为 11 cm，有效耕层土壤量为 2.92×10^6 kg/hm^2；产量为 7 500 kg/hm^2 的低产土壤黑土层厚度为 25.1 cm，耕层厚度为 18.20 cm，犁底层厚度为 13 cm，有效耕层土壤量为 2.65×10^6 kg/hm^2。

表 5－12　不同产量水平土壤物理指标参数

指标	产量水平		
	13 500 kg/hm^2	10 500 kg/hm^2	7 500 kg/hm^2
黑土层厚度（cm）	34.5	30.7	25.1
耕层厚度（cm）	24.63	19.52	18.20
犁底层厚度（cm）	8	11	13
有效耕层土壤量（kg/hm^2）	3.49×10^6	2.92×10^6	2.65×10^6
容重（g/cm^3）	1.27	1.32	1.30
土壤硬度（kg/cm^2）	21.79	22.50	21.50

(2) 土壤化学指标。从表 5－13 可以看出，产量为 13 500 kg/hm^2 的土壤全氮含量为 0.16%，全磷为 0.08%，全钾为 2.65%；产量为 10 500 kg/hm^2 土壤全氮含量为 0.17%，全磷为 0.07%，全钾为 2.43%；产量为 7 500 kg/hm^2 土壤全氮含量为 0.12%，全磷为 0.058%，全钾为 2.46%。

表 5－13　不同产量水平土壤养分指标参数

指标	产量水平		
	13 500 kg/hm^2	10 500 kg/hm^2	7 500 kg/hm^2
全氮（%）	0.16	0.17	0.12
全磷（%）	0.08	0.07	0.05
全钾（%）	2.65	2.43	2.46
水解性氮（mg/kg）	140.65	153.19	129.83
有效磷（mg/kg）	93.63	55.15	36.01
速效钾（mg/kg）	114.81	188.65	144.47
有机质（%）	2.35	2.74	1.77
pH	5.46	5.36	5.46

从速效养分来看，产量为 13 500 kg/hm^2 的土壤水解性氮含量为 140.65 mg/kg，有效磷为 93.63 mg/kg，速效钾为 114.81 mg/kg；产量为 10 500 kg/hm^2 的土壤水解性氮含量为 153.19 mg/kg，有效磷为 55.15 mg/kg，速效钾为 188.65 mg/kg；产量为 7 500 kg/hm^2 的土壤水解性氮含量为 129.83 mg/kg，有效磷为 36.01 mg/kg，速效钾为 144.47 mg/kg。

从有机质和pH来看，产量为13 500 kg/hm² 的土壤有机质含量为2.35%，pH为5.46；产量为10 500 kg/hm² 的土壤有机质含量为2.74%，pH为5.36；产量为7 500 kg/hm² 的土壤有机质含量为1.77%，pH为5.46。

通过对土壤物理指标分析可以看出产量为13 500 kg/hm² 的土壤具有良好的"体型"。表现为耕层深厚，犁底层较薄，有效耕层土壤量较大，黑土层较厚，土壤硬度和容重适中，固相、液相和气相比例协调，土壤结构合理，土壤缓冲能力强，能为作物根系生长提供良好的环境空间。通过对土壤化学指标分析可以看出产量为13 500 kg/hm² 的土壤具有良好的"体质"。表现为土壤全量养分含量较高，速效养分具有优势，特别是水解性氮和有效磷表现突出，土壤有机质含量达2%以上，具备高产土壤肥力特征，能为作物生长提供充足的养分。

第二节　东北平原黑土区旱地合理耕层构建技术

一、土壤耕作与培肥对耕层结构与功能的影响

(一) 土壤耕作与培肥对耕层结构的影响

通过对免耕（NT）、翻耕（PT）、条带深松（ST）及常规灭茬打垄（CT）等几不同耕措施下的调查研究，明确了不同耕作措施对耕层结构的影响。

1. 不同耕层结构对土壤硬度的影响

土壤硬度是表征土壤质量的指标之一，是影响作物生长的重要因素，合理的耕作管理是调控土壤硬度的有效手段，而不同耕作方式对土壤硬度的影响不同。不同耕作方式对土壤硬度的影响结果表明（图5-8），不同耕作方式土壤硬度随土层深度的增加而增加，到15 cm处有小幅度降低，然后又呈增加趋势变化。从不同土层比较来看，2.5 cm土层，处理间差

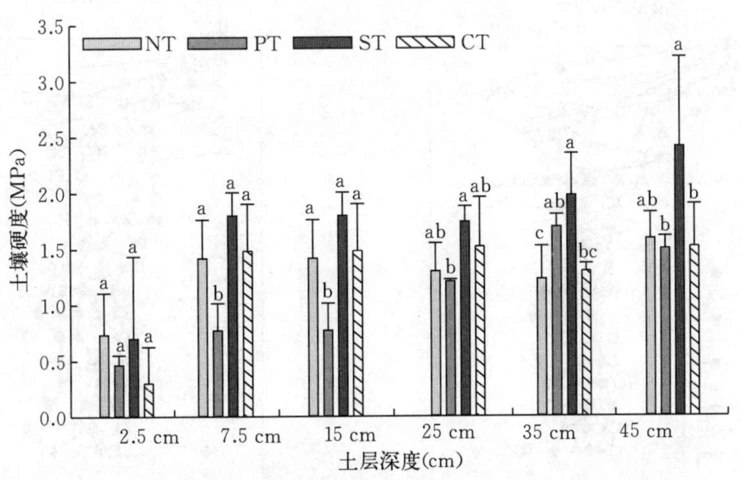

图5-8　不同耕作方式下土壤硬度比较（n=5）

注：不同小写字母代表0.05水平差异显著。

异不显著；7.5 cm土层，ST硬度最大为1.79 Mpa，PT最低为0.77 Mpa，NT和CT介于两者之间，处理间差异达显著水平；15 cm土层，CT比其他方式硬度增加10.90%、30.78%和95.73%，CT、ST和NT与PT差异达显著水平，但三者间差异不显著；25 cm土层，ST硬度最大，PT硬度最小，ST、CT和NT处理间不显著，但与PT差异达显著水平，CT比NT和PT硬度增加17.20%和26.14%；35 cm土层，ST硬度最大，NT硬度最小，但处理间差异达到显著水平；45 cm土层，NT与CT硬度接近，但ST与其他3个处理硬度差异达到显著水平。通过分析可以看出，不同耕作方式影响土壤硬度，总体来看NT与CT土壤硬度高，这一现象土壤下层更为明显；不同土层土壤硬度存在差异，从结果可以看出下层高于上层，处理间差异明显，但总体看土壤硬度有随土层深度增加而增加的趋势。

为了探明不同耕法犁底层的深度及土壤剖面紧实度垂直变化，对不同耕法及同一耕法不同部位土壤紧实度进行研究，分别为休闲带（A1、A2、A3）、苗带（C1、C2）、苗侧（B1、B2、B3、B4），结果表明：留茬免耕0～20 cm土壤紧实度随耕层深度的增加呈增加的趋势，不同部位差异较明显，休闲带和苗侧明显高于苗带，土壤紧实度变幅在1.38～4.14 MPa，20 cm以下土壤紧实度随土层深度的增加呈垂直变化，也就说土壤紧实性不受深度的影响，不同部位差异也不明显，土壤紧实度变幅在1.38～2.76 MPa（图5-9）；翻茬连耕土壤紧实度随土层深度的增加而增加，但趋势不明显，不同部位差异较大，苗侧高于休闲带和苗带，土壤紧实度变幅在1.38～2.76 MPa（图5-10）；留茬深松0～20 cm呈增加的趋势，不同部位差异较大，休闲带明显小于苗带，20～40 cm土壤紧实度随土层深度增加而加大，变幅在1.38～2.76 MPa，说明土壤紧实度呈稳定状态不受外部条件的影响，形成“苗带紧行间松”的理想耕层结构（图5-11）；灭茬打垄土壤紧实度随土层深度的增加呈增加的趋势，0～10 cm增加趋势明显，10 cm以下趋势不明显，不同部分间差异也不明显，紧实度变幅在1.38～4.14 MPa，土体比较紧实，与其他耕法比较，耕层有上移的趋势（图5-12）。

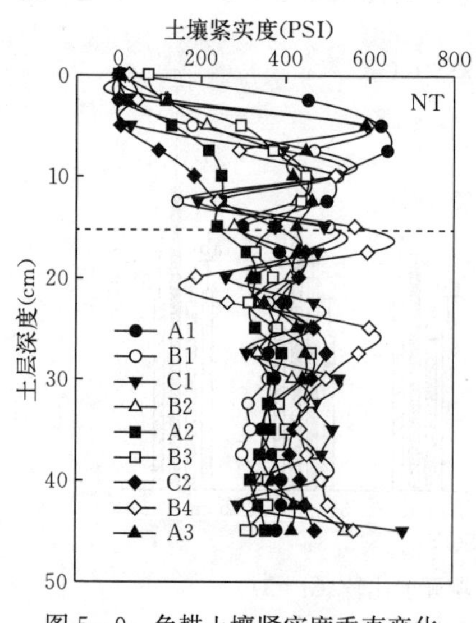

图5-9 免耕土壤紧实度垂直变化

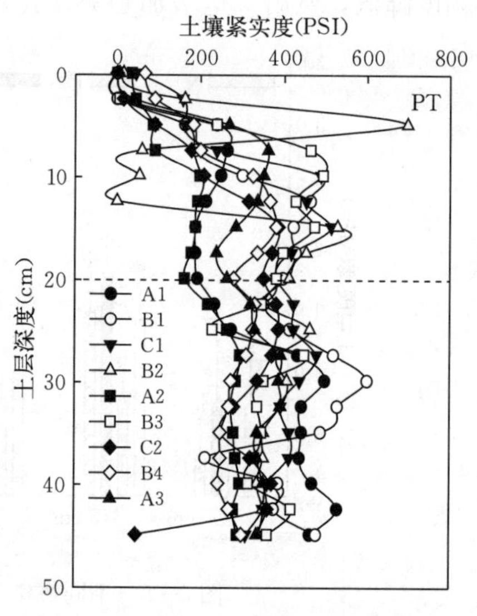

图5-10 翻耕土壤紧实度垂直变化

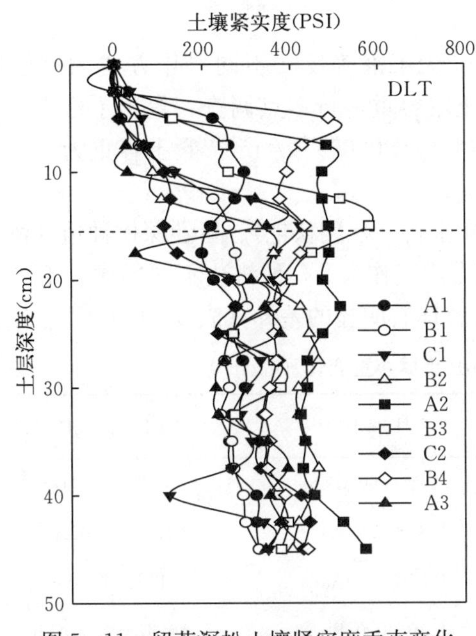

图 5-11 留茬深松土壤紧实度垂直变化

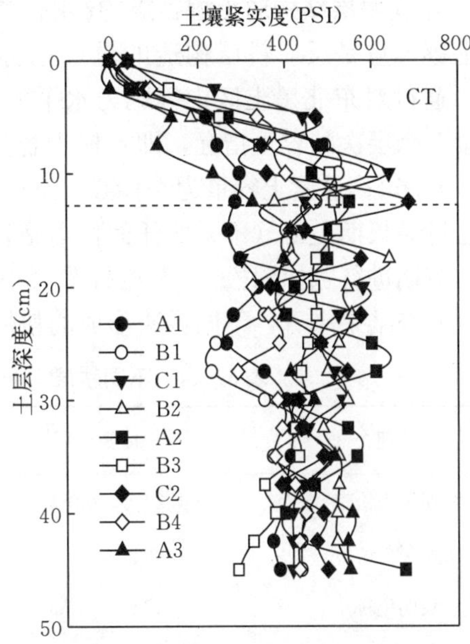

图 5-12 灭茬打垄土壤紧实度垂直变化

从图 5-13 中可以看出，构造不同的耕层土壤紧实度随土层深度增加呈增加的趋势，0～15 cm 增加趋势明显，免耕和灭茬打垄土壤紧实度明显高于翻耕和留茬深松，在土层 15 cm 出现“拐点”，土壤紧实度随深度的增加趋于平缓，但耕法间差异较明显，灭茬打垄>免耕>留茬深松和翻耕（翻耕和留茬深松呈交替变化）。土层 5 cm 处灭茬打垄土壤紧实度分别比留茬深松和翻耕高 129%和 20.11%，低于免耕 4.06%；土层 15 cm 灭茬打垄分别比免耕、翻耕和灭茬打垄高 7.30%、13.48%和 20.05%；土层 25 cm 灭茬打垄分别比免耕、翻耕和灭茬打垄高 1.50%、26.08%和 32.80%，灭茬打垄与留茬深松差异达到显著水平；土层 35 cm 灭茬打垄分别比免耕、翻耕和灭茬打垄高 16.93%、32.76%和 37.02%，差异达到显著水平；土层 45 cm 灭茬打垄分别比免耕、翻耕和灭茬打垄高 4.51%、44.73%和 19.29%。

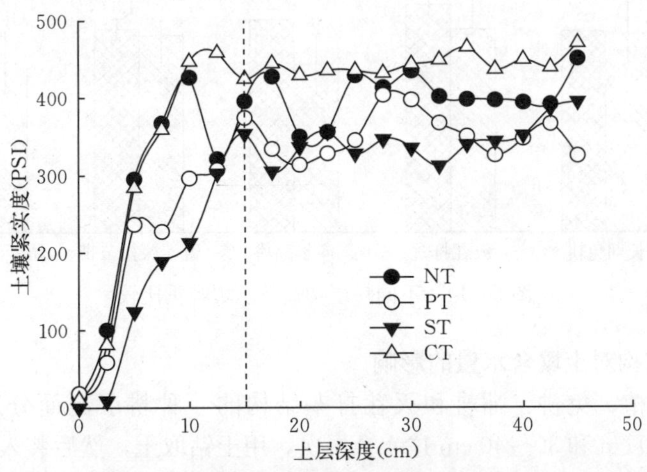

图 5-13 构造不同耕层土壤紧实度垂直变化

2. 不同耕层结构对土壤容重的影响

土壤容重是反应耕层构造的重要指标之一。为了准确反映不同耕作方式的耕层构造特点，通过对东北黑土区中等肥力水平的耕地土壤容重进行多点调查，提出了松土、紧土和过紧 3 个层次的容重指标，即：松土容重为（1.05±0.05）g/cm³；紧土容重为（1.27±0.05）g/cm³；过紧土容重为>1.45 g/cm³。

通过对长期免耕（不采取任何耕措施）、连年翻耕（秋翻秋耙）、留茬深松种植（留茬深松于拔节期进行宽幅深松）、灭茬打垄（小型动力浅层作业）5 种耕法不同层次、不同部位的容重调查结果来看，不同耕法形成的耕层构造整体有明显的差异（表 5－14）。

表 5－14　不同耕层（0～50 cm）土壤容重变化（g/cm³）

处理	6 月 8 日	7 月 28 日	10 月 22 日
留茬深松松带	1.24±0.03Aa	1.26±0.00ABab	1.24±0.01BCc
留茬深松苗带	1.29±0.02Aa	1.31±0.04Aa	1.31±0.00Aab
长期免耕	1.47±0.01Aa	1.52±0.00Aa	1.52±0.01Aa
连年翻耕	1.19±0.05Aa	1.19±0.01Bb	1.18±0.00ABb
灭茬打垄	1.43±0.04Aa	1.48±0.02ABa	1.39±0.01Cd

注：同列不同大写字母表示在 0.01 水平上差异显著，不同小写字母表示在 0.05 水平上差异显著。

由图 5－14 可见，不同耕作措施对土壤容重影响明显。常规灭茬打垄处理由于长期采用小四轮耕整地作业，导致土壤紧实，下层有坚硬的犁底层；连年翻耕处理 0～20 cm 土层土壤容重明显低于其他处理；长期免耕处理 0～20 cm 土层土壤容重和 20～40 cm 土层土壤容重均大于 1.27 g/cm³，较为紧实，且整体表现为耕层上下容重差异不大；留茬深松种植的松带由于深松作业，其土壤容重较低，而苗带土壤较松带土壤略为紧实。

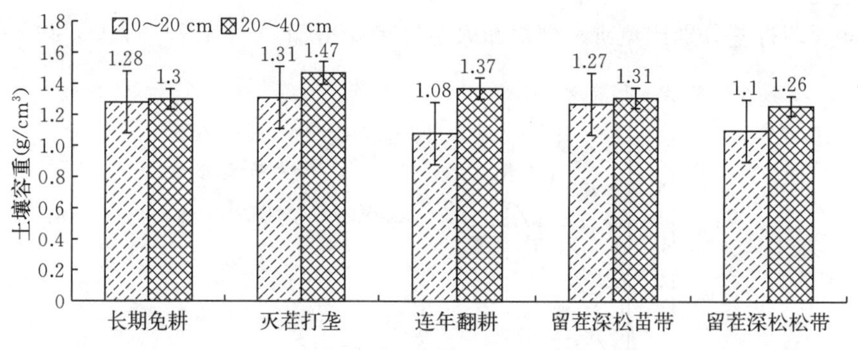

图 5－14　不同耕层构造下土壤容重比较

3. 不同耕层结构对土壤含水量的影响

将留茬深松种植、免耕、翻耕和灭茬打垄结构的 4 种耕层剖面分别分为 0～10 cm、10～20 cm、20～30 cm 和 30～40 cm 这 4 个层次，用土钻取土，然后装入铝盒，将烘箱温度设定在 105 ℃，采用烘干称重法测定含水量。从测定结果中可以看出 6 月、7 月和 8 月进入雨季，土壤中水分垂直变化均表现为随耕层深度的增加而升高，6 月和 8 月比较明显，7 月 40 cm 处土壤含水量有减少的趋势，9 月和 10 月土壤含水量随耕层深度的增加而减少，50 cm深处的耕层土壤含水率为 12%～14%，明显低于 10 cm 耕层处的土壤含水率。不同耕层构造间比较，留茬深松和免耕土壤中含水率高于灭茬打垄和翻地，6 月、7 月、8 月和 9 月也表现出相同的规律，差异达到显著水平（表 5 - 15）。

表 5 - 15　不同耕层构造对土壤含水率的影响

层次（cm）	处理		含水率（%）				
			6 月 8 日	7 月 28 日	8 月 18 日	10 月 18 日	10 月 22 日
0～20	留茬深松	松带	12.58±0.58Bc	17.56±0.96Aa	11.40±0.97Aab	21.57±0.16Aa	23.86±0..65Aa
		苗带	16.95±1.93ABab	15.81±0.86Aab	11.17±0.50Aab	21.54±0.30Aa	22.51±0.76ABab
	免耕		18.83±0.17Aa	14.39±0.58Ab	9.95±0.03Ab	18.83±2.78Aab	20.48±0.95Bb
	翻地		14.22±0.95ABbc	16.15±0.43Aab	9.70±0.33Ab	16.23±0.32Ab	22.24±0.08ABab
	灭茬打垄		13.85±0.41Bbc	15.53±0.31Aab	11.75±0.15Aa	19.56±0.03Aab	22.00±0.15ABab
20～40	留茬深松	松带	18.03±0.45ABbc	18.00±0.39Aa	15.15±0.39Aa	15.88±0.35Aa	17.88±0.47ABab
		苗带	19.37±0.05Aa	16.93±0.06Aa	13.08±0.14Bbc	15.12±0.54Aa	16.62±0.56BCbc
	免耕		19.01±0.32ABab	16.71±0.45Aa	13.69±0.09Bb	15.21±0.74Aa	16.62±0.56BCbc
	翻地		17.78±0.56ABc	17.30±0.11Aa	13.58±0.36Bbc	15.44±0.38Aa	15.28±0.39Cc
	灭茬打垄		17.27±0.24Bc	17.40±0.59Aa	12.69±0.23Bc	13.89±0.93Aa	19.47±0.38Aa
0～40	留茬深松	松带	17.30±0.55Bb	17.53±0.03Aa	13.96±0.11Aa	16.22±0.18Aa	18.38±0.28Aa
		苗带	19.66±0.59Aa	16.89±0.10ABab	13.14±0.08Bb	16.26±0.11Aa	17.02±0.07BCc
	免耕		19.57±0.33Aa	16.89±0.10Bbc	12.81±0.06Bc	15.61±0.79A	16.57±0.24Ccd
	翻地		17.39±0.08Bb	16.38±0.16ABbc	12.83±0.01Bc	15.06±0.15Aa	16.22±0.16Cd
	灭茬打垄		17.24±0.33Bb	15.96±0.21Bc	12.72±0.11Bc	14.94±0.34Aa	17.70±0.16ABb

注：同列不同大写字母表示在 0.01 水平上差异显著，小写字母表示在 0.05 水平上差异显著。

可以看出剖面土壤含水率基本呈 S 形曲线趋势变化，春季上层土壤含水量明显低于下层，雨季土壤剖面含水量呈 S 形曲线变化，到秋季上冻后上层土壤含水量明显减少，而下层土壤含水量随土壤深度的增加呈增加的趋势。留茬深松和免耕含水量均高于翻耕和灭茬打垄，说明留茬深松种植通过伏季深松作业积蓄降水形成了土壤水库，做到伏雨春用、春墒秋保，提高了水分利用效率，有效缓解了旱情、保证了产量。

对土壤含水量季节性变化的研究表明，留茬深松、免耕、翻耕和灭茬打垄土壤中剖面含水量季节性趋势基本一致，而且不同耕层间土壤含水量季节性变化趋势也表现一致，即进入雨季呈降低的趋势，然后随雨季的来临土壤含水量逐渐增加，进入秋季土壤含水量变化趋于平缓，季节变化规律性较强。

4. 不同耕层结构对土壤团聚体的影响

土壤团聚体结构状况对土壤水分和肥力有着重要的影响，在具有良好团聚体结构的土壤中，不仅孔隙性和持水性良好，而且通透性亦良好，在植物生长期间能很好地协调水、肥、气、热的供应，以保证作物获得高产稳产。从表 5 - 16 可以看出，土壤中均以大于

0.25 mm 的团聚体为主，其中 1～0.25 mm 团聚体所占比例较大。宽窄行深松耕作土壤中大于 0.25 mm 团聚体含量明显高于传统耕作，尤其以宽窄行深松耕作土壤中大于 5 mm 的团聚体含量较多。0～30 cm 土层范围内，不同处理大于 0.25 mm 团聚体含量的均值有明显差异，其平均含量高低顺序为留茬苗带＞留茬松带＞全面旋耕深松＞秋灭茬匀垄＞秋翻秋耙匀垄。这主要是由于，一方面，传统耕作翻耕搅动了土壤结构，使团聚体被挤压破碎，因而水稳性团聚体含量较低；另一方面，水稳性团聚体大多是由钙、镁及腐殖质胶结起来的，宽窄行耕作留高茬还田，使土壤腐殖质含量增加，而且钙、镁等离子的含量也会因土壤对其保持能力的增加而有所提高，因而水稳性团聚体含量增高。

表 5-16　不同耕作方式土壤水稳性团聚体组成

耕作方式	层次（cm）	团聚体含量（%）						
		＞5 mm	5～2 mm	2～1 mm	1～0.5 mm	0.5～0.25 mm	＜0.25 mm	＞0.25 mm
秋翻秋耙匀垄	0～10	7.25	9.23	9.58	24.45	17.29	32.20	67.80
	10～20	3.17	5.10	5.08	19.17	21.11	46.37	53.63
	20～30	9.38	9.68	8.97	26.05	17.83	28.09	71.91
秋灭茬匀垄	0～10	11.35	15.02	11.37	18.93	12.60	30.73	69.27
	10～20	16.26	11.58	11.88	22.84	13.22	24.22	75.78
	20～30	3.60	9.50	9.93	23.15	20.31	33.51	66.49
全面旋耕深松	0～10	22.93	13.61	10.70	20.26	11.80	20.70	79.30
	10～20	22.13	18.60	12.61	19.52	8.11	19.03	80.97
	20～30	14.93	8.55	11.07	23.53	15.49	26.43	73.57
留茬苗带	0～10	22.47	7.32	12.70	24.37	12.42	20.72	79.28
	10～20	23.75	21.26	13.86	19.35	6.96	14.82	85.18
	20～30	12.49	15.87	13.19	24.12	13.08	21.25	78.75
留茬松带	0～10	31.71	9.51	8.52	18.67	11.58	20.01	79.99
	10～20	31.18	10.91	10.08	20.89	9.54	17.40	82.60
	20～30	15.73	8.05	11.05	23.93	14.67	26.57	73.43

（二）土壤耕作与培肥对土壤功能的影响

1. 长期免耕留茬与连年翻耕条件下土壤主要理化性状变化

（1）土壤有机质。土壤有机质是土壤肥力的重要指标，黑土一直被认为是高产土壤，土壤有机质含量较高。但随着长期开垦利用，不合理的耕作措施导致土壤有机质逐年降低。多数研究表明，不同耕作方式对土壤有机质有明显影响。长期免耕与连年翻耕定位试验的研究结果表明，长期免耕条件更有利于土壤有机质的累积。

长期免耕与连年翻耕 13 年（1995 年），长期免耕处理区 10～30 cm 土层土壤有机质含量较连年翻耕区略低，但表层（0～10 cm）有机质含量略有增加（表 5-17）。这表明免耕条件下根茬在地表自然腐烂，使表层有机质含量增加；而翻耕处理将根茬翻埋在地表以下，增加了10 cm以下土层的有机质含量。

表 5-17　长期免耕与连年翻耕土壤有机质含量（g/kg）

土层深度（cm）	连年翻耕（CK）	长期免耕	长期免耕与连年翻耕相比
0～10	26.5	27.0	+0.5
10～20	24.8	21.8	−3.0
20～30	24.9	23.7	−1.2

注：表中为 1995 年数据。

2008—2012 年连续采集了 0～20 cm 土层的混合土样进行有机质含量的测定，其结果显示，长期免耕处理土壤有机质呈上升趋势，定位试验 30 年时（2012 年）长期免耕处理的有机质含量较连年翻耕处理增加了 3.5 g/kg（图 5-15），二者差异达极显著水平。

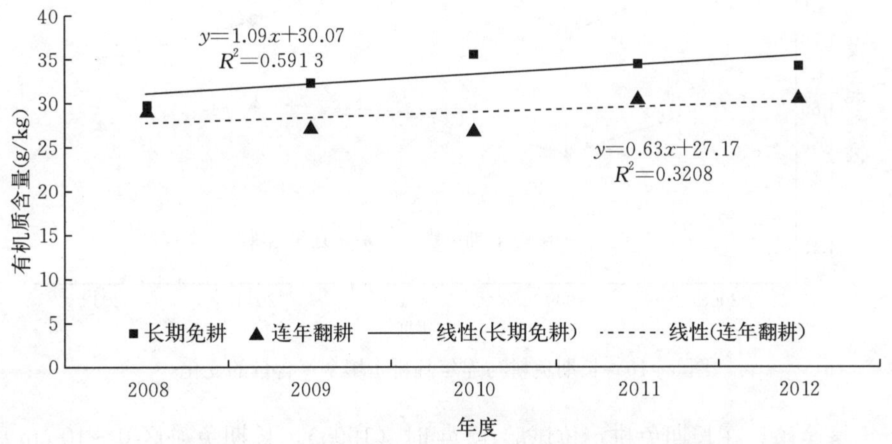

图 5-15　长期免耕与连年翻耕土壤有机质含量的变化

长期免耕较连年翻耕处理有机质含量增加的主要原因，一是免耕田的长期留高茬增加了有机物料的还田量；二是免耕处理的土壤呼吸量显著降低（表 5-18）。免耕模式土壤呼吸值极显著低于翻耕，有利于土壤有机质的累积。

表 5-18　长期免耕下的土壤呼吸强度［μmol/(m^2·s)］

耕作方式	重复 1	重复 2	重复 3	重复 4	重复 5	重复 6	平均值
连年翻耕	1.324	1.135	1.275	1.454	1.448	1.246	1.314A
长期免耕	1.022	0.916	0.726	0.719	0.721	0.818	0.820B

注：同列数据后不同字大写字母表示差异达 1%显著水平。表中为 2011 年数据。

（2）土壤全氮。在免耕定位试验 13 年时（1995），分别测定了不同处理 0～10 cm 与 10～20 cm 土层土壤的全氮含量，结果显示，长期免耕区全氮含量略低于连年翻耕区；表层 0～10 cm 的土壤全氮含量均高于 10～20 cm 土层（表 5-19）。

表 5-19　长期免耕与连年翻耕耕层土壤全氮含量（g/kg）

土层深度（cm）	连年翻耕（CK）	长期免耕	长期免耕与连年翻耕相比
0～10	1.72	1.62	−0.1
10～20	1.5	1.36	−0.14

注：表中为 1995 年数据。

2008—2012 年连续采取 0～20 cm 土层的混合土样对全氮含量进行了测定，结果显示连年免耕处理土壤全氮含量显著高于翻耕处理（图 5-16）。

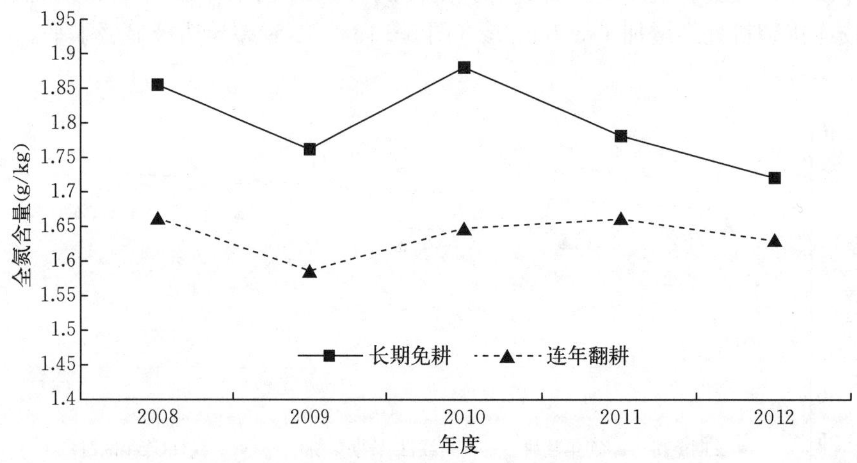

图 5-16　长期免耕与连年翻耕土壤全氮含量的变化

（3）土壤全磷。在长期免耕定位试验 13 年时（1995），长期免耕区 0～10 cm 土层土壤的全磷含量略高于连年翻耕区，10～20 cm 略低于连年翻耕区（表 5-20）。2008—2012 年连续采样的测定结果（图 5-17）显示，长期免耕土壤的全磷含量显著高于连年翻耕处理。

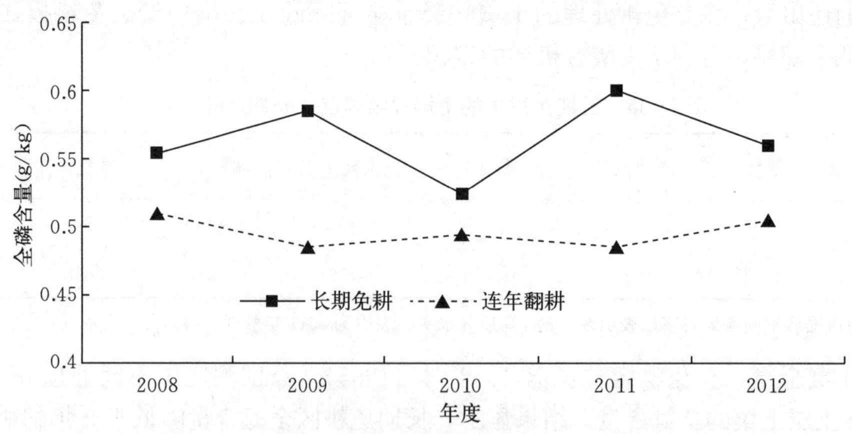

图 5-17　长期免耕与连年翻耕土壤全磷含量的变化

表 5-20　长期免耕与连年翻耕耕层土壤全磷含量（g/kg）

土层深度（cm）	连年翻耕（CK）	长期免耕	长期免耕与连年翻耕相比
0～10	0.53	0.54	+0.01
10～20	0.47	0.41	−0.06

注：表中为 1995 年数据。

（4）土壤有效磷。长期免耕定位试验 13 年（1995 年）的测定结果显示，0～10 cm 土层与 10～20 cm 土层土壤的有效磷含量均为长期免耕区高于连年翻耕区（表 5-21）。2008—2012 年，0～20 cm 土层的土壤有效磷含量，长期免耕与连年翻耕处理有显著差异（图 5-18）。

表 5-21　长期免耕与连年翻耕耕层土壤有效磷含量（mg/kg）

土层深度（cm）	连年翻耕（CK）	长期免耕	长期免耕与连年翻耕相比
0～10	12.5	29.5	+17
10～20	5.8	7.6	+1.8

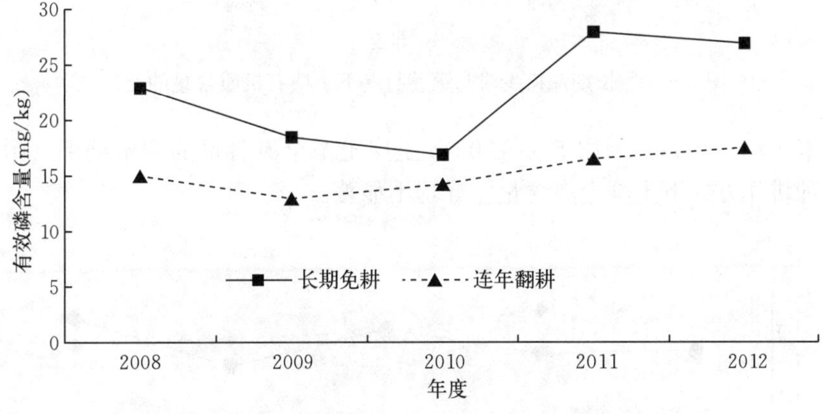

图 5-18　长期免耕与连年翻耕土壤有效磷含量的变化

2. 长期深松少耕与灭茬打垄条件下土壤主要理化性状变化

（1）土壤有机质。深松少耕 11 年（2006 年）时，其 0～50 cm 土层土壤有机质含量高于灭茬打垄处理，0～10 cm 表层土壤有机质含量差异较大（表 5-22）。

表 5-22　长期深松少耕与灭茬打垄下的土壤有机质含量（g/kg）

土层深度（cm）	灭茬打垄（CK）	深松少耕	深松少耕与灭茬打垄相比
0～10	26.03	30.17	+4.14
10～20	24.60	29.22	+4.62
20～30	22.32	26.17	+3.85
30～40	22.10	28.60	+6.50
40～50	22.15	20.93	−1.22

注：表中为 2006 年数据。

2008—2012 年耕层（0～20 cm）土壤有机质含量的测定结果（图 5 - 19）显示，2010 年以前，灭茬打垄与深松少耕土壤有机质含量无明显差异；但 2010 年以后，深松少耕土壤有机质有上升趋势，至 2012 年深松少耕处理的土壤有机质含量达到 30.9 g/kg，较灭茬打垄处理增加 1.4 g/kg。

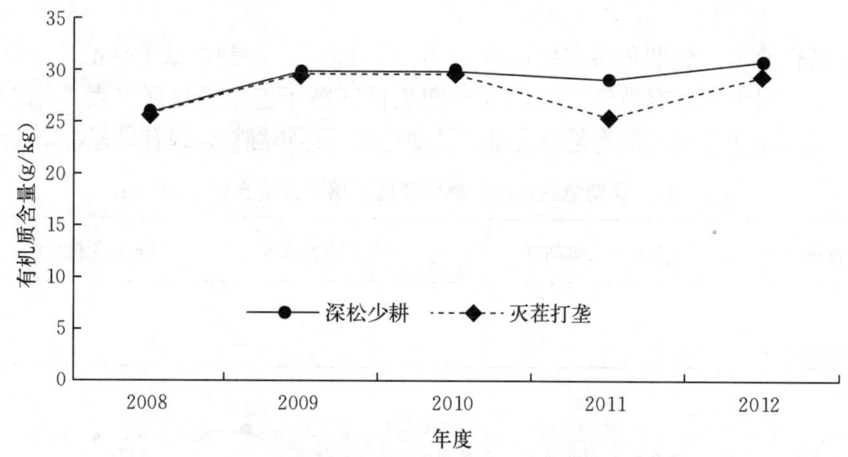

图 5 - 19　长期深松少耕与灭茬打垄下土壤有机质含量的变化

（2）土壤全氮。2008—2012 年 0～20 cm 土层土壤全氮含量的测定结果（图 5 - 20）可以看出，两种耕作方式下土壤全氮含量差异均不显著。

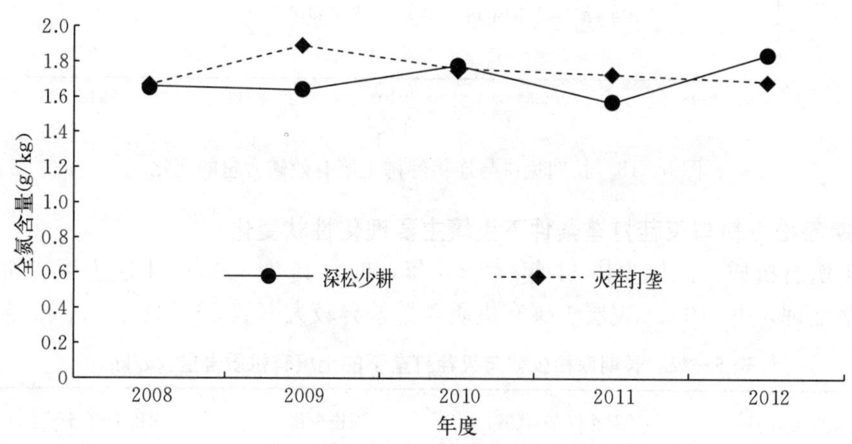

图 5 - 20　长期深松少耕与灭茬打垄下土壤全氮含量变化

（3）土壤全磷。2008—2012 年 0～20 cm 土层土壤的全磷含量测定结果（图 5 - 21）显示，土壤全磷含量年际间及两种耕作方式处理间的差异均不显著。

（4）土壤有效磷。2008—2012 年连续测定了 0～20 cm 土壤的有效磷含量（图 5 - 22），统计分析结果表明，不同耕作方式下年际间和处理间土壤有效磷含量的差异均不显著。

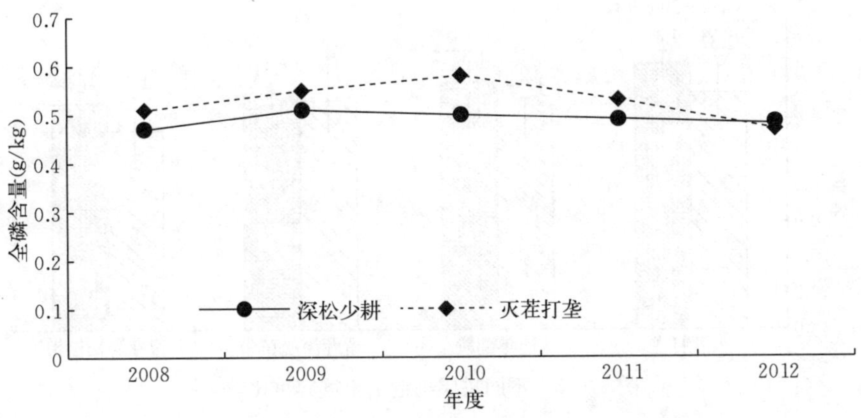

图 5-21　长期深松少耕与灭茬打垄下土壤全磷含量变化

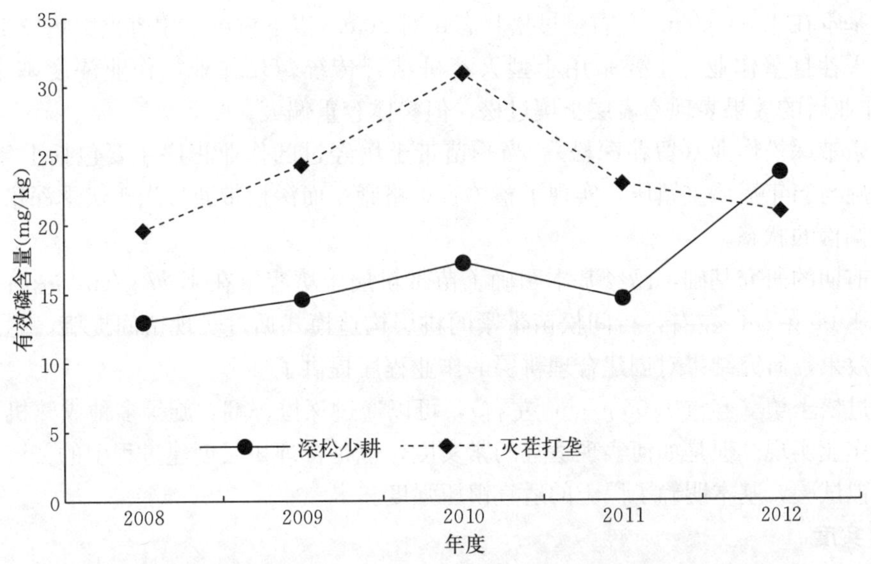

图 5-22　长期深松少耕与灭茬打垄下土壤有效磷含量的变化

二、合理耕层构建技术

(一) 合理耕层构建技术指标

1. 土壤容重

通过对翻耕、留茬深松种植（留茬深松于拔节期进行宽幅深松）、灭茬打垄 3 种耕法不同层次、不同部位的容重调查结果来看，不同耕作措施对耕层土壤容重影响明显（图 5-23）。通过对不同耕作方式的机械作业环节进行分析，可以得出不同机械作业方式对土壤耕层构造的作业效果：

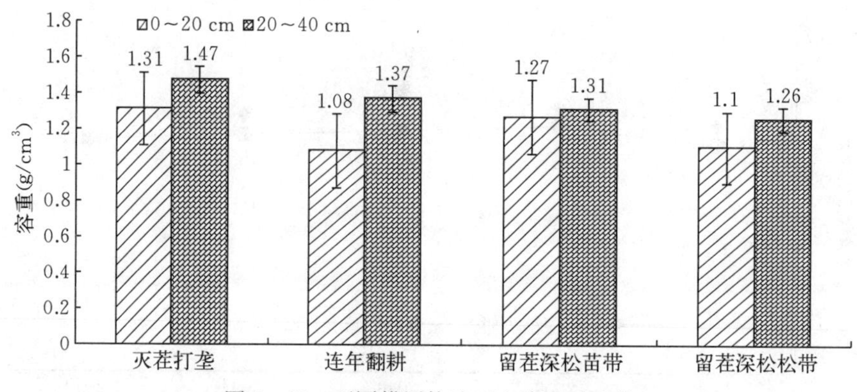

图 5-23　不同耕层构造下土壤容重比较

（1）连年翻耕机械化作业程序。秋收后采用传统铧式犁翻耕，翻耕犁作业参数一般为深度 25 cm 左右，然后采用圆盘耙耙平。翻耙作业对 0～20 cm 耕层土壤容重效果改变明显，该层容重基本在 1.08 g/cm^3 左右呈过松状态，对 20 cm 以下耕层土壤容重影响较小。

（2）灭茬打垄作业。主要采用小型灭茬机结合传统犁杖作业，作业深度基本在 10～15 cm，作业后的效果表现为表层土壤过松，但整体容重偏大。

（3）条带深松作业（留茬深松）。当季苗带土壤经过的作业程序主要包括上年伏深松、上年秋浅旋与当年播后重镇压，实现了整体容重略紧；而深松带通过当年伏季深松，实现了整体容重偏松的状态。

通过前期的研究基础，已经基本明确了苗带耕层土壤容重在 1.27 g/cm^3 左右，行间土壤容重在 1.05 g/cm^3 左右，行间松苗带紧的耕层构造模式通过实现苗间提墒，达到行间蓄水通气的效果，研究结果对创建合理耕层的作业程序提供了参考。

实现过松土壤（容重 1.05 g/cm^3 左右），可以通过深松、翻、旋等多种成熟机具单独作业或配合作业实现。但是如何实现适宜的紧实度，也是合理耕层创建过程中的关键技术，通过人工模拟试验，基本明确了黑土的适宜镇压强度。

2. 紧实度

通过人工模拟耕翻深度 20～25 cm，土壤经过筛细、铺平，使容重达到 1.0 g/cm^3 左右，镇压采取模块静压，镇压触板面积 10 cm×10 cm，处理时土壤水分保持 20%左右，试验结果见表 5-23。

表 5-23　不同镇压强度下黑土土壤容重变化

项目	压强（g/cm^2）			
	0	300	600	1 200
容重（g/cm^3）	1.0	1.15～1.18	1.24～1.28	1.37～1.40

从试验结果可以看出，单位面积压强 600 g/cm^2 时，容重为 1.24～1.28 g/cm^3，单位面积压强达到 1 200 g/cm^2 以上时，土壤容重达到 1.37～1.40 g/cm^3。

结合田间机械作业试验结果，条带深松作业选择的镇压器为 1YM-2 型苗带重镇压器与生产上农户常规镇压器比较，镇压强度在 600～650 g/cm²，在耕层土壤含水量 20%左右时进行镇压，镇压后土壤容重可以达到 1.2～1.3 g/cm³，达到苗带紧实的要求。

3. 耕层稳定性

通过人工模拟三种容重（表 5 - 24），三种容重分别为：① 1.05 g/cm³ 疏松耕层容重；② 1.25 g/cm³ 适宜耕层容重；③ 1.45 g/cm³ 过紧容重。在自然状态下观察其稳定性，结果表明：在无外力的条件下，黑土土壤容重在 1.03～1.48 g/cm³ 范围内可以基本保持一定的稳定性。创造合理的耕层，可以通过人为的耕作措施来实现，并且控制其他措施所建立的松、紧耕层，在无其他外力压实或耕松的情况下，可持续（维持）一定的时限。

表 5 - 24　不同耕层土壤容重年度变化

层次（cm）	容重 1.05 g/cm³			容重 1.25 g/cm³			容重 1.45 g/cm³		
	当年	第二年	增减	当年	第二年	增减	当年	第二年	增减
0～5	1.05	1.06	0.01	1.24	1.23	−0.01	1.44	1.45	0.01
5～10	1.06	1.05	−0.01	1.26	1.26	0	1.44	1.46	0.02
10～15	1.05	1.04	0.01	1.27	1.25	−0.02	1.48	1.45	−0.03
15～20	1.05	1.03	−0.02	1.27	1.25	−0.02	1.47	1.44	−0.03
20～25	1.03	1.04	0.01	1.26	1.26	0	1.48	1.48	0

（二）合理耕层构建技术与土壤耕作制度

1. 以玉米立茬覆盖条带深松种植为主体的合理耕层构建技术

（1）立茬覆盖条带宽幅深松技术模式。将现行耕法的均匀垄（65 cm）种植，改成宽行 90 cm、窄行 40 cm 的大垄双行种植，追肥期在 90 cm 宽行结合追肥进行深松（深松深度 25～30 cm，幅宽 40～45 cm），秋收时苗带窄行留高茬（40 cm 左右）。秋收后用条带旋耕机对宽行进行旋耕，达到播种状态，窄行（苗带）留高茬自然腐烂还田。第二年春季，在旋耕过的宽行播种，形成新的窄行苗带，追肥期再在新的宽行中耕深松追肥，即完成了玉米立茬覆盖条带宽幅深松技术模式。

技术模式示意见图 5 - 24。

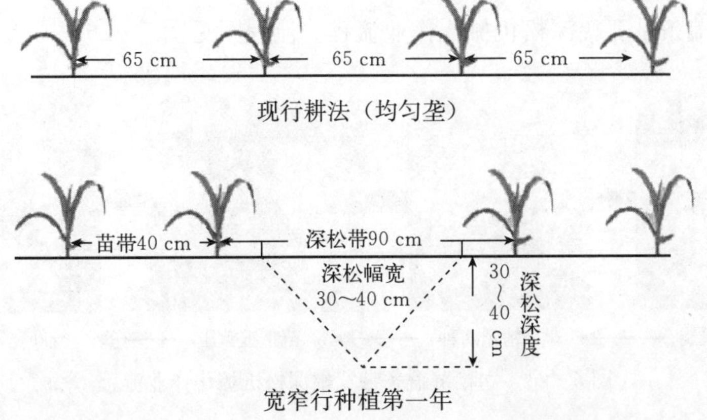

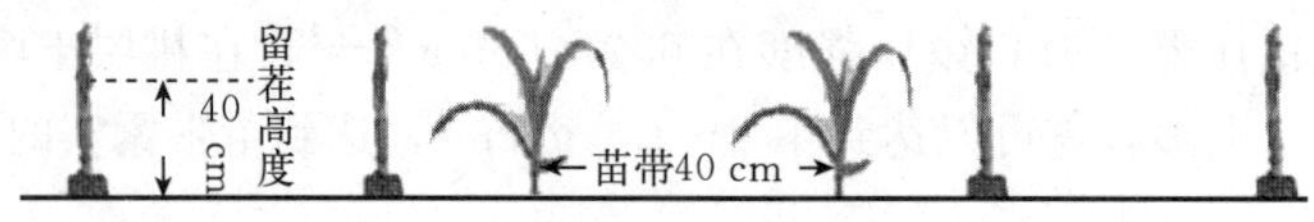

宽窄行种植第二年

图 5-24　立茬覆盖条带宽幅深松技术模式示意

（2）立茬覆盖条带窄幅深松技术模式。在平作条件下采取均匀垄种植（行距 60～65 cm），在追肥期采取窄幅深松追肥机结合追肥进行深松（深松深度 35 cm，幅宽 5～10 cm），秋收时留高茬 40 cm 左右，秋收后不进行其他整地措施。第二年春季直接在上年的行间进行免耕播种，并在上年茬带进行窄幅深松追肥，如此年际间进行苗带轮换完成玉米平作留高茬条带窄幅深松技术模式。

技术模式示意见图 5-25。

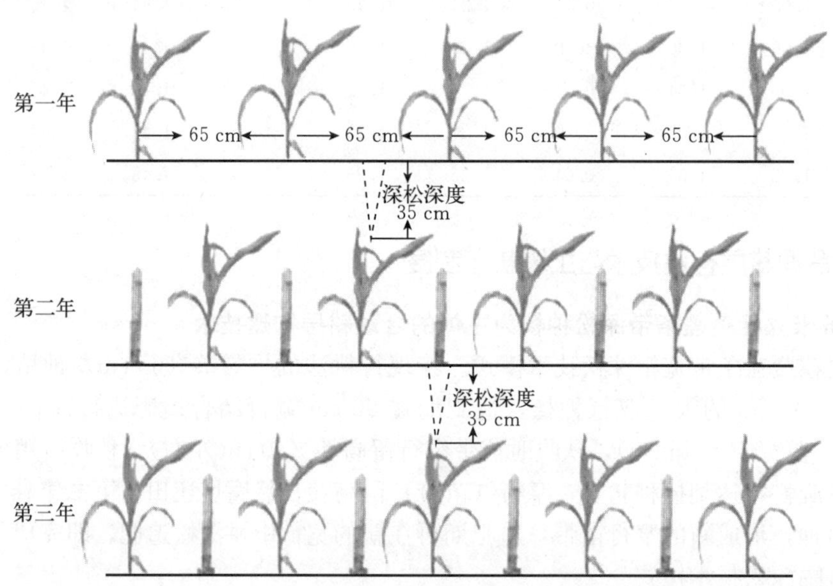

图 5-25　立茬覆盖条带窄幅深松技术模式示意

2. 机械化作业流程

（1）立茬覆盖条带宽幅深松机械化作业流程。流程图见图 5-26。

秋季条带浅旋 ⟶ 春季精密播种 ⟶ 苗带重镇压 ⟶ 行间宽幅深松追肥

图 5-26　立茬覆盖条带宽幅深松机械化作业流程

（2）立茬覆盖条带窄幅深松机械化作业流程。流程图见图 5-27。

图 5-27　立茬覆盖条带窄幅深松机械化作业流程

3. 配套作业机具

为实现玉米立茬覆盖条带深松种植技术，需配套的机具主要为精密机械播种机、条带深松机、苗带重镇压器。

4. 技术效果

（1）留茬深松提高土壤养分。多年有机物料还田条件下，土壤有机质呈上升趋势。长期定位试验研究结果表明（表 5-25），现行耕法与 7 年前相比土壤有机质提高了 6.73 g/kg。

表 5-25　长期定位试验田土壤养分测试结果

项目	有机质（g/kg）	碱解氮（mg/kg）	有效磷（mg/kg）	速效钾（mg/kg）
留茬深松种植前（CK）	23.30	204.15	30.24	115.0
留茬深松种植 7 年	30.30	149.25	32.54	165.1
与 CK 比较	+6.73	−54.90	+2.30	+50.1

（2）留茬深松减轻土壤风蚀。土壤风蚀多发生在春季土壤化冻以后至出苗前，即 3—5 月，因此，安排在春季进行土壤风蚀的测定。测定耕作措施主要是玉米立茬覆盖行间深松种植及翻耙地种植。土壤风蚀测定的点位选择在公主岭市朝阳坡镇大房身村的玉米立茬覆盖种植技术示范区，分别选取同一耕作措施处理下种植面积在 10 hm^2 以上的田块进行。土壤风蚀的测定采取野外观测的方法，在不同耕作措施处理的田块中央各埋置 6 个相同的塑料桶，并在塑料桶上部用橡胶沿边缘封闭部分口径，使出口面积小于桶底面积，桶埋于地下后上口略高于地面2 cm左右。在有大风的天气到田块中收集刮入桶内的土壤，烘干并称重，于 2009 年春季共取样 3 次，测定结果见表 5-26。

表 5-26　土壤风蚀测定结果

日期	留茬深松（g）	灭茬起垄（g）
3 月 20 日	14.3	15.2
4 月 5 日	15.8	17.6
4 月 20 日	11.2	12.3
5 月 5 日	9.7	10.9

由测定结果来看，立茬覆盖可有效降低土壤的风蚀，与翻耙地相比，土壤风蚀量降低达10%～16.7%。

（3）留茬深松控土壤水蚀。土壤水蚀多发生在7—9月，这个时期发生阵性降水时，易形成地表径流，从而造成土壤水蚀。针对这一问题开展土壤水蚀研究，测定处理分别为玉米立茬覆盖行间深松种植与常规灭茬打垄种植，两种处理方式各占地0.2 hm^2。试验田耕地类型为漫岗地，坡度为11.6°，垄向为沿坡方向。土壤水蚀的测定方法如下，在两种处理同一水平线上各埋置3组上口为40 cm×40 cm的方形塑料桶，桶深60 cm，桶上口与地面持平，上部用2 mm×2 mm的铁丝网封闭，于6月27日在宽窄行深松作业后放入田块。在7月24日将桶取出，其间发生强阵性降水3次。塑料桶取出后，准备相同数量的纱布，并测定各纱布的重量，然后将纱布折叠8层，用于将桶中的水过滤掉，桶中土壤沉积在纱布中，晾干后测定纱布及土壤总重，计算出桶中土壤重量。测定结果见表5-27。

表5-27　土壤水蚀测定结果

项目	留茬深松（g）	灭茬打垄（g）
处理1	7.80	10.2
处理2	11.6	13.0
处理3	7.10	9.1
平均值	8.83	10.7

从测定结果来看，立茬覆盖行间深松处理可有效降低耕地的地表径流，从而减少土壤的水蚀量，与常规耕法相比，土壤水蚀量降低17.9%。

（4）留茬深松少耕降低土壤呼吸速率。土壤是陆地生态系统最大的碳库，约占总量的67%。土壤呼吸是土壤有机碳输出的重要环节，向大气提供CO_2，在生物圈和大气圈碳交换中起着关键作用，其作为土壤生物活性、土壤肥力及透气性的指标而受到重视。农田生态系统是大气中CO_2的一个重要的源。农业耕作措施在碳循环中起着极其重要的作用，有研究表明不同耕作措施是影响农田土壤呼吸的重要因素。笔者课题组在公主岭定位试验田采用Li-6400土壤呼吸测定系统测试了翻耕、留茬深松、免耕3种处理的秋季土壤呼吸值。测定结果见表5-28。

表5-28　不同耕作措施土壤呼吸速率测定结果

处理	均值［μmol/（m² · s）］	标准差［μmol/（m² · s）］	标准误［μmol/（m² · s）］	变异系数	中位数［μmol/（m² · s）］
翻耕	1.327 3	0.132 6	0.059 3	0.099 9	1.324 4
留茬深松	0.687 7	0.093 2	0.041 7	0.135 6	0.678 8
免耕	0.820 7	0.140 5	0.062 8	0.171 2	0.725 7

土壤呼吸是指土壤释放CO_2的过程，严格意义上讲是指未扰动土壤中产生CO_2的所有代谢作用，包括3个生物学过程（即土壤微生物呼吸、根系呼吸、土壤动物呼吸）和1个非生物学过程（即含碳矿物质的化学氧化）。本次测定选择在10月末玉米收获后进行，这个时期玉米根系已经衰亡，土壤微生物呼吸及动物呼吸也已经变弱。因此，测定的数值主要反映

非生物学过程的土壤呼吸量，即含碳矿物质的化学氧化量。

通过数据分析结果来看（表 5－29），翻耕处理的土壤呼吸速率极显著高于免耕及留茬深松处理。而免耕与留茬深松处理之间土壤呼吸量差异不显著。这也说明了连年翻耕加剧了土壤碳物质的分解，而少耕和免耕有利于有机质的累积。

表 5－29　不同耕作措施土壤呼吸速率多重比较结果（LSD）

耕作方式	平均值	按 5%显著性分级	按 1%显著性分级
翻耕	1.340	a	A
免耕	0.782	b	B
留茬深松	0.744	b	B

第三节　东北平原黑土区旱地合理耕层构建技术模式

以玉米立茬覆盖条带深松种植技术为核心，重点集成了品种优化技术、高效施肥技术与合理密植技术等栽培技术措施，构建了玉米宽窄行留高茬条带深松少耕技术模式。

一、模式概述

玉米宽窄行留高茬条带深松少耕技术主要针对传统的灭茬打垄耕作技术存在的耕整地次数多、土壤扰动频繁、缺乏有机物料还田等导致的土壤结构恶化、肥力下降等问题，将现行耕法的均匀垄（65 cm）种植，改成宽行 90 cm、窄行 40 cm 种植，玉米拔节前（一般为 6 月中旬）在 90 cm 宽行结合追肥进行深松，秋收时苗带窄行留高茬（40 cm 左右）。秋收后用条带旋耕机对宽行进行旋耕，达到播种状态，窄行（苗带）留高茬自然腐烂还田。第二年春季，在旋耕过的宽行播种形成新的窄行苗带，追肥期在新的宽行中耕深松追肥，即完成了隔年深松、苗带轮换、交替休闲的宽窄行耕种。

二、技术要点

1. 留高茬自然腐烂还田

收割玉米秸秆时留高茬（40 cm 左右）自然腐烂还田，还田秸秆量占秸秆总量的 30%以上，并保留根茬不动，至翌年经风吹、日晒、雨淋、冻融而自然腐烂还田，具有增加土壤有机质、培肥地力、减轻土壤风蚀的作用。

2. 秋季宽行旋耕整地

留高茬后，用条带旋耕机在宽行旋耕整地，平整种床以达到播种标准。春季不整地直接播种，有利于保墒、保苗。

3. 品种选用及种子处理

根据当地的自然条件，因地制宜地选用国家审定和省级审定通过的优质、高产、抗逆性强的优良品种，水肥条件好的地块以耐密和半耐密型品种为主。播种前对种子进行试芽、晒种、包衣等处理。

4. 播种

当土壤 0～10 cm 处地温稳定通过 8 ℃时，采用 2BJ 系列精密播种机、2BD－2 精密播种机，在前一年旋耕过的宽行进行精密播种，播深 3～4 cm，做到播种深浅一致、覆土均匀，播后采用 1YM 镇压器镇压，采用免耕播种机播种则不必镇压。播种密度较常规耕作适当增加，一般保苗密度为 6.0 万～6.5 万株/hm^2。

5. 施肥

一般农田施优质农家肥 25～30 m^3/hm^2，220～260 kg/hm^2 N，80～120 kg/hm^2 P_2O_5，60～100 kg/hm^2 K_2O，1/4 的氮肥和全部磷肥以及全部钾肥做基肥一次性施入，3/4 的氮肥在玉米拔节前，采用条带中耕深松追肥机在宽行追施。

6. 茬带宽幅深松

玉米拔节前（一般为 6 月中旬），在茬带（90 cm 宽行）进行宽幅深松，深松宽度为 30～40 cm，深度为 30～40 cm。此时已经进入雨季或开始进入雨季，深松可接纳和储存更多降水，形成土壤水库。从而做到伏雨秋用和来年春用，提高自然降水利用效率。

三、适宜区域及应用效果

本技术适宜于东北地区地势平坦或坡度较小的连片土地、雨养农区推广应用，丘陵山地不宜采用该项技术。

应用玉米宽窄行留高茬条带深松少耕技术与传统灭茬打垄技术的玉米年度间产量波动较大，但通过对比分析（图 5－28），深松少耕处理的玉米产量明显高于灭茬打垄，通过对吉林省公主岭市范家屯镇的长期定位试验，结果表明玉米宽窄行留高茬条带深松少耕技术较传统灭茬打垄技术增产 5%以上。

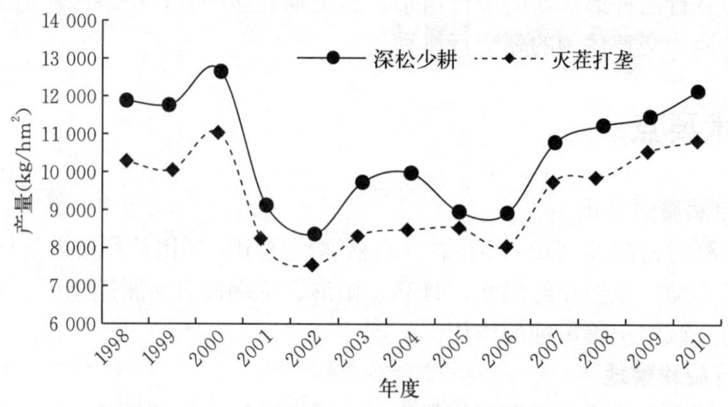

图 5－28　不同耕作技术下玉米产量多年变化结果

第六章

东北平原草甸土区旱地合理耕层构建理论与技术

东北平原草甸土一般分布在冲积平原，泛滥地、低阶地中的低洼地，属非地带性土壤。其特点为地下水及地表水汇集，土壤溶液中所含的矿质养分丰富；土壤质地比较黏重，地势平坦，潜水位高，排水不畅，土壤水分较多，俗称“二洼地”。草甸土是黑土地重要组成部分，共同承担着粮食“稳压器”的作用。长期以来，由于人们重用轻养、掠夺式经营，加之不合理的耕作制度造成草甸土严重退化，土壤接纳降水能力降低，保水保肥能力差，抗逆性减弱、肥力难以发挥，作物高产稳产能力差。针对草甸土退化机理及土壤耕层障碍问题，通过明确合理耕层评价指标，有针对性地建立草甸土合理耕层构建技术指标与模式、集成相关配套技术，从根本上解决草甸土雨养旱地耕层关键障碍问题，保障黑土地资源的可持续利用。

第一节　东北平原草甸土区旱地合理耕层评价

一、区域概况、关键障碍与科学问题

（一）区域概况

1. 草甸土的分布及成土特点

东北平原草甸土主要分布在东北三江平原、松嫩平原、辽河平原及其河沿地区，从暖温带到寒温带，从山地针叶林带到黑钙土、栗钙土带均有分布。草甸土面积约占全部土壤面积的6%。在耕地利用上，辽宁省耕种草甸土占全部草甸土面积的84%，吉林省为41%，黑龙江省为24%。

草甸土分布地形多为冲积平原、泛滥地和低阶地中的低洼地，排水不畅，土壤水分较多。成土母质大多由分水岭和高地上的地表土经过土壤侵蚀过程被搬运，并在低平地堆积（图6-1）。自然植被生长茂盛，遗留在土壤中的有机质较为丰富。气候条件为北部及东部

图6-1　草甸土的剖面特征

寒冷潮湿，累积的腐殖质比西部和南部干燥温暖地区要多得多，因此，草甸土腐殖质及养分含量均较高，微生物数量较多，生物过程强烈，在本区农业生产上具有重要意义。

2. 种植制度

种植制度是指一个地区或生产单位的作物组成、配置、熟制与种植方式的综合。其与当地农业资源和生产条件相适应，与养殖业和加工业生产相联系，是耕作制度的主体、农业生产的核心。种植制度的形成、发展与变革，受农业气候资源、生产技术以及社会经济的制约，其中气候条件的影响最为明显，而气候条件中又以温度影响最为显著。

草甸土一般地处温带半湿润气候区，具有四季分明、冬季漫长及雨热同季的气候特点。年均温−4～10 ℃，年降水量 300～1 000 mm，夏季降水量约占全年总量的 80%，土壤冻结期长达 5～7 个月，冻深 1～2 m。水、热及光照等资源决定了该区只能为一年一熟的作物种植制度。

3. 土壤耕作及耕层理化性状变化

（1）土壤耕作的变迁。土壤耕作方式的形成和演变与本区的自然资源特点及不同时期的经济、社会发展现状相适应。自新中国成立以来，随着农业机械化水平不断提升，黑土地土壤耕作的动力经历了人力和畜力为主—畜力与机械相结合—机械化为主这 3 个主要历史阶段。由于不同阶段的机械化程度存很大差异，加之市场对农产品需求的变化，作物的种植制度和耕作模式发生了巨大变化，土壤肥力水平也相应发生较大改变。

同时，近些年来，由于气候变化特点为增暖明显、降水量减少、干旱显著增加，加之地下水过度开采等缘故，东北草甸土含水量明显降低，有些地方已经处于严重的缺水状态，对土壤肥力状况也有较大影响，这也对有利于蓄水保墒的土壤耕作提出了新要求。

（2）耕层物理性质变化。土壤物理性质是土壤结构参数，反映了土壤系统的相互协调状态，也是肥沃土壤的重要标志。表 6－1 为吉林省草甸土物理性质的统计资料。可以看出，草甸土的耕层厚度为 12～40 cm，平均值为 20.59 cm。土壤容重 1.11～1.53 g/cm^3，平均值为 1.35 g/cm^3。孔隙度为 42.12%～58.17%，平均值为 49.16%。沙粒含量为 10.02%～33.91%，平均值为 23.12%；粉粒含量为 32.02%～69.92%，平均值为 49.49%；黏粒含量为 9.42%～38.27%，平均值为 27.39%。耕层厚度和机械组成的各粒径变异性较大；土壤容重和孔隙度变异性相对较小。与 1982 年吉林省第二次全国土壤普查资料相比较，沙粒含量下降明显，降幅约为 55.87%；粉粒含量上升明显，升幅为 58.25%；黏粒含量略有降低，降幅为 0.1 个百分点。说明由于耕作制度的变化，草甸土颗粒向小粒级方向变化，土壤颗粒变小，使得土粒紧密，将导致土壤结构变差。

表 6－1 草甸土耕层土壤物理性质状况（$n=27$）

项目	耕层厚度（cm）	容重（g/cm^3）	孔隙度（%）	机械组成（%）		
				沙粒	粉粒	黏粒
最低值	12.00	1.11	42.12	10.02	32.02	9.42
最高值	40.00	1.53	58.17	33.91	69.92	38.27
平均值	20.59	1.35	49.16	23.12	49.49	27.39

（续）

项目	耕层厚度（cm）	容重（g/cm³）	孔隙度（%）	机械组成（%）		
				沙粒	粉粒	黏粒
标准差	8.01	0.11	4.37	6.16	9.37	8.40
变异系数	38.90	8.45	8.89	26.64	18.93	30.69

（3）耕层化学性质变化。土壤化学性质是土壤的功能参数，反映了土壤养分的供应状况，是保肥供肥特性的集中体现。表 6－2 为吉林省草甸土化学性质的统计资料。可以看出，草甸土的有机质含量变幅为 12.20～31.90 g/kg，平均值为 22.59 g/kg。全氮含量为 0.38～1.56 g/kg，平均值 0.95 g/kg。全磷含量为 0.25～0.86 g/kg，平均值为 0.51 g/kg。全钾含量为 19.29～32.41 g/kg，平均值为 26.38 g/kg。碱解氮为 39.85～140.35 mg/kg，平均值为 94.97 mg/kg。有效磷为 5.75～37.72 mg/kg，平均值为 20.94 mg/kg。速效钾为 78.47～170.20 mg/kg，平均值为 122.57 mg/kg。与 1982 年吉林省第二次全国土壤普查资料相比较，耕层有机质含量提高了 0.99 g/kg，全氮含量提高了 0.83 g/kg，全磷含量提高了 0.44 g/kg，全钾含量升幅较小，仅为 1.76 g/kg；碱解氮、有效磷和速效钾含量分别提升了 5.97 mg/kg、2.94 mg/kg 和 8.57 mg/kg。说明 20 世纪 80 年代开始的根茬还田，以及大型农机具的使用，很多地区实施了秸秆还田，耕层土壤有机质含量是向上升趋势；近些年来复合肥的大量施用，促进了耕层土壤养分的提升。

表 6－2　草甸土耕层土壤化学性质状况（$n=27$）

项目	有机质（g/kg）	pH	CEC（cmol/kg）	全量养分（g/kg）			速效养分（mg/kg）		
				氮	磷	钾	碱解氮	有效磷	速效钾
最低值	12.20	4.98	14.50	0.38	0.25	19.29	39.85	5.75	78.47
最高值	31.90	6.82	29.80	1.56	0.86	32.41	140.35	37.72	170.20
平均值	22.59	5.68	26.07	0.95	0.51	26.38	94.97	20.94	122.57
标准差	4.75	0.58	3.02	0.25	0.18	2.56	26.20	9.42	22.65
变异系数	21.04	10.20	11.59	26.87	35.40	9.71	27.59	44.98	18.48

此外，草甸土耕层土壤的 pH 变幅为 4.98～6.82，平均值为 5.68，与吉林省第二次土壤普查中 pH 变幅为 6.75～8.12 相比较，土壤具有酸化趋势；阳离子交换量（CEC）变幅为 14.50～29.80 cmol/kg，平均值为 26.07 cmol/kg，仍属高保肥性能土壤。

（二）关键障碍

由于区域经济发展水平的差异，特别是草甸土的大部分地区生产水平还很落后，还处在畜力与机械并重的土壤耕作模式时期，所用农机也以小马力为主，耕作动力还很有限，无法进行秋翻作业。加之以化肥为主，很少或根本不施用有机肥，长期在质地黏重土壤上，使得耕层构造发生了根本性变化。

在调查研究的基础上，绘制了如图 6-2 所示的土壤剖面构型图。

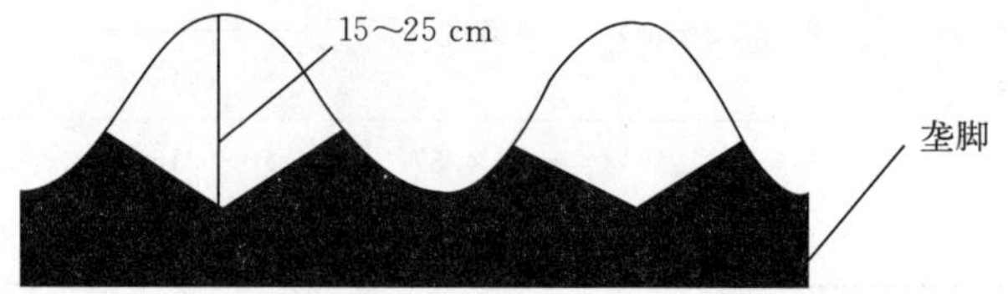

图 6-2 玉米连作及多年不秋翻条件下的波浪形剖面构型

可以看出，这些土壤剖面的耕层与犁底层的交界面为波浪形（称为波浪形剖面构型）。其主要特征如下。

① 耕层与犁底层的交界面为波浪形，界线明显，耕层厚度较薄，最深处一般仅为 15～20 cm。

② 按图 6-1 中的耕层界线，经田间现场挖土测量，耕层的土壤量平均约为 1 125 t/hm^2，约为平面形剖面的一半。

③ 耕层土壤疏松，硬度一般<5 kg/cm^2，玉米根系绝大部分分布在耕层内，土壤结构体多为粒状或团粒状；但垄脚和犁底的土壤紧实、坚硬，硬度一般在 20～40 kg/cm^2，根系很少。

④ 耕层土壤颜色多为黑棕色，犁底层多为暗棕色，有机质从上向下逐渐减少。

⑤ 耕层土壤保墒能力较差，土壤含水量普遍较低，松散干燥。

⑥ 玉米产量变幅较大，低者约 5 500 kg/hm^2，高者可达 9 500 kg/hm^2，多维持在 8 000 kg/hm^2 左右，达到 10 000 kg/hm^2 的地块相对较少。

凡以小四轮拖拉机为主要动力进行耕作的玉米田几乎均为此种剖面。由于小型拖拉机功率小，不能进行秋翻；灭茬时旋耕深度浅，作业幅度窄，仅限于垄台，难以涉及垄帮底处；整地、播种、施肥及耥地等田间作业也很少能触动垄帮底处，长此下去，就形成了如图 6-2 所示的波浪形犁底层剖面构型。因此，波浪形剖面构型是黑土地（包括草甸土）以小四轮拖拉机为主要动力耕作的产物。

草甸土的波浪形剖面结构，导致土壤的保水、保肥能力降低，土壤和作物的抗逆性减弱；作物苗期烧苗、后期脱肥现象发生频繁；作物旺长时期，降水频度和降水量较小时，易出现干旱现象，而短期内降水频度和降水量较大时，因土壤接纳降水能力较弱，易产生垄沟径流，造成水分和养分流失，使雨水和肥料的利用率降低，进而影响作物产量，增加粮食生产成本，降低农民种粮的收入；此外，由于耕层变浅，使玉米秸秆还田受到很大限制，玉米秸秆大量焚烧，不仅污染环境，还造成了资源的严重浪费。以小四轮拖拉机为主要动力的耕作制度已成为制约吉林省中部农村粮食产量进一步提高及资源利用效率提高的重要因素之一。

（三）科学问题

针对生产中的关键障碍问题，如何通过耕作培肥等技术措施，以解决波浪形土壤剖面中耕层浅薄、有效土壤量少、结构劣化、蓄水保肥能力弱，垄脚处有机质含量较低，犁底层坚硬、通透性差、土体抗逆性不强等瓶颈为目标，以减少田间作业环节、有效利用秸秆、低碳节能、减少秸秆碳排放为原则，通过整地、施肥、播种、田间管理及收获等不同环节的技术研发和技术集成，构建适应吉林玉米带现行农机保有体制和发展趋势、适应不同土壤区域及玉米种植模式的合理耕层指标体系，并创建配套集成技术体系，对于发挥东北玉米主产区的资源优势，建立科学的玉米耕作、施肥制度，保障土壤资源的可持续利用以及国家粮食安全生产均具有重要意义，同时也是农业技术人员需要攻关的具体任务。

深耕作为增产的重要措施，是打破波浪形土壤剖面、建立合理耕层结构的有效技术手段。深耕不能单纯从土壤耕深着眼，还要做好施肥、保墒等各种有关的技术措施。但是，由于区域经济发展的不平衡性，多数地区缺少大型农机具，深翻土壤还无法实现，因此，该项技术适用于经济条件较好、降水相对充足地区。

对于经济相对落后，降水较少的地区，特别是近些年来，东北地区春旱严重，导致了播种和出苗困难等问题。通过种植方式的变革，利用秸秆覆盖保墒增加土壤水分，通过小型农机作业进行行间深松，打破波浪形土壤剖面构型。既可以实现农业废弃物的利用，又可以省工、省时、节约燃料动力，还可以建立相对合理的耕层构造，这将是对农业生产具有重要贡献的技术措施。

综上，根据区域经济发展水平，针对不同区域气候特点，集成并创新广大农民和农业新型主体主动推广的农业生产技术，同时解决生产中土壤的关键障碍问题，促进作物高产稳产，增强土壤的抗逆能力，是应该解决的关键科学问题。

二、合理耕层特征

（一）作物与耕层结构及功能关系

1. 作物产量与土壤物理性质的关系

土壤肥力是土壤的本质属性，是土壤物理、化学、生物等性质的综合反映，是土壤中水、肥、气、热等因素综合协调供应植物生长发育需要的能力。土壤肥力诸因素的相互协调主要取决于耕层土壤的量（厚度）和质（肥沃程度）及良好的土体构造。要使作物生长良好，除肥力因素适宜外，土壤系统内其他因素必须处于相互协调状态，其中，土壤物理性质起决定性作用，也是肥沃土壤的重要标志。

回归分析表明，玉米产量与表土层、犁底层和心土层的土壤容重相关性不显著（如图 6－3a、c、d 所示），而与稳定层的土壤容重具有极显著相关关系（如图 6－3b 所示）。相关方程为二次曲线的抛物线形式，当稳定层的土壤容重为 1.30 g/cm^3 左右时，玉米产量达到最大值。这也与朴海淑（2016）的研究相一致，即当土壤容重为 1.20～1.30 g/cm^3 时，更适宜于玉米苗期土壤微生物生长繁殖。

玉米产量与土壤孔隙度的相关性（图 6－4），同与土壤容重的相关性具有相同的变化规律，也是在稳定层中具有极显著相关性，这与土壤孔隙度是由土壤容重计算而来的有关。

玉米产量与稳定层的田间持水量达到极显著相关关系（图 6－5b），相关系数为

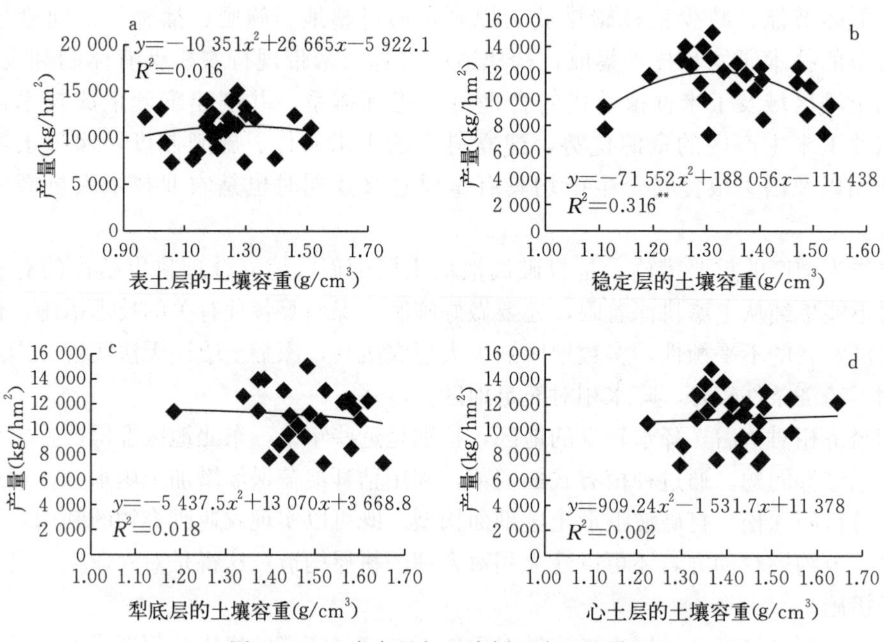

图 6-3　玉米产量与土壤剖面容重的关系

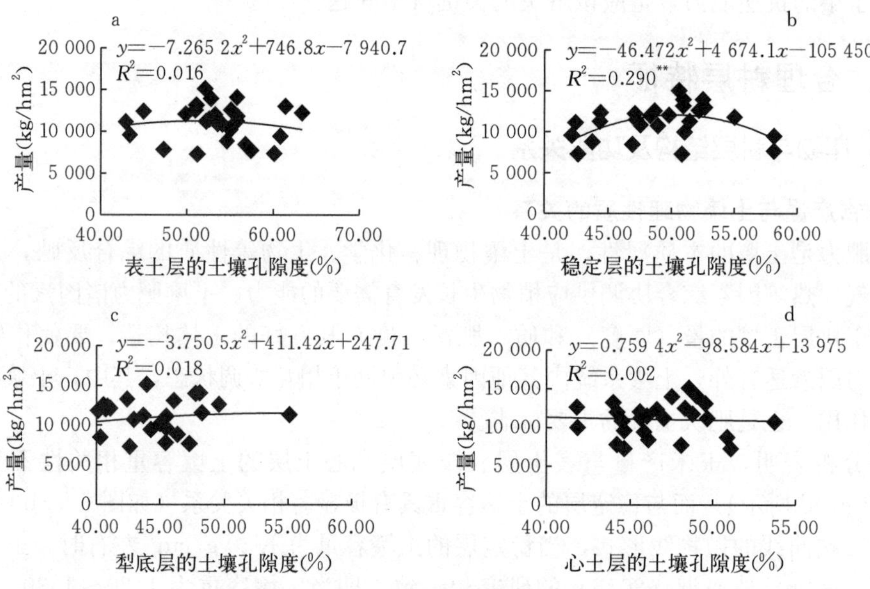

图 6-4　玉米产量与土壤剖面孔隙度的关系

0.575^{**}，与其他层次的相关关系不显著（图 6-5a、c、d）。

玉米产量与耕层厚度也达到了极显著相关水平（图 6-6），与犁底层厚度的相关性不显著（图 6-7）。各层次的>0.25 mm 水稳性团聚体含量，在草甸土中与产量的相关性皆不显著，因此，可将上述物理性质的优劣作为衡量草甸土耕层构造的特征指标。

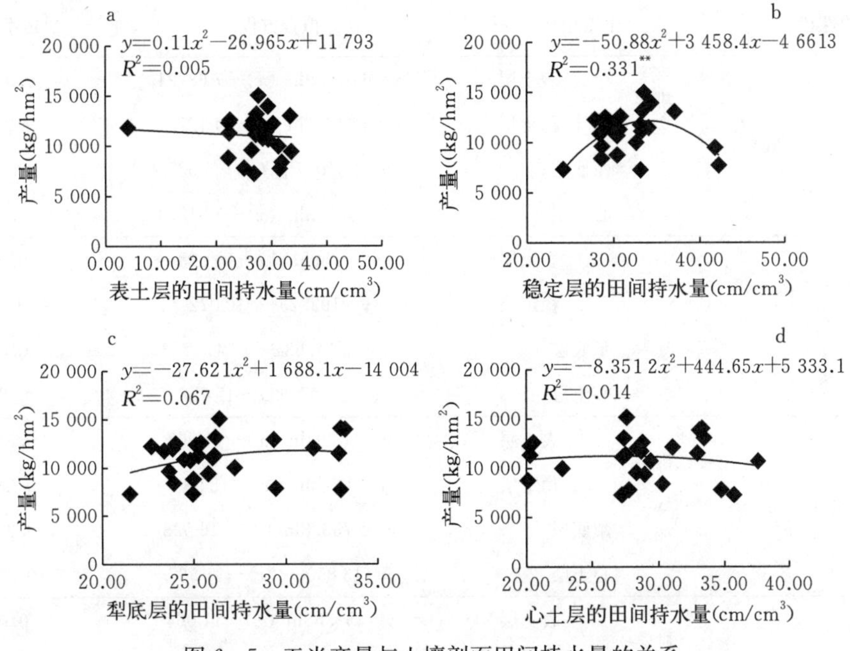

图 6-5 玉米产量与土壤剖面田间持水量的关系

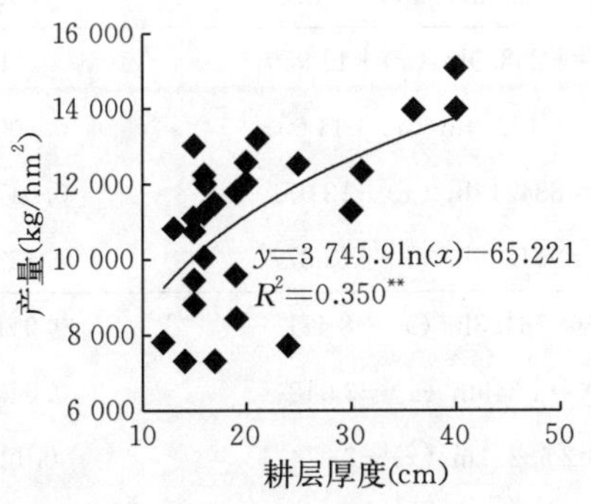

图 6-6 玉米产量与耕层厚度的关系

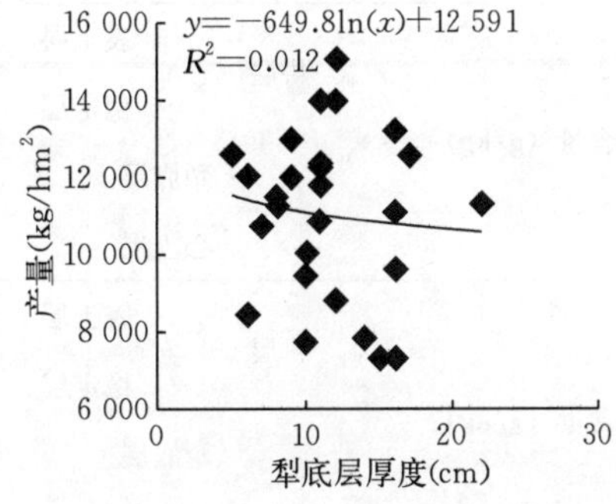

图 6-7 玉米产量与犁底层厚度的关系

2. 作物产量与土壤化学性质的关系

从表 6-3 可以看出，玉米产量与各土层中阳离子交换量的相关性均达到了极显著水平，说明土壤的保肥性对产量具有重要意义。耕层（表土层和稳定层）土壤有机质和碱解氮含量与产量的相关性均达到了极显著水平，其他层次相关性均不显著，说明了土壤耕层的培肥对玉米产量的重要性。其他化学指标与玉米产量之间的相关性均未达到显著水平，这只能说明，经过多年的土壤培肥，其他化学性质对玉米的产量已不再是限制因素。因此，可将土壤有机质含量、碱解氮含量和阳离子交换量等化学性质作为衡量草甸土耕层构造的特征指标。

表 6-3 作产量与土壤化学性质的关系

土壤性状	土壤层次		拟合方程	决定系数（R^2）
有机质含量（g/kg）	耕层	表土层	$y=6\,046.9\ln(x)-7\,687.1$	0.365 8**
		稳定层	$y=4\,942.1\ln(x)-4\,127.1$	0.291 7**
	犁底层		$y=1\,950.7\ln(x)+5\,537$	0.085 4
	心土层		$y=1\,300.3\ln(x)+7\,818.4$	0.070 9
pH	耕层	表土层	$y=-595.51x+14\,628$	0.032 2
		稳定层	$y=192.23x+10\,072$	0.002 9
	犁底层		$y=514.63x+7\,747.2$	0.023 8
	心土层		$y=-707.63x+15\,728$	0.023 2
阳离子交换量（cmol/kg）	耕层	表土层	$y=11\,004\ln(x)-24\,963$	0.545 4**
		稳定层	$y=9\,273\ln(x)-18\,996$	0.380 1**
	犁底层		$y=8\,733.8\ln(x)-16\,523$	0.365 7**
	心土层		$y=13\,850\ln(x)-31\,567$	0.367 9**
全氮含量（g/kg）	耕层	表土层	$y=751.68\ln(x)+11\,064$	0.016 9
		稳定层	$y=384.07\ln(x)+11\,201$	0.003 1
	犁底层		$y=129.75\ln(x)+11\,105$	0.001 7
	心土层		$y=-206\ln(x)+10\,875$	0.002 8
全磷含量（g/kg）	耕层	表土层	$y=1\,258.9\ln(x)+11\,950$	0.112
		稳定层	$y=-152.4\ln(x)+11\,052$	0.000 6
	犁底层		$y=834.12\ln(x)+12\,071$	0.047 8
	心土层		$y=941.05\ln(x)+12\,377$	0.122 6
全钾含量（g/kg）	耕层	表土层	$y=784.8\ln(x)+8\,471$	0.001 1
		稳定层	$y=4\,349\ln(x)-3\,048$	0.043 7
	犁底层		$y=2\,582.1\ln(x)+2\,974.1$	0.141
	心土层		$y=1\,628.9\ln(x)+6\,142.9$	0.069
碱解氮含量（mg/kg）	耕层	表土层	$y=5\,546.9\ln(x)-14\,936$	0.306 5**
		稳定层	$y=4\,442.2\ln(x)-8\,891.2$	0.384 3**
	犁底层		$y=-981.7\ln(x)+15\,100$	0.014 3
	心土层		$y=776.57\ln(x)+7\,989.7$	0.015 3
有效磷含量（mg/kg）	耕层	表土层	$y=584.12\ln(x)+9\,078.1$	0.003 8
		稳定层	$y=-49.65\ln(x)+11\,309$	0.000 2
	犁底层		$y=37.193\ln(x)+10\,938$	0.000 1
	心土层		$y=249.23\ln(x)+10\,395$	0.004 8

（续）

土壤性状	土壤层次		拟合方程	决定系数（R^2）
速效钾含量（mg/kg）	耕层	表土层	$y=2\,829.8\ln(x)-3\,426.3$	0.095 3
		稳定层	$y=1\,694.7\ln(x)+3\,045$	0.025 4
	犁底层		$y=696.23\ln(x)+7\,782.6$	0.007 5
	心土层		$y=929.13\ln(x)+6\,657.5$	0.033 8

注：*表示 $P<0.05$；**表示 $P<0.01$。

（二）合理耕层评价

因子分析能够判别、归类各采样点的高、中、低肥力状况，并能够从方差累计贡献率上提供提取重要因子的方法和数量；土壤肥力因素数值化综合评价分析法能够反映实际生产情况，判别单项肥力因素的权重，结合因子分析中提取重要因子的指标，可以确定合理耕层构造的指标选取的数量。

1. 因子分析基本原理

因子分析是指研究从变量群中提取共性因子的统计技术，是主成分分析的拓展。因子分析是通过研究数据相关矩阵的内部依赖关系，把具有错综复杂关系的多个变量（或样品）综合为少数几个反映共性的因子，并给出原始变量与综合因子之间相互关系的一种多元统计分析方法。因子分析的主要作用在于：一是寻求数据基本结构；二是数据简化，进行分类处理。其基本步骤可归纳如下。

（1）根据研究问题选取可观测的分析变量。

（2）根据分析问题的需要，确定从协差阵出发分析还是从相关阵出发分析。

（3）计算协差阵或相关阵。

（4）计算由协差阵或相关阵出发的特征值以及特征向量。

（5）确定公共因子数 m，并计算因子载荷矩阵。

（6）因子旋转。

（7）计算因子得分。

（8）基于因子得分的进一步统计分析和应用。

2. 土壤肥力因素数值化综合评价分析法的基本原理

（1）原始数据用模标准化处理

$$Q_i=\sqrt{\sum_{i=1}^{m}X_{ij}^2}$$

用模标准化后将每一列数据除以本列的模（Q_i）而求得新数据

$$X'_{ij}=\frac{X_{ij}}{Q_I}=\frac{X_{ij}}{\sqrt{\sum_{i=1}^{m}X_{ij}^2}}$$

标准化后的样本点与坐标原点构成的向量，其长度恒为 1。

（2）求出各变量的最佳经验值与实测值之差（经用模标准化）

$$\Delta X'_{ij}=A_i-X'_{ij}$$

式中，A_i 为各变量最佳经验值。

经变换求得实测变量与最佳经验值之距离，公式为

$$S_{ij}=1-\Delta X'_{ij}=1-(A_i-X'_{ij})$$

（3）求经用模标准化后新数据的单相关系数

$$r_{hi}=\frac{\sum_{j=1}^{N}(X_{hj}-\overline{X}_h)(X_{ij}-\overline{X}_i)}{\sqrt{\sum_{j=1}^{N}(X_{hj}-X_h)^2\cdot\sum_{j=1}^{N}(X_{ij}-\overline{X}_i)^2}}=\frac{SS_{hi}}{\sqrt{SS_{hh}\cdot SS_{ii}}}$$

式中，当 $h=i$ 时，是属性 h 的自相关系数，取值为1；$h\neq i$ 时，是 h 与 i 两行数据的相关系数，取值在0与1之间，显然，它正是离差标准化后 h 与 i 的内积。

（4）求样本各变量（肥力指标）在表征土壤肥力水平中的贡献值

$$D_i=\frac{\sqrt{\sum_{i=1}^{n}r_{hi}^2}}{\sum_{j=1}^{m}\sqrt{\sum_{i=1}^{n}r_{hi}^2}}\times 100$$

式中，i——变量数，$i=1$，2，3，…，n；

j——样本数，$j=1$，2，3，…，m。

（5）求样本各变量（肥力指标）的综合系数

$$K_i=\frac{D_i}{A_i}$$

（6）求出各变量（肥力指标）在表征土壤肥力水平的综合贡献

$$n_i=K_iS_{ij}$$

（7）求出土壤肥力综合指标的总分数值

$$N=\sum_{i=1}^{n}n_i$$

式中，i——变量总数，$i=1$，2，3，…，n；

N——土壤肥力综合指标的总分数值。

由各单项肥力指标在表征土壤样本肥力水平的综合贡献，求出土壤肥力综合指标的总分数，这一总得分能反映某土壤样本的整体肥力水平。各单项肥力指标贡献率即为 K_i 所占 $\sum K_i$ 的百分率。

3. 评价指标确定依据的实践检验

利用2016—2017年度采样分析数据库结果（表6-4），并结合生产实际，以便发现其中的问题所在。本次计算去除间接计算的各项指标，如土壤孔隙度，为通过土壤容重计算得到的数据，没有考虑其中，即所用指标均为实际测量得到的观察值。

表 6-4　土壤剖面稳定层数据指标

编号	样点行政区域	耕层厚度 (cm)	土壤容重 (g/cm³)	田间持水量 (cm³/cm³)	>0.25 mm 团聚体含量 (%)	有机质 (g/kg)	pH	阳离子交换量 (cmol/kg)	全氮 (g/kg)	全磷 (g/kg)	全钾 (g/kg)	碱解氮 (mg/kg)	有效磷 (mg/kg)	速效钾 (mg/kg)
01	四棵树乡王家桥村四队	36	1.30	34.10	44.35	25.86	5.49	29.4	0.51	0.84	26.74	100.65	26.72	129.32
02	四棵树乡三棵树村四队	21	1.26	37.10	48.52	26.52	6.71	29.8	1.13	0.38	26.62	79.19	28.02	144.28
03	梨树乡八里庙村芦伟合作社	21	1.30	33.29	52.08	26.87	5.36	26.3	0.75	0.38	28.65	108.32	29.24	122.34
04	梨树乡八里庙村芦伟合作社	20	1.33	28.83	63.41	24.02	5.09	26.4	0.81	0.51	29.27	103.21	31.12	149.26
05	郭家店镇西青岭霸王庄七队	18	1.40	27.92	50.58	31.17	5.65	27.4	1.11	0.86	23.80	134.89	20.08	170.2
06	高家乡	31	1.47	30.57	55.83	28.75	6.7	26.6	0.75	0.30	25.71	87.88	25.42	124.34
07	四棵树乡王家桥村四队	15	1.35	30.40	44.77	20.42	5.53	27.4	0.38	0.46	26.24	89.41	26.78	78.47
08	四棵树乡三棵树村三队	16	1.37	29.66	50.65	21.26	5.66	26.8	1.10	0.37	26.51	88.39	29.98	81.46
09	四棵树乡七家村六队	16	1.30	32.62	42.27	23.73	5.19	28.0	0.76	0.54	25.87	87.88	37.72	98.41
10	四棵树乡七家村六队	19	1.19	33.05	47.9	20.54	5.56	25.8	0.83	0.57	27.71	90.43	27.42	114.365
11	梨树乡八里庙村芦伟合作社	16	1.29	29.81	57.5	18.63	5.07	23.1	0.82	0.42	25.33	80.22	31.15	126.33
12	郭家店镇西青岭霸王庄七队	14	1.39	28.48	47.52	25.1	5.89	26.6	0.92	0.57	24.42	106.27	20.55	103.4
13	四棵树乡王家桥村四队	24	1.11	42.19	43.03	13.46	5.52	24.5	1.18	0.41	26.78	64.38	26.26	95.42
14	四棵树乡三棵树村三队	19	1.41	28.66	39.75	22.66	5.05	23.7	1.08	0.68	30.41	97.08	28.17	88.44
15	四棵树乡三棵树村四队	19	1.52	24.25	52.37	20.1	6.3	22.6	0.84	0.68	27.07	100.65	24.47	149.26
16	梨树乡八里庙村芦伟合作社	15	1.11	41.70	50.52	18.92	5.39	25.8	1.18	0.41	24.53	99.12	20.78	149.26
17	郭家店镇西青岭霸王庄七队	14	1.30	33.11	55.75	24.37	5.57	23.0	1.02	0.41	26.90	39.85	16.51	119.35
18	高家乡	24	1.45	29.43	53.33	21.55	6.35	19.4	0.76	0.03	2.26	63.87	33.56	117.36

（1）因子分析。通过SPSS中因子分析的步骤，分析—降维—因子分析，得到相关的结果（表6-5），KMO值仅为0.123，没有大于0.5，但Bartlett的球形度检验值为144.771，自由度为78，达到极显著水平，表明标准化原始变量数值的相关系数矩阵间有共同因素存在，适合进行因子分析。

表6-5　KMO和Bartlett的检验结果

取样足够度的Kaiser-Meyer-Olkin（KMO）度量		0.123
Bartlett的球形度检验	近似卡方	144.771
	df	78
	Sig.	0.000

表6-6为因子分析中各特征根的方差贡献，7个特征值的方差累计贡献率为90.490%，已经大于经验规定的85%，表明可以进行主成分计算。

表6-6　各特征根的方差贡献

成分	初始特征值			提取平方和载入		
	合计	方差贡献（%）	累积贡献（%）	合计	方差贡献（%）	累积贡献（%）
1	2.984	22.954	22.954	2.984	22.954	22.954
2	2.777	21.364	44.317	2.777	21.364	44.317
3	1.874	14.415	58.733	1.874	14.415	58.733
4	1.592	12.245	70.978	1.592	12.245	70.978
5	1.054	8.110	79.088	1.054	8.110	79.088
6	0.763	5.867	84.956	0.763	5.867	84.956
7	0.719	5.534	90.490	0.719	5.534	90.490
8	0.485	3.729	94.219			
9	0.368	2.830	97.049			
10	0.240	1.844	98.893			
11	0.105	0.811	99.703			
12	0.036	0.281	99.984			
13	0.002	0.016	100.000			
14	2.984	22.954	22.954			

因子分析中，因子载荷矩阵用于表明各提取因子与各指标关系，主要用于计算。表6-7是旋转后的因子载荷矩阵，旋转后，土壤容重和持水量与成分1的相关系数较大；土壤碱解氮和全磷含量与成分2的相关系数较大；pH与成分3的相关系数较大；阳离子交换量、全钾和有机质含量与成分4的相关系数较大；>0.25 mm团聚体和速效钾含量与成分5的相关系数较大；土壤有效磷含量与成分6的相关系数较大；耕层厚度和全氮含量与成分7的相关系数较大。

表 6-7　旋转后的因子载荷矩阵

项目	成分 1	成分 2	成分 3	成分 4	成分 5	成分 6	成分 7
耕层厚度	−0.115	0.129	0.301	0.036	−0.012	−0.032	0.878
土壤容重	0.920	0.088	0.298	−0.077	0.032	−0.001	0.085
田间持水量	−0.960	−0.163	0.054	0.084	−0.107	0.048	0.052
>0.25 mm 团聚体含量	0.184	−0.145	0.022	−0.077	0.952	0.002	−0.042
有机质含量	0.385	0.359	0.387	0.563	0.244	0.074	0.093
pH	0.153	−0.150	0.880	0.039	0.070	0.167	0.155
阳离子交换量	−0.212	0.261	0.001	0.896	−0.144	−0.045	0.121
全氮含量	−0.440	0.177	0.234	−0.144	−0.001	0.313	−0.658
全磷含量	0.155	0.680	−0.403	0.251	−0.246	0.396	0.135
全钾含量	−0.097	0.070	−0.559	0.611	−0.078	0.357	−0.071
碱解氮含量	0.234	0.833	−0.111	0.312	0.010	−0.064	−0.033
有效磷含量	0.046	−0.062	−0.090	−0.043	−0.099	−0.923	0.138
速效钾含量	−0.121	0.581	0.211	−0.022	0.691	0.238	0.078

将每个因子载荷向量（表 6-8）除以相应的特征值的平方根，可以写出相应的计算公式（表 6-8），即

$$F1 = -0.067X1 + 0.533X2 - 0.556X3 + 0.107X4 + 0.223X5 + 0.089X6 - 0.123X7 - 0.255X8 + 0.090X9 - 0.056X10 + 0.135X11 + 0.027X12 - 0.070X13$$

其他特征因子方程（F2 至 F7）数据见表 6-8 中方程及对应的 X 系数值，共计得到 7 个计算方程式。

表 6-8　因子特征值方程的 X 系数值

	F1	F2	F3	F4	F5	F6	F7
X1	−0.067	0.077	0.220	0.029	−0.012	−0.037	1.035
X2	0.533	0.053	0.218	−0.061	0.031	−0.001	0.100
X3	−0.556	−0.098	0.039	0.067	−0.104	0.055	0.061
X4	0.107	−0.087	0.016	−0.061	0.927	0.002	−0.050
X5	0.223	0.215	0.283	0.446	0.238	0.085	0.110
X6	0.089	−0.090	0.643	0.031	0.068	0.191	0.183
X7	−0.123	0.157	0.001	0.710	−0.140	−0.052	0.143
X8	−0.255	0.106	0.171	−0.114	−0.001	0.358	−0.776
X9	0.090	0.408	−0.294	0.199	−0.240	0.453	0.159
X10	−0.056	0.042	−0.408	0.484	−0.076	0.409	−0.084

（续）

	F1	F2	F3	F4	F5	F6	F7
X11	0.135	0.500	−0.081	0.247	0.010	−0.073	−0.039
X12	0.027	−0.037	−0.066	−0.034	−0.096	−1.057	0.163
X13	−0.070	0.349	0.154	−0.017	0.673	0.272	0.092

再将原有指标经过标准化后的数值代入公式计算，得到表 6－9 的公共因子单项及综合得分及排名。从各公因子得分及排名上看：

① 采样点四棵树乡王家桥村四队、郭家店镇西青岭霸王庄七队、梨树乡八里庙村芦伟合作社（低产田）和四棵树乡三棵树村四队，土壤的主要障碍问题是土壤容重和田间持水量。

② 有 10 个采样点的土壤碱解氮和全磷含量是主要的障碍问题。

③ 四棵树乡三棵树村三队（样点 8）、四棵树乡王家桥村四队和四棵树乡三棵树村三队（样点 14），3 个采样点主要障碍是 pH 的问题。

④ 高家乡、梨树乡八里庙村芦伟合作社（低产田）和四棵树乡三棵树村四队，采样点土壤的主要障碍问题是阳离子交换量、全钾和有机质含量。

⑤ 采样点四棵树乡三棵树村三队、四棵树乡王家桥村四队和四棵树乡七家村六队，土壤的主要障碍问题是＞0.25 mm 团聚体和速效钾含量。

⑥ 四棵树乡七家村六队、四棵树乡三棵树村三队（样点 8）和四棵树乡三棵树村三队（样点 14），土壤的主要障碍问题是土壤有效磷含量。

⑦ 郭家店镇西青岭霸王庄七队（2 点）和梨树乡八里庙村芦伟合作社（低产田），主要问题是耕层厚度和全氮含量。

从综合因子得分排名看，与实际调查产量相比较，高产田中有 4 个地点肥力综合排名与产量数据基本相符；中产田 3 个、低产田各有 4 个地点肥力综合排名与产量数据相符。

从累计贡献率上看，前 3 个因子已接近 60%，相应的观察值指标为土壤容重、田间持水量、碱解氮含量、全磷含量和 pH。

这也反映了实际生产情况，在目前生产中，只要雨水调和，不论何种的耕层构造，只要化肥用量充足，产量会保持在相对较高水平。

（2）土壤肥力因素数值化综合评价分析法。由表 6－3 数据，经过一系列计算，得到单项肥力指标的贡献率，见表 6－10。从综合排名看，得到的结果与因子分析结果有很大的相似处，土壤容重、田间持水量和全磷含量为前三名。这一结果还是比较符合生产实际的。也从合理耕层构建技术指标的选择上，提供了技术方法的支持。

土壤孔隙度、田间持水量是不同土壤颗粒及其排列后所形成的，反映了土壤的结构状况。在目前的施肥状况下，土壤养分已经不是玉米产量的主要限制因子。因此，合理耕层构建技术应从改善土壤颗粒本身去考虑和实现。综上，因子分析能够判别、归类各采样点的高、中、低肥力状况，并能够从方差累计贡献率上提供提取重要因子的方法和数量；土壤肥力因素数值化综合评价分析法能够反映实际生产情况，判别单项肥力因素的权重，结合因子分析中提取重要因子的数量，可以确定合理耕层构造指标选取的数量。单项肥力因素重要与否的排名，对于确定指标体系来说也只是起到一种参考作用，究竟选取哪些指标作为合理耕

表 6-9　公共因子和综合得分及排名

样点编号	采样地点	公共因子得分情况							综合因子得分	综合因子排名	产量（kg/hm²）	产量排名
		F1	F2	F3	F4	F5	F6	F7				
1	四棵树乡王家桥村四队	−0.052	0.546	0.108	0.366	0.662	0.072	0.297	0.265	4	13 969	1
2	四棵树乡三棵树村四队	−0.074	0.505	0.119	0.335	0.735	0.100	0.225	0.251	9	13 019	3
3	梨树乡八里庙村芦伟合作社	−0.029	0.543	0.079	0.367	0.681	0.053	0.205	0.260	6	13 196.5	2
4	梨树乡八里庙村芦伟合作社	−0.023	0.521	0.086	0.315	0.757	0.075	0.189	0.258	7	12 038.5	6
5	郭家店镇西青岭霸王庄七队	−0.005	0.571	0.099	0.320	0.689	0.125	0.161	0.272	1	12 243.5	5
6	高家乡	−0.036	0.521	0.122	0.354	0.747	0.082	0.277	0.271	2	12 348.5	4
7	四棵树乡王家桥村四队	−0.035	0.530	0.051	0.431	0.627	0.001	0.199	0.251	9	10 739.5	11
8	四棵树乡三棵树村三队	−0.029	0.518	0.056	0.415	0.663	−0.013	0.200	0.251	9	11 997.5	7
9	四棵树乡七家村六队	−0.047	0.527	0.070	0.399	0.638	−0.036	0.214	0.245	14	10 049	12
10	四棵树乡七家村六队	−0.053	0.526	0.078	0.362	0.693	0.061	0.210	0.251	9	11 797	8
11	梨树乡八里庙村芦伟合作社	−0.045	0.495	0.088	0.306	0.771	0.052	0.191	0.245	14	11 253	9
12	郭家店镇西青岭霸王庄七队	−0.012	0.559	0.073	0.392	0.662	0.073	0.166	0.268	3	10 835.5	10
13	四棵树乡王家桥村四队	−0.131	0.471	0.086	0.361	0.680	0.053	0.276	0.222	18	7 727.5	16
14	四棵树乡三棵树村三队	−0.025	0.550	0.049	0.418	0.603	0.019	0.211	0.256	8	8 435	14
15	四棵树乡三棵树村四队	−0.020	0.534	0.093	0.299	0.737	0.110	0.185	0.261	5	7 331.5	17
16	梨树乡八里庙村芦伟合作社	−0.075	0.521	0.094	0.305	0.716	0.128	0.166	0.243	16	9 449.5	13
17	郭家店镇西青岭霸王庄七队	−0.092	0.425	0.128	0.312	0.854	0.180	0.200	0.240	17	7 311	18
18	高家乡	−0.048	0.472	0.178	0.235	0.806	−0.027	0.279	0.247	13	7 819	15

表 6-10　2017 年土壤肥力因素数值化综合评价计算结果

样点编号	采样地点	耕层厚度 (cm)	土壤容重 (g/cm³)	田间持水量 (cm³/cm³)	>0.25 mm 团聚体含量 (%)	有机质 (g/kg)	pH	阳离子交换量 (cmol/kg)	全氮 (g/kg)	全磷 (g/kg)	全钾 (g/kg)	碱解氮 (mg/kg)	有效磷 (mg/kg)	速效钾 (mg/kg)	得分	排名
1	四棵树乡王家桥村四队	20.63	38.20	36.24	26.33	31.22	28.10	29.24	24.19	28.72	29.60	30.59	25.00	28.00	5.48	16
2	四棵树乡三棵树村四队	24.94	37.92	35.44	26.85	31.01	27.10	29.13	25.09	32.38	29.64	30.56	24.79	27.18	5.57	9
3	梨树乡八里庙村芦伟合作社	24.94	38.24	36.46	26.78	30.89	27.95	30.10	25.86	32.38	29.08	29.97	24.53	28.38	5.62	2
4	梨树乡八里庙村芦伟合作社	25.23	38.34	35.98	25.35	31.82	27.64	30.07	26.27	33.75	28.91	30.38	24.13	26.90	5.61	3
5	郭家店镇西青岭霸王庄七队	24.72	37.88	35.73	26.97	29.50	28.29	29.79	25.23	28.41	29.61	27.84	23.57	25.76	5.44	17
6	高家乡	22.07	37.39	36.45	26.31	30.28	27.11	30.01	25.86	31.16	29.89	31.25	24.72	28.27	5.55	11
7	四棵树乡王家桥村四队	23.86	38.21	36.40	26.38	31.31	28.15	29.79	23.29	33.60	29.74	31.38	25.02	26.22	5.59	8
8	四棵树乡三棵树村三队	24.14	38.08	36.20	26.96	31.59	28.30	29.96	25.30	32.23	29.67	31.30	24.37	26.39	5.60	5
9	四棵树乡七家村六队	24.14	38.20	36.64	26.06	31.91	27.75	29.63	25.92	33.30	29.84	31.25	22.70	27.32	5.60	5
10	四棵树乡七家村六队	25.01	37.50	36.52	26.78	31.35	28.19	30.23	26.41	32.84	29.34	31.41	24.92	28.19	5.67	1
11	梨树乡八里庙村芦伟合作社	24.14	38.14	36.24	26.09	30.73	27.61	29.54	26.34	32.99	29.99	30.64	24.12	28.16	5.61	3
12	郭家店镇西青岭霸王庄七队	23.57	37.94	35.89	26.73	31.47	28.06	30.01	26.55	32.84	29.77	30.13	23.67	27.59	5.60	5
13	四棵树乡王家桥村四队	24.08	36.93	34.07	26.16	29.05	28.14	29.93	24.75	32.84	29.59	29.37	24.90	27.15	5.50	15
14	四棵树乡三棵树村三队	25.01	37.84	35.93	25.74	32.04	27.59	29.71	25.44	31.16	28.60	30.87	24.76	26.77	5.56	10
15	四棵树乡三棵树村四队	25.01	37.06	34.75	26.74	31.21	27.58	29.41	26.48	31.16	29.51	30.59	24.52	26.90	5.55	11
16	梨树乡八里庙村芦伟合作社	23.86	36.92	34.20	26.98	30.83	27.99	30.23	24.75	32.84	29.80	30.71	23.72	26.90	5.54	14
17	郭家店镇西青岭霸王庄七队	23.57	38.25	36.51	26.32	31.70	28.20	29.52	25.86	32.84	29.56	27.40	22.80	28.46	5.55	11
18	高家乡	24.08	37.57	36.14	26.62	31.68	27.52	28.52	25.92	27.03	23.73	29.33	23.60	28.35	5.39	18
	单项得分	6.47	8.99	8.90	7.00	8.19	7.52	7.93	6.66	8.51	7.89	8.00	6.53	7.41		
	单项排名	13	1	2	10	4	8	6	11	3	7	5	12	9		

层构造的指标体系，仍需进一步探讨。

（三）合理耕层结构与功能特征

对于耕作土壤来说，耕层的厚度及性质既是衡量土壤质量优劣的重要标志，又可反映人们对土壤的管理水平。耕层厚度的影响主要体现在有效土壤量上，根据吉林玉米带土壤剖面构型的特点，使得耕层厚度（即有效土壤量）差异很大，农民习惯耕作方式下形成的波浪形剖面，其渗透性实际上受犁底层控制，在降水集中且降水量较大的季节，往往容易形成地表径流，造成水土流失，这也是造成土壤易旱、易涝，玉米易倒伏的重要原因。因此，在考虑综合指标时，耕层厚度应列入其中。

土壤容重、孔隙度、田间持水量和固相体积是肥沃土壤的重要标志，也反映了土壤的结构状况，其中最直观的指标是土壤容重，土壤结构的改变能较好地反映土壤的耕作、施肥情况。研究表明，土壤容重在一定范围内对作物生长有利，随土壤容重增大，特别是犁底层容重增大，根系生长量明显下降。对根系而言，一是由于植物根系通过穿插、缠绕及网络的固持作用，来影响土壤的物理性质，进而使土壤的抗冲性、渗透性及剪切强度得以改善。二是由于农民常规耕作的土壤，耕层较浅薄，垄角处硬度极大，犁底层孔隙度较低，抑制了根系穿透及长粗，使主根伸长受到阻碍从而刺激侧根发展，侧根可形成一个密集的表层根系，匍匐在土壤表面，这种形态改变不但降低了根系重量（或体积），还影响了根系对深层水分和养分的吸收利用，使植株易倒伏。在耕层较薄、犁底层硬度和容重较大的土壤上生长的植株对干旱更为敏感，植株地上部分生长必将受到影响，进而对产量造成重要影响。

对于土壤的化学性质来说，有机质含量是土壤肥力的重要指标，影响是多方面的。土壤阳离子交换量反映土壤的缓冲性能。碱解氮含量反映土壤的供肥性能，对于玉米来说，首要的养分限制因素仍是氮素的补充。其他化学指标与玉米产量相关性不显著，这也符合生产实际。可能与东北土壤主要由 2：1 型矿物构成有关，土壤钾素含量较丰富，加之近年来施用复合肥，使土壤钾素得到一定的补充，因此，土壤钾素含量还没有成为玉米产量的限制因子。在大量施肥条件下，加之磷肥利用率低，磷素在土壤中累积，其含量也没有成为限制因素。土壤 pH 与玉米产量相关性不显著，但从试验数据看，草甸土耕层土壤酸化趋势明显。

结合生产实际、单项回归分析以及综合评价结果，得知草甸土的合理耕层结构与功能特征如表 6－11 所示。

表 6－11　合理耕层理化指标

理化性状	理化指标	指标取值
土壤物理性质	耕层厚度（cm）	＞20
	稳定层土壤容重（g/cm^3）	1.20～1.30
	稳定层田间持水量（cm^3/cm^3）	＞30
	稳定层土壤孔隙度（%）	45～55
土壤化学性质	耕层土壤有机质含量（g/kg）	＞23
	耕层土壤碱解氮氮含量（mg/kg）	＞70
	0～50 cm 土层阳离子交换量（cmol/kg）	＞20

第二节 东北平原草甸土区旱地合理耕层构建技术

土壤翻耕，特别是深耕能疏松土壤、熟化土壤、改造耕层、消除杂草和病虫害，从而促进植物生长。秸秆覆盖是实现土壤保墒、防止土壤侵蚀、提高土壤肥力的重要措施。而草甸土为非地带性土壤，应根据草甸土所处不同生态类型区（主要是降水和积温），设计不同的合理耕层构建技术。基于此，从土壤耕作和秸秆还田两个方面入手，通过试验研究，在示范的基础上，初步形成了适合不同生态类型的东北平原草甸土区旱地合理耕层构建技术。

一、土壤耕作与培肥对耕层结构与功能的影响

针对降水比较充分的草甸土区，以增碳肥田、扩库增容为目标，通过耕作方式与秸秆还田有机结合，增加活土层容积，促进土壤团粒结构形成，提高土壤蓄水保肥能力，创新旱田“提质-塑型-增效”的肥沃耕层构建技术，实现耕层土壤“厚、暄、松”的技术效果，建立了玉米高产全程机械化生产模式。

针对降水较少、积温较高的地区，以玉米田保水抗风为目标，通过研发新型秸秆还田方式，初步建立了相对干旱地区合理耕层构建技术。

（一）土壤耕作与培肥对耕层结构的影响

1. 土壤耕作方式对耕层结构的影响

耕作方式试验在公主岭市刘房子镇进行，属于定位试验，试验始于 2015 年，设 4 个处理（表 6 - 12）。采用耕翻土壤结合秸秆还田，将全部的秸秆翻压至 30 cm 的土层处。

表 6 - 12　土壤耕作试验处理

处理	耕作方式
T1	隔年深翻，开始时为传统耕作，之后为隔年深翻，模式为未翻—深翻—未翻—深翻
T2	三三耕作制，开始时为深翻＋秸秆还田，之后每隔 2 年深翻一次，模式为深翻—未翻—未翻—深翻
T3	连续深翻＋秸秆还田
T4	连续实行传统耕作

连续两年的研究表明（表 6 - 13），经过深翻后，耕层厚度明显增加，而农民传统耕作方式，耕层厚度几乎没有变化。耕翻结合秸秆还田，显著降低了土壤容重，并使土壤容重稳定在适宜玉米根系生长的 1.20～1.37 g/cm^3。土壤孔隙度也趋于比较理想的状态，即 50%左右；而农民传统耕作方式土壤容重较大，孔隙度维持在 40%左右。

耕作土壤结合秸秆还田，能明显增加玉米生育期耕层土壤的水分含量，增加玉米生育期内对水分的需求（表 6 - 14）。因此，土壤耕作结合秸秆还田，直接改变了耕层的三相比，从而改善了土壤的结构，使土壤耕层容纳更多水分，能很好地促进耕层结构改善。

表 6-13 耕作方式对耕层土壤物理性质的影响

处理	耕层厚度（cm）		容重（g/cm³）		孔隙度（%）		>0.25 mm 团聚体	
	2016 年	2017 年	2016 年	2017 年	2016 年	2017 年	2016 年	2017 年
T1	15	30	1.63	1.29	38.49	51.22	67.08	68.22
T2	30	30	1.39	1.37	47.55	48.16	65.58	61.24
T3	30	30	1.26	1.24	52.46	53.10	65.84	63.98
T4	17	18	1.53	1.59	42.26	40.00	66.94	66.24

表 6-14 耕作方式对玉米生育期耕层土壤含水量的影响（%）

处理	2016 年					2017 年				
	苗期	拔节期	抽雄期	灌浆期	成熟期	苗期	拔节期	抽雄期	灌浆期	成熟期
T1	16.59b	16.59ab	13.05a	14.83ab	14.97b	14.42ab	11.68a	11.24c	11.89b	12.11b
T2	17.68a	17.68a	13.29a	15.13a	15.36ab	14.38ab	12.04a	12.07b	12.76ab	12.88b
T3	18.02a	18.02a	13.27a	15.36a	15.61a	13.87b	11.69a	13.87a	13.98a	14.36a
T4	16.38b	16.38b	13.26a	14.67b	15.02ab	14.76a	11.52a	11.91c	12.22ab	12.49b

注：不同小写字母代表在 0.05 水平上差异显著。

2. 秸秆还田方式对耕层结构的影响

秸秆还田方式试验于 2015 年和 2016 年连续在梨树县昭苏太河流域进行，试验设 3 个处理，分别为：C1 为均匀垄种植，作对照；C2 为大垄双行种植无秸秆覆盖还田，玉米生育时期的拔节期进行土壤深松，深度为 25 cm；C3 为大垄双行种植，并进行秸秆覆盖还田，玉米生育时期不进行土壤深松。

连续两年的试验表明（表 6-15），有秸秆覆盖的处理，耕层厚度有所增加，并且土壤容重有降低趋势，而其他两个处理的耕层厚度较薄，为 16 cm 左右，并且土壤容重有增大趋势。三相比情况看，秸秆覆盖处理的三相比接近 2∶1∶1，更趋向于合理的土壤结构。研究发现，秸秆覆盖通过改善表层土壤水分状况，而影响表土层的土壤容重，使土壤容重降低，进而改变土壤团粒结构，增加土壤团聚体数量，不仅可以提高土壤的保水能力，还有利于作物根系的生长发育。

表 6-15 秸秆还田方式对土壤物理性质的影响状况

处理	耕层厚度（cm）		容重（g/cm³）		三相比	
	2015 年	2016 年	2015 年	2016 年	2015 年	2016 年
C1	15	16	1.33±0.18	1.37±0.14	1∶1∶1	1∶1∶1
C2	16	16	1.30±0.14	1.33±0.19	2∶1∶1	2∶1∶1
C3	21	21	1.14±0.12	1.12±0.11	2∶1∶1	2∶1∶1

有秸秆覆盖的处理 0～50 cm 土体内土壤含水量均高于其他处理（表 6-16），特别是在抽雄期，秸秆覆盖处理的土壤含水量较无秸秆覆盖的处理 C1 和 C2，0～50 cm 土体内土壤含水量高出 3.74 个百分点和 2.59 个百分点。值得一提的是，在 2016 年 7 月夏季持续干旱的情况下，有秸秆覆盖的玉米田中玉米长势良好，产量没有受到“掐脖旱”的影响。

表 6-16　生育期内不同秸秆还田方式下土体水分含量（%）

土层（cm）	苗期			拔节期			抽雄期		
	C1	C2	C3	C1	C2	C3	C1	C2	C3
0～10	16.03±0.84	18.44±1.73	19.05±0.66	20.30±1.18	21.88±1.71	21.74±1.00	8.28±0.76	10.82±0.89	12.28±0.57
10～20	20.16±1.08	20.90±1.02	20.78±0.84	20.20±0.12	21.84±0.49	20.94±1.28	11.44±0.29	11.80±0.52	13.13±0.38
20～30	20.88±0.99	20.96±0.84	20.78±0.17	20.20±1.05	20.25±1.47	21.55±1.89	12.08±0.15	13.12±1.97	14.66±0.48
30～40	20.11±0.48	19.49±0.77	20.35±0.50	20.44±0.98	21.17±1.01	21.05±0.23	12.17±0.15	13.12±0.75	16.54±0.89
40～50	20.60±1.16	19.27±1.87	20.17±1.44	20.10±0.40	20.83±1.45	24.16±3.21	12.56±0.42	13.45±0.70	18.64±0.52
土体平均	19.56±0.91	19.81±1.24	20.23±0.72	20.25±0.75	21.19±1.23	21.89±1.52	11.31±0.35	12.46±0.96	15.05±0.57

土层（cm）	灌浆期			成熟期		
	C1	C2	C3	C1	C2	C3
0～10	19.25±0.62	19.49±0.52	19.96±0.61	19.40±0.49	17.66±0.96	19.61±0.60
10～20	18.65±0.19	19.62±0.16	18.85±0.07	18.58±0.11	20.49±0.24	23.89±0.78
20～30	19.59±0.37	20.35±0.91	24.90±0.73	18.50±0.06	19.81±0.00	22.04±0.90
30～40	19.64±0.22	21.05±0.82	22.55±0.73	20.20±0.37	19.11±0.88	21.60±0.05
40～50	18.97±0.58	17.49±2.06	22.45±0.15	18.34±0.04	17.54±0.13	17.46±0.13
土体平均	19.22±0.40	19.60±0.89	21.74±0.46	19.00±0.21	18.92±0.44	20.92±0.49

（二）土壤耕作与培肥对耕层功能的影响

1. 土壤耕作方式对耕层功能的影响

土壤耕作试验表明（表 6－17）。土壤耕层（表土层和稳定层）中，深翻处理土壤有机质含量较农民习惯性耕作减少了 2.40%～18.36%，犁底层、过渡层、心土层无明显变化规律。年际间有机质变化规律：T1、T4 在表土层中土壤有机质含量分别降低了 3.94%、3.41%，在耕层 T1 和 T4 呈现相同规律分别降低了 4.00%和 11.89%。T2 有机质含量在表土层分别提高了 3.12%，在耕层提高了 2.65%。T1、T4 第一年均为深翻，土壤有机质含量呈现上升趋势，但 T3 机质含量降低，说明连续翻耕加速了土壤中有机质的分解。

表 6－17　不同耕作方式对土壤剖面养分的影响

处理	2016 年					2017 年				
	土层 (cm)	有机质 (g/kg)	碱解氮 (mg/kg)	有效磷 (mg/kg)	速效钾 (mg/kg)	土层 (cm)	有机质 (g/kg)	碱解氮 (mg/kg)	有效磷 (mg/kg)	速效钾 (mg/kg)
T1	0～10	20.3	118.36	26.21	153.29	0～10	19.5	114.45	35.61	237.76
	10～15	20.0	72.66	7.99	138.65	10～30	19.2	66.54	8.14	150.54
	15～31	17.0	45.56	5.42	145.39	30～37	17.2	47.84	6.27	160.03
	31～62	15.1	38.87	3.31	156.76	37～54	14.7	43.25	6.12	163.86
	>62	5.1	42.16	3.01	167.17	>54	5.4	40.06	4.95	172.72
T2	0～10	19.2	126.52	32.6	232.21	0～10	19.8	130.45	31.24	163.88
	10～30	18.9	67.41	7.11	124.54	10～30	19.4	75.34	8.56	148.28
	30～52	16.7	46.92	6.06	115.17	30～47	17.2	41.54	6.34	156.56
	52～79	11.5	48.15	3.62	148.33	47～64	12.5	38.39	7.25	160.1
	>79	6.5	45.5	4.06	171.14	>64	6.5	41.21	6.09	168.25
T3	0～10	19.3	124.34	34.75	238.38	0～10	19.5	119.36	37.58	239.06
	10～30	18.2	62.88	6.14	130.49	10～30	18.5	69.4	8.01	138.59
	30～52	15.8	49.6	4.62	145.36	30～50	16.2	49.21	5.42	158.25
	52～72	11.9	43.43	3.44	147.33	50～69	12.5	45.5	6.36	173.65
	>72	7.0	47.18	3.84	163.21	>69	6.4	43.28	4.98	169.24
T4	0～10	20.5	114.64	27.65	148.4	0～10	19.8	128.94	22.4	168.23
	10～17	22.7	75.84	7.92	122.6	10～18	20.0	77.77	5.86	152.98
	17～25	18.2	46.34	5.85	134.6	18～35	17.2	47.34	5.44	137.96
	25～52	15.8	46.98	6.18	151.6	35～60	14.5	41.69	5.08	155.84
	>52	6.9	45.44	5.24	164.8	>60	7.5	44.64	4.44	174.05

2017 年 T1 在表土层土壤碱解氮含量较 2016 年下降了 3.30%，在耕层降低了 8.42%；T2 在表土层碱解氮含量提高了 3.11%，在耕层升高了 11.76%；T3 在表土层土壤碱解氮含量降低了 4.00%，在耕层升高了 10.37%，T4 在表土层碱解氮含量升高了 12.47%，在耕层升高了 2.54%。处理间变化规律为在表土层翻耕有助于碱解氮含量升高，在耕层则呈现

农民习惯性耕作有助于碱解氮含量升高。

2017年与2016年相比，T1、T3在表土层有效磷含量上升了35.86%，8.14%，在耕层升高了1.88%、30.46%；T2、T4在表土层分别降低了4.17%、18.99%，在耕层T2升高了20.39%，T4降低了26.01%。土壤速效钾含量呈现出与有效磷含量相似的变化规律。

2. 秸秆还田方式对耕层功能影响

由于东北地区春季风大，特别是对于地处平原地区的草甸土来说，风蚀严重，土壤养分受到极大影响。但是，对于有秸秆覆盖的土壤来说，有机质含量及土壤养分不受风蚀的影响，加之秸秆腐烂后有机物质输入量较多，土壤有机质及养分含量均有所增加（表6-18），特别是土壤有机质和碱解氮含量增加的幅度较大，秸秆覆盖（C3）与农民习惯（C1）相比，有机质含量增加了1.75个百分点，碱解氮含量增加了52.11%。

表6-18 不同秸秆还田方式对土壤化学性质的影响

处理	土层（cm）	有机质含量（g/kg）	速效养分含量（mg/kg）		
			氮	磷	钾
C1	0～10	22.48	102.19	24.69	196.20
	10～16	18.92	99.12	20.78	149.26
	16～25	16.68	78.68	20.17	123.34
	25～37	7.64	55.69	14.40	161.22
	>37	6.04	33.72	17.75	151.25
C2	0～10	23.22	109.34	35.24	204.98
	10～16	18.63	80.22	31.15	126.33
	16～25	18.41	80.73	25.14	113.37
	25～47	10.66	48.54	25.52	161.22
	>47	8.35	35.77	2.81	149.26
C3	0～10	24.23	154.30	32.96	194.13
	10～21	20.87	108.32	29.24	122.34
	21～27	18.29	88.90	26.63	122.34
	27～50	19.86	87.88	27.75	135.30
	>50	10.11	55.69	15.47	146.27

二、合理耕层构建技术

（一）合理耕层构建技术指标

1. 土壤耕作技术指标

在玉米栽培过程中，从灭茬、整地、播种、施肥、中耕及收获等各个环节均以小型（小于15 kW）拖拉机为主要动力进行田间作业；以重（大）型（110 kW以上）拖拉机为辅助动力，每三年用重型拖拉机于秋季深翻（25～30 cm）一次，深翻时结合玉米联合收割机作业将玉米秸秆全部还田，重耙镇压，镇压强度400～800 g/cm^2。联合收割机在收获籽粒的同时，将秸秆粉碎至 10～12 cm。

2. 秸秆还田技术指标

玉米机收同时将玉米秸秆粉碎，均匀铺撒于地表。第二年播种前，用秸秆清理机将覆盖于播种行地表的秸秆等杂物清理出 40 cm 宽度的播种带，达到待播种状态。种植模式以窄行 40 cm、宽行 80～90 cm 为最佳，均匀垄次之。采用免耕播种机播种，于玉米拔节前期，深松 25 cm 为宜。此项技术为玉米秸秆覆盖归行还田技术。

（二）合理耕层构建技术

1. 玉米轻主重辅三三耕作制

该技术三年翻耕一次，其目的是建立疏松的耕层次，增加耕层有效土壤的数量，以利于接纳大气降水，减少黑土的水土流失，提高有限降水的利用率，促进玉米根系的发育及提高根系对养分的吸收能力，提高化肥的利用率。每次深翻将秸秆全部还田的目的是增加有机质的还田量，维持土壤有机质平衡，增强土壤有机质功能。深翻后，采用重耙镇压，镇压强度 400～800 g/cm^2，一是防止土壤失水跑墒，二是为玉米生长发育创造良好的耕层结构。该项技术适合区域经济发展水平。

2. 玉米秸秆覆盖归行还田技术

该项技术具有很强的抗旱保墒作用，特别是春季比较干旱的情况下，可实现苗全、苗齐、苗壮，无“黄脚”及叶片打绺现象出现。20 cm 处土壤含水率比常规垄提高 3.5 个百分点。同时具有防风固土作用，秸秆全覆盖后不仅减少土壤的风蚀、水蚀，还有一定的抗风能力，保护玉米幼苗不受沙尘暴的侵害。由于采用了大垄双行种植模式，发挥了多边形效应，提高了光能利用率，且给强风通过留下风道，增强了抗倒伏能力。本项技术省时、省工、节省燃油、降低化肥施用量，实现了秸秆覆盖和玉米种植有机结合，深受广大农民和新型经营主体欢迎。

第三节　东北平原草甸土区旱地合理耕层构建技术模式

一、玉米轻主重辅三三耕作制综合技术模式

（一）模式概述

该技术模式针对草甸土耕层关键障碍问题，通过翻耕结合秸秆还田，具有充分接纳自然降水、扩大土壤水库、防止水土流失的作用，同时提高土壤肥力效果显著。该技术模式不但能在短期内促进作物产量显著提高，而且有利于形成高产稳产农田，创造良好的耕层结构，在自然状况较差的年份有利于作物的稳产。

（二）主要技术环节

该项技术模式可概括为机收粉碎—深翻整地—镇压保墒—免耕机播种—分次施肥。具体技术环节为收获、二次粉碎、整地、保墒、施肥。

1. 收获

采用联合收割机作业，在收获籽粒的同时，将秸秆粉碎全部还田，粉碎程度视收割机的工作状况而定。

2. 二次粉碎

用1JHY-200型秸秆切碎机将秸秆粉碎至10～12 cm，并均匀抛撒于田间。若收获时秸秆能够直接粉碎至10～12 cm，本次作业可省略。

3. 整地

用1LYFT-450液压调幅翻转犁（动力在110 kW以上，翻耕深度30 cm以上）进行深翻，将秸秆深翻至20～30 cm土层。

4. 保墒

深翻后，采用重耙镇压，镇压强度400～800 g/cm²，防止土壤失水跑墒。

5. 播种

第二年春季采用平播方式，免耕机播种。

6. 施肥

肥料分次施用，合理运筹。施纯N 193～205 kg/hm²、P_2O_5 67～75 kg/hm²、K_2O 83～111 kg/hm²。氮肥基施30%、拔节期追施50%、抽雄期追施20%；磷肥一次性基施；钾肥基施50%、拔节期追施50%。

（三）应用效果及适用范围

1. 应用效果

公主岭市刘房子镇的定位试验表明，连续两年的试验中，玉米产量保持着较稳定的状态，土壤抵御逆境的能力明显增强。从两年的玉米产量情况（表6-19）看，2016年产量大小顺序为T3＞T2＞T1＞T4，较未进行翻耕的处理提高了4.83%～20.59%；2017年产量大小顺序为T3＞T1＞T2＞T4，较未进行翻耕的处理提高了6.28%～9.56%，且均存在显著性差异。值得一提的是，2017年在试验地降水严重不充足的情况下，翻耕结合秸秆还田下玉米仍实现了稳产。

表6-19 不同耕作方式对玉米产量的影响

时间	处理	穗粒数（粒/穗）	百粒重（g）	产量（kg/hm²）
2016年	T1	645.0c	40.4c	12 807.9c
	T2	666.9b	46.6a	13 457.8b
	T3	698.7a	42.9b	13 990.7a
	T4	638.2c	39.6c	11 109.5 d
2017年	T1	693.9a	35.5a	11 308.9a
	T2	664.1bc	34.9a	10 640.3b
	T3	658.7c	35.0a	11 388.6a
	T4	669.2b	35.4a	10 394.5c

注：不同小写字母代表在0.05水平上差异显著。

2. 适用范围

适用于降水量在 500 mm 以上的半湿润雨养农区，也适用于土壤质地较黏重、剖面有明显的障碍层、雨水较丰富、易出现径流的其他土壤类型区。

二、玉米秸秆覆盖归行还田综合技术模式

（一）模式概述

该技术模式针对春旱严重、有机质含量降低等问题，通过秸秆覆盖还田，达到保水抗风的目的。该项技术模式能够抗旱保墒、抵御严重春旱，抗风蚀和水蚀效果明显。

（二）主要技术环节

该项技术模式可概括为机收粉碎—地表覆盖—秸秆归行—免耕机播种—分次施肥—苗期深松。具体技术环节为秸秆覆盖、秸秆归行、播种、施肥。

1. 秸秆覆盖

玉米生理成熟后，采用大型玉米收割机收获，在收穗或收粒的同时，将玉米秸秆粉碎，均匀铺撒于地表。秸秆粉碎程度没有严格限制。

2. 秸秆归行

第二年播种前，用秸秆清理机，将覆盖于播种行地表的秸秆等杂物清理出 40 cm 宽的播种带，达到待播种状态。种植模式以窄行 40 cm、宽行 80～90 cm 为最佳，均匀垄次之。

3. 播种

采用免耕播种机播种，按照大垄双行模式播种。

4. 施肥

分次施用，合理运筹。施纯 N 173～185 kg/hm^2、P_2O_5 67～75 kg/hm^2、K_2O 83～111 kg/hm^2。氮肥基施 30%、拔节期追施 50%、抽雄期追施 20%；磷肥一次性基施；钾肥基施 50%、拔节期追施 50%。

5. 深松

于玉米拔节前期，6 月 20 日前后，进行深松，深度 25 cm 以上。

（三）应用效果及适用范围

1. 应用效果

该项技术模式具有很强的抗旱保墒、防风固土作用，同时省时、省工、省成本，实践证明，该技术可使土壤含水量增加 20%以上，玉米增产效果显著。玉米生产成本可控制在 5 000元/hm^2 内，深受广大农民和新型经营主体欢迎，目前，在梨树县、德惠市、榆树市等地进行了大面积推广。

通过梨树县八里庙乡的两年试验表明（表 6 - 20），秸秆覆盖归行模式（C3）增产效果显著，不同处理间产量存在显著差异（$P<0.05$）。2016 年与 2015 年相比，由于受到降水的影响，无秸秆覆盖的处理玉米产量有所下降，秸秆覆盖增产幅度为 3.81%。

表 6-20 不同秸秆还田方式对玉米产量的影响

处理	百粒重（g）		穗（g）		穗粒数（粒）		产量（kg/hm²）	
	2016 年	2015 年	2016 年	2015 年	2016 年	2015 年	2016 年	2015 年
C1	25.9a	26.6a	147.5a	153.4a	569.7a	580.6a	9 112c	9 208b
C2	29.4b	29.7b	189.7b	193.2b	645.3b	647.7b	10 536bc	10 627ab
C3	35.3d	35.4d	248.6d	236.1d	704.3d	670.7d	13 482a	12 987a

注：不同小写字母代表在 0.05 水平上差异显著。

2. 适用范围

适用于降水量在 400 mm 以下的半干旱雨养农区，特别适用于春季风大、降水严重不足、土壤有机质含量较低的广大地区。

第七章

东北平原棕壤土区旱地合理耕层构建理论与技术

棕壤是暖温带湿润气候区阔叶和针阔叶混交林下发育形成的一种土壤类型，是处于硅铝化阶段并具黏化特征的土壤，是东北平原旱地农田最主要的土壤之一。棕壤土层深厚、土壤肥力较高、保水保肥能力较强，适于玉米、大豆等农作物的生长发育。因此，东北平原棕壤土区是我国玉米主产区之一，单产水平相对较高。然而，由于长期浅耕作业与大量施用化肥等不合理的农田管理方式，导致土壤耕层结构与功能退化，有机质含量下降、表层土壤板结、耕层土壤紧实、土壤缓冲能力减弱等问题日渐突出，从而使作物产量与产量稳定性降低、资源利用效率下降。针对棕壤耕层存在的问题，开展合理耕层评价和构建技术研究，对于棕壤土区提升土壤肥力、作物高产稳产、资源高效利用，具有重要的理论价值与生产指导作用。

第一节　东北平原棕壤土区旱地合理耕层评价

一、区域概况、关键障碍与科学问题

（一）区域概况

1. 棕壤土分布与气候特点

东北地区因其地形地貌的多样性，形成了丰富的土壤类型，主要有黑土、黑钙土、棕壤土及风沙土等。我国棕壤除分布于山东半岛外，主要分布于该区域的黑龙江、吉林及辽宁。东北平原棕壤是暖温带落叶阔叶林和针阔混交林下形成的土壤，土壤质地细，凋萎系数高达10%左右，田间持水量为25%～30%，保水性能较好，具有较强的抗旱能力。土壤水分年际动态变化具有表层水分季节变化明显、下层稳定的特点。但总体棕壤的透水性较差，尤其是长期机耕作业形成较紧的犁底层，透水性更差。

该区域具明显的大陆性季风气候特征，年平均气温为5～14 ℃，10 ℃以上的积温为3 400～4 500 ℃，季节性冻层深可达50～100 cm，年降水量为500～1 000 mm，干燥度在0.5～1.0，无霜期120～220 d。冬季漫长严寒，多西北风，干旱少雪；夏季暖热多雨，多西南风，且降水集中；春季降水少、风沙较大，常发生春旱或风沙危害，特别是西部地区尤为严重。

2. 耕作制度概况

东北平原棕壤土区作物以玉米和大豆为主，一年一熟，多实行连作，甚至忌连作作物大豆的连作也占有较大比例。春季播种前旋耕起垄镇压、作物生长期间免中耕是该区域最具代表性的土壤耕作方式，耕层厚度一般少于15 cm，平均厚度仅为12 cm左右。少量地块采用秋翻秋耙、春季播种前起垄镇压、作物生长期间免中耕的土壤耕作方式，但耕层厚度一般也仅为20 cm左右。土壤培肥以化肥为主，基本无有机肥投入，近年秸秆还田面积有所增加，但由于现有土壤耕作方式所采用的旋耕、翻耕全层还田作业，导致了播种层环境恶化、氮素竞争加剧、作物根系发育受阻等问题，制约了秸秆还田的应用。

（二）关键障碍

近年来，东北平原棕壤土区普遍采用小型农机具浅耕作业及重用轻养的掠夺性生产方式，导致了严重的耕层结构与功能性障碍，主要表现在以下两个方面。

1. 耕层变浅、犁底层紧实

浅耕等不合理的耕作方式，引发了耕层结构性问题。连年相同深度浅耕机械作业与碾压，耕层厚度普遍不足 15 cm，犁底层紧实度增加（图 7－1），有限的活土层与紧密的犁底层抑制了作物根系发育。耕层变浅、犁底层紧实也造成雨水难以入渗、地表径流和风蚀水蚀加剧等问题日渐突出（图 7－2）。

图 7－1　东北棕壤土区农田土壤剖面情况

a

b

c

图 7－2　农田土壤缓冲能力下降的表现

a. 干旱导致地表板结、龟裂　b. 地表径流严重　c. 降水入渗能力下降

2. 土壤缓冲能力减弱、水肥气热矛盾突出

长期忽视有机物料的投入、单纯依赖大量使用化肥维系作物产量的重用轻养生产方式也导致耕层功能性问题，如有机质含量降低、板结、耕性变差等，耕层结构与功能性障碍及相互间不协调的叠加效应，加剧了农田水肥气热矛盾。

（三）科学问题

针对上述棕壤土区耕层问题而发展起来的深耕改土、间隔耕作、秸秆还田等技术，对耕层障碍性问题起到了缓解作用，促进了作物产量提高。如通过深松改土打破犁底层，重塑耕层土壤结构；通过少耕、免耕强化耕层土壤水分吸纳能力；通过持续秸秆还田实现农田土壤有机质提升，改善整体耕层生物环境。但解决棕壤土区旱地耕层障碍还存在 3 个亟待解决的关键问题：①合理耕层评价指标尚不完善，缺乏针对棕壤土区旱地合理耕层构建技术的评价指标；②土壤耕作与土壤培肥技术不匹配，现有单项技术成果对解决耕层问题多治标不治本，如农田深松与秸秆还田后土壤跑墒、作物出苗困难等造成减产现象频有发生；③缺乏与合理耕层构建技术适宜的土壤耕作制度和配套机具，技术的可行性值得商榷。因此，为了从根本上解决棕壤土区旱地耕层障碍问题，必须明确合理耕层评价指标，建立棕壤土区旱地合理耕层构建技术指标与模式，并集成相关配套技术。

二、合理耕层特征

（一）耕层结构及功能与春玉米生产关系

1. 耕层理化性状与春玉米产量关系

东北平原棕壤土区是我国主要的春玉米主产区之一，研究发现玉米产量与农田不同土层土壤理化性状具有重要相关性（表 7-1），表现为产量与 0～50 cm 土层土壤容重呈显著负相关，相关系数为－0.221，且除耕层外，玉米产量与犁底层和心土层土壤容重均呈极显著负相关，相关系数达到－0.344 和－0.306。玉米产量与耕层和犁底层土壤田间持水量均呈极显著负相关，相关系数分别为－0.425、－0.375；与心土层土壤田间持水量呈显著负相关，相关系数为－0.232。玉米产量与犁底层、心土层以及 0～50 cm 土层＞0.25 mm 水稳性团聚体含量达到了极显著正相关，但与耕层＞0.25 mm 水稳性团聚体含量相关性未达显著水平。玉米产量与0～50 cm土层和心土层土壤有机质含量表现为显著正相关，与犁底层有机质含量达到了极显著正相关，相关系数为 0.281，与耕层有机质含量的关系表现为不显著。各土层的土壤全氮含量与玉米产量均不存在显著性相关的关系。

表 7-1　玉米产量与土壤理化性状的偏相关分析

土层	容重	田间持水量	＞0.25 mm 水稳性团聚体	全氮	土壤有机质
耕层	－0.024	－0.425**	0.199	0.203	0.005
犁底层	－0.344**	－0.357**	0.417**	－0.011	0.281**
心土层	－0.306**	－0.232*	0.309**	－0.009	0.251*
0～50 cm	－0.221*	－0.358**	0.387**	0.123	0.240*

注：*表示 $P<0.05$，**表示 $P<0.01$。

2. 耕层理化性状与化肥偏生产力的关系

棕壤土区田间施用化肥量平均为 540 kg/hm²，氮、磷、钾肥施用量平均在 225 kg/hm²、90 kg/hm²、225 kg/hm² 水平。取样地的平均化肥偏生产力为 23.24 kg/kg，与近年来东北地区玉米化肥偏生产力（21.52 kg/kg）比较，调查地区化肥偏生产力高于东北玉米种植区平均水平。表 7-2 为各个土层化肥偏生产力与土壤理化性状的偏相关分析，结果表明，化肥偏生产力与犁底层土壤有机质含量表现为显著正相关，相关系数为 0.209，与心土层有机质含量表现为极显著正相关，相关系数为 0.384。从 0～50 cm 土层整体来看，土壤有机质含量与化肥偏生产力呈极显著正相关。化肥偏生产力与其他指标均未表现出相关性，说明施肥会促进土壤有机质含量增加。

表 7-2　化肥偏生产力与土壤理化性状的偏相关分析

土层	容重	田间持水量	>0.25 mm 水稳性团聚体	全氮	土壤有机质
耕层	0.012	−0.106	0.011	−0.123	0.024
犁底层	−0.152	−0.187	−0.010	−0.122	0.209*
心土层	−0.179	−0.069	0.152	−0.012	0.384**
0～50 cm	−0.128	−0.118	0.111	−0.123	0.274**

注：*表示 $P<0.05$，**表示 $P<0.01$。

3. 耕层土壤理化因子相互关系

通过对各理化指标进行相关分析发现（表 7-3），>0.25 mm 水稳性团聚体、土壤有机质与耕层土壤容重分别达到了极显著或显著负相关（相关系数为 0.44、0.23），>0.25 mm 水稳性团聚体、土壤有机质与心土层土壤容重表现出显著负相关（相关系数为 0.25、0.23）。由此可见：降低土壤容重，土壤疏松，有利于保持土壤水分，增强土壤蓄水能力；耕层土壤有机质的增加会促进土壤团粒胶结，形成团聚体，进而降低土壤容重；心土层容重大，会降低下层根系活力，阻碍根系为土壤提供分泌物，降低有机质含量，从而影响团聚体形成。

全氮与耕层>0.25 mm 水稳性团聚体呈显著正相关（0.23），土壤有机质与耕层>0.25 mm 水稳性团聚体呈显著正相关（0.26），土壤有机质与全氮表现为极显著正相关，相关系数达 0.39，说明有机质含量的提高不仅会促进水稳性团聚体的形成，还可有效提高土壤对氮的固持能力。选用多元逐步回归分析对各项指标与玉米产量的紧密性进行定量比较，得到各理化指标与产量的多元关系式：$Y=19\,054.85-3\,505.089X_1-103.134X_2+21.413X_3$（$R^2=0.276^{**}$；$P<0.01$；$F=12.300$；$tX_1=-2.386^{*}$，$tX_2=-4.133^{**}$，$tX_3=2.871^{**}$）。式中 Y 为玉米产量，X_1 为容重，X_2 为田间持水量，X_3 为>0.25 mm 水稳性团聚体含量。玉米产量与容重呈显著负相关，与>0.25 mm 水稳性团聚体呈极显著负相关，与>0.25 mm 水稳性团聚体表现为极显著正相关，与全氮、土壤有机质关系不紧密。

4. 高产农田耕层土壤理化特征

研究表明（表 7-4），玉米产量与犁底层、心土层容重拟合曲线达到了极显著相关，拟合系数为 0.227 和 0.109；与耕层、犁底层田间持水量达到了极显著相关，与心土层田间持水量达到了显著相关，拟合系数分别达 0.304、0.130 和 0.054；玉米产量与犁底层、心土层>0.25 mm 水稳性团聚体拟合曲线也表现出了极显著相关，拟合系数达 0.174 和 0.096；玉米产量与耕层、犁底层和心土层土壤有机质达到极显著相关和显著相关，拟合系数 R^2 分别为 0.156、0.079 和 0.098；与耕层全氮也表现出极显著相关。结合田间产量等级划分，并通过产量与各层土壤指标的拟合方程，确定出该调查地区玉米产量区间应为 12 250～12 450 kg/hm^2，

表 7-3　土壤各理化因子间的 Pearson 相关系数

指标	BD1	BD2	BD3	BD	FC1	FC2	FC3	FC	WSA1	WSA2	WSA3	WSA	TN1	TN2	TN3	TN	SOM1	SOM2	SOM3
BD2	−0.14																		
BD3	0.16	−0.02																	
BD	0.76**	0.26*	0.54**																
FC1	−0.44**	0.15	−0.02	−0.38**															
FC2	0.03	−0.04	0.01	−0.01	0.65**														
FC3	0.04	0.16	−0.48**	−0.17	0.57**	0.73**													
FC	−0.13	0.11	−0.23*	−0.25*	0.85**	0.85**	0.89**												
WSA1	−0.72**	0.19	−0.20	−0.42**	0.26*	−0.07	−0.03	0.04											
WSA2	−0.08	−0.01	−0.10	0.01	−0.30**	−0.24*	−0.23*	−0.31**	0.28**										
WSA3	−0.31**	0.07	−0.26*	−0.23*	−0.01	−0.09	−0.05	−0.07	0.44**	0.75**									
WSA	−0.44**	0.06	−0.25*	−0.30**	0.01	−0.13	−0.10	−0.09	0.67**	0.78**	0.93**								
TN1	−0.30**	0.13	−0.33**	−0.26*	0.08	−0.06	0.04	0.02	0.42**	0.24*	0.36**	0.41**							
TN2	−0.01	0.30**	−0.16	0.10	−0.08	0.01	0.06	−0.01	0.18	0.10	0.26*	0.21*	0.44**						
TN3	0.02	−0.19	0.079	0.15	−0.10	−0.18	−0.23*	−0.21*	0.24*	0.07	−0.07	0.03	0.03	0.19					
TN	−0.05	0.03	−0.30**	−0.10	0.03	−0.05	0.07	0.03	0.23*	0.04	0.12	0.15	0.87**	0.54**	0.32**				
SOM1	−0.49**	0.31**	0.01	−0.10	0.10	−0.15	−0.19	−0.13	0.50**	0.02	0.11	0.18	0.31**	0.13	0.34**	0.24*			
SOM2	−0.16	0.05	0.03	0.05	−0.15	−0.17	−0.21*	−0.23*	0.32**	0.18	0.20	0.23*	0.40**	0.19	0.29**	0.36**	0.66**		
SOM3	−0.21*	0.04	−0.41**	−0.29**	0.01	−0.09	0.12	0.04	0.15	−0.05	0.06	0.04	0.23*	0.19	0.13	0.30**	0.41**	0.53**	
SOM	−0.23*	0.08	−0.23*	−0.16	−0.01	−0.14	−0.01	−0.06	0.26*	−0.04	0.05	0.06	0.34**	0.17	0.29**	0.39**	0.73**	0.81**	0.86**

注：BD 为容重，FC 为田间持水量，WAS 为>0.25 mm 水稳性团聚体，TN 为全氮，SOM 为土壤有机质；1、2、3 分别代表耕层、犁底层和心土层。* 表示 $P<0.05$；** 表示 $P<0.01$。

将该产量区间代入上述拟合方程，得到不同土层的理化指标范围，初步拟定该指标区间为棕壤土区合理耕层指标。

表 7-4　春玉米高产农田玉米产量与各土壤理化性状指标拟合关系

土壤物理性状	样点数	土层	拟合方程	决定系数（R^2）
容重（g/cm³）	90	耕层	$Y=-7\,256.7X^2+17\,905X+1\,410.3$	0.250
	90	犁底层	$Y=-41\,762X^2+120\,777X-74\,602$	0.227**
	90	心土层	$Y=20\,141X^2-59\,766X+56\,303$	0.109**
田间持水量（%）	90	耕层	$Y=-107.81X+15\,121$	0.304**
	90	犁底层	$Y=2.644\,8X^2-219.62X+16\,014$	0.130**
	90	心土层	$Y=-49.371X+13\,624$	0.054*
>0.25 mm 水稳性团聚体（%）	90	耕层	$Y=13.976X+11\,854$	0.040
	90	犁底层	$Y=26.475X+11\,640$	0.174**
	90	心土层	$Y=18.738X+11\,904$	0.096**
土壤有机质（g/kg）	90	耕层	$Y=-16.643X^2+630.40X+6\,661.0$	0.156**
	90	犁底层	$Y=75.828X+11\,312$	0.079**
	90	心土层	$Y=60.350X+11\,738$	0.098*
全氮（g/kg）	90	耕层	$Y=-3\,867.9X^2+10\,222X+5\,837.6$	0.170**
	90	犁底层	$Y=-3\,351.3X^2+6\,507.7X+9\,223.6$	0.003
	90	心土层	$Y=-4\,632.7X^2+6\,721.4X+9\,982.3$	0.009

注：*表示 $P<0.05$，**表示 $P<0.01$。

（二）合理耕层评价

作物生产是以高产、稳产与资源高效利用为目标的生产过程，人们关注的焦点是持续实现高产，且具备人们可调控的土壤耕层特征，这些特征同时也是评价合理耕层的关键。然而，关于合理耕层评价尚无统一的方法可供参考，迄今为止多以土壤质量评价为基础。土壤质量评价过程主要考虑土壤健康程度，偏重于土壤整体养分构成及分布，尽管土壤健康程度与作物生产目标有关，并且也是作物生产所关注的问题，但以土壤质量评价为基础的土壤健康评价与作物生产目标的关联性尚有待商榷。为此，从作物生产角度出发的合理耕层评价，需综合考虑耕层土壤实现作物生产目标的需求和土壤的健康程度，即在特定农田土壤类型条件下，保障作物的高产稳产是合理耕层评价的前提，同时兼具合理的耕层物理结构、养分构成与分布以及良好的生物多样性等土壤特征。当然，随着评价机制不断完善，作物的优质、高效生产及农田系统生态友好等指标也应逐渐加入，在这里暂不做过多深入探讨。基于东北平原棕壤土区旱作农田耕层评价方法研究基础，对评价过程及合理耕层评价指标的形成作以下介绍。

1. 典型棕壤区旱作农田耕层土壤基本理化特征

通过多年的耕层实地调研发现，东北平原典型棕壤区耕层、犁底层、心土层容重平均值分别为 1.25 g/cm²、1.50 g/cm²、1.36 g/cm³，其中犁底层容重最大（表 7-5）。各层容重变异系数均小于 10%，属于弱变异水平。耕层与心土层田间持水量平均为 25.68%和 25.78%，犁底层田间持水量较低，仅为 23.42%，3 个土层的田间持水量变异系数在 12.43%～14.83%，表现出中等变异。>0.25 mm 水稳性团聚体含量随着土层深度增加，其含量逐渐降低。耕层含量在 18.99%～67.98%，平均达 35.64%，变异系数为 32.36%，呈中等变异；犁底层、心土层>0.25 mm 水稳性团聚体的含量平均为 26.90%和 23.88%，变异程度也处于中等水平。全氮含量的变化趋势与>0.25 mm 水稳性团聚体一致，也表现为随土层加深含量降低。其中，耕层全氮均值为 1.18 g/kg，变异系数 29.27%，呈中等变异；犁底层全氮平均为 0.96 g/kg，变异系数为 9.94%，属于弱变异性；心土层平均为 0.73 g/kg，变异系数为 16.52%，表现出中等变异。0～50 cm 变异系数为 15.51%，全氮含量总体表现为中等变异水平。土壤有机质在耕层含量为 11.24～28.99 g/kg，3 个土层的有机质平均值为 10.17～16.94 g/kg，变异系数在 21.18%～33.12%，变异系数随着土层深度增加而变大，说明土层越深，土壤有机质含量越不稳定。

表 7-5　不同土层土壤基本理化性状统计分析

土壤物理性状	土层	最小值	最大值	平均值	标准差	变异系数（%）
容重（g/cm³）	耕层	0.99	1.50	1.25	0.12	9.53
	犁底层	1.34	1.65	1.50	0.08	5.05
	心土层	1.25	1.54	1.36	0.06	4.65
	0～50 cm	1.25	1.48	1.35	0.05	4.07
田间持水量（%）	耕层	19.51	32.90	25.68	3.19	12.43
	犁底层	18.11	34.40	23.42	3.47	14.83
	心土层	20.16	34.69	25.78	3.80	14.74
	0～50 cm	21.42	33.76	25.26	3.09	12.22
>0.25 mm 水稳性团聚体（%）	耕层	18.99	67.98	35.64	11.53	32.36
	犁底层	14.20	78.78	26.90	12.74	47.38
	心土层	10.90	84.78	23.88	13.36	55.96
	0～50 cm	18.87	79.08	29.07	10.49	36.08
全氮（g/kg）	耕层	0.71	2.42	1.18	0.35	29.27
	犁底层	0.74	1.20	0.96	0.10	9.94
	心土层	0.43	0.92	0.73	0.12	16.52
	0～50 cm	0.72	1.58	0.94	0.15	15.51
土壤有机质（g/kg）	耕层	11.24	28.99	16.94	3.59	21.18
	犁底层	4.07	20.24	13.72	3.00	21.89
	心土层	1.26	15.66	10.17	3.37	33.12
	0～50 cm	6.72	18.12	13.30	2.42	18.19

2. 合理耕层评价指标

沈阳农业大学耕作学团队根据实际生产需要，结合传统耕作学与土壤学对耕层评价的认识，将棕壤土区旱作农田合理耕层评价指标确定方法及流程加以归纳得到棕壤土区农田合理耕层评价指标确定方法及流程（图 7-3）。首先，以作物产量及产量稳定性为依据，对棕壤土区旱作农田典型地块开展调查取样，获取多年作物产量及土壤理化性状信息，得出产量变异数据，将土壤理化指标同产量及产量变异数据进行相关分析，得出同时与产量和产量变异相关的理化指标信息；将初级筛选的土壤理化指标通过主成分分析（权重分析）降维并剔除冗余指标，最终获得的相关指标即为合理耕层的评价指标。为了确定评价指标的有效阈值，合理耕层评价指标体系确立后，以产量与确立的指标逐一进行拟合分析，以总体样本中多年平均产量水平及稳产性 1/3 处为界限确定指标响应阈值范围，并依据权重分析结果确定指标量级。

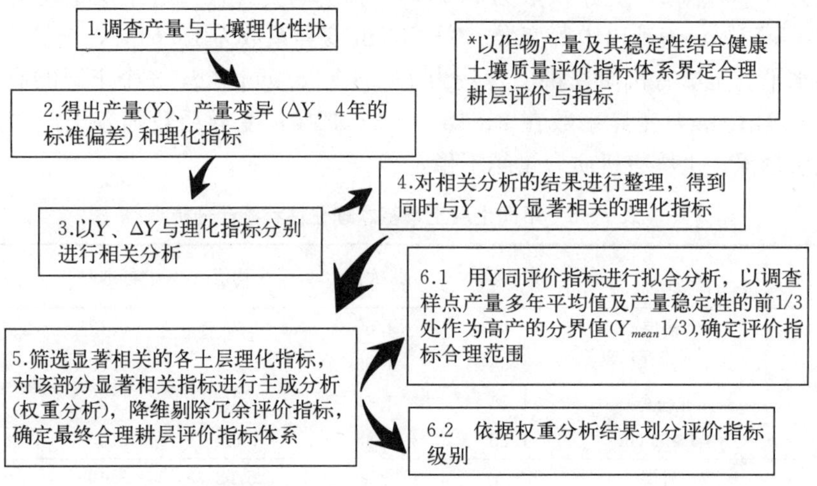

图 7-3 棕壤土区农田合理耕层评价指标确定方法及流程

通过连续跟踪调查棕壤土区 30 块典型农田产量及耕层理化性状指标的相关分析表明，耕层厚度和犁底层厚度等 14 项耕层理化指标与产量和产量变异存在显著相关关系。进一步将 14 项相关指标进行主成分分析，抽取代表总体 85％的 6 个主成分作矩阵分析，结果如表 7-6所示，将权重占比大于 0.5 的指标进行筛选，剔除在任意成分均表现低于 0.5 水平的指标，筛选出指标进一步与产量作拟合分析。此外，针对筛选出的指标同样进行了 2 个及 3 个主成分分析的比较，结果如图 7-4 所示，进一步确认了通过成分矩阵淘汰指标在产量整体指标中的贡献度，结果发现与前者统计结果一致，确保了得出指标结果的可靠性。

表 7-6 耕层理化指标与产量和产量变异相关指标的主成分分析

指标	主成分提取					
	1	2	3	4	5	6
XB1	−0.847	0.306	0.035	0.224	0.012	0.029
XC1	0.734	0.001	0.006	−0.144	0.131	−0.487
XD1	0.804	−0.248	−0.004	−0.244	−0.277	0.062

（续）

指标	主成分提取					
	1	2	3	4	5	6
XC2	0.081	−0.611	0.611	−0.281	0.139	−0.103
XD2	−0.628	−0.667	0.238	−0.067	0.075	0.083
XC3	−0.078	0.686	−0.550	0.281	−0.178	0.065
XD3	0.705	0.576	−0.127	0.002	−0.041	−0.108
XA4	0.609	0.012	0.478	−0.028	−0.188	0.221
XB4	0.740	0.100	0.297	−0.154	−0.130	0.134
XA7	0.163	−0.436	−0.680	−0.264	−0.045	0.088
XD7	0.758	0.136	0.050	0.279	0.141	0.125
XA8	0.388	−0.241	−0.542	0.028	−0.273	0.101
XB8	0.367	−0.597	−0.229	0.335	−0.023	−0.443
XC8	0.305	−0.474	−0.106	0.623	0.273	−0.048
XD9	0.129	0.318	−0.154	−0.189	0.780	−0.052
XC10	0.430	−0.375	−0.225	0.070	0.375	0.436
XA12	0.177	−0.090	0.536	0.518	−0.054	0.294
XB12	0.373	0.458	0.406	0.209	−0.048	−0.351
XD13	0.688	0.350	−0.035	−0.104	0.171	0.256
XC14	−0.227	0.861	0.178	−0.119	0.097	0.043

注：提取 6 个成分。XB1 为耕层厚度，XC1 为犁底层厚度，XD1 为心土层厚度，XC2 为犁底层容重，XD2 为心土层容重，XC3 为犁底层孔隙度，XD3 为心土层孔隙度，XA4 为表土层紧实度，XB4 为稳定层紧实度，XA7 为表土层碱解氮，XD7 为心土层碱解氮，XA8 为表土层有效磷，XB8 为稳定层有效磷，XC8 为犁底层有效磷，XD9 为心土层速效钾，XC10 为犁底层全氮，XA12 为表土层全钾，XB12 为稳定层全钾，XD13 为心土层有机质，XC14 为犁底层 pH。

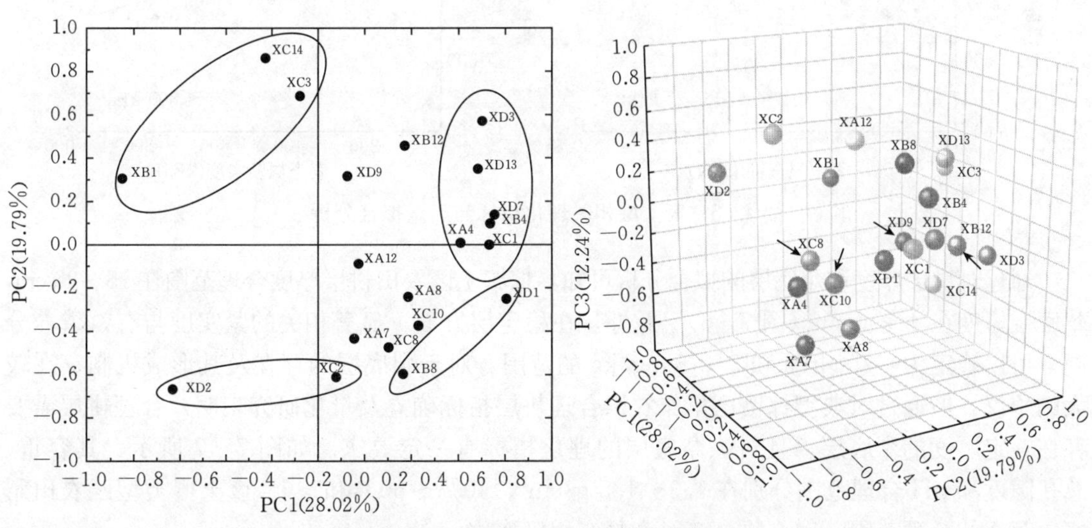

图 7－4　相关指标主成分分析结果

通过成分矩阵在14项指标中剔除了XC8、XD9、XC10和XB12 4项指标参数，发现上述指标在各项主成分中的权重均低于0.5水平。耕层厚度等10项指标可以确立为棕壤土区合理耕层的评价指标体系。两项及三项主成分分析结果表明，XB1、XD1、XC14和XD13等指标对整体结果响应作用表现明显强于其他相关指标，说明上述指标在合理耕层评价中的重要性。

3. 合理耕层评价指标定量化

在确定指标体系的基础上，继续对指标进行定量化分析。通过与产量进行拟合分析，并以调查总样本前1/3划为该区域高产及稳产水平，最终确定各项指标的相关阈值范围。如图7-5所示，在表土层相关指标中，拟合分析后的结果若成直线相关，则根据高产且表现稳定的区间确定阈值。从而得出棕壤土区农田表土碱解氮、有效磷、全钾和紧实度等相关指标的阈值范围分别在100～125 mg/kg、15～22.5 mg/kg、16～25 g/kg和<300 kPa。

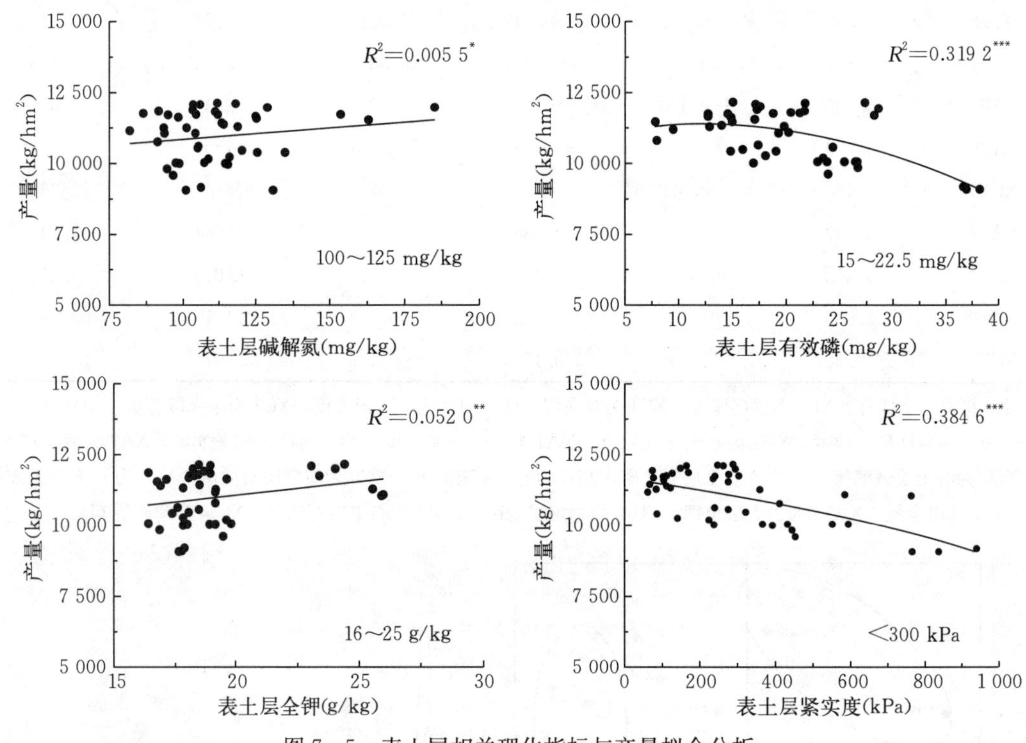

图7-5 表土层相关理化指标与产量拟合分析

通过对耕层厚度和犁底层的拟合分析可知，棕壤土区农田耕层厚度合理范围在15～26 cm，犁底层厚度在4～10 cm（图7-6）。此外，在稳定层方面，显著相关的紧实度与有效磷养分同样可以确定为<750 kPa和5～15 mg/kg的范围。对于犁底层的存在及其形成机制存在较大的争议，但通过对典型棕壤区旱作农田合理耕层指标确立及量化研究表明，合理耕层需要存在一定厚度的犁底层，且对该犁底层的理化指标有一定要求。如图7-7所示，其容重、总孔隙度和pH合理范围分别在1.3～1.5 g/cm³、40%～50%和>6。该土壤类型区农田犁底层存在的合理范围，对作物高产稳产具有积极作用。

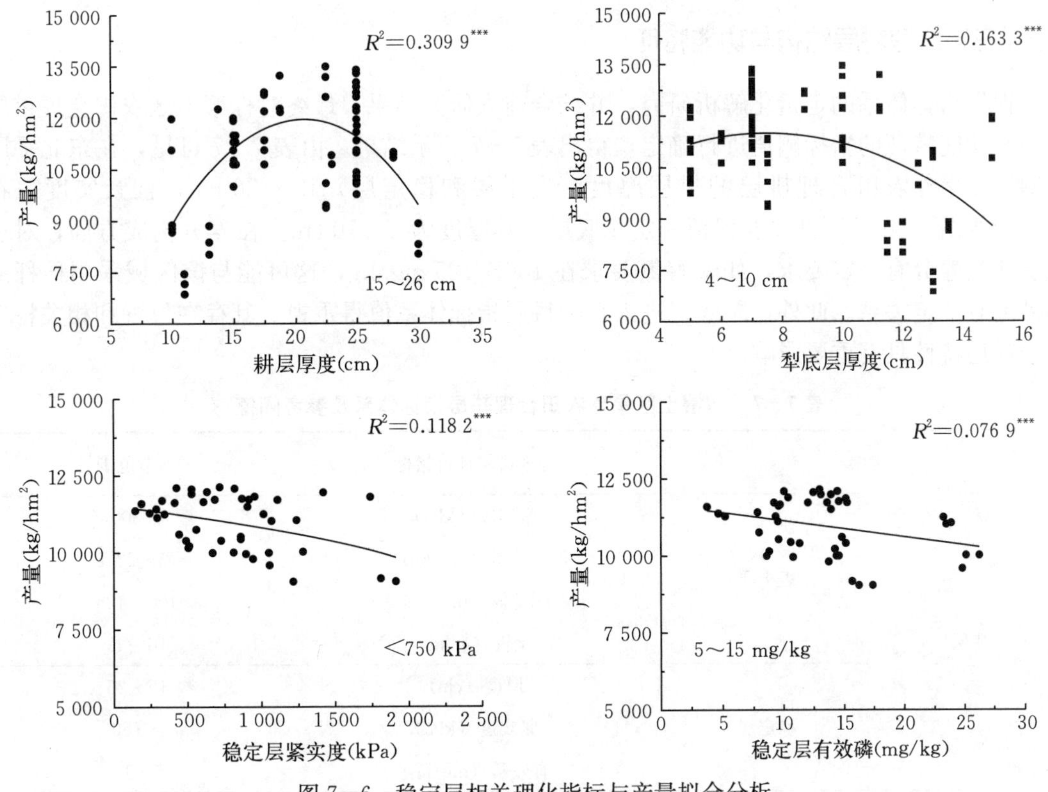

图 7-6　稳定层相关理化指标与产量拟合分析

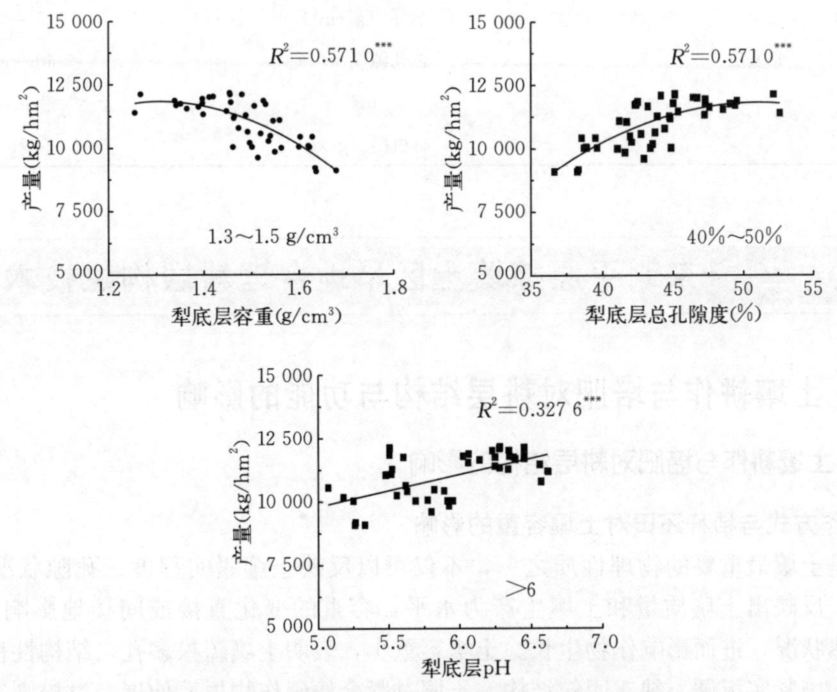

图 7-7　犁底层相关理化指标与产量拟合分析

（三）合理耕层结构与功能特征

根据指标体系的定量化解析研究，并结合前人研究结果，最终对棕壤土区农田合理耕层结构与功能特征的指标阈值进行确定，得出表 7-7 所示结果。由表 7-7 可见，在东北平原棕壤土区旱作农田合理耕层的耕层厚度（表土层和稳定层）15～26 cm，且紧实度需在 750 kPa以下，在其下部需要保留一定犁底层，其厚度为 4～10 cm。在养分构成方面，对表土层速效养分有一定要求，如碱解氮要求在 100～125 mg/kg，这可能与该区域采用秸秆还田措施有一定关系。此外，犁底层进入合理耕层指标体系值得重视，其存在位置和相关特性对于耕层特性具有重要影响。

表 7-7　棕壤土区旱作农田合理耕层指标体系及参考阈值

土层		合理耕层评价指标	参考范围
耕层	表土层	紧实度（kPa）	＜300
		有效磷（mg/kg）	15～22.5
		碱解氮（mg/kg）	100～125
		全钾（g/kg）	16～25
	稳定层	厚度（cm）	15～26
		紧实度（kPa）	＜750
		有效磷（mg/kg）	5～15
犁底层		厚度（cm）	4～10
		容重（g/cm^3）	1.3～1.5
		总孔隙度（%）	40～50
		pH	＞6.0
		有机质（g/kg）	5～10

第二节　东北平原棕壤土区旱地合理耕层构建技术

一、土壤耕作与培肥对耕层结构与功能的影响

（一）土壤耕作与培肥对耕层结构的影响

1. 耕作方式与秸秆还田对土壤容重的影响

容重是土壤最重要的物理性质之一，不仅可以反映土壤紧实程度、孔隙状况等结构特征，还可以反映出土壤质量和土壤生产力水平，容重的变化直接或间接地影响土壤的水、肥、气、热状况，进而影响作物生长。土壤容重小，表明土壤疏松多孔，结构性良好；容重大则表明土壤紧实板硬，缺乏团粒结构。土壤过紧会妨碍作物根系伸展，过松则造成漏风跑墒，耕作方式与秸秆还田对土壤的影响首先表现为对土壤容重的影响。

通过垄间、隔行垄间秸秆旋耕还田对土壤容重影响的研究表明（表 7－8）：与秸秆不还田处理比较，垄间或隔行垄间秸秆旋耕还田显著降低了垄间耕层（0～20 cm）的土壤容重，未还田带及垄上土壤容重由于土壤扰动较小均无显著变化；值得注意的是，隔行垄间秸秆旋耕还田的土壤容重较垄间秸秆旋耕还田处理明显减小。但随着生育时期推移（播种前、吐丝期和成熟期），耕层（0～20 cm）土壤容重受降水冲刷影响而逐渐增加。整个作物生育期间，不同处理耕层以下（20～60 cm）土壤容重总体差异不大；垄间或隔行垄间秸秆翻耕还田的土壤容重变化与上述趋势基本一致（表 7－9）。

表 7－8　秸秆旋耕还田土壤容重空间变化

取样时期	土壤深度（cm）	L		M		R	
		RR＋S	RR	RR＋S	RR	RR＋S	RR
播种前	0～10	1.17c	1.20b	1.25a	1.23b	1.16b	1.26a
	10～20	1.25c	1.35b	1.53a	1.51a	1.29c	1.36b
	20～40	1.44b	1.43b	1.46a	1.45a	1.42b	1.43b
	40～60	1.50a	1.52a	1.49a	1.51a	1.51a	1.53a
成熟期	0～10	1.35b	1.39b	1.36a	1.38a	1.36b	1.39a
	10～20	1.57a	1.55a	1.66a	1.57b	1.51c	1.53b
	20～40	1.56a	1.53a	1.57a	1.59a	1.56a	1.53a
	40～60	1.55a	1.57a	1.56a	1.53a	1.58a	1.59a

注：不同小写字母表示在 0.05 水平上差异显著。L 为植株左侧垄间，R 为植株右侧垄间，M 为苗带。RR 为不还田，RR＋S 为还田。

表 7－9　秸秆翻耕还田土壤容重空间变化

取样时期	土壤深度（cm）	L		M		R	
		RR＋S	RR	RR＋S	RR	RR＋S	RR
播种前	0～10	1.18c	1.21b	1.25a	1.23b	1.17b	1.19a
	10～20	1.24c	1.30b	1.52a	1.51a	1.23c	1.26b
	20～30	1.27c	1.34b	1.53a	1.51a	1.29c	1.36b
	30～40	1.46b	1.43b	1.46a	1.45a	1.42b	1.43b
	40～60	1.52a	1.52a	1.49a	1.51a	1.51a	1.53a
成熟期	0～10	1.35b	1.34b	1.36a	1.38a	1.36b	1.39a
	10～20	1.31a	1.35a	1.66a	1.57b	1.31c	1.39b
	20～30	1.35b	1.39b	1.66a	1.57b	1.38c	1.53b
	30～40	1.56a	1.53a	1.57a	1.59a	1.56a	1.53a
	40～60	1.55a	1.57a	1.56a	1.53a	1.58a	1.59a

注：不同小写字母表示在 0.05 水平上差异显著。L 为植株左侧垄间，R 为植株右侧垄间，M 为苗带。RR 为不还田，RR＋S 为还田。

2. 耕作方式与秸秆还田对土壤含水量的影响

土壤水是供给作物生长的主要水源，对作物生长、发育和产量具有决定性影响。农田土壤含水量与土壤耕作密切相关，许多研究表明，保护性耕作可以提高土壤集蓄雨水的能力，显著提高土壤含水量。

不同秸秆条带旋耕还田处理下，0～60 cm 土壤含水量均随土壤深度增加逐渐增加（图 7－8a）。但是，秸秆旋耕条带还田处理可以显著提高耕层以下（30～60 cm）土壤含水量（$P<0.05$）。与秸秆行行还田（RR＋S）相比，隔行还田（IR＋S）处理并未显著降低 0～60 cm 土壤含水量。与秸秆行行不还田（RR）相比，隔行不还田（IR）处理也未显著降低土壤含水量。在 0～60 cm 土层，RR＋S 和 IR＋S 处理分别较不还田处理提高土壤含水量（1.9±2.1）%和（0.9±2.0）%。与 RR＋S 处理相比，IR＋S 处理使 0～60 cm 土壤含水量降低（1.1±1.7）%。与 RR 处理相比，IR 处理使 0～60 cm 土壤含水量降低（0.1±1.8）%。春玉米吐丝期不同秸秆沟埋还田处理下 0～60 cm 土壤含水量均随土壤深度增加逐渐增加（图 7－8b）。在 0～60 cm 土层，秸秆沟埋还田处理降低了耕层（0～30 cm）土壤含水量。但是，秸秆沟埋还田处理显著提高了耕层以下（30～60 cm）土壤含水量。

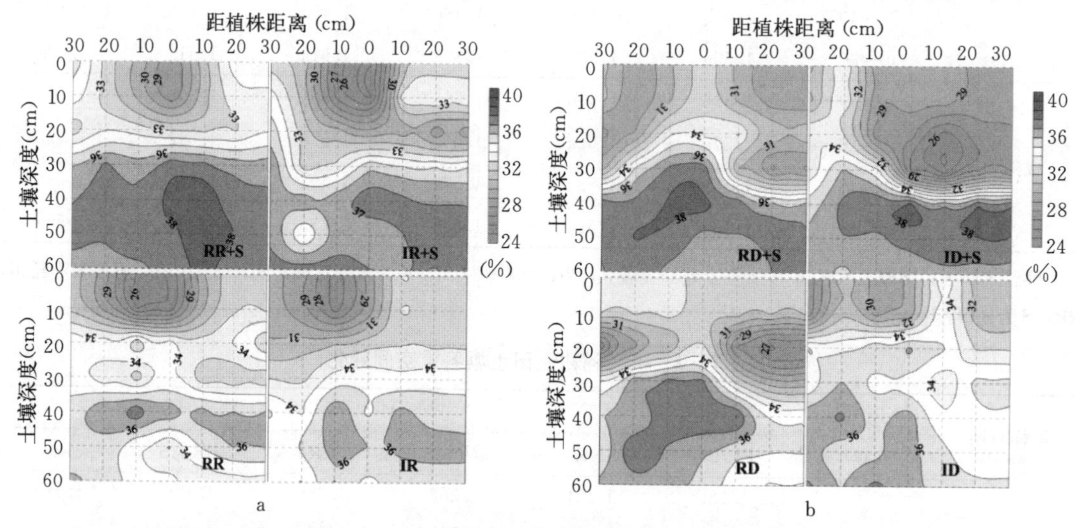

图 7－8　不同处理土壤体积含水量的空间分布

由秸秆条带还田模拟试验研究结果可知（图 7－9）：在玉米吐丝期，垂直方向上土壤表层体积含水量较多，随着土壤深度增加土壤体积含水量逐渐减少；水平方向上植株中心土壤体积含水量较多，距离植株越远，土壤含水量逐渐减少。行间秸秆还田后垂直方向上 0～10 cm、10～20 cm 和 20～30 cm 土壤含水量明显增加，水平方向上含水量变化不明显。耕作深度间，垂直方向 0～10 cm、10～20 cm、30～40 cm、40～50 cm 和 50～60 cm 处的土壤体积含水量均表现为 D2＞D3＞D1；水平方向上 0～10 cm 和 10～20 cm 含水量表现为 D2＞D3＞D1，20～30 cm 处表现为 D3＞D2＞D1。耕作方式间，垂直方向上 0～10 cm 和 10～20 cm 土壤体积含水量行间秸秆混拌还田较大，20～30 cm 和 30～40 cm 土壤体积含水量行间秸秆翻埋还田较大，40～50 cm 和 50～60 cm 处差异不显著。水平方向上，0～10 cm 行间秸秆混拌还田土壤体积含水量较大，10～20 cm 和 20～30 cm 行间秸秆翻埋还田土壤体积含水量较大。行间秸秆还田和还田深度间互作效应显著。由此可见，适宜的行间秸秆还田深度可提高土壤蓄水保墒能力。

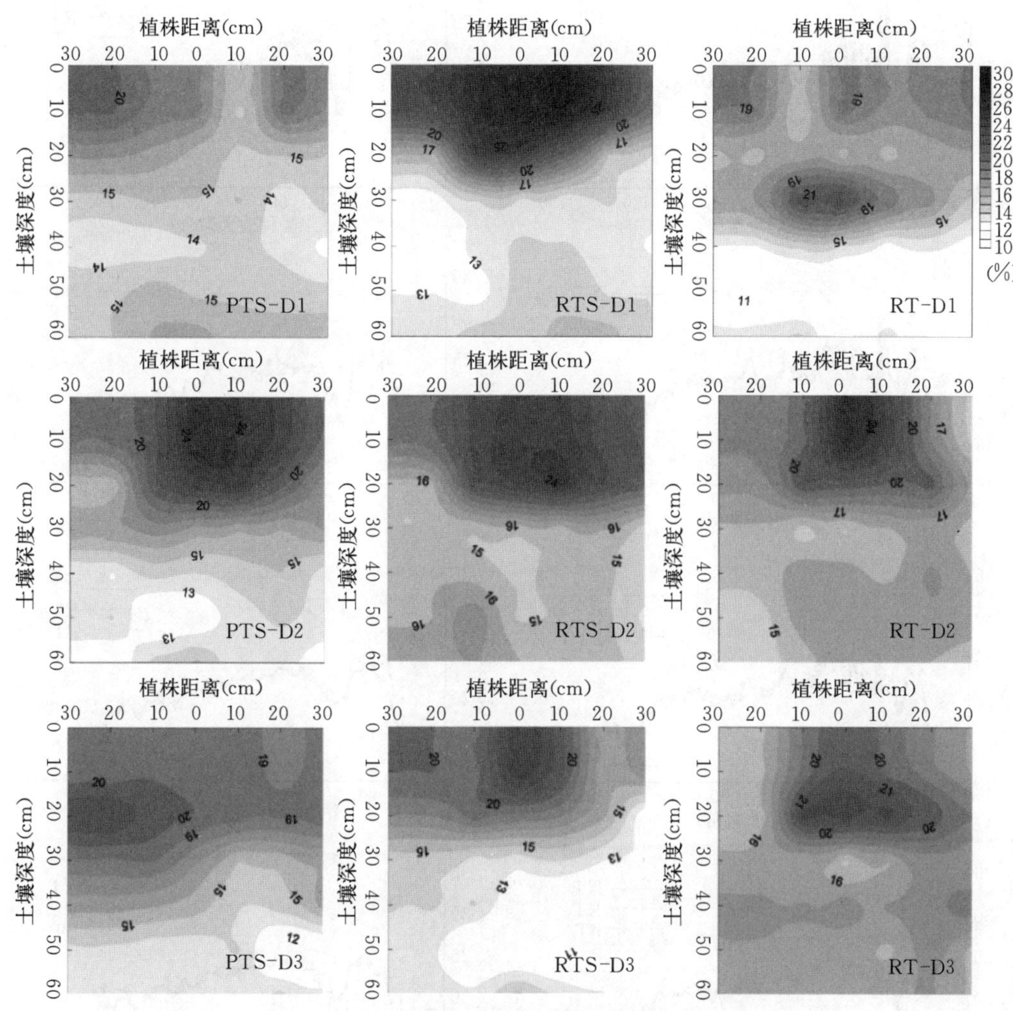

图 7-9　吐丝期土壤体积含水量

注：PTS为秸秆翻埋还田，RTS为秸秆混拌还田，RT为秸秆不还田；D1、D2、D3分别为耕作15 cm、30 cm、45 cm。

3. 耕作方式与秸秆还田对土壤温度的影响

土壤温度是影响作物生长发育、土壤中水盐移动、生物数量与活性、农田温室气体排放、土壤碳平衡等的重要因素，土壤温度受太阳辐射影响而产生日变化和季节变化，减少耕作和秸秆还田能够抑制土壤温度激变，促进玉米根系抵御低温冷害。

图 7-10 为不同耕作方式下 0～25 cm 土层土壤温度的季节变化特征。从中可以看出，耕层土壤温度经历了剧烈—平稳—快速下降的季节变动趋势。在 0～5 cm 土层深度，土壤温度上升和下降的幅度较大，其他土层土壤温度随季节变化的趋势与 0～5 cm 土层基本一致，但随着土层深度增加而趋于平稳。在玉米生长的苗期（0～45 d）和拔节期（46～75 d），农田土壤裸露较多，土壤温度较高，且变化幅度较大。免耕（NT）和旋耕（RT）处理降低了土壤温度，且温度变化幅度较翻耕（PT）处理小。与翻耕相比，免耕处理下 0～5 cm 土层

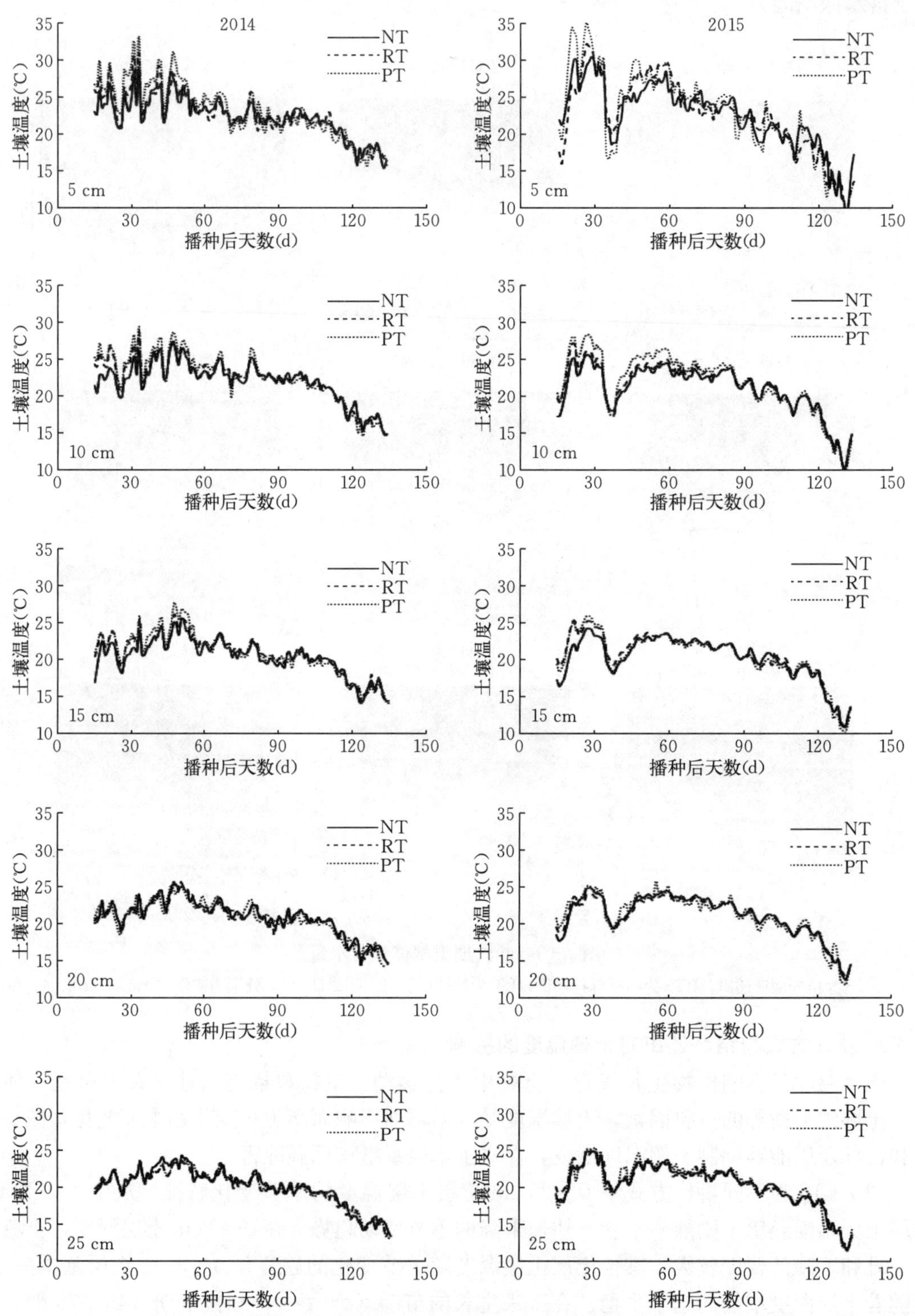

图 7-10 不同土壤耕作土壤温度季节变化

注：NT 为免耕，RT 为旋耕，PT 为翻耕。

还田第一年和还田第二年土壤温度分别降低了2.0℃和1.3℃，0～25 cm土层土壤平均温度分别降低了0.9℃和0.8℃；旋耕处理下0～5 cm土层还田第一年和还田第二年土壤温度分别降低了1.3℃和0.9℃，0～25 cm土层土壤平均温度分别降低了0.5℃和0.4℃。进入吐丝期（76～90 d）后，随着地表遮盖度增加，太阳辐射对土壤温度的影响减弱，不同耕作方式下土壤温度差异不明显。免耕和旋耕处理有降低土壤温度的趋势。与翻耕相比，免耕处理下0～5 cm土层还田第一年和还田第二年土壤温度分别降低0.4℃和0.3℃，0～25 cm土层土壤温度降低0.2℃；旋耕处理下0～5 cm土层土壤温度降低0.2℃，0～25 cm土层还田第一年和还田第二年土壤温度分别降低0.2℃和0.1℃。在灌浆期（91～120 d）和成熟期（121～135 d），随气温降低，土壤温度呈现快速下降趋势。与翻耕处理相比，免耕和旋耕提高了土壤温度。免耕处理下0～5 cm土层土壤温度提高0.6℃，0～25 cm土层还田第一年和还田第二年土壤温度分别提高0.4℃和0.3℃；旋耕处理下0～5 cm土层土壤温度提高了0.4℃和0.3℃，0～25 cm土层土壤平均温度提高了0.2℃。

4. 耕作方式与秸秆还田对土壤紧实度的影响

土壤紧实度又称为土壤硬度，反映土壤的坚实度和穿透阻力，土壤紧实度的大小影响着作物根系的生长和分布，是评价土壤耕性的重要物理指标。耕作方式与秸秆还田对土壤紧实度的影响（表7-10）研究结果表明，与翻耕（PT）相比，免耕（NT）和旋耕（RT）显著降低了30～40 cm土层的土壤紧实度，在吐丝期和成熟期，免耕较翻耕处理30～40 cm土层土壤紧实度分别降低35.7%和28.7%，旋耕较翻耕处理30～40 cm土层土壤紧实度分别降低22.6%和14.7%，可见多年连续翻耕在30～40 cm土层形成了较为坚硬的犁底层。与秸秆不还田（S2）相比，秸秆还田（S1）降低了0～40 cm土层的土壤紧实度。在吐丝期和成熟期，秸秆还田较秸秆不还田处理0～40 cm土层土壤紧实度分别降低10.4%和8.0%。免耕和旋耕下秸秆还田显著降低了吐丝期0～10 cm土层土壤紧实度，翻耕下秸秆还田显著降低了各时期20～30 cm土层土壤紧实度。

表7-10　全层耕作对土壤紧实度（kPa）的影响

土层（cm）	处理	吐丝期				成熟期			
		2014年		2015年		2014年		2015年	
		S1	S2	S1	S2	S1	S2	S1	S2
0～10	NT	154.0a	218.5a	182.6a	256.5a	328.9a	368.0a	335.5a	379.5a
	RT	66.5c	112.1c	75.0c	114.9c	199.5c	228.0c	198.6c	227.1b
	PT	120.0b	136.5b	121.0b	152.3b	267.0b	313.9b	286.0b	345.0ab
10～20	NT	330.0a	396.8a	379.5a	423.2a	493.9a	558.9a	512.6a	560.1a
	RT	246.1b	310.2b	244.2b	272.4b	398.5b	421.4b	371.5b	414.5b
	PT	240.0b	291.9b	239.0b	281.4b	380.0b	409.5b	376.0b	447.9b
20～30	NT	443.0a	447.0a	488.1a	499.0a	587.0a	598.0a	611.0a	631.0a
	RT	421.0b	429.0b	458.4b	489.0a	523.0b	534.0b	580.0b	610.0a
	PT	285.0c	348.9c	284.1c	362.6b	351.5c	432.2c	360.1c	467.5b

（续）

土层（cm）	处理	吐丝期				成熟期			
		2014 年		2015 年		2014 年		2015 年	
		S1	S2	S1	S2	S1	S2	S1	S2
30～40	NT	467.0c	477.0c	496.7c	512.0c	591.0c	601.0c	607.0c	621.0c
	RT	539.7b	589.5b	590.5b	629.9b	658.2b	715.9b	738.1b	785.6b
	PT	720.7a	775.4a	754.3a	783.9a	813.6a	856.4a	846.0aA	879.6a

注：不同小写字母表示不同耕作方式间差异显著（$P<0.05$）。NT 为免耕，RT 为旋耕，PT 为翻耕；S1 为秸秆还田，S2 为秸秆不还田。

条带旋耕显著降低了 10～20 cm 土层土壤紧实度（图 7－11），降幅分别为 22.4%（2015 年）、23.0%（2016 年），丰水年（2016 年）条带旋耕进一步降低了 20～30 cm 土层土壤紧实度，降幅为 58.9%。秸秆还田显著降低了丰水年 20～40 cm 土层土壤紧实度，降幅分别为 18.9%（10～20 cm）、5.4%（20～30 cm）和 6.1%（30～40 cm）。

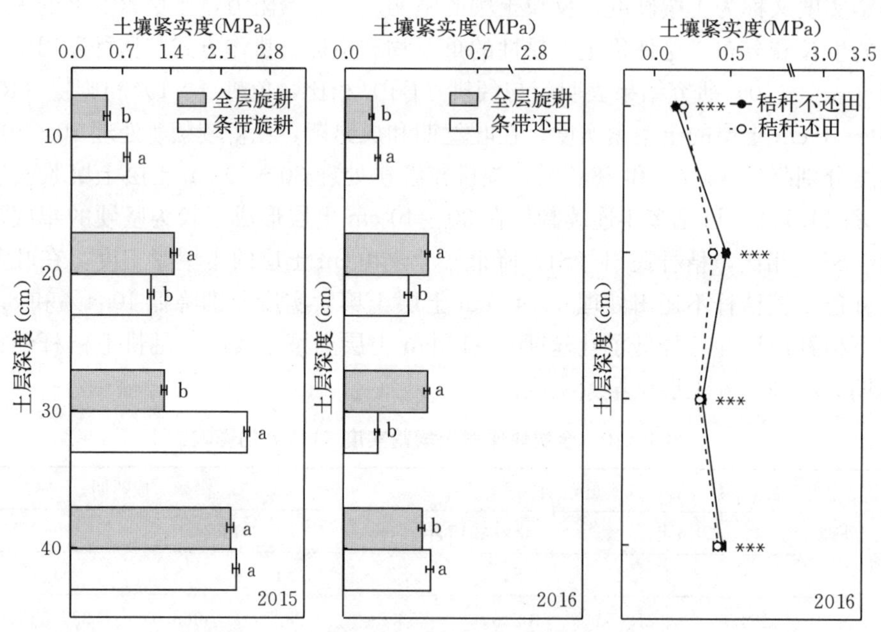

图 7－11　条带旋耕对各土层土壤紧实度的影响

5. 耕作方式与秸秆还田对土壤团聚体的影响

土壤大团聚体有助于平衡土壤水气状况，增强土壤对环境水热变化的缓冲能力，少耕和秸秆还田可以明显增加土壤大团聚体数量。土壤团聚体稳定性指数（几何平均直径和平均重量直径）是反映团聚体大小分布状况的重要指标。几何平均直径（GMD）和平均重量直径（MWD）数值越大，土壤团聚体的平均粒级团聚度越高，土壤越稳定。

由秸秆条带还田对土壤水稳性团聚体分布的影响（图 7－12）可以看出，各土层均以 0.25～2 mm 的大团聚体和<0.053 mm 的黏沙粒占比较大，>2 mm 的大团聚体和 0.053～0.25 mm 的微团聚体占比较小。且大团聚体数量随土层加深而减少，微团聚体和黏沙粒的数量随土层加深有增加的趋势。不同耕作方式（T1 旋耕，T2 翻耕）和秸秆还田（S1 秸秆还田，S2 秸秆不还田）处理对土壤水稳性团聚体的分布有显著影响。相同耕作条件下，秸秆还田（T1S1 和 T2S1）处理均提高了各土层＞2 mm 和 0.25～2 mm 的大团聚体含量，减少了黏沙粒含量（除 T2S2 处理的 0.25～2 mm 大团聚体在 10～20 cm 土层高于 T2S1 外）。说明秸秆还田有利于微团聚体的团聚，且在耕作时可以起到增加扰动阻力，减少团聚体破坏的作用。相同秸秆处理的条件下，在 0～10 cm、10～20 cm 和 30～40 cm 土层，旋耕（T1S1 和 T1S2）处理的大团聚体含量高于翻耕（T2S1 和 T2S2）处理（除 T1S2 处理的 0.25～2 mm 大团聚体含量在 10～20 cm 和 20～30 cm 土层低于 T2S2 外），黏沙粒含量低于翻耕（除 T1S2 处理在 10～20 和 20～30 cm 土层高于 T2S2 外）处理。其中，与其他处理相比，T1S1 处理对各土层大团聚体和微团聚体含量的增加幅度以及对黏沙粒含量的减少幅度均达到显著水平。在秸秆还田处理的 20～30 cm 土层，旋耕处理的大团聚体含量均低于翻耕处理，微团聚体和黏沙粒含量均高于翻耕处理。

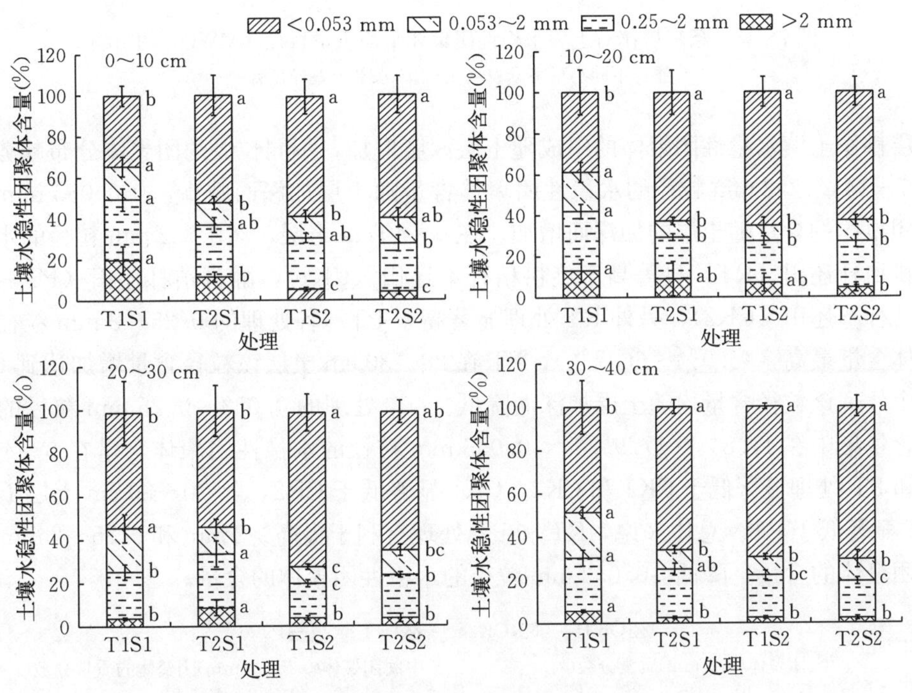

图 7-12　条带耕作各土层土壤水稳性团聚体含量

条带耕作各处理的 MWD 均随土层深度的增加而减小（图 7-13）。相同耕作处理（T1 或 T2）条件下，秸秆还田（S1）处理各土层的 MWD 值均有所提高，在 0～10 cm 和 10～20 cm土层达到显著水平。相同秸秆处理（S1 或 S2）条件下，旋耕秸秆还田（T1S1）处理的 MWD 显著高于翻耕秸秆还田（T2S1），旋耕秸秆不还田（T1S2）处理的 MWD 除 20～30 cm土层外均高于翻耕秸秆不还田（T2S2），但差异不显著。其中，与其他处理相比，T1S1 处理对各土层 MWD 的提高幅度均达到显著水平（$P<0.05$）。表明秸秆还田可以增加团聚体的稳定性，且翻耕对土壤结构的破坏程度大于旋耕处理，降低了土壤结构的稳定性。

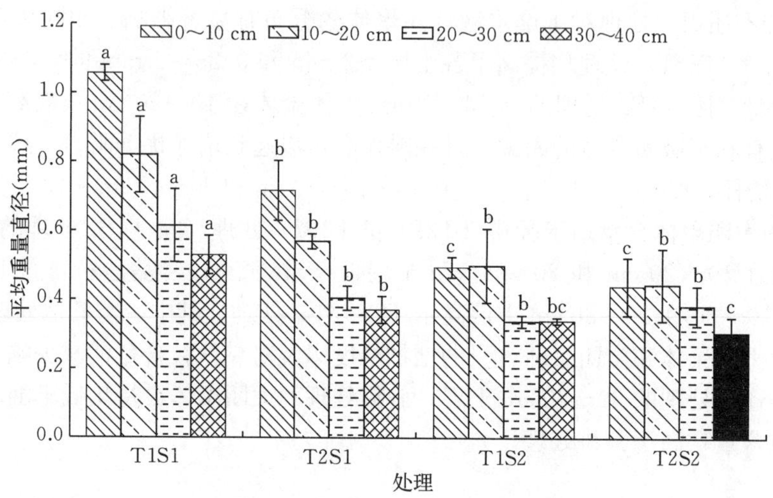

图 7-13　条带耕作对土壤水稳性团聚体平均重量直径（MWD）的影响

注：不同小写字母表示在 0.05 水平上差异显著。

全层耕作土壤水稳性团聚体的组成随土层深度增加，不同粒级的团聚体分布趋势不尽相同（图 7-14），＞2 mm 粒径的水稳性团聚体含量随土层加深而减少，＜0.053 mm 粒径的水稳性团聚体的含量随土层的加深而增加。在 0～40 cm 土层，对于＞2 mm 粒径的水稳性团聚体旋耕秸秆还田（RT）显著高于旋耕秸秆不还田（CK1），翻耕秸秆还田（PT）显著高于翻耕秸秆不还田（CK2），另外 RT 处理显著高于 PT。各处理的 0.25～2 mm 粒径的水稳性团聚体含量最高（45.9%～66.7%），PT 在 20～30 cm 土层该粒径含量增加达到 62.4%，其他 3 个处理该粒径含量均随土层加深而降低。4 个处理的 0.053～0.25 mm 粒径的水稳性团聚体含量集中在 11.8%～17.9%。＜0.053 mm 粒径的水稳性团聚体含量在 0～40 cm 土层 RT 和 PT 处理显著低于 CK1 和 CK2，CK1 显著低于 CK2，除 20～30 cm 土层 PT＜RT 外，RT 显著低于 PT。总体来说，RT 和 PT 处理有利于提高＞2 mm 和 0.25～2 mm 粒径的水稳性团聚体的含量，降低＜0.053 mm 粒径的水稳性团聚体的含量。

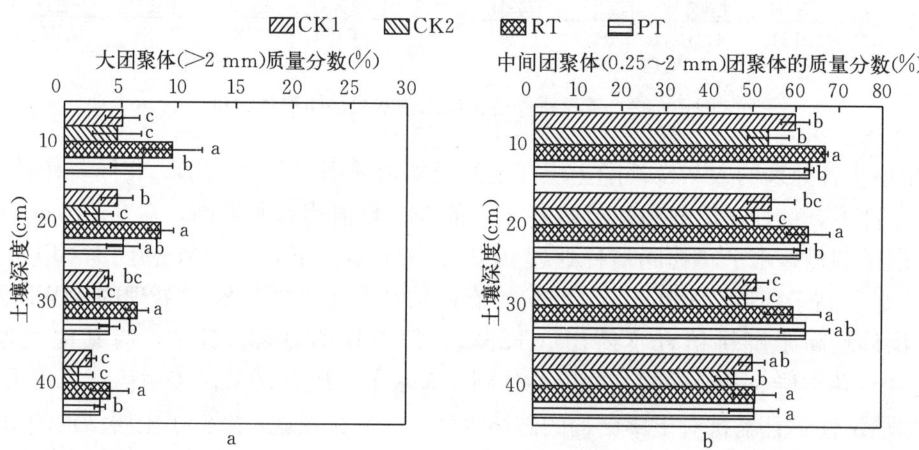

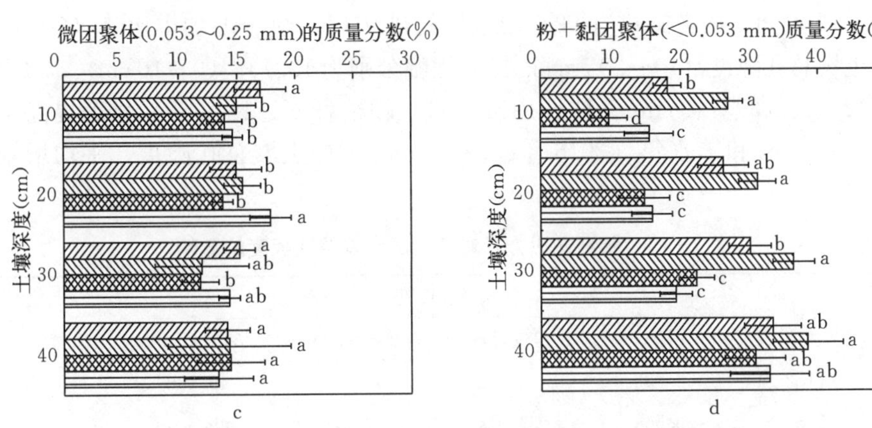

图 7-14　全层耕作各土层土壤水稳性团聚体百分含量

由表 7-11 可见，免耕（NT）提高了 0～20 cm 土层的团聚体稳定性指数。与翻耕（PT）相比，免耕后 0～20 cm 土层团聚体平均重量直径提高了 6.6%，团聚体几何平均直径提高了 8.1%。秸秆还田提高了 0～40 cm 土层的团聚体稳定性指数。免耕和旋耕（RT）条件下，在 0～20 cm 土层均达到了差异显著水平；翻耕条件下，在 20～30 cm 土层差异显著。这说明秸秆可以显著改善还田土层的团聚体稳定性。与秸秆不还田（S2）相比，秸秆还田（S1）后团聚体的平均重量直径提高了 7.7%，几何平均直径提高了 3.1%。

表 7-11　全层耕作土壤水稳性团聚体稳定指数比较

深度 (cm)	处理	平均重量直径（mm）				几何平均直径（mm）			
		2014		2015		2014		2015	
		S1	S2	S1	S2	S1	S2	S1	S2
0～10	NT	0.59a	0.64a	0.59a	0.66a	0.28a	0.32a	0.29a	0.33a
	RT	0.53c	0.58b	0.52c	0.60b	0.27ab	0.31a	0.26b	0.32b
	PT	0.56b	0.57c	0.54b	0.57c	0.26b	0.27b	0.26b	0.28c
10～20	NT	0.50a	0.52ab	0.51a	0.53a	0.25a	0.26a	0.26a	0.27a
	RT	0.45c	0.53a	0.45b	0.52b	0.24a	0.27a	0.24b	0.27a
	PT	0.49b	0.51b	0.50a	0.52b	0.25a	0.26a	0.25ab	0.26a
20～30	NT	0.44b	0.46b	0.46b	0.47b	0.23ab	0.23b	0.23b	0.24b
	RT	0.44b	0.46b	0.43c	0.45c	0.22b	0.23b	0.21c	0.23b
	PT	0.48a	0.53a	0.52a	0.57a	0.25a	0.28a	0.26a	0.29a
30～40	NT	0.40a	0.40b	0.41a	0.42a	0.21a	0.21b	0.21a	0.22a
	RT	0.36b	0.36c	0.38c	0.40b	0.19b	0.19c	0.19c	0.21b
	PT	0.41a	0.44a	0.39b	0.42a	0.21a	0.23a	0.20b	0.22a

注：不同小写字母表示在 0.05 水平上差异显著。

6. 耕作方式与秸秆还田对土壤孔隙度的影响

由表7-12可知，条带旋耕（T2）较全层旋耕（T1）显著增加丰水年（2016年）0～40 cm土层土壤总孔隙度（10～20 cm除外），增幅分别为10.7%（0～10 cm）、7.2%（20～30 cm）和12.1%（30～40 cm）。秸秆还田（S1）较秸秆不还田（S2）显著提高了干旱年（2015年）0～30 cm和丰水年（2016年）0～40 cm土层土壤总孔隙度，平均增幅分别为4.3%和5.1%。

表7-12 秸秆还田方式对各土层土壤总孔隙度的影响

年份	处理	土壤总孔隙度（%）				平均值
		0～10 cm	10～20 cm	20～30 cm	30～40 cm	
2015	T1S2	53.73b	53.00a	40.79b	46.50b	48.51c
	T1S1	63.56a	53.03a	37.04c	49.98a	50.90a
	T2S2	55.97b	49.90a	41.97b	50.84a	49.67bc
	T2S1	51.58c	51.87a	50.56a	47.65ab	50.42ab
2016	T1S2	49.59b	55.18b	44.84b	45.83b	48.86b
	T1S1	52.57ab	58.97a	42.90b	46.58b	50.26b
	T2S2	56.76a	53.46b	42.68b	51.01a	50.98b
	T2S1	56.38a	58.28a	51.39a	52.59a	54.66a

全层耕作对0～40 cm土层土壤孔隙度的影响结果表明（表7-13），与翻耕（PT）相比，免耕（NT）降低了0～30 cm土层的土壤孔隙度，旋耕（RT）提高了0～10 cm土层的土壤孔隙度。在吐丝期和成熟期，与翻耕相比，免耕下0～40 cm土层土壤孔隙度均降低，旋耕下0～40 cm土层土壤孔隙度均降低，旋耕下0～10 cm土层的土壤孔隙度均提高。与土壤容重变化趋势类似，免耕和旋耕处理在成熟期出现提高土壤孔隙度的趋势。与秸秆不还田（S2）相比，秸秆还田（S1）提高了0～40 cm土层的土壤孔隙度。在吐丝期、灌浆期和成熟期，秸秆还田下土壤孔隙度分别提高4.2%、3.7%和2.6%。翻耕处理下进行秸秆还田可以显著提高20～30 cm土层的土壤孔隙度，这说明秸秆还田对土壤耕层土壤孔隙度的改善效果更加显著。

表7-13 全层耕作对土壤孔隙度的影响（%）

土层深度（cm）	处理	吐丝期				成熟期			
		2014		2015		2014		2015	
		S1	S2	S1	S2	S1	S2	S1	S2
0～10	NT	47. 17b	49.55b	46.28c	49.06b	42.83b	44.06b	42.64b	43.40c
	RT	50.28a	53.58a	51.32a	53.91a	45.28a	47.17a	45.87a	47.38a
	PT	49.43a	50.94b	48.30b	48.68b	43.77b	44.53b	43.40b	45.28b
10～20	NT	42.60b	43.77b	42.64b	44.08b	41.89b	42.64b	41.51b	42.26b
	RT	47.36a	50.26a	48.49a	49.74a	44.53a	45.28a	43.23a	43.98a
	PT	48.30a	50.89a	49.06a	50.57a	45.66a	46.04a	44.15a	45.28a

（续）

土层深度（cm）	处理	吐丝期				成熟期			
		2014		2015		2014		2015	
		S1	S2	S1	S2	S1	S2	S1	S2
20～30	NT	41.89b	42.64c	41.51b	42.26c	40.77b	41.1b	40.00b	40.75b
	RT	43.40b	45.28b	43.40b	45.00b	40.96b	41.74b	40.97b	42.10b
	PT	47.17a	51.70a	47.55a	51.02a	42.64a	46.42a	42.26a	45.66a
30～40	NT	41.51a	41.89a	41.13a	42.08a	40.01a	40.07a	39.25a	39.62a
	RT	41.93a	43.02a	41.89a	43.02a	39.85a	40.23a	39.45a	40.59a
	PT	42.26a	44.07a	42.64a	43.77a	38.87a	39.62a	38.49a	39.25a

（二）土壤耕作与培肥对耕层功能的影响

1. 耕作方式与秸秆还田对土壤有机碳、全氮含量的影响

土壤碳、氮是土壤有机质的基本组成部分，不同耕作措施对作物秸秆在土壤中的位置及对土壤的扰动程度不同，导致土壤有机碳、全氮含量和分布受到影响。

由表7-14可以看出，秸秆移除条件下，旋耕和翻耕较免耕显著提高了土壤有机碳含量，0～15 cm土层分别提高了14.40%和11.37%。旋耕较免耕显著提高0～15 cm土层土壤全氮含量，增加了12.90%。但旋耕降低了15～25 cm土层土壤全氮含量，同时旋耕显著降低了土壤有机碳含量，但免耕趋势则相反。旋耕较免耕底层土壤有机碳含量降低，降低了5.45%。秸秆还田条件下，旋耕和翻耕较免耕显著提高了0～15 cm土层土壤有机碳含量，分别提高了8.50%和6.45%。旋耕和翻耕显著降低了15～25 cm土层土壤有机碳和全氮含量，但处理间土壤有机碳和全氮含量差异并不显著。

表7-14　耕作方式与秸秆还田对土壤养分含量的影响

土层（cm）	处理	土壤有机碳含量（g/kg）		土壤全氮含量（g/kg）	
		秸秆移除	秸秆还田	秸秆移除	秸秆还田
0～15	免耕	12.22±0.95b	13.18±0.68b**	0.93±0.12b	1.01±0.12a*
	旋耕	13.98±0.85a	14.30±0.58a	1.05±0.11a	1.07±0.11a
	翻耕	13.61±0.81a	14.03±0.86a*	1.01±0.10ab	1.05±0.11a
15～25	免耕	13.58±0.57a	12.79±0.58a**	0.88±0.10a	0.95±0.10a
	旋耕	12.84±0.85b	12.47±0.74a	0.87±0.08a	0.90±0.13a
	翻耕	13.94±1.10a	12.81±1.02a**	0.93±0.12a	0.92±0.09a

注：不同小写字母表示同列中相同秸秆施用情况下不同耕作方式差异显著（$P<0.05$）；*表示同行中相同耕作方式下秸秆还田与秸秆移除差异显著（$P<0.05$），**代表$P<0.01$，***代表$P<0.001$。

图7-15为不同秸秆条带旋耕还田处理对春玉米吐丝期土壤全氮含量空间分布的影响，各处理0～60 cm土层土壤全氮含量均随着土壤深度增加逐渐减少。其中，垄间旋耕+秸秆还田（RR+S）和隔行垄间旋耕+秸秆还田（IR+S）处理显著提高耕层（0～20 cm）土壤全氮含量。受施肥影响，各处理苗带全氮含量均显著高于垄间。秸秆还田处理均显著增加了

0～60 cm 土层土壤全氮含量，与垄间旋耕＋秸秆还田处理相比，隔行垄间旋耕＋秸秆还田处理增加了 0～60 cm 土层土壤全氮分布。

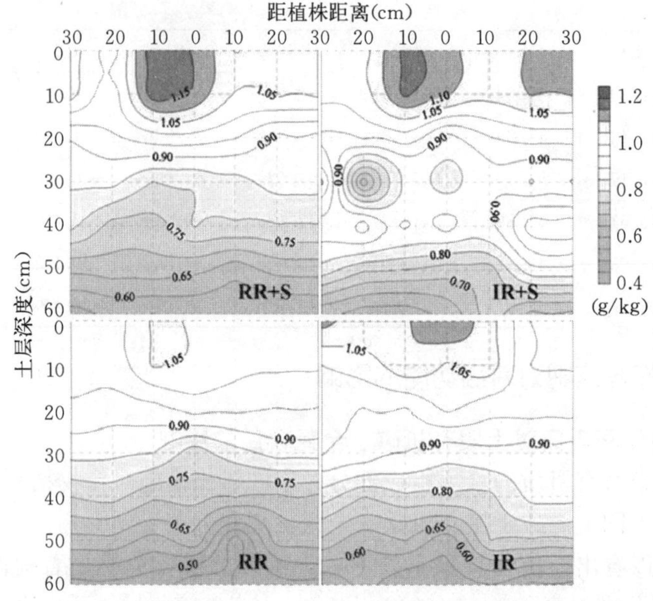

图 7－15　土壤全氮的空间分布

注：RR＋S 为垄间旋耕＋秸秆还田，IR＋S 为隔行旋耕＋秸秆还田，RR 为垄间旋耕，IR 为隔行旋耕。

2. 耕作方式与秸秆还田对土壤水稳性团聚体有机碳的影响

土壤水稳性团聚体是有机碳的重要储存场所，对稳定土壤结构，保护土壤有机碳有着重要作用，是指示土壤质量的重要指标。减少耕作对大团聚体的破坏，有助于提高团聚体稳定性，且有利于有机碳的固定。由表 7－15 可以看出，有机碳含量随水稳性团聚体粒级减小呈先降低后增加的趋势，各粒级按照有机碳含量由高至低的顺序大致为：＞2 mm、0.25～2 mm＜0.053 mm 和 0.053～0.25 mm。且各处理各粒级土壤水稳性团聚体有机碳含量随着土层加深有减少趋势。30～40 cm 土层 0.053～0.25 mm 和＜0.053 mm 两个粒级的水稳性团聚体有机碳含量在处理间无显著差异。垄间旋耕＋秸秆还田和垄间翻耕＋秸秆还田均增加了各土层各粒级水稳性团聚体中有机碳的含量，特别是 0～20 cm 土层大团聚体和微团聚体中有机碳含量明显提高。翻耕处理各土层各粒级的团聚体有机碳含量总体高于旋耕处理，且在 10～20 cm 土层差异较大。

表 7－15　各处理土壤水稳性团聚体有机碳分布

土层深度（cm）	处理	有机碳含量（g/kg）			
		＞2 mm	0.25～2 mm	0.053～0.25 mm	＜0.053 mm
0～10	垄间旋耕＋秸秆还田	9.08c	9.57a	7.93a	8.36ab
	垄间翻耕＋秸秆还田	11.70a	9.26ab	7.79a	8.86a
	垄间旋耕	8.39c	8.14b	7.06b	7.76b
	垄间翻耕	10.69b	8.94c	7.64a	8.22ab

（续）

土层深度（cm）	处理	有机碳含量（g/kg）			
		>2 mm	0.25～2 mm	0.053～0.25 mm	<0.053 mm
10～20	垄间旋耕＋秸秆还田	9.04c	8.12b	7.26b	7.59b
	垄间翻耕＋秸秆还田	12.27a	9.83a	8.18a	8.16a
	垄间旋耕	8.42c	7.80b	6.80c	7.58b
	垄间翻耕	10.33b	8.51b	7.59b	7.95ab
20～30	垄间旋耕＋秸秆还田	9.56ab	8.96ab	8.26ab	8.25b
	垄间翻耕＋秸秆还田	10.35a	9.64a	8.74a	9.18a
	垄间旋耕	8.93b	8.5b	8.48a	8.13b
	垄间翻耕	9.47ab	8.29b	7.52b	8.25b
30～40	垄间旋耕＋秸秆还田	8.96ab	7.72ab	7.03a	7.59a
	垄间翻耕＋秸秆还田	9.64ab	7.57ab	7.16a	7.19a
	垄间旋耕	10.10a	7.21b	6.57a	7.44a
	垄间翻耕	8.29b	8.10a	6.90a	7.52a

注：不同小写字母表示在 0.05 水平上差异显著。

3. 耕作方式与秸秆还田对土壤速效养分含量的影响

作物的残茬和秸秆中含有丰富的碳、氮、磷、钾等大量元素和其他微量元素，随着还田秸秆在土壤中的腐解，会释放秸秆中的养分，提高土壤肥力，有利于作物利用秸秆养分。

耕作方式、秸秆还田和土壤深度均显著影响土壤养分分布（表 7－16）。受施肥作用的影响，表层土壤养分含量最高，并随土壤深度的增加呈逐渐降低的趋势。旋耕处理 0～40 cm土层有效磷和速效钾含量显著高于翻耕，增幅分别为 28.2%和 7.5%。秸秆还田处理在 0～60 cm 土层中的硝态氮、有效磷和速效钾含量较秸秆不还田显著提高了 23.2%、12.5%和 6.8%，而且丰水年份（2016 年）的提高幅度大于干旱年份（2015 年）。

表 7－16　耕作方式与秸秆还田对土壤养分分布的影响

深度（cm）	处理	2015 年			2016 年		
		硝态氮（mg/kg）	有效磷（mg/kg）	速效钾（mg/kg）	硝态氮（mg/kg）	有效磷（mg/kg）	速效钾（mg/kg）
0～20	旋耕	7.81b	10.22a	143a	10.61b	15.80b	139b
	翻耕	8.52ab	8.23b	126b	10.34b	12.83c	125c
	旋耕秸秆还田	8.94ab	10.84a	138a	14.61a	19.00a	187a
	翻耕秸秆还田	9.50a	8.93b	147a	13.93a	13.78c	154b
20～40	旋耕	4.22a	0.31b	136a	4.21b	0.40ab	105b
	翻耕	3.61a	0.20b	128ab	5.73a	0.27b	115b
	旋耕秸秆还田	3.53a	0.43a	141a	6.51a	0.56a	130a
	翻耕秸秆还田	4.14a	0.29b	123b	6.23a	0.38ab	123a

（续）

深度（cm）	处理	2015 年			2016 年		
		硝态氮（mg/kg）	有效磷（mg/kg）	速效钾（mg/kg）	硝态氮（mg/kg）	有效磷（mg/kg）	速效钾（mg/kg）
40～60	旋耕	1.73a	0.19a	156a	1.81b	0.21a	124c
	翻耕	1.52a	0.17a	161a	1.63b	0.19a	136b
	旋耕秸秆还田	1.93a	0.22a	145b	2.61a	0.25a	142a
	翻耕秸秆还田	1.64a	0.21a	125c	2.52a	0.24a	144a

注：不同小写字母表示在 0.05 水平差异显著。

由表 7-17 可见，耕作方式、秸秆因素及其交互作用对土壤速效养分均存在显著影响。耕作方式显著影响着速效养分在土层中的分布，但垄间旋耕+秸秆还田仅显著提高了 20～30 cm 土层土壤速效钾含量，增幅为 3.96%。从所有土层平均值来看，全层旋耕显著提高了碱解氮、有效磷、速效钾含量，增幅分别为 40.4%、22.1%和 16.7%。秸秆还田显著增加了 0～20 cm 土层土壤速效养分含量，碱解氮、有效磷、速效钾含量分别增加了 41.7%、29.2%、12.3%。从所有土层平均值来看，秸秆还田显著增加了各速效养分含量，碱解氮、有效磷、速效钾分别增加了 39.9%、58.4%、2.54%。

表 7-17　秸秆条带旋耕还田对土壤速效养分含量的影响

深度（cm）	处理	碱解氮（mg/kg）	速效钾（mg/kg）	有效磷（mg/kg）
0～10	垄间旋耕	117.6	203.5	31.4
	垄间旋耕+秸秆还田	128.0	269.8	36.8
	全层旋耕	101.0	172.6	28.2
	全层旋耕+秸秆还田	60.5	183.5	24.8
10～20	垄间旋耕	51.6	178.8	28.4
	垄间旋耕+秸秆还田	114.9	178.5	36.7
	全层旋耕	26.4	121.3	12.9
	全层旋耕+秸秆还田	38.3	133.7	19.5
20～30	垄间旋耕	103.9	123.3	3.7
	垄间旋耕+秸秆还田	101.4	107.0	6.3
	全层旋耕	21.5	125.9	2.0
	全层旋耕+秸秆还田	22.4	113.5	4.3
30～40	垄间旋耕	60.6	166.3	2.6
	垄间旋耕+秸秆还田	67.6	154.8	2.7
	全层旋耕	14.4	158.7	1.7
	全层旋耕+秸秆还田	19.3	141.5	1.5

4. 耕作方式与秸秆还田对土壤酶活性的影响

土壤酶活性用于指示土壤质量的变化，可迅速响应短期的耕作和秸秆还田对土壤质量的影响。土壤酶活性受季节性、耕作措施和秸秆还田等田间管理措施影响显著。

在秸秆移除条件下，旋耕（RT）和翻耕（PT）较免耕（NT）均显著提高了 0～15 cm 土层β-1,4-葡萄糖苷酶和β-1,4-N-乙酰葡糖氨糖苷酶活性，其中β-1,4-葡萄糖苷酶活性平均提高了 15.59%和 28.48%，且在玉米的成熟期（9 月）和全生育期分别存在显著差异（图 7-16），β-1,4-N-乙酰葡糖氨糖苷酶活性旋耕（RT）和翻耕（PT）较免耕（NT）分别增加了 34.41%和 30.86%，成熟期差异则不显著（图 7-17）。旋耕和翻耕较免耕也促进了酸性磷酸酶活性的增加，分别增加了 17.41%和 24.58%，成熟期差异则不显著（图 7-18）。对比表层土壤，旋耕和翻耕显著降低了 15～25 cm 土层β-1,4-N-乙酰葡糖氨糖苷酶、酸性

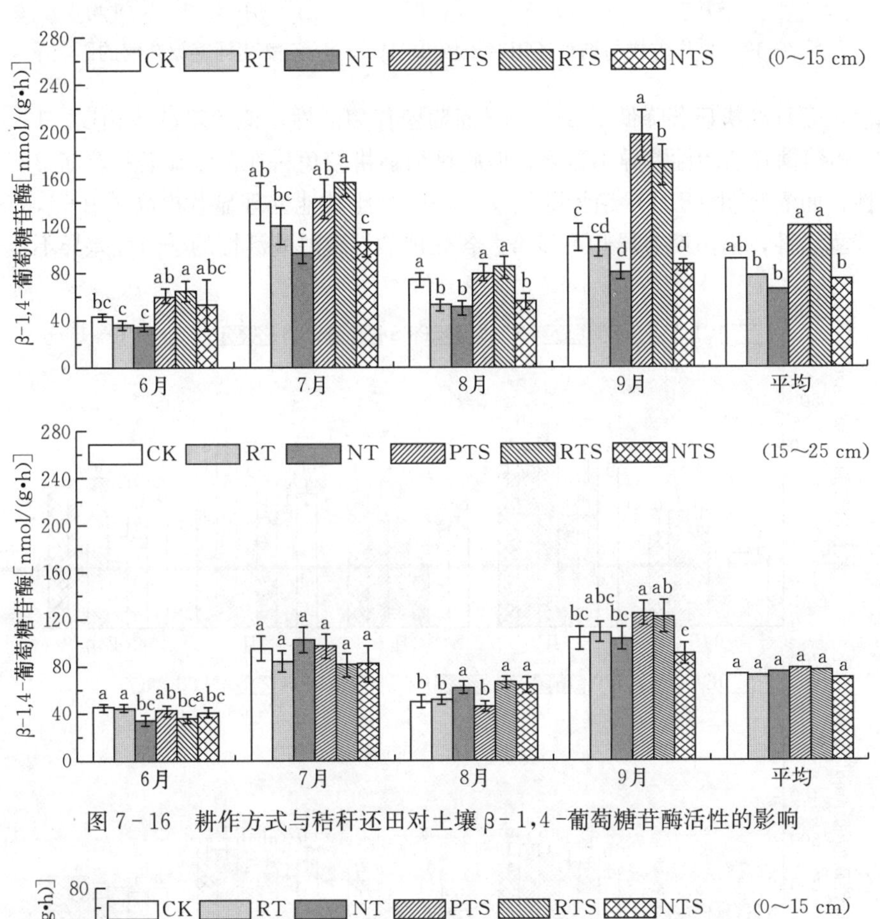

图 7-16　耕作方式与秸秆还田对土壤β-1,4-葡萄糖苷酶活性的影响

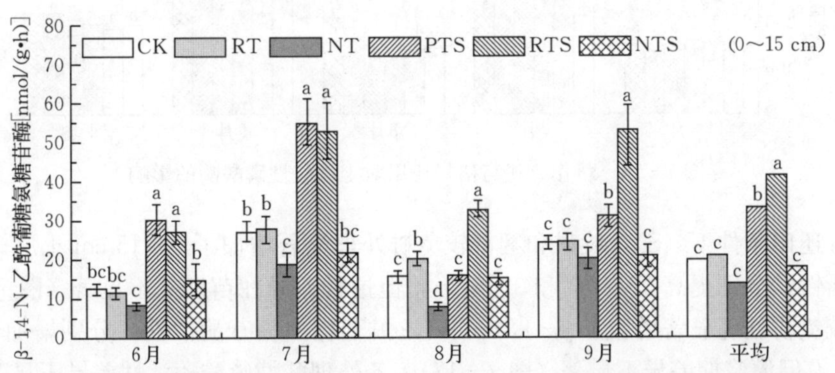

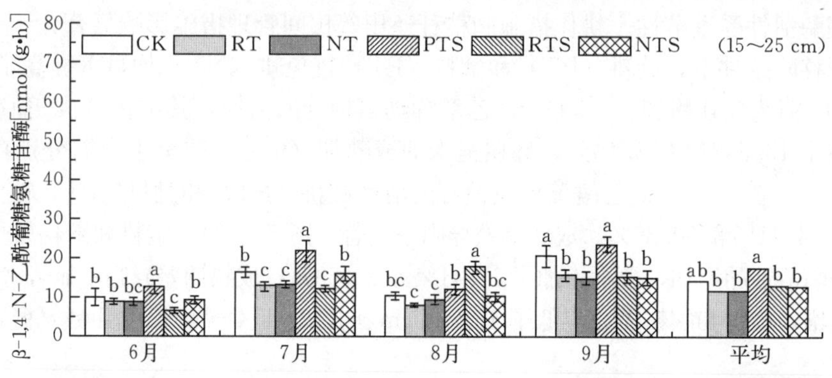

图 7-17　耕作方式与秸秆还田对土壤β-1,4-N-乙酰葡糖氨糖苷酶的影响

磷酸酶活性，而且翻耕显著降低了β-1,4-葡萄糖苷酶活性，但免耕趋势相反。15～25 cm 土层β-1,4-葡萄糖苷酶活性差异不显著，但旋耕和翻耕较免耕在苗期显著提高了β-1,4-葡萄糖苷酶活性，而灌浆期（8 月）趋势则相反。翻耕对比其他处理显著提高了β-1,4-N-乙酰葡糖氨糖苷酶活性，但苗期差异却不显著。各处理酸性磷酸酶活性的季节性差异不显著。

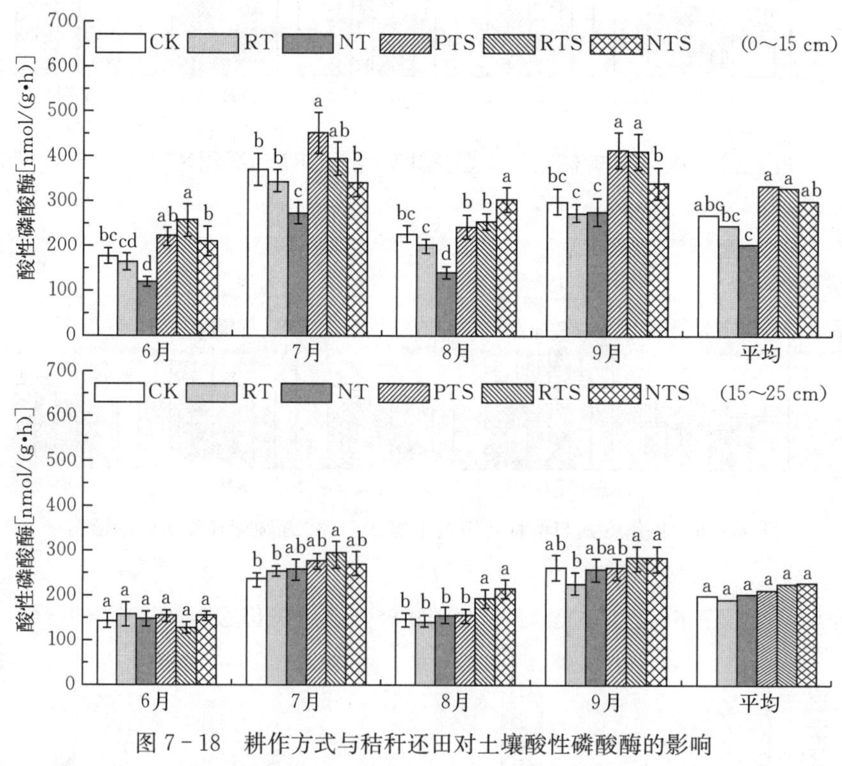

图 7-18　耕作方式与秸秆还田对土壤酸性磷酸酶的影响

在秸秆还田条件下（S），旋耕和翻耕较免耕处理显著增加了 0～15 cm 土层β-1,4-葡萄糖苷酶活性，分别提高 37.30%和 37.57%，但这种差异在苗期并不显著（图 7-16）。旋耕和翻耕较免耕处理显著增加了β-1,4-N-乙酰葡糖氨糖苷酶活性，分别增加了 56.21%和 45.09%，但灌浆期差异不显著（图 7-17）。各处理酸性磷酸酶活性差异不显著，但翻耕

对比免耕在拔节期显著促进了酸性磷酸酶活性的增加，而灌浆期趋势则相反（图 7－18）。对比表层，三种耕作方式均显著降低了 15～25 cm 土层 β－1,4－N－乙酰葡糖氨糖苷酶、酸性磷酸酶活性，而且旋耕和翻耕还田显著降低了 β－1,4－葡萄糖苷酶活性。各处理 β－1,4－葡萄糖苷酶活性差异不显著，但翻耕对比免耕显著降低了灌浆期 β－1,4－葡萄糖苷酶活性，而成熟期趋势则相反，而且翻耕对比旋耕在灌浆期显著低了 β－1,4－葡萄糖苷酶活性。翻耕较旋耕和免耕处理显著提高了 β－1,4－N－乙酰葡糖氨糖苷酶活性，分别提高了 27.44％和 26.24％，但灌浆期差异不显著。各处理酸性磷酸酶活性差异不显著，但旋耕和翻耕较免耕分别提高了苗期和灌浆期酸性磷酸酶活性。

二、合理耕层构建技术

（一）合理耕层构建技术指标

依据上述棕壤土区土壤耕作与培肥对耕层结构与功能影响，选用土壤耕作、土壤培肥及优化施氮三个方面合理耕层构建技术指标，可实现该土壤类型合理耕层结构与功能特征。

1. 土壤耕作指标

采用宽窄行平作栽培，宽行（耕作带）70～90 cm，窄行（种植带）30～50 cm。宽行行间深耕，作业幅宽 50～60 cm，作业深度≥25 cm。种植带免耕机播种，作物生长期间免中耕，耕作带与种植带年际间互换。

2. 土壤培肥指标

（1）秸秆条带还田。玉米机械收获后，全量秸秆粉碎并均匀覆盖于地表，秸秆粉碎长度≤5 cm，冬前或春整地前结合土壤耕作，于耕作带深耕（深混或深埋）还田。秸秆深耕还田前进行秸秆灭茬归带，将残茬秸秆归至耕作带居中 50～60 cm 宽，确保免耕种植带基本无残茬秸秆。如春整地，则玉米收获时需高留茬 30 cm 左右，以防均匀覆盖于地表的秸秆整地前飘逸积堆。

（2）秸秆过腹条带还田。农牧结合，以种促养、以养保种是旱作粮食主产区发展趋势，东北平原棕壤土区以作物秸秆养殖牛羊规模不断扩大，选用粮饲兼用作物品种、秸秆过腹还田是最为适宜的培肥地力方式。玉米机械收获后，秸秆移出田间用于养殖业，冬前或春整地前于耕作带居中 50～60 cm 宽条施腐熟厩肥 30～45 m^3/hm^2。

3. 优化施氮指标

在高产田的氮肥施用量基础上，秸秆还田最初 1～2 年适当增加 10％左右氮肥施用量，以后可逐年减少氮肥施用，至秸秆还田 4～5 年后适当减少氮肥施用量 10％左右，秸秆过腹还田氮肥施用量较一般高产田的氮肥施用量以适当减少为宜。

（二）合理耕层构建技术

1. 间隔耕作技术

间隔耕作是一种新型的少耕技术，也可称条带耕作。按照耕作位置可分为苗带耕作和行间耕作两种方式。苗带耕作技术即播种前对作物苗带采用旋耕或深松等动土作业，其他时期全程实行免耕的耕作技术。行间耕作即在作物苗带之间进行旋耕或深松等动土作业，而苗带区域一般不作耕作处理。按照耕幅大小亦可分为等行距或宽窄行的行行耕作和多行间隔耕作等。

在采用行行耕作的条件下，其耕幅较小，不超过苗行距，而多行间隔耕作则是多个苗行间隔后进行一行耕作的技术。间隔耕作技术主要区别于全层耕作技术，与行间深松及垄作技术类似，旨在构建“虚实相间”的耕层结构，从而改变农田整体耕层的养分与水分分布状况。间隔耕作技术中，行间耕作可创造“苗带紧行间松”的“虚实相间”耕层构造，行间深耕有利于雨水入渗，苗带紧实有利于集水集肥，是雨养旱地农田构建合理耕层最为适宜的耕作方式之一。

2. 土壤培肥技术

利用作物秸秆残茬直接还田（秸秆还田）或秸秆过腹还田，是旱地农田土壤培肥最为切实可行的途径。秸秆还田通常采用全层（或条带秸秆覆盖）或秸秆翻埋（或旋混）还田，其中结合行间间隔耕作进行秸秆或厩肥条带翻埋或旋混还田，耕作带与种植带年际间互换，可实现旱地农田全耕层培肥的效果。

玉米秸秆间隔条带还田技术，即在秋季玉米机收后将全量秸秆粉碎均匀覆盖于地表，冬前或播种前将经过灭茬作业的玉米秸秆残茬归带至行间非播种行，并进行条带深耕作业，秸秆在田间呈条带状混拌于 0～25 cm 土层，播种季节于播种行免耕机播种，还田带与播种带年际间互换。该技术一般提倡秋收后至冬前作业，有利于积蓄降水、提高地温、促进秸秆腐解。但对于降水少、春季土壤墒情差的地区，秋收后至播种前秸秆覆盖有利于保持土壤水分，宜于春季播种前作业。该技术使秸秆还田带与种植带分离，并兼具深耕与免耕的优点，破解了秸秆还田后播种层环境恶化、秸秆腐解过程氮素竞争、秸秆腐解抑制作物根系发育、土壤水肥蓄保供问题，可实现提地力、防径流、控水蚀、蓄水保墒等多重效果。

玉米秸秆过腹厩肥还田技术，即在玉米收获后至播种前间隔耕作带条施厩肥，结合间隔耕作使厩肥深混（或翻埋）于土壤中，播种带免耕机播种，条施厩肥带与播种带年际间互换，耕作作业时期与玉米秸秆间隔条带还田技术相同，该技术是旱地农田土壤培肥的最佳途径。

3. 合理施肥技术

棕壤土区主要以春玉米生产为主，根据土壤耕层养分状况与玉米需肥规律，实现玉米高产的氮（N）、磷（P_2O_5）、钾（K_2O）投入一般在 225～240 kg/hm^2、75～80 kg/hm^2、160～180 kg/hm^2 较为适宜，其中 1/3 的氮肥和全部磷、钾肥在播种时施用，剩余氮肥作为追肥于拔节期施用。在秸秆还田最初的 1～2 年需增加氮肥施用量 10%左右，随着还田年限增加宜逐年减少，至秸秆还田 4～5 年后则可减少氮肥施用量 10%左右。在秸秆行间深旋混拌还田可较全层翻（旋）还田适当减少氮肥施用量 10%左右。另外，在秸秆过腹厩肥还田条件下也宜适当减少氮肥施用量。由于秸秆腐解过程中会释放大量氮、磷、钾等养分，因此磷、钾肥适量减施也可满足玉米高产对养分的需求。

第三节 东北平原棕壤土区旱地合理耕层构建技术模式

一、玉米间隔耕作秸秆条带还田技术模式

（一）模式概述

该技术模式是针对东北平原棕壤土区旱地农田土壤肥力下降、土壤缓冲能力弱、自然降

水利用率低、大群体通风透光不良等生产问题，集间隔秸秆条带深混还田、氮肥减施、平作宽窄行栽培及其他常规配套技术形成的。

（二）主要技术环节

1. 品种选择

玉米品种选用耐密、高产、优质、多抗、适宜机收的品种。

2. 合理密植

宽窄行栽培可缓解大群体通风不良问题，合理增加种植密度是该模式实现高产稳产的一个关键环节。种植密度一般较等行距栽培增加 10%～15%为宜，如东北平原棕壤土区等行距栽培种植密度一般为 60 000～67 500 株/hm^2，采用该模式种植密度可增加至 67 500～75 000株/hm^2。

3. 宽窄行平作栽培

依据不同区域光温水资源特点及土壤肥力条件，科学安排宽窄行配置。光温资源较好、水资源较差、土壤比较瘠薄的地区，在保证间隔耕作秸秆条带还田作业质量的前提下，宽窄行行距差宜小，反之需酌情增加宽窄行行距差，一般推荐行距配置为宽行距 70～90 cm、窄行距 30～50 cm。

4. 间隔耕作秸秆条带还田

秋季玉米机收后，全量秸秆粉碎均匀覆盖于地表，冬前或播种前将经过灭茬作业的玉米秸秆残茬归带至宽行距内，并进行条带深耕作业，使秸秆在田间呈条带状混拌于 0～25 cm 土层。降水较为充沛、雨季易发生径流的地区，条带深耕作业于秋收后至冬前进行（图 7－19）。降水较少、春旱严重的地区宜采用秋收后秸秆高留茬覆盖，翌年播种前进行条带深耕作业（图 7－20）。

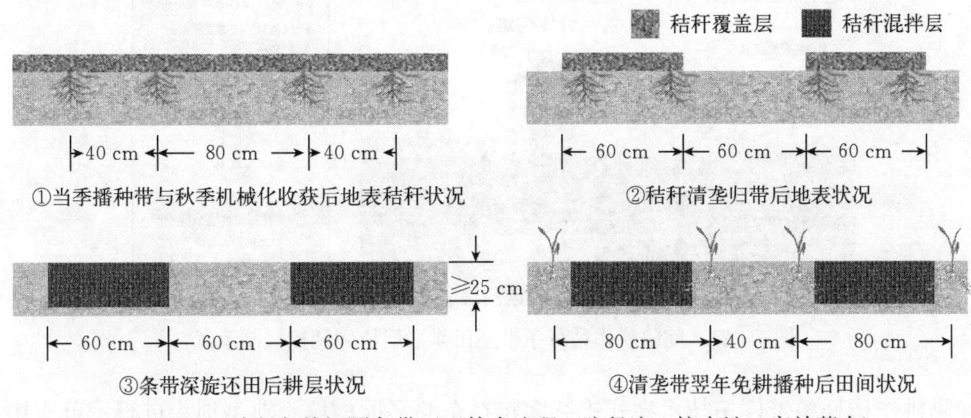

图 7－19 秸秆冬前间隔条带还田技术流程（防径流、控水蚀、高效蓄水）

5. 玉米秸秆还田氮肥减施

玉米间隔耕作秸秆条带还田，氮肥施用参考第二节合理施肥技术。

6. 免耕机播种

春季低温稳定通过 8～10 ℃时，选用免耕播种机于播种带播种。

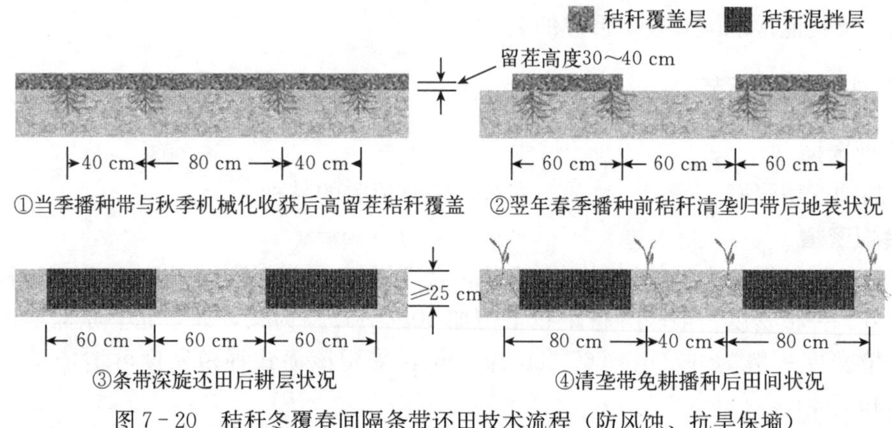

图 7-20　秸秆冬覆春间隔条带还田技术流程（防风蚀、抗旱保墒）

（三）应用效果及适用范围

1. 应用效果

间隔耕作秸秆条带还田技术模式的关键创新：改现有耕作制度中等行距种植方式为宽窄行栽培，构建了合理群体结构，优化了冠层环境。技术优势主要体现在：密植群体提高冠能截获、耐密品种强化光能截获、行距调整提高 CO_2 利用，改现有耕作制度中垄作全层作业耕作为平作间隔耕作，构建了合理耕层结构、优化了根层环境。技术主要实现了：耕层扩容、结构改良、调氮保碳、扩源增碳，促渗保墒、提高水效（图 7-21）。

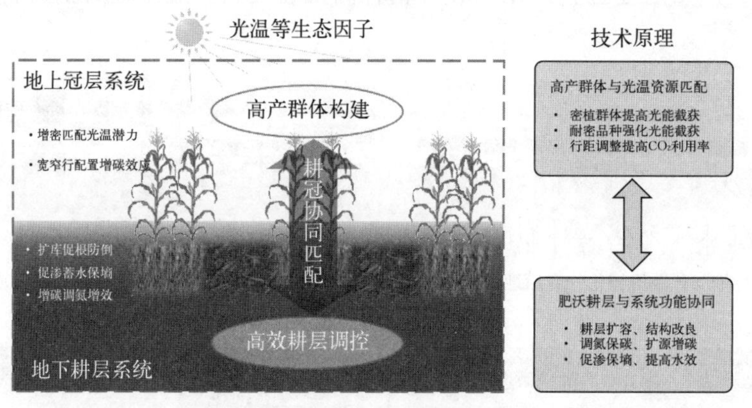

图 7-21　间隔耕作秸秆条带还田耕冠层协同调控机制示意

间隔耕作秸秆条带还田技术模式连续多年在东北平原棕壤土典型地块进行示范应用，在玉米收获季节进行现场测产验收，按国家标准含水量 14.0%计算玉米产量，示范田较对照农田玉米增产量均在 15.00%以上。玉米间隔耕作秸秆条带还田模式被一致认为是东北平原棕壤土区旱地构建合理耕层与理想冠层、实现耕冠层协同优化的有效途径。

2. 适用范围

该模式主要适用于东北平原棕壤土区旱作农田玉米栽培，在应用过程中需根据旱地不同区域光温水资源特点及土壤肥力条件，科学安排宽窄行行距。一般光温资源较好、水资源较差、土壤比较瘠薄的地区，宽窄行行距差宜小，反之需酌情增加宽窄行行距差。

二、玉米秸秆过腹厩肥间隔条施宽窄行栽培技术模式

（一）模式概述

旱地农区农牧结合可实现以种促养、以养保种、土壤培肥、高产稳产，使农业生产步入良性循环发展的轨道。该技术模式针对东北平原棕壤土区旱地秸秆直接还田腐解缓慢、播种层土壤环境恶化、秸秆腐解与作物争氮，以及秸秆直接还田培肥土壤过程缓慢等问题，选用适宜品种、厩肥条施深混、间隔耕作、科学施肥及其他常规技术于一体，形成玉米厩肥间隔条施宽窄行栽培技术模式。

（二）主要技术环节

1. 品种选择

玉米品种选用粮食兼用型、耐密、高产、优质、多抗、适机收的玉米品种。

2. 间隔耕作厩肥条施深混

秋季玉米机收后，秸秆粉碎离田饲养牛、羊等反刍家畜，冬前或播种前将充分腐熟的厩肥条施于耕作带，待宜耕期进行间隔深耕作业，使厩肥呈条带状混拌于 0～25 cm 土层，厩肥条施耕作带与种植带年际间互换。少雨干旱地区，深耕作业宜在播种前进行，有利于土壤保墒。降水较为充沛的地区秋收后至冬前进行耕作作业，可更好地积蓄秋冬降水（图 7－22）。

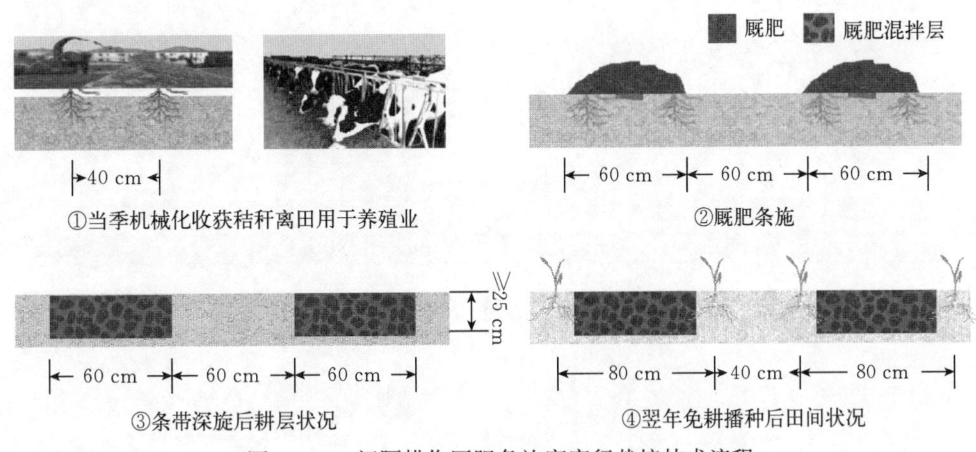

图 7－22　间隔耕作厩肥条施宽窄行栽培技术流程

3. 氮肥减施

采用玉米间隔耕作厩肥条施技术，氮肥用量可较一般高产田减施 10%左右。

4. 其他技术

种植密度、宽窄行距配置等，参考本节玉米间隔耕作秸秆条带还田技术模式。

（三）应用效果及适用范围

1. 应用效果

上述技术模式连续多年在东北平原棕壤土典型地块示范应用结果表明，按国家标准含水量14.00％计算玉米产量，示范田较对照农田玉米增产在18.00％以上。该模式是东北平原棕壤土区旱地快速培肥、构建合理耕层最为适宜的途径。

2. 适用范围

该模式主要适用于东北平原棕壤土区大部分旱地农田，宽窄行距配置与玉米间隔耕作秸秆条带还田技术模式相同。

第八章

东北平原褐土区旱地合理耕层构建理论与技术

东北平原褐土主要分布在辽宁西部，是在暖温带半干旱季风气候下经过腐殖化、钙积化及残积黏化过程形成的红褐色、中性至微碱性土壤。该区域以春玉米种植为主，占辽宁省春玉米种植面积的 2/3，平均单产仅为 6 000 kg/hm^2。受季风气候影响该区域春旱频发，土壤耕层浅、有机质含量低、犁底层厚且过于紧实，雨季水土流失严重，土壤蓄水保墒能力差，这些限制因素都阻碍该区域农作物产量潜力正常发挥。通过对褐土区耕层结构及障碍因素调查、合理耕层评价指标确定和合理耕层技术构建研究，提出合理耕层构建技术模式，合理耕层结构构建将显著提高该区域土壤生产力。

第一节　东北平原褐土区旱地合理耕层评价

一、区域概况、关键障碍与科学问题

（一）区域概况

东北平原褐土（图 8-1）主要分布于辽宁西部的朝阳市、阜新市、葫芦岛市等地区，该区属于半湿润半干旱大陆性季风气候。总体特点是春季气旋活动频繁，气温变化幅度大、多大风、少降水、气温高、地温回升快，易发生春旱；夏季受热带海洋气团影响，降水集中，气候温热湿润；秋季降温快，常出现霜冻，冬季在极地气团的影响下，寒冷干燥。年平均气温 5.6～9.6 ℃，≥10 ℃年积温 3 272～3 900 ℃，年平均土温约为 10 ℃，5 月平均土温达到 20 ℃以上，无霜期 124～184 d，年降水量 350～500 mm，年蒸发潜力在 800～1 120 mm。春季降水不足 50 mm，是形成春旱的主要因素；而降水集中在夏季，占全年的 70%～80%，是造成水土流失的重要原因。全年平均风速约为 3 m/s，春季风大，平均风速在 3～4 m/s，主导风向为南风。

东北平原褐土是辽宁主要地带性土类之一，褐土区耕地面积约为 68.97×10^4 hm^2，其开垦为耕地的利用率最高，达到了 64%，该区域以种植春玉米为主，其次是高粱、谷子、大豆、棉花、向日葵等作物。褐土的机械组成，除了粗骨性母质外，一般以沙质壤土较多。根据第二次全国土壤普查结果，耕种的褐土耕层（0～20 cm）有机质含量为 1%～2%，石灰性褐土和受侵蚀的褐土有机质含量较低。褐土总氮含量在 0.4～1 g/kg，碱解氮含量在 40～60 mg/kg，供氮能力属于中等水平。磷的有效含量低，多为难溶性钙磷。褐土速效钾一般均在 100 mg/kg 以上，所以钾比较丰富。pH 大部分在 7～8。近几十年，由于长期旋耕和秸秆离田，土壤理化性状发生了明显变化。通过前期调研可知（表 8-1、表 8-2），褐土的耕层厚度为 12～26 cm，平均值为 16 cm，60%在 16 cm 以下，褐土的犁底层厚度为 8～18 cm，平均值为 12 cm，70%在 12～15 cm，耕层厚度和犁底层厚度变异较小。土壤容重为 1.11～1.51 g/cm^3，平均值为 1.33 g/cm^3。孔隙度为 41%～59%，平均值为 49%。沙粒含量为 40.21%～78.12%，平均值为 60.21%；粉粒含量为 5.37%～18.11%，平均值为 13.21%；黏粒含量为 10.23%～29.31%，平均值为 26.58%。有机质含量变幅为 5.41～20.00 g/kg，平均值为 12.51 g/kg，65%在 12 g/kg 以下，碱解氮含量为 21.5～59.2 mg/kg，

图 8-1 褐土土壤剖面

平均值为 36.3 mg/kg，60%高于 40 mg/kg；有效磷含量为 5.75～37.72 mg/kg，平均值为 16.94 mg/kg，约有 30%的土壤有效磷含量接近土壤最低阈值12 mg/kg；速效钾含量为 79.21～222.20 mg/kg，平均值为 132.41 mg/kg。耕层土壤的 pH 变幅为 6.01～8.03，平均值为 6.91，土壤 pH 有降低趋势。

表 8-1 耕层基本土壤物理性质（n=58）

项目	耕层厚度（cm）	犁底层厚度（cm）	容重（g/cm³）	孔隙度（%）	田间持水量（%）	机械组成（%）		
						沙粒	粉粒	黏粒
最小值	12	8	1.11	41	19.23	40.21	5.37	10.23
最大值	26	18	1.51	59	32.17	78.12	18.11	29.31
平均值	16	12	1.33	49	23.16	60.21	13.21	26.58
标准差	6.3	4.3	0.39	13	12.3	30.66	10.24	18.32
变异系数	17.7	14.1	28.89	26.53	53.11	50.92	77.52	68.92

该区域长期使用小型农机具进行田间作业，大部分耕地几十年来从未进行过深松整地，耕层浅，犁底层厚，并且多年秸秆离田或焚烧，土壤的有机质和速效养分含量均较低，严重阻碍该区农作物产量潜力正常发挥。

表 8-2　耕层土壤基本化学性质（$n=58$）

项目	有机质 (g/kg)	pH	阳离子交换量 (cmol/kg)	速效养分含量 (mg/kg)		
				碱解氮	有效磷	速效钾
最小值	20.00	6.01	15.50	21.5	5.75	79.21
最大值	5.41	8.03	28.80	59.2	37.72	222.20
平均值	12.51	6.91	20.07	36.3	16.94	132.41
标准差	4.92	1.21	4.02	16.2	9.42	25.54
变异系数	21.04	10.20	11.59	33.59	17.81	18.48

（二）关键障碍

综合分析该区域气候因素、土壤因素和人为因素，制约东北平原褐土区产量及资源利用效率的关键耕层障碍主要有以下三个方面。

第一，耕层浅、犁底层厚，耕层结构不合理。东北平原褐土区多年来均为个体耕种管理，农机小型化方便了常年旋耕整地，但不利于进行土壤的深层改良和培肥。全区土壤耕层大部分集中在 15 cm，犁底层厚度达到 12 cm，有效耕层浅，犁底层厚，耕层不及美国耕层的一半。土壤紧实，耕层土壤容重平均为 1.33 g/cm^3，最大可以达到 1.51 g/cm^3，土壤水分入渗速率低，深层土壤水分得不到有效补充。这些直接影响根系生长和作物产量。

第二，春旱频发，土壤蓄水保墒能力弱。通过朝阳市多年的平均气象条件可知（图 8-2）：该地区春季降水少，4 月不足 20 mm，5 月不足 50 mm，蒸发量分别达到了 250 mm 和 350 mm，是降水量的 7～10 倍，并且春季播种时平均风速最大，达到了 3.2 m/s，加剧了蒸发。传统的旋耕起垄种植方式为了最大限度地收集有效降水而选择在垄沟播种，但无论秋整地或春整地，都必须等雨播种，而春季有效降水较少、土壤含水量低，经常达不到玉米出苗所需的含水量，容易造成绝收而改种其他杂粮。气候条件和传统耕作模式下的土壤条件共同加剧了该区域苗期干旱，在雨季由于耕层浅、犁底层厚，也会阻碍雨水入渗，导致土壤蓄水保墒能力差。

第三，土壤有机质少，养分有效性低。农民长期以来以清茬-浅旋的耕作方式为主，秸秆常年离田且很少施用有机肥，通过大量施用化肥补充土壤养分，而化肥利用率只有 20%～30%。该地区土壤有机质含量平均为 1.2%，远低于棕壤和草甸土。同时，该地区土壤磷素有效性低，多以植物难利用的铁磷、铝磷和钙磷形态存在。所以，通过秸秆还田和合理施肥提高土壤肥力是该地区另一个关键障碍。

综上所述，以上三个障碍因子相互影响，共同加剧了耕层土壤中水、肥、气、热之间的矛盾，当前只是通过大量施用化肥来维持作物产量或依靠单独的技术解决某一个关键障碍因子，导致了土壤质量下降、环境污染、资源利用效率低等一系列问题。因此，同时克服以上三个障碍因子创建褐土合理耕层对于增产稳产、提高资源利用效率、增加

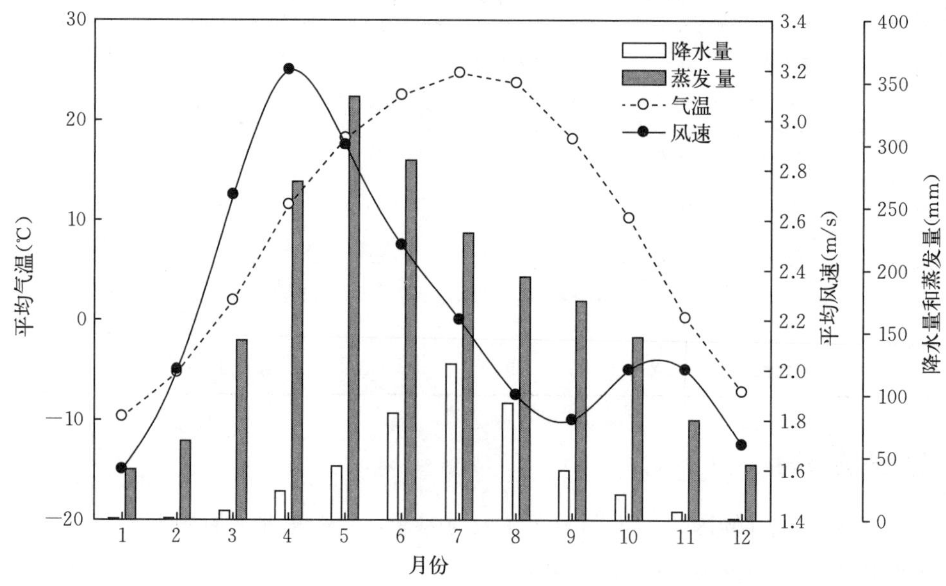

图 8-2　朝阳市 30 年间降水量、气温、蒸发量和风速月分布

农民收益具有决定性作用。

（三）科学问题

针对东北平原褐土区主要障碍因子，以解决耕层浅薄和犁底层厚、有机质含量低、土壤结构差、土壤肥力下降、提高土壤蓄水保墒能力为目标，以减少田间作业环节、提高秸秆利用率、提高资源利用效率、增加农民收入为原则，通过集成和创新现有耕作、秸秆还田和田间管理等技术，构建适宜东北平原褐土区的合理耕层指标体系，对创建配套的技术体系具有重要意义。

1. 利用间隔深松提高耕层厚度，降低犁底层厚度，改善耕层结构

深松可以打破犁底层，增加耕层厚度，降低土壤容重，降低土壤紧实度，增加土壤水分入渗速率，促进根系向下生长。相对于全方位深松（即行行深松），间隔深松有助于创造虚实相间的耕层构造，这可能更有利于玉米生长。

2. 利用秸秆覆盖和垄沟集雨抵抗春旱，提高土壤蓄水保墒能力

辽西地区民谚说："多收少收在于肥，有收无收在于水""见苗五分收"。可以看出，土壤水分对于辽西半干旱区玉米生产具有决定性作用。目前主要的蓄水保墒技术有垄沟种植技术、覆盖免耕直播技术、覆膜滴灌技术 3 种。覆膜滴灌技术是当前土壤水分利用效率最高的节水技术，但是由于残膜回收难、作物根系浅、辽西褐土区多大风、抗倒伏能力差且该区域地下水资源匮乏，具有灌溉措施的农田面积不超过 10%，而且雨养玉米耕层构建在于最大限度地利用降水，而不是灌溉农业，所以研究重点在集成和研发垄沟种植技术和覆盖免耕直播技术。

在辽西地区，垄沟种植技术作为有效的集雨保墒措施得到了广泛应用，该技术通过播种前田间起垄，垄沟种植作物，将雨水聚集在种植沟内以提高降水的利用效率，特别是小雨的利用效率。但是旋耕起垄扰动土壤且缺少覆盖，加剧了土壤水分蒸发，跑墒严重，虽有集雨效果，但保水能力差。

覆盖免耕直播技术是保护性耕作的一种重要技术，通过收获后秸秆覆盖，第二年免耕直接播种，最低限度扰动土壤，已经在多方面证实免耕覆盖对土壤蓄水保墒具有明显的效果。并且免耕秸秆覆盖有助于增加表层土壤有机质、提高土壤肥力，有机质增加也可以提高土壤的保水能力。但是，免耕覆盖可能造成表层土壤容重增加、土壤紧实、水分入渗减少，并且该区域常年旋耕，耕层浅、犁底层厚，春季严重干旱，很可能加剧土壤紧实的情况，进而影响根系生长和作物产量。

3. 利用秸秆还田和化肥合理配施增加土壤有机质，提高土壤养分有效性

玉米秸秆中含有大量碳、氮、磷、钾等元素，秸秆还田是最直接的利用秸秆资源的方式，已有大量研究表明秸秆还田可以提高土壤有机质含量，改善土壤理化性状，增强土壤微生物活性等。不同的秸秆还田方式直接影响土壤养分的分布及效果。秸秆覆盖有利于表层土壤有机质的积累，而秸秆混拌和深埋有利于下层土壤有机质含量的提高，并且秸秆混拌可能有利于秸秆中的氮、磷、钾等养分释放，根据秸秆的腐解特征及养分含量，适当的秸秆与化肥比例有利于作物生长和土壤肥力提高。

虽然，针对每个障碍因子都有相应的技术措施，但是缺少集成技术将这些技术的优点集合起来。辽西地区十年九旱、春旱频发，严重影响玉米出苗，且降水主要集中在夏季（6—8月），占全年的70%～80%。考虑到当地以上气候特点，苗期保水是关键，雨季应增加土壤入渗提高土壤的蓄水能力。为了最大限度地协调气候条件（降水、温度、风速）和土壤条件（含水量、养分），应在秋季玉米收获后通过秸秆覆盖减少蒸发，免耕直播减少土壤扰动，从而尽量保持土壤水分。拔节期（雨季来临前）进行中耕、深松和破茬，中耕培垄可以防止蒸发、提高玉米抗倒伏能力；深松可以打破犁底层、增加耕层厚度和土壤水分入渗速率；破茬培垄有利于秸秆粉碎还田提高土壤肥力，其中培垄有利于第二年春季利用垄沟集雨，提高水分入渗量。合理耕层构建技术模式如图 8 - 3 所示。

中耕、深松、破茬、培垄和追肥一次性作业，可集成传统垄作和免耕覆盖的优势，同时克服褐土区主要障碍因子，达到合理耕层技术指标，创建适宜东北平原褐土区的合理耕层。

二、合理耕层特征

（一）作物与耕层结构及功能关系

1. 作物产量与耕层和犁底层厚度的关系

不同产量玉米田的耕层厚度分布在 12～26 cm，而犁底层厚度分布在 8～18 cm，如图 8 - 4所示。将耕层厚度和犁底层厚度与玉米产量分别拟合，结果表明玉米产量随土壤耕层厚度增加而线性增加，方程为 $y=0.001\,3x+7.747$，随犁底层厚度增加而线性降低，方程为 $y=-0.000\,8x+19.95$。对比不同产量玉米田的耕层与犁底层厚度，表明其分布差异

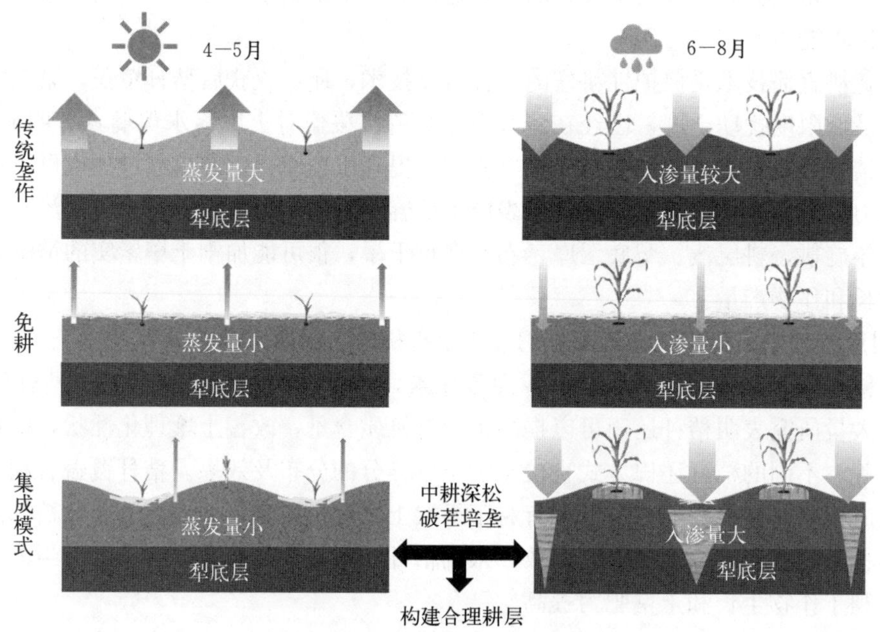

图 8-3　合理耕层构建技术模式示意

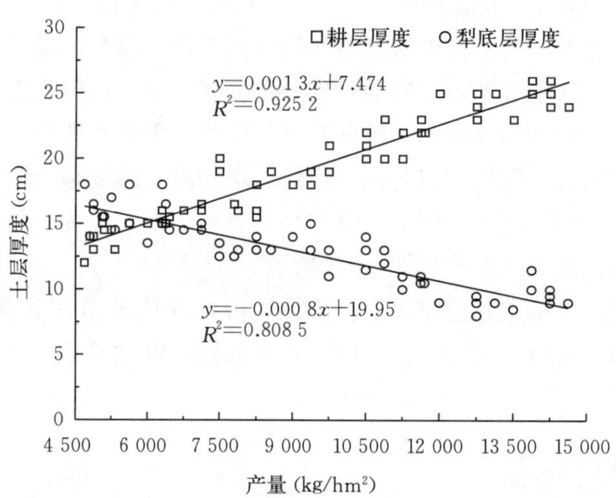

图 8-4　不同产量玉米田土壤耕层和犁底层厚度

较大。具体地，产量>9 000 kg/hm^2 玉米田的耕层厚度分布在 18～26 cm，平均厚度 23 cm；产量<9 000 kg/hm^2 玉米田中，耕层厚度分布在 12～18 cm，平均厚度 15 cm，较产量>9 000 kg/hm^2 玉米田低 8 cm。与耕层厚度相反，产量>9 000 kg/hm^2 玉米田的犁底层厚度较薄（8～15 cm），平均厚度 11 cm；而产量<9 000 kg/hm^2 玉米田的犁底层厚度分布在 12.5～18 cm，平均厚度 15 cm。

2. 作物产量与耕层和犁底层容重的关系

土壤容重过大会导致玉米产量降低，且容重越大，产量的降幅越明显。由图 8-5 可知，在 0～10 cm 土层，不同产量玉米地的容重没有明显的差异，均分散在 1.15～1.25 g/cm^3，平均为 1.19 g/cm^3。在 10 cm 至犁底层，产量>9 000 kg/hm^2 玉米田的容重在 1.30～1.39 g/cm^3，平均为 1.35 g/cm^3；而大部分产量<9 000 kg/hm^2 玉米田的容重在 1.32～1.45 g/cm^3，平均为 1.40 g/cm^3，较产量>9 000 kg/hm^2 玉米田增加了 3.7%。在犁底层，产量>9 000 kg/hm^2 玉米田容重分布在 1.40～1.54 g/cm^3，平均为 1.46 g/cm^3；而产量<9 000 kg/hm^2 玉米田容重介于 1.45～1.53 g/cm^3，平均为 1.50 g/cm^3，较产量>9 000 kg/hm^2 玉米田增加 2.7%。

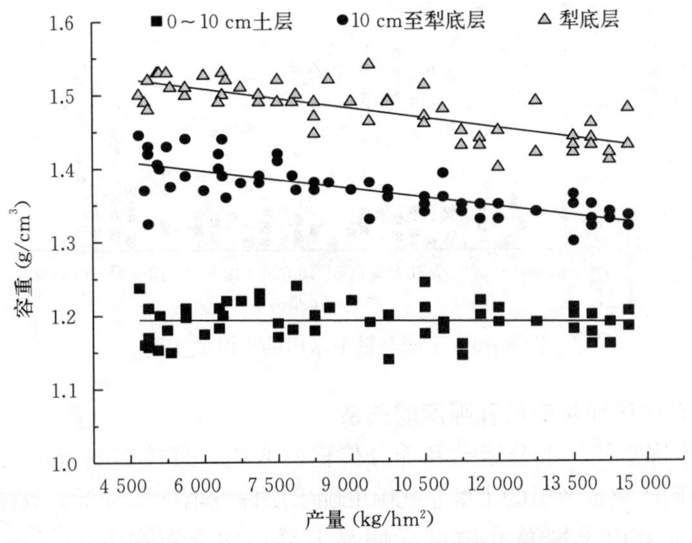

图 8-5　不同产量玉米田耕层与犁底层容重

3. 作物产量与土壤紧实度的关系

土壤紧实度表征土壤抵抗外力压实和破碎的能力，是影响植物根系穿透难易的重要因素。紧实度测定时期为土壤含水量较低、土壤容重比较稳定的收获期，此时不同产量水平地块紧实度差异明显。由图 8-6 可知，随着土壤深度增加，土壤紧实度均呈增大趋势。具体而言，在 0～10 cm 土层，土壤紧实度分散在 119～957 kPa，平均为 436 kPa，且不同产量玉米田土壤紧实度差异不明显。其次，在 10～20 cm 土层，几乎全部产量>9 000 kg/hm^2 玉米田的紧实度都低于 2 000 kPa，平均为 1 150 kPa；在产量为 6 000～9 000 kg/hm^2 玉米田中，大部分紧实度为 1 500～2 500 kPa，平均为 2 238 kPa；在产量<6 000 kg/hm^2 玉米田中，由于其平均耕层厚度仅为 15 cm，处于耕层与犁底层分界线附近，其紧实度为 3 200～5 000 kPa，平均为 4 045 kPa。在更深的 20～30 cm 土层中，产量<9 000 kg/hm^2 玉米田耕层厚度已达到犁底层厚度。其中，绝大部分产量<6 000 kg/hm^2 玉米田的紧实度超过了 5 000 kPa，达到了紧实度仪的检测上限；大部分产量 6 000～9 000 kg/hm^2 玉米田紧实度介于 2 000～3 500 kPa，平均为 3 124 kPa。产量>9 000 kg/hm^2 玉米田的紧实度介于 1 000～2 500 kPa，平均为 1 876 kPa。一般认为，当土壤紧实度大于 2 000 kPa 时，植物根系的生长将受到抑制，从而阻碍养分吸收并影响最终产量。本研究中所有玉米田在 0～10 cm 土层的紧实度均在 1 000 kPa 以内，因此该层土壤的紧实度不会成为不同玉米田产量差异的原因。但在 10 cm 以下土层，不同玉米田的土壤紧实度差异随土层深度的增加而增加，并导致玉米根系穿透难度不一，进而影响玉米对水分和养分的吸收能力，最终导致玉米产量不同。

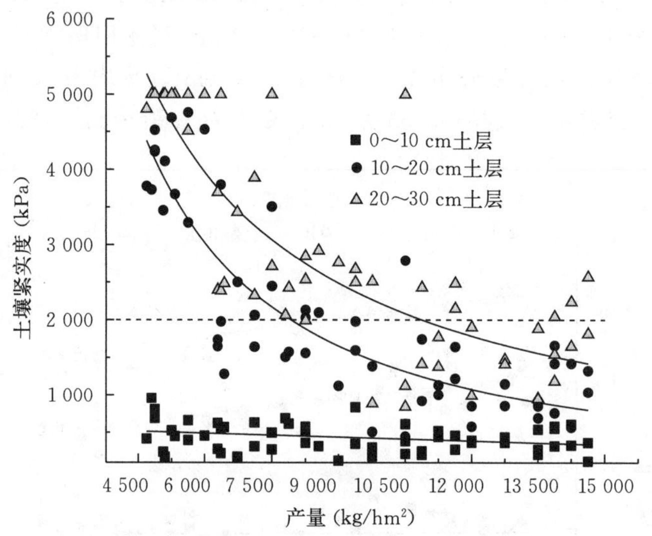

图 8-6　不同产量玉米田的土壤紧实度

4. 作物产量与耕层和犁底层孔隙度的关系

土壤孔隙是土壤空气、水分运动和养分传输的通道，直接影响着植物根系的生长。由图 8-7a可知，不同产量玉米田的土壤总孔隙度随土层深度增加而降低。具体地，在 0～10 cm 土层，不同产量玉米田土壤总孔隙度无明显差异，均分布在 53.1%～58.5%，平均为 55.0%。但在 10 cm 以下土层，不同产量玉米田的总孔隙度出现了明显的差异。在 10 cm 至犁底层和犁底层，产量＞9 000 kg/hm^2 玉米田土壤总孔隙度分别为 47.4%～51.0%和 41.9%～47.2%，平均值分别为 49.2%和 45.1%；而产量＜9 000 kg/hm^2 玉米田土壤总孔隙度分别为 45.5%～50.0%和 42.3%～45.4%，平均值分别为 47.4%和 43.3%。从图 8-7a 还可知 10 cm 以下土层的总孔隙度与玉米产量呈正相关关系。

毛管孔隙度表征了土壤的持水能力。如图 8-7b 所示，比较不同土壤层次的毛管孔隙度表明，10 cm 至犁底层的毛管孔隙度分布在 33.0%～38.7%，平均为 35.5%，略大于犁底层（分布在 32.1%～36.7%，平均为 34.6%），但两者均显著大于 10 cm 以上的耕层土壤（分布在 26.8%～34.3%，平均 31.1%）。在相同土层，不同产量玉米田的毛管孔隙度变化均不显著。其中产量＞9 000 kg/hm^2 玉米田在 0～10 cm 土层的毛管孔隙度略高于产量＜9 000 kg/hm^2 玉米田，而在 10 cm 至犁底层的毛管孔隙度略低于产量＜9 000 kg/hm^2 玉米田。这些间接反映了现有的耕作方式对于提高土壤的蓄水保墒能力作用不明显，具有很大的提升空间。

通气孔隙度表征了土壤的通气能力，与植物根系呼吸和生长速度密切相关。不同土层的通气孔隙度差异较大，即随土层深度增加，通气孔隙度下降明显。如图 8-7c 所示，在 0～10 cm 土层，土壤通气孔隙度分布在 20.4%～27.4%，平均为 23.6%，且各产量玉米田之间的差异不明显。在 10 cm 至犁底层，产量>9 000 kg/hm² 玉米田的通气孔隙度（10.3%～15.8%，平均为 13.8%）明显高于产量<9 000 kg/hm² 玉米田（9.4%～15.3%，平均为 11.7%）。在犁底层，产量>9 000 kg/hm² 玉米田的通气孔隙度（8.6%～12.5%，平均为 10.5%）同样明显高于产量<9 000 kg/hm² 玉米田（6.9%～11.0%，平均为 8.6%）。

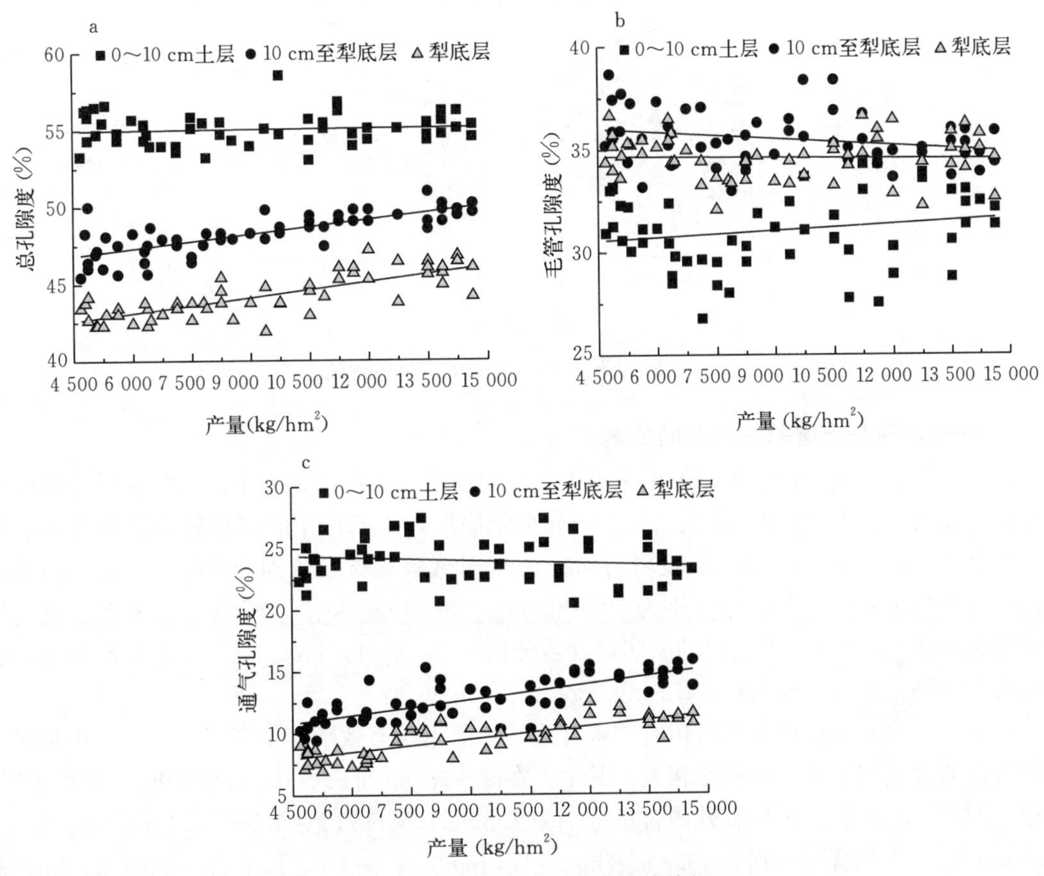

图 8-7　不同产量玉米田孔隙特征

5. 作物产量与有机质的关系

有机质中不仅含有丰富的矿质养分，还可以增加降水入渗，增强土壤蓄水、保水和供水能力，提高水分利用效率，有利于实现作物的高产稳产。图 8-8 中，不同产量玉米田耕层有机质含量均比犁底层高；在同一土层，玉米产量随土壤有机质的增加而增加。其中，产量<9 000 kg/hm² 玉米田的有机质含量，在 0～10 cm 土层、10 cm 至犁底层和犁底层分别为 9.8～15.7 g/kg、8.4～14.6 g/kg、5.4～10.2 g/kg，平均含量分别为 12.3 g/kg、10.4 g/kg、7.9 g/kg；而产量>9 000 kg/hm² 玉米田的有机质含量分别为 13.5～20.0 g/kg、6.0～19.2 g/kg、5.2～11.9 g/kg，平均含量分别为 17.1 g/kg、12.6 g/kg、9.3 g/kg，较前者分别增加了 39.0%、21.2%和 17.7%。更高的有机质含量意味着能为作物提供更多养分。

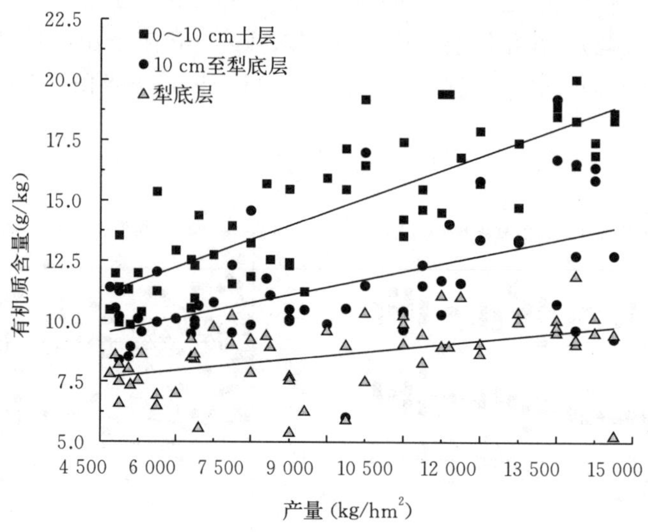

图 8-8　不同产量玉米田的有机质含量

6. 作物产量与土壤养分状况的关系

图 8-9a 是不同产量玉米田的碱解氮含量变化情况。不同产量玉米田土壤耕层的碱解氮含量高于犁底层。在 0～10 cm 土层和 10 cm 至犁底层，玉米产量随碱解氮含量的增加而增加。产量＞9 000 kg/hm² 和＜9 000 kg/hm² 玉米田碱解氮含量分别为 19.3～59.2 mg/kg、21.5～45.5 mg/kg，平均含量分别为 39.8 mg/kg、31.0 mg/kg。在犁底层，玉米产量增加与碱解氮含量关系不大，犁底层的碱解氮含量分别为 17.5～48.5 mg/kg、14.8～35.0 mg/kg，平均含量分别为 28.3 mg/kg、21.7 mg/kg。

图 8-9b 表示不同产量玉米田有效磷含量。上层土壤有效磷含量高于下层，且在相同土层的有效磷含量与玉米产量呈正相关，其中，在 0～10 cm 土层、10 cm 至犁底层和犁底层，产量＜9 000 kg/hm² 玉米田有效磷含量分别为 7.8～24.5 mg/kg、6.3～19.1 mg/kg、2.1～10.4 mg/kg，平均含量分别为 13.8 mg/kg、11.4 mg/kg、5.3 mg/kg；而＞9 000 kg/hm² 玉米田有效磷含量分别为 14.8～34.6 mg/kg、13.3～25.6 mg/kg、4.7～12.4 mg/kg，平均含量分别为 23.5 mg/kg、19.0 mg/kg、8.6 mg/kg，较前者分别增加了 70.3%、66.7%和 62.3%。低产田耕层有效磷含量在阈值附近（12 mg/kg），而高产田耕层有效磷含量明显高于阈值。

图 8-9c 表示玉米田速效钾含量。在 0～10 cm 土层、10 cm 至犁底层和犁底层，产量＜9 000 kg/hm² 玉米田速效钾含量分别为 119.5～186.3 mg/kg、78.5～135.7 mg/kg、69.5～122.1 mg/kg，平均含量分别为 148.2 mg/kg、106.8 mg/kg、94.4 mg/kg；而产量＞9 000 kg/hm² 玉米田速效钾含量分别为 137.0～225.0 mg/kg、106.6～183.6 mg/kg、79.2～145.3 mg/kg，平均含量分别为 178.3 mg/kg、141.5 mg/kg、108.1 mg/kg，较前者分别增加了 20.3%、32.5%和 14.5%。

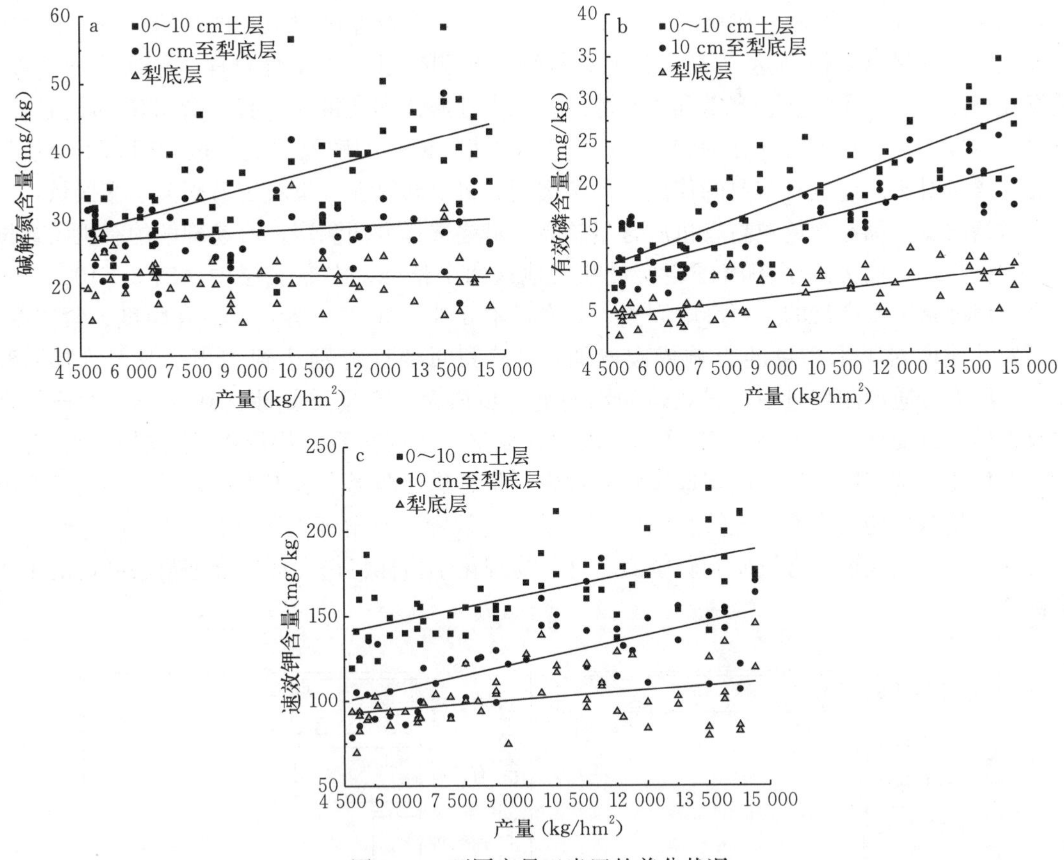

图 8-9　不同产量玉米田的养分状况

（二）合理耕层评价

在东北平原具有代表性的典型旱地褐土农田中，选择产量水平各异、耕作方法与土壤培肥措施不同的代表性样地56块，其中产量>9 000 kg/hm² 的28块、6 000～9 000 kg/hm² 的17块、<6 000 kg/hm² 的11块。在玉米收获期，每个田块选取5个点，每个点测定耕层、犁底层和心土层土壤理化性状及作物产量。具体测定指标有：土壤质地、容重、孔隙度、紧实度、厚度、田间持水量、毛管孔隙度、通气孔隙度、有机质含量、pH、阳离子交换量、全量氮磷钾养分含量和速效氮磷钾养分含量。最终，探讨作物产量形成对土壤环境响应规律以及耕层状况与作物产量的变化关系，明确东北平原褐土区的关键限制因子，为确定合理耕层评价指标提供技术参数。

综合各项指标调研数据，探讨多个变量对玉米产量的影响，需要对各个变量的重要性进行分析。利用SPSS自动线性模型，对于耕层和犁底层的结构与功能（肥力）指标对玉米产量影响的变量重要性进行回归分析。定义玉米产量为目标，紧实度、容重、总孔隙度、毛管孔隙度和通气孔隙度等为结构性质预测变量，有机质、碱解氮、有效磷和速效钾等为肥力因子预测变量。在标准模型下，采用前向逐步法和AICC输入标准，分别分析了影响玉米产量的结构与肥力变量重要性，进行指标筛选，选择模型分析后重要性大于5%的指标进一步分析，结果如图8-10所示。在耕层中（图8-10a、b），耕层厚度对玉米产量的影响占绝对主导地位，其变量重要性高达92%。其他结构性质预测变量按重要性排序，依次是紧实度、毛管孔隙度、通气孔隙度、容重和总孔隙度。肥力性质预测变量中，有效磷和有机质对玉米产量影响较大，变量重要性分别为38%和37%，速效钾和碱解氮次之。虽然阳离子交换量和黏粒含量对于产量也有重要的作用，但考虑到有机质和黏粒含量决定着阳离子交换量，并且通常情况下，黏粒含量越高有机质含量越高，最终选择方便测定、容易理解的有机质含量作为评价指标，而去除了阳离子交换量和质地这两个指标。在犁底层中（图8-10c、d），犁底层厚度是玉米产量的主要影响因素，其变量重要性为33%。容重、总孔隙度、紧实度、和通气孔隙度对玉米产量的影响依次增加，其变量重要性分别达到18%、18%、16%和15%。肥力性质预测变量中，有效磷的影响进一步增大，变量重要性达到54%，而速效钾和有机质的重要性分别为26%和16%。因此，从整个土层来看，耕层中的耕层厚度、有效磷和有机质，犁底层中的犁底层厚度和有效磷，是影响辽西褐土区玉米产量最重要的5个因素，其次是耕层的紧实度、毛管孔隙度、容重、速效钾、碱解氮，犁底层的容重、紧实度、通气孔隙度、速效钾、有机质和碱解氮。这些物理化学指标将作为评价合理耕层结构的主要指标。

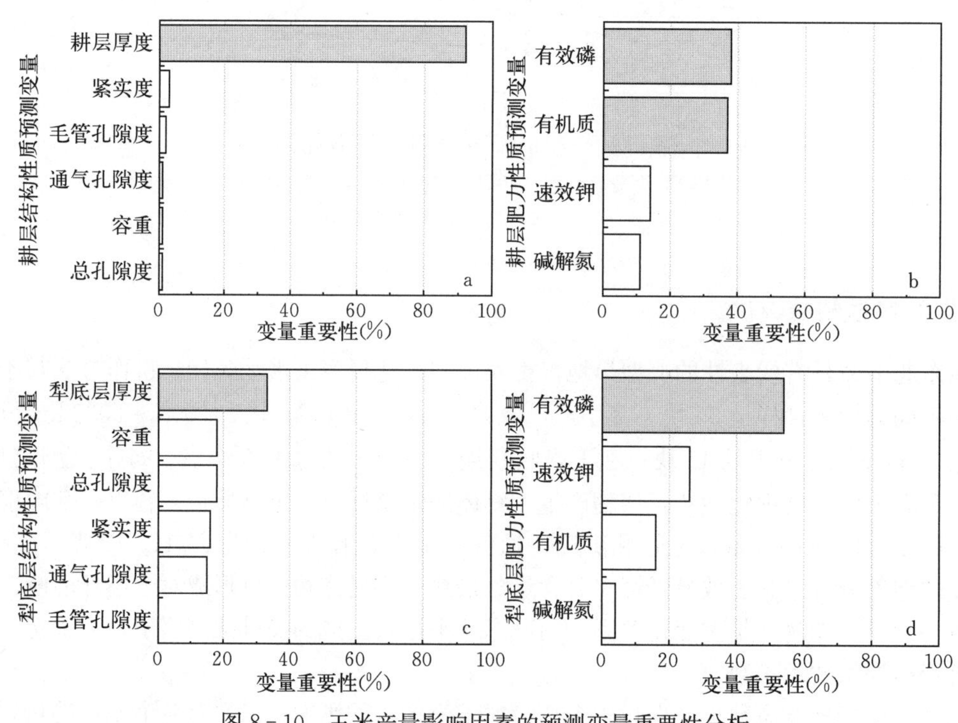

图8-10 玉米产量影响因素的预测变量重要性分析

从图8-10可以看出土壤的持水孔隙也对玉米产量具有重要的作用，尤其在耕层，毛管孔隙度排在第三位，然而，土壤的蓄水保墒能力，即土壤储水量的时空变化特征，很难从以上指标中全面地反映出来，此项指标还需要进一步研究确定。

（三）合理耕层结构与功能特征

根据耕层指标的筛选可知，耕层中的耕层厚度、有效磷和有机质，犁底层中的犁底层厚度、有效磷，是影响辽西褐土区玉米产量最重要的5个因素，其次是耕层的紧实度、毛管孔隙度、容重、速效钾、碱解氮，犁底层的容重、紧实度、通气孔隙度、速效钾、有机质和碱解氮。为了确定合理耕层评价指标参数范围，以产量大于9 000 kg/hm^2 的田块（28个）的耕层结构特征为基础，结合上述指标的重要性以及指标获取的难易程度，确定了东北平原褐土区合理耕层结构与功能特征。其中合理耕层结构的耕层、犁底层指标范围分别如下。在耕层物理指标中，耕层厚度达到20～30 cm，耕层土壤紧实度在300～1 000 kPa，毛管孔隙度在30%～40%；耕层化学指标中，耕层有效磷达到15～35 mg/kg，耕层有机质达到12～20 g/kg，耕层速效钾达到130～220 mg/kg。犁底层物理指标中，犁底层厚度减小到5～15 cm，容重减小到1.40～1.45 g/cm^3，紧实度减小到1 000～2 000 kPa；犁底层化学指标中，犁底层有效磷达到6～10 mg/kg，犁底层有机质达到6～10 g/kg，犁底层速效钾达到90～140 mg/kg。其他重要指标如表8-3所示。

表8-3　东北平原褐土区耕层评价指标

评价指标			实际范围	理想范围
物理指标	耕层	耕层厚度（cm）	18～26	20～30
		深松位土壤容重（g/cm^3）	1.06～1.22	1.10～1.20
		深松苗带位土壤容重（g/cm^3）	1.28～1.38	1.30～1.35
		播种期耕层土壤容重（g/cm^3）	1.16～1.28	1.20～1.25
		土壤紧实度（kPa）	112～1 000	300～1 000
		毛管孔隙度（%）（通气孔隙度11%～20%）	30.3～38.9	30～40
	犁底层	犁底层厚度（cm）	8～15	5～15
		土壤容重（g/cm^3）	1.41～1.49	1.40～1.45
		土壤紧实度（kPa）	1 081～2 321	1 000～2 000
		通气孔隙度（%）	10.3～15.8	10～20
化学指标	耕层	土壤有效磷含量（mg/kg）	14.8～34.6	15～35
		土壤有机质含量（g/kg）	13.5～19.2	12～20
		土壤碱解氮含量（mg/kg）	19.3～59.2	40～60
		土壤速效钾含量（mg/kg）	137～225	130～220
	犁底层	土壤有效磷含量（mg/kg）	2.1～10.4	6～10
		土壤有机质含量（g/kg）	5.2～11.9	6～10
		土壤速效钾含量（mg/kg）	79.2～145.3	90～140
		土壤碱解氮含量（mg/kg）	14.8～34.5	20～35

根据调查结果，针对现有的耕层特征，一方面要利用翻耕或深松等方式提高耕层厚度、改善耕层结构，另一方面要进一步提高褐土区土壤有效磷和有机质含量。

第二节 东北平原褐土区旱地合理耕层构建技术

一、土壤耕作与培肥对耕层结构与功能的影响

在东北平原褐土区，目前大部分采用秸秆离田加旋耕的耕作方式，其余少部分为深松和翻耕秸秆还田的耕作方式。针对东北平原褐土区气候特点与土壤特性，通过集成免耕秸秆覆盖、垄沟集雨、中耕深松破茬培垄措施增加耕层厚度、提高土壤有机质含量、增强土壤蓄水保墒能力，创建适宜东北平原褐土区的合理耕层构建技术。并探讨集成模式和现有模式对土壤性质和功能的影响，为合理耕层构建提供理论和技术支持。

在东北平原褐土的核心区域朝阳北票市蒙古营镇建立了核心示范区（始于 2016 年），研究了 4 种模式对耕层结构与功能的影响。4 种耕作模式分别如下。

① 秸秆清茬旋耕模式（简称旋耕模式），即农民传统模式，秋季玉米收获后秸秆清除，春季播种前采用旋耕机旋耕并起垄，在垄沟播种，旋耕深度为 15 cm 左右。

② 翻耕秸秆还田模式（简称翻耕模式），秋季玉米收获后秸秆粉碎覆盖，用翻转犁翻入土壤，翻耕深度为 25 cm 左右，春季播种前进行旋耕起垄，垄沟播种。

③ 深松秸秆还田模式（简称深松模式），秋季玉米收获后秸秆粉碎覆盖地表，采用深松机深松，深度为 30 cm 左右，春季播种前进行旋耕起垄，垄沟播种。

④ 高留茬秸秆覆盖垄沟免耕播种加中耕破茬深松集成模式（简称集成模式），秋季采用联合收割机收获玉米，留茬高度为 30～40 cm，其余秸秆整株覆盖地表。第一年春天不改变原有垄台、垄沟位置，于垄沟免耕播种玉米；拔节期沿茬带破茬中耕培土，深松，使垄台变垄沟，垄沟变成垄台，同时追肥。深松深度为 25～30 cm。第二年不改变垄台、垄沟位置，高留茬免耕秸秆覆盖在垄沟播种玉米；拔节期沿茬带中耕深松培土，使垄台变垄沟，垄沟变成垄台，同时破茬施肥，实现交替深松。如此在第一年和第二年年际间反复进行耕作。四种模式主要操作步骤如图 8－11 所示。

清茬

旋耕

翻耕　深松

集成-播种　集成-中耕（第一年）

集成-中耕（第二年）　集成-收获

图 8-11　旋耕、翻耕、深松和集成模式主要步骤示范

2017 年和 2018 年平均温度 7.7 ℃和 8.3 ℃，30 年平均温度 9.0 ℃，5 月平均温度已经达到了 15 ℃，完全满足玉米出苗所需温度，所以在此地区，温度一般不会成为限制玉米出

苗的主要因素。2017 年和 2018 年降水量分别为 449 mm 和 335 mm，30 年平均降水量为 452 mm，但是降水在生长季分布极其不均，如图 8－12 和图 8－13 所示。根据降水距平百分率（M）划分玉米生育期（4—9 月）旱涝程度，M≥75 为重涝，50≤M＜75 为大涝，25≤M＜50 为偏涝，－25≤M＜25 为正常，－50＜M≤－25 偏旱，－75＜M≤－50 大旱，M≤－75 为重旱。2017 年 4 月、5 月、6 月、7 月都属于干旱月，尤其是 4 月和 5 月属于重旱和大旱，降水量分别为 10 mm 和 16 mm，远远小于平均降水量 23 mm 和 43 mm，而 2018 年 4 月降水量正常，5 月、6 月、7 月属于偏旱，也均小于常年平均降水（表 8－4）。所以 2017 年在 5 月 23 日播种，2018 年在 4 月 26 日播种。

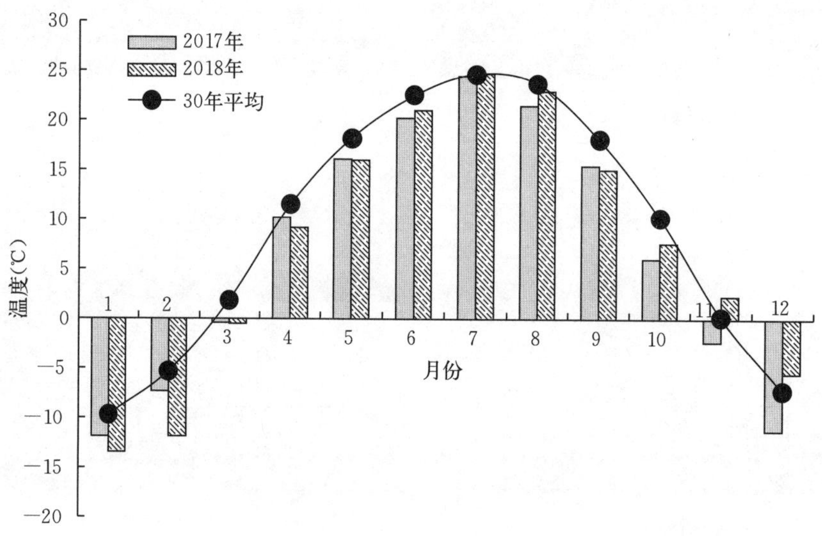

图 8－12　试验地 2017 年和 2018 年平均气温

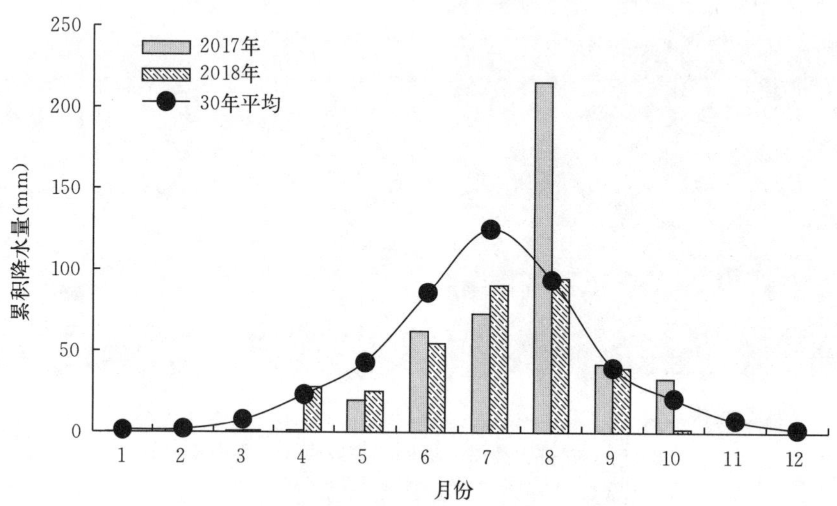

图 8－13　试验地 2017 年和 2018 年累计降水量

表 8-4　2017 年和 2018 年生育期降水距平

月份	2017 年		2018 年	
	降水距平百分率	旱涝类型	降水距平百分率	旱涝类型
4	−95	重旱	20	正常
5	−54	大旱	−42	偏旱
6	−27	偏旱	−36	偏旱
7	−42	偏旱	−28	偏旱
8	129	重涝	1	正常
9	5	正常	−1	正常

(一) 土壤耕作与培肥对耕层结构的影响

1. 耕作模式对土壤容重的影响

土壤容重是反映土壤紧实度和土壤孔隙度的重要指标，它可以直接或者间接地影响玉米生长发育。总体来说，土壤容重小，则土壤结构性好，疏松多孔、透气性好，但是容重过小会使土壤跑墒漏风进而影响土壤水分含量；相反，土壤容重大在一定程度上有助于土壤保墒，但是容重过大却使土壤紧实，不但影响土壤中空气的含量，还阻碍根系伸展，降低玉米抗倒伏能力。大部分研究都忽略了不同耕作模式（扰动形式下）土壤容重的时空变化特征。在整个玉米生育期土壤容重的时空变化如图 8-14 所示，在 0～15 cm 土层，播种后旋耕、翻耕和深松模式土壤容重最小，分别为 1.04 g/cm³、1.06 g/cm³ 和 1.07 g/cm³，播种 30 d 后容重迅速升高到 1.2 g/cm³ 左右，直到收获时保持在 1.25 g/cm³ 左右。而集成模式整个生育期苗带处 0～15 cm 土壤容重保持在 1.30～1.35 g/cm³，在 7 月 6 日深松、追肥、培垄和破茬后，深松沟位置土壤容重减小到 1.12 g/cm³，收获时增加到 1.2 g/cm³。在 15～30 cm 土层，由于各种耕作模式耕作深度不同表现出了不同的规律，集成和旋耕模式整个生育期土壤容重保持在 1.4 g/cm³，翻耕和深松模式土壤容重从 1.25 g/cm³ 增加到 1.4 g/cm³，并且在此层次深松的土壤容重始终小于其他 3 个模式；在 30～45 cm 4 个处理土壤容重变化不大，始终保持在 1.45 g/cm³ 左右。

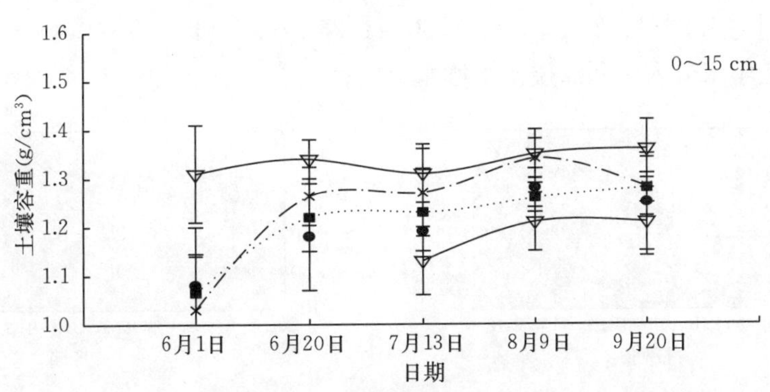

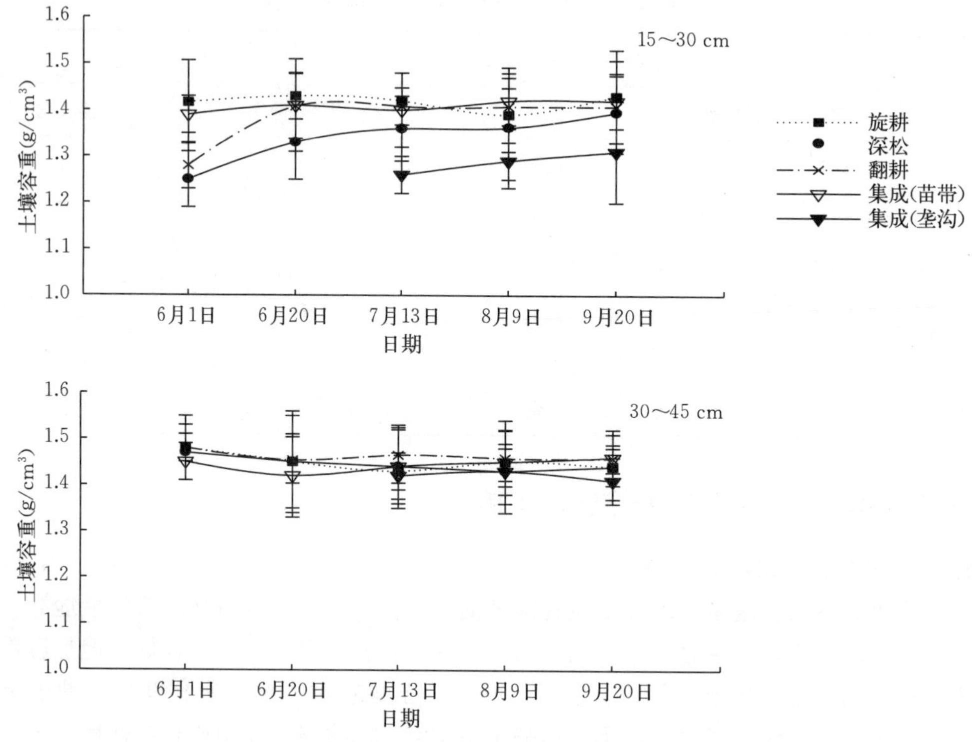

图 8-14　不同耕作模式玉米生育期 0～45 cm 土壤容重的变化

集成模式土壤容重呈现出苗带大、行间小的特点，苗带容重大有利于保水和抗倒伏，行间容重小有利于通气和雨水入渗，根系向下生长。

2. 耕作模式对剖面土壤含水量的影响

半干旱地区，土壤水分是限制作物生长最重要的因素之一，决定着作物的产量。农田土壤含水量与土壤耕作密切相关，不同的耕作模式通过影响土壤结构直接影响土壤水分的分布特征。从图 8-15 可知，严重干旱年份（2017 年），在苗期和拔节期旋耕模式、深松模式和翻耕模式 0～20 cm 土壤含水量仅为 10%左右，接近萎蔫点含水量，并且持续 20 d 左右，而集成模式土壤含水量达到了 15%，满足玉米出苗含水量。集成技术模式在雨季来临前深松，土壤容重仅为 1.1～1.2 g/cm^3，而深松模式、旋耕模式和翻耕模式经过降水和土壤沉实作用土壤容重分别为 1.20～1.25 g/cm^3、1.30～1.35 g/cm^3 和 1.25～1.30 g/cm^3，较小的土壤容重有助于土壤水分入渗和深层次土壤水分储存。

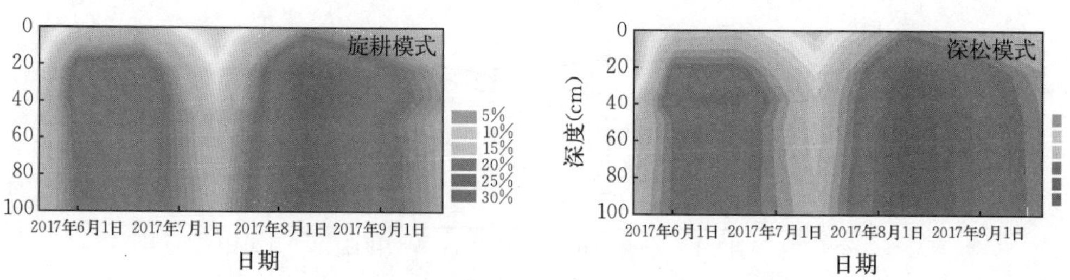

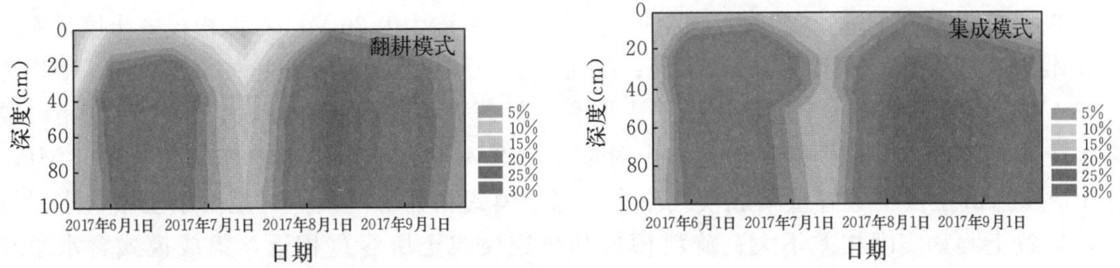

图 8-15　2017 年不同耕作方式 0～100 cm 土壤含水量的变化

在轻度干旱年份（2018 年），虽然没有出现严重干旱，但是整个生长季降水量只有 330 mm，从图 8-16 可以看出，在苗期旋耕模式、翻耕模式、深松模式、集成模式 0～20 cm 土层含水量都大于 15%以上。在中耕后没有足够降水入渗时，集成模式通过培垄减少土壤蒸发，保持水分，提高了表层土壤含水量。

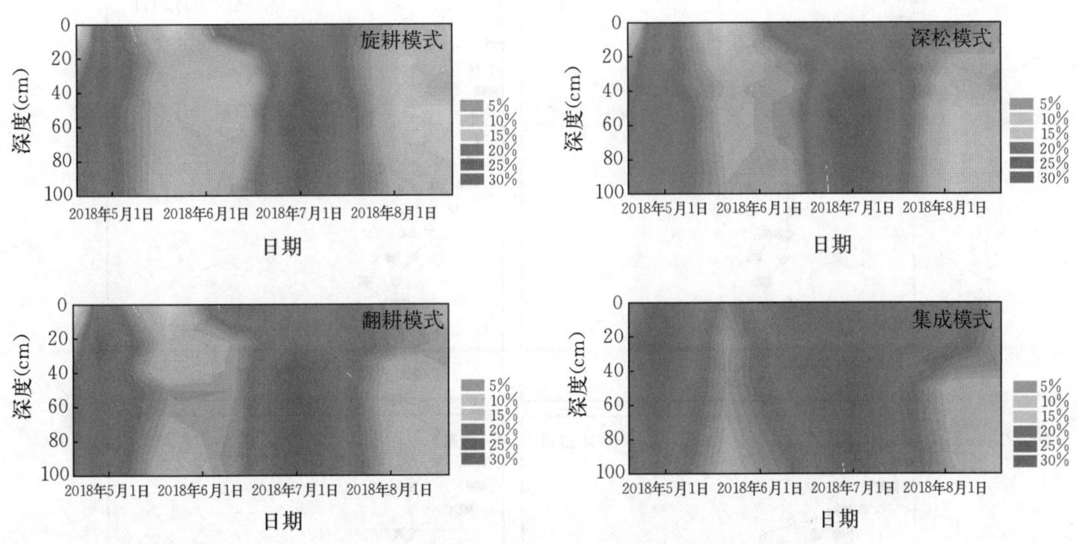

图 8-16　2018 年不同耕作方式 0～100 cm 土壤含水量的变化

3. 不同耕作方式对土壤紧实度的影响

土壤紧实度也称土壤硬度，是衡量土壤抵抗外力压实和破碎的能力，一般用土壤穿透阻力表示。在土粒间的垒结状态、结合力和凝聚力的综合作用下，土壤就表现出某种“硬度”。土壤容重一定程度上能反映土壤紧实程度，但不能代替土壤紧实度，而土壤紧实度可以直接表示作物在生长过程中根系所受的阻力。对于特定的土壤（质地和结构差异不大时），影响土壤紧实度的因素主要是土壤容重和含水量，在不同耕作方式下土壤容重和含水量呈现不同的时空变化特征，直接影响了土壤紧实度的时空变化特征。从图 8-17 可以看出，土壤紧实度随着深度的增加而增加。在各个时期 0～15 cm 土层，集成模式土壤紧实度高于其他 3 种模式，集成模式、旋耕模式、深松模式和翻耕模式紧实度范围分别为 0.03～1.06 MPa、0～0.71 MPa、0～0.51 MPa、0～0.58 MPa，平均值分别为 0.69 MPa、0.41 MPa、0.33 MPa、

0.36 MPa；在15～30 cm土层，旋耕模式土壤紧实度明显高于其他3个处理，例如，在8月20日时，旋耕模式土壤紧实度为0.85～1.44 MPa，平均为1.26 MPa；深松模式土壤紧实度为0.44～1.23 MPa，平均为0.89 MPa；翻耕模式土壤紧实度为0.51～1.29 MPa，平均为0.93 MPa。在0～15 cm土层集成模式土壤容重显著大于其他3种模式，含水量也相对较高，土壤紧实度也是最大的，但是各个时期土壤紧实度远远小于影响作物生长的2 MPa。在15～30 cm土层土壤容重集成模式略大于深松模式和翻耕模式，但是由于土壤含水量较高，导致土壤紧实度相差不大；旋耕模式和集成模式土壤容重相近，集成模式含水量显著高于旋耕模式，导致紧实度显著低于旋耕模式。在干旱时期，例如7月13日时，15 cm以下集成和深松模式土壤紧实度平均为2 MPa，而其翻耕模式和旋耕模式均高于2 MPa，分别为2.3 MPa和2.4 MPa，超过了影响作物生长的紧实度阈值。

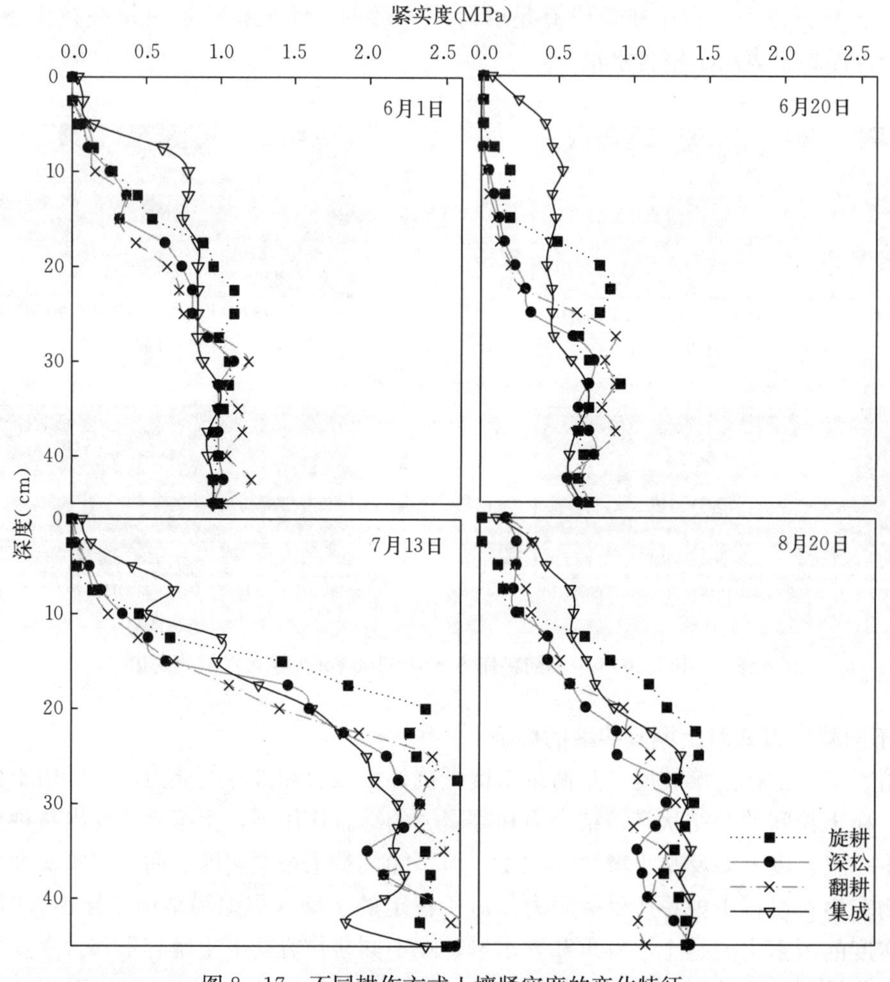

图8-17　不同耕作方式土壤紧实度的变化特征

总体而言，集成模式由于表层土壤容重较大，增加了土壤紧实度；而对于下层土壤（尤其是犁底层），土壤容重相近时，集成模式含水量较高，反而降低了土壤紧实度。

4. 土壤紧实度与土壤含水量和容重的关系

不同的耕作模式会改变土壤容重和水分的变化特征，紧实度也随之变化。探讨紧实度与含水量和容重的关系有助于准确预测土壤紧实度对作物生长的影响。从图 8－18 可知，利用简单模型 $PR=0.000\,067\,3\theta^{2.478\,9}\rho_b^{15.553\,7}$（$PR$ 为土壤紧实度、θ 为土壤体积含水量、ρ_b 为土壤容重）可以很好地表示紧实度与土壤含水量和容重的关系。限制作物生长的 2 MPa，在含水量小于10%、土壤容重大于 1.3 g/cm^3 时，土壤紧实度大于 2 MPa，而在土壤容重为 1.4 g/cm^3 以上时，土壤含水量即使达到 20%，土壤紧实度也大于 2 MPa。而在褐土区域，土壤紧实、容重大且干旱，土壤含水量常低于 20%，这些都直接导致土壤紧实度高于影响作物生长的阈值。

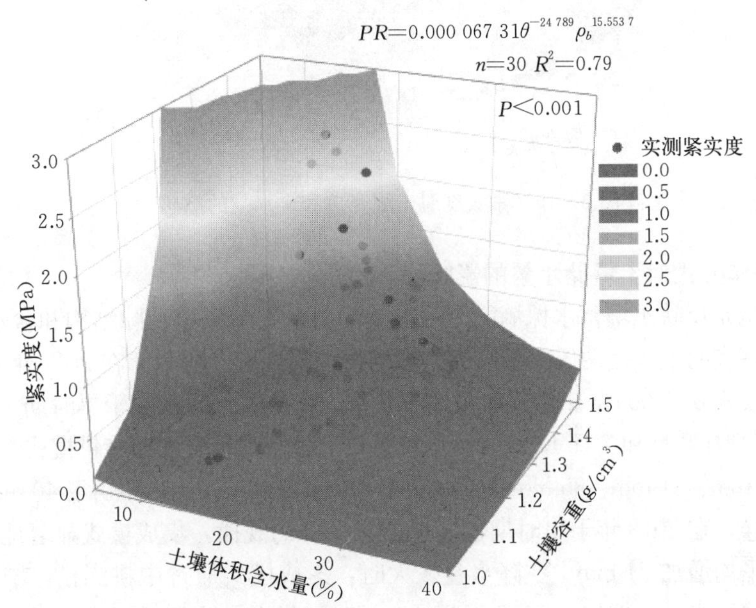

图 8－18　土壤紧实度与土壤容重和含水量的关系

研究参数的敏感性有助于探讨不同土壤条件下（容重和含水量），土壤容重和含水量变化对土壤紧实度的影响，可以判断土壤容重和含水量的重要性。图 8－19 是在不同初始条件下，土壤容重和含水量变化一个单位时对土壤紧实度的影响，即土壤紧实度对土壤容重和含水量的敏感性。当土壤含水量大于 20%，整个范围内土壤容重敏感性大于含水量敏感性，总体对土壤紧实度的影响较小，不到 1 MPa；同样，当容重小于 1.2 g/cm^3，含水量小于 20%时，土壤含水量敏感性大于土壤容重敏感性，总体对土壤紧实度的影响较小。当土壤容重大于 1.2 g/cm^3，土壤含水量小于 20%时，含水量敏感性显著大于容重敏感性。通常情况下，褐土区域耕层土壤容重大于 1.2 g/cm^3，犁底层可达到 1.4 g/cm^3 以上，此时，土壤含水量的微小变化可以造成土壤紧实度的巨大变化，所以在此区域改善土壤容重的同时，应该更注意保持土壤水分，才能更好地避免由于土壤过于紧实而阻碍作物生长。

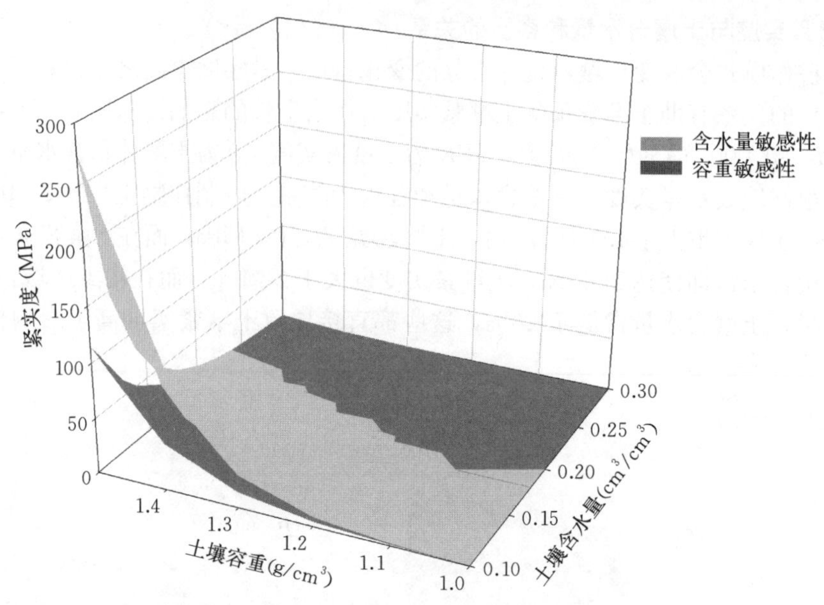

图 8－19　紧实度对土壤容重和含水量的敏感性

5. 不同耕作方式对土壤储水量的影响

土壤储水量是反映土壤蓄水保墒能力的重要参数，它与土壤孔隙结构和含水量直接相关。土壤储水量越高表明土壤接纳保存降水的能力越强。图 8－20 所示，在 2017 年和 2018 年，不同生育期集成模式 0～100 cm 土壤储水量高于其他 3 个模式，尤其在干旱时期，差距更大。例如，在 2017 年 5 月 2 日和 7 月 13 日时，集成模式土壤储水量分别比旋耕模式、深松模式和翻耕模式高出 28 mm、31 mm、35 mm 和 18 mm、21 mm、26 mm，这相当于 40 mm 和 30 mm 的两场降水。同样，在 2018 年干旱时期也表现出了一样的规律，集成模式显著地增加了土壤剖面的储水量，平均增加 21 mm。在降水量较大时，集成模式通过中耕深松，增加土壤水分入渗，增加了土壤储水量。例如在 2017 年 8 月 9 日时，降水量达到了 100 mm 以上，集成模式、旋耕模式、深松模式和翻耕模式土壤储水量分别为 273 mm、252 mm、261 mm 和 244 mm，集

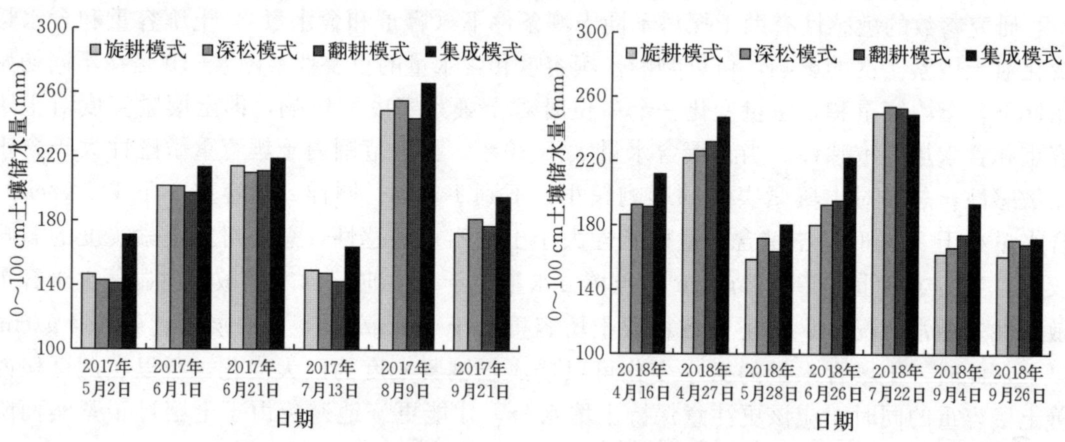

图 8－20　不同耕作方式 0～100 cm 土壤储水量的变化特征

成模式中耕深松比深松模式播种前深松土壤储水量高 12 mm，比农民传统模式高 29 mm。说明集成模式比其他模式更有助于土壤蓄水保墒，这对半干旱区作物利用土壤水分至关重要。

6. 不同耕作方式对土壤水分有效性的影响

相对含水量，即土壤含水量占田间持水量的百分比，是反映土壤水分有效性的简便参数。研究表明，相对含水量 50%～60%时玉米受轻度胁迫，40%～50%时受中度胁迫，40%以下时受重度胁迫。当玉米受到轻度胁迫时，可以很快恢复，而受到中度以上胁迫时，玉米生长受到抑制。图 8－21 所示，集成模式土壤相对含水量的有效性高于旋耕、翻耕和深松模式，尤其在严重干旱年份。例如，在 2017 年 5 月 2 日播种时，0～30 cm 集成模式土壤相对含水量接近 60%，而旋耕模式、翻耕模式和深松模式低于 40%，达到了中度或重度胁迫，直接影响玉米出苗。在干旱严重年份，集成模式可以有效地提高土壤水分的有效性，避免土壤水分成为限制作物的生长主要因子。而在相对含水量较高的 2018 年，在各个时期集成模式土壤含水量都高于 60%，土壤水分没有限制作物的生长，其他 3 种模式在个别时期则出现轻度胁迫。

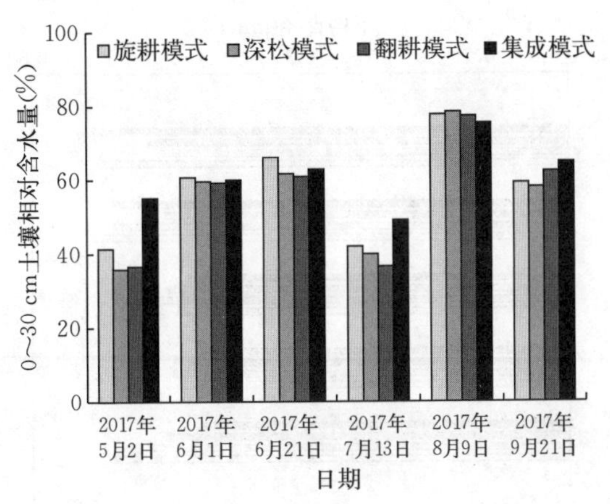

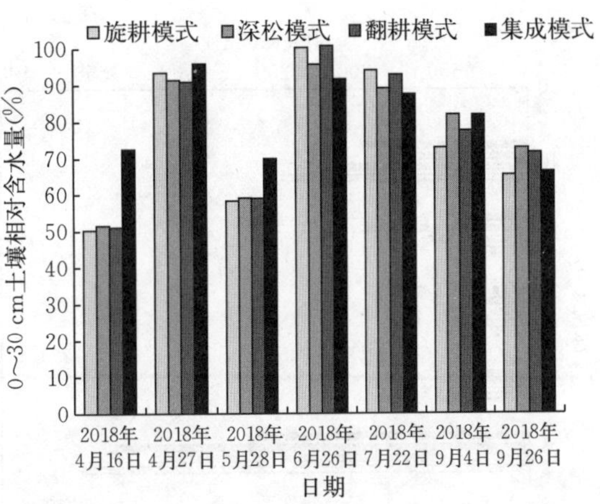

图 8－21　不同耕作方式对土壤相对含水量的影响

综上所述，集成模式通过秸秆覆盖、免耕直播和中耕深松改善了土壤结构、提高了土壤含水量和增加了剖面储水量，最终增加了土壤水分的有效性，比其他模式具有更好的蓄水保墒效果。

（二）土壤耕作与培肥对耕层功能的影响

1. 不同耕作方式对土壤化学性质的影响

土壤有机质和速效氮、磷、钾直接反映土壤的供肥能力。不同的耕作方式对土壤的扰动程度不同，可能影响土壤养分的分布及含量。在秸秆还田的 3 种模式中（集成模式、翻耕模式和深松模式）土壤有机质含量高于秸秆清茬的旋耕模式，分别高 4.8 g/kg、3.1 g/kg、3.9 g/kg。由于耕作处理年限较短（3 年），除了集成模式，为了增加磷素的有效性，中耕追肥施入磷酸二铵，其他模式施肥量一样，在耕层和犁底层中土壤速效氮、有效磷和速效钾含量并没有表现出明显的差异，而集成模式有效磷含量显著大于其他 3 种模式（表 8－5）。总之，集成模式中秸秆还田结合适当补充磷肥可以显著提高土壤有机质和有效磷含量，进而保证作物产量。

表 8-5 耕作方式对土壤化学性质的影响状况

模式	有机质（g/kg）		碱解氮（mg/kg）		有效磷（mg/kg）		速效钾（mg/kg）	
	耕层模式	犁底层	耕层	犁底层	耕层	犁底层	耕层	犁底层
旋耕模式	12.2	7.9	81.5	40.5	20.1	8.2	138.6	63.5
深松模式	16.1	10.1	71.8	46.2	18.1	8.5	125.5	56.6
翻耕模式	15.3	11.7	67.9	57.87	15.35	8.0	120.4	61.5
集成模式	17.0	9.4	85.8	40.83	27.95	12.8	146.7	53.7

2. 不同耕作方式对玉米根系分布的影响

植物根系对水分和养分的吸收至关重要。不同的耕作方式通过影响土壤结构、水分和养分直接影响根系的分布。在 0～40 cm 土层，根长、根表面积和根体积表现为集成模式＞翻耕模式≥深松模式＞旋耕模式（图 8-22）。在不同层次各个指标又表现出不同的规律。集

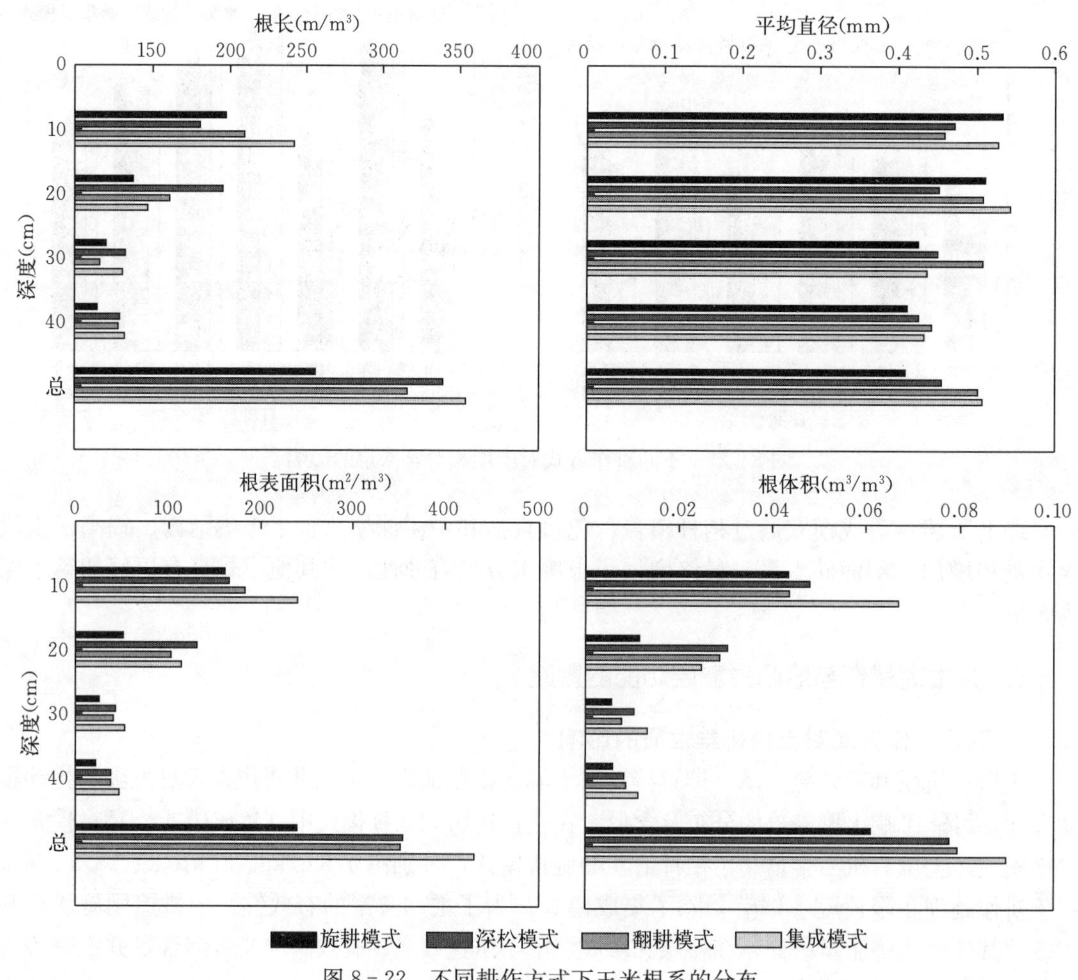

图 8-22 不同耕作方式下玉米根系的分布

成模式主要增加了 0～10 cm 土层的根长、根表面积和根体积，分别比旋耕模式、深松模式、翻耕模式根长增加 50%、59%、44%，根表面积增加 45%、47%、41%，根体积增加 51%、44%、52%。深松模式主要增加了 10～20 cm 的根长、根表面积和根体积。其他层次深松模式和集成模式各个根系指标差异不大，但显著地高于旋耕模式。说明集成模式通过中耕深松，使整个土体玉米根系增加，尤其是表层。这可能和集成模式表层土壤水分有效性高于其他模式有关。进一步分析不同直径的根系对根系比表面积和体积的贡献表明（图 8-23、图 8-24），农民传统的旋耕模式，在各个级别的根体积和表面积都是最小。集成模式主要增加了 0.5～2.5 mm 的根系数量，尤其是 0.5～1 mm 的根系，集成模式、旋耕模式、深松模式和翻耕模式根系比表面积和体积分别为 119 m^2/m^3、89 m^2/m^3、98 m^2/m^3、99 m^2/m^3 和 0.039 m^3/m^3、0.030 m^3/m^3、0.034 m^3/m^3、0.032 m^3/m^3。

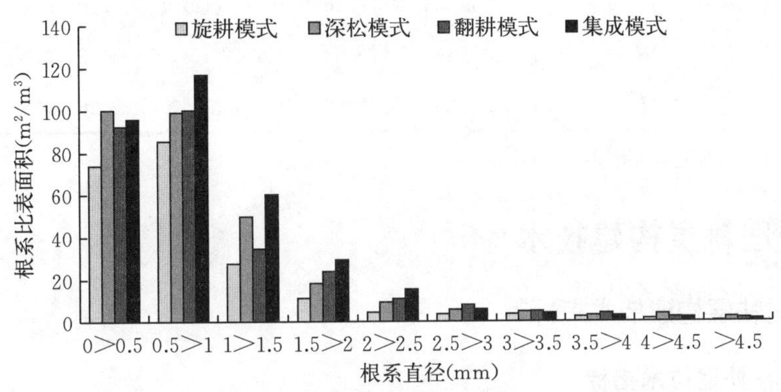

图 8-23　不同直径根系比表面积分布特征

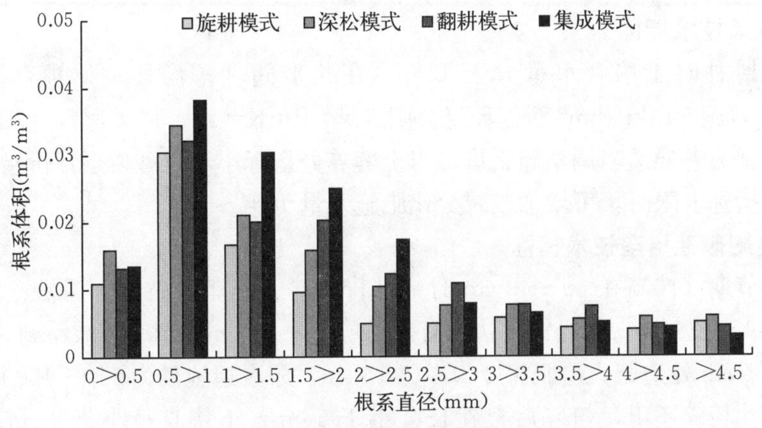

图 8-24　不同直径根系体积分布特征

3. 不同耕作方式对玉米产量及效率的影响

在 2018 年这一相对干旱年份，集成模式玉米产量达到了 10 980 kg/hm^2（表 8-6），分别比旋耕模式、深松模式和翻耕模式高 19%、6%、14%。与旋耕模式相比，集成模式、翻耕模式和深松模式水分利用率分别提高 20%、10%、14%，氮肥利用率分别提高 19%、4%、12%。在产量构成要素中，集成模式和深松模式穗长和穗粒数相近，分别为 17.52 cm

和 17.89 cm、604 粒和 626 粒，显著高于旋耕模式和翻耕模式（穗长分别为 16.22 cm 和 16.31 cm，穗粒数分别为 531 粒和 586 粒）。集成模式秃尖长最小，只有 0.14 cm，显著低于旋耕模式、深松模式和翻耕模式（0.55 cm、0.38 cm、0.21 cm）。这可能与集成模式减轻了土壤水分的胁迫有关。其他参数（有效穗数、百粒重和穗粗）无显著差异。总之，集成模式通过增加穗长和穗粒数，减小了秃尖长，增加了玉米产量，提高了水肥利用效率。

表 8-6　不同耕作措施玉米产量、水分利用效率（WUE）和氮肥利用率

模式	穗长（cm）	秃尖长（cm）	穗粗（mm）	穗粒数	有效穗数（穗/hm^2）	百粒重（g）	产量（kg/hm^2）	WUE［kg/（hm^2・mm）］	氮肥利用率（kg/kg）
旋耕模式	16.22	0.55	45.61	531	58 980	29.69	9 232	28.64	35.58
深松模式	17.52	0.38	46.48	604	58 363	29.46	10 347（12%）	32.59（14%）	39.87（12%）
翻耕模式	16.31	0.21	46.69	586	57 436	28.63	9 634（4%）	31.56（10%）	37.13（4%）
集成模式	17.89	0.14	47.73	626	59 289	29.62	10 980（19%）	34.26（20%）	42.31（19%）

注：括号内为相比于旋耕模式增加的百分比。

二、合理耕层构建技术

（一）合理耕层构建技术指标

1. 秋季秸秆处理技术指标

秋季玉米收获后秸秆立茬覆盖，留茬高度 30～40 cm，其余秸秆覆盖地表，覆盖秸秆长度 50 cm 以上，第二年春季秸秆覆盖度大于 60%。

2. 免耕直播技术指标

保持春季播种时土壤含水量大于 15%，在茬带间（垄沟处）免耕直播，播种密度 60 000 株/hm^2，施 600 kg/hm^2 缓控释复合肥（N：P：K=26：12：12），行距 60 cm，根据具体地块土壤肥力差异适当调整施肥量，当土壤养分指标小于合理耕层评价指标下限或大于合理耕层评价指标上限时，可增加或减少化肥施入量 10%～20%。

3. 中耕追肥破茬培垄技术指标

在玉米拔节期（株高在 30～40 cm 时）进行中耕、施肥、破茬、深松、培垄一次性作业，深松宽幅 15～20 cm，深松深度达到有效耕层 25～30 cm，犁底层减小到 5～8 cm；在培垄侧距离植株 5 cm 处追肥，追肥深度为 10～15 cm，尿素追施量为 110～150 kg/hm^2；立茬行（株间）根茬粉碎还田，粉碎后根茬长度小于 5 cm，土块直径小于 2 cm；培垄高度为 10 cm，行间杂草粉碎，株间杂草全覆盖。

最终通过免耕秸秆覆盖和垄沟集雨提高播种期土壤含水量，中耕深松提高有效耕层厚度和深层次土壤储水量，破茬培垄秸秆全量还田提高土壤肥力。最终达到有效耕层 25 cm 以上，犁底层 5～8 cm，播种位容重在 1.25～1.30 g/cm^3，紧实度小于 1 000 kPa，深松位容重在 1.1～1.2 g/cm^3，紧实度小于 700 kPa，播种前秸秆覆盖度大于 60%，土壤含水量高于 15%，保证出苗率大于 90%。

（二）合理耕层构建技术

1. 秸秆还田技术

采用联合收割机收获，停止收割机自带的秸秆粉碎装置运行，抬高收割头，留茬高度30～40 cm进行收获，其余秸秆覆盖地表。在6月中旬玉米拔节期时，采用中耕深松机破茬培垄，在行间秸秆残茬粉碎全量还田。

2. 免耕直播技术

采用2BMZF型免耕精量播种机直接播种，依据土壤墒情和土壤硬度调整镇压强度，土壤墒情差、土壤紧实，单体镇压强度在高挡位（5～6挡），反之，调节在中间挡位（3～4挡）。播种深度在3～5 cm，播种密度60 000株/hm^2，行距60 cm，施肥量600 kg/hm^2，缓控释复合肥（N：P：K＝26：12：12），施肥深度10 cm，距离苗带5 cm。

3. 中耕深松技术

采用中耕深松机进行间隔深松，可以选择增加粉碎功能的2ZZ－3型深松培垄施肥联合作业机。每年拔节期在茬带（行间）进行深松，深松深度根据犁底层厚度确定，一般深松深度为25～30 cm，中耕深松的同时，进行破茬粉碎还田和追肥。

第三节　东北平原褐土区旱地合理耕层构建技术模式

一、高留茬秸秆覆盖免耕播种＋中耕破茬深松集成技术模式概述

依据东北平原褐土区土壤结构和气候条件特点，该集成技术模式主要通过秋季立茬覆盖，春季垄沟免耕直播提高播种时期土壤含水量，保证出苗率。通过中耕破茬深松技术增加耕层厚度，减小犁底层厚度。破茬秸秆粉碎全量还田提高了土壤肥力，此外中耕形成垄沟有助于第二年集雨，增加入渗量（图8－25）。最终，利用中耕破茬培垄技术结合覆盖免耕技术和传统垄作技术的优点，克服关键耕层障碍因子（耕层浅、犁底层厚，耕层结构不合理；春旱频发，蓄水保墒能力差；有机质少，养分有效性低），构建了满足合理耕层评价指标的合理耕层结构，增加了玉米产量和水肥利用效率。

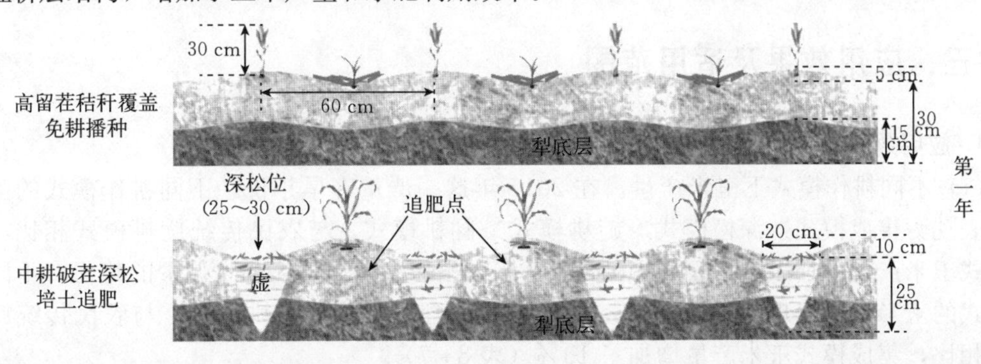

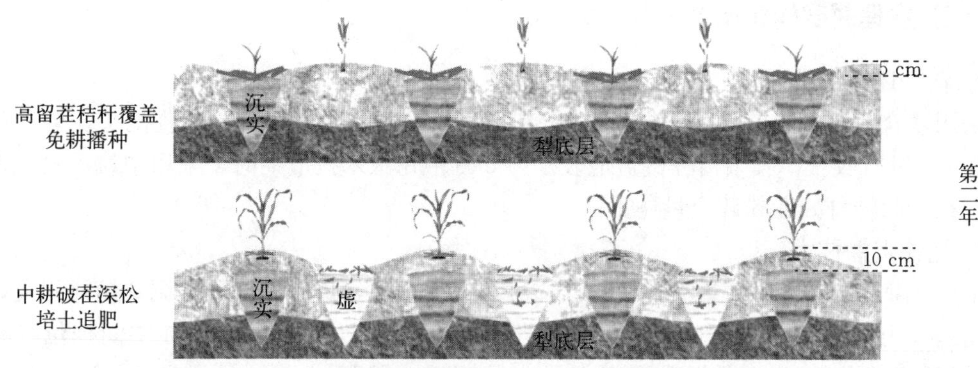

图 8-25 高留茬秸秆覆盖免耕播种＋中耕破茬深松集成技术模式示意

二、主要技术环节

1. 高留茬秸秆覆盖还田技术

在玉米进入完熟期，适时采用联合收割机进行收获，留茬高度为 30～40 cm，秸秆其余部分均匀覆盖地表。

2. 免耕覆盖播种与施肥技术

在春季地温稳定在 10 ℃以上、播种层土壤相对含水量在 60%～70%时，进行免耕播种与施肥作业，行距为 50～60 cm。播种密度根据品种特性合理密植。口肥以速效氮、磷肥为主，纯氮（N）和磷（P_2O_5）施用量分别为 15～30 kg/hm^2 和 30～60 kg/hm^2；根据土壤肥力状况，底肥酌情侧深施相当于纯氮量（N）为 135～195 kg/hm^2、纯磷量（P_2O_5）为 60～75 kg/hm^2、纯钾量（K_2O）为 60～90 kg/hm^2 的含 30%缓释氮的缓释复混肥或专用肥。

3. 中耕深松培垄技术

在玉米拔节期，土壤相对含水量在 60%～70%时，在茬带（玉米行间）进行中耕、追肥、破茬、深松、培垄一次性作业，培垄高度为 10 cm。深松深度达到有效耕层 25～30 cm，作业质量符合《深松机　作业质量》（NY/T 2845）的要求。在培垄侧距离植株 5～10 cm 处追肥，追肥深度为 10～15 cm，尿素追施量为 120～150 kg/hm^2。

三、应用效果及适用范围

1. 应用效果

（1）不同耕作模式下玉米产量。在 2017 年这一严重春旱年份，不同耕作模式的玉米产量表现为集成模式＞深松模式＞旋耕模式＞翻耕模式，与农民传统旋耕模式相比，集成模式玉米产量增加了 54%；在 2018 年这一未出现春旱但整体降水偏少的年份，不同耕作模式的玉米产量表现为集成模式＞深松模式＞翻耕模式＞旋耕模式，与农民传统旋耕模式相比，集成模式玉米产量增加了 19%（表 8-7）。

表 8-7　2017 年和 2018 年不同耕作模式下玉米产量（kg/hm²）

模式	2017 年				2018 年			
	平均产量	样点 1	样点 2	样点 3	平均产量	样点 1	样点 2	样点 3
旋耕模式	6 020	5 775	6 046	6 238	9 232	9 236	9 007	9 454
深松模式	6 504	6 236	6 470	6 805	9 797	9 327	9 469	10 596
翻耕模式	5 733	6 177	5 035	5 988	9 634	9 236	9 236	10 430
集成模式	9 292	8 701	9 369	9 805	10 980	10 430	11 121	11 390

（2）不同耕作模式下玉米出苗率。在 2017 年这一严重春旱年份，集成模式显著提高了玉米出苗率，达到了 94%（表 8-8），与农民传统旋耕模式相比，集成模式出苗率增加了 22%；在 2018 年这一整体偏旱年份，集成模式玉米出苗率为 94%，与其他 3 种模式差异不大（表 8-8）。

表 8-8　2017 年和 2018 年不同耕作模式下玉米出苗率（%）

模式	2017 年				2018 年			
	出苗率	样点 1	样点 2	样点 3	出苗率	样点 1	样点 2	样点 3
旋耕模式	77	74	80	76	93	93	90	96
深松模式	81	75	82	85	92	88	99	88
翻耕模式	79	80	78	79	91	93	88	93
集成模式	94	93	93	96	94	91	96	96

（3）不同耕作模式下水分利用效率。在 2017 年这一严重春旱年份，集成模式显著提高了水分利用效率，达到了 27.8 kg/(hm²·mm)，与农民传统旋耕模式相比，集成模式水分利用效率提高了 59%；在 2018 年这一整体偏旱年份，与农民传统旋耕模式相比，集成模式水分利用效率提高了 20%（表 8-9）。

表 8-9　2017 年和 2018 年不同耕作模式下水分利用效率［kg/(hm²·mm)］

模式	2017 年				2018 年			
	平均水分利用效率	样点 1	样点 2	样点 3	平均水分利用效率	样点 1	样点 2	样点 3
旋耕模式	17.5	16.8	17.6	18.2	28.7	28.7	28.0	29.4
深松模式	19.6	18.8	19.5	20.5	30.9	29.4	29.9	33.4
翻耕模式	17.4	18.7	15.3	18.1	31.6	30.3	30.3	34.2
集成模式	27.8	26.0	28.1	29.4	34.3	32.6	34.8	35.6

（4）不同耕作模式下氮肥利用效率。4 种模式氮肥施入量均为 259.5 kg/hm² 纯氮。在 2017 年这一严重春旱年份，集成模式显著提高了氮肥效率，达到了 35.8 kg/kg（表 8-10），与农民传统旋耕模式相比，集成模式氮肥利用率提高了 54%；在 2018 年这一整体偏旱年份，与农民传统旋耕模式相比，集成模式氮肥利用率提高了 19%。

表 8-10　2017 年和 2018 年不同耕作模式下氮肥利用效率（kg/kg）

模式	2017 年				2018 年			
	氮肥利用率	样点 1	样点 2	样点 3	氮肥利用率	样点 1	样点 2	样点 3
旋耕模式	23.2	22.3	23.3	24.0	35.6	35.6	34.7	36.4
深松模式	25.1	24.0	24.9	26.2	37.8	35.9	36.5	40.8
翻耕模式	22.1	23.8	19.4	23.1	37.1	35.6	35.6	40.2
集成模式	35.8	33.5	36.1	37.8	42.3	40.2	42.9	43.9

2. 适用范围

适用于东北平原半干旱区及相似生态区，尤其是春旱频发地区的雨养春玉米种植。通过集成免耕高留茬秸秆覆盖和垄沟集雨技术提高播种期土壤含水量，中耕深松培垄技术增强降水入渗速度和数量，避免产生地表径流，提高有效耕层厚度，增加深层次土壤储水量，促进耕层蓄水保墒能力。在免耕播种时，注意防治杂草；中耕深松时，避免大土块伤苗，选择在适宜的土壤含水量条件下进行（以相对含水量在 60%左右为宜）。

第九章
华北平原潮土区旱地合理耕层构建理论与技术

潮土是发育于富含碳酸盐或不含碳酸盐的河流冲积物土，受地下潜水作用，经过长期旱耕熟化而形成的一种半水成土壤，是华北平原分布最广、面积最大的耕作土壤。华北平原潮土区的典型种植制度是冬小麦-夏玉米一年两熟轮作种植。但是，长期以旋代耕、以耙代耕提高了土壤坚实度，使土壤容重增加，造成了土壤板结、犁底层加厚上移，形成了坚硬、封闭的犁底层，影响作物产量，制约了农业生产的可持续发展。针对华北潮土区农田土壤耕层明显存在的“浅、实、少”问题而导致的作物产量较低且年际间极不稳定，并结合旱地稳定实现作物增产增效可持续发展的新要求，以及现代作物生产机械化、轻简化和标准化发展的新趋势，开展华北平原潮土区旱地土壤耕层指标和土壤关键过程对实现作物高产高效的影响与调控技术研究，探索不同耕层土壤条件与作物生长发育的动态协调规律，构建华北平原潮土区的合理耕层，为该地区作物丰产增效提供理论和技术支撑。

第一节　华北平原潮土区旱地合理耕层评价

一、区域概况、关键障碍与科学问题

（一）区域概况

1. 潮土的分布区域及气候状况

华北平原是中国三大平原之一，也是我国重要的粮食主产区。该地区粮食播种面积占全国总面积的20%左右，粮食产量约占全国粮食总产量的23%，其粮食产量的稳定提高和土地资源的可持续利用，直接关系到国民经济的长期稳定发展，对我国粮食安全有着重要的影响。

华北平原地势平坦，多耕地，总耕地面积约为3 500万hm^2，占全国耕地总面积的40%。该区属于典型的温带季风气候，资源量仅占全国的6%，年人均水资源量456 m^3，不足全国的1/6。年降水量大致在400～800 mm。降水主要集中在夏季，春季降水少。研究指出，除华北平原南部的极少地区外，降水量一般都不能满足一年两熟制作物对水分的要求，原因在于冬小麦生育期内水分亏缺严重，供需矛盾突出，水资源短缺成为农业生产面临的主要问题。随着水资源的日益短缺和农业用水量的不断增加，地下水被大量、过度开采，近30年来地下水位普遍下降了20～40 m，平均每年下降0.72 m，并形成大面积区域地下水漏斗和严重的地面沉降等生态环境问题。近年来，中国多数地区出现暖干化趋势，尤其是华北地区。随着全球气候变化，该区水资源进一步短缺，旱地面积进一步扩大，干旱频繁发生，而传统农业的连年浅旋耕，造成耕层变浅，犁底层加厚，导致旱地作物产量较低，且年际间极不稳定，成为该区作物生产的主要限制因素。华北平原耕地类型以旱地为主，总旱地面积为1 280.68万hm^2，主要分布在河北、北京、天津的大部分区域，山东、河南的北半部及江苏和安徽的一小部分，各省旱地面积分布不均，占耕地面积的27%～46%，平均为37%。

潮土是华北平原分布最广、面积最大的耕作土壤。全国潮土面积约为3 431.7万 hm^2，其中华北平原潮土面积约为 2 302.5 万 hm^2（图 9－1）。

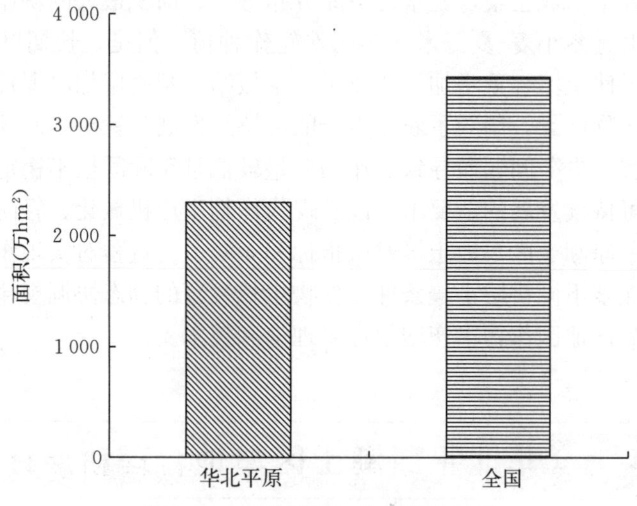

图 9－1　华北平原和全国潮土面积

潮土分布区地形平坦，地下水埋深较浅，土壤地下水埋深随季节性降水或干旱而发生变化。华北平原北抵燕山南麓，南达大别山北侧，西倚太行山-伏牛山，东临渤海和黄海，跨越京、津、冀、鲁、豫、皖、苏。潮土面积在各省市的分布不均，其中以山东省潮土面积最大，约 599.3 万 hm^2，占比为 26.0％。河北省、河南省次之，潮土面积分别为 544.1 万 hm^2 和 521.9 万 hm^2，占比为 23.6％和 22.7％，位居第二和第三。其他四省潮土面积较小，共计 637.2 万 hm^2，占比为 27.7％。依次是江苏、安徽、天津、北京，潮土面积分别为345.6 万 hm^2、164.0 万 hm^2、89.6 万 hm^2 和 38.0 万 hm^2，占比为 15.0％、7.1％、3.9％和 1.7％（图 9－2）。

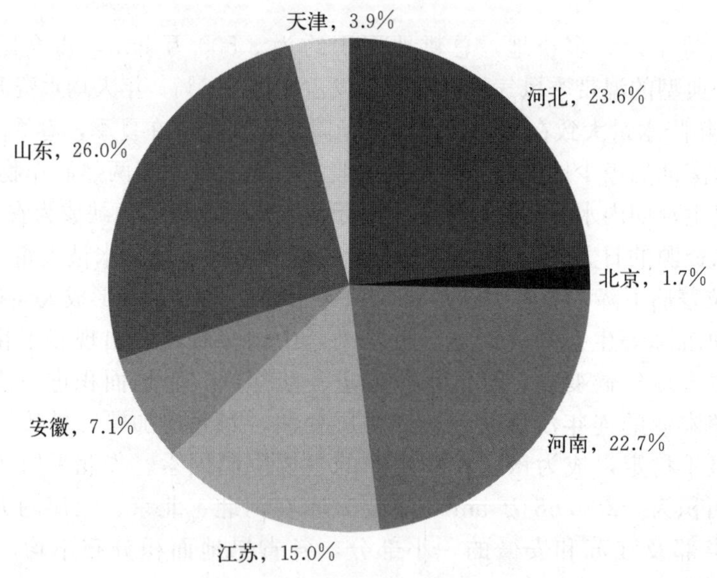

图 9－2　华北平原潮土面积分布

2. 耕作制度及耕层特性

第二次全国土壤普查之前，潮土区普遍实行一年一熟或两年三熟的耕作制度，1978 年之前施用化肥很少，施用量为 30～40 kg/hm²，有些耕地甚至从不施用化肥；因此，产量水平较低，当时的小麦产量在 1 500 kg/hm² 左右；有机质的合成与分解处在低水平的平衡，有机质含量平均在 6～8 g/kg。粮食作物以冬小麦、玉米为主，主要经济作物有棉花和花生。两年三熟制一般将种粮田地平均分成两份，一半为麦地，于前一年秋季播种冬小麦，收麦后立即复种夏大豆、夏玉米等作物；另一半称春地，在春季播种高粱与粟等作物。秋季实行换茬，春地改种麦、豆，而麦地则留作春地。这样交替使用，周而复始，基本实现两年三收。随着灌溉农业发展，一年两熟制面积不断扩大。黄河以南大部分地区可一年两熟，以两年三熟和三年五熟为主，复种指数居华北地区首位。粮食作物也以冬小麦、玉米为主，20 世纪 70 年代以来沿淮及湖洼地区扩大了水稻种植面积，经济作物主要有烤烟、芝麻、棉花、大豆等。目前，华北平原（黄河以北的豫北、鲁北平原，河北平原以及京津两市的平原部分）的典型种植制度是冬小麦-夏玉米一年两熟轮作种植。

潮土呈典型的剖面结构，自耕层由上而下有序排列，具有腐殖质层（耕层）、氧化还原层及母质层等剖面层次，沉积层理明显，是冲积平原上主要的旱作土壤（图 9-3）。潮土主要进行着潴育化过程和以耕作为主的腐殖质积累过程。潮土黏土矿物一般以水云母为主，蒙脱石、蛭石、高岭石次之。潮土富含碳酸钙，自然含水量低，土粒结构持水性差，阳离子交换量大，受洪涝、旱、盐碱威胁频繁。通过 35 年长期定位试验研究，分析小麦相对产量和土壤有效磷的变化趋势得出，土壤有效磷农学阈值是 13.41 mg/kg。

潮土土类可分为潮土（黄潮土）、湿潮土、脱潮土、盐化潮土、碱化潮土、灰潮土及灌淤潮土 7 个亚类。黄潮土是潮土土类中面积最大的亚类，黄潮土母质起源于西北黄土高原，多为富含碳酸钙的黄土性沉积物，若其为黏质土则偏高，沙质土偏低，呈中性至微碱性反应。可溶性盐分含量<1 g/kg，土壤养分含量、耕性、水分物理性质、生产潜力等与土壤质地及剖面构型有关。以壤质潮土肥力性能最好。湿潮土是潮土土类与沼泽土之间的过渡性亚类，主要分布在平原洼地，排水不良，地下水埋深仅 1.0～1.5 m，雨季接近地表，暂时有地表积水现象，地下水矿化度不高，多小于 1 g/L。湿潮土母质为河湖相静水黏质沉积物，一般无盐化或碱化威胁。有机质含量较黄潮土、盐化潮土及碱化潮土高，多为 10～20 g/kg，高者可达 30 g/kg。但有效磷含量属低水平，多在 5 mg/kg 以下。多数湿潮土目前产量水平不高，稻改面积较大。质地黏重，细粉沙（0.005～0.001 mm）含量高，一般无粗沙（1～0.1 mm）。脱潮土主要是潮土向地带性土壤褐土过渡的亚类，一般无盐化威胁，熟化程度高，是平原地区高产稳产土壤类型。表土质地多为壤质土，质地适中、水分物理性质良好，水、热、气、肥平衡协调，适耕性强。土壤腐殖质含量较高，多在 10～20 g/kg。碳酸盐有轻度淋溶淀积现象，心土层有假菌丝体并有黏化现象，仍残存锈色斑纹。呈中性至微碱性反应，pH 7.0～8.0。盐化潮土是潮土与盐土之间的过渡性亚类，具有附加的盐化过程，土壤表层具有盐积现象。地下水埋深 1～2 m，矿化度变幅较大，一般在 1～5 g/L，排水条件较差。表土层有盐积现象，0～20 cm 含盐量上限，

图 9-3 华北平原潮土耕层土壤剖面

每年春、秋旱季土壤表层积盐，雨季脱盐根据盐分含量盐化潮土盐化程度分为轻度、中度、重度 3 级，其含盐量分别为 1～2 g/kg、2～4 g/kg、4～6 g/kg。由于盐类的溶解度与温度的关系，一般春季积盐以氯化物为主（春季土温低），秋季以硫酸盐为主（秋季土温高）。碱化潮土是潮土与瓦碱土之间过渡性亚类。表土有碱化特征，土表 0.5～3 cm 厚的片状结壳。盐分化学组成以碳酸氢钠为主，呈碱性反应，pH 高达 9.0 以上。矿质颗粒高度分散，土壤物理性质不良。土壤养分除钾素含量较高外，余者含量均属低水平。有效磷含量极低，多$<$3 mg/kg 乃至痕量，有机质含量一般$<$5 g/kg。灰潮土是江南的主要旱作土壤，表土颜色灰暗，群众称其高产土壤为灰土，有机质含量较黄潮土高，一般为 15～20 g/kg，熟化程度高的灰潮土有效磷含量可达 50 mg/kg。灌淤潮土主要分布于干旱、半干旱地区，人为引水淤灌而成，为潮土与灌淤土之间的过渡亚类。主要特征是表层灌淤层厚 20～30 cm，灌淤层之下仍保持原潮土剖面形态特征，其理化性质、肥力状况与黏质潮土相近。

目前华北平原潮土 pH 多在 7.5 以上，个别达到 8.5～10.0，成为碱化土或碱土。土壤主要通过碳酸钙溶解来缓冲外界酸输入，碳酸钙含量是决定潮土缓冲能力的最主要因素。土壤缓冲性能与碳酸钙含量之间呈极显著（$P<0.01$）相关。华北平原典型的潮土由河流冲积物受地下水运动和耕作活动影响而形成，沙粒含量高、土壤结构差、土壤微生物活动强烈，使得土壤有机质含量低且难以积累。该区传统旱地耕作广泛采用小麦季免耕或浅旋耕、玉米

季免耕直播的方式，播种后地表裸露，蒸发量大，水土流失严重，缺乏土壤培肥、蓄水保墒等措施，导致土壤耕层变浅，养分大多在表层，下层土壤板结度加深，土壤养分水分库容减少，抗逆缓冲能力变差，加速了土壤有机氮的消耗和土壤贫瘠化，降低了耕地质量和土壤持续供肥能力，造成土壤耕层严重退化、有机质持续衰减。同时，由于降水与作物生长季错位、土壤肥力低且追肥困难等问题，大大限制了作物对土壤氮素的吸收利用，从而导致土壤硝态氮残留，引发严重的环境问题。

中国科学院对华北平原的粮食产量和增产潜力进行了统计分析，该地区 1961—2007 年小麦-玉米两作潜在产量在 $19.7\times10^3\sim22.2\times10^3$ kg/hm^2，区域平均值为 21.2×10^3 kg/hm^2。雨养产量在 $13.2\times10^3\sim21.7\times10^3$ kg/hm^2，区域平均值为 16.4×10^3 kg/hm^2。全区潜在产量显著上升，年均增幅多在 20～40 kg/hm^2，说明自 1960 年来华北平原小麦-玉米两作还有很大的增产潜力，特别是水分状况较好的地区，可以通过提高水肥利用效率，挖掘其增产潜力。

（二）关键障碍

潮土分布区地势平坦，土层深厚，水热资源较丰富，是我国主要的旱作土壤，盛产粮食作物。但在潮土分布面积最大的华北平原，旱涝灾害时有发生，部分区域盐碱危害较重，加之土壤养分含量偏低，大部分属中低产土壤，作物产量低而不稳。而且，传统耕作机械田间作业频繁，现行的旋耕深度一般在 15 cm 左右，比过去的机械耕翻深度浅 8～10 cm，造成耕层变浅。长期以旋代耕、以耙代耕提高了土壤坚实度，使土壤容重增加，造成了土壤板结，犁底层加厚上移，形成了坚硬、封闭的犁底层，影响作物产量，严重制约了农业生产的可持续发展。该区粮食生产的耕地需求与城市化、工业化的耕地需求矛盾仍将长期存在，即使实行最严格的耕地保护政策，耕地局部减少的趋势仍难以遏制。同时，高产区不少耕地退化趋势加重。因此，该区农田土壤耕层“浅、实、少”的问题突出，限制作物进一步增产增效。

国家玉米产业技术体系调查结果显示，黄淮海地区土壤耕层平均深度只有 17.2 cm。土壤结构变得紧实，发生严重板结，土壤容重普遍在 1.37～1.43 g/cm^3。而有效耕层土壤量显著减少，只有 2.34×10^6 kg/hm^2。以上问题严重阻碍和限制了作物产量潜力的正常发挥，使得华北粮食主产区的产量提升遇到严重困难，故通过采取合理的土壤耕作措施改善土壤耕层结构、扩大土壤水分养分库容，探索区域合理耕层构建理论与技术，对于保障该区作物高产稳产、生产可持续发展具有重要意义。协调作物高产与土壤资源高效利用，创造营养均衡的土壤耕层结构是作物增产的重要基础，为此，如何蓄水保墒、培肥地力，改善作物水肥吸收效率，降低环境污染，创造一个结构合理、功能完善的高产高效型的土壤耕层结构不仅是一个科学难题，也是一个技术难题。

（三）科学问题

本研究任务针对华北潮土区农田土壤耕层明显存在的“浅、实、少”问题而导致的作物产量较低且年际间极不稳定，并结合旱地稳定实现作物增产增效可持续发展的新要求，以及现代作物生产机械化、轻简化和标准化发展的新趋势，开展华北平原潮土区旱地土壤耕层指标和土壤关键过程对实现作物高产高效的影响与调控技术研究，阐明华北区旱地作物不同产量水平下的合理耕层的土体构型、结构和有机质水平，探索不同耕层土壤条件与作物生长发育的动态协调规律，构建华北平原潮土区的合理耕层构建技术，并进行集成与示范。

1. 旱地合理耕层条件的优化设计与定量化指标

确立旱地作物不同产量水平下高产高效的耕层指标，构建适应不同产量水平的合理耕层，为潮土区深松技术推广提供科学依据。

2. 旱地合理耕层构建技术及其与作物生长发育的协调匹配

通过对不同机械化耕作方式下土壤性状和水肥作用过程的比较研究，提出作物持续增产增效的土壤构型、耕层结构和有机质水平，明确构建合理耕层的主要土壤限制因子；探索不同耕层土壤条件与作物群体动态协调规律，阐明作物密度、氮肥管理等与合理耕层之间的作用机制，探讨实现旱地作物高产高效的合理耕层结构和关键过程的调控机制与技术途径。

二、合理耕层特征

（一）作物产量与耕层结构和功能关系及合理耕层评价

1. 作物产量与耕层物理性状的关系

（1）各土层厚度与产量的关系。根据不同土壤层次的特性，将 0～50 cm 土层分为表土层、稳定层、犁底层和心土层。其中，0～10 cm 土层为表土层；表土层以下至犁底层为稳定层；犁底层以下至土壤 50 cm 为心土层。

图 9－4 展示出了稳定层和犁底层厚度与产量的关系，冬小麦的产量与稳定层的厚度呈显著正相关，与犁底层的厚度呈显著负相关。表明在一定范围内，冬小麦产量随着稳定层厚度的增加而提高，随着犁底层厚度的增加而降低。这主要是因为稳定层厚度增加，有利于作物根系吸收充足的水分和养分，促进作物根系生长和地上部生长发育，进而提高产量。反之，随着犁底层厚度的增加，坚实的犁底层致使作物根系下扎受阻，不利于冬小麦根系对土

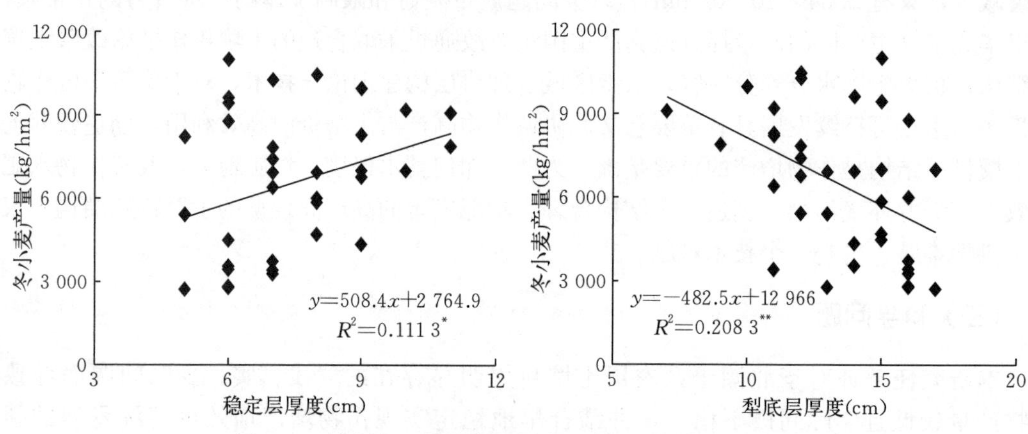

图 9－4　产量与土壤稳定层厚度和犁底层厚度的相关性

壤水分和养分的吸收利用，最终导致小麦减产。通过优化耕作栽培管理措施，适度打破犁底层，能够显著提高土壤通透性、降低土壤容重，有利于作物根系向土壤深层下扎，对提升作物产量具有重要的促进作用。

进一步分析得出，要使冬小麦产量达到 7 500 kg/hm² 以上的高产水平，土壤稳定层的厚度应在 9.31 cm 以上，犁底层的厚度应在 11.33 cm 以下。

（2）各土层容重与产量的关系。由图 9－5 可以看出，冬小麦的产量与土壤表土层、稳定层和心土层的容重无显著相关性，而与土壤犁底层容重呈显著负相关。表明土壤犁底层容重是冬小麦产量的主要限制因子。在一定范围内，冬小麦产量随着犁底层容重的增加而显著降低。分析原因可能是土壤容重过高会影响冬小麦根系对水分和养分的吸收利用，特别是犁底层的容重偏高，显著影响作物根系下扎，造成冬小麦对深层水分和养分的利用不足，最终导致冬小麦产量降低。因而，农业生产中适度打破犁底层，降低土壤犁底层容重，提高土壤孔隙度，可以有效提升冬小麦的产量。

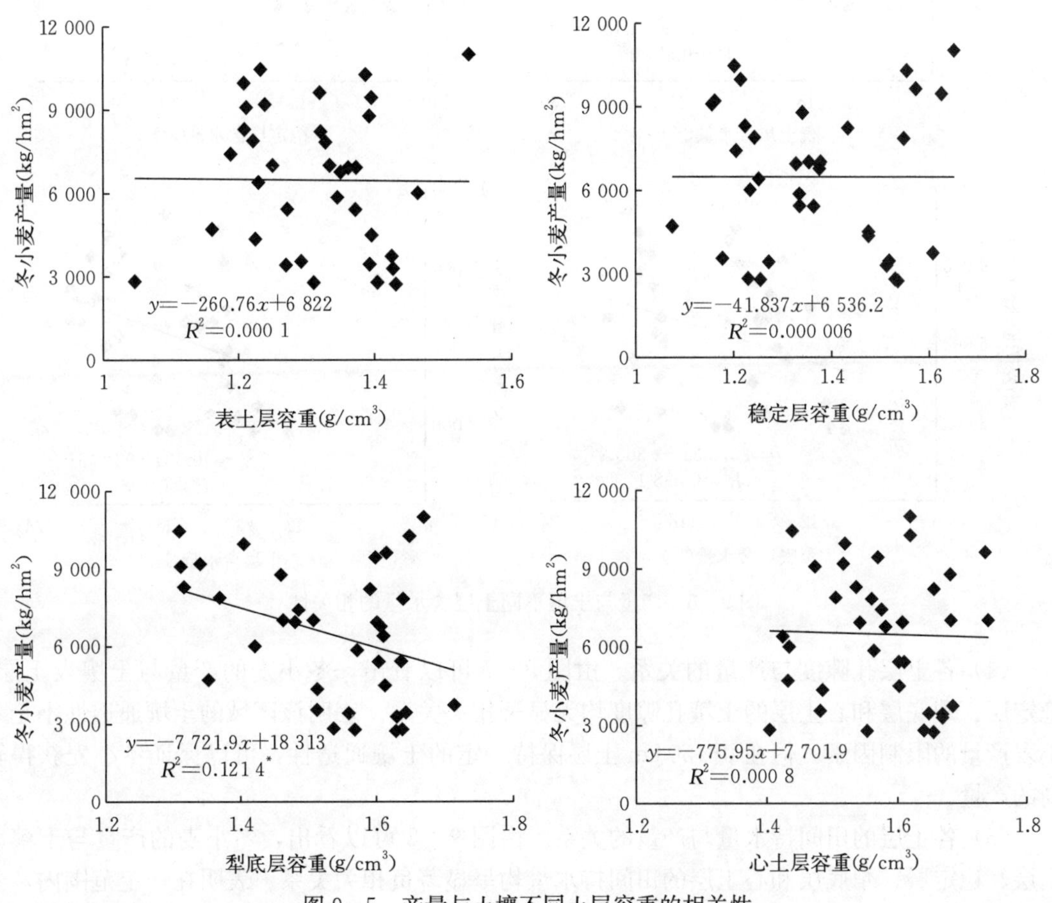

图 9－5　产量与土壤不同土层容重的相关性

（3）各土层土壤含水量与产量的关系。由图 9－6 可以看出，冬小麦的产量与土壤表土层和稳定层的土壤含水量呈显著正相关关系，表明随着土壤表土层和稳定层土壤含水量的增加，冬小麦产量不断增加。而与土壤犁底层和心土层的土壤含水量无显著相关关系。分析原因可知，由于土壤犁底层容重过高、严重压实，限制了冬小麦根系的生长和下扎，冬小麦的根系主要集中在土壤表土层和稳定层。因此，冬小麦能够有效利用土壤表土层和稳定层中的水分供植株生长发育，进而显著提升产量。然而，冬小麦对土壤犁底层及以下土层的水分吸收利用较少，故土壤犁底层和心土层的土壤含水量对产量的贡献不大。

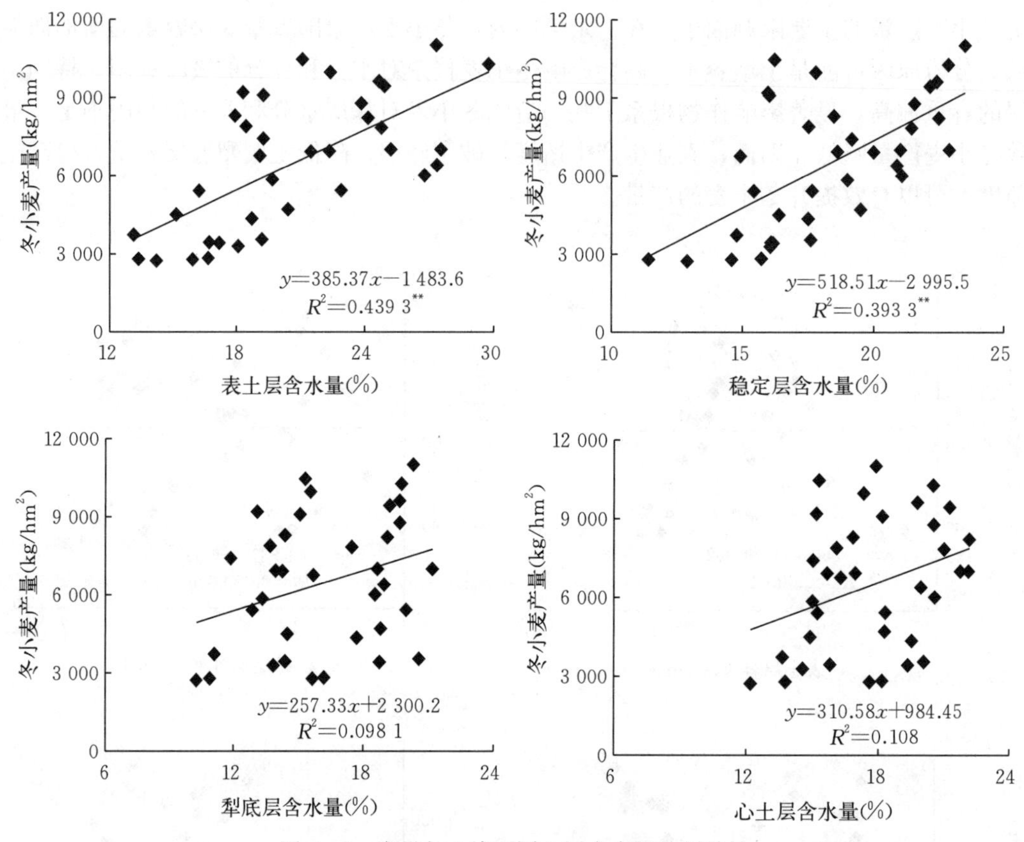

图 9-6　产量与土壤不同土层含水量的相关性

(4) 各土层孔隙度与产量的关系。由图 9-7 可以看出，冬小麦的产量与土壤表土层、稳定层、犁底层和心土层的土壤孔隙度均无显著相关关系。表明该区域的土壤通透性不是冬小麦产量的限制因素，但在 0～50 cm 土层保持一定的土壤通透性，可以保证冬小麦获得较高的产量。

(5) 各土层的田间持水量与产量的关系。由图 9-8 可以看出，冬小麦的产量与土壤表土层、稳定层、犁底层和心土层的田间持水量均呈显著负相关关系。表明在一定范围内，冬小麦产量随着田间持水量增加而降低。进一步分析得出，田间持水量增加可能导致土壤湿度过高，使土壤通透性恶化，进而影响土壤微生物的活动，使作物根系的呼吸、生长等生命活动受阻，从而显著降低产量。

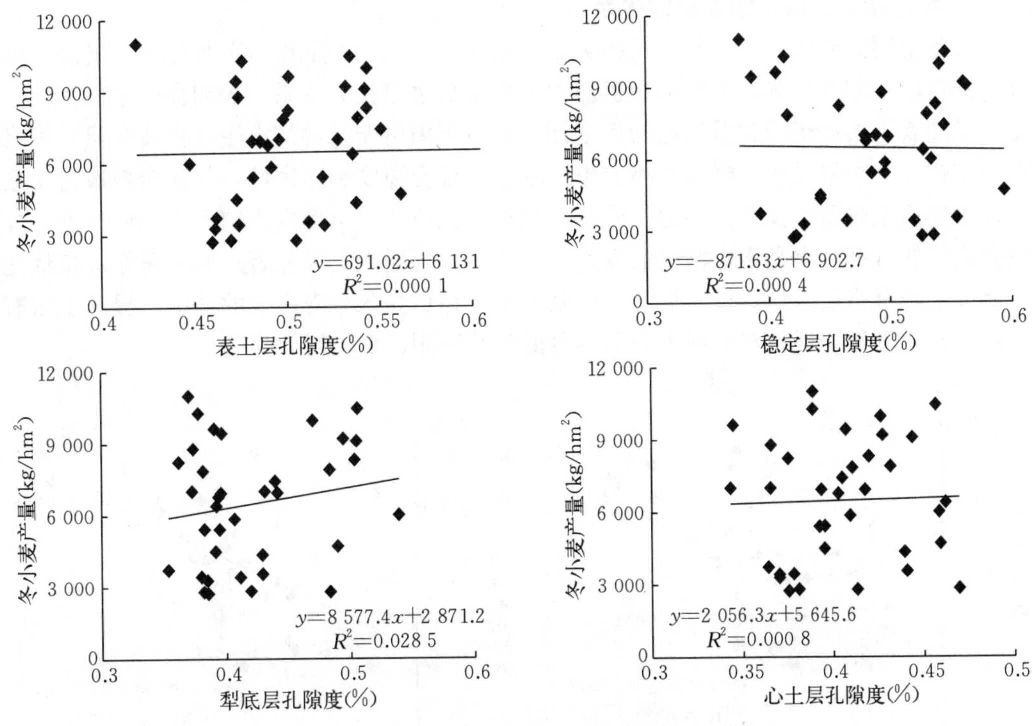

图 9-7　产量与土壤不同土层孔隙度的相关性

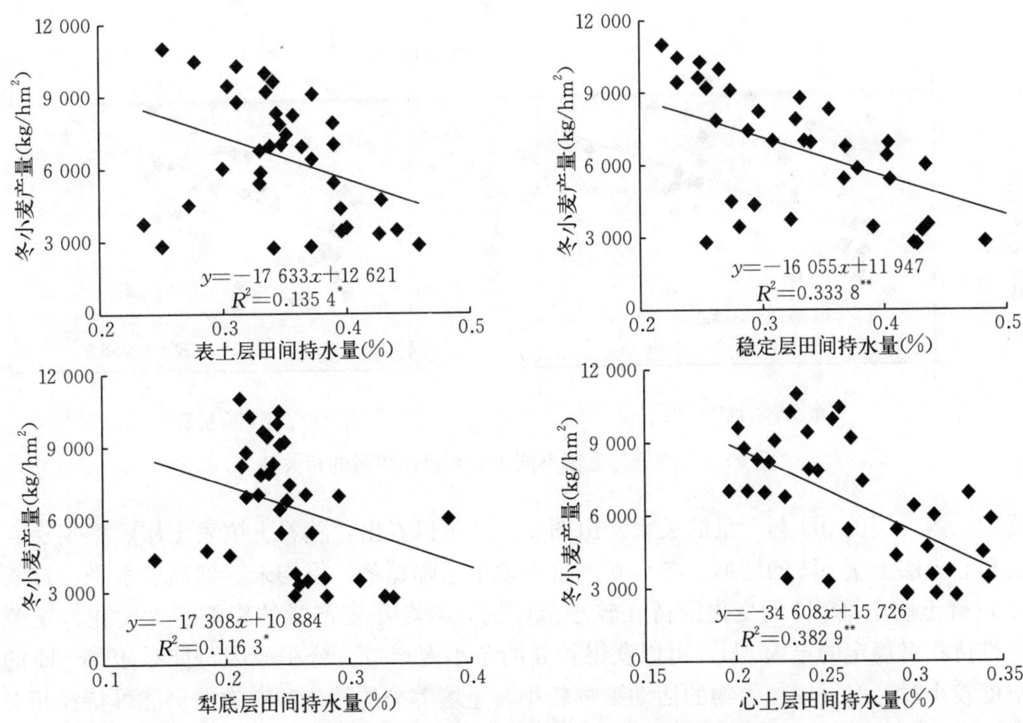

图 9-8　产量与土壤不同土层田间持水量的相关性

2. 作物产量与耕层化学性状的关系

(1) 各土层的有机质含量与产量的关系。由图 9-9 可以看出，冬小麦的产量与土壤表土层、稳定层、犁底层和心土层的有机质含量均呈显著正相关关系，表明在一定范围内，冬小麦产量随着土壤有机质含量的增加而增加，分析原因可能是增加土壤有机质含量，可有效补充一定数量的微量元素，降低土壤容重，增加土壤孔隙度和通透性，从而有效改善土壤结构，显著提高土壤蓄水保肥的能力。同时，增加有机质含量可提高土壤微生物的活性，加速土壤有机质的分解，有利于作物生长发育，对于冬小麦增产效果显著。通过耕作栽培优化措施，提高土壤有机质含量，持续提升土壤肥力水平是提高冬小麦产量的关键。提高土壤有机质含量，有利于作物根系对土壤水分和养分的吸收利用，增产增效显著。

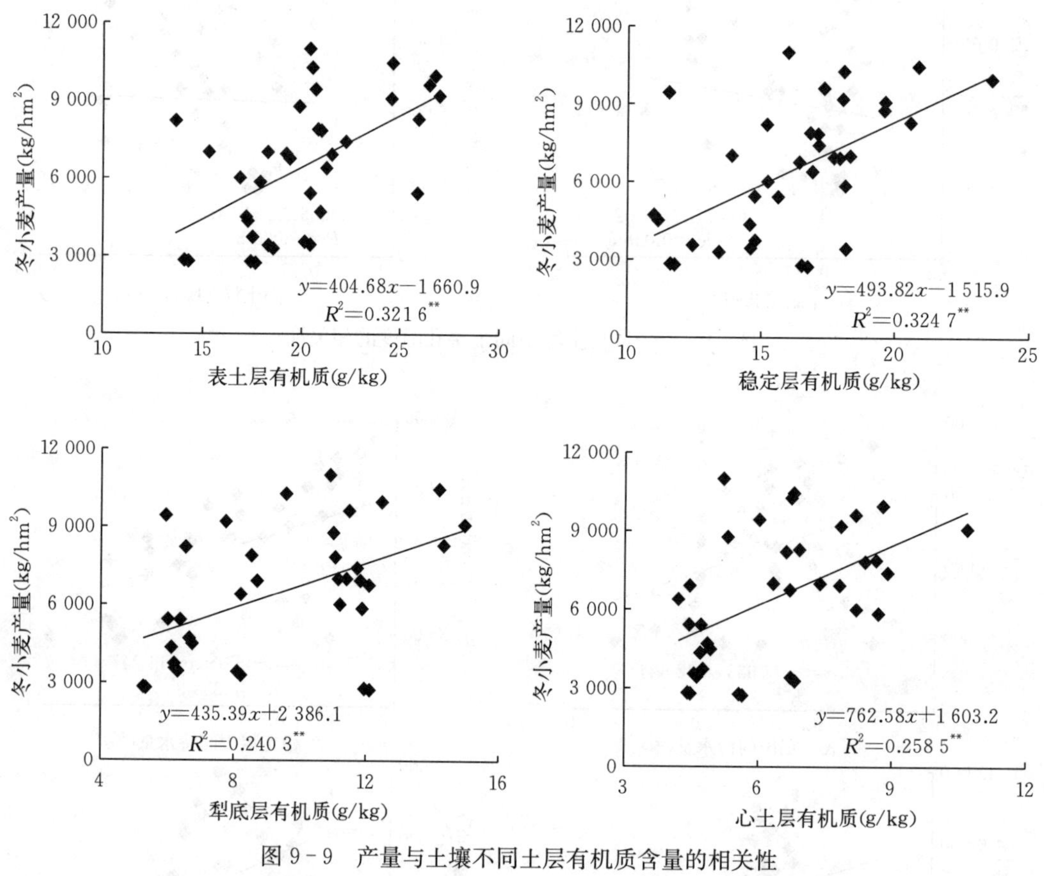

图 9-9 产量与土壤不同土层有机质含量的相关性

(2) 各土层的 pH 与产量的关系。由图 9-10 可以看出，随着土壤表土层、稳定层、犁底层和心土层土壤 pH 的增加，冬小麦产量表现出下降趋势，但均未达到显著水平。这表明 0～50 cm 土层土壤 pH 的变化维持在较小范围时，对冬小麦产量的影响不大。在一定范围内，维持相对稳定的土壤 pH，可以获得较高的冬小麦产量。分析原因可能是土壤 pH 的变化幅度较小时，对土壤微生物的活动影响较小，土壤养分的转化和有效性仍能维持在相对稳定的水平，从而保证冬小麦对养分的吸收和利用，获得较高的产量。

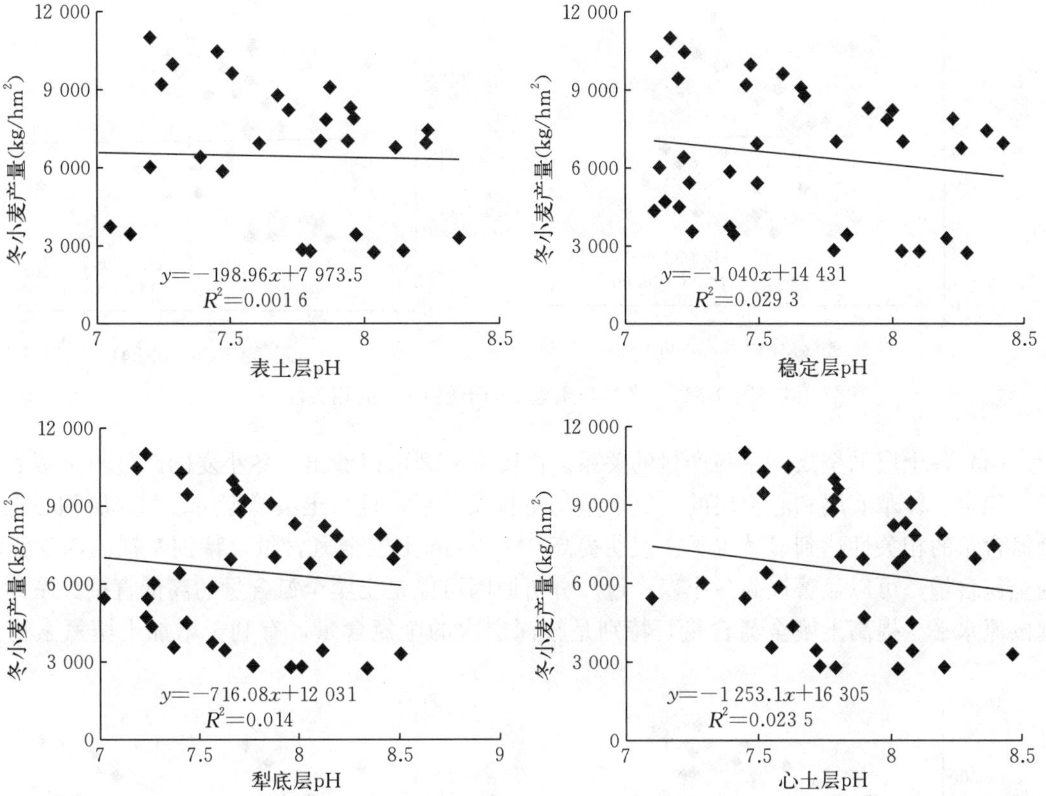

图 9-10　产量与土壤不同土层 pH 的相关性

（3）各土层的阳离子交换量（CEC）与产量的关系。由图 9-11 可以看出，冬小麦的产量与土壤表土层的 CEC 呈显著正相关关系，而与土壤稳定层、犁底层和心土层的 CEC 无显著相关关系。表明增加土壤表土层的 CEC，能在一定程度上显著提高冬小麦产量。分析原因得出，提高土壤表土层的 CEC，能够显著提高土壤保肥和潜在供肥能力，增强冬小麦根系对土壤养分的吸收，从而有效促进冬小麦生长发育和产量形成。

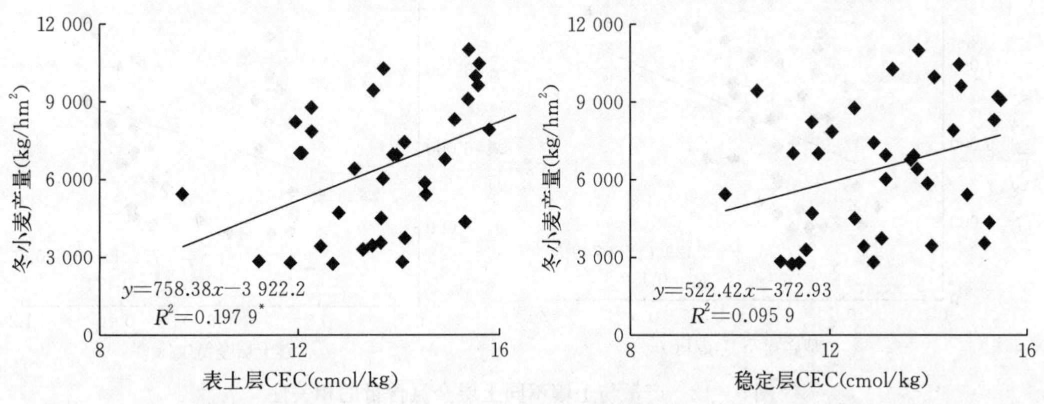

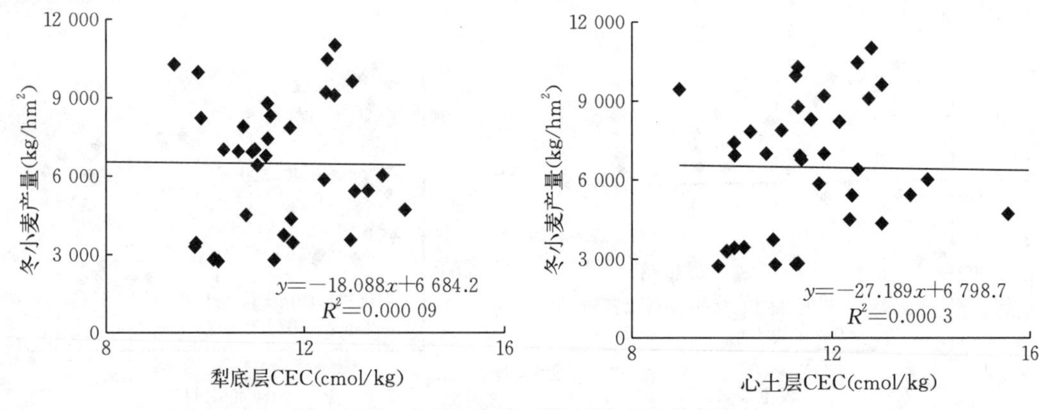

图 9-11　产量与土壤不同土层 CEC 的相关性

（4）各土层的全氮含量与产量的关系。由图 9-12 可以看出，冬小麦的产量与土壤表土层、稳定层、犁底层和心土层的全氮含量呈正相关关系，且与土壤稳定层、犁底层和心土层全氮含量的相关性达到显著水平。表明提高 0～50 cm 土层全氮含量，特别是提高深层土壤的全氮含量，可以显著提高冬小麦产量。分析原因可能是土壤全氮含量的高低直接关系到土壤供氮水平。提高土壤全氮含量，特别是较深层次的全氮含量，有利于增加土壤氮素有效

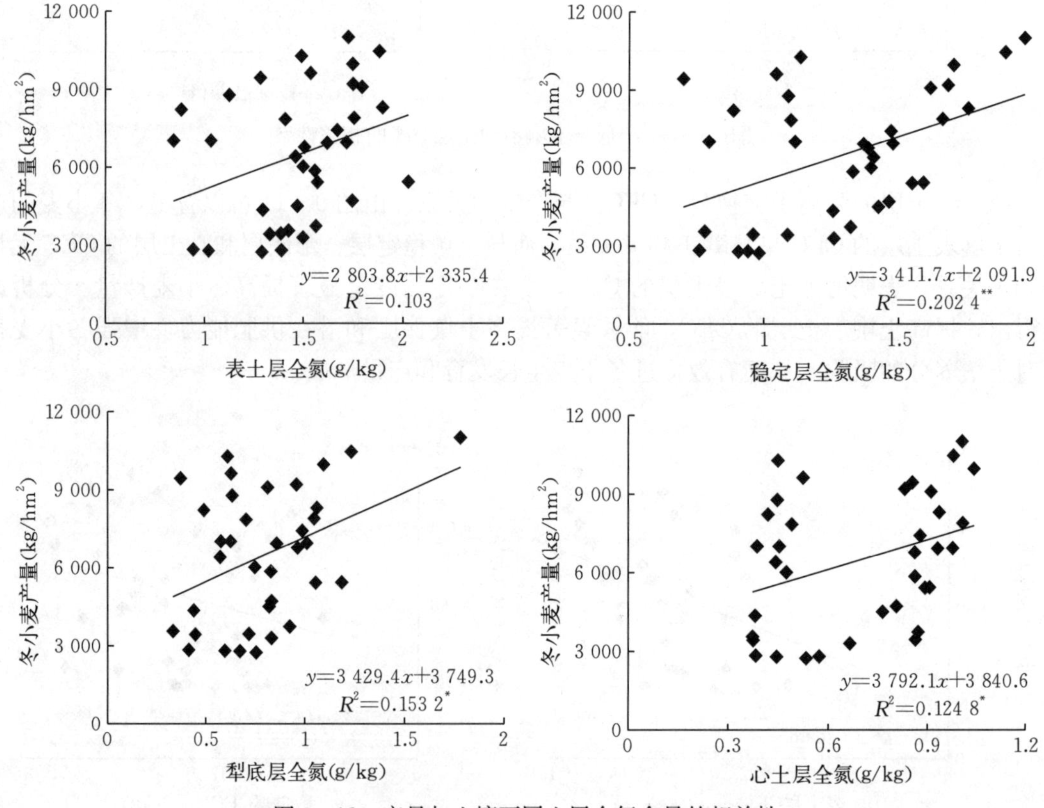

图 9-12　产量与土壤不同土层全氮含量的相关性

性，提高冬小麦深层根系对氮素的吸收和利用，从而为冬小麦植株生长发育和较高产量的形成提供保障。其次，土壤全氮存在于土壤最细粒部分（细黏粒或黏粒级），对土壤团聚体的形成有很大的影响。

(5) 各土层的全磷含量与产量的关系。由图 9 - 13 可以看出，冬小麦的产量与土壤表土层、稳定层、犁底层和心土层土壤全磷含量无显著相关关系。表明在 0～50 cm 土层保持一定的全磷含量，可以保证冬小麦获得较高的产量，全磷含量的变化不会对冬小麦产量产生显著影响。分析原因得出，该区 0～50 cm 土层全磷含量并不是冬小麦籽粒产量的限制因素。

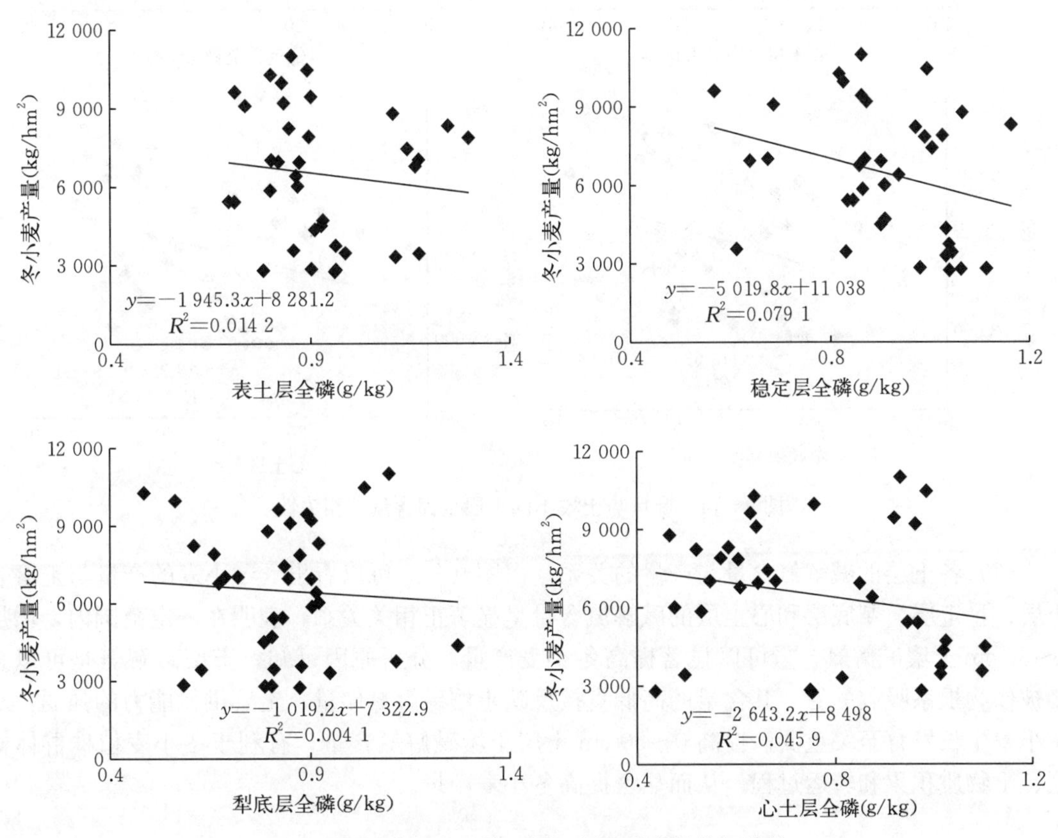

图 9 - 13　产量与土壤不同土层全磷含量的相关性

(6) 各土层的全钾含量与产量的关系。由图 9 - 14 可以看出，冬小麦的产量与土壤表土层、稳定层、犁底层和心土层的全钾含量呈正相关关系，且与土壤表土层和稳定层全钾含量的相关性达到显著水平。表明增加土壤表土层和稳定层的全钾含量能够显著提高冬小麦产量，而增加犁底层和心土层的全钾含量对提高冬小麦产量的贡献不大。原因可能是冬小麦植株根系主要分布于土壤表土层和稳定层，故表层土壤钾素供给更有利于冬小麦根系吸收利用，从而提高冬小麦产量。与此同时，由于土壤犁底层过厚、压实度高，阻碍冬小麦根系的穿插，从而阻碍了耕层与心土层之间水肥气热的连通性，不利于冬小麦生长、物质转运和能量传递，因而增加犁底层和心土层的全钾含量，对冬小麦产量的影响不大。

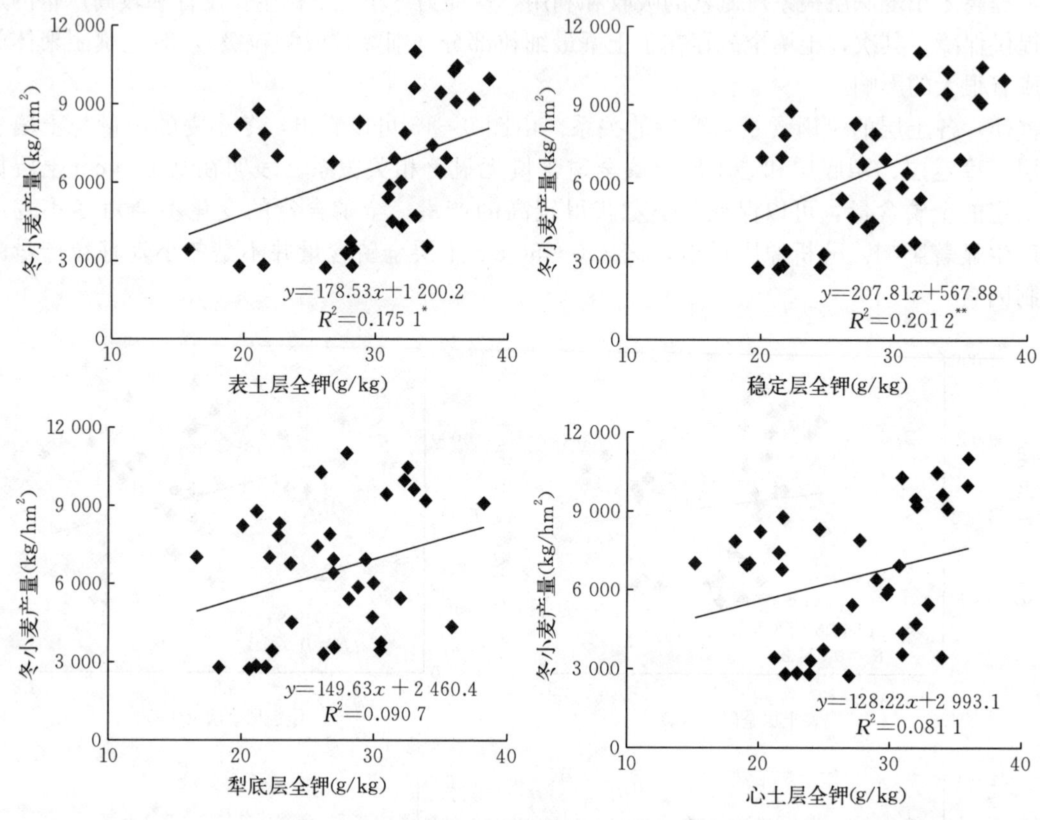

图 9-14　产量与土壤不同土层全钾含量的相关性

（7）各土层的碱解氮含量与产量的关系。由图 9-15 可以看出，冬小麦的产量与土壤表土层、稳定层、犁底层和心土层的碱解氮含量呈显著正相关关系，表明在一定范围内，增加 0～50 cm 土壤碱解氮含量可以显著提高冬小麦产量。分析原因可知，土壤碱解氮是可以直接被作物根系吸收的氮，其含量的高低直接反映土壤碱解氮储量、土壤供氮能力的强弱，对冬小麦生长发育至关重要。提高 0～50 cm 土层土壤碱解氮含量，有利于冬小麦植株群体构建、干物质积累和转运过程，从而显著提高冬小麦产量。

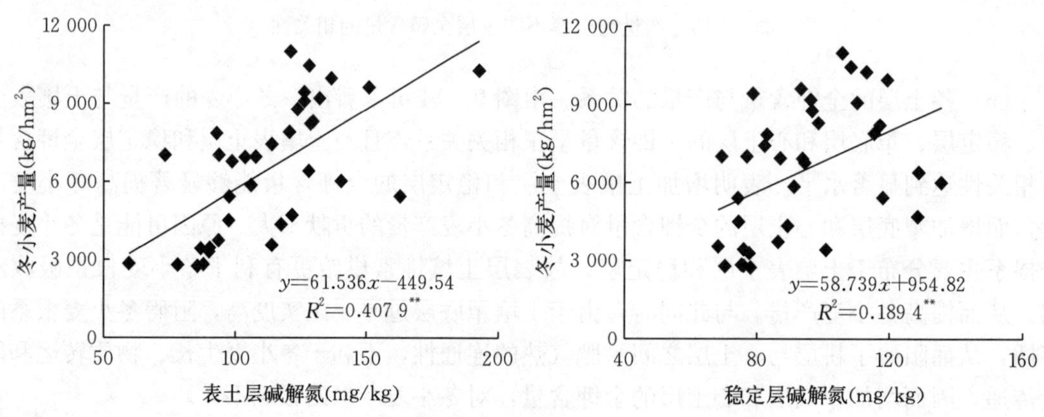

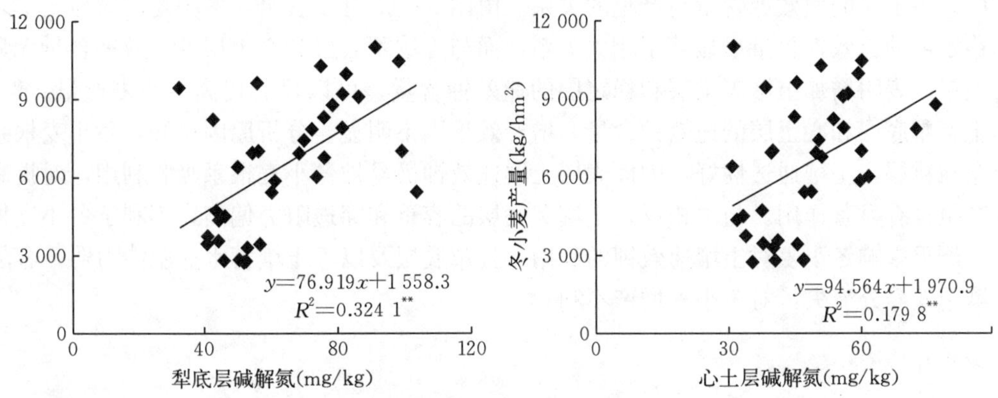

图 9-15　产量与土壤不同土层速效氮含量的相关性

（8）各土层的有效磷含量与产量的关系。由图 9-16 可以看出，冬小麦的产量与土壤表土层、稳定层、犁底层和心土层的有效磷含量无显著相关关系。表明 0～50 cm 土层有效磷含量的变化对冬小麦产量的影响不大。分析原因得出，0～50 cm 土层有效磷含量不是该区冬小麦产量形成的限制因素。土壤有效磷含量在一定范围内的变化，并不会显著影响冬小麦的产量水平。

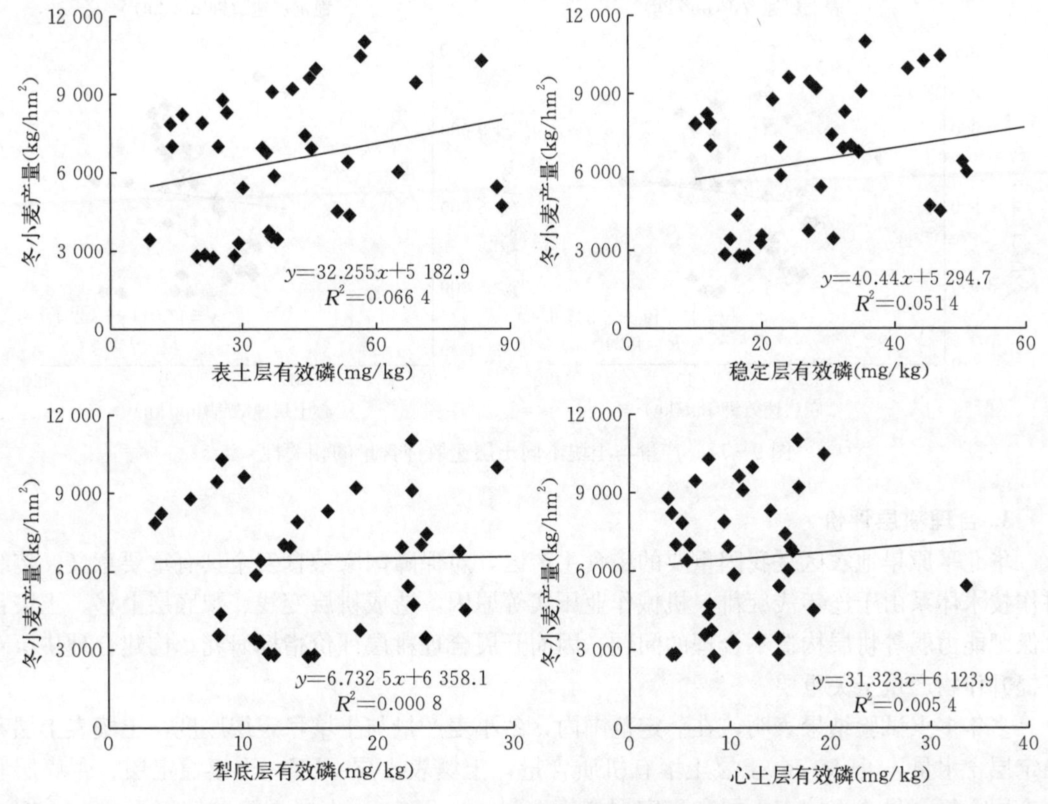

图 9-16　产量与土壤不同土层有效磷含量的相关性

(9) 各土层的速效钾含量与产量的关系。由图9-17可以看出，冬小麦产量与土壤表土层和稳定层的速效钾含量呈显著正相关关系，而与土壤犁底层和心土层的速效钾含量无显著相关关系。表明增加土壤表土层和稳定层的速效钾含量，可以显著提高冬小麦产量。然而，增加土壤犁底层和心土层的速效钾含量，增产效果则不明显。分析原因可知，冬小麦根系集中分布在耕层，土壤通透性好，因而表层土壤速效钾极易被冬小麦根系吸收利用，对提高冬小麦产量具有显著作用。与之相反，土壤犁底层的容重和穿透阻力偏高，不利于冬小麦根系下扎，严重影响冬小麦对土壤速效钾的利用，且犁底层及以下土壤蓄水保肥能力弱，容易造成土壤速效养分流失，对冬小麦增产不利。

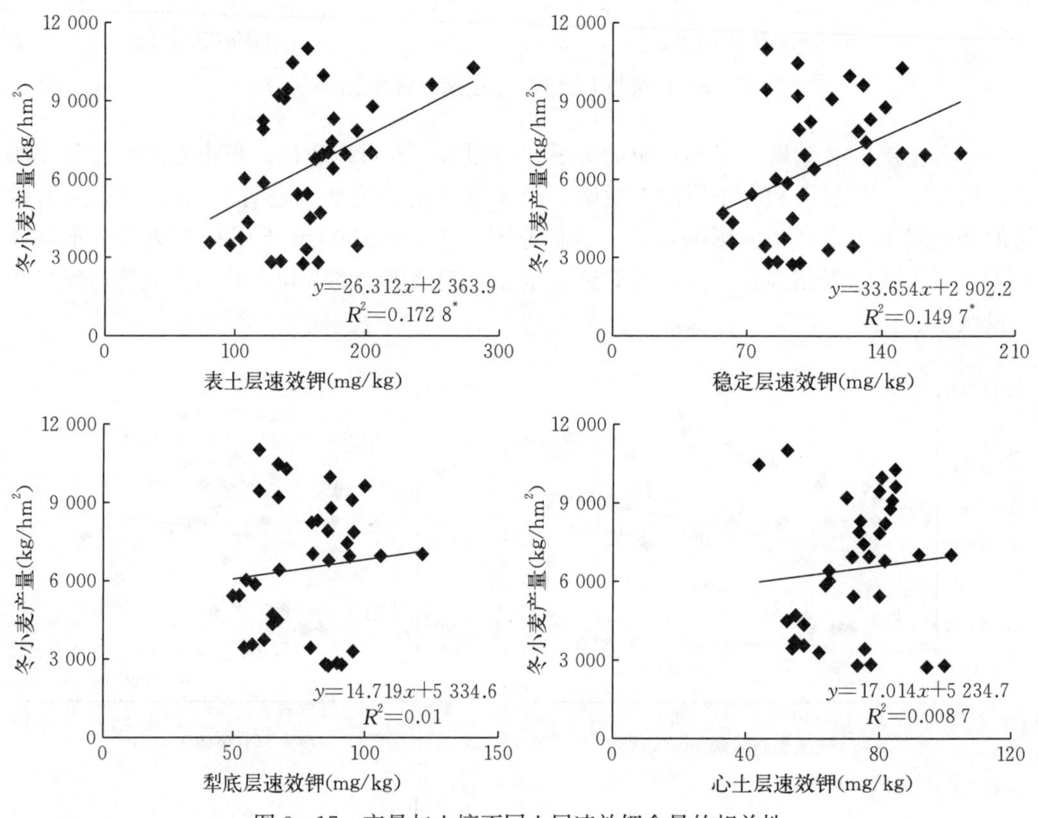

图9-17　产量与土壤不同土层速效钾含量的相关性

3. 合理耕层评价

华北平原旱地农区是我国重要的粮食主产区，对保障国家粮食安全具有重要意义。传统耕作技术体系由于连年浅旋耕、机械作业压实等原因，造成耕层变浅、犁底层上移、土壤蓄水保肥能力弱等耕层构造不合理的问题，因而开展合理耕层评价指标研究，构建合理耕层对于提升作物产量至关重要。

多年多点试验结果表明，在一定范围内，冬小麦产量与土壤稳定层厚度，土壤表土层和稳定层含水量，0～50 cm土层土壤有机质含量，土壤表土层CEC，土壤稳定层、犁底层和心土层全氮含量，土壤表土层和稳定层全钾含量，0～50 cm土层土壤碱解氮含量，土壤表土层和稳定层的速效钾含量呈显著正相关关系；而与土壤犁底层厚度和容重、0～50 cm土层土壤田间持水量呈显著负相关关系。

（二）合理耕层结构与功能特征

根据多年多点试验结果可知，根据不同土壤层次的特性，将0～50 cm土层分为表土层、稳定层、犁底层和心土层。其中，0～10 cm土层为表土层；表土层以下至犁底层为稳定层；犁底层以下至土壤50 cm为心土层。冬小麦在6 000～9 000 kg/hm^{2}产量水平范围内，土壤表土层、稳定层、犁底层和心土层等各土层的土壤理化特性指标存在显著差异（表9-1）。

在土壤表土层内，土壤含水量、田间持水量、有机质含量、CEC、碱解氮含量、全钾含量和速效钾含量是影响冬小麦产量的关键耕层土壤理化指标。其中土壤含水量的变幅是19.42%～27.20%，田间持水量的变幅是21.50%～37.50%，有机质含量的变幅是18.93～26.34 g/kg，CEC的变幅是13.08～17.04 cmol/kg，碱解氮含量的变幅是104.81～153.56 mg/kg，全钾含量和速效钾含量的变幅分别是26.89～43.69 g/kg和138.19～252.21 mg/kg。

在土壤稳定层内，耕层厚度、土壤含水量、田间持水量、有机质含量、全氮含量、碱解氮含量、全钾含量和速效钾含量是影响冬小麦产量的关键耕层土壤理化指标。其中耕层厚度的变幅是6.36～12.26 cm，土壤含水量的变幅是17.35%～23.13%，田间持水量的变幅是18.36%～57.42%，有机质含量的变幅是15.22～21.30 g/kg，全氮含量的变幅是1.15～2.02 g/kg，碱解氮含量的变幅是85.89～136.96 mg/kg，全钾含量和速效钾含量的变幅分别是26.14～40.58 g/kg和92.05～181.19 mg/kg。

表9-1　潮土耕层结构评价指标特征参数

土层分布	指标参数	产量（kg/hm^2）			
		<6 000	6 000～7 500	7 500～9 000	>9 000
表土层	土壤含水量（%）	<19.42	19.42～23.31	23.31～27.20	>27.20
	田间持水量（%）	>37.50	29.0～37.50	21.50～29.00	<21.50
	有机质（g/kg）	<18.93	18.93～22.64	22.64～26.34	>26.34
	CEC（cmol/kg）	<13.08	13.08～15.06	15.06～17.04	>17.04
	全钾（g/kg）	<26.89	26.89～35.29	35.29～43.69	>43.69
	碱解氮（mg/kg）	<104.81	104.81～129.19	129.19～153.56	>153.56
	速效钾（mg/kg）	<138.19	138.19～195.20	195.20～252.21	>252.21
稳定层	耕层厚度（cm）	<6.36	6.36～9.31	9.31～12.26	>12.26
	土壤含水量（%）	<17.35	17.35～20.24	20.24～23.13	>23.13
	田间持水量（%）	>57.42	27.70～37.04	18.36～27.70	<18.36
	有机质（g/kg）	<15.22	15.22～18.26	18.26～21.30	>21.30
	全氮（g/kg）	<1.15	1.15～1.59	1.59～2.02	>2.02
	全钾（g/kg）	<26.14	26.14～33.36	33.36～40.58	>40.58
	碱解氮（mg/kg）	<85.89	85.89～111.43	111.43～136.96	>136.96
	速效钾（mg/kg）	<92.05	92.05～136.62	136.62～181.19	>181.19

（续）

土层分布	指标参数	产量（kg/hm^2）			
		<6 000	6 000～7 500	7 500～9 000	>9 000
犁底层	耕层厚度（cm）	>14.43	11.33～14.43	8.23～11.33	<8.23
	容重（g/cm^3）	>1.59	1.40～1.59	1.21～1.40	<1.21
	田间持水量（%）	>28.22	19.55～28.22	10.89～19.5	<10.89
	有机质（g/kg）	<8.30	8.30～11.75	11.75～15.19	>15.19
	全氮（g/kg）	<0.66	0.66～1.09	1.09～1.53	>1.53
	碱解氮（mg/kg）	<57.75	57.75～77.20	77.25～96.75	>96.75
心土层	田间持水量（%）	>28.10	23.77～28.10	19.43～23.77	<19.43
	有机质（g/kg）	<5.77	5.77～7.73	7.73～9.70	>9.70
	全氮（g/kg）	<0.57	0.57～0.97	0.97～1.36	>1.36
	碱解氮（mg/kg）	<42.61	42.61～58.47	58.47～74.33	>74.33

在土壤犁底层内，耕层厚度、土壤容重、田间持水量、有机质含量、全氮含量和碱解氮含量是影响冬小麦产量的关键耕层土壤理化指标。其中耕层厚度的变幅是 8.23～14.43 cm，土壤容重的变幅是 1.21～1.59 g/cm^3，田间持水量的变幅是 10.89%～28.22%，有机质含量的变幅是 8.30～15.19 g/kg，全氮含量的变幅是 0.66～1.53 g/kg，碱解氮含量的变幅是 57.75～96.75 mg/kg。

在土壤心土层内，田间持水量、有机质含量、全氮含量和碱解氮含量是影响冬小麦产量的关键耕层土壤理化指标。其中田间持水量的变幅是 19.43%～28.10%，有机质含量的变幅是 5.77～9.70 g/kg，全氮含量的变幅是 0.57～1.36 g/kg，碱解氮含量的变幅是 42.61～74.33 mg/kg。

进一步分析得出，要使冬小麦产量达到 7 500 kg/hm^2 以上的高产水平，土壤稳定层的厚度应在 9.31 cm 以上，犁底层的厚度应在 11.33 cm 以下。土壤犁底层容重不得高于 1.40 g/cm^3。土壤表土层和稳定层的含水量应分别在 23.31%和 20.24%以上。土壤表土层、稳定层、犁底层和心土层的田间持水量应分别在 29.00%、27.70%、19.50%和 23.77%以下。其次，土壤表土层 CEC 应超过 15.06 cmol/kg。土壤表土层、稳定层、犁底层和心土层的有机质含量应分别不低于 22.64 g/kg、18.26 g/kg、11.75 g/kg 和 7.73 g/kg。土壤稳定层、犁底层和心土层的全氮含量应分别高于 1.59 g/kg，1.09 g/kg 和 0.97 g/kg。土壤表土层和稳定层的碱解氮含量应分别不低于 129.19 mg/kg 和 111.43 mg/kg，速效钾含量应分别不低于 195.20 mg/kg 和 136.62 mg/kg。

第二节 华北平原潮土区旱地合理耕层构建技术

一、土壤耕作方式对耕层结构与作物产量的影响

以小麦-玉米轮作系统为主要研究对象，选用当地主推品种，分别在河南新乡和山东东

平开展小麦-玉米周年高产高效的耕层构建试验，研究土壤耕作方式对耕层结构与作物产量构成的影响，以期为华北平原潮土区旱地合理耕层构建提供理论依据和技术参考。

在河南新乡小麦季设置 3 个耕作处理，分别为免耕（N）、翻耕（P）和旋耕（R）；玉米季均采用免耕处理（N）。

在山东东平设置不同的耕作处理，其中玉米季均采用免耕（N）处理，小麦季分别采用免耕（N）、深松加免耕（SN）、深松加旋耕（SR）和旋耕（R）处理。

（一）土壤耕作方式对耕层物理性状的影响

1. 耕层厚度的分析

根据不同土壤层次的特性，将 0～50 cm 土层分为表土层、稳定层、犁底层和心土层。其中，0～10 cm 土层为表土层，表土层以下至犁底层为稳定层，犁底层以下至土壤 50 cm 为心土层。

由图 9－18 可以看出，在新乡试验点，N－N 处理、N－P 处理和 N－R 处理的表土层厚度基本无差异。而 3 个处理的稳定层的厚度差异明显，N－P 处理的稳定层厚度最高，N－N 处理的稳定层厚度低于 N－P 和 N－R 处理，分别低了 80%和 20%。与 N－N 处理相比较，N－P 和 N－R 处理的犁底层厚度略有降低，但无显著差异。N－N 处理的心土层厚度低于 N－P 处理和 N－R 处理。表明与冬小麦季免耕处理相比，在冬小麦季采取深翻或旋耕处理均有利于增加土壤稳定层的厚度，使犁底层位置下移，并可一定程度减小犁底层的厚度。

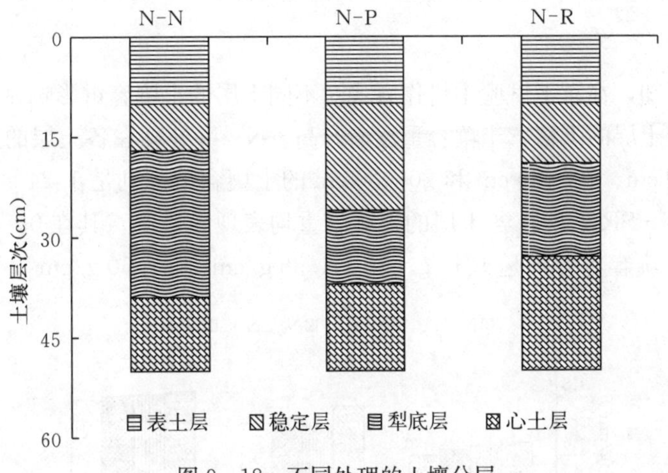

图 9－18　不同处理的土壤分层

注：N－N 代表玉米季免耕、冬小麦季免耕，N－P 代表玉米季免耕、冬小麦季翻耕，N－R 代表玉米季免耕、冬小麦季旋耕。

2. 耕层土壤容重的分析

图 9－19 展示出了新乡试验中 0～50 cm 不同土层的土壤容重。不同耕作方式对表土层、稳定层和心土层土壤容重的影响无显著差异。与 N－N 处理相比较，N－P 和 N－R 处理显著提高了犁底层的土壤容重，分别提高了 4.9%和 3.1%。表明在冬小麦季采取深翻或旋耕处理由于耕地时犁底对土壤的机械压力以及多次的机械压实，导致了犁底层的土壤容重升高。

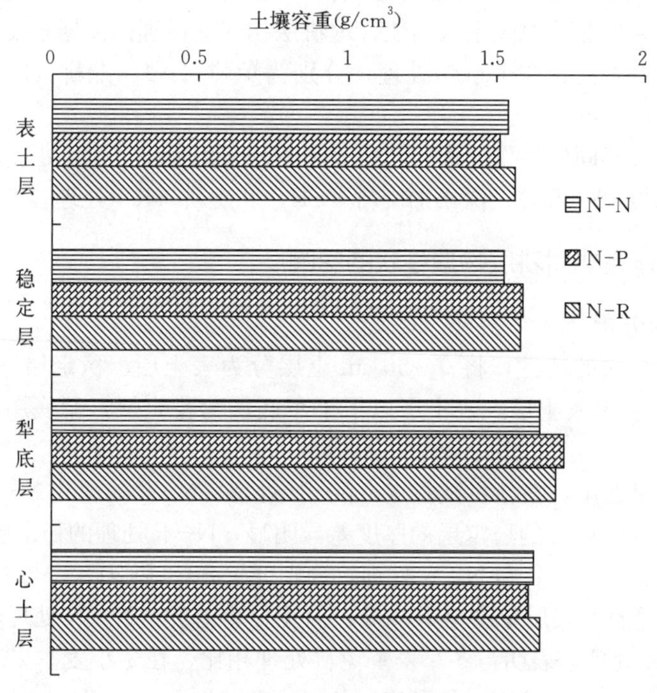

图 9-19　不同土壤层次的土壤容重

注：N-N 代表玉米季免耕、冬小麦季免耕，N-P 代表玉米季免耕、冬小麦季翻耕，N-R 代表玉米季免耕、冬小麦季旋耕。

由图 9-20 可知，在东平试验中耕作方式对不同土层的土壤容重影响显著。总的来说，各处理均表现为随着土层的下移，土壤容重逐渐升高。N-N 处理在各土层的土壤容重均表现为最高，其在 0～10 cm、10～20 cm 和 20～30 cm 的土壤容重分别是 1.24 g/cm^3、1.47 g/cm^3 和 1.56 g/cm^3。N-SR 处理在各土层的土壤容重均表现为最低，其在 0～10 cm、10～20 cm 和 20～30 cm 的土壤容重分别是 1.16 g/cm^3、1.36 g/cm^3 和 1.50 g/cm^3。除在 10～20 cm 土

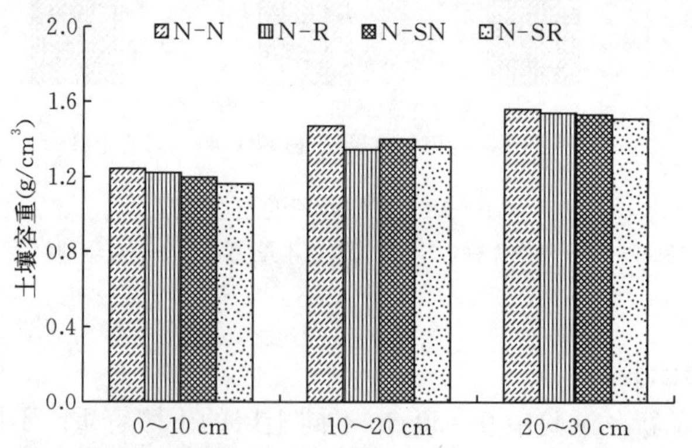

图 9-20　不同耕作方式对冬小麦成熟期 0～10 cm、10～20 cm 和 20～30 cm 土层土壤容重的影响

注：N-N 代表玉米季免耕、冬小麦季免耕，N-R 代表玉米季免耕、冬小麦季旋耕，N-SN 代表玉米季免耕、冬小麦季深松加免耕，N-SR 代表玉米季免耕、冬小麦季深松加旋耕。

层，N－SN 处理的土壤容重略高于 N－R 和 N－SR 处理外，在 0～10 和 20～30 cm 土层中，各处理的土壤容重均表现为 N－N>N－R>N－SN>N－SR 的趋势。

3. 不同土层土壤紧实度的分析

不同耕作方式对 0～20 cm 和 40 cm 以下土层的土壤紧实度无显著影响，但是与 N－N 处理相比较，N－P 和 N－R 处理 20～40 cm 的土壤紧实度显著增高（新乡试验）。随着土层下移，土壤紧实度呈现先升高后降低的趋势，主要因为在 20 cm 土层以下，逐渐进入土壤犁底层，而由于机械压实及长期传统耕作等原因，犁底层土壤紧实度最高。犁底层以下的心土层，土壤紧实度与犁底层相比下降（图 9－21）。表明在冬小麦季采取深翻或旋耕处理由于机械压实作用，加深了犁底层的土壤紧实度，表现为 20～40 cm 土层的土壤紧实度显著升高。

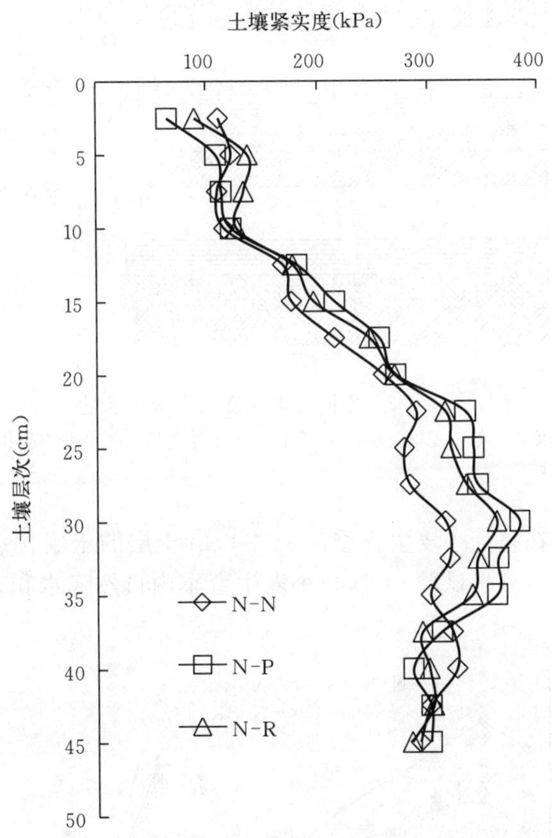

图 9－21　不同耕作方式对冬小麦成熟期不同土壤层次土壤紧实度的影响

注：N－N 代表玉米季免耕、冬小麦季免耕，N－P 代表玉米季免耕、冬小麦季翻耕，N－R 代表玉米季免耕、冬小麦季旋耕。

4. 不同土层土壤含水量的分析

图 9－22 展示出了 0～50 cm 不同土层的土壤含水量（新乡试验）。随着土层下移，土壤含水量呈现不断下降的趋势。不同耕作方式对表土层和心土层的土壤含水量无显著影响，而显著影响土壤稳定层和犁底层的土壤含水量。与 N－N 处理相比，N－P 和 N－R 处理稳定

层和犁底层的土壤含水量分别降低了5.4%、4.5%和8.6%、6.4%。表明在冬小麦季采取深翻或旋耕处理有利于根系对稳定层和犁底层土壤水分的吸收利用。

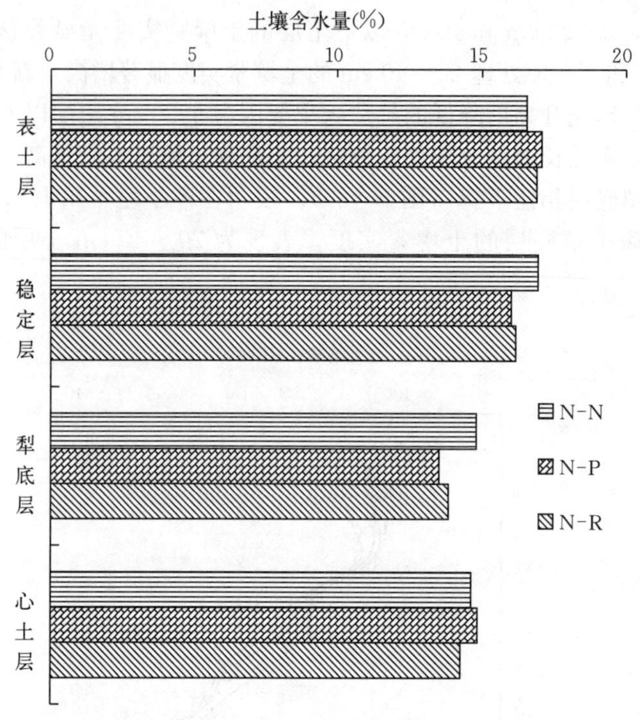

图 9-22　不同土壤层次的土壤含水量

注：N-N代表玉米季免耕、冬小麦季免耕，N-P代表玉米季免耕、冬小麦季翻耕，N-R代表玉米季免耕、冬小麦季旋耕。

由图9-23可知，在整个小麦生育季，0～20 cm土层的土壤含水量表现为先下降后升高，而后再下降的趋势（东平试验）。这与小麦生育季内自然降水和人工灌溉相关。各处理

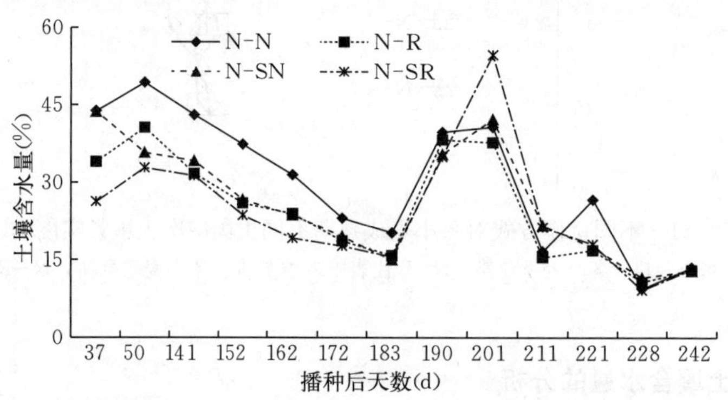

图 9-23　不同耕作方式对冬小麦生育季0～20 cm土层土壤含水量的影响

注：N-N代表玉米季免耕、冬小麦季免耕，N-R代表玉米季免耕、冬小麦季旋耕，N-SN代表玉米季免耕、冬小麦季深松加免耕，N-SR代表玉米季免耕、冬小麦季深松加旋耕。

在 0～20 cm 土层的土壤含水量差异显著。N-N 处理的 0～20 cm 土层土壤含水量最高，特别是在冬小麦生长的前 6 个月内，N-N 处理的土壤含水量显著高于其他各处理。N-SR 处理的 0～20 cm 土层土壤含水量最低。除去冬小麦播种后 201 d 和 221 d，N-SR 和 N-N 处理的 0～20 cm 土层土壤含水量分别表现为最高之外，各处理在冬小麦播种后 190 d 到成熟期，0～20 cm 土层土壤含水量无显著差异。

综上所述，与冬小麦季免耕处理相比，在冬小麦季采取深翻或深松处理均有利于增加土壤稳定层的厚度，使犁底层位置下移，并可在一定程度上减小犁底层的厚度。但深翻或旋耕处理由于耕地时犁底对土壤的机械压力以及多次的机械压实，导致了犁底层的土壤容重升高、土壤紧实度显著增加，不利于土壤水分向深层的渗透。

（二）土壤耕作方式对耕层化学与生物学性状的影响

1. 不同处理土壤全氮含量的分析

由图 9-24 可以得出，耕作方式能够影响 0～10 cm 和 10～20 cm 土层土壤全氮含量。分析数据可知，0～10 cm 土层的全氮含量显著高于 10～20 cm 土层的全氮含量。各处理的 0～10 cm 土层土壤全氮含量表现为 N-N>N-SN>N-R>N-SR 处理的趋势。其中 N-N 处理的 0～10 cm 土层土壤全氮含量显著高于其他处理。而各处理在 10～20 cm 土层的土壤全氮含量表现为 N-R>N-SN>N-SR>N-N 处理的趋势，但 N-SN、N-SR 和 N-N 处理间差异未达到显著水平。

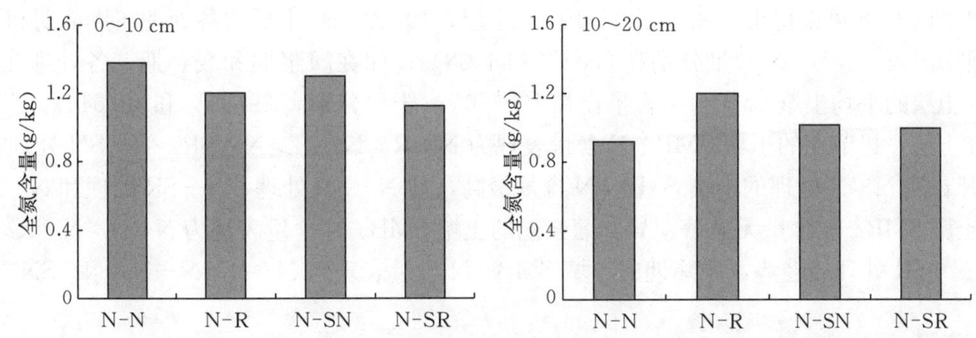

图 9-24　不同耕作方式对冬小麦成熟期不同土层土壤全氮含量的影响

注：N-N 代表玉米季免耕、冬小麦季免耕，N-R 代表玉米季免耕、冬小麦季旋耕，N-SN 代表玉米季免耕、冬小麦季深松加免耕，N-SR 代表玉米季免耕、冬小麦季深松加旋耕。

2. 不同处理土壤微生物量碳（SMB-C）含量的分析

由图 9-25 可以得出，耕作方式能够显著影响 0～10 cm 和 10～20 cm 土层的 SMB-C 含量。各处理在冬小麦拔节期、开花期的 0～10 cm 土层的平均土壤 SMB-C 含量均显著高于 10～20 cm 土层，分别高 30.79%和 27.88%。在 0～10 cm 土层，N-N 处理的土壤 SMB-C 含量最高，且在冬小麦拔节期、开花期、灌浆期和成熟期分别达到 314.50 mg/kg、241.84 mg/kg、399.94 mg/kg 和 323.06 mg/kg。各处理在不同时期土壤 SMB-C 含量变化趋势不一致。其中，拔节期土壤 SMB-C 含量表现为 N-N>N-R>N-SR>N-SN 的趋势，开花期土壤 SMB-C 含量表现为 N-N>N-SN>N-SR>N-R 的趋势。灌浆期和成熟期土壤 SMB－C 含量均表现为 N－N>N－SN>N－R>N－SR 的趋势。在 10～20 cm 土层，N－SN 处理在拔节期、开花期和灌浆期的土壤 SMB－C 含量最低，N－SR 处理在成熟期的土壤 SMB－C 含量最低。拔节期和灌浆期 10～20 cm 土层土壤 SMB－C 含量均表现为 N－N>N－R>N－SR>N－SN 的趋势，成熟期 10～20 cm 土层土壤 SMB－C 含量表现为 N－R>N－N>N－SN>N－SR 的趋势。

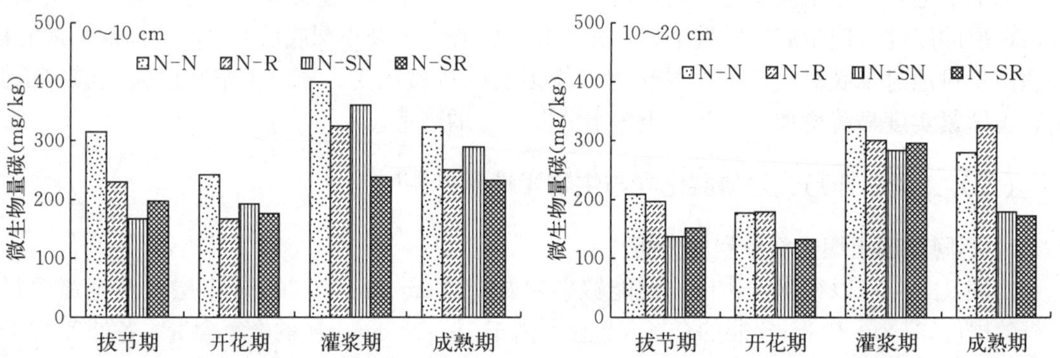

图 9－25 不同耕作方式对冬小麦生育季不同土层土壤微生物量碳含量的影响

注：N－N 代表玉米季免耕、冬小麦季免耕，N－R 代表玉米季免耕、冬小麦季旋耕，N－SN 代表玉米季免耕、冬小麦季深松加免耕，N－SR 代表玉米季免耕、冬小麦季深松加旋耕。

3. 不同处理土壤微生物量氮（SMB－N）含量的分析

由图 9－26 可以得出，相较于 0～10 cm 土层，10～20 cm 土层的各处理在拔节期和开花期的平均土壤 SMB－N 含量分别高 5.52％和 4.28％；而在灌浆期和成熟期，各处理在 0～10 cm 土层的平均土壤 SMB－N 含量比在 10～20 cm 土层分别高 29.39％和 43.64％。在 0～10 cm 土层，拔节期的土壤 SMB－N 含量表现为 N－R>N－N>N－SR>N－SN 处理的趋势。开花期 N－N 处理的土壤 SMB－N 含量最高，与 N－SN 处理、N－SR 处理和 N－R 处理的土壤 SMB－N 含量无显著差异。灌浆期的土壤 SMB－N 含量表现为 N－N>N－R>N－SN>N－SR 处理的趋势，成熟期的土壤 SMB－N 含量表现为 N－R>N－N>N－SN>N－

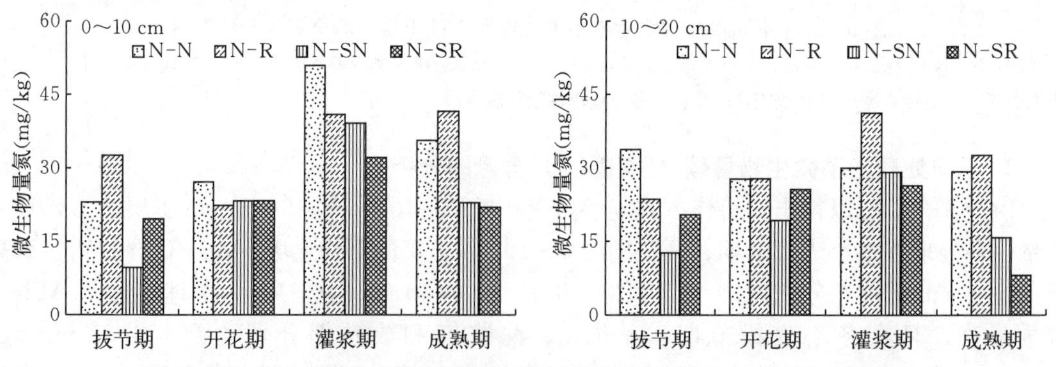

图 9－26 不同耕作方式对冬小麦生育季不同土层土壤 SMB－N 含量的影响

注：N－N 代表玉米季免耕、冬小麦季免耕，N－R 代表玉米季免耕、冬小麦季旋耕，N－SN 代表玉米季免耕、冬小麦季深松加免耕，N－SR 代表玉米季免耕、冬小麦季深松加旋耕。

SR 处理的趋势。而在 10～20 cm 土层，拔节期的土壤 SMB－N 含量表现为 N－N>N－R>N－SR>N－SN 处理的趋势。开花期 N－SN 处理的土壤 SMB－N 含量最低，N－N、N－SR 和 N－R 处理的土壤 SMB－N 含量无显著差异。灌浆期 N－R 处理的土壤 SMB－N 含量最高，N－N、N－SR 和 N－SN 处理的土壤 SMB－N 含量无显著差异。成熟期的土壤 SMB－N 含量表现为 N－R>N－N>N－SN>N－SR 处理的趋势。

4. 不同处理土壤 NH_4^+－N 含量的分析

由图 9－27 可以得出，在冬小麦生育季的苗期、返青期、拔节期和开花期，0～10 cm 土层土壤 NH_4^+－N 含量最高的分别是 N－R、N－SN、N－N 和 N－R 处理；0～10 cm 土层土壤 NH_4^+－N 含量最低的分别是 N－SN、N－N、N－SR 和 N－SR 处理。在冬小麦苗期，10～20 cm 土层土壤 NH_4^+－N 含量最高的是 N－SN 和 N－SR 处理。在冬小麦返青期、拔节期和开花期，10～20 cm 土层土壤 NH_4^+－N 含量最高的分别是 N－SR、N－R 和 N－R 处理。在冬小麦苗期、返青期、拔节期和开花期，10～20 cm 土层土壤 NH_4^+－N 含量最低的分别是 N－N、N－N、N－SR 和 N－SR 处理。

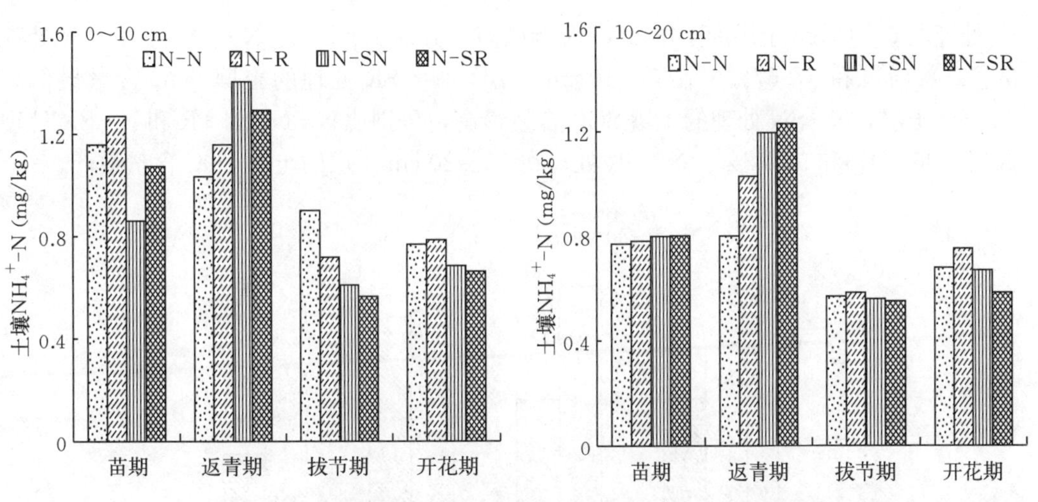

图 9－27　不同耕作方式对不同土层土壤 NH_4^+－N 含量的影响

注：N－N 代表玉米季免耕、冬小麦季免耕，N－R 代表玉米季免耕、冬小麦季旋耕，N－SN 代表玉米季免耕、冬小麦季深松加免耕，N－SR 代表玉米季免耕、冬小麦季深松加旋耕。

5. 不同处理土壤 NO_3^-－N 含量的分析

由图 9－28 可以得出，在冬小麦苗期、返青期、拔节期和开花期，0～10 cm 土层土壤 NO_3^-－N 含量最高的分别是 N－N、N－SN、N－R 和 N－SR 处理。0～10 cm 土层土壤 NO_3^-－N 含量最低的分别是 N－SN、N－N、N－SR 和 N－N 处理。在冬小麦苗期、返青期、拔节期和开花期，10～20 cm 土层土壤 NO_3^-－N 含量最高的分别是 N－N、N－SN、N－N 和 N－SN 处理。10～20 cm 土层土壤 NO_3^-－N 含量最低的分别是 N－SN、N－N、N－SN 和 N－N 处理。

6. 土壤 SOC 含量的分析

由图 9－29 可以看出，各处理在 0～10 cm 土层的土壤 SOC 含量均高于 10～20 cm 土层。

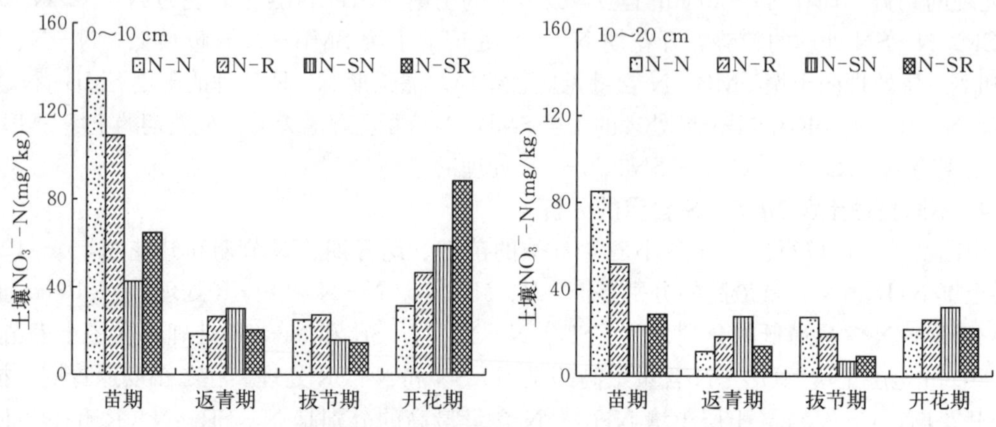

图 9-28　不同耕作方式对不同土层土壤 NO_3^--N 含量的影响

注：N-N 代表玉米季免耕、冬小麦季免耕，N-R 代表玉米季免耕、冬小麦季旋耕，N-SN 代表玉米季免耕、冬小麦季深松加免耕，N-SR 代表玉米季免耕、冬小麦季深松加旋耕。

N-R 处理在 0～10 cm 土层的土壤 SOC 含量最高，分别比 N-N、N-SN 和 N-SR 处理高 23.69%、8.57%和 37.67%。在 0～10 cm 土层，N-SR 处理的土壤 SOC 含量最低。在 10～20 cm 土层，N-SN 处理的土壤 SOC 含量最高，分别比 N-N、N-R 和 N-SR 处理高 36.00%、36.49%和 92.82%。N-SR 处理在 10～20 cm 土层的土壤 SOC 含量最低。

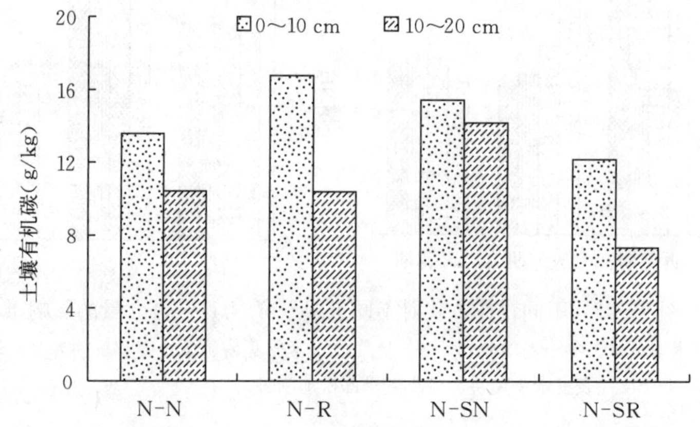

图 9-29　不同耕作方式对冬小麦成熟期不同土层土壤 SOC 含量的影响

注：N-N 代表玉米季免耕、冬小麦季免耕，N-R 代表玉米季免耕、冬小麦季旋耕，N-SN 代表玉米季免耕、冬小麦季深松加免耕，N-SR 代表玉米季免耕、冬小麦季深松加旋耕。

7. 土壤碳氮比的分析

由图 9-30 可以得出，N-R 处理在 0～10 cm 土层的土壤碳氮比最高，分别比 N-N、N-SN 和 N-SR 处理高 20.78%、3.53%和 37.03%。在 10～20 cm 土层，N-SN 处理的土壤碳氮比最高，分别比 N-N、N-R 和 N-SR 处理高 85.27%、45.37%和 54.92%。

8. 不同处理土壤 pH 的分析

由图 9-31 可以得出，在冬小麦生育季，与成熟期 0～10 cm 土层土壤 pH 相比，各处

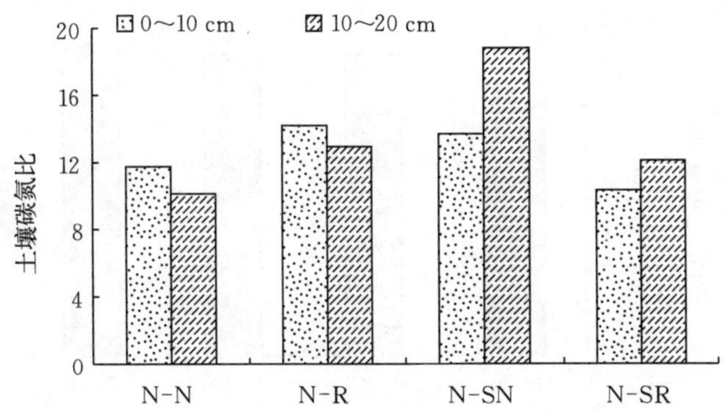

图 9-30 不同耕作方式对冬小麦成熟期不同土层土壤碳氮比的影响

注：N-N 代表玉米季免耕、冬小麦季免耕，N-R 代表玉米季免耕、冬小麦季旋耕，N-SN 代表玉米季免耕、冬小麦季深松加免耕，N-SR 代表玉米季免耕、冬小麦季深松加旋耕。

理在成熟期 10～20 cm 土层土壤 pH 的平均值高 12.42%。N-R 处理在成熟期 0～10 cm 土层的土壤 pH 比 N-N、N-SN 和 N-SR 处理高 4.61%、13.29%和 15.20%。N-R 处理在成熟期 10～20 cm 土层的土壤 pH 比 N-N、N-SN 和 N-SR 处理高 4.40%、0.66%和 9.73%。

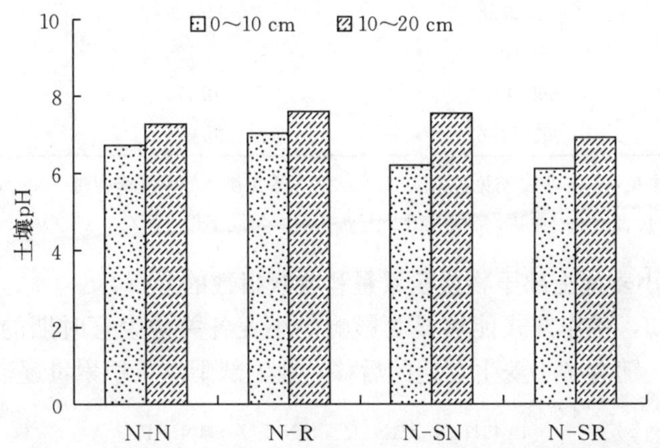

图 9-31 不同耕作方式对冬小麦成熟期不同土层土壤 pH 的影响

注：N-N 代表玉米季免耕、冬小麦季免耕，N-R 代表玉米季免耕、冬小麦季旋耕，N-SN 代表玉米季免耕、冬小麦季深松加免耕，N-SR 代表玉米季免耕、冬小麦季深松加旋耕。

（三）土壤耕作方式对作物产量的影响

1. 不同处理籽粒产量及构成因素的分析

由图 9-32 可知，在冬小麦生育季，籽粒产量变化趋势表现为 N-SR>N-R>N-SN>N-N处理，且 N-SR 处理的籽粒产量显著高于 N-N 处理。由此可知，N-SR 处理有利于冬小麦籽粒产量的提高。

由表 9-2 可知，在小麦生育季，N-R 处理和 N-SR 处理的单位面积穗数和每穗粒数

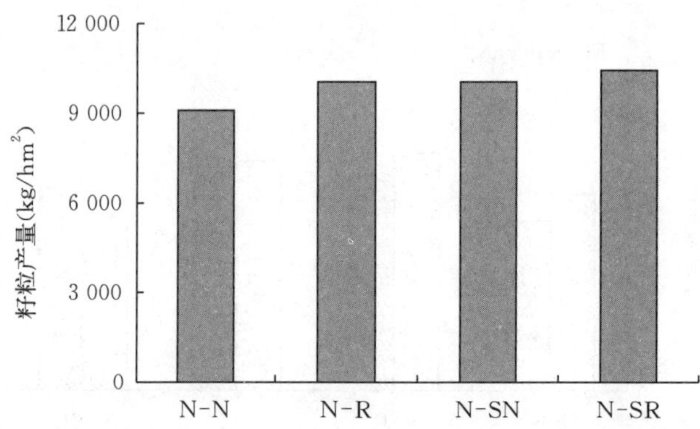

图 9-32　不同耕作方式对冬小麦籽粒产量的影响

注：N-N代表玉米季免耕、冬小麦季免耕，N-R代表玉米季免耕、冬小麦季旋耕，N-SN代表玉米季免耕、冬小麦季深松加免耕，N-SR代表玉米季免耕、冬小麦季深松加旋耕。

差异不显著。N-SR处理的千粒重最高，分别比N-R、N-SN和N-N处理高8.1%、1.2%和6.4%；N-N处理的千粒重最低。

表 9-2　不同耕作方式对冬小麦产量构成因素的影响

处理	单位面积穗数	每穗粒数	千粒重（g）
N-N	618.23ab	33.22a	42.41b
N-R	699.40a	28.15a	45.33ab
N-SN	599.43b	30.17a	43.09b
N-SR	607.14ab	30.05a	45.86ab

注：N-N代表玉米季免耕、冬小麦季免耕，N-R代表玉米季免耕、冬小麦季旋耕，N-SN代表玉米季免耕、冬小麦季深松加免耕，N-SR代表玉米季免耕、冬小麦季深松加旋耕。不同字母表示在0.05水平上差异显著。

2. 不同处理冬小麦地上部干物质积累量和收获指数的分析

由图9-33可知，耕作方式能够显著影响冬小麦各关键生育时期的地上部干物质积累量。分析数据得出，随着冬小麦生育期的后移，地上部干物质积累量逐渐升高，在冬小麦成

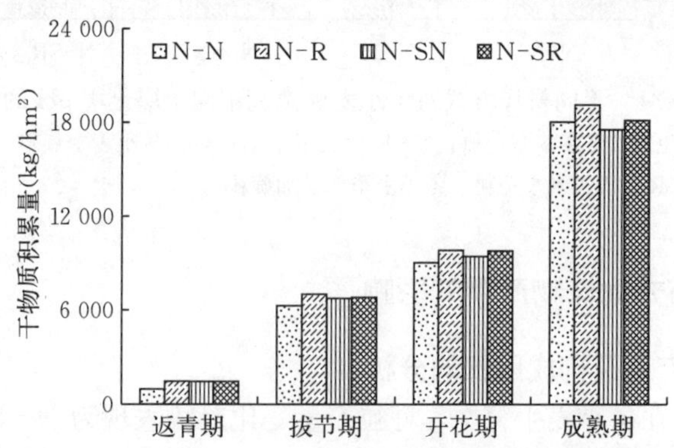

图 9-33　不同耕作方式对冬小麦地上部干物质积累量的影响

注：N-N代表玉米季免耕、冬小麦季免耕，N-R代表玉米季免耕、冬小麦季旋耕，N-SN代表玉米季免耕、冬小麦季深松加免耕，N-SR代表玉米季免耕、冬小麦季深松加旋耕。

熟期表现出 N－R>N－SR>N－N>N－SN 处理的趋势。

由图 9－34 可知，在冬小麦生育季，各处理收获指数均表现出 N－SN 处理和 N－SR 处理无显著差异，但显著高于 N－R 处理，且 N－R 处理显著高于 N－N 处理的趋势。

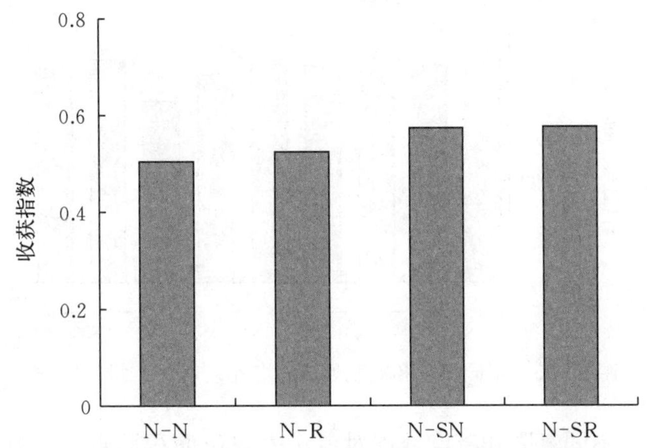

图 9－34 不同耕作方式对冬小麦收获指数的影响

注：N－N 代表玉米季免耕、冬小麦季免耕，N－R 代表玉米季免耕、冬小麦季旋耕，N－SN 代表玉米季免耕、冬小麦季深松加免耕，N－SR 代表玉米季免耕、冬小麦季深松加旋耕。

二、增密减氮对冬小麦产量和氮肥利用效率的影响

增密减氮试验选在黄淮冬麦区山东省东平县定位试验点进行，以小麦-玉米轮作系统为主要研究对象，选用当地主推品种，设置 3 个氮肥水平（N）和 3 个种植密度（D），共 9 个处理、3 次重复，共 27 个小区。其中氮肥水平分别为 N1（常规施氮，总施氮量 240 kg/hm^2，基追比 1∶1）、N2（基施氮肥减量 20%）和 N3（基施氮肥减量 40%），种植密度分别为 D1（常规种植密度，基本苗 225 株/m^2）、D2（增密 25%）和 D3（增密 50%）。

1. 冬小麦籽粒产量及构成因素

由图 9－35 可知，除 D1N3 处理和 D3N1 处理显著低于其他各处理外，不同氮肥和密度处理对冬小麦籽粒产量的影响不大。表明在常规种植密度和基施氮肥基础上，单纯加大种植密度或基施氮肥减量，不利于冬小麦籽粒产量的提升。原因可能是该地区属于高产地块，地力水平较高，且由于该地块常年施氮，土壤基本不缺氮肥，因而对氮肥和密度处理不太敏感。在所有常规种植密度（D1）的处理中，D1N1 处理和 D1N2 处理的籽粒产量无显著差异，均显著高于 D1N3 处理。在所有增密 25%（D2）的处理中，各氮肥处理的籽粒产量基本无差异。在所有增密 50%（D3）的处理中，随着基施氮肥的降低，冬小麦籽粒产量表现为先升高后下降的趋势，即 D3N2>D3N3>D3N1 处理。平均同一密度的不同氮肥处理可知，冬小麦的平均籽粒产量表现为 D2>D1>D3 处理。在所有常规施氮（N1）的处理中，D1N1 处理和 D2N1 处理的籽粒产量无显著差异，均显著高于 D3N1 处理。在所有基施氮肥减量 20%（N2）的处理中，各氮肥处理的籽粒产量基本无差异。在所有基施氮肥减量 40%

（N3）的处理中，各氮肥处理的籽粒产量基本无差异。平均同一氮肥的不同密度处理可知，冬小麦的平均籽粒产量表现为 N2＞N3＞N1 处理。

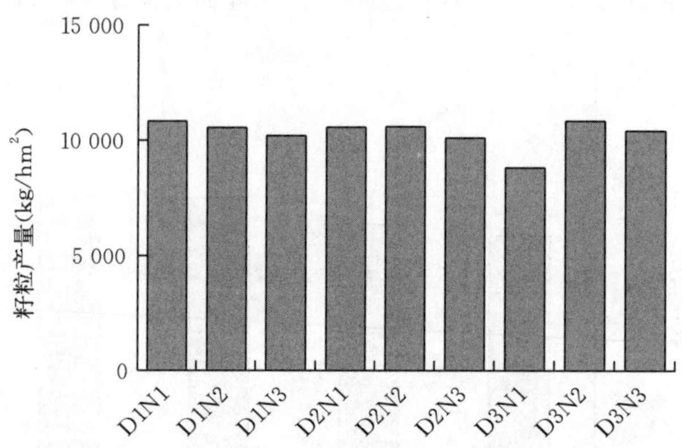

图 9－35　不同密度和氮肥处理对冬小麦籽粒产量的影响

由表 9－3 可知，不同氮肥和密度处理对冬小麦单位面积穗数、穗粒数和千粒重的影响存在差异。在所有常规种植密度（D1）的处理中，随着基施氮肥减量比例的增加，单位面积穗数表现为先降低后不变，穗粒数有逐渐升高的趋势，但无显著差异，千粒重先升高后不变。在所有增密 25%（D2）的处理中，随着基施氮肥减量比例的增加，单位面积穗数表现为先升高后不变，穗粒数有逐渐下降的趋势，千粒重表现为先不变后下降。在所有增密 50%（D3）的处理中，随着基施氮肥减量比例的增加，单位面积穗数表现逐渐升高的趋势，且各处理间差异显著，而穗粒数和千粒重无显著差异。平均同一密度的不同氮肥处理可知，冬小麦的单位面积穗数表现为 D3＞D2＞D1 处理，穗粒数表现为 D1＞D2＞D3 处理，千粒重则表现为 D1 和 D3 处理无显著差异，均显著低于 D2 处理。在所有常规施氮（N1）的处理中，随着种植密度增加，单位面积穗数无显著差异。穗粒数表现为先不变后下降，而千粒重则表现为先升高后下降。在所有基施氮肥减量 20%（N2）的处理中，单位面积穗数表现为 D3N2＞D2N2＞D1N2 处理，且各处理间差异显著。穗粒数表现为逐渐下降的趋势，即 D1N2＞D2N2＞D3N2 处理。千粒重表现为先升高后下降。在所有基施氮肥减量 40%（N3）的处理中，单位面积穗数表现为 D3N2＞D2N2＞D1N2 处理，且各处理间差异显著。穗粒数表现为逐渐下降的趋势，即 D1N2＞D2N2＞D3N2 处理。千粒重表现为先升高后不变。平均同一氮肥的不同密度处理可知，随着种植密度增加，冬小麦的单位面积穗数表现为先升高后不变，穗粒数无显著差异，千粒重表现为先升高后下降。

表 9－3　不同密度和氮肥处理对冬小麦产量构成因素的影响

处理	单位面积穗数（万穗/hm²）	穗粒数（个/穗）	千粒重（g）
D1N1	821.34cd	24.83ab	41.38e
D1N2	727.67e	26.72a	43.43bc
D1N3	702.00e	26.59a	43.73abc
D2N1	774.67de	25.09a	43.91ab

（续）

处理	单位面积穗数（万穗/hm²）	穗粒数（个/穗）	千粒重（g）
D2N2	878.34c	23.21abc	44.58a
D2N3	902.34bc	21.27bcd	42.30de
D3N1	840.34cd	19.29d	41.77de
D3N2	972.67b	20.82cd	42.76cd
D3N3	1 055.67a	19.27d	42.71cd

注：不同小写字母表示在 0.05 水平上差异显著。

2. 冬小麦地上部干物质积累量

由图 9－36 可知，不同氮肥和密度处理对地上部干物质积累量的影响存在差异。在所有常规种植密度（D1）的处理中，随着基施氮肥减量比例的增加，地上部干物质积累量表现为先下降后不变。在所有增密 25%（D2）的处理中，随着基施氮肥减量比例的增加，地上部干物质积累量表现为先升高后不变。在所有增密 50%（D3）的处理中，随着基施氮肥减量比例的增加，地上部干物质积累量表现为逐渐升高的趋势，且各处理间差异显著。平均同一密度的不同氮肥处理可知，冬小麦的地上部干物质积累量表现为 D3>D2>D1 处理的趋势，且各处理间差异显著。在所有常规施氮（N1）的处理中，随着种植密度增加，地上部干物质积累量表现为先下降后升高。在所有基施氮肥减量 20%（N2）的处理中，随着种植密度增加，冬小麦的地上部干物质积累量表现为先升高后不变。在所有基施氮肥减量 40%（N3）的处理中，随着种植密度增加，冬小麦的地上部干物质积累量表现为 N3>N2>N1 处理的趋势，且各处理间差异显著。平均同一氮肥的不同密度处理可知，随着基施氮肥减量比例的增加，冬小麦的地上部干物质积累量表现为逐渐升高的趋势。

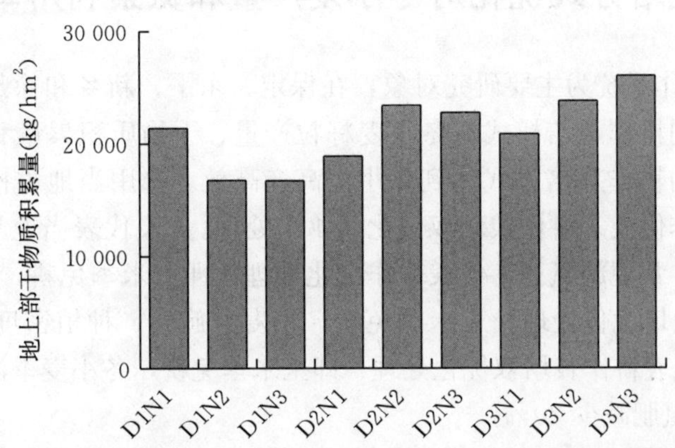

图 9－36　不同密度和氮肥处理对冬小麦地上部干物质积累量的影响

3. 冬小麦氮素偏生产力（PFP）

由图 9－37 可知，不同氮肥和密度处理对冬小麦氮肥偏生产力的影响存在差异。同一密度处理，随着基施氮肥减量比例的增加，冬小麦的氮肥偏生产力呈现出逐渐增加的趋势，且各处理间差异显著。平均同一密度的不同氮肥处理可知，D1 和 D2 处理间无显著差异，均显著高于 D3 处理。平均同一氮肥的不同密度处理可知，随着基施氮肥减量比例的增加，冬小麦的氮肥偏生产力表现为 N3＞N2＞N1 处理的趋势，且各处理间差异显著。

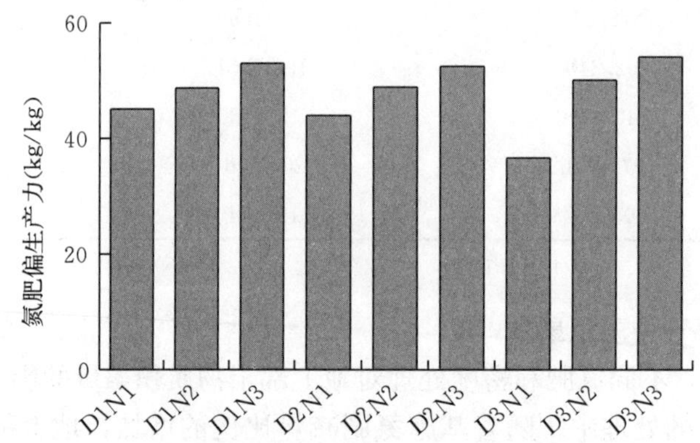

图 9－37 不同密度和氮肥处理对冬小麦氮肥偏生产力的影响

综上可知，不同氮肥和密度处理对冬小麦籽粒产量及构成因素、地上部干物质积累量和氮肥偏生产力的影响存在差异。结果表明，D1N1 和 D1N2 处理的籽粒产量无显著差异，均显著高于 D1N3 处理。在所有增密 25％（D2）的处理中，各氮肥处理的籽粒产量基本无差异。在所有增密 50％（D3）的处理中，随着基施氮肥的降低，冬小麦籽粒产量表现为先升高后下降的趋势，即 D3N2＞D3N3＞D3N1 处理。说明仅通过增加种植密度或减少基施氮肥用量的单一措施，均不能获得较高的籽粒产量。如适当增加种植密度的同时减少基施氮肥用量，就可能既保证冬小麦高产稳产，又可以显著提高冬小麦的氮肥偏生产力，实现增产增效的协同。

三、耕作栽培方式优化对冬小麦产量和氮素利用率的影响

以小麦-玉米轮作系统为主要研究对象，在保定、东平、新乡和徐州开展耕作栽培方式优化试验，研究不同耕作栽培模式对冬小麦籽粒产量、干物质积累量和氮肥偏生产力的影响，以期通过合理的耕作栽培方式达到冬小麦高产高效。选用当地主推品种，分别设置常规、栽培优化、耕作优化、耕作栽培双优化共 4 个处理。CK 代表当地常规处理，即玉米季免耕，小麦季旋耕，常规施氮；T 代表耕作优化处理，即玉米季免耕，小麦季深松加旋耕，常规施氮；C 代表栽培优化处理，玉米季免耕，小麦季旋耕，种植密度增加 30％，基施氮肥减少 20％；CT 代表耕作栽培双优化处理，即玉米季免耕，冬小麦季深松加旋耕，种植密度增加 30％，基施氮肥减少 20％。

1. 冬小麦籽粒产量

由图 9－38 可知，不同耕作栽培模式能够显著影响冬小麦的籽粒产量，且不同试验点的变化趋势不一致。在保定，TC 处理的籽粒产量最高，CK 处理的籽粒产量最低，表明相较于该地区的常规模式，通过耕作栽培双优化的方式可以显著提升冬小麦的籽粒产量。在新乡，C 处理的籽粒产量最低，仅次于 CK 处理。而 T 和 TC 处理的籽粒产量均较高，且两者无显著差异。在东平，C 处理的籽粒产量最高。在徐州，不同处理的籽粒产量无显著差异。

不同试验点的籽粒产量表现为新乡＞保定＞东平＞徐州的趋势。

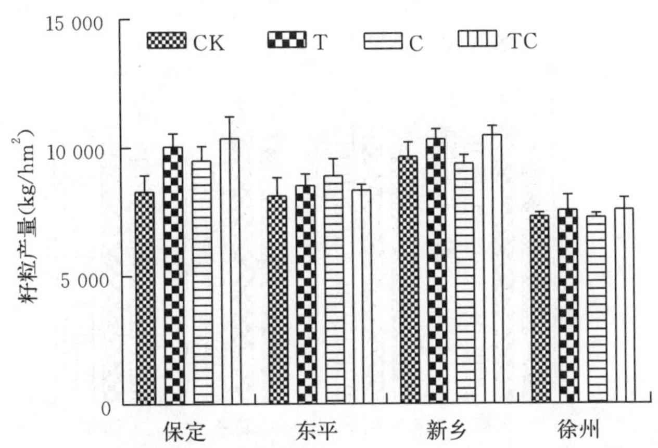

图 9－38　不同耕作栽培模式对不同地区冬小麦籽粒产量的影响

2. 冬小麦地上部干物质积累量

由图 9－39 可知，不同耕作栽培模式能够显著影响冬小麦的地上部干物质积累量，且不同试验点的变化趋势不一致。在保定，冬小麦的地上部干物质积累量呈现出 TC＞C＞T＞CK 处理的趋势。在东平，冬小麦的地上部干物质积累量呈现出 TC＜C＜T＜CK 处理的趋势。在新乡，冬小麦的地上部干物质积累量呈现出 TC＞C＞CK＞T 处理的趋势。在徐州，不同处理的地上部干物质积累量无显著差异。不同试验点的地上部干物质积累量表现为新乡＞保定＞东平＞徐州的趋势。

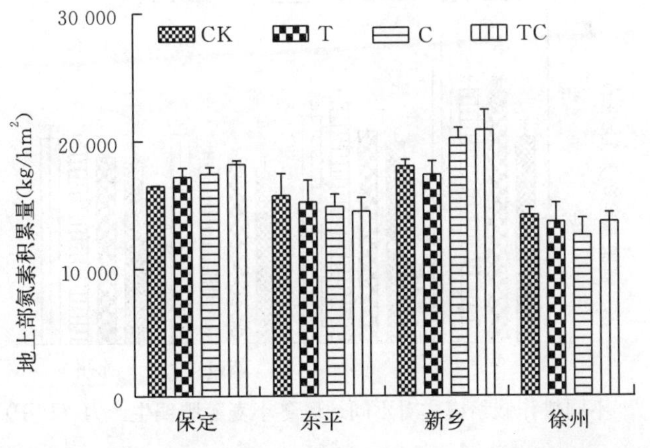

图 9－39　不同耕作栽培模式对冬小麦地上部干物质积累量的影响

3. 冬小麦收获指数（HI）

由图 9－40 可知，不同耕作栽培模式能够显著影响冬小麦的收获指数，且不同试验点的变化趋势不一致。在保定，冬小麦的收获指数呈现出 T＞TC＞C＞CK 处理的趋势。其中，T 处理的收获指数最高，说明该处理的地上部干物质积累量向籽粒的转运效率高。在东平和徐州，冬小麦的收获指数呈现出 CK＜T＜TC＜C 处理的趋势。其中 C 处理的收获指数最

高，说明通过栽培优化措施可以显著提高冬小麦的收获指数。

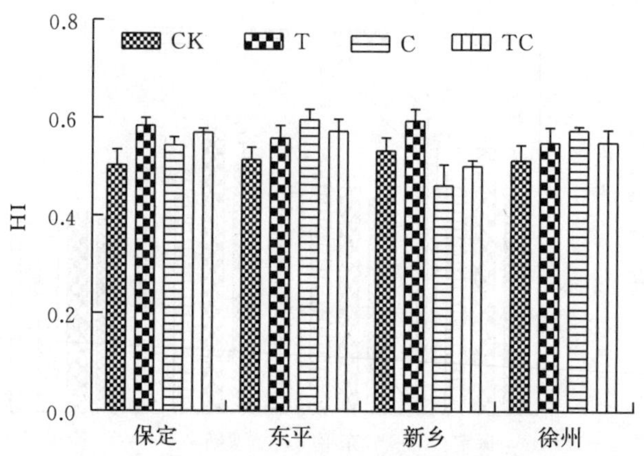

图 9-40　不同耕作栽培模式对冬小麦收获指数的影响

4. 冬小麦氮肥偏生产力（PFP）

由图 9-41 可知，不同耕作栽培模式能够显著影响冬小麦的氮肥偏生产力，且不同试验点的变化趋势不一致。在保定，冬小麦的氮肥偏生产力呈现出 TC＞C＞T＞CK 处理的趋势。其中 C 和 T 处理的氮肥偏生产力无显著差异。在东平，TC 和 C 处理的氮肥偏生产力较高，均显著高于 T 和 CK 处理。在新乡，TC 处理的氮肥偏生产力最高，均显著高于其他各处理。在徐州，CK 处理的氮肥偏生产力最低，其他各处理的氮肥偏生产力无显著差异。

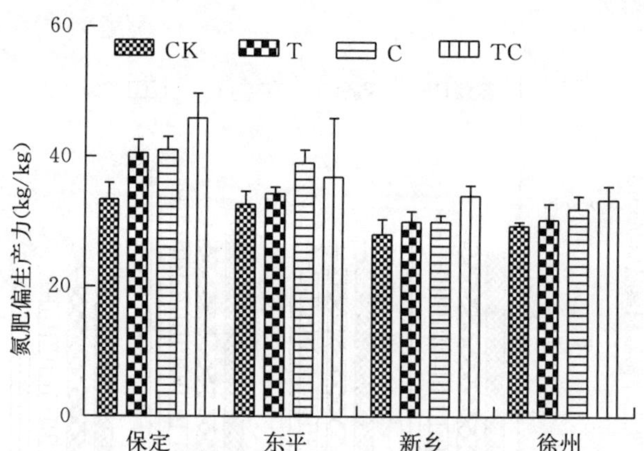

图 9-41　不同耕作栽培模式对不同地区冬小麦氮肥偏生产力（PFP）的影响

综上所述，不同耕作栽培模式对冬小麦籽粒产量、地上部干物质积累量和氮肥偏生产力的影响显著，且不同试验点呈现出不同的变化趋势。在保定和新乡两地，TC 处理的籽粒产量最高，主要是由于 TC 处理较高的地上部干物质积累量。同时，TC 处理的氮肥偏生产力最高。由此可知，在保定和新乡，通过耕作栽培双优化的方式，可以显著提升冬小麦的籽粒产量和氮肥偏生产力，实现冬小麦高产高效。在保定和新乡两地，相比其他各处理，T 处理的收获指数最高。在东平，C 处理的籽粒产量和氮肥偏生产力相对较高，说明该地区通过栽培优化可以提升冬小麦的籽粒产量和氮肥偏生产力。在徐州，各处理的籽粒产量和氮肥偏生产力无显著差异，说明该地区对栽培优化和耕作优化处理的反应并不敏感。在东平和徐州，C处理的收获指数最高。因此，在构建合理耕层，扩增耕层容量的基础上，配套增密减氮的丰产增效栽培技术，对华北潮土区的小麦绿色增产增效生产有重要意义。

第三节　华北平原潮土区旱地合理耕层构建技术模式

一、模式概述

深松旋耕秸秆还田丰产高效技术模式秸秆全量还田，不仅可以杜绝秸秆焚烧所造成的大气污染，而且还有培肥土壤地力、提高作物产量的作用。在一定地力水平下，该模式可使小麦产量达到 7 500～9 000 kg/hm^2，小麦氮肥偏生产力达到 30～40 kg/kg，氮肥利用效率提高 10%左右。

二、关键技术环节

1. 秸秆还田

玉米成熟后，用联合作业机械收获，同时将玉米秸秆切碎，均匀撒到田间，秸秆切碎的长度控制在 3～5 cm，割茬高度小于 5 cm，漏切率小于 2%。

2. 深松加旋耕

采用玉米季免耕机械直接播种，小麦季每年深松或 2～3 年隔年深松，旋耕后机械播种的年内轮耕方式。深松深度 30 cm，然后旋耕 2 遍，旋耕深度 15 cm，随后进行镇压，镇压后进行宽幅精播。

3. 播种

选用经过国家或者各省农作物品种审定委员会审定，优质、高产、稳产、抗病、抗倒的小麦品种。种子进行包衣处理，根部病害发生较重的地块，选用 2%戊唑醇（立克莠）湿拌种剂按种子量的 0.1%～0.15%拌种，或 20%三唑酮（粉锈宁）乳油按种子量的 0.15%拌种；地下害虫发生较重的地块，选用 40%甲基异柳磷乳油，按种子量的 0.2%拌种；病虫混发地块用以上杀菌剂和杀虫剂混合拌种。种子经过包衣处理后播种。小麦播种量按照小麦品种的分蘖成穗率特性而确定，在常规播种量的基础上适当增密，分蘖成穗率高的中多穗型品种，每公顷基本苗在 195 万～270 万；分蘖成穗率低的大穗型品种，每公顷基本苗在 225 万～300 万。在适宜播种期内的前几天，地力水平高的地块取下限基本苗；在适宜播种期的后几天，地力水平一般的地块取上限基本苗。如果因为干旱等原因推迟播种期，要适当增加基本苗。小麦田畦宽 4.8 m，畦埂宽 30～40 cm。用小麦宽幅精量播种机进行等行距播种，行距 22～26 cm，播幅 8 cm，播种深度 3～5 cm。

4. 施肥

应按《测土配方施肥技术规范》（NY/T 1118）进行测土配方施肥，且在常规施氮量的基础上适量减少基施氮肥。每公顷总施肥量：纯氮（N）210～240 kg，磷（P_2O_5）90～105 kg，钾（K_2O）90～120 kg，硫酸锌（$ZnSO_4$）22.5～30.0 kg。提倡增施有机肥，合理施用中量和微量元素肥料。上述总施肥量中，全部有机肥、磷肥、钾肥、微肥作底肥，氮肥的 50%作底肥，第二年春季小麦拔节期再施余下的 50%。

5. 灌溉

在遇到干旱年份，可采用微喷灌的节水灌溉方式补充灌溉，喷灌水量 600 m^3/hm^2。

6. 病虫草害防治

在小麦抽穗至扬花初期，用 5%阿维菌素悬浮剂 120 g/hm^2 兑水适量喷雾防治小麦红蜘蛛；用 5%高效氯氟氰菊酯水乳剂 165 g/hm^2 兑水喷雾防治小麦吸浆虫；用 70%吡虫啉水分散粒剂 60 g/hm^2 兑水喷雾防治穗蚜。用 20%三唑酮乳油 750～1 125 mL/hm^2 喷雾防治白粉病、锈病；用 50%多菌灵可湿性粉剂 1 125～1 500 g/hm^2 喷雾防治叶枯病和颖枯病；用 50%多菌灵可湿性粉剂 1 500 g/hm^2 防治赤霉病。农药使用应符合《农药合理使用准则》（GB/T 8321）的规定。

7. 收获

选择在小麦蜡熟末期收获，用联合收割机收割，并进行秸秆还田。

三、应用效果及注意事项

1. 应用效果

本技术适用于华北潮土区的小麦-玉米一年两熟种植模式。示范区两年的小麦平均单产提高 10.4%，氮肥利用效率提高 11.7%，收益增加 1 435.5 元/hm^2。

2. 注意事项

在小麦播种后要根据土壤墒情适时适量灌底墒水，保证作物出苗。联合收割机收获玉米后，要确保玉米秸秆粉碎效果，保证作物播种质量。

第十章

华北平原砂姜黑土区旱地合理耕层构建理论与技术

砂姜黑土是发育于平原洼地河湖相沉积物，经过脱潜和长期旱耕形成的一种半水成土壤，剖面基本构型为耕层、亚耕层、残留黑土层、脱潜层及砂姜层。砂姜黑土面积约 400 万 hm^2，主要分布在黄淮海平原的安徽、河南、山东和江苏等省的120个县（市、区）。总体而言，砂姜黑土分布区域水热条件良好，光照资源丰富，适宜多种作物生长，是我国重要的粮食生产基地。但是砂姜黑土质地黏重，黏土矿物主要以蒙脱石为主，而蒙脱石遇水会膨胀，导致砂姜黑土结构性差，具有干缩湿胀、易旱易涝、难耕难耙、适耕期短的特点。砂姜黑土有机质含量低，养分贫乏，严重影响作物的正常生长，导致土壤生产力较低。近年来，该区域作物种植多实行旋耕技术，同时加上有机肥的使用量减少以及作物秸秆还田率低等原因，导致耕层变浅、变紧实，致使作物植株根系分布浅、营养吸收范围小、肥水利用率低。针对砂姜黑土在生产中存在的问题，本章通过对砂姜黑土耕层结构及障碍因素调查，确定了合理耕层评价指标，开展了构建合理耕层技术研究，提出合理耕层构建技术集成模式，为提升砂姜黑土生产力提供指导。

第一节　华北平原砂姜黑土区旱地合理耕层评价

一、区域概况、关键障碍及改善方法

（一）区域概况

砂姜黑土分布区域多为暖温带半湿润气候，年降水量在 750～900 mm，>10 ℃的积温在 4 600～4 800 ℃，无霜期 200～220 d。该区域地处我国季风气候带，降水年际变幅大，年内季布严重不均，雨季 6—9 月 4 个月的降水量占全年降水量的 60%，10 月至翌年 2 月 5 个月占全年降水量的 16.8%。夏季暴雨等极端天气频发，易造成渍涝灾害；而在枯水年或少水的月份易发生旱灾。此外，在小麦等夏收作物灌浆期常有西南干热风的危害。

砂姜黑土的典型特征是在 1.5 m 控制层段内，必须同时具有黑土层和砂姜层 2 个基本层次（图 10-1）。黑土层是由于河湖沉积物在长期排水不良的条件下，有机物不断腐殖化、芳香化，与蒙脱石等黏土矿物相互作用而形成的土壤层次。在开垦耕作以后，黑土层分化为耕层、犁底层和残余黑土层。砂姜层是富含碳酸盐的地下水受蒸发或 CO_2 分压变化的影响于土体剖面沉积固结并逐渐形成结核的土层。砂姜大小不同、形态不规则，一般出现在 40～70 cm 土层。砂姜的存在显著改变了砂姜黑土的持水能力以及水分运动规律，使砂姜黑土对旱涝更加敏感。砂姜黑土耕层虽然颜色偏黑，但总体有机质含量偏低，多在 10～20 g/kg，氮、磷含量也偏低。砂姜黑土耕层质地黏重，黏粒含量多在 30%左右，高者可达 50%以上。黑土层黏土矿物以 2∶1 型蒙脱石为主，胀缩性强，湿时泥泞，干时坚硬开裂。砂姜黑土结构性较差，多以棱柱或棱块状为主，水稳性团聚体含量较低。砂姜黑土微孔占比较大，田间持水量为 35%（体积比），而作物能够吸收利用的有效水仅为 15%（体积比）；土壤含水量随水势增加而急剧下降，非饱和导水率较低，毛管水上升速度慢、高度低，导致供水能力

图 10－1　砂姜黑土剖面

低，抗旱能力较弱。

砂姜黑土区主要农作物以冬小麦-夏玉米一年两熟的轮作制度为主，间或冬季种植油菜、大麦，夏季种植大豆、花生及甘薯等作物，复种指数较高。部分地区存在夏玉米-春花生/大豆/红薯-冬小麦两年三熟轮作制度。耕作方式以冬小麦季旋耕或翻耕，夏玉米季免耕播种为主。2000 年前后，作物秸秆多做牲畜饲料，或焚烧；2010 年以后，作物秸秆逐步以还田为主，部分地区移除他用。近年来，砂姜黑土区域作物产量稳步提升，风调雨顺的情况下，小麦、玉米产量均可达到 7 500 kg/hm^2 以上。

（二）关键障碍

砂姜黑土自身主要存在旱、涝、僵、瘦等障碍，制约了其生产潜力。干旱的一部分原因是降水季节分布不均匀，另外是由于砂姜黑土结构性差，保水能力弱，干旱时开裂切断毛管，同时砂姜也会阻隔毛管水上升作用。因此，有砂姜黑土“五天不雨小旱，十天不雨大旱”之说。“涝”主要发生在降水集中的 6—8 月，且砂姜黑土多分布在地势低洼的区域，地下水位较高，排水不良。另外，蒙脱石等膨胀性黏土矿物遇水膨胀，堵塞毛管孔隙，不利于水分下渗，这也是砂姜黑土涝害发生的重要原因。“僵”主要指砂姜黑土耕性不良，原因在于砂姜黑土黏粒含量高，有机质含量低，结构不良，导致其干时坚硬，湿时泥泞，适耕期短，难耕难耙。瘦是指砂姜黑土肥力低下，安徽、河南、山东和江苏等地砂姜黑土 36 个样点的调查结果显示，耕层有机质多低于 10 g/kg，最高的仅为 17.09 g/kg，全氮含量多低于

1 g/kg，最高仅为 1.47 g/kg，全磷为 0.66～3.93 g/kg。这就导致砂姜黑土基础地力低下，中低产田面积较大。

近年来，由于耕作、施肥、种子和植保等农业技术的推广应用，砂姜黑土的生产潜力逐步提升。但是由于不合理的耕种措施也导致砂姜黑土出现新的问题。当前农家肥施用量急剧减少，化肥施用量迅速增加以及不合理使用，作物秸秆焚烧不还田等原因，导致砂姜黑土有机质含量难以提升。大型农业机械在耕作、播种和收获等农事操作中的大量使用，导致耕层以下土壤压实和板结。旋耕机械的广泛使用导致耕层变浅，犁底层上移等耕层结构问题日益严重。作者在安徽省怀远县调查发现，目前砂姜黑土耕层深度多小于 15 cm，耕层以下土壤紧实度多大于 1 MPa，稍微干旱条件下耕层以下紧实度可达 2 MPa，严重阻碍作物根系生长。

（三）改善方法

结构性差肥力低下是制约砂姜黑土生产力的关键障碍。加大砂姜黑土有机物的投入是提升土壤有机质含量、改良土壤结构、改善土壤肥力的有效途径之一。有机物料回归土壤能增加土壤孔隙度，降低容重，改善土壤渗透性和保水保肥性能，提高土壤的缓冲性；同时提供多种有效养分，培肥土壤，从而增加作物产量。有机物料提供的腐殖质能降低砂姜黑土中含量过高的蒙脱石矿物的剪切应力，抑制其胀缩性；提供的活性有机胶体和有机酸等物质可将土中原有的 $CaCO_3$ 溶解为活性的 Ca^{2+} 离子，促进土壤复合团聚体的形成，从而改善土壤的结构性能等。安徽省农业科学院在蒙城和濉溪的砂姜黑土长期定位实验表明，施用有机肥包括秸秆可以提高土壤有机质，降低土壤容重，提升土壤持水性，维持作物高产稳产。作物秸秆是方便易得的有机物料，合理实施秸秆还田，是构建合理耕层的有效手段。

针对砂姜黑土土质僵硬，耕层浅薄等障碍，适宜的耕作是构建砂姜黑土合理耕层的有效措施。研究发现，深耕 30 cm 与免耕和旋耕相比可以降低土壤容重，增加土壤有机碳含量，进而提高小麦籽粒产量，可作为砂姜黑土农田适宜的耕作方式。深松 30～40 cm 也可以降低砂姜黑土土壤紧实度，改善土壤三相比，增加根系生物量和产量，同时提高水分利用效率。但也有研究发现，砂姜黑土旋耕加播种后镇压，比深翻和深松加播种后镇压小麦产量显著增加。不同耕作方式各有其优缺点，有学者指出，单一的耕作方式在生产中不宜连续使用，应将不同耕作方式组合成适宜的轮耕模式，交替使用。有研究报道，冬小麦-夏玉米周年耕作方式以免耕-深松组合作物产量和经济效益最优，旋耕-深松次之，免耕-免耕最差。然而另有研究发现，冬小麦-夏玉米周年耕作方式以深耕-深松组合作物产量和经济效益最优，深耕-免耕次之，旋耕-免耕效益最差。不同的耕作处理以及气候条件等因素的差异，可能是导致不同试验结果的原因所在。结合砂姜黑土不同区域特点，摸索适宜的耕作模式有助于构建砂姜黑土的合理耕层。

二、合理耕层特征

（一）作物与耕层结构及功能的关系

1. 玉米产量调查结果

图 10－2 为安徽省怀远、蒙城和涡阳 3 个县调查采样点玉米产量基本情况。怀远所有采

样点中玉米产量在 5 610～11 685 kg/hm²，平均产量为 8 220 kg/hm²；蒙城所有采样点中玉米产量在 4 035～10 395 kg/hm²，平均产量为 7 500 kg/hm²；涡阳所有采样点中玉米产量在 5 280～11 745 kg/hm²，平均产量为 8 475 kg/hm²。按照 2015—2017 年玉米产量的平均值在 <6 750 kg/hm²、6 750～9 750 kg/hm² 和 >9 750 kg/hm² 划分为低产田、中产田和高产田 3 个等级，其中产量 >9 750 kg/hm² 的田块占所有采样点总数的 25%，产量在 6 750～9 750 kg/hm² 的田块占所有采样点总数的 54%，产量 <6 750 kg/hm² 的田块占所有采样点总数的 21%。由此可见，目前安徽省砂姜黑土中产田的比例仍然占绝大多数。据安徽省土壤肥料总站统计资料显示，安徽省高、中、低产田面积格局近几十年来发生了很大的变化，部分中产田或低产田通过一系列配套措施和技术体系的改良，有的中产田上升为高产田或低产田上升为中产田。

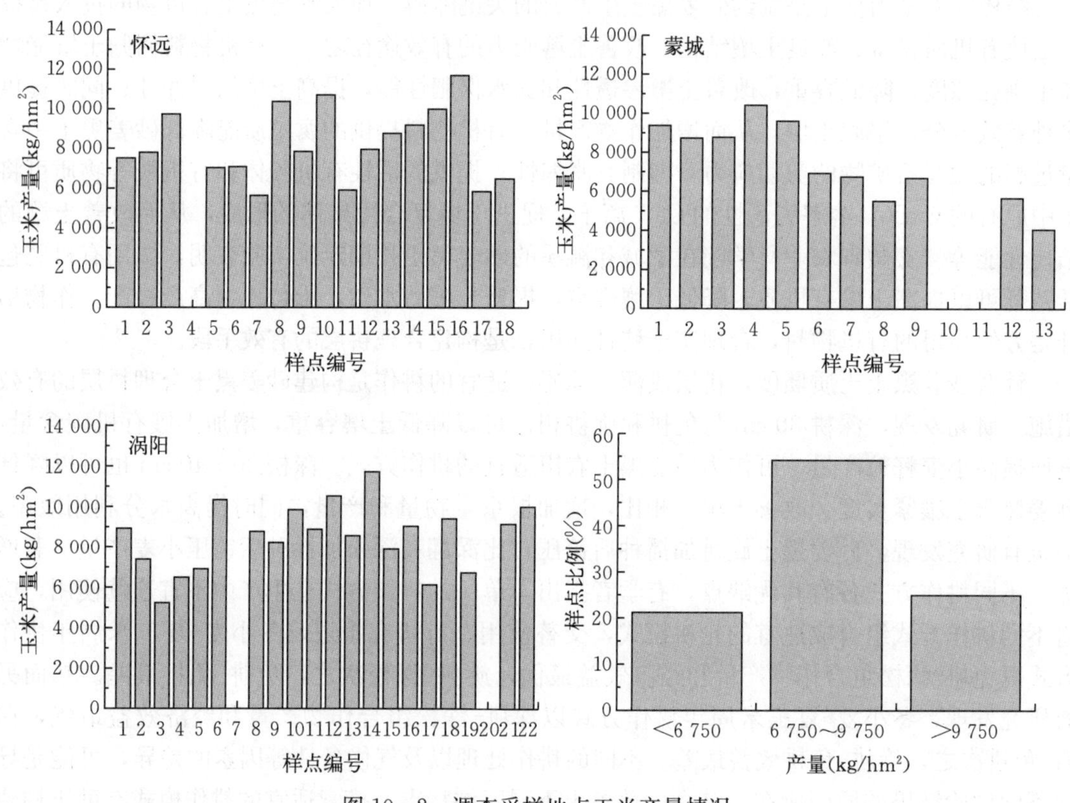

图 10-2　调查采样地点玉米产量情况

2. 土壤穿透阻力变化特征

利用 SC-900 紧实度仪测定了土壤不同深度的紧实度，结果显示，不同产量等级的田块耕层紧实度均随深度增加而增加，耕层以下变化较小。耕层深度一般在 10～18 cm。产量 >9 750 kg/hm² 的田块土壤紧实度在 368～923 kPa，平均值为 595 kPa；产量在 6 750～9 750 kg/hm²的田块土壤紧实度在 276～1 356 kPa，平均值为 833 kPa，较高产田增加了 40%；产量 <6 750 kg/hm² 的田块土壤紧实度在 635～1 584 kPa，平均值为 937 kPa，较高

产田增加了57%。

土壤紧实度大是砂姜黑土土壤结构主要的障碍因子之一。作物的生长需要适宜的土壤紧实度，土壤过于紧实会影响根系对土壤水分、养分的吸收能力，不利于作物生长甚至会造成作物减产。一般认为，土壤紧实度超过1 MPa时，植物根系生长速度缓慢；当土壤紧实度超过2 MPa时，会严重限制作物根系生长。从对3个县的土壤紧实度调查结果来看，土壤紧实度从表层到15 cm深度迅速增加，从15～45 cm土壤紧实度多数呈缓慢降低趋势；总体而言，土壤紧实度较大，15～45 cm土壤紧实度处于1～2 MPa，不利于作物根系生长。造成砂姜黑土区土壤紧实度过大可能的原因有3个：一方面是由于该区域普遍采用的是小麦季旋耕、玉米季免耕直播为主的耕作方式，这种连年浅旋耕作业导致犁底层变得更加坚硬。另一方面当地农户主要是以小型农机具（如四轮拖拉机）为主。在农事操作过程中会增加机械对土壤的反复碾压，容易增加土壤的紧实程度，特别是在土壤湿润状况下机械作业后尤为突出。此外，砂姜黑土质地黏重、富含膨胀性黏土矿物，在含水量降低时，土壤收缩强烈，导致土壤容重增大，土壤紧实度随之增大，间接地影响了作物生长及其根系在土壤中的穿插和活力。在对三个县的调查中，产量<6 750 kg/hm^{2}的田块土壤容重平均值为1.55 g/cm^3，这也大大增加了土壤机械阻力的作用。耕层内的压实程度可以通过合理的耕作措施来消除。深松作为一种有效的耕作方式，在一定程度上可以打破坚硬的犁底层，降低土壤的容重和紧实度，提高深层土壤含水量，促进作物根系生长发育，从而提高作物产量。考虑到砂姜黑土耕层浅薄、犁底层厚而硬的问题，从深松对耕层土壤物理性质的改善、作物产量提升的效果来看，砂姜黑土区适宜的深松深度为30～40 cm，适宜的耕作方式为冬小麦深松-夏玉米免耕和冬小麦深耕-夏玉米侧位深松的方式。

3. 耕层土壤基本性质

由表10-1可知，不同产量等级耕层土壤容重、有机碳、碱解氮和有效磷差异明显，其他性质之间差异不明显。产量>9 750 kg/hm^{2}的田块土壤容重在1.25～1.62 g/cm^3，平均值为1.38 g/cm^3；产量在6 750～9 750 kg/hm^{2}的田块土壤容重在1.22～1.73 g/cm^3，平均值为1.43 g/cm^3，较高产田多3.6%；产量<6 750 kg/hm^{2}的田块土壤容重在1.35～1.82 g/cm^3，平均值为1.55 g/cm^3，较高产田多12.3%。产量<6 750 kg/hm^{2}的田块土壤有机碳在7.77～14.4 g/kg，平均值为11.2 g/kg；产量在6 750～9 750 kg/hm^{2}的田块土壤有机碳在9.44～17.9 g/kg，平均值为12.9 g/kg，较低产田增加了15.2%；产量>9 750 kg/hm^{2}的田块土壤有机碳在7.28～19.6 g/kg，平均值为14.9 g/kg，较低产田增加了33.0%。产量<6 750 kg/hm^{2}的田块土壤碱解氮在52～187 mg/kg，平均值为99 mg/kg；产量在6 750～9 750 kg/hm^{2}的田块土壤碱解氮在72～158 mg/kg，平均值为106 mg/kg，较低产田增加了7.0%。产量>9 750 kg/hm^{2}的田块土壤碱解氮在76.9～163 mg/kg，平均值为114 mg/kg，较低产田增加了15.2%。产量<6 750 kg/hm^{2}的田块土壤有效磷在1.96～57.4 mg/kg，平均值为18.0 mg/kg；产量在6 750～9 750 kg/hm^{2}的田块土壤有效磷在1.96～53.9 mg/kg，平均值为20.5 mg/kg，较低产田增加了13.9%；产量>9 750 kg/hm^{2}的田块土壤有效磷在6.45～49.4 mg/kg，平均值为29.5 mg/kg，较低产田增加了63.9%。

表 10-1 不同产量等级耕层土壤基本性质

玉米产量 (kg/hm²)	容重 (g/cm³)	有机碳 (g/kg)	全氮 (g/kg)	全磷 (g/kg)	全钾 (g/kg)	碱解氮 (mg/kg)	有效磷 (mg/kg)	速效钾 (mg/kg)
>9 750	1.38	14.9	1.06	0.65	14.5	114	29.5	157
6 750～9 750	1.43	12.9	1.03	0.78	14.2	106	20.5	161
<6 750	1.55	11.2	1.06	0.67	13.3	99	18.0	140

耕层肥力水平高低直接影响了作物的生长状况，尤其是土壤有机质，在提供作物养分及维持土壤肥力方面具有重要的作用。从调查的结果来看，中低产田土壤耕层的土壤有机碳含量的平均值（分别为 12.9 g/kg、11.2 g/kg）明显要低于高产田（14.9 g/kg）。目前，在农事活动中当地农民偏向施用化学肥料，秸秆还田的形势不容乐观，农家肥、绿肥和商品有机肥的投入也严重不足。从对 3 个县的施肥用量情况的调查结果来看，基肥主要以复合肥为主且施用量在 600～1 200 kg/hm² 不等，秸秆还田率达到了 80%左右，但是有机肥投入率不到 4%。淮北平原是小麦、玉米粮食主产区，秸秆也是该区域一种宝贵的资源。尽管有很多研究已经表明秸秆还田可以有效地增加砂姜土壤有机碳含量和促进作物产量的提高，但大量的秸秆同时进入土壤以后也会引起碳氮比失调，从而导致全量秸秆还田的效果不明显。因此，可以通过添加秸秆腐解剂和配施一定量的氮肥还田，加快秸秆在土壤中的腐解和养分释放，从而提高秸秆资源的利用效率和土地生产力。相对于秸秆还田而言，在砂姜黑土长期定位试验的结果表明，施用有机肥是实现土壤有机质提高的主要途径，也是实现作物持续高产的有效措施。

4. 耕层土壤性质与玉米产量的关系

将土壤紧实度、耕层土壤容重、有机碳与玉米产量进行了线性回归分析（图 10-3）。玉米产量与土壤紧实度呈显著负相关（$R^2=0.12$），玉米产量与耕层土壤容重极显著负相关（$R^2=0.23$），与耕层土壤有机碳呈极显著正相关（$R^2=0.25$）。初步调查显示，紧实度、耕层土壤容重和有机碳是影响砂姜黑土玉米产量关键因子。因此可以推测，具备高产潜力的合理耕层应具备较高的耕层有机碳或适当的土壤容重、紧实度，如果二者兼备则更易获得高产。构建合理耕层是实现砂姜黑土粮食丰产增效的关键，这不仅需要改善土壤物理结构（容重、紧实度），同时还需要提高肥力（土壤有机碳）。在砂姜黑土长期定位试验的结果表明，合理的培肥、耕作措施不仅可以改善耕层土壤结构，同时还可以提高土壤有机碳，起到培肥土壤的效果。因此，应选择合理耕作方式和培肥措施相结合的方法来构建砂姜黑土合理的耕层结构。

（二）合理耕层评价

将所调查区域内所有研究点土壤紧实度、耕层土壤容重、有机碳、碱解氮和有效磷等相关指标与玉米产量进行了汇总分析，然后按照近 3 年（2015—2017 年）玉米产量的平均值在<6 750 kg/hm²、6 750～9 750 kg/hm² 和>9 750 kg/hm² 划分为低产田、中产田和高产田 3 个等级，然后将高产田块的评价指标特征参数作为合理耕层结构的特征参数。结构性差是

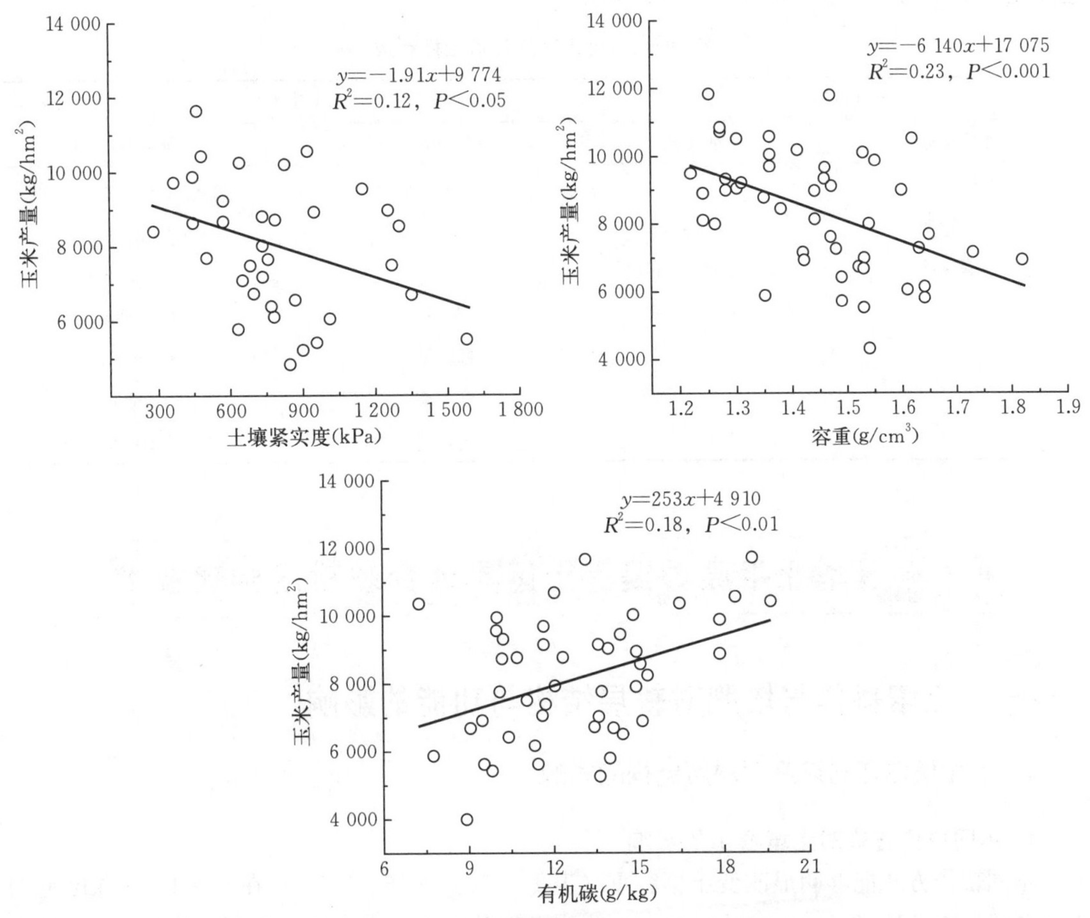

图 10-3　耕层土壤基本性质与产量的关系

影响砂姜黑土生产力的重要因素。数据分析表明，玉米产量与土壤容重和紧实度都呈显著负相关，因此土壤容重和紧实度可以作为评价合理耕层的土壤物理指标。另外，作者发现高产田块的耕层深度要高于中低产田，因此，耕层深度也是评价合理耕层的重要指标。研究表明，玉米产量与土壤有机质正相关，因此，土壤有机质可作为合理耕层的评价指标。土壤全氮、全磷、全钾及碱解氮、有效磷、速效钾与作物产量密切相关，也作为合理耕层的评价指标。

（三）合理耕层结构与功能特征

根据田间调查和数据分析，确定合理耕层评价指标参数如表 10-2 所示。砂姜黑土合理耕层的结构特征为耕层厚度大于 18 cm，土壤紧实度小于 923 kPa，土壤容重小于 1.38 g/cm³，这些参数表明合理耕层应该是深厚和疏松的。砂姜黑土合理耕层的有机碳含量>14.9 g/kg，全氮含量>1.06 g/kg，全磷含量>0.65 g/kg，全钾含量>14.5 g/kg，碱解氮含量>114 mg/kg，有效磷含量>29.5 mg/kg，速效钾含量>157 mg/kg。确定合理耕层的指标参数为构建合理耕层指明了方向。根据合理耕层的特征，可以通过耕作、秸秆还田、施用有机肥和化肥等田间管理措施定向构建合理耕层。

表 10-2 合理耕层评价指标参数

土壤物理结构		土壤养分	
评价指标	特征参数	评价指标	特征参数
耕层厚度	>18 cm	土壤有机碳	>14.9 g/kg
土壤紧实度	<923 kPa	全氮	>1.06 g/kg
土壤容重	<1.38 g/cm³	全磷	>0.65 g/kg
		全钾	>14.5 g/kg
		碱解氮	>114 mg/kg
		有效磷	>29.5 mg/kg
		速效钾	>157 mg/kg

第二节 华北平原砂姜黑土区旱地合理耕层构建技术

一、土壤耕作与培肥对耕层结构与功能的影响

（一）土壤耕作与培肥对耕层结构的影响

1. 不同耕作方式对土壤容重的影响

不同耕作方式能够明显改变土壤容重（表 10-3）。2016—2018 年在 0～40 cm 深度范围内，免耕处理土壤容重（1.41～1.67 g/cm³）明显高于其他三种耕作处理。旋耕能够有效降低 0～10 cm 土层容重（1.28～1.40 g/cm³），但 10 cm 深度以下土壤容重显著提高（1.52～1.62 g/cm³）。深翻由于能够充分翻耕土壤，有效地打破了土壤紧实层，显著降低 10 cm 深度以下土层土壤容重，10～20 cm 土层土壤容重在 1.39～1.48 g/cm³，而其他耕作处理土壤容重均高于 1.48 g/cm³。而深松只间隔打破土壤紧实层，耕作区域有限，不能完全改变土壤压实状态，对容重的改善效果不如深翻。

表 10-3 不同耕作方式对土壤容重的影响（g/cm³）

年份	深度（cm）	免耕	旋耕	深松	深翻
2016	0～10	1.49±0.08a	1.28±0.03c	1.49±0.07ab	1.38±0.03bc
	10～20	1.48±0.04ab	1.53±0.02a	1.48±0.02ab	1.48±0.02ab
	20～40	1.48±0.03ab	1.53±0.02ab	1.48±0.03ab	1.49±0.02ab
2017	0～10	1.48±0.04a	1.39±0.04b	1.39±0.03b	1.35±0.03b
	10～20	1.54±0.03a	1.52±0.03a	1.50±0.03a	1.39±0.02b
	20～40	1.57±0.03a	1.58±0.03a	1.56±0.02a	1.52±0.02a

（续）

年份	深度（cm）	免耕	旋耕	深松	深翻
2018	0～10	1.41±0.06a	1.40±0.05a	1.29±0.04b	1.31±0.01b
	10～20	1.67±0.02a	1.62±0.02ab	1.56±0.03b	1.44±0.02b
	20～40	1.61±0.03ab	1.62±0.02ab	1.54±0.03b	1.64±0.02a

注：不同小写字母表示同一深度不同耕作处理间差异显著。

2. 不同耕作方式对土壤紧实度的影响

2016—2018 年不同耕作方式下土壤紧实度除受土壤容重的影响外，还受到土壤含水量的影响较大，均表现为随含水量减少而剧烈增加。紧实度曲线的阻力峰值一般可认为是各耕作处理下土壤紧实层出现的位置（图 10-4）。

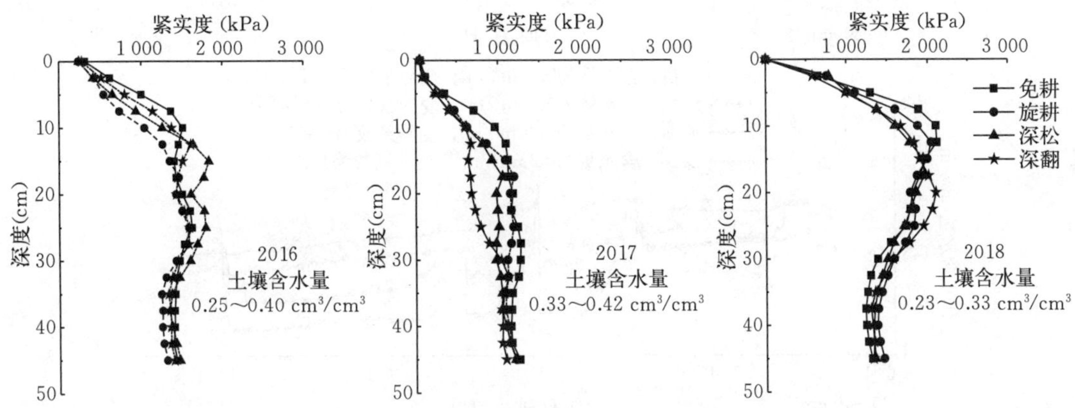

图 10-4　2016—2018 年不同耕作处理下 0～45 cm 深度土壤紧实度变化

由图 10-5 中可以看出：免耕对土壤扰动较小，长期免耕或少耕条件下土壤结构紧实，耕层深度小于 10 cm，且 10 cm 深度以下，土壤紧实度明显高于 1 MPa，甚至可以达到 2 MPa。旋耕深度较浅，与免耕相比 0～15 cm 土层土壤紧实度明显降低。但 15 cm 深度以下土层长期受上层土壤及农机具重力作用，紧实度显著增加。并且长期旋耕使得耕层厚度有减小趋势，2018 年在 12.5 cm 处土壤紧实度达到峰值（2.04 MPa）。深松和深翻处理能够有效降低 0～20 cm 深度范围土壤紧实度，增厚土壤耕层范围至 20 cm 以上，其中以深翻处理的效果更明显。2017 年在 10～30 cm 土层，土壤平均紧实度依次为：深翻（764 kPa）<深松（930 kPa）<旋耕（1 061 kPa）<免耕（1 158 kPa）。适度深翻能够将亚表层紧实土壤与表层土壤充分混合，而深松在仅打破犁底层而不翻转土层的条件下，不能完全改变土壤压实状态，土壤物理结构改善效果不如深翻。值得注意的是，深松和深翻处理在土壤含水量较低时也出现明显紧实层，但紧实层位置较旋耕明显下移。

3. 不同耕作方式对土壤体积含水量的影响

土壤结构的改变明显影响土壤水分运移过程（图 10-5）。2016 年玉米生育期内 0～20 cm 土层免耕和旋耕处理下（0.30 cm^3/cm^3）土壤含水量高于深松（0.23 cm^3/cm^3）和深翻处理（0.28 cm^3/cm^3）。而 20～40 cm 土层深松和深翻处理土壤含水量（0.35 cm^3/cm^3）高于免耕和旋耕处理（0.30 cm^3/cm^3）。这说明深松和深翻处理更有利于水分的下渗，而对于免耕和旋耕来说，水分主要滞留在上层土壤。

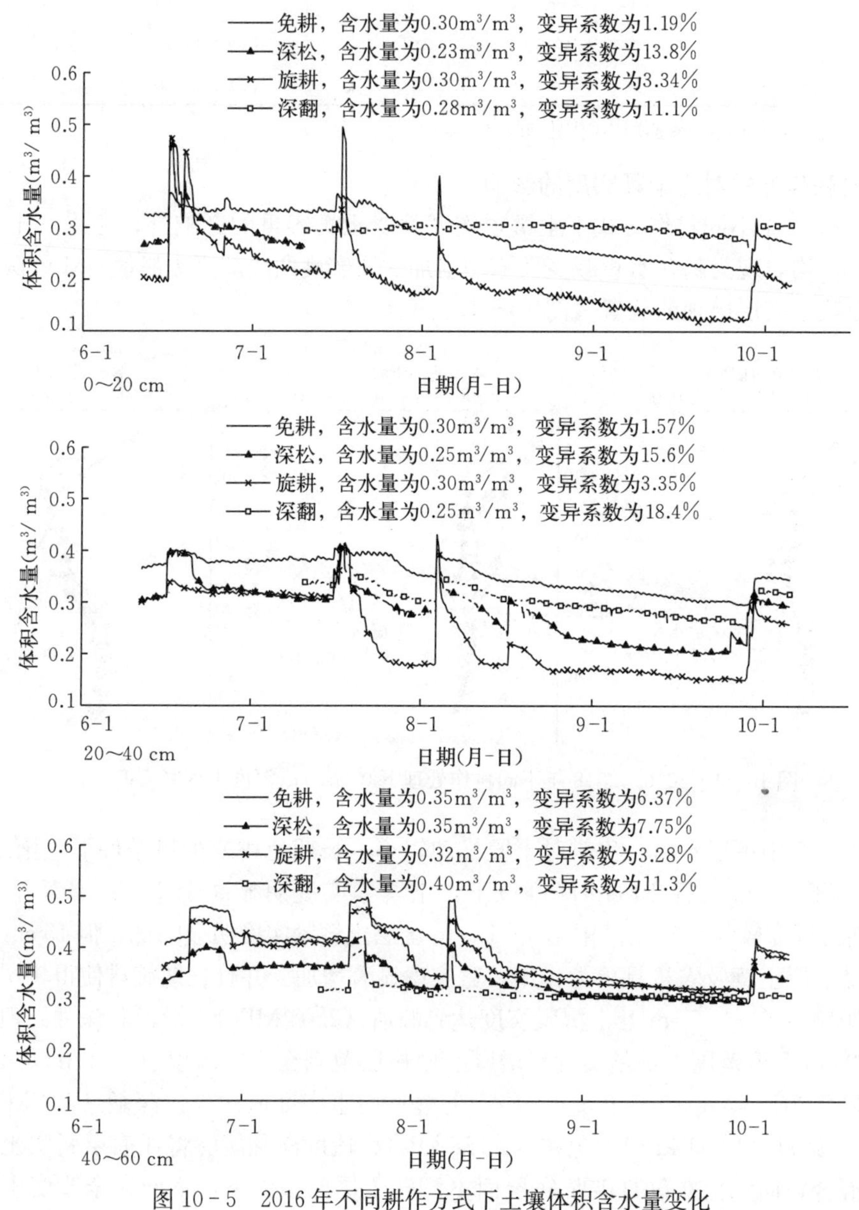

图 10-5　2016 年不同耕作方式下土壤体积含水量变化

2017 年降水主要集中在 7 月下旬至 9 月中旬（图 10-6）。不同耕作方式下表层土壤含水量较深层低且变异系数较大。而 10～20 cm 和 20～40 cm 的土壤含水量在降水过后的一定时间内保持一个“高台”现象，这一现象随土壤深度加深而更加明显，说明该研究区域土壤排水困难。各耕作处理对含水量的影响与 2016 年一致，在 0～10 cm 处，深翻处理下土壤含水量（0.20 cm^3/cm^3）低于其他耕作处理（0.22～0.27 cm^3/cm^3）；而在 20～40 cm 处，深翻处理下土壤含水量（0.36 cm³/cm³）高于其他耕作处理（0.31～0.32 cm³/cm³）。

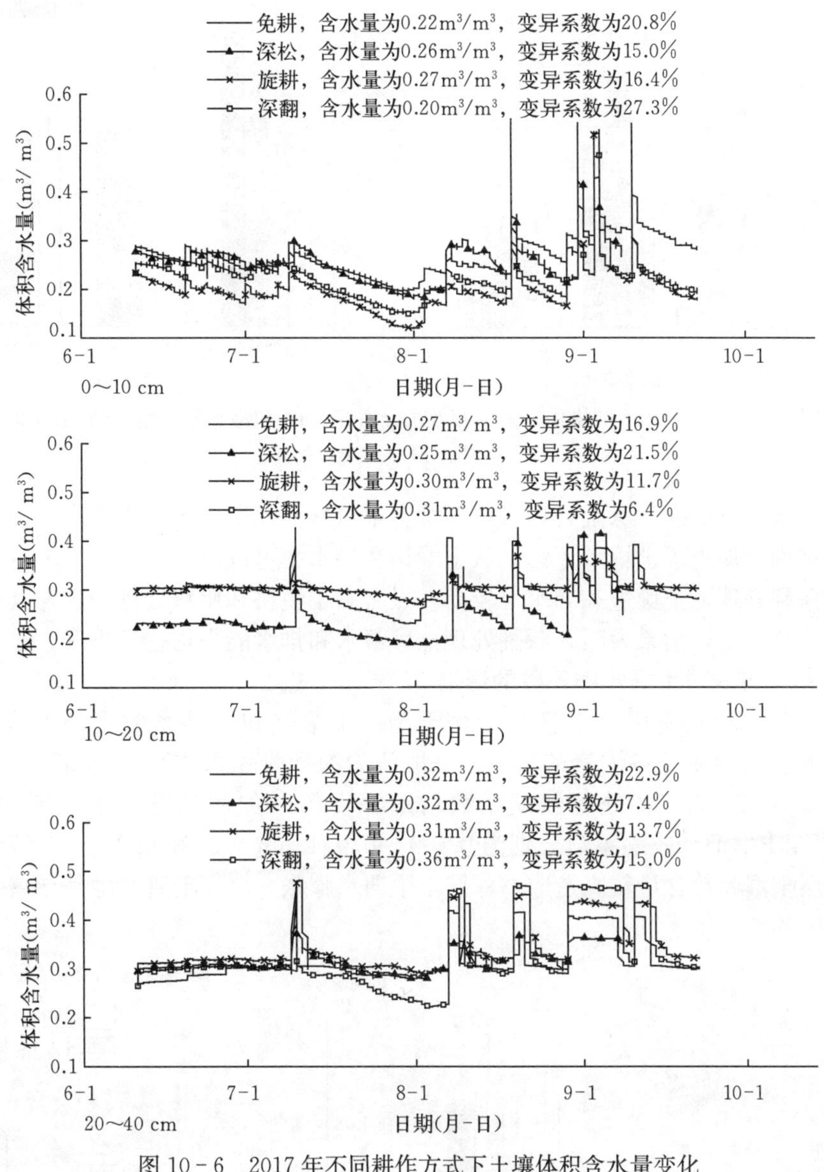

图 10-6　2017 年不同耕作方式下土壤体积含水量变化

4. 不同耕作方式对土壤有效水分库容和饱和导水率的影响

不同耕作方式下土壤有效水分库容随深度增加而降低（图 10-7a），这与土壤容重增加或土壤持水孔隙减少有关（表 10-3）。土壤结构疏松，土壤孔隙度相应提升，这使得土壤有较大的储水空间而具有更高的有效水分库容。深翻处理下有效水分库容显著提升，0～10 cm和 10～20 cm 土层深松和深翻处理下土壤有效水分库容较免耕和旋耕处理显著提升 5%～7%（$P<0.05$），这与土壤容重降低结果一致。说明该处理下土壤结构改善，土壤孔隙增加，进而蓄持更多的土壤水分。

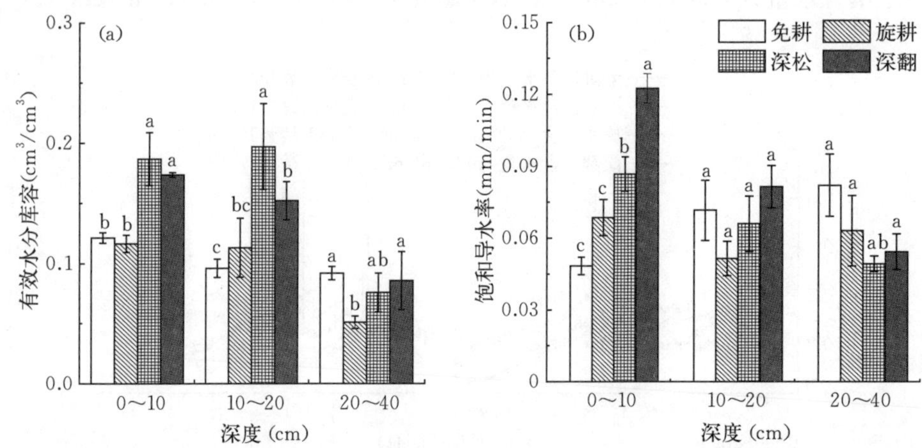

图 10-7　2017 年不同耕作方式下有效水分库容（a）和饱和导水率（b）的变化

注：不同字母表示差异显著。

并且在玉米生育期内，深翻处理表层土壤含水量低而深层土壤含水量高，说明深翻改善了土壤孔隙结构，促进了土壤水下渗。从土壤饱和导水率可以看出（图 10-7b），0～10 cm 土层深松和深翻处理下土壤饱和导水率较高，显著高于免耕和旋耕处理。这与其较高的土壤饱和导水率一致。上述结果表明，深翻处理土壤蓄水和排水能力均得到提升。

5. 不同耕作方式对土壤收缩系数的影响

砂姜黑土是一种具有强胀缩性的土壤类型。土壤饱和收缩系数受到土壤矿物类型、黏粒含量以及土壤容重等各因素的影响。一般认为饱和收缩系数高于 0.06 时便会产生严重危害。2016 和 2017 年各处理收缩系数均随深度的增加而显著增加（图 10-8），在 20～40 cm深度土壤饱和收缩系数分别为 0.074～0.094 mm/mm 和 0.047～0.075 mm/mm，这主要是深层土壤黏粒含量较高造成。深层土壤遇水膨胀，堵塞毛管孔隙是导致砂姜黑土滞水的主要原因。

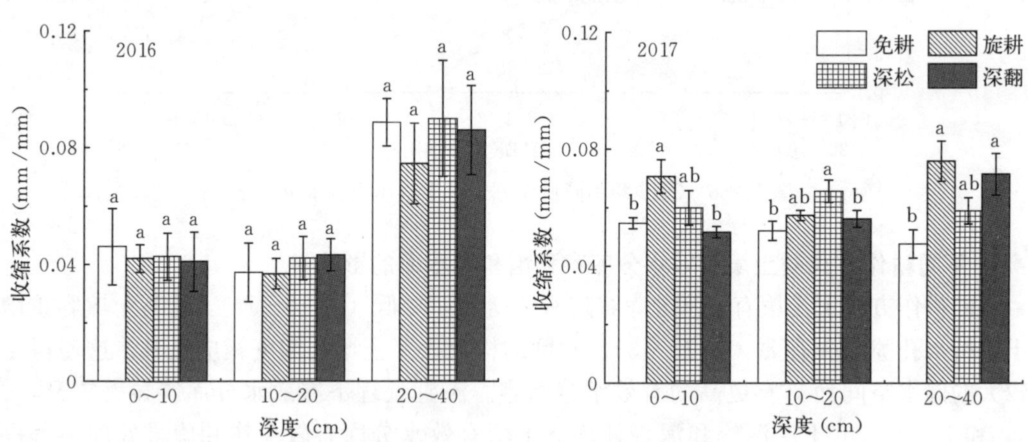

图 10-8　不同耕作方式对 2016、2017 年土壤收缩系数的影响

注：不同字母表示差异显著。

而对于不同耕作处理来说，土壤容重越小则使得土壤具有更大的收缩空间。将土壤容重与土壤收缩系数进行相关分析发现，二者间具有显著负相关关系（$r=-0.261^{*}$，$P<0.05$）。2017年，0～10 cm深度旋耕处理（0.070 mm/mm）、10～20 cm土层深松处理（0.065 mm/mm）以及20～40 cm土层旋耕处理（0.075 mm/mm）和深翻处理（0.071 mm/mm）土壤收缩系数的显著提升，可能均是由于土壤容重的降低造成。

6. 不同耕作方式下土壤团聚体稳定性

土壤团聚体水稳定性主要受到土壤胶结物质含量的影响。在秸秆全量还田的条件下，不同耕作方式通过影响作物生长改变外源秸秆输入量，同时通过不同耕、翻等耕作过程，将外源有机物带入土层不同位置，进而改变土层内有机碳含量来影响土壤团聚体的形成。从图10-9可以看出，除深翻处理外，其余3种耕作方式下土壤团聚体稳定性均随深度的增加而降低。0～10 cm深度深松处理下平均重量直径（1.37 mm）显著高于其他3种处理（0.81～0.95 mm）（$P<0.05$）；免耕处理下10～20 cm土层平均质量直径（0.61 mm）较其他处理（0.85～1.02 mm）显著降低（$P<0.05$）；而20～40 cm深度深翻处理下平均质量直径（1.02 mm）显著高于其他3种处理（0.75～0.88 mm）（$P<0.05$）。

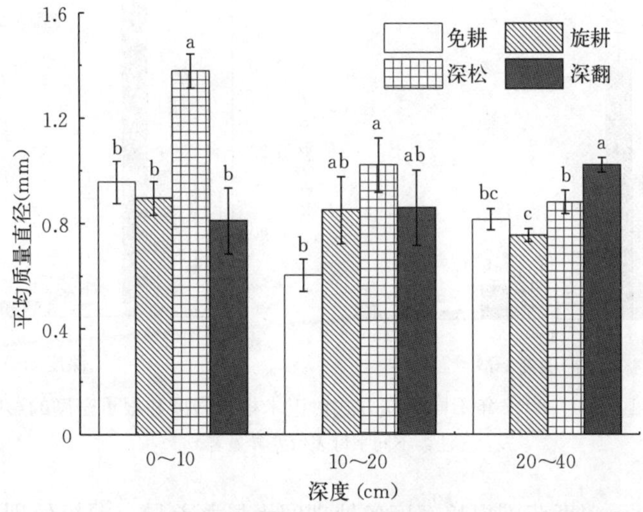

图10-9 2018年不同耕作方式对土壤团聚体稳定性的影响

注：不同字母表示差异显著。

（二）土壤耕作与培肥对耕层功能的影响

1. 不同耕作方式对作物根系生长的影响

土壤紧实程度的改变显著影响作物地下部的生长。将2017和2018年0～40 cm深度范围内土壤结构性质与根系密度取平均值后进行相关分析发现（表10-4），根长密度与土壤容重（$r=-0.73^{**}$，$P<0.01$；$r=-0.53^{*}$，$P<0.05$）和土壤紧实度间（$r=-0.74^{**}$，$r=-0.77^{**}$，$P<0.01$）具有显著的负相关关系。根重密度随土壤紧实程度的增加也有下降，但未达到显著水平。

表 10-4 2017 年玉米生育期内土壤物理性质与根系发育间相关性

时间	指标	根长密度（m/m^3）	根干重密度（g/m^3）
2017 年	紧实度	−0.74**	−0.54
	容重	−0.73**	−0.53
2018 年	紧实度	−0.77**	−0.29
	容重	−0.53*	−0.36

注：*和**分别表示在 0.05 和 0.01 水平上（双侧）显著相关。

一般认为土壤容重和土壤紧实度高于 1.4 g/cm^3 和 1 MPa 时，根系生长明显放缓。2017 年玉米 90%以上根系集中于 0～10 cm 耕层，该深度范围内土壤紧实度除免耕处理外均低于 1 MPa，免耕处理根长密度和根重密度明显低于其他处理（图 10-10）。深松和深翻处理下 0～10 cm 深度土壤平均紧实度均低于 450 kPa。尤其是深翻处理，该层平均紧实度仅为 361 kPa，根长密度和根重密度显著高于其他耕作处理。

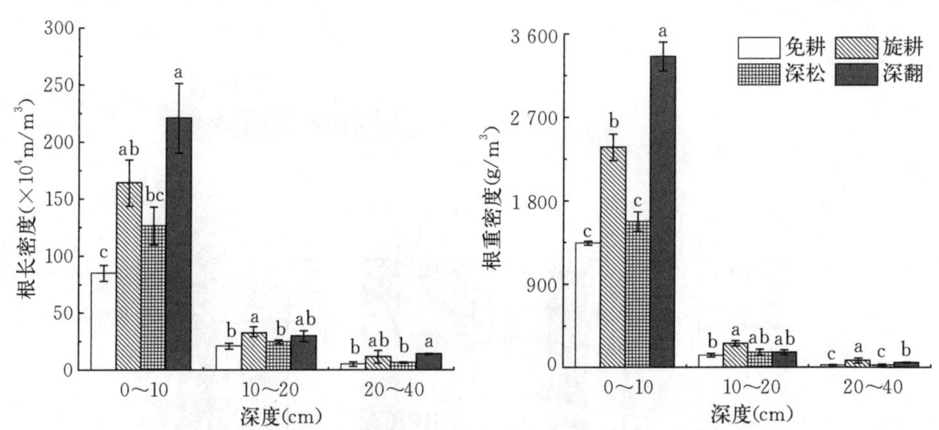

图 10-10 2017 年不同耕作方式对玉米根长密度和根重密度的影响

注：不同字母表示差异显著。

2018 年 0～10 cm 深度范围根长密度各处理间无显著差异，深松处理根重密度显著高于免耕（$P<0.05$）。10 cm 深度以下，深翻处理根系密度较其他处理明显增加（图 10-11）。

2. 不同耕作方式下砂姜黑土土壤生物化学性质及周年作物产量

（1）不同耕作方式下土壤有机碳含量。随耕作年限延长，不同耕作方式间土壤有机碳含量差异逐渐明显（图 10-12）。2016 和 2017 年随深度增加，不同耕作处理下土壤有机碳含量均呈降低趋势，免耕处理下 0～10 cm（11.08 g/kg、11.18 g/kg）和 10～20 cm（8.04 g/kg、9.54 g/kg）深度有机碳含量低于其他 3 种耕作处理。2018 年除深翻外，其他 3 种耕作处理土壤有机碳含均随深度的增加而降低，但深翻处理 10～20 cm 和 20～40 cm 土层有机碳含量较其他处理明显提升，20～40 cm 深度有机碳含量为 10.28 g/kg，其他 3 种耕作方式下有机碳含量在 5.3～6.9 g/kg。

免耕处理下土壤结构紧实度增加，根系发育受到抑制，秸秆及根系残体主要分布在土壤

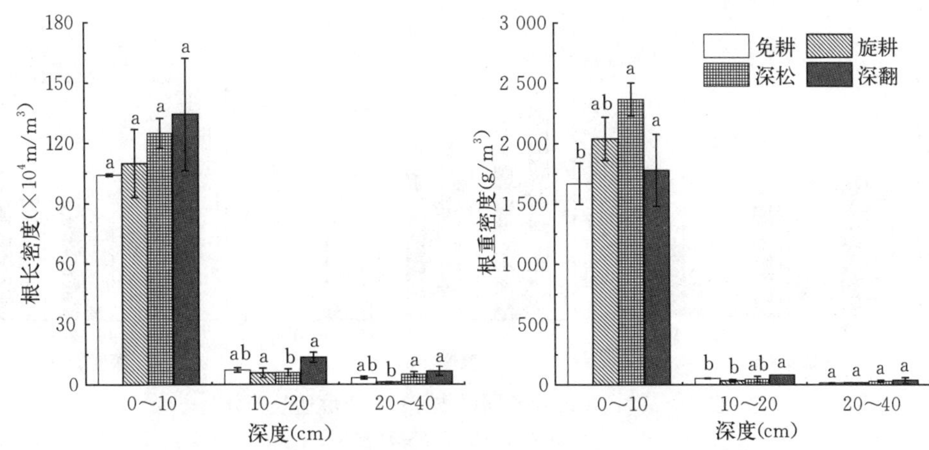

图 10-11　2018 年不同耕作方式对玉米根长密度和根重密度的影响

注：不同字母表示差异显著。

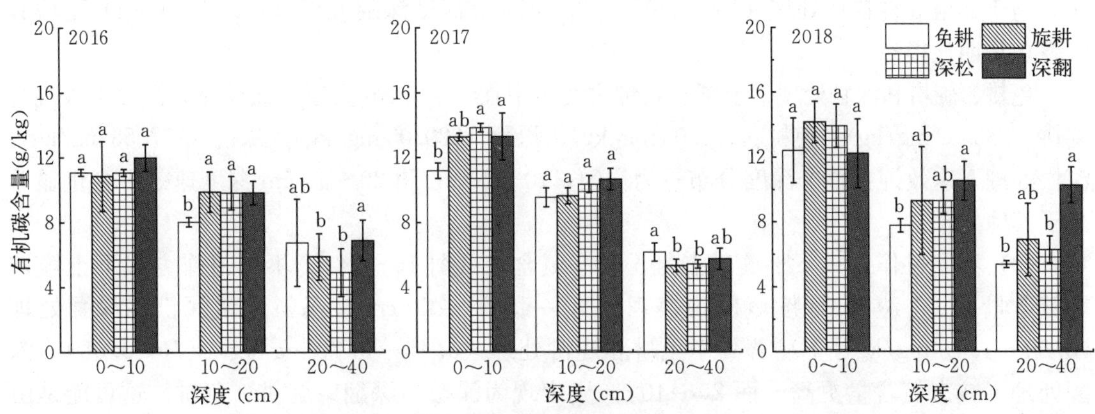

图 10-12　2016—2018 年不同耕作方式对土壤有机碳分布影响

注：不同字母表示差异显著。

表层。深松和深翻处理下土壤结构疏松，根系密度明显提升，促进地上部发育，同时深松和深翻处理耕作深度较深能够将秸秆带入土层更深处。连续深翻不断地将表层丰富的有机物质带入下层，对提升深层土壤有机碳含量产生明显效果，土壤有机碳含量随土壤深度增加显著增加，深层土壤团聚体稳定性的提高对有机碳也起到了一定的保护作用。

（2）不同耕作方式下土壤速效养分含量。不同耕作处理下土壤速效养分含量均随深度的增加而降低。免耕处理未扰动土层，养分多集中于土壤表层；旋耕耕作深度较浅，对迁移性较弱的碱解氮及有效磷，在 20～40 cm 土层含量明显降低；深松和深翻耕作深度较深，土层导水能力较强，养分能够向下迁移，在 20～40 cm 土层养分含量相较于免耕和旋耕有明显提升。

随深度增加，不同耕作方式下土壤速效养分含量明显降低（图 10-13）。免耕处理下 0～10 cm 土层土壤碱解氮含量（123.3 mg/kg）显著高于旋耕处理（88.6 mg/kg）（$P<0.05$），而在 20～40 cm 深度免耕处理下碱解氮含量（23.0 mg/kg）显著低于其他 3 种处理（35.94～54.03 mg/kg）（$P<0.05$）；深翻处理碱解氮含量最高（54.03 mg/kg）。

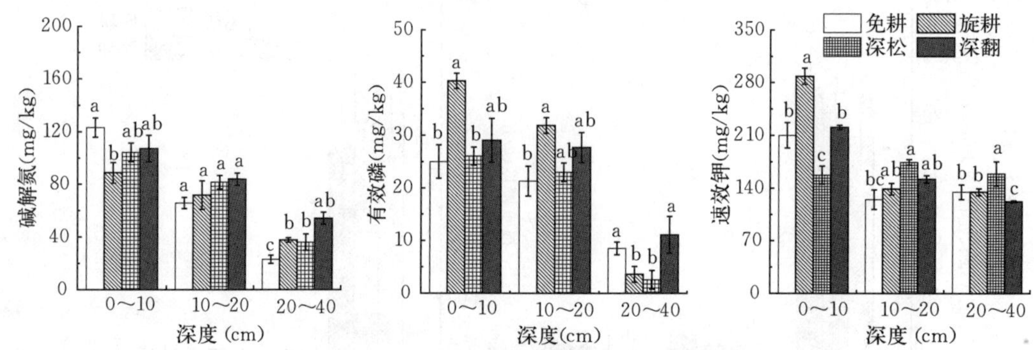

图 10－13　2016 年不同耕作方式下土壤速效养分

注：不同字母表示差异显著。

0～10 cm 和 10～20 cm 土层旋耕处理土壤有效磷含量（40.27 mg/kg、34.84 mg/kg）显著高于其他 3 种耕作处理（$P<0.05$）。20～40 cm 深度深翻处理（11.06 mg/kg）土壤有效磷含量明显提高。

免耕、旋耕和深翻处理下土壤速效钾主要集中在 0～10 cm 土层，该层速效钾含量表现为旋耕（288.52 mg/kg）>免耕（210.03 mg/kg）、深翻（220.05 mg/kg）>深松（157.53 mg/kg）。深松处理下速效钾在整个深度分布较为均匀，10～20 cm 和 20～40 cm 深度速效钾含量显著高于其他处理。

（3）不同耕作方式下土壤硝态氮、铵态氮含量（图 10－14）。不同耕作方式下土壤铵态氮含量在 0～40 cm 深度范围内表现较为一致。0～20 cm 铵态氮含量深松和深翻处理（0.91～1.13 mg/kg）下显著高于免耕和旋耕处理（0.45～0.70 mg/kg）（$P<0.05$），深翻处理下铵态氮含量更高。而 20～40 cm 则表现为深松>深翻>旋耕、免耕。这可能是由于深松和深翻处理将肥料和土壤充分混合，使得 NH_4^+－N 更多吸附在土粒上从而减少了氨挥发。

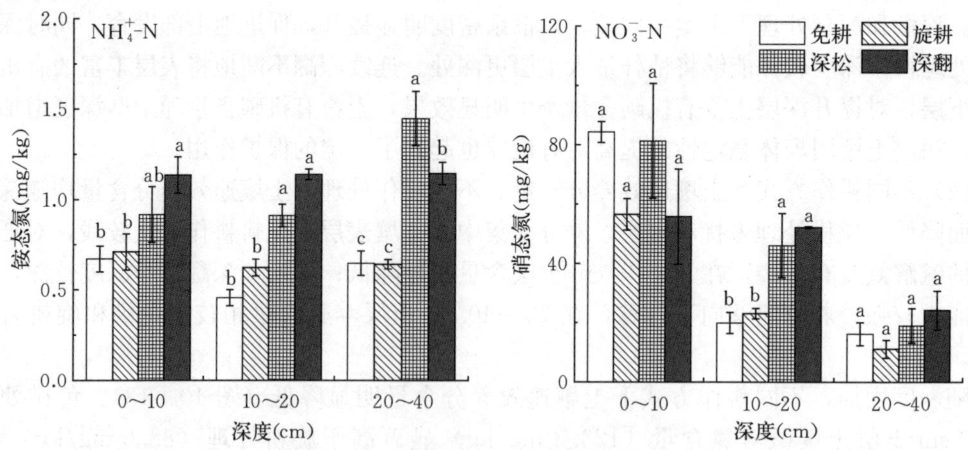

图 10－14　2016 年不同耕作方式下铵态氮和硝态氮含量

注：不同字母表示差异显著。

与铵态氮相比，不同耕作方式下硝态氮含量较高且深度分布规律不一致。深翻处理下硝态氮含量在0～10 cm深度较低，而10～20 cm深度显著高于免耕和旋耕处理（$P<0.05$）。硝态氮易随水向下迁移，深翻处理下土壤水分下渗能力较强可能是该处理下深层硝态氮含量较高的原因。此外，表层作物根系吸收可能也对表层土壤硝态氮含量有较大影响。

（4）不同耕作方式下土壤微生物量碳氮含量。外源秸秆及根系腐解形成有机质成为微生物代谢活动的主要能量来源。深松和深翻处理下微生物量提高得益于外源输入更丰富的有机物质为微生物代谢繁殖提供动力，同时，良好的水气环境也优化了微生物生活环境，提高微生物代谢活力。

不同耕作方式下土壤微生物量碳和微生物量氮含量存在明显差异（图10-15）。0～10 cm深度微生物量碳氮含量变异较大，各耕作方式间均无明显差异。10～20 cm深度深松处理下微生物量碳和微生物量氮含量均显著高于免耕处理（$P<0.05$）。而20～40 cm深度深翻处理下微生物量碳含量显著高于免耕（$P<0.05$），微生物量氮显著高于旋耕和深松处理（$P<0.05$）。

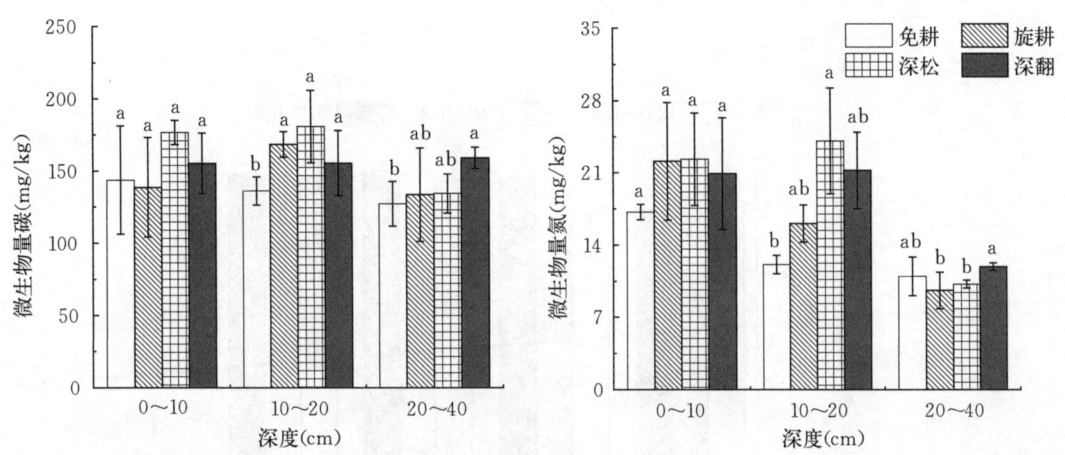

图10-15　2018年不同耕作方式对土壤微生物量碳和微生物量氮含量的影响

注：不同字母表示差异显著。

微生物量碳氮比通常可以用来描述微生物群落结构信息，真菌的碳氮比在7～12，细菌的碳氮比在3～6。不同耕作处理下不同深度土层的碳氮比均大于7，说明微生物群落结构均为真菌主导型。0～10 cm深度深翻处理下碳氮比显著高于免耕；10～20 cm表现为旋耕显著高于免耕（$P<0.05$）。值得注意的是20～40 cm各处理的碳氮比明显高于0～10 cm和10～20 cm深度，但各处理间无显著差异，说明该层次真菌丰度更高（图10-16）。

（5）不同耕作方式下周年作物产量。2016—2017年3季作物产量显示深松和深翻较免耕和旋耕有明显增产效果（图10-17）。2016年玉米季深松较免耕和旋耕增产8.25%和10.37%；深翻分别增产9.78%、11.93%。2017年，小麦季深翻较免耕和旋耕分别增产12.38%、7.13%；玉米季深松较免耕和旋耕分别增产12.35%、2.8%；深翻较免耕和旋耕分别增产11.19%、1.76%。

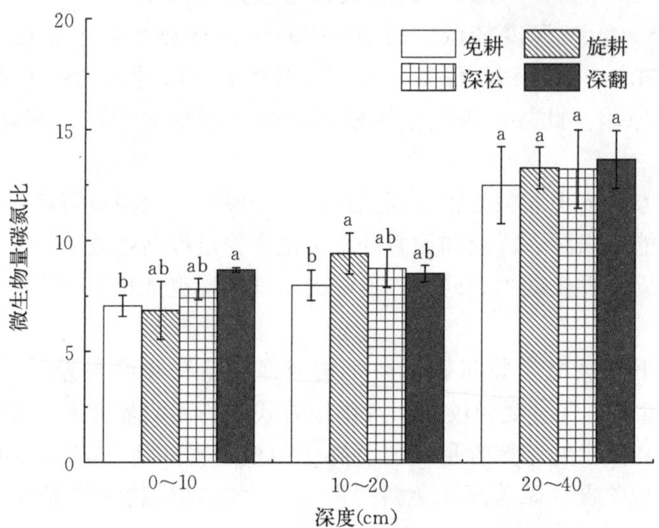

图 10-16 不同耕作方式对土壤微生物量碳氮比的影响

注：不同字母表示差异显著。

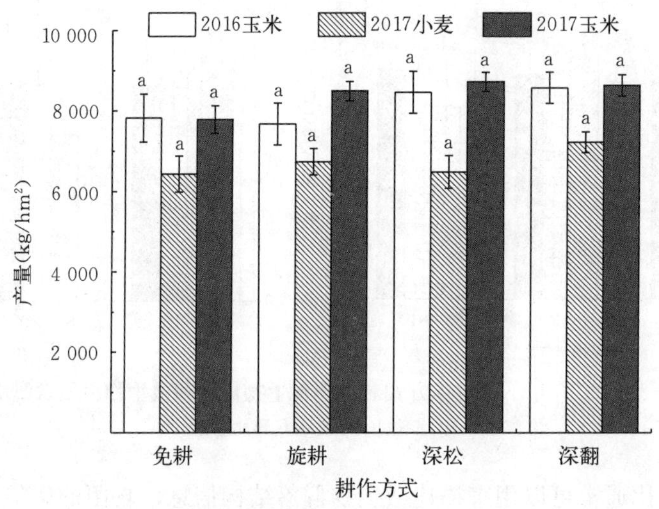

图 10-17 不同耕作方式对作物产量的影响

注：不同字母表示差异显著。

值得注意的是，旋耕处理下作物产量年际变化较大，这与该地区玉米生育期内降水量分配不均、旱涝交替明显有关。旋耕虽然能够有效疏松表层，但造成了犁底层压实，10 cm 深度以下土壤导水能力明显减弱，对于蓄水容量小且供水强度差的砂姜黑土，长期旋耕作物更易受到旱涝灾害的影响。

经过 2016—2018 年连续耕作，不同耕作模式下土壤物理结构、养分分布、根系发育以及作物产量出现明显差异。与免耕、旋耕相比，深翻显著降低土壤紧实程度，扩大土壤耕层范围，提高土壤有效水分库容和饱和导水率。对耕层物理结构具有明显的改善效果。

良好的土壤物理结构是促进作物根系发育和产量形成的重要驱动力。2017、2018 年两季玉米根系发育结果表明深翻处理下土壤结构疏松，根系发育程度明显优于其他 3 种处理。发达的根系促进地上部分发育和产量的形成。地上部秸秆输入是土壤固碳循环过程的重要源头。发达的地上部分进入土壤后在微生物作用下分解会形成更多的有机碳、微生物量碳氮等促进团聚体形成的主要胶结物质，进一步影响土壤团聚体结构。深松和深翻处理下土壤结构疏松，根系密度明显提升，秸秆还田总量和还田深度高于其他 2 种处理。土壤有机碳、微生物碳氮含量随土壤深度增加显著增加，深层土壤团聚体稳定性有显著提升。

此外，耕作方式通过改变土壤中水气运移过程影响土壤养分分布。2016、2017 两年速效养分含量表明，深松和深翻处理下深层土壤养分含量显著高于免耕和旋耕处理。2016—2017 年 3 季作物产量显示深松和深翻处理较免耕和旋耕能够提高 10%左右。产量的提升主要依赖于该两种处理下土壤物理结构的改善。值得注意的是，旋耕处理下作物产量年际变化较大，这与该地区旱涝交替明显有关。旋耕虽然能够有效疏松表层，但造成了犁底层压实。这对于蓄水容量小且供水强度差的砂姜黑土而言，长期旋耕下作物更易受到旱涝灾害的影响。综上所述，深翻为砂姜黑土区较为适宜的耕作方式。

二、合理耕层构建技术

（一）合理耕层构建技术指标

1. 翻耕指标

深翻于每年秋季小麦播种前进行，在土壤含水量适宜时，采用铧式犁翻耕 25 cm 深，随后用旋耕机将大土块破碎。

2. 秸秆还田指标

小麦或玉米收获时，秸秆通过收割机自带的秸秆粉碎装置粉碎 1 遍，再用专门的秸秆粉碎灭茬机将秸秆粉碎 1 遍，将秸秆长度粉碎至 10 cm 以下，并抛撒均匀。

3. 肥料施用指标

玉米施肥指标：氮肥（N）225～270 kg/hm^2、磷肥（P_2O_5）45～60 kg/hm^2、钾肥（K_2O）为 90～120 kg/hm^2。磷肥和钾肥可全部作为基肥施用，氮肥可以 40%～50%作为基肥，50%～60%作为追肥在玉米大喇叭口期施用。

小麦施肥指标：氮肥（N）210～240 kg/hm^2、磷肥（P_2O_5）为 120～150 kg/hm^2、钾肥（K_2O）75～90 kg/hm^2。磷肥和钾肥可全部作为基肥施用，氮肥可以 50%～60%作为基肥，40%～50%作为追肥在小麦起身拔节期施用。

（二）合理耕层构建技术与土壤耕作制度

1. 翻耕技术

每年玉米机械收获后，使用秸秆粉碎机械将玉米秸秆和根茬粉碎 2 遍，粉碎后玉米秸秆长度多数小于 10 cm。在适耕含水量条件下进行耕作，用大马力拖拉机牵引铧式犁翻耕土壤至 25 cm 以下土层，将玉米秸秆翻压至亚表层土壤，然后用旋耕机将大块坷垃粉碎 2 遍。用机械播种机播种小麦，播种量为 300 kg/hm^2，播种后镇压保墒。为防止渍涝灾害，建议播种后及时开沟，疏通排水沟渠。

2. 有机肥深施技术

针对砂姜黑土耕层变浅，下层土壤质地黏重、硬度大、透水透气性差等障碍性问题，作者研发了有机物料深施技术。该技术通过研发有机物料深施机具，将有机物料深施至 30～40 cm 土层中，通过有机物料的添加来增加下层土壤有机碳含量，改善下层土壤结构，增厚耕层，扩大水分库容，大幅度提高作物产量，从而达到培肥土壤、增产增效的目的。

为实现有机肥深施，作者研发了有机肥深施机具，如图 10－18 所示。该机具由大马力拖拉机牵引，轴承连接拖拉机传动装置。作业前将颗粒有机肥倒入储料箱，开始作业后，可以调节下料口大小控制有机肥的施用量，可以调节储料箱内的搅拌装置的速度避免有机肥结块。该机具有 2 个深松铲（间距 90 cm），深松铲与下料管（内径 10 cm）相连，深松铲的深度可以达 50 cm，正常作业可调节至 35 cm 左右。深松过程中，有机肥可以深施至深松沟内相应的深度。有机肥深施的用量控制在 7.5 t/hm^2，每 3 年深施 1 次。施用有机肥宜采用颗粒有机肥，施用时含水量不宜过高，避免有机肥结块堵塞下料管。

图 10－18　有机肥深施机具

第三节　华北平原砂姜黑土区旱地合理耕层构建技术模式

一、秸秆全量还田增厚耕层模式

（一）模式概述

该模式集成翻耕和两季秸秆全量还田，可以增厚土壤耕层，改善耕层土壤结构，提升土壤的生产潜力。夏季小麦秸秆覆盖还田，减少地表蒸发，保持土壤墒情，玉米免耕播种。秋季玉米秸秆翻耕还田，将秸秆翻埋至亚表层土壤，增加亚表层土壤有机碳含量，改善亚表层土壤结构，提升亚表层土壤肥力。

（二）主要技术环节

1. 秸秆粉碎还田技术

玉米收获时，秸秆通过收割机自带的秸秆粉碎装置粉碎 1 遍。为提高秸秆还田质量，使用专门的秸秆粉碎机械将玉米秸秆和根茬再粉碎 1 遍，粉碎后玉米秸秆长度多数小于 10 cm，秸秆均匀分布于地表。

2. 深翻技术

在适耕含水量条件下进行耕作，首先将氮肥（N）100～130 kg/hm^2、磷肥（P_2O_5）120～150 kg/hm^2、钾肥（K_2O）75～90 kg/hm^2 撒施在田块中。用大马力拖拉机牵引铧式犁翻耕土壤至大于 25 cm 土层，然后用旋耕机将大块土坷垃粉碎 2 遍。用机械播种机播种小麦，播种量为 300 kg/hm^2，播种后镇压保墒。为防止渍涝灾害，建议播种后及时开沟，疏通排水沟渠。

3. 小麦田间管理技术

小麦分蘖期，为防止杂草，及时喷施除草剂。小麦返青期，施用尿素追肥，用量为 100～120 kg/hm^2。小麦扬花期，配施防治赤霉病及虫害的农药 1 次。

4. 玉米免耕播种技术

小麦秸秆通过收割机自带的秸秆粉碎装置粉碎 1 遍。然后用专门的秸秆粉碎机将小麦秸秆再粉碎 1 遍，粉碎后秸秆长度小于 10 cm，秸秆均匀覆盖于地表。在墒情适宜的情况下，使用种肥一体机播种玉米，玉米播种量为 30 kg/hm^2。施氮肥（N）110～135 kg/hm^2、磷肥（P_2O_5）45～60 kg/hm^2、钾肥（K_2O）90～120 kg/hm^2。玉米季降水量较大，播种后应及时开沟，疏通排水沟渠。玉米生长季如遇暴雨应及时排水，避免渍涝灾害。

5. 玉米田间管理技术

玉米苗期喷施除草剂抑制杂草生长。玉米拔节期追施尿素，用量为 115～135 kg/hm^2。玉米大喇叭口期喷施防治病虫害农药。玉米成熟后机械收获，及时晾晒入库。

（三）应用效果及范围

1. 应用效果

通过田间实验发现，与其他模式相比，该模式可以降低 0～20 cm 的土壤容重和紧实度。

如图 10－19 所示，与其他耕作方式相比，翻耕处理 20～40 cm 土层秸秆还田量（包括根茬）高于旋耕、深松和免耕。这表明翻耕可以将更多的玉米秸秆翻压至 20～40 cm 土层，从而增加 20～40 cm 土层的有机碳含量、团聚体稳定性，达到增厚耕层的目的。因此，该模式下作物根系生长更好，产量更高。

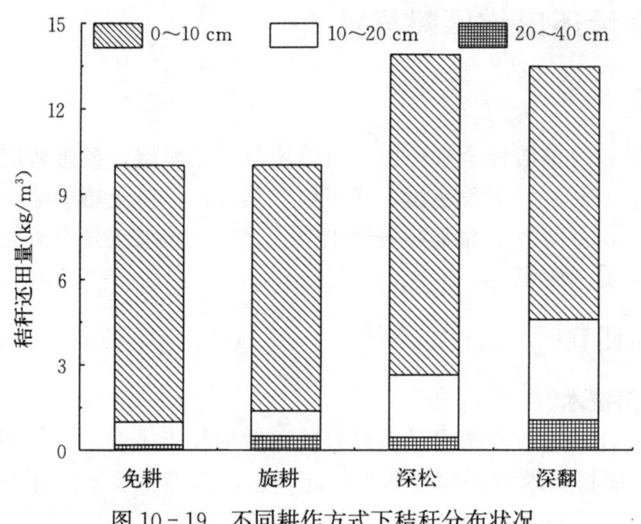

图 10－19　不同耕作方式下秸秆分布状况

2. 适用范围及注意事项

该模式比较适用于华北平原砂姜黑土分布区玉米-小麦轮作模式。注意在春季小麦生长期间，注意防治小麦赤霉病。夏季玉米种植后开排水沟，同时疏通沟渠，防止渍涝灾害。

二、玉米-冬闲-春花生-冬小麦两年三熟轮作模式

（一）模式概述

夏玉米-冬闲-春花生-冬小麦两年三熟轮作模式将用地和养地相结合，既有土壤休闲期，又有轮作豆科固氮作物花生。两年轮作三茬作物，与目前广泛存在的夏玉米-冬小麦连年种植相比，少种植一季作物可以减少肥料、农药等投入，从而降低了农业环境污染。另外，轮作花生可以利用其固氮作用，减少花生季以及后茬小麦季的氮肥施用量，长期轮作花生可以提高土壤全氮含量。花生本身具有较强的耐旱涝性，适宜砂姜黑土区春旱夏涝的气候特点。同时该模式包含冬季休闲翻耕晒垡，冬季气温低，晒垡可以杀死土壤中的有害病菌，同时，冬季冻融作用和干湿交替可以促进土壤养分。

（二）主要技术环节

该模式的主要作业流程为，免耕播种夏玉米—夏玉米田间管理—玉米收获后秸秆粉碎还田—冬季翻耕晒垡—整地起垄播种花生—花生田间管理—花生收获后移除秸秆—旋耕后播种冬小麦—冬小麦田间管理—冬小麦收获后秸秆粉碎覆盖还田—免耕播种夏玉米。主要技术要点可归纳如下。

1. 玉米秸秆翻耕还田技术

玉米收获时，秸秆粉碎 2 遍，粉碎后玉米秸秆长度多数小于 10 cm，秸秆均匀分布于地表。进入冬季后，用铧式犁翻耕 25 cm，冬季晒垡。

2. 花生种植管理综合技术

翌年春季，施用花生专用复合肥 600～750 kg/hm^2 作为基肥，旋耕整地，起垄播种花生。花生花针期可追肥氮肥 60 kg/hm^2。叶面喷施微量元素（如硼、钼等）肥料。同时注意病虫害防治。

3. 玉米小麦种植管理综合技术

花生收获后（9 月），秸秆移除。10 月中旬，旋耕后，种肥一体机播种小麦，小麦生长期注意防治杂草和病虫害。第三年 6 月初，小麦收获后，将秸秆粉碎 2 遍，种肥一体机铁茬播种玉米，玉米生长期注意防治杂草和病虫害。

（三）应用效果及范围

1. 应用效果

通过调查采样发现，与夏玉米-冬小麦的模式相比，夏玉米-冬闲-春花生-冬小麦模式可以提高 0～20 cm 以及 20～40 cm 土层的土壤全氮含量（图 10－20）；同时降低 0～20 cm 土层的土壤容重（图 10－21）。调查发现，轮作花生后，后茬小麦产量比玉米茬小麦每 667 m^2 可增产50～100 kg。在花生价格不大幅度降低的情况下，该模式可以在降低复种指数和投入的情况下，维持农民收入不降低。

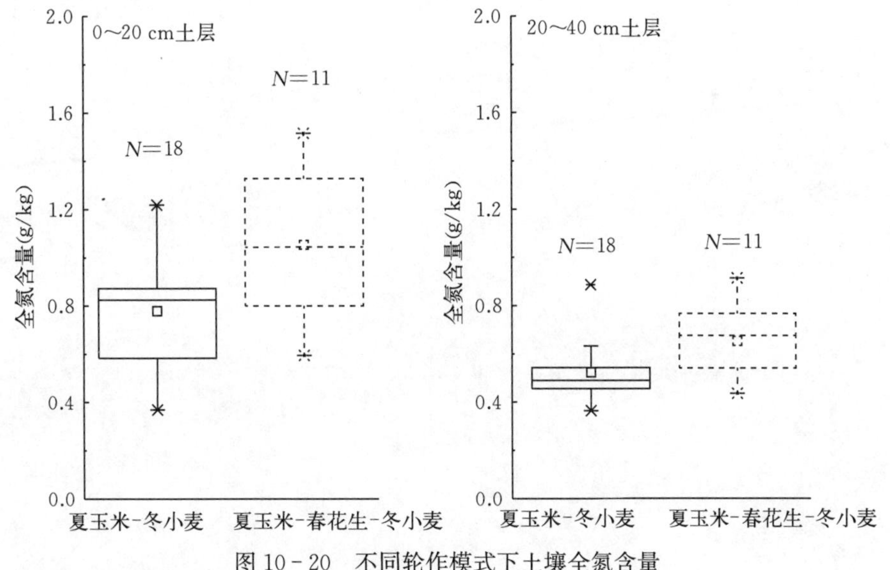

图 10－20 不同轮作模式下土壤全氮含量

2. 适用范围及注意事项

该模式适用于华北平原砂姜黑土分布区。花生存在严重的连作障碍，花生秸秆不宜还田，可以加工成饲料或他用。地下害虫对花生荚果危害较大，因此，花生播种前应结合整地起垄，做好防治工作。

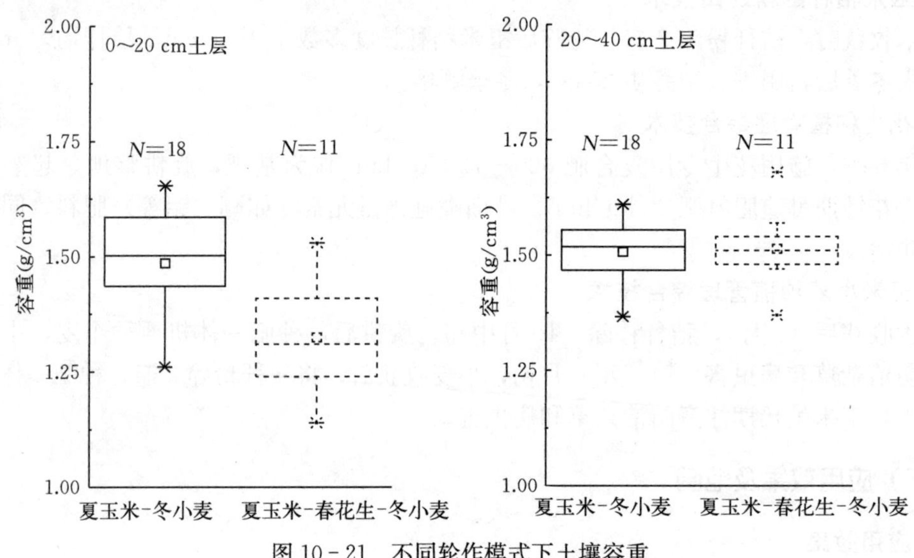

图 10-21　不同轮作模式下土壤容重

第十一章

西北高原黄绵土区旱地合理耕层构建理论与技术

黄绵土是黄土母质经耕种熟化形成，是黄土高原主要土壤类型之一。黄绵土呈地带性分布，东西约跨 11 个经度，南北约跨 6 个纬度，从西北向东南依次跨越寒旱区、干旱区、半干旱区和半湿润区 4 个气候区，干湿差异显著，降水量在 200～700 mm。根据黄绵土冬小麦种植区土壤调研结果，半湿润区和半干旱区土壤剖面存在较大差异，其中半湿润区犁底层明显，已经成为制约区域农业生产的主要障碍因子之一。本章系统分析了深松对黄绵土物理、化学和微生物的影响，研究了半湿润区和半干旱区冬小麦的产量及氮素利用效率。基于深松技术的合理耕层构造方法有助于提高区域土壤质量、提高农业资源利用效率，促进区域农业可持续发展。

第一节 西北高原黄绵土区旱地合理耕层评价

一、区域概况、关键障碍及改善方法

（一）区域概况

1. 黄绵土主要分布区域及降水量分布

黄绵土是黄土高原主要土壤类型之一，在黄河中游的分布面积约为 27.56 万 km^2，占该区总面积的 40%以上。黄绵土是黄土母质经耕种熟化形成的，广泛分布于黄土丘陵侵蚀强烈地区，包括陕北、陇中、陇东、晋西南和青海、宁夏、内蒙古等地。

由于黄土形成过程的原因，黄绵土呈地带性分布，粒度自西北向东南逐渐变细，粒度以粉土为主，同时，在发育过程中，在当地古气候条件的控制下，经受不同程度的风化成土作用，黄土高原自西北向东南也呈现逐渐增强的趋势，与西北部干燥、东南部较湿润的气候状况相一致。黄土高原从西北向东南依次跨越寒旱区、干旱区、半干旱区和半湿润区 4 个气候区，干湿差异显著，而且作物种植类型及管理措施差异大，对土壤发育程度也会产生显著影响。

2. 黄绵土土壤属性

黄绵土有机质含量低，一般不及 10 g/kg，呈强石灰性反应，耕层淡黄或灰黄色，土体疏松，表层有团粒结构，但水稳性较差，透水性及可耕性良好；土壤矿质养分较高，全磷含量达 1～2 g/kg，全钾含量 18～26 g/kg，碳酸钙含量达 100 g/kg 以上，但是全氮含量低，不及 1 g/kg，由于土壤呈碱性，有效磷含量较低。黄绵土耕性良好，宜耕期长，在田间持水量 90%以下即可耕作，耕作阻力小，不容易发生浇墒和犁墒现象，表层容重较小。

3. 黄绵土分布区主要作物种植模式

作物种植模式与区域降水及气候类型相关，黄土高原东部和南部部分地区，年平均降水量在 500 mm 以上，汾渭平原作物种植类型以冬小麦和夏玉米轮作体系为主，也有小麦-大豆、小麦-谷子等种植技术体系。

黄土高原中部和西部，黄绵土分布区年降水量小于 500 mm，大于 300 mm 区域以单季种植冬小麦或夏玉米为主要种植模式，小于 300 mm 区域以草地为主。

4. 冬小麦种植区土壤耕层现状

针对黄绵土分布区域，对冬小麦种植地块的土壤耕层状况进行了调研，共调查样点 42 个，其中山西省样点 7 个，陕西省样点 17 个，甘肃省样点 18 个。根据长期历史数据，一般年降水量在 350～500 mm 为半干旱区，大于 500 mm 为湿润区或半湿润区。山西和陕西省内样点位于黄土高原的南部，降水资源相对丰富，年平均降水量在 500～722 mm，年平均温度在 12～14 ℃，属于半湿润区；甘肃省内样点位于黄土高原西部，年平均降水量在 130～500 mm，年平均温度在 6.4～7.7 ℃，属于半干旱区。

调查结果如表 11－1 所示，半湿润区土壤容重的最大值为 1.77 g/cm^3，干旱区土壤容重的最大值为 1.69 g/cm^3；半湿润区土壤孔隙度的平均值为 44.9%，干旱区为 47.9%；半湿润区和半干旱区犁底层的深度和厚度最大值基本相同，但是半湿润区在表层 0～30 cm 深度存在犁底层的比例高于半干旱区，分别为 91.7% 和 66.7%；小于 10 cm 深度存在犁底层的比例也高于半干旱区。综上所述，黄绵土冬小麦种植区，南部半湿润区犁底层较浅，而且比例较大，较差耕层（犁底层浅）的比例达到了 54.2%；西部半干旱区，耕层状况相对较好，犁底层小于 10 cm 的比例较小。因此，黄绵土冬小麦种植区，南部半湿润区需要深松，打破犁底层的比例更大。

表 11－1　不同区域耕层 30 cm 深度犁底层状况调研（n=42）

名称	类型	半湿润区	干旱区
容重（g/cm^3）	最大值	1.77	1.69
	最小值	1.03	1.01
土壤孔隙度（%）	最大值	64.0	63.9
	最小值	32.4	37.9
犁底层深度（cm）	最大值	30.0	30.0
	最小值	8.0	8.0
犁底层厚度（cm）	最大值	20.0	20.0
	最小值	5.0	5.0
犁底层存在比例（%）	表层 30 cm 深度	91.7	66.7
犁底层深度比例（%）	小于 10 cm	54.2	16.7

5. 耕层理化性状

黄绵土取样地点包括半湿润区和半干旱区，其中半湿润区试验点 a 位于陕西省渭南市富平县张桥镇，年平均降水量为 580 mm，属于暖温带半湿润区，为典型的大陆型季风气候，土壤类型为黄绵土，该区域黄绵土和黑垆土交错分布；半干旱区试验点 b 位于宁夏回族自治区固原市彭阳县长城塬，年平均降水量为 430 mm，地处温带半干旱区，为典型的大陆型季风气候，土壤类型以黄绵土为主。

（1）土壤剖面结构。半湿润区犁底层较浅仅 10 cm 深度左右的区域较多。由于常年旋耕，导致耕层不断变浅（图 11－1）。土壤剖面结构存在显著的分层特征，一般可以分为 3～

4层，分别为耕层、犁底层、淋溶层/心土层，部分区域没有犁底层，半干旱区域淋溶现象不明显，没有显著的淋溶层。

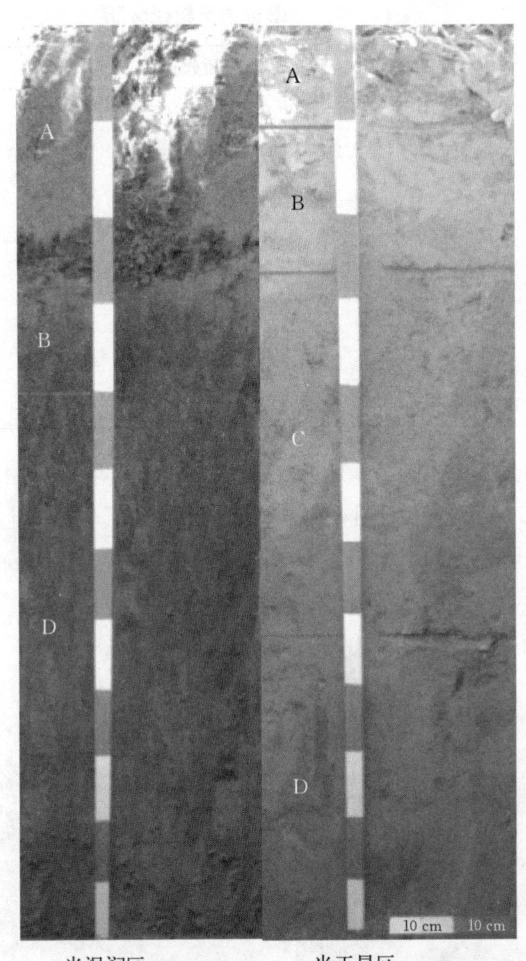

半湿润区　　　　　半干旱区

图 11-1　不同气候区典型土壤剖面

注：A为耕层，B为犁底层，C为淋溶层，D为心土层。

黄绵土是一种初育土，养分含量低，土壤性质受土壤母质直接影响。心土层土壤未受人为耕作影响，土壤有机质含量仅为7 g/kg；土壤全氮和全磷含量较低，导致碱解氮含量较低，仅为20.5 mg/kg；有效磷更低，仅为1.9 mg/kg；速效钾含量相对较高，为84.32 mg/kg。因此，有效养分含量较低是制约黄绵土高效利用的关键障碍因子之一。黄绵土中$CaCO_3$含量较高，在10%左右，导致土壤pH呈碱性，在8.0左右。阳离子交换量能够反映土壤的缓冲能力和土壤肥力特征，黄绵土心土层的阳离子交换量为8.0 cmol/kg，说明黄绵土的保肥能力尚可，随着耕作对土壤性质的改良，阳离子交换量增加，耕层达到了10.6 cmol/kg。

如表11-2所示，半湿润区和半干旱区黏粒含量均小于10%，半湿润区的心土层黏粒和粉粒含量高于半干旱区，这与前人提出的黄绵土地带性分布，粒度自西北向东南逐渐变细，粒度以粉土为主的结论一致。与心土层土壤相比，耕层的黏粒含量降低，沙粒含量增加，犁底层沙粒含量达到50%以上，可能导致犁底层的硬度增加，对作物生长不利。

表 11-2　土壤容重及粒径分布

气候区域	土层	土壤容重 (g/cm^3)	粒径分布（%）			土壤质地
			<0.002（mm）	0.002～0.02（mm）	0.02～2（mm）	
半湿润区	A	1.27±0.08	8.67±0.27	42.35±0.34	48.99±0.07	壤土
	B	1.58±0.09	7.87±0.36	41.65±0.76	50.48±1.12	壤土
	C	1.35±0.07	9.64±0.48	47.99±0.21	42.37±0.78	粉沙质壤土
	D	1.42±0.03	9.87±0.53	49.10±0.32	41.03±0.64	粉沙质壤土
半干旱区	A	1.25±0.06	7.35±0.18	43.24±0.23	49.41±0.12	壤土
	B	1.40±0.08	7.42±0.21	42.35±0.17	50.23±0.34	壤土
	D	1.33±0.02	8.18±0.32	46.06±0.41	45.76±0.53	粉沙质壤土

（2）土壤结构体特征。如图 11-2 所示，表层（A）土壤结构体以团粒结构为主，直径在 1～15 mm（表 11-3），属于较细团粒；半湿润区犁底层（B）土壤结构体以片状和棱柱状为主，直径在 10～35 mm，而半干旱区以团粒和块状为主，直径在 5～30 mm，土壤压实作用并不显著；半湿润区存在淋溶层，有显著的石灰性沉积（C）；心土层土壤均为较细的块状或团粒结构为主，不同区域之间的差异不大。

图 11-2　不同气候区不同层土壤结构特征

注：A 为耕层，B 为犁底层，C 为淋溶层，D 为心土层。

表 11-3　不同气候区不同层次土壤结构体参数

区域	耕层			犁底层			淋溶层			心土层		
	形状	直径（mm）	分级	形状	直径（mm）	分级	形状	直径（mm）	分级	形状	直径（mm）	分级
半湿润区	团粒、块状	1～15	细、中	片状、棱柱状	10～35	粗、中	块状	16～52	中、粗	块状、团粒	1～20	细、中
半干旱区	团粒、块状	1～15	细、中	块状、团粒	5～30	中、粗	—	—	—	块状、团粒	1～20	细、中

（3）土壤水稳性团聚体。水稳性团聚体能够反映土壤的保水保肥能力，尤其是＞0.25 mm 的团聚体数量。半湿润区和半干旱区的耕层＞0.25 mm 的团聚体均显著高于其他层次，主要与秸秆还田等耕作措施有直接关系。心土层受干扰因素最少，＜0.25 mm 的微团聚体的比例达到了 70%以上，可能导致土壤容易发生侵蚀，这与黄绵土的土壤性质，粉粒占比高，碳酸钙含量高等有重要关系（表 11-4）。

表 11-4　不同气候区不同层次土壤水稳性团聚体分级情况（%）

区域	土层	大团聚体				微团聚体
		＞2 mm	1～2 mm	0.25～1 mm	＞0.25 mm	＜0.25 mm
半湿润区	A	2.3a	5.5a	50.9a	58.7a	41.3c
	B	3.1a	4.5b	37.6b	45.2b	54.8b
	C	2.4a	3.7b	42.4b	48.5b	51.5b
	D	1.7a	3.7b	24.0c	29.4c	70.6a
半干旱区	A	1.8a	6.6a	37.9a	46.3a	53.7b
	B	1.2a	5.1a	28.2b	34.5b	65.5a
	D	1.1a	4.7a	23.8b	29.6b	70.4a

注：A 为耕层，B 为犁底层，C 为淋溶层，D 为心土层。

（4）土壤化学性质。由于黄绵土土壤母质的原因，土壤中氧化钙含量较高，一般在 8～150 g/kg，从而土壤全剖面呈弱碱性（表 11-5），在半湿润区淋溶层 pH 显著高于其他层次；土壤有机质含量低，除耕层以外，一般不超过 10 g/kg，全氮含量低，导致速效氮含量也较低；全磷含量较高，由于土壤呈碱性，导致有效磷含量不高；受母质影响，全钾及速效钾含量较高。因此，在黄绵土区域，增加土壤有机质，适当增施氮肥，提高有效磷的含量是提高土壤肥力的关键。

表 11-5　土壤化学性质

区域	土层	pH	SOM（g/kg）	TN（g/kg）	TP（g/kg）	TK（g/kg）	AN（mg/kg）	AP（mg/kg）	AK（mg/kg）
半湿润区	A	8.2b	12a	0.65a	1.14a	12.0a	3.3c	12.6a	101.2a
	B	8.3b	10a	0.54b	0.84b	11.5a	6.2b	12.9a	98.9a
	C	8.7a	8.0a	0.46b	0.81b	12.5a	11.2a	2.7b	81.7b
	D	8.0b	7.0a	0.41b	0.75b	12.2a	15.9a	1.9b	81.4b

（续）

区域	土层	pH	SOM (g/kg)	TN (g/kg)	TP (g/kg)	TK (g/kg)	AN (mg/kg)	AP (mg/kg)	AK (mg/kg)
半干旱区	A	8.2b	8.0a	0.51a	0.69a	8.51a	3.8c	10.4a	103.5a
	B	8.3b	10a	0.42a	0.81b	11.6a	6.5b	6.2a	98.3a
	D	8.3b	7.0a	0.40a	0.76b	12.4a	8.9a	2.0b	85.5b

注：A为耕层，B为犁底层，C为淋溶层，D为心土层；SOM为土壤有机质，TN为全氮，TP为全磷，TK为全钾，AN为碱解氮，AP为有效磷，AK为速效钾。

不同区域黄绵土，土壤颗粒均以粉沙粒为主，黏粒含量低于10%，半干旱区黏粒含量低于半湿润区；除耕层以外，其他各层<0.25 mm水稳性团聚体比例超过50%，不利于蓄积水分养分；在本试验黄绵土调查区域，增加土壤有机质，适当增施氮肥，提高有效磷的含量是提高土壤肥力的关键。

6. 土壤肥力等级划分及推荐施肥量

研究表明，针对关中灌区冬小麦不同地力条件（表11-6），根据最佳经济效益，确定不同的推荐施肥量。土壤肥力的等级标准根据相对产量的70%、80%、90%和95%为划分标准，<70%为极低，70%～80%为低，80%～90%为中，90%～95%为高，>95%为极高。

表11-6　土壤肥力等级表（mg/kg）

等级标准	碱解氮	有效磷	速效钾
高	>120	>35	>190
中	80～120	20～35	150～190
低	50～80	10～20	90～150
极低	<50	<10	<90

该等级表相比于以前的等级表，养分丰缺的临界值明显提高，推荐的施肥量如表11-7所示。

表11-7　不同土壤肥力等级推荐施肥量（kg/hm^2）

肥力等级标准	施氮量	施磷量	施钾量
高	0～110	0～90	0～70
中	110～150	90～110	70～90
低	150～190	110～130	90～120
极低	190～230	130～160	120～150

以中等肥力农田为例，推荐的最高施氮量为150 kg/hm^2，施磷量为110 kg/hm^2，施钾量为90 kg/hm^2。由于黄绵土土壤pH较高，土壤中的磷容易发生沉淀，导致活性较低，磷

肥应适当增施，同时应注重秸秆还田或增施有机肥。

（二）关键障碍

由于黄绵土为初育土，土壤养分含量低，有机质含量低，土壤团聚体以<0.25 mm为主，土壤结构性较差；黄绵土分布区广泛，既有半湿润区，也有干旱半干旱区，降水变幅大，均为大陆性季风气候，季节性干旱普遍存在。制约产量和资源利用效率的关键因子如下。

1. 土壤有机质含量低，土壤缓冲能力差

黄绵土的土壤有机质含量低，心土层含量更低，导致土壤结构差，土壤缓冲能力低；通过秸秆还田、增施有机肥，可降低土壤pH，不但能够改善土壤结构，提高土壤的阳离子交换量，而且可以活化或保存更多的有效养分，有助于提高作物产量及肥料利用效率。

2. 土壤有效养分含量低，养分不均衡

黄绵土属于初育土，受土壤母质影响，土壤中的全氮、全磷含量较低，而且土壤pH在8.0左右，导致有效磷含量更低。一般情况下，黄绵土耕层土壤养分较高，其他层次养分含量低，属于中低等肥力农田。黄绵土一般缺氮少磷，钾相对丰富。

3. 土壤团聚体结构不合理

黄绵土在饱和条件下易发生崩散，易发生土壤侵蚀。同时，由于受土壤质地影响，黄绵土黏粒含量较低，一般在10%左右，而粉粒和沙粒含量较高，从而导致土壤团聚体较少，土壤以<0.25 mm的微团聚体为主，不利于养分的蓄积保存。

4. 犁底层浅，且半湿润区犁底层以下存在土壤侵蚀淋溶现象

受季风性气候影响，黄绵土分布区域存在普遍的季节性干旱现象。但是，受犁底层较浅的影响，土壤水分入渗能力下降，容易造成表土的水土流失，土壤蓄水保水能力差，抵抗季节性干旱能力差。在湿润区，较多的降水导致犁底层以下土体存在较为严重的土壤侵蚀与淋溶现象。另外，犁底层的存在导致作物根系下扎困难，进一步降低了作物的抗旱能力。因此，无论在干旱区还是半湿润区，都非常有必要打破犁底层，或使犁底层下移。

（三）改善方法

1. 改善黄绵土结构和养分状况，提高作物产量和土壤水分利用效率

黄绵土属于土壤肥力中下的土壤，且土壤黏粒含量低，土壤团粒结构不合理；碳酸钙含量高，土壤易发生崩散和侵蚀；有机质含量低，养分不均衡。应改良土壤结构、增加土壤的缓冲能力、增强土壤的蓄水保肥能力；针对黄绵土基本特性，调整肥料配方，合理平衡施肥等。

2. 改善黄绵土犁底层过浅现象，提高土壤保水能力

当犁底层过浅，不但阻止水分下渗，不利于蓄水保水，而且增加根系下扎难度，不利于提高作物抗逆能力。针对黄绵土的土壤基本性质，应研究犁底层对剖面土壤物理和化学性质的影响特征，建立合理的剖面垂直结构。

3. 针对不同区域气候特征，形成黄绵土合理耕层构建技术

不同气候区，降水、作物品种、作物种植技术等差异，对耕层剖面结构、养分需求等存在差异，必然影响剖面土壤合理耕层的构造技术体系，耕层构造技术应体现区域差异。

二、合理耕层特征

（一）作物与耕层结构及功能关系

1. 土壤剖面结构

合理耕层的耕层应具有一定的深度，可增加土壤的缓冲空间，有助于提升作物的抗逆能力。深松能够打破犁底层，增加耕层深度，对土壤剖面及耕层深度具有调控作用。如图 11－3 所示，耕层深度达到了 35 cm 左右，犁底层位于 35～50 cm 深度，厚度为 15 cm 左右。

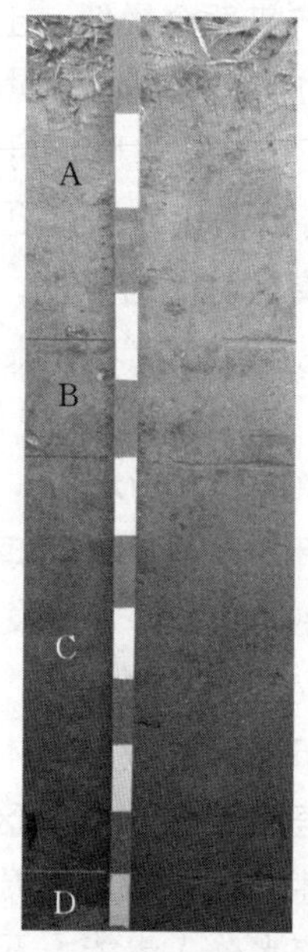

图 11－3　湿润区深松地黄绵土土壤剖面特征

注：A 为耕层，B 为犁底层，C 为淋溶层，D 为心土层。

深松处理能够打破犁底层，促进根系下扎。如图 11－4 所示，在 2016 年，由于降水较少，气候条件干旱，群体密度小，导致根系密度也比较小，但是深松处理表层的根长密度是旋耕处理根长密度的 1.4～2.2 倍；在 2017 年，根长密度均有所增加，深松处理的根长密度显著大于旋耕处理，深松处理是旋耕处理的 1.2～5.4 倍。在 90～100 cm 深度，旋耕处理的根长密度为 0.08 cm/cm^3，而深松处理的根长密度为 0.41 cm/cm^3，是旋耕处理的 5 倍左右，有效地促进了底部的根系发育，对于水分、养分吸收，及抵抗逆境条件非常有利。

不论是不利气候条件，还是相对较好气候条件，深松处理都增加了耕层深度，促进了根系下扎，下部根系数量增加，扩大了根系水分养分吸收范围，提升了作物的抗逆及缓冲能力，对于作物高产稳产提供了重要支撑。

2. 土壤物理特征

从土壤容重角度而言，一般表层土壤容重一般在 1.2～1.3 g/cm^3；受机械镇压作用及犁底压实作用，犁底层土壤容重显著增加，容重可以达到 1.5～1.7 g/cm^3，平均在 1.6 g/cm^3 左右；淋溶层和心土层土壤容重受机械扰动小，平均容重在 1.3～1.4 g/cm^3。因此，较好的耕层土壤容重应该在 1.2～1.3 g/cm^3。

土壤容重对土壤紧实度影响很大。一般认为当土壤紧实度达到 2 000 kPa 时，作物根系生长受阻。如图 11－5 所示，在相对湿度较高的条件下，0～15 cm 土层的土壤紧实度比较小，仅为 400 kPa；但是到达犁底层时，土壤紧实度达到了 2 800 kPa，此时已经对作物根系生长产生了不良影响。黄绵土中碳酸钙含量在 10%左右，当土壤含水量降低时，土壤结块，且紧实度急剧增加。在西北黄绵土区域，由于降水分布不均，季节性干旱频繁发生，如果犁底层太浅，干旱条件下，急剧增加的土壤紧实度必然影响作物根系生长，从而对作物抗逆及最终产量带来不利影响。因此，犁底层不宜太浅，土壤容重应小于 1.5 g/cm^3。

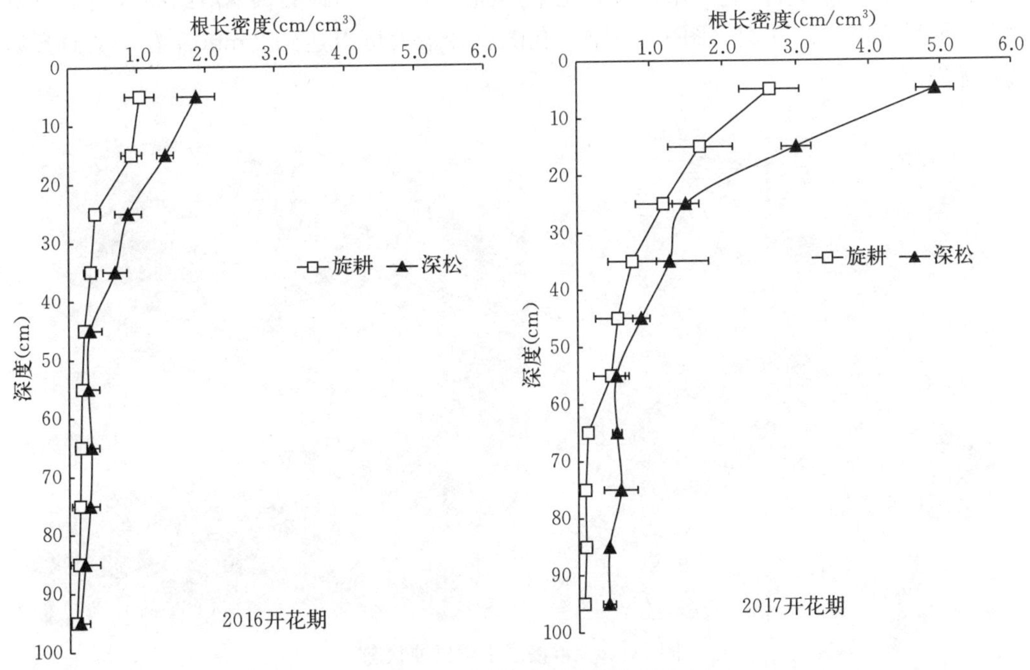

图 11-4　不同处理下作物根系分布

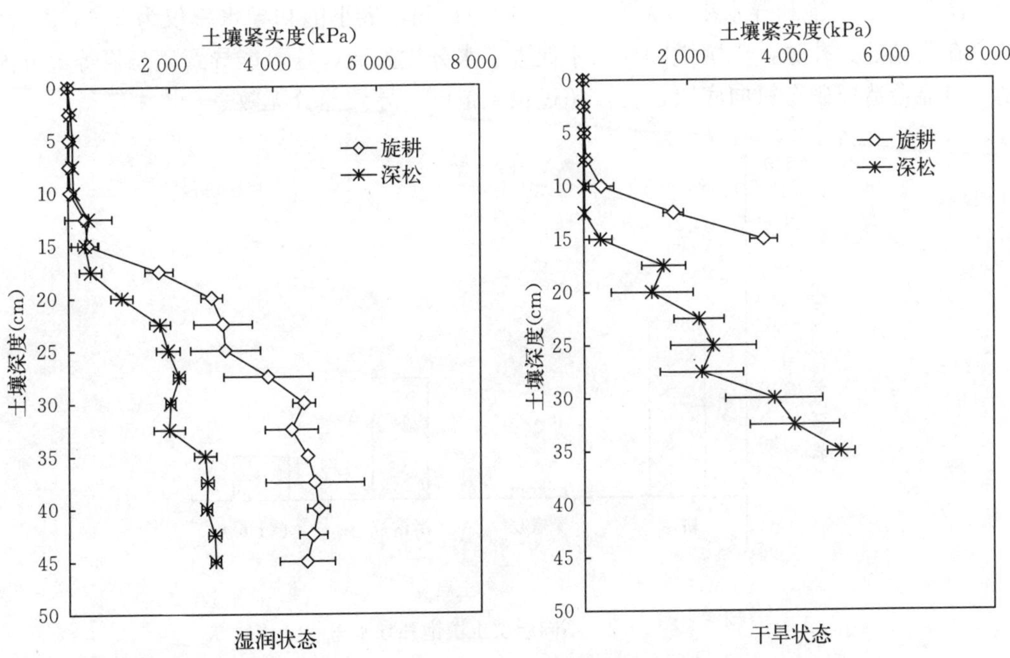

图 11-5　不同处理下作物根系分布

在半湿润地区，降水量较大，如果犁底层太浅，在犁底层附近容易形成饱和层，土壤环境处于厌氧条件，可能会促进氮的反硝化作用，引起氮的损失和温室气体的排放。而且研究发现，黄绵土犁底层下部会产生土壤侵蚀，土壤剖面产生显著的碳酸钙淋溶结晶（图 11－6b），导致土壤崩散而产生大孔隙（图 11－6a），孔隙直径最大可以达到 2 mm 左右，从而容易形成水分优先流。

图 11－6　淋溶层土壤侵蚀状态

根据室内采用定水头法测定的饱和导水率结果，饱和导水率在淋溶层出现非常大的空间变异（图 11－7），饱和导水率最大值达到了 100 cm/d，最小饱和导水率仅为 5 cm/d，而且土壤存在明显的大孔隙，土壤饱和导水率促进了水分优先流，这可能导致硝态氮等养分淋溶加剧，可能会造成硝态氮向底层运移，超过根系范围，导致养分无效。

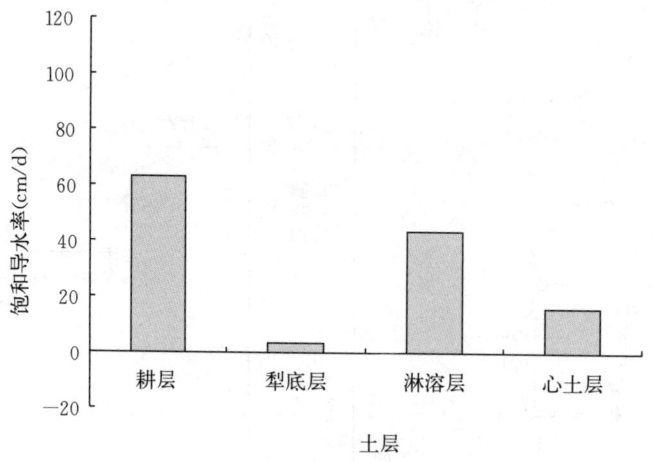

图 11－7　不同层次土壤饱和导水率

从土壤结构考虑，良好的土壤耕层的土壤结构体应该以团粒结构为主，减少大型块状、片状和棱柱状结构体的存在。一方面可以增加土壤对水分和养分的缓冲能力，增强土壤的蓄水保肥能力；另一方面，可以减少大孔隙的存在。

图 11－8 所示，与其他层次相比，耕层的水分特征曲线表明耕层土壤的总孔隙度增加可能与深松导致大孔隙增加有直接的关系。因此，深松在一定程度上增加了耕层土壤的饱和导水率，促进了水分向底层分布，有助于土壤蓄水保水，但是当灌溉或降水量较大时，可能会引起水分的底层渗漏。

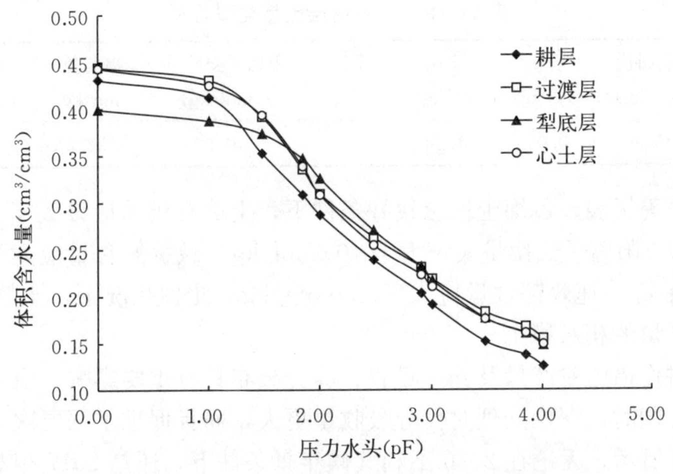

图 11－8 不同层次水分特征曲线特征

耕层的田间持水量在 0.31 cm^3/cm^3 左右，有效含水量在 0.171 cm^3/cm^3 左右；而犁底层的田间持水量为 0.34 cm^3/cm^3 左右，有效含水量为 0.138 cm^3/cm^3 左右；淋溶层田间持水量在 0.28 cm^3/cm^3 左右，有效含水量为 0.096 cm^3/cm^3 左右。耕层土壤的有效含水量增加。与犁底层相比，增加 0.033 cm^3/cm^3 左右，与淋溶层相比，增加 0.075 cm^3/cm^3 左右。因此，犁底层每下移 10 cm 深度，土体储水量增加为 3.3 mm。同时，淋溶层的减少，会增加 7.5 mm 的有效储水量，因此，犁底层每下移 10 cm 深度，土体的有效储水量能力能够增加 10.8 mm 左右。

在旋耕条件下，犁底层仅为 10 cm 深度，厚度为 20 cm，35 cm 深度的土壤储水能力（田间持水量）为 112.4 mm，没有犁底层的土体储水能力为 109.4 mm，土体储水量略微减少，相差不大。但是，土壤有效持水量可增加 10.3 mm。

在 10 cm 犁底层条件下，表层接近风干（体积含水量为 5%左右）时，当灌溉或降水超过 25 mm，犁底层由于较小的导水率，犁底层上部可能就会出现积水状态，导致犁底层下部出现厌氧条件，不利于根系生长，也可能出现反硝化作用。

当持续降水量超过犁底层的储水能力，下层土体可能会出现土壤的饱和流，导致下层土体更容易产生土壤侵蚀。黄绵土在饱和流条件下，土壤容易发生崩散，形成大孔隙，土壤剖面中也容易形成水分优先流。

综上所述，犁底层的存在对土体储水能力影响不大，但是犁底层打破以后，35 cm 土体的土壤有效水分增加 10.3 mm，而且减少了犁底层附近所形成的饱和状态，减少土壤厌氧环境，降低犁底层底部的土壤侵蚀，尤其是黄绵土。在灌浆后期，较大的降水可能会导致冬小麦根系处于厌氧状态，导致冬小麦发生雨后青枯的气象灾害，导致冬小麦灌浆提前结束，千粒重下降，从而导致冬小麦产量降低。

3. 土壤养分特征

土壤养分特征对作物产量具有直接影响，尤其是黄绵土。由于黄绵土土壤有机质含量普遍偏低，土壤母质中全氮及全磷含量较低，而且土壤呈碱性，有效磷含量更低。心土层养分含量很低，而耕层 0～10 cm 的土壤养分性质较好（表 11－8）。

表 11－8 良好耕层土壤化学性质

pH	电导率 (μS/cm)	有机质 (g/kg)	全氮 (g/kg)	全磷 (g/kg)	全钾 (g/kg)	阳离子交换量 (cmol/kg)	碱解氮 (mg/kg)	有效磷 (mg/kg)	速效钾 (mg/kg)
8.2	981.7	11.5	0.065	1.14	12.01	10.6	122.2	27.4	161.2

根据土壤肥力等级表，黄绵土耕层较好条件下，土壤有机质应该大于 1%以上，电导率应大于 900 uS/cm，阳离子交换量应该大于 10 cmol/kg，碱解氮含量应大于 100 mg/kg，有效磷应大于 20 mg/kg，速效钾含量应大于 150 mg/kg。此种状况下，土壤肥力属于中等偏上，有助于保持产量的相对稳定。

另外，土壤耕作措施对产量及养分吸收、养分分布具有重要影响。由于深松促进了根系下扎，产量提高。同时，深松处理对养分吸收量更大，而且促进了深层次土壤养分的吸收和利用。如图 11－9 所示，无论在 2016 不利气候年景条件下，还是 2017 相对较好气候年景条件下，冬小麦收获时，旋耕处理的剖面硝态氮含量普遍高于深松处理。旋耕处理一方面养分吸收少，产量低；另一方面，旋耕处理导致了更多的养分淋溶，而且底部根系分布较少，不利于底部养分吸收，从而导致养分利用效率降低。因此，不同耕作措施条件下，由于土壤养分的吸收差异，可能导致土壤中残留的养分差别较大，从而影响下茬作物的养分管理。

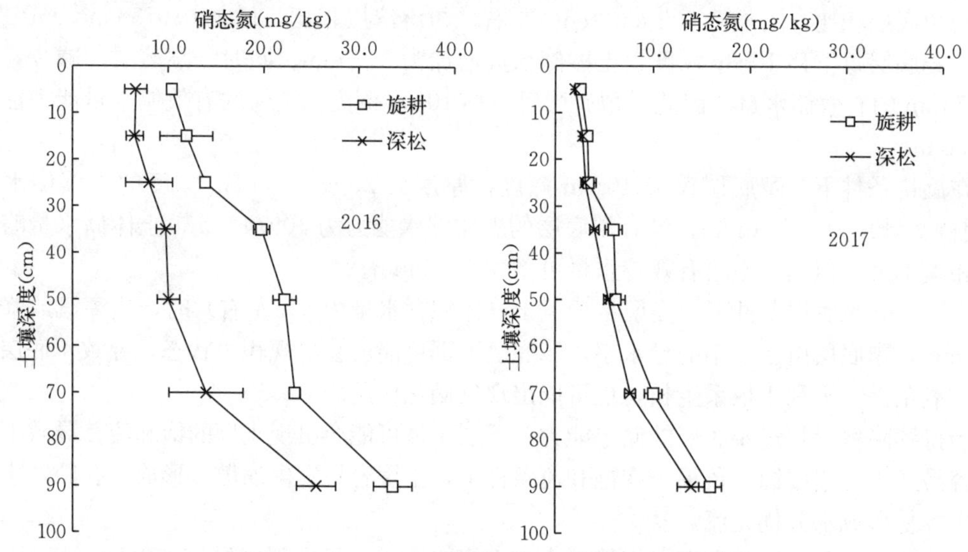

图 11－9 冬小麦收获时剖面土壤硝态氮分布图

4. 土壤微生物特征

为了能较深入了解冬小麦收获期大田土壤自上而下各剖面细菌多样性及群落结构的差异，引用 IlluminaHiSeq 测序平台的高通量测序技术，一方面可以揭示不同剖面土壤细菌的物种构成，另一方面还可以进行 α 多样性分析（Alpha Diversity）、β 多样性分析（Beta Diversity）和样品差异分析等，挖掘不同剖面土壤细菌群落结构之间的差异。2017 年 6 月 5 日冬小麦收获期时，取该试验区域冬小麦田施肥处理的土壤全剖面（由浅到深依次为耕层、犁底层、淋溶层、心土层）4 个层次土壤进行测序分析。α 多样性分析由表 11－9 可知，4 个样品的 OTU（operational taxonomic units）数整体随土壤剖面深度的增加而逐渐减少，浅层较高，深土层最低。ACE 和 Chao1 指数衡量物种丰度即物种数量的多少，从上表得出，这两个指数与 OTU 数的变化趋势一致，浅层高深层低，说明耕作土壤各剖面的物种丰度有显著差异，犁底层细菌的物种丰度最大。

表 11－9　微生物多样性指数统计

土壤层次	OTU	ACE	Chao1	Simpson 指数	Shannon 指数	Coverage
耕层	2 663	3 062.066	3 078.964	0.004 0	6.488 2	0.990 2
犁底层	2 742	3 115.480	3 128.185	0.003 8	6.532 9	0.991 1
淋溶层	1 822	1 994.186	1 993.258	0.007 3	5.915 1	0.994 8
心土层	1 737	2 064.370	2 026.924	0.008 7	5.743 8	0.993 4

Shannon 指数和 Simpson 指数用于衡量物种多样性，Shannon 指数值越大，Simpson 指数值越小，则样品的物种多样性越高。由表 11－9 可知，犁底层的 Shannon 指数最大，且 Simpson 指数最小，与耕层的差异不大，但显著高于淋溶层和心土层（$P<0.05$），显示出表层土壤（耕层和犁底层）的物种多样性和物种丰度较高，而深层土壤（淋溶层和心土层）的细菌丰度和多样性较小，可能因为表层土壤易受耕作施肥的影响，有机质较多，水分和氧气易受到环境影响。另外统计了 OTU 覆盖率 Coverage，五个样品的数值均在 0.991 以上，代表样本中物种被测出的概率很高，反映了本次测序结果能够代表样本中微生物的真实情况。

由图 11－10 显示，UPGMA 聚类树上，耕层和犁底层分为一类，表明关系较近；而淋溶层和心土层为另一类，表明这两者关系较近；深层土（2 个层次）与浅层土（2 个层次）的关系较远，表明浅层土壤 2 个层次（耕层、犁底层）的物种组成较相似，深层土壤的淋溶层和心土层的物种组成较相似，而浅层土壤和深层土壤的物种组成差异显著，说明土壤剖面对细菌群落结构的影响显著。

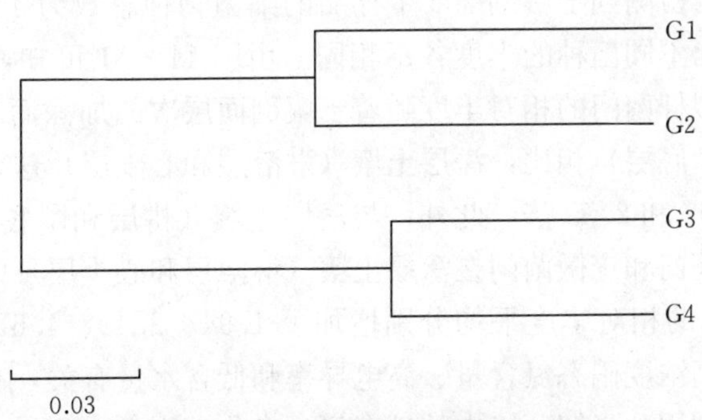

图 11－10　UPGMA 聚类分析

注：G1 为耕层，G2 为犁底层，G3 为淋溶层，G4 为心土层。

将OTU的代表序列与微生物参考数据库进行比对可得到每个OTU对应的物种分类信息，进而分别在门、纲、目、科、属、种各水平统计各样品群落组成，利用QIIME（version 1.8.0）软件生成不同分类水平上的物种丰度表，再利用R语言工具绘制成样品各分类学水平下的群落结构图。如图11-11所示，一种颜色代表一个物种，色块长度（柱状图）表示物种所占相对丰度比例；为使视图效果最佳，只显示丰度水平前十的物种，并将其他物种合并为“其他”在图中显示。

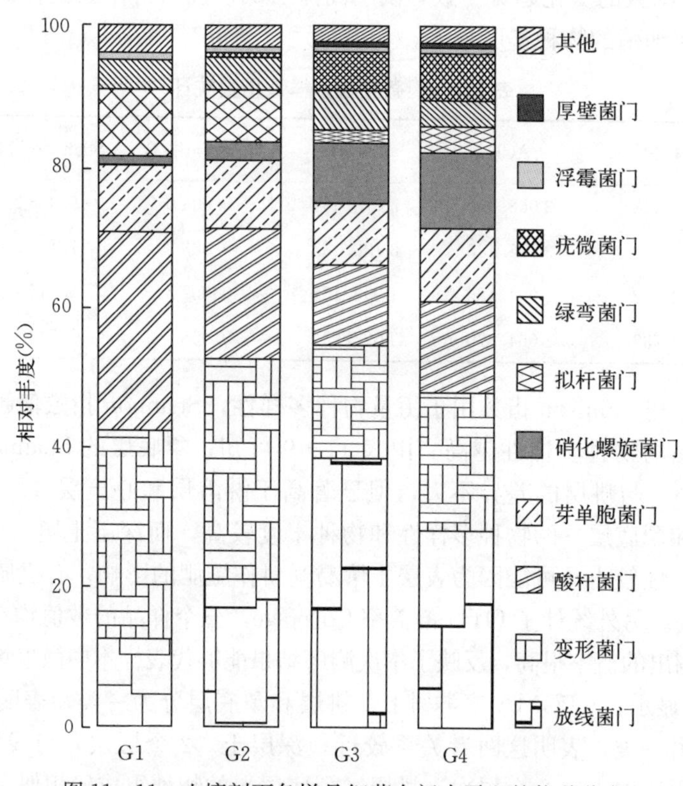

图11-11　土壤剖面各样品细菌在门水平上的物种分布

注：G1为耕层，G2为犁底层，G3为淋溶层，G4为心土层。

在细菌门水平上，检测到土壤剖面4个样品的细菌物种总数为47个，不同样本的总体细菌组成是相似的，而不同菌种的丰度各不相同。由图11-11可知，从土壤剖面上看，变形菌门、酸杆菌门和拟杆菌门的相对丰度随着土壤剖面层次的加深而显著下降（$P<0.05$），与浅层土壤（耕层和犁底层）相比，深层土壤（淋溶层和心土层）这3种菌的相对丰度平均分别降低了1.75、1.67和2.55倍。此外，与浅层土壤（耕层和犁底层）相比，放线菌门、厚壁菌门、硝化螺旋菌门和疣微菌门在深层土壤（淋溶层和心土层）中的相对丰度显著增加（$P<0.05$），这4种菌的相对丰度平均分别增加了1.94、2.43、4.67和21.25倍，这些细菌可能与深层土壤的高浓度硝态氮含量、高电导率和低含水量有关，有研究表明，硝化螺旋菌门和厚壁菌门可以利用和降解环境中的硝态氮，净化污染水；这4个菌种在耕层的相对丰度均为最小，随土壤深度的增加，放线菌门和厚壁菌门的相对丰度在淋溶层达到最大值随后

降低，而硝化螺旋菌门和疣微菌门是逐步增大，在心土层达到最大值；值得注意的是，疣微菌门的相对丰度在耕层和心土层的差异最显著（$P<0.05$），在心土层的丰度是耕层的76.74倍。现有的相关文献也得出变形菌门在浅层土里分布较多，放线菌门主要分布在土壤深层。芽单胞菌门、绿弯菌门和浮霉菌门在土壤剖面各层次的含量差异不大。

（二）合理耕层评价

1. 指标确定方法

根据黄绵土区域42个样点土壤及冬小麦产量调查结果，将土壤容重、土壤有机质含量、孔隙度及黏粒含量与冬小麦产量进行通径分析，结果如表11-10所示。

表11-10　土壤参数与冬小麦产量的通径分析

土壤参数	与产量的简单相关关系	通径系数	显著性	间接通径系数			
				黏粒含量	孔隙度	有机质	合计
黏粒含量	0.454	0.300	0.031	—	0.064	0.089	0.154
孔隙度	−0.411	−0.324	0.016	−0.082	—	−0.005	−0.087
有机质	0.415	0.309	0.023	0.082	0.024	—	0.106

根据通径分析结果，土壤容重与作物产量没有表现出显著相关关系。黏粒含量和有机质与作物产量呈显著正相关，孔隙度与作物产量呈负相关关系，因此，增加黏粒含量和有机质含量对黄绵土区域冬小麦产量具有非常大的影响。根据黄绵土的区域分布规律，土壤黏粒含量自西北向东南部呈增加趋势，同时降水也呈增加趋势。对42个采样点根据产量进行聚类分析，将产量分为超低产、低产、中产、中高产和高产，高产区黏粒含量平均为9.11%，有机质含量平均为10.2 g/kg。

2. 评价指标

评价指标见表11-11。

表11-11　合理耕层指标情况

	指标名称	取值范围	取值依据
土壤物理指标	耕层垂直结构	耕层>30 cm犁底层有或无	促根系下扎，防止下层土壤侵蚀
	黏粒含量	>9.11%	黏粒含量增加有助于保水保肥
	结构体形状	团粒结构	增强土壤的水肥缓冲能力
土壤化学指标	有机质含量	>10.2 g/kg	黄绵土有机质含量普遍低于10 g/kg，提高土壤质量，可提高土壤质量
	pH	8.0～8.2	土壤pH不宜过高，提高有效磷活性
	碱解氮	80～120 mg/kg	中等肥力标准
	有效磷	20～35 mg/kg	中等肥力标准
	速效钾	150～190 mg/kg	中等肥力标准
	阳离子交换量	>10 cmol/kg	秸秆还田2年后耕层阳离子交换量

（三）合理耕层结构与功能特征

1. 合理耕层的结构特征

合理耕层首先应具有合理的剖面结构，在半湿润地区犁底层不应太浅，根据降水情况，深度应该在 30 cm 左右；黄绵土区，犁底层可以不存在，以免造成土壤侵蚀。在半干旱区，犁底层可以存在，一般不会造成水分渗漏。表层土壤容重应该在 1.2～1.3 g/cm^3，底层土壤容重不应超过 1.5 g/cm^3，心土层土壤容重相对稳定，一般在 1.4 g/cm^3 左右。

土壤化学性质方面，由于黄绵土是初育土，土壤有机质含量低，一般经过秸秆还田或有机肥施用，当有机质大于 10 g/kg，耕层相对较好；土壤 pH 在 8.0～8.2，阳离子交换量较大，有助于提升土壤的缓冲能力。土壤养分状况应该具有中等肥力条件。

2. 各层结构参数

根据合理耕层构建的评价指标及不同区域土壤剖面特点，半湿润区不同土层的基本参数如表 11-12 所示。

表 11-12　半湿润区不同土层土壤属性

土层	深度（cm）	容重（g/cm^3）	pH	电导率（uS/cm）	有机质（g/kg）	阳离子交换量（cmol/kg）	碱解氮（mg/kg）	有效磷（mg/kg）	速效钾（mg/kg）
耕层	0～30	1.2～1.3	8.0	>900	>10.2	>10	120	>20	>150
犁底层	30～50	1.4～1.5	8.2	>900	10	8.6	60	>15	>100
淋溶层	50～80	1.3～1.4	8.2	800	9	9.2	30	5	>90
心土层	>100	1.3～1.4	8.0	700	7	8.0	20	2	>80

注：按中等肥力水平计算。

半干旱区不同土层的基本参数如表 11-13 所示。

表 11-13　半干旱区不同土层土壤属性

土层	深度（cm）	容重（g/cm^3）	pH	电导率（uS/cm）	有机质（g/kg）	阳离子交换量（cmol/kg）	碱解氮（mg/kg）	有效磷（mg/kg）	速效钾（mg/kg）
耕层	0～30/40	1.2～1.3	8.2	>900	>10	>10	>100	>20	>150
心土层	>40	1.3～1.4	8.0	>600	7.0	8.0	20	2	80

注：按中等肥力水平计算。

第二节　西北高原黄绵土区旱地合理耕层构建技术

一、土壤耕作与培肥对耕层结构与功能的影响

（一）土壤耕作与培肥对耕层结构的影响

黄绵土主要的耕作措施为旋耕，包含一定面积的翻耕和深松。旋耕的作业深度一般在

15 cm 左右，较浅地块在 10 cm 深度，最深地块达到 20 cm 深度；旋耕可以将上层土体的土块均匀打碎，将破碎秸秆混匀于土体。旋耕处理后表层土壤破碎程度高，对土壤生物可能产生不利影响。

翻耕作业深度一般在 20～30 cm，翻耕能够将下层土体翻至表层，有利于秸秆深施，对土壤扰动相对较大，配合旋耕处理，有利于底层土壤进行熟化。

深松处理一般作业深度 25～35 cm。深松作业可以对底层土壤进行松动，可以打破犁底层，但是不会引起上下层土壤之间的混匀，对土壤扰动较小。深松处理可以促进根系生长，增加土壤有效储水量，提高作物的抗逆能力。

本技术措施要求深松 30～35 cm，打破犁底层；表层旋耕，播种镇压，促进苗全苗旺。

（二）土壤耕作与培肥对耕层功能的影响

土壤培肥技术一般包括秸秆还田、畜禽动物粪便及其他有机肥等。土壤有机质的提升可以提高土壤缓冲能力，如阳离子交换量、改良土壤团聚体等。经过土壤调查，耕层在 2～3 年的秸秆还田以后，表层有机质含量增加、水稳性团聚体增加、土壤 pH 降低、养分含量提高、细菌多样性增加，土壤的保肥及供肥能力增加，土壤质量提高。本技术要求秸秆粉碎，均匀还田。

二、合理耕层构建技术

（一）合理耕层构建技术指标

1. 耕作方法

半湿润区黄绵土普遍存在犁底层。使用深松机械打破犁底层，采用凿型深松铲，深松铲柄上需安装翼铲，两侧翼铲的有效宽度不能小于 150 mm，间距在 350～450 mm。配套动力选择，作业时确保不重松、不漏松、不拖堆，深松行距保持一致。

2. 耕深与耕幅

耕深以打破犁底层为主，根据调查结果，犁底层一般位于 10～30 cm 深度，厚度一般在 10～20 cm，因此，深松深度应该在 30～40 cm，以 35 cm 为宜。耕幅根据深松机械的标准，耕幅应该在 35～45 cm，以达到均匀深松的目的。

3. 土壤培肥方法

通过秸秆还田、增施畜禽粪便或微生物肥等措施，均可提升土壤有机质；针对黄绵土土壤质地情况，以粉粒和沙粒为主，并不利于土壤团聚体的形成，也可以使用保水剂等化学制剂，不但能够起到保水保肥的作用，而且可以促进土壤团聚体的形成。

（二）合理耕层构建技术与土壤耕作制度

深松一般可以采用夏季深松或秋季深松，深松时秸秆应抛撒均匀；同时，深松与其他作业技术如旋耕、灭茬、施肥实现一体化，减少作业次数，减轻农业机械对土壤的镇压作用。

1. 玉米机收及秸秆粉碎

在半湿润区，冬小麦与夏玉米轮作技术条件下，玉米收获时，秸秆粉碎长度＜100 mm，留茬高度≤80 mm，抛撒均匀度大于 80%；冬小麦单茬地区，秸秆粉碎后均匀或条带式分布于田间，中间有 4 个月左右的休耕期；通过秸秆的均匀撒施，实现地表覆盖，可以降低水分蒸发，有利于蓄积更多降水。

2. 深松-施肥-旋耕一体化

在冬小麦播种时，一般撒施底肥，同时进行土壤翻耕，将肥料掺混到土壤中。通过深松与施肥的一体化，可以实现土壤剖面不同深度施肥，增加土壤养分有效性。

3. 精量播种-施肥-镇压一体化

冬小麦播种时，实现精量播种、施肥及镇压一体化作业，实现肥料的高效应用，同时经过镇压，避免种子悬空，有利于种子发芽。同时，适当镇压，可以提高土壤水分的有效性，有利于种子发芽。

第三节　西北高原黄绵土区旱地合理耕层构建技术模式

一、黄土高原东南部（半湿润区）黄绵土麦区旱地耕层构建技术模式

（一）模式概述

本技术模式主要针对黄土高原半湿润冬小麦种植区，以单季冬小麦和冬小麦-夏玉米轮作为主，集成深松及秸秆还田技术、腐熟剂添加、施肥方案优化技术等，初步形成黄土高原东南部黄绵土区的旱地耕层构建技术模式。

（二）主要技术环节

1. 深松及秸秆还田技术

深松作业的田块应具备如下条件：

（1）2 年以上未深松；犁底层小于 15～20 cm，土壤容重达到 1.5 g/cm^3 以上。

（2）玉米秸秆粉碎长度＜100 mm，留茬高度≤80 mm，抛撒均匀度＞80%，质量标准符合 NY/T 500 的要求。

（3）表层土壤质量含水量在 10%～20%，田块坡度≤3°。

2. 作业标准

（1）深松深度。30～50 cm，以 35 cm 为宜，以打破犁底层为目的。

（2）频率。间隔 1～2 年深松 1 次。

（3）作业时间。秋季深松，玉米收获以后，有效蓄积冬季降水，抵抗春旱；夏季深松，可有效积蓄夏季降水。

（4）作业模式。农机深松整地作业采取单一作业深松机，然后旋耕；或深松＋灭茬＋旋耕联合作业机具，一次完成。

（5）机具选择。使用深松机具应符合 NY/T 1418 的要求，优先选用带限深轮的深松机具。机具的深松铲和深松铲柄符合 JB/T 9788 的要求，采用凿型深松铲，深松铲柄上需安装翼铲，两侧翼铲的有效宽度不能小于 150 mm，间距在 350～450 mm。配套动力选择，作业

时确保不重松、不漏松、不拖堆，深松行距保持一致。

3. 优化施肥技术

（1）施肥原则。针对黄绵土有机质含量低、土壤 pH 高、氮及有效磷含量低、速效钾含量高、有机肥施用不足等问题，结合深松技术，提出以下施肥原则：增施有机肥，提倡有机-无机肥配合和秸秆还田；根据地力状况，增施氮肥和磷肥；麦-玉轮作条件下，磷肥前移；注意锰和锌等微量元素肥料的配合施用。

（2）施肥建议推荐配方见表 11 - 14。

表 11 - 14　推荐施肥量（kg/hm^2）

施肥方式	底肥＋追肥			一次性施肥		
目标产量	5 250～6 750	6 750～8 250	≥8 250	3 750～5 250	5 250～6 750	≥6 750
底肥	375～525	525～675	675～825	450～600	600～750	750～825
追肥	120～180	150～210	180～240			
肥料配方	底肥（$N-P_2O_5-K_2O$）20 - 20 - 5，追肥为尿素			（$N-P_2O_5-K_2O$）25 - 15 - 5		

注：建议增施有机肥及微量元素肥料。

4. 秸秆腐熟剂

秸秆腐熟剂是专用于农作物秸秆快速腐熟的高效复合型微生物菌剂。冬小麦或夏玉米轮作条件下，玉米秸秆粉碎后，撒施 30 kg/hm^2 的秸秆腐熟剂，深松后，采用旋耕技术，均匀混施于表层土壤。

（三）应用效果

试验于 2016 年和 2017 年在陕西省渭南市富平县进行技术推广利用，冬小麦品种为小偃 22，基肥为 750 kg/hm^2 的复合肥，养分比例为 $N:P_2O_5:K_2O$＝20：20：5，冬小麦返青以后，追施尿素，折合纯氮 75 kg/hm^2。冬小麦生育期，N 肥总用量为 225 kg/hm^2，P_2O_5 为 150 kg/hm^2，K_2O 为 37.5 kg/hm^2。耕作技术设定为旋耕和深松 2 种处理。

冬小麦的群体密度生长动态如图 11 - 12 所示，无氮肥处理的群体密度显著小于旋耕和深松处理。深松处理的群体密度显著高于旋耕处理，说明深松处理的冬小麦在返青拔节以后，抗干旱能力增加。而且，2016 年和 2017 年的变化趋势相近。

无氮肥处理对冬小麦株高产生了较大影响（图 11 - 13），2016 年和 2017 年的株高均显著低于旋耕和深松施肥处理。在拔节期，深松处理的冬小麦株高要高于旋耕处理，但开花期以后，旋耕处理和深松处理的冬小麦株高基本相同。在没有严重营养胁迫的条件下，株高受基因影响更大。

在干旱少雨年份（2016），与普通旋耕处理相比，深松处理的冬小麦产量显著高于普通旋耕处理，深松处理产量增加 21.9%，产量的增加主要是由于群体密度及穗粒数的增加所致。这说明，在拔节孕穗期，深松处理增加了冬小麦的抗旱能力，一方面与土壤储水量增加有关，另一方面可能与根系分布有直接关系（表 11 - 15）。

在降水相对丰富的 2017 年，深松处理的产量也显著高于旋耕处理，增加幅度为 11.2%，产量的增加与穗粒数和千粒重的增加有直接相关关系。深松处理能够更好地为作物

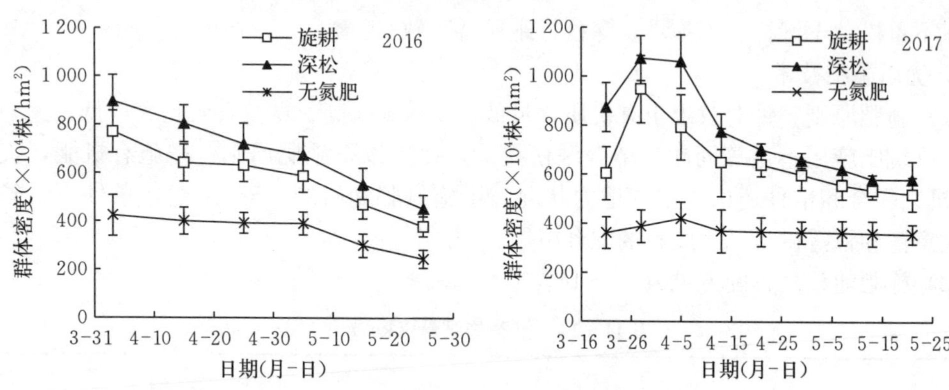

图 11-12 冬小麦群体密度动态

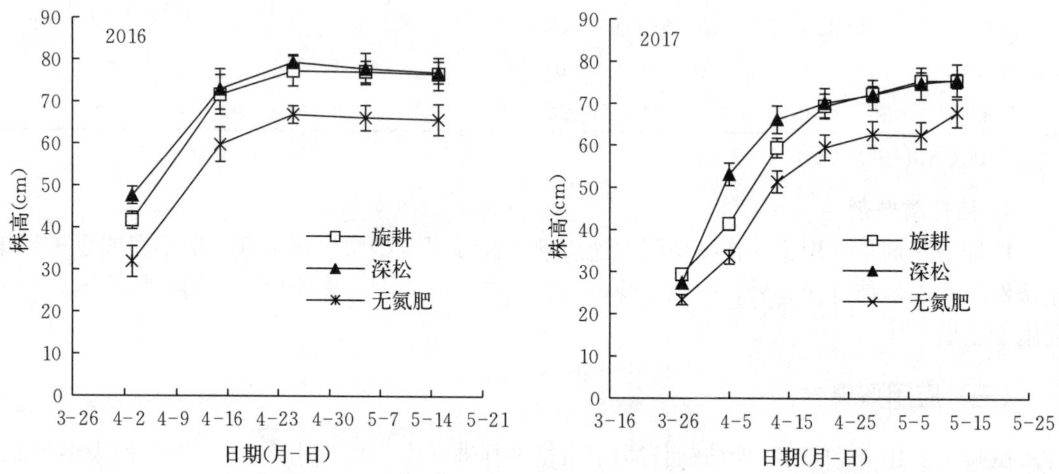

图 11-13 冬小麦株高生长动态

提供水分养分，减少不利环境的影响（表 11-15）。

不同年份相比，2017 年冬小麦的穗长、群体密度和千粒重及产量都要显著高于 2016 年的不同处理。气候条件对产量的影响更大，在不利气候条件年份，深松能够一定程度上提高作物的抗逆能力；在较好气候条件年份，深松能够增加冬小麦的穗长和千粒重，更进一步提高产量。

表 11-15 不同处理冬小麦产量

年份	处理	穗长（cm）	穗粒数	群体密度（$\times10^4$ 株/hm^2）	千粒重（g）	产量（kg/hm^2）
2016	旋耕	6.0c	43.4b	249c	35.1c	4 750.1d
	深松	6.3c	45.9b	325b	36.7c	5 790.4c
2017	旋耕	8.1b	44.7b	653a	42.0b	7 176.7b
	深松	8.8a	48.1a	645a	45.0a	7 983.9a

注：不同字母表示在 0.05 水平上差异显著。

氮肥利用效率，用氮肥生产效率、氮素吸收效率和氮肥当季利用率表示。

氮肥生产效率（kg/kg）＝籽粒产量/施氮量。

氮素吸收效率（kg/kg）＝植株氮素积累量/施氮量。

氮肥当季利用率（％）＝(施肥区植株吸氮量－不施肥区植株吸氮量)/施氮量×100。

深松处理的氮肥利用效率显著高于旋耕处理，同产量一致，2017 年的氮肥生产效率也显著高于 2016 年。氮素吸收效率方面，2016 年的氮素吸收效率，深松处理的吸收效率接近 1 kg/kg，而 2017 年氮素吸收效率均大于 1 kg/kg，说明 2017 年冬小麦吸收了更多的土壤中保存的氮素。深松处理的氮肥当季利用效率显著增加，2016 年和 2017 年的氮肥当季利用效率均在 60％左右，而普通旋耕处理的氮肥当季利用效率均不超过 40％。因此，深松处理显著提高了氮肥当季利用效率，而且从土壤中吸收了部分氮素（表 11－16）。

表 11－16　氮肥利用效率

年份	处理	氮肥生产效率（kg/kg）	氮素吸收效率（kg/kg）	氮肥当季利用效率（％）
2016	无氮肥	—	—	—
	旋耕	21.03b	0.68b	31.39b
	深松	25.63a	0.97a	59.72a
2017	无氮肥	—	—	—
	旋耕	31.77b	1.01b	37.11b
	深松	35.34a	1.24a	60.28a

注：不同字母表示在 0.05 水平上差异显著。

二、黄土高原中西部（半干旱区）黄绵土麦区旱地耕层构建技术模式

（一）模式概述

本地栽培以单季冬小麦为主，本技术模式主要针对冬小麦种植区，集成深松及秸秆还田技术、腐熟剂添加、施肥方案优化技术等，初步形成黄土高原东南部黄绵土区的旱地耕层构建技术模式。

（二）主要技术环节

1. 深松及秸秆还田技术中深松作业的田块应具备的条件

（1）2 年以上未深松。犁底层＜20 cm，土壤容重达到 1.5 g/cm^3 以上。

（2）表层土壤质量含水量在 10％～20％。

（3）坡度≤3°。

2. 作业标准

（1）深松深度。25～35 cm，以 30 cm 为宜，以打破犁底层为目的。

（2）频率。间隔1～2年深松1次。

（3）作业时间。根据区域农机作业特点选择秋季或夏季深松。以夏季深松为主，小麦收获后，可有效积蓄夏季降水。

（4）作业模式。农机深松整地作业采取单一作业深松机，然后旋耕；或深松＋灭茬＋旋耕联合作业机具，一次完成。

（5）机具选择。使用深松机具应符合 NY/T 1418 的要求，优先选用带限深轮的深松机具。机具的深松铲和深松铲柄符合国家行业标准 JB/T 9788 的要求，采用凿型深松铲，深松铲柄上需安装翼铲，两侧翼铲的有效宽度不能＜150 mm，间距在 350～450 mm。配套动力选择，作业时确保不重松、不漏松、不拖堆，深松行距保持一致。

3. 优化施肥技术

（1）施肥原则。针对中西部地区，旱作雨养区土壤有机质含量低、保水保肥能力差、冬小麦生长季节降水少、春季追肥难、有机肥施用不足等问题，提出以下施肥原则：依据土壤肥力和土壤储水状况确定基肥用量；坚持"培肥""适氮、稳磷、补微"的施肥方针；增施有机肥，提倡有机-无机肥配合和秸秆适量还田；以配方肥一次性基施为主；注意锰和锌等微量元素肥料的配合施用；肥料施用应与节水高产栽培技术相结合。

（2）推荐施肥量。见表 11 - 17。

表 11 - 17　推荐施肥量

产量水平（hm^2）	＜3 750	3 750～5 250	5 250～7 500	＞7 500
推荐施肥量（kg）	210～360	360～495	495～720	720～855

注：施肥方式为一次性基施，本表为全国农业技术推广中心标准。

4. 秸秆腐熟剂

冬小麦或夏玉米轮作条件下，玉米秸秆粉碎后，撒施 30 kg/hm^2 秸秆腐熟剂，深松后，采用旋耕技术，均匀混施于表层土壤。

（三）应用效果

试验于 2017 年在宁南地区开展，位于宁夏回族自治区彭阳县长城塬，冬小麦品种为西峰 26，一次性施肥，施肥为复合肥或掺混肥，20 - 20 - 5 复合肥和尿素混施，用量为 750 kg/hm^2 复合肥＋300 kg/hm^2 尿素。折合纯 N 219 kg/hm^2。试验处理为普通翻耕处理和深松处理。于上茬冬小麦收获后，进行耕作处理。

试验地土壤有机质含量仅为 7.8 g/kg，碱解氮含量为 48.2 mg/kg，有效磷为 7.9 mg/kg，速效钾为 87.5 mg/kg，属于低等土壤肥力水平。翻耕处理为普通铧式犁，深度在 15～20 cm，深松为翼铲式深松机，深度为 35 cm 左右，深松铲间距为 40 cm。冬小麦条播，行距为 20 cm，播种量为 150 kg/hm^2。

与翻耕处理相比，深松能够显著提高冬小麦的千粒重和产量，产量增加 29.3%。这与深松处理有效蓄积了夏季降水有直接的关系。深松在该区域能够显著提高冬小麦产量（表 11 - 18）。

表 11-18 不同处理冬小麦产量（2017）

处理	穗长（cm）	穗粒数	群体密度（$\times 10^4$ 株/hm^2）	千粒重（g）	产量（kg/hm^2）
深松	5.3a	33.2a	394a	32.9a	3 514.4a
翻耕	5.0a	30.9a	376a	30.5b	2 486.3b

注：不同字母表示在 0.05 水平上差异显著。

与半湿润地区变化趋势一致，深松处理能够显著增加氮肥的生产效率、吸收效率和氮肥当季利用效率，但是与半湿润区相比，氮肥的利用效率较低。该试验证明，深松能够显著提高该地区的产量及氮素利用效率（表 11-19）。

表 11-19 氮肥利用效率（2017）

处理	氮肥生产效率（kg/kg）	氮素吸收效率（kg/kg）	氮肥当季利用效率（%）
翻耕	11.4b	0.34b	16.7b
深松	16.0a	0.48a	30.2a

注：不同字母表示在 0.05 水平上差异显著。

第十二章
西北高原黑垆土区旱地合理耕层构建理论与技术

黑垆土是在西北黄土高原地区干旱半干旱草原植被下形成的一种地带性土壤，目前主要分布在陕西、甘肃东部等地区的台塬地上，是西北黄土地区主要的农业土壤之一，其土层深厚、肥力相对较高，保水保肥能力较强，适合于小麦、玉米等农作物的生长。受气候干旱、人类不合理耕种管理的影响，黑垆土目前出现了土壤耕层结构退化、紧实化、蓄水保墒能力变弱、有机质下降等严重问题，从而使土壤生产力下降，作物产量稳定性降低。针对目前黑垆土耕层存在的问题，开展黑垆土合理耕层评价和构建技术的研究，创建合理耕层，提高黑垆土生产力和水肥资源利用效率，具有重要的理论意义和生产指导作用。

第一节　西北高原黑垆土区旱地合理耕层评价

一、区域概况关键障碍及改善方法

（一）区域概况

1. 黑垆土的分布区域及气候状况

黑垆土是我国西北黄土高原地区广泛分布的一种地带性土壤，主要分布在陕西北部黄土高原的台塬地、甘肃的东、中部以及山西西部等地区。黑垆土地处暖温带，属大陆性季风气候，年平均气温 8～10 ℃。月平均气温以 7 月最高，为 22～25 ℃，以 1 月最低，为−8 ℃。年降水量为 300～550 mm，其中 6—9 月的降水量占年降水量 70％左右。年蒸发量为 1 100～1 600 mm。自然降水满足不了作物生长的需要，干旱是影响作物产量的主要因素之一。

（1）黑垆土剖面特征。黑垆土的自然土壤是在半湿润、半干旱草原植被下发育而成，其农业土壤由几年来人为耕作、施用土粪形成的覆盖层在自然土壤上叠加而成。其剖面可以分为覆盖层和古土壤层两大段。覆盖层的厚度为 40 cm 左右，经过长期的耕作和演变，可进一步划分为耕层和犁底层。耕层厚度约为 20 cm，有机质含量为 10～15 g/kg，黄棕色，块状和小团块状结构；犁底层厚度约为 20 cm，有机质含量为 8～11 g/kg，块状或片状结构。古耕层具有完整的 A－B－C 发生层。A 层为腐殖质层，厚度为 80～100 cm，有机质含量 11～17 g/kg，棕灰色，土壤呈现棱柱状和棱块状结构，多蚯蚓粪和虫孔；B 层为钙聚积层，厚度为 20～40 cm，碳酸钙含量为 150～180 g/kg，块状结构，坚硬；C 层为母质层，淡黄色，保持黄土沉积物的主要特性。

（2）黑垆土耕层性质。黑垆土的土壤质地从轻壤土到黏壤土，颗粒组成以粉沙粒为主（表 12－1），含量 50 g/kg 以上，黏粒含量为 280～300 g/kg。表层土壤结构以块状为主。黑垆土耕层有机质含量在 8～20 g/kg，存在较大变异，这既与土壤的发育和侵蚀有关，也与人们耕作和施肥有关。黑垆土耕层全氮含量为 0.3～1.2 g/kg，土壤氮素含量相对较低，满足不了植物对氮素的要求，施用氮肥在该地区表现出很好的增产效果，目前存在主要问题是一些田块氮素用量过高、利用效率较低。黑垆土全磷含量 1.5～1.7 g/kg，土壤普遍缺磷，几十年来随着磷肥的普遍施用，目前土壤有效磷出现较大变异，少数农田施用磷肥过高，引起土壤磷素富集。黑垆土的黏土矿物以伊利石为主，富含钾素，全钾含量16～25 g/kg，速效钾含量平均为140 mg/kg左右，土壤钾素基本能够满足植物的需求；但该地区长期以施用氮磷肥为主，很少施用钾肥，农田钾素存在补偿不足而亏缺的现象。

表12-1 黑垆土的剖面不同土层土壤的机械组成（g/kg）

深度（cm）	不同粒径（mm）颗粒组成					
	1～0.25	0.25～0.05	0.05～0.01	0.01～0.005	0.005～0.001	<0.001
0～15	0.2	8.7	646.3	59.6	101.7	163.8
15～35	0.3	97.1	617.4	90.1	65.7	182.1
35～55	0.1	43.6	511.0	138.2	150.2	222.0
55～90	0.1	77.7	551.2	89.8	123.3	218.2
90～120	0.2	53.4	525.0	121.9	144.4	196.8
120～155	0.1	37.2	591.5	72.8	120.9	177.3
155～190	0.1	133.4	578.1	62.5	96.5	129.5

2. 耕作种植制度

（1）种植制度。黑垆土地区受气候和自然因素的制约，形成了冬小麦-春玉米为主的种植制度，配合以豆子、糜子等小杂粮以及绿肥作物等，以一年一熟制为主。黑垆土区适宜于种植冬小麦，但受土壤肥力和耕层性质等影响，不同田块之间小麦产量变异大，低产田小麦产量不足3 000 kg/hm²，而高产田产量可达7 500 kg/hm²。另外，小麦产量受自然降水影响大，丰水年份小麦产量高达6 000 kg/hm²，而在欠水年或平水年，产量仅为2 500 kg/hm²左右。春玉米是黑垆土另外一种主要粮食作物，一般4月中上旬播种，10月中下旬收获。由于光照充足，雨热同步，玉米产量相对较高，但也存在产量变异大的特点，低产田产量为4 000 kg/hm²，高产田可达到12 500 kg/hm²。通过适宜的耕作和培肥，改善土壤结构及孔隙状况，提高土壤保水和供水能力，是黑垆土区提高作物产量的重要途径。

（2）耕作制度。黑垆土区的传统耕作方式以翻耕为主，农民一般在小麦或玉米收获后对土壤进行翻耕，长期翻耕引起土壤结构破坏严重、加剧了有机质矿化、也不利于保水、保肥。21世纪以来，保护性耕作在该地区推广应用以来，旋耕、免耕等措施得以推广应用，但土壤耕层变浅，也出现了紧实化等问题，不利于夏秋季雨水的入渗，近几年进一步推行了深松等措施，对于打破土壤犁底层、提高土壤保水性和水分利用效率具有一定的积极意义。

（二）关键障碍

水分是限制西北黑垆土区农业发展的关键因子。增加休闲期自然降水入渗量、减少土壤蒸发、提高水分利用效率，是进一步提高作物产量的关键。土壤耕层物理性状决定着土壤水、气、热的协调和供应，直接影响着作物生长发育和水肥资源的高效利用。黑垆土目前出现了耕层变浅、犁底层上移、土壤结构变劣等问题，导致土壤的蓄水、供水能力变差，作物产量稳定性降低。在黑垆土区，土壤水分和养分是影响作物产量的两个主要方面，而土壤的结构和孔隙状况、耕层厚度等是影响土壤水分、养分高效利用的主要因子，有机质含量低是引起土壤结构差和保水性弱的根本原因。

1. 黑垆土结构差影响到土壤水分保蓄和高效利用

黑垆土结构体的水稳性低，遇水分散，容易阻塞了毛管孔隙和水分入渗的通道，不利于水分入渗。因此，在黑垆土区虽然降水量不高，但却容易出现水分径流现象。农田土壤容易块状，团粒结构少，在干旱时容易形成大裂隙，促进水分蒸发和散失，不利于水分的保蓄，从而使土壤水分利用率低。传统翻耕等措施由于对土壤的扰动较大，表层土壤水分散失较快，对墒情较差的土壤或降水量少的年份影响大。采用秸秆还田、覆盖等保护性耕作措施，改善土壤结构，是减少蒸发、提高土壤保水、供水能力的有效途径。

2. 黑垆土耕层变浅和紧实化影响到土壤水分利用和作物产量

在黑垆土地区，旋耕、浅耕等措施的广泛应用使土壤耕层变浅，犁底层上移。一般认为黑垆土的犁底层出现在 20 cm 以下为宜，但现在多数土壤在 10～15 cm 就出现犁底层，再加上受土壤黏粒淀积等作用的影响，犁底层厚度加大。另外，农机具的挤压等作用也使土壤表层以及犁底层土壤的紧实度加大（超过了 3 500 kPa），不利于作物根系生长。犁底层上移以及土壤紧实化使得降水不能快速入渗到有效深度，表层土壤水分蒸发量大，出现水少则旱、遇水则涝的现象。降水时水分聚于土壤表层，易发生流失或者涝害。另外，土壤耕层变浅又使得作物根系分布变浅，根系占据的有效土壤容积减少，从而使作物吸收水分和养分的空间减少，抗旱性变弱，年际间受降水影响产量稳定性降低。

3. 土壤有机质含量低是引起黑垆土耕层结构和保水性下降的根本原因

土壤有机质影响到土壤的物理性质（容重、结构、孔隙状况）和土壤的保肥、供肥性质，黑垆土区土壤耕层质量下降的根本原因是土壤有机质含量低。该地区处于半湿润易旱区到半干旱区，土壤有机质补充来源少，而且矿化快，传统的耕作如翻耕等进一步加剧了有机质的分解，因此，多数土壤有机质在 10 g/kg 左右，处于较低水平。土壤中通过有机质胶结作用形成的有机-矿质复合体少，从而水稳性团聚体含量较低，土壤结构差，表层土壤以块状结构为主，土壤耕性差，易板结，土壤水分的蒸发快，保水性差。土壤有机质也直接影响到土壤养分的供应，不仅直接影响到土壤氮素含量和供应，而且还影响到磷素以及微量元素的有效性。

（三）改善方法

西北黑垆土区水分是限制农业发展的关键因子，针对黑垆土区的气候和种植特征，建立合理耕层，减少土壤蒸发、提高土壤蓄水能力和水分利用率，是提高和稳定作物产量的关键。土壤结构、孔隙、紧实状况以及厚度等是影响土壤水分利用的主要因子，有机质含量低是引起土壤结构差和保水性弱的根本原因。

1. 保护性耕作与传统耕作相结合是提高耕层功能的有效途径

传统耕作对土壤结构破坏严重，引起土壤水分蒸发多、有机质矿化快等问题。少耕、免耕等措施在黑垆土区产生了一定的积极作用，但长期免耕又出现了耕层变浅，土壤紧实化等问题。针对黑垆土有机质含量低、土壤结构差、水肥调控能力弱的缺点，把免耕、深松等保护性耕作与传统翻耕、浅耕等有效结合，进行合理的轮耕，是提高土壤耕层功能的有效途径。

2. 提高土壤有机质、改善土壤结构是黑垆土区提高水分保蓄和供应的根本

在黑垆土中，受土壤有机质较低的影响，一方面本身形成的团粒结构较少，另一方面土壤结构的水稳性差，从而使土壤在干湿变化过程中土壤孔隙状况存在较大差异，干旱时发生龟裂，水分散失快，不利于保墒；而在遇到降水时则团聚体分散，堵塞大的孔隙通道，或者在强降水下形成片状结构，不利于水分入渗，引起径流，水分不能最大限度地渗入土壤中。提高土壤有机质含量是促进黑垆土团粒结构形成、改善孔隙状况和水分调节能力的根本。采用保护性耕作、秸秆还田、施用有机肥等措施，增加土壤有机质的来源，降低土壤有机质的矿化，从而可以提高土壤有机质含量，改善土壤结构，提高土壤的保水、供水能力。

3. 秸秆还田和化肥合理施用相配合提高土壤耕层的生产功能

黑垆土有机质含量低，氮、磷及微量元素缺乏严重。目前存在的主要问题是有机碳源投入不足。另外，化学肥料过量及投入比例不合理等现象普遍存在。作物残茬、有机肥是土壤有机质的直接来源，采用秸秆还田、施用畜禽粪便等措施，可以提高土壤有机质含量，配合施用氮磷钾肥料，提高土壤养分供应能力和生产功能。

二、合理耕层特征

（一）作物与耕层结构及功能关系

1. 黑垆土耕层物理性质变化

（1）黑垆土在0～10 cm土层的紧实度（表12-2）为538～1 239 kPa，平均为787 kPa，随着土层深度的增加，土壤紧实度急剧增大，在10～20 cm、20～35 cm、35～50 cm土层平均分别为1 820 kPa、2 358 kPa、3 469 kPa。根据变异系数（*CV*）的划分等级（*CV*＜10％为弱变异性；10％≤*CV*≤100％为中等变异性；*CV*＞100％为强变异性）来看，0～10 cm和20～35 cm土层的紧实度表现出中等变异，而10～20 cm和35～50 cm土层属于弱变异水平。

表12-2　0～50 cm各土层土壤主要物理性状

土层（cm）	测定项目	最小值	最大值	平均值	标准差	变异系数（%）
0～10	紧实度（kPa）	538	1 239	787	152.61	19.39
10～20		1 504	2 180	1 820	153.64	8.44
20～35		1 681	2 876	2 358	248.39	10.53
35～50		3 154	3 685	3 469	130.70	3.77
0～50		1 859	2 652	2 270	174.98	9.86
0～10	容重（g/cm^3）	1.16	1.32	1.23	0.33	26.83
10～20		1.25	1.65	1.42	0.10	7.04
20～35		1.44	1.65	1.56	0.54	34.62
35～50		1.45	1.67	1.60	0.55	34.38
0～50		1.35	1.59	1.48	0.41	27.47

（续）

土层（cm）	测定项目	最小值	最大值	平均值	标准差	变异系数（%）
0～10	>0.25 mm 水稳性团聚体（g/kg）	119.0	152.5	136.0	8.4	6.18
10～20		110.7	135.1	121.4	6.0	4.94
20～35		103.8	125.8	113.5	5.4	4.76
35～50		100.8	119.4	108.9	4.6	4.22
0～50		107.3	131.1	118.2	5.9	4.92

（2）黑垆土 0～50 cm 整个土层土壤容重（表 12－2）。为 1.35～1.59 g/cm^3，平均为 1.48 g/cm^3，变异系数为 27.47%，属于中等变异水平。在 0～10 cm、20～35 cm、35～50 cm 土层，容重变异系数为 26.83%～34.62%，呈中等变异，而 10～20 cm 土层变异系数为 7.04%，呈弱变异水平。随着土层深度加深，土壤容重增大，0～10 cm、10～20 cm、20～35 cm、35～50 cm 土壤容重平均分别为 1.23 g/cm^3、1.42 g/cm^3、1.56 g/cm^3、1.60 g/cm^3。

（3）黑垆土>0.25 mm 水稳性团聚体含量（表 12－2）。在 0～50 cm 土层为 107.3～131.1 g/kg，平均为 118.2 g/kg。随着土层深度的增加，>0.25 mm 水稳性团聚体表现出逐渐减小的变化趋势，其中 0～10 cm 土层的平均含量最大，为 136.0 g/kg，35～50 cm 土层的平均含量最小，为 108.9 g/kg。整个调查区域土壤的变异系数为 4.22%～6.18%，属于弱变异水平。

2. 土壤各物理性状与有机质之间的相互关系

土壤耕层性状之间的相关分析表明（表 12－3），土壤紧实度与 0～10 cm、10～20 cm 和 20～35 cm 土壤容重呈极显著正相关，与 0～10 cm、10～20 cm、20～35 cm 和 35～50 cm 土层水稳性团聚体呈极显著负相关；土壤容重与 0～10 cm、10～20 cm、20～35 cm 和 35～50 cm 土层水稳性团聚体呈显著负相关。说明>0.25 mm 水稳性团聚体的增加有利于紧实度和容重的降低，改善土壤的疏松状况。各层次土壤紧实度、容重均与有机质呈显著负相关，水稳性团聚体与有机质呈极显著正相关，其中 0～10 cm 和 10～20 cm 土层的相关系数较大，关系更为密切。说明有机质的增加促进了水稳性团聚体的形成，从而降低了土壤容重和紧实度；另外，疏松土层有利于作物根系发育，进一步促进了土壤有机质含量的增加。

根据陕西省土壤紧实度划分标准，耕层土壤紧实度<500 kPa 为松，500～1 000 kPa 为较松，1 000～1 500 kPa 为较紧实，1 500～2 000 kPa 为紧实；犁底层土壤紧实度<1 500 kPa 为较松，1 500～2 500 kPa 为较紧实，2 500～3 500 kPa 为紧实，3 500～4 500 kPa 为过紧实。调查区域黑垆土 0～10 cm、10～20 cm、20～35 cm 和 35～50 cm 土层土壤紧实度平均分别为 787 kPa、1 820 kPa、2 358 kPa 和 3 469 kPa。由此判断，渭北高原 0～10 cm 土壤较为疏松，20～35 cm 土壤为较紧实，10～20 cm 和 35～50 cm 土壤处于紧实状态。一般认为耕层土壤容重以 1.14～1.30 g/cm^3 为适宜，犁底层容重以不超过 1.45 g/cm^3 为适宜。本研究中 0～10 cm 土壤容重平均为 1.23 g/cm^3，较为适宜；而 10～20 cm、20～35 cm、35～50 cm 土层容重平均达到 1.42 g/cm^3、1.56 g/cm^3、1.60 g/cm^3，处于紧实状态，并且紧实化土层存在明显加厚现象。

表 12-3 各因子间的相关分析

项目	SC_1	SC_2	SC_3	SC_4	SC	BD_1	BD_2	BD_3	BD_4	BD	WSA_1	WSA_2	WSA_3	WSA_4	WSA	SOM_1	SOM_2	SOM_3	SOM_4	SOM
SC_1	1																			
SC_2	0.709**	1																		
SC_3	0.668**	0.536**	1																	
SC_4	0.424**	0.524**	0.353**	1																
SC	0.837**	0.795**	0.883**	0.667**	1															
BD_1	0.790**	0.490**	0.477**	0.458**	0.653**	1														
BD_2	0.266**	0.497**	0.260*	0.188	0.353**	0.179	1													
BD_3	0.204	0.211	0.450**	0.133	0.363**	0.210	0.187	1												
BD_4	0.087	0.175	0.090	0.314*	0.191	0.233	−0.023	0.287*	1											
BD	0.412**	0.531**	0.456**	0.372**	0.546**	0.465**	0.636**	0.699**	0.601**	1										
WSA_1	−0.561**	−0.387**	−0.594**	−0.187*	−0.568**	−0.424**	−0.069	−0.229	−0.169	−0.277*	1									
WSA_2	−0.461**	−0.590**	−0.557**	−0.255*	−0.590**	−0.333**	−0.424**	−0.254*	−0.178	−0.468**	0.745**	1								
WSA_3	−0.460**	−0.590**	−0.556**	−0.254*	−0.589**	−0.332**	−0.424**	−0.254*	−0.179	−0.468**	0.745**	1.000**	1							
WSA_4	−0.456**	−0.586**	−0.555**	−0.255*	−0.587**	−0.329**	−0.420**	−0.256*	−0.183	−0.469**	0.744**	0.999**	0.999**	1						
WSA	−0.516**	−0.561**	−0.599**	−0.247	−0.616**	−0.378**	−0.340**	−0.262*	−0.186	−0.437**	0.865**	0.979**	0.979**	0.978**	1					
SOM_1	−0.757**	−0.561**	−0.612**	−0.297*	−0.688**	−0.544**	−0.209	−0.243	0.063	−0.292*	0.594**	0.458**	0.458**	0.458**	0.526**	1				
SOM_2	−0.526**	−0.465**	−0.446**	−0.299*	−0.530**	−0.404**	−0.366**	−0.195	0.038	−0.338**	0.476**	0.518**	0.517**	0.519**	0.535**	0.710**	1			
SOM_3	−0.465**	−0.356**	−0.336**	−0.357**	−0.452**	−0.491**	−0.238	−0.048	0.036	−0.209	0.355**	0.375**	0.374**	0.368**	0.388**	0.474**	0.519**	1		
SOM_4	−0.465**	−0.356**	−0.336**	−0.357**	−0.452**	−0.491**	−0.238	−0.048	0.036	−0.209	0.355**	0.375**	0.374**	0.368**	0.388**	0.474**	0.519**	1.000**	1	
SOM	−0.714**	−0.554**	−0.567**	−0.375**	−0.675**	−0.585**	−0.300*	−0.195	0.056	−0.324*	0.575**	0.524**	0.523**	0.522**	0.569**	0.892**	0.839**	0.789**	0.789**	1

注：SC 表示 0～50 cm 土壤紧实度；1、2、3、4 分别代表 0～10 cm、10～20 cm、20～35 cm、35～50 cm 土壤深度；BD 表示土壤容重；WAS 表示>0.25 mm 水稳性团聚体；SOM 表示土壤有机质；* 表示 $P<0.05$，** 表示 $P<0.01$。

所调查土壤>0.25 mm 水稳性团聚体含量平均为 118.2 g/kg，其中，0～10 cm、10～20 cm、20～35 cm 和 35～50 cm 土层的水稳性团聚体含量与相应土层的有机质含量呈极显著正相关。总体看来，土壤水稳性团聚体含量低。土壤有机质是影响耕层物理性质、化学性质和生物学性质的关键指标。黑垆土地区有机质含量 8～20 g/kg，目前多数土壤有机质含量偏低（10 g/kg 左右），提高耕层有机质含量是合理耕层构建的主要目标。

（二）合理耕层评价

1. 黑垆土区作物产量与耕层物理性状的关系

（1）作物产量与土壤紧实度的关系。黑垆土多点的统计研究表明，小麦产量与 0～10 cm、10～20 cm、20～35 cm、35～50 cm 紧实度的关系均可用一元线性方程拟合（图 12－1），从决定系数的大小看，产量与 0～10 cm、20～35 cm 土层紧实度关系更为密切。

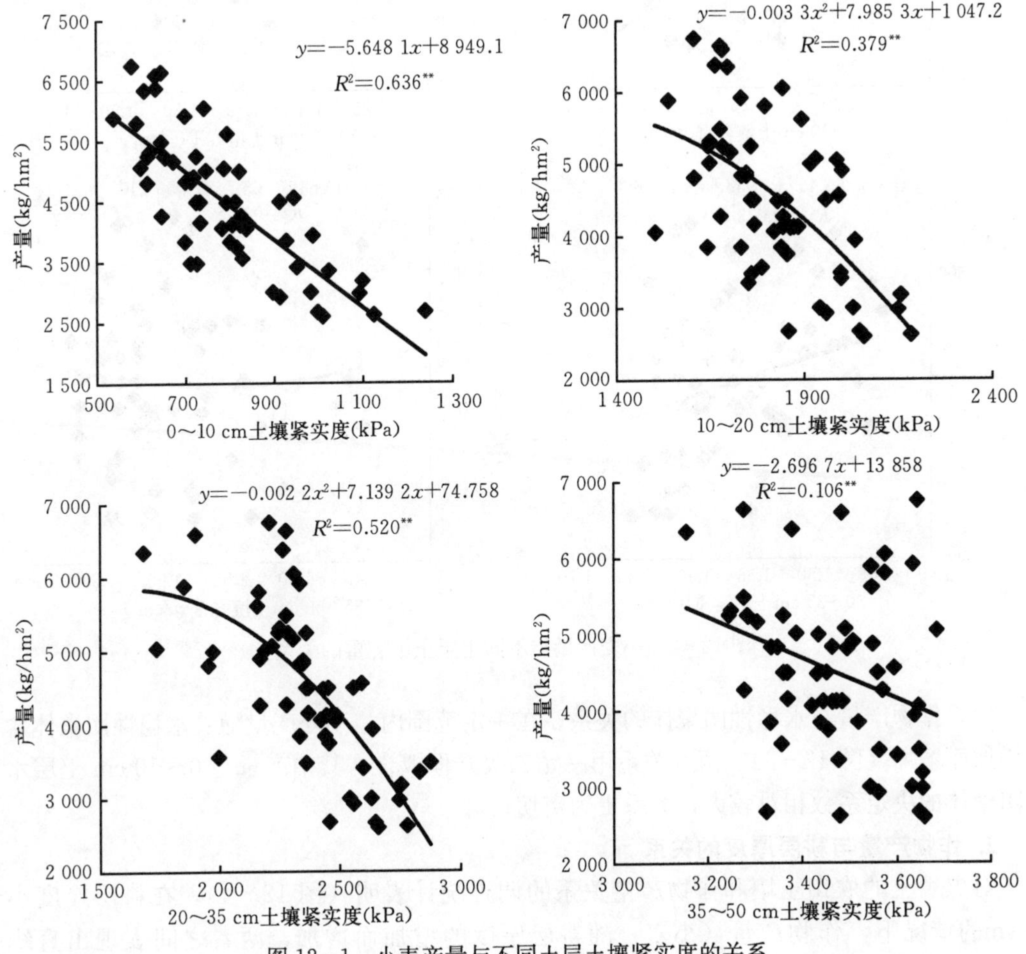

图 12－1　小麦产量与不同土层土壤紧实度的关系

（2）作物产量与耕层土壤容重的关系。不同土层土壤容重与小麦产量的关系（图 12－2）显示，在一定范围内，小麦产量随着土壤容重的增大而减少。小麦产量与 0～10 cm、10～

20 cm 容重的关系用一元线性方程拟合，决定系数 R^2（0.318、0.099）分别达到极显著和显著水平；小麦产量与 20～35 cm、35～50 cm 容重的关系用一元二次方程拟合，20～35 cm 土层的决定系数 R^2（0.073）达到显著水平，而与 35～50 cm 土层（0.005）相关性不显著。

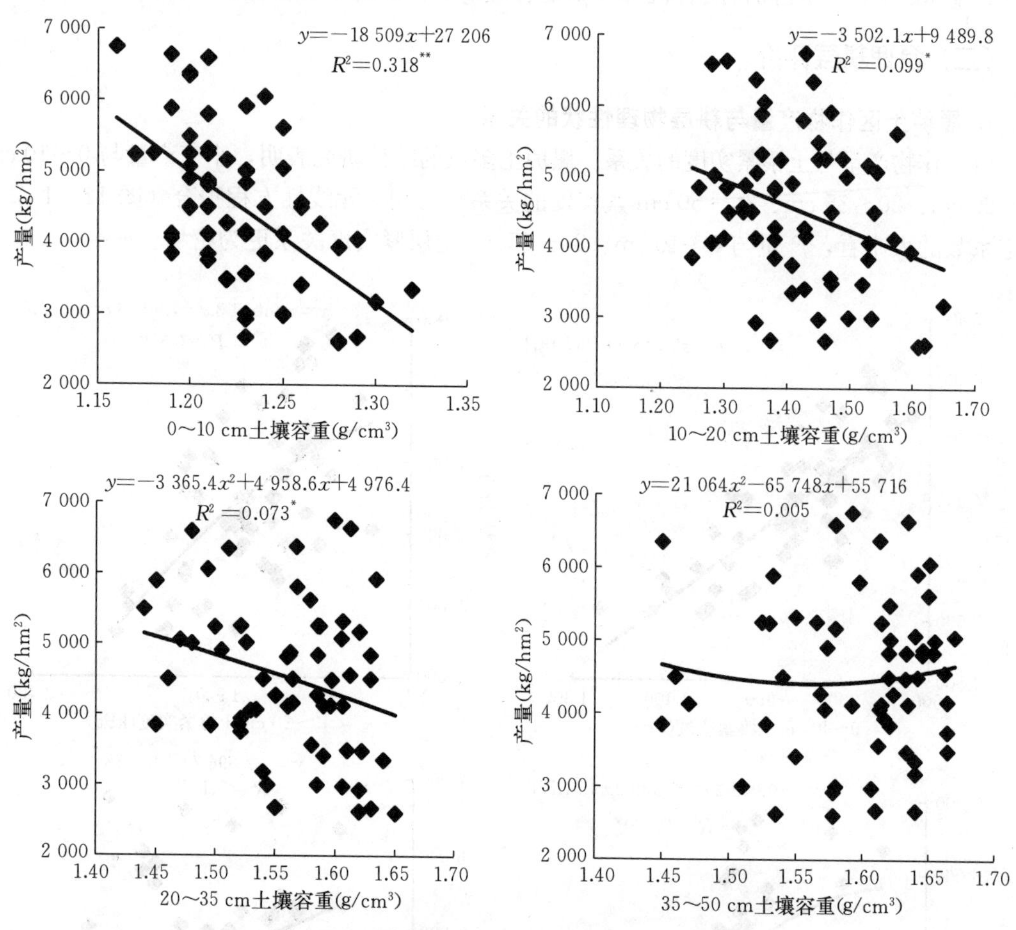

图 12-2　小麦产量与不同土层土壤容重的关系

（3）作物产量与水稳性团聚体的关系。在一定范围内，小麦产量随着水稳性团聚体含量的增加而增加（图 12-3）。两者关系用一元二次方程拟合，其中产量与 0～10 cm 土层水稳性团聚体的决定系数相对较大，关系更为密切。

2. 作物产量与耕层厚度的关系

对黑垆土的农田土壤和作物产量关系的调查统计表明（图 12-4），在耕层厚度小于 20 cm的情况下，作物产量（小麦）随耕层厚度的增加而增加，两者之间表现出直线关系，而在耕层厚度 20～35 cm，随耕层厚度变化，产量增加不明显。总体看来，20 cm 以上的耕层厚度可以保证小麦产量达 6 000 kg/hm²，考虑到动力消耗等问题，以 20～25 cm 为宜。

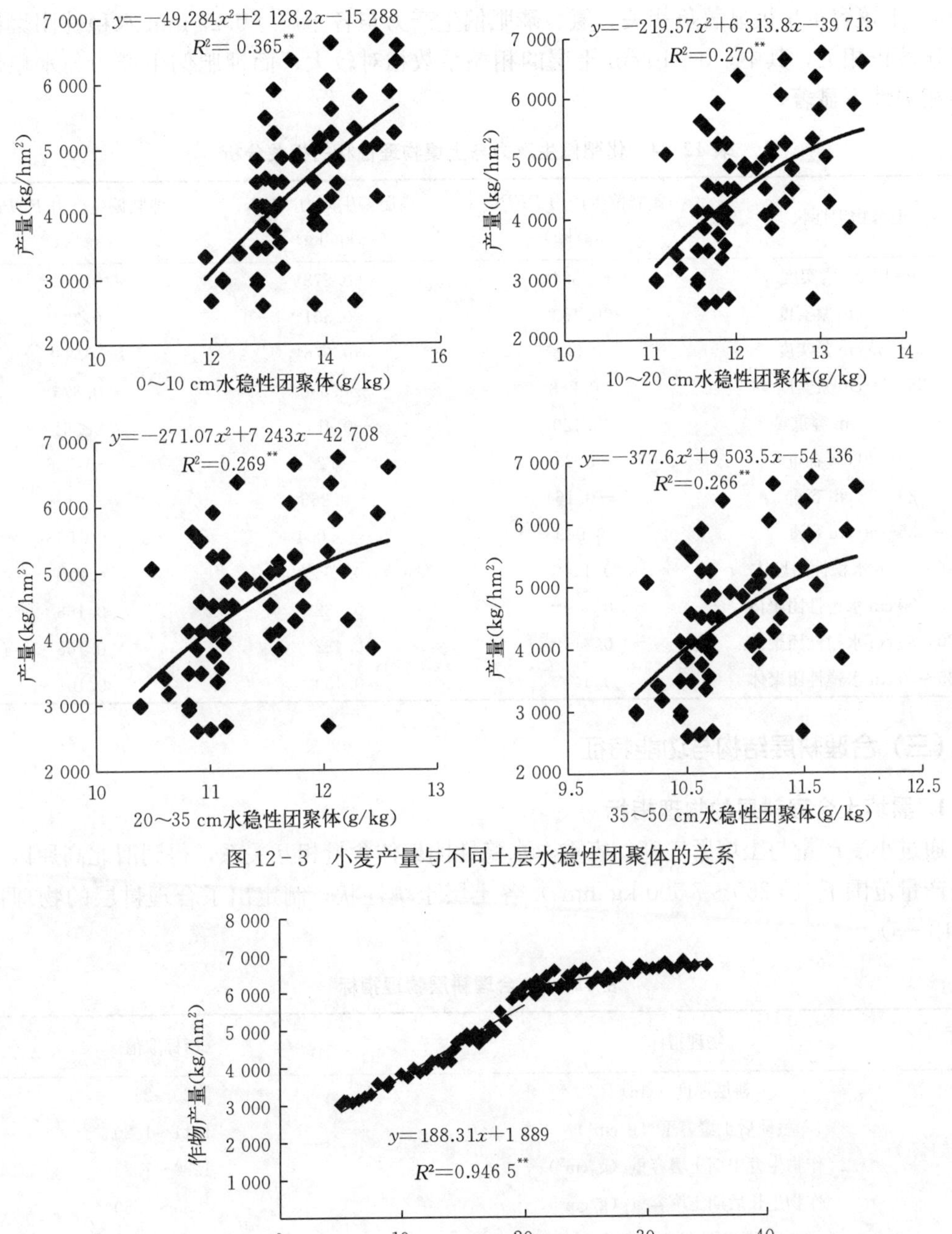

图 12-3　小麦产量与不同土层水稳性团聚体的关系

图 12-4　作物产量与耕层厚度的关系

3. 化肥偏生产力与土壤物理性状的关系

化肥偏生产力与土壤物理性状相关分析（表 12-4）表明，氮、磷、钾肥偏生产力与各土层土壤紧实度都呈显著负相关（钾肥偏生产力与 20～35 cm 紧实度的相关性除外），其中 0～10 cm 和 20～35 cm 土层的决定系数相对较大。氮、磷、钾肥偏生产力与表层（0～

10 cm）土壤容重呈极显著负相关。氮、磷肥偏生产力与各土层>0.25 mm 水稳性团聚体均呈极显著正相关，其中，0～10 cm 土层的相关系数相对较大，而钾肥偏生产力与水稳性团聚体相关性不显著。

表 12-4　化肥偏生产力与土壤物理性状的相关分析

土壤物理性状	氮肥偏生产力 PFP_N (kg/kg)	磷肥偏生产力 PFP_P (kg/kg)	钾肥偏生产力 PFP_K (kg/kg)
0～10 cm 紧实度	−0.594**	−0.678**	−0.413**
10～20 cm 紧实度	−0.463**	−0.501**	−0.334**
20～35 cm 紧实度	−0.538**	−0.676**	−0.238
35～50 cm 紧实度	−0.268*	−0.308*	−0.376**
0～10 cm 容重	−0.420**	−0.457**	−0.361**
10～20 cm 容重	−0.231	−0.214	−0.236
20～35 cm 容重	−0.164	−0.266*	−0.100
35～50 cm 容重	0.049	−0.004	−0.065
0～10 cm 水稳性团聚体	0.436**	0.565**	0.228
10～20 cm 水稳性团聚体	0.349**	0.432**	0.168
20～35 cm 水稳性团聚体	0.348**	0.432**	0.168
35～50 cm 水稳性团聚体	0.347**	0.430**	0.168

（三）合理耕层结构与功能特征

1. 黑垆土合理耕层的物理指标

通过小麦产量与土壤紧实度、容重、水稳性团聚体含量相互关系，得到渭北高原区一定小麦产量范围下（5 250～7 500 kg/hm^2）各土层土壤性状，制定出了合理耕层的物理指标（表 12-5）。

表 12-5　合理耕层物理指标

物理指标	指标取值
耕层厚度（cm）	20～25
整地后土壤容重（g/cm^3）	1.11～1.20
作物生育中期土壤容重（g/cm^3）	1.20～1.35
作物生长后期土壤容重（g/cm^3）	1.35～1.50
作物生育中期土壤孔隙度（%）	54～49
作物生长后期土壤孔隙度（%）	49～43
作物生育过程中土壤紧实度（kPa）	1 500～2 500
犁底层厚度（cm）	15～20
犁底层土壤容重（g/cm^3）	1.45～1.60
犁底层土壤孔隙度（%）	45～40
犁底层土壤紧实度（kPa）	3 000～4 500
耕层土壤≥0.25 mm 水稳性团聚体含量（g/kg）	130～180

2. 合理耕层的化学和养分指标

对多点的调查研究表明，小麦产量与土壤 0～10 cm、10～20 cm、20～35 cm、35～50 cm 土层有机质、养分的关系多数可用一元二次方程拟合。通过小麦产量与土壤有机质、全氮、碱解氮、全磷、有效磷、全钾、速效钾和水稳性团聚体的拟合方程（表 12－6），得到渭北高原区一定小麦产量（5 250～7 500 kg/hm^2）下对应的有机质或养分临界指标（表 12－7）。

表 12－6　土壤的合理耕层养分等指标

土壤性状	土层（cm）	拟合方程	决定系数（R^2）
有机质（g/kg）	0～10	$y=32.147x-98.629$	0.866 9**
	10～20	$y=36.473x-101.6$	0.94**
	20～35	$y=5.4158x^2-73.655x+482.87$	0.923 4**
	35～50	$y=0.9892x^2+61.634x-271.88$	0.907 6**
全氮（g/kg）	0～10	$y=-1098.4x^2+2856.9x-1354.3$	0.948 5**
	10～20	$y=756.63x^{2.5314}$	0.803 4**
	20～35	$y=913.27x^{2.2152}$	0.788 3**
	35～50	$y=50153x^2-52673x+14169$	0.321 6
全磷（g/kg）	0～10	$y=539.83x^{2.636}$	0.879 7**
	10～20	$y=40.155x^2+713.3x-152.51$	0.841 3**
	20～35	$y=-1525.6x^2+2784.5x-744.74$	0.742 7**
	35～50	$y=4101.3x^2-3064.1x+874.77$	0.377 5*
全钾（g/kg）	0～10	$y=-2.225x^2+136.13x-758.41$	0.886 4**
	10～20	$y=4.5422x^2+22.438x-174.91$	0.857 9**
	20～35	$y=-14.792x^2+349.97x-1476$	0.671 7**
	35～50	$y=435.64x^2-5686.1x+18866$	0.577 3**
碱解氮（mg/kg）	0～10	$y=-0.0864x^2+15.864x-224.69$	0.821 9**
	10～20	$y=-0.3032x^2+37.292x-644.91$	0.875 8**
	20～35	$y=21.473x^{0.8117}$	0.690 7**
	35～50	$y=-0.7859x^2+51.158x-385.81$	0.639 2**
有效磷（mg/kg）	0～10	$y=-0.1036x^2+12.336x+135.47$	0.826 8**
	10～20	$y=-0.2442x^2+20.71+91.238$	0.953 3**
	20～35	$y=-18.697x^2+358.46x-1296.5$	0.443 7*
	35～50	$y=20.001x^2-246.93x+1087.1$	0.168 2
速效钾（mg/kg）	0～10	$y=-0.0339x^2+14.414x-997.39$	0.914 6**
	10～20	$y=-0.1045x^2+33.271x-2129.2$	0.831 2**
	20～35	$y=0.1642x^2-20.237x+707.27$	0.765 8**
	35～50	$y=3.9203x^2-716.67x+33020$	0.722 8**

（续）

土壤性状	土层（cm）	拟合方程	决定系数（R^2）
水稳定团聚体（%）	0～10	$y=-2.5426x^2+124.96x-1033.1$	0.777 6**
	10～20	$y=-14.238x^2+519.62x-4198.5$	0.891 2**
	20～35	$y=-13.429x^2+434.89x-3003.8$	0.757 7**
	35～50	$y=-11.912x^2+381.96x-2564.5$	0.813 3**

注：$^*P<0.05$；$^{**}P<0.01$。

表 12-7　合理耕层养分指标

耕层养分指标	指标取值
土壤有机质含量（g/kg）	12～25
土壤全氮含量（g/kg）	0.80～1.2
作物生育前期土壤有效磷（mg/kg）	25～35
作物收获期土壤有效磷（mg/kg）	10～15
作物生育前期土壤速效钾（mg/kg）	140～160
作物收获期土壤速效钾（mg/kg）	120～140

第二节　西北高原黑垆土区旱地合理耕层构建技术

一、土壤耕作与培肥对耕层结构与功能的影响

在黑垆土区，目前存在翻耕、免耕、深松、旋耕等多种耕作方式，而且多伴随有秸秆还田等措施。不同耕作方式对土壤扰动等存在很大差异。作者以不同耕作的长期定位试验（始于 2007 年）为材料，研究了长期不同耕作如单一耕作措施的翻耕（CC）、免耕（NN）、深松（SS）及其相应的轮耕措施如免耕/深松（NS）、深松/翻耕（SC）、翻耕/免耕（CN）对土壤性质和功能的影响，为耕层构建技术提供理论和技术支撑。

（一）土壤耕作与培肥对耕层结构的影响

1. 不同耕作措施对耕层土壤容重的影响

6 种不同耕作处理：翻耕（CC）、免耕（NN）、深松（SS）和轮耕（如免耕/深松，NS）、深松/翻耕（SC）、翻耕/免耕（CN）对土壤容重影响显示（表 12-8），在土壤表层（0～10 cm），与传统翻耕（CC）处理相比，NS、NN、SS 处理的土壤容重均有所提高，而 SC 处理的则有所降低。在 10～20 cm 土层，CN、SS 处理的土壤容重显著低于其他处理。在 20～35 cm 土层，SS 处理的土壤容重比 CC 处理显著降低。在 35～50 cm 土层，SC 处理的土壤容重比 CC 处理降低了 6.7%，其他处理略高于传统翻耕处理。总体表明，在 6 种耕作中，深松/翻耕处理或深松处理对上下土层的土壤容重有明显降低作用，与翻耕处理相比，

长期免耕处理的0～50 cm土层的平均土壤容重有所提高。

表 12-8　不同耕作措施下的土壤容重（g/cm³）

耕层深度（cm）	NS	SC	CN	NN	SS	CC
0～10	1.24b	1.14d	1.27b	1.26b	1.37a	1.19c
10～20	1.48a	1.44a	1.33c	1.48a	1.41b	1.47a
20～35	1.51a	1.45b	1.45b	1.53a	1.39c	1.49ab
35～50	1.53ab	1.47c	1.49bc	1.55a	1.49bc	1.52ab
平均容重	1.46ab	1.40c	1.40c	1.47a	1.42bc	1.43abc

注：同一行小写字母表示同一土层不同处理间差异显著（$P<0.05$）。SS为深松耕，NN为免耕，CC为翻耕，NS为免耕/深松，SC为深松/翻耕，CN为翻耕/免耕。

2. 不同耕作措施对土壤团聚体的影响

在0～10 cm土层（表12-9），与CC处理相比，5种处理均增加了>0.25 mm的水稳定性团聚体含量（$WR_{0.25}$），其中NN处理的$WR_{0.25}$最高。在10～20 cm土层，CN和NN处理的$WR_{0.25}$大于CC处理；在20～35 cm土层，各处理$WR_{0.25}$的大小顺序是CN>NN>CC>NS>SS>SC。在35～50 cm土层，CC、SC处理的$WR_{0.25}$含量显著低于其他处理。总体表明，长期免耕、深松处理尤其是免耕处理，对于表层土壤>0.25 mm的水稳定性团聚体含量（$WR_{0.25}$）有显著提升作用，而轮耕处理尤其是翻耕/免耕的轮耕处理对10～35 cm土层的>0.25 mm的水稳定性团聚体含量有提升作用。土壤团聚体变化也可以用平均直径（MWD）的变化说明。在0～10 cm土层，各耕作处理间的MWD差异不显著；在10～20 cm土层，CN处理显著高于其他5种处理；在20～35 cm土层，NS、CN处理分别比CC提高7.0%、16.3%。在35～50 cm土层，NN、SS处理与CC处理差异显著，且分别提高了26.5%、32.4%。不同耕作下团聚体平均直径变化进一步说明轮耕措施如CN、NS以及免耕措施（NN）能提高团聚体的稳定性和团聚度。

表 12-9　不同耕作措施下土壤水稳定性团聚体的含量（g/kg）

土层（cm）	团聚体粒径（mm）	NS	SC	CN	NN	SS	CC
0～10	8～2	38.2±10.5b	79.3±17.3a	46.6±20.9ab	31.7±2.7b	34.9±14.0b	52.0±19.5ab
	2～1	36.1±0.4bc	51.6±2.5a	37.6±0.7b	34.1±5.1bc	28.1±5.0c	35.2±1.3bc
	1～0.5	89.7±6.8b	89.3±1.6b	60.2±5.7c	89.7±6.6b	123.5±12.4a	68.7±1.6c
	0.5～0.25	108.1±2.5ab	62.3±11.7c	94.4±25.3bc	141.3±12.3a	95.7±5.8bc	113.6±10.5ab
	>0.25	272.1±20.1a	282.5±21.1a	238.8±41.2a	296.8±26.7a	282.2±9.1a	269.4±30.2b
10～20	8～2	18.6±9.3b	16.1±5.7b	48.0±5.4a	23.1±1.5b	15.4±4.0b	24.0±16.3b
	2～1	33.9±7.1ab	19.6±3.2c	36.3±1.6a	32.7±3.6ab	19.5±3.3c	24.5±2.0bc
	1～0.5	47.1±2.9b	25.0±3.3d	62.4±2.7a	34.6±1.6bcd	30.6±3.2cd	34.5±4.0bc
	0.5～0.25	41.6±1.6bc	36.1±9.4c	70.2±4.8ab	87.5±26.6a	34.4±0.7c	83.6±0.6a
	>0.25	141.2±21.6b	96.7±21.6c	216.9±9.1a	177.9±26.1ab	99.8±3.4c	171.5±2.5b

（续）

土层（cm）	团聚体粒径（mm）	NS	SC	CN	NN	SS	CC
20～35	8～2	26.0±12.7a	22.1±11.6a	37.9±11.2a	28.3±11.4a	12.5±7.3a	24.6±2.4a
	2～1	37.0±11.6a	22.4±2.5a	32.3±2.6a	23.3±0.4a	5.9±8.3b	35.4±4.2a
	1～0.5	57.3±2.9a	27.8±1.1c	41.7±2.4b	29.6±2.0c	20.6±3.5d	25.6±0.3cd
	0.5～0.25	91.3±12.4a	37.1±7.9b	59.4±7.8ab	25.2±1.9b	31.8±5.2b	52.7±31.7b
	>0.25	211.6±10.1a	109.5±0.1cd	171.4±18.7ab	106.4±7.8cd	70.7±24.3d	138.0±38.5bc
35～50	8～2	6.2±0.1b	5.4±1.0b	17.6±3.9ab	21.9±1.5a	25.3±10.0a	9.1±5.8b
	2～1	11.9±2.3d	14.5±2.6cd	22.2±1.9bc	29.1±5.3ab	35.2±5.2a	21.0±0.9bc
	1～0.5	41.0±1.1bc	23.9±1.1d	33.4±1.4cd	53.9±4.7ab	54.4±8.8a	24.4±1.8d
	0.5～0.25	83.8±2.0a	36.6±2.0b	42.9±1.8b	94.0±16.2a	86.1±5.7a	41.5±4.2b
	>0.25	143.0±7.1b	80.4±1.5d	116.0±1.2c	198.8±17.1a	200.9±0.7a	96.0±1.1d

注：同一行小写字母表示同一土层不同处理间差异显著（$P<0.05$）。SS为深松耕，NN为免耕，CC为翻耕，NS为免耕/深松，SC为深松/翻耕，CN为翻耕/免耕。

3. 耕作措施对土壤紧实度的影响

不同耕作下土壤紧实度的变化（表12-10）显示，在0～10 cm土层，与CC处理相比，CN、SS、NS、NN、SC处理紧实度分别降低了53.4%、45.1%、37.6%、20.0%、2.6%，差异达显著水平（$P<0.05$）。在10～20 cm、20～35 cm、35～50 cm土层，均是NN处理的紧实度最大，在10～20 cm土层，紧实度大小为NN>CC>SC>NS>SS>CN，在20～35 cm土层，紧实度大小均为NN>SC>CC>CN>SS>NS，35～50 cm土层，紧实度大小为NN>CC>SC>SS>CN>NS。总体看来，翻耕/免耕相结合的轮耕处理对降低表层土壤紧实度有一定作用，而免耕/深松、深松措施可以明显降低20～35 cm层次土壤的紧实度。单一的免耕处理，土壤紧实度相对较大。

表12-10 不同耕作措施的土壤紧实度（kPa）

处理	土层（cm）			
	0～10	10～20	20～35	35～50
NS	202.5±6.1c	784.8±23.5d	1 303.4±39.1f	2 282.3±68.5e
SC	316.0±9.5a	890.0±26.7c	2 252.1±67.6b	3 187.7±95.6c
CN	151.0±4.5e	631.4±18.9f	2 168.6±65.1d	2 510.7±75.3d
NN	259.3±7.8b	1 099.4±33.0a	3 706.9±111.2a	4 184.0±125.5a
SS	178.5±5.4d	694.6±20.8e	1 846.0±55.4e	2 556.0±76.7d
CC	324.3±9.7a	993.8±29.8b	2 660.9±79.8c	3 394.3±101.8b

注：同一列小写字母不同表示差异达到5%的显著水平（$P<0.05$）。SS为深松耕，NN为免耕，CC为翻耕，NS为免耕/深松，SC为深松/翻耕，CN为翻耕/免耕。

(二) 土壤耕作与培肥对耕层功能的影响

1. 不同耕作与培肥对土壤全氮的影响

(1) 在平衡施肥条件下，表层（0～10 cm）土壤中SS处理的全氮含量最高（表12-11）。3种轮耕模式（NS、SC和CN）的全氮含量较CC处理分别提高10.5%、7.0%、5.8%；在10 cm以下土层，与CC处理相比，3种轮耕模式的全氮含量并未提高，但均显著高于SS处理的全氮含量，各处理之间差异较小；从0～50 cm土层整体看，CN、NN、CC 3种耕作模式间全氮含量差异不显著，均高于其他耕作模式；3种轮耕模式的全氮含量均显著高于SS处理。

表12-11　不同耕作下的土壤氮素变化（g/kg）

施肥措施	土层（cm）	NS	SC	CN	NN	SS	CC
平衡施肥	0～10	0.95±0.03ab	0.92±0.03ab	0.91±0.02abc	0.90±0.03bc	0.96±0.03a	0.86±0.02c
	10～20	0.76±0.02b	0.80±0.02a	0.82±0.03a	0.81±0.02a	0.65±0.02c	0.82±0.03a
	20～35	0.74±0.02b	0.69±0.02c	0.79±0.02a	0.77±0.02ab	0.60±0.02d	0.81±0.02a
	35～50	0.65±0.02c	0.65±0.02c	0.73±0.02ab	0.70±0.02b	0.59±0.02d	0.74±0.02a
	0～50	0.75±0.02b	0.74±0.02b	0.80±0.02a	0.78±0.02ab	0.67±0.02c	0.79±0.02a
常规施肥	0～10	0.81±0.02bc	0.77±0.02c	0.84±0.03ab	0.87±0.03a	0.87±0.03a	0.84±0.03ab
	10～20	0.63±0.02c	0.65±0.02c	0.75±0.02ab	0.72±0.02b	0.76±0.02a	0.78±0.02a
	20～35	0.61±0.02a	0.51±0.01c	0.55±0.02b	0.51±0.01c	0.62±0.02a	0.47±0.01d
	35～50	0.57±0.02b	0.53±0.01cd	0.70±0.02a	0.54±0.02bc	0.48±0.01e	0.50±0.02de
	0～50	0.63±0.02bc	0.59±0.02d	0.69±0.02a	0.62±0.02bcd	0.64±0.02b	0.60±0.02cd

注：同一行小写字母表示同一土层不同处理间差异显著（$P<0.05$）。SS为深松耕，NN为免耕，CC为翻耕，NS为免耕/深松，SC为深松/翻耕，CN为翻耕/免耕。

(2) 在常规施肥条件下，表层（0～10 cm）土壤，SS处理的全氮含量最高。3种轮耕模式的全氮含量低于3种单一耕作模式（NN、SS、CC）的全氮含量；在10～20 cm土层，与CC处理相比，3种轮耕模式的全氮含量并未提高；在20 cm以下土层，轮耕模式的全氮含量较单一耕作有所提高；0～50 cm土层，CN处理的全氮含量最高，且高于单一耕作模式，差异显著，与CC处理相比轮耕有利于提高全氮含量。施肥之间结合上述耕作模式对土壤全氮的影响，平衡施肥＋翻耕/免耕（CN）组合更有利于0～50 cm全氮含量的提高，而SS处理有利于表层（0～10 cm）土壤全氮的提高。总体看来，在0～10 cm表层，土壤全氮含量以SS、NS、NN比较高，而在0～50 cm土层整个土层，CN处理的较高。

2. 不同耕作与培肥对土壤碱解氮的影响

由表12-12可以看出，在平衡施肥条件下，表层（0～10 cm）土壤，SS处理的碱解氮含量最高，轮耕（NS、CN）模式的碱解氮含量较NN、CC处理显著提高，分别高11.9%～10.3%、8.4%～6.8%，SC处理的碱解氮含量高于NN、CC处理，但差异不显著；在20～35 cm土层，与CC处理相比，3种轮耕模式的碱解氮含量并未提高，但均显著高于SS处理的碱解氮含量；其他各层轮耕均高于CC处理；0～50 cm土层，CN处理的碱解氮含量最高，3 种轮耕模式的碱解氮含量均高于单一耕作处理，其中 3 种轮耕处理分别比 CC 处理的碱解氮含量高 5.1%、3.7%、8.0%。在常规施肥条件下，表层（0～10 cm）土壤，NN 处理的碱解氮含量最高，轮耕模式的碱解氮含量高于 3 种单 CC 处理；在 10 cm 以下土层，与 CC 处理相比，3 种轮耕模式的碱解氮含量并未提高；0～50 cm 土层，CN 处理的碱解氮含量最高，且高于单一耕作模式，但差异并不显著。施肥之间比较发现，平衡施肥＋翻耕/免耕（CN）组合更有利于碱解氮含量的提高。

表 12－12　不同耕作与施肥的碱解氮含量（mg/kg）

施肥措施	土层（cm）	NS	SC	CN	NN	SS	CC
平衡施肥	0～10	68.02±2.04ab	61.57±1.85c	65.85±1.98b	60.76±1.82c	70.91±2.13a	61.67±1.85c
	10～20	59.36±1.78a	59.87±1.80a	58.88±1.77ab	51.24±1.54c	40.61±1.22d	56.09±1.68b
	20～35	45.93±1.38ab	45.43±1.36b	46.45±1.39ab	42.45±1.27c	29.66±0.89d	47.95±1.44a
	35～50	33.76±1.01b	35.33±1.06b	39.69±1.19a	41.03±1.23a	27.72±0.83d	30.68±0.92c
	0～50	48.40±1.45ab	47.77±1.43ab	49.79±1.49a	46.61±1.40b	38.22±1.15c	46.06±1.38b
常规施肥	0～10	62.60±1.79bc	64.20±1.63ab	64.47±1.93ab	67.60±2.03a	62.07±1.86bc	60.17±1.81c
	10～20	53.59±1.31ab	50.60±1.22bc	53.15±1.59ab	52.39±1.57b	48.95±1.47c	56.07±1.68a
	20～35	35.07±0.87b	31.08±0.93c	34.98±1.05b	29.46±0.88c	40.84±1.23a	33.52±1.01b
	35～50	27.71±0.83c	30.40±0.91a	28.17±0.85bc	29.03±0.87abc	23.28±0.70d	29.34±0.88ab
	0～50	40.97±1.23a	40.28±1.21a	41.12±1.23a	40.15±1.20a	40.18±1.21a	40.95±1.23a

注：同一行小写字母不同表示差异达到 5%的显著水平（$P<0.05$）。SS 为深松耕，NN 为免耕，CC 为翻耕，NS 为免耕/深松，SC 为深松/翻耕，CN 为翻耕/免耕。

3. 不同耕作对土壤有机碳的影响

在表层土壤（0～10 cm）中，与 CC 处理相比，免耕、深松以及相应的轮耕处理 SOC 含量均有所增加，其中 NN 处理增加幅度最大（表 12－13）。在 10～20 cm 土层，SOC 大小顺序为 NS＞CN＞SS＞SC＞CC＞NN，与 CC 处理相比，除处理 NN 以外，其他耕作处理的 SOC 含量均比 CC 处理有所增加，其中 NS 和 CN 处理差异显著。在 20～35 cm 土层，与 CC 处理相比，CN 处理的 SOC 含量显著增加，NN 处理显著减少，NS、SC 和 SS 处理变化不显著。在 35～50 cm 土层，除处理 NN 以外，其他耕作处理的 SOC 含量均比 CC 处理有所增加，其中 NS 差异显著。

表 12－13　各土层有机碳含量的变化（g/kg）

土层（cm）	NS	SC	CN	NN	SS	CC
0～10	11.86±0.37a	8.66±0.23d	9.50±0.31c	12.06±0.35a	10.97±0.39b	8.24±0.29d
10～20	9.06±0.22a	8.02±0.37bc	8.84±0.21a	7.67±0.19c	8.45±0.30ab	7.89±0.24bc
20～35	6.63±0.17abc	6.81±0.20ab	7.13±0.27a	6.06±0.19d	6.16±0.14cd	6.59±0.19bc
35～50	5.07±0.16a	4.94±0.18ab	4.63±0.16bc	4.31±0.12c	4.89±0.15ab	4.59±0.14bc

注：同一行不同小写字母表示同一土层不同耕作处理之间差异显著（$P<0.05$）。SS 为深松耕，NN 为免耕，CC 为翻耕，NS 为免耕/深松，SC 为深松/翻耕，CN 为翻耕/免耕。

4. 耕作措施对作物产量和土壤水分利用效率（WUE）的影响

（1）小麦连作下，耕作对产量和水分利用效率的影响。不同耕作处理下冬小麦的产量相对而言以NS处理产量与水分利用效率最高，CN产量最低；SC处理生育期的耗水量最高，水分利用效率最低（表12-14）。

表12-14　小麦产量和水分利用效率

耕作处理	播前储水量(mm)	收获期储水量(mm)	生育期降水量(mm)	生育期耗水量(mm)	产量(kg/hm²)	水分利用效率[kg/(hm²·mm)]
NN	440	265	151.6	326.6bc	4 196a	12.8a
SS	449	264	151.6	336.6b	3 964a	11.8a
CC	469	298	151.6	322.6bc	4 146a	12.9a
NS	424	251	151.6	324.6bc	4 212a	13.0a
SC	470	240	151.6	381.6a	3 947a	10.3b
CN	450	249	151.6	352.6b	3 765b	10.7b

注：SS为深松耕，NN为免耕，CC为翻耕，NS为免耕/深松，SC为深松/翻耕，CN为翻耕/免耕。

（2）玉米连作下，耕作对产量和水分利用效率的影响。不同耕作模式下春玉米水分利用效率与生育期耗水量如表12-15显示，春玉米生育期总耗水量以NN处理显著较高。产量和WUE则是NS、NN和SS显著高于其余处理，CC处理最低。产量的增加主要由穗粒数所决定。收获指数却以NN和CC处理显著高于其他处理。

表12-15　不同耕作处理下玉米产量和水分利用效率

耕作处理	播前储水量(mm)	收获期储水量(mm)	生育期降水量(mm)	生育期耗水量(mm)	产量(kg/hm²)	水分利用效率[kg/(hm²·mm)]
NS	447a	327a	227.2	347.2b	9 797a	28.22a
SC	439a	319a	227.2	347.2b	7 945c	22.88c
CN	442a	335a	227.2	334.2b	8 797b	26.32b
NN	441a	291a	227.2	377.2a	10 908a	28.92a
SS	424b	310a	227.2	341.2b	9 389a	27.52ab
CC	414b	320a	227.2	321.2c	7 723c	24.04c

注：SS为深松耕，NN为免耕，CC为翻耕，NS为免耕/深松，SC为深松/翻耕，CN为翻耕/免耕。

5. 不同耕作下的肥料利用率

在冬小麦种植过程中，采用六种耕作模式，4年来平均产量以NS处理最高，其次是SC处理。氮肥利用率分别提高了9.96和8.27个百分点（表12-16）。

表12-16　不同耕作下的肥料利用率变化

处理	2015年		2016年		2017年		2018年		N利用率平均值(%)
	产量(kg/hm²)	N利用率(%)	产量(kg/hm²)	N利用率(%)	产量(kg/hm²)	N利用率(%)	产量(kg/hm²)	N利用率(%)	
NS	4 451.40	29.23	5 916.70	27.08	4 598.30	30.40	4 212.00	33.83	30.14
SC	4 132.50	27.39	5 512.00	26.21	4 268.87	28.49	3 974.00	31.70	28.45

（续）

处理	2015年		2016年		2017年		2018年		N利用率平均值（%）
	产量（kg/hm²）	N利用率（%）	产量（kg/hm²）	N利用率（%）	产量（kg/hm²）	N利用率（%）	产量（kg/hm²）	N利用率（%）	
CN	3 628.20	21.88	5 500.00	22.73	3 747.93	25.67	3 765.00	28.57	24.71
NN	3 834.10	22.21	5 333.30	23.06	3 960.63	23.10	4 196.00	25.71	23.52
SS	3 847.00	22.12	4 833.30	22.97	3 973.95	23.00	3 964.00	25.60	23.42
CC	3 745.80	18.91	4 833.30	17.28	3 869.41	19.67	3 746.00	24.89	20.18

注：SS为深松耕，NN为免耕，CC为翻耕，NS为免耕/深松，SC为深松/翻耕，CN为翻耕/免耕。

二、合理耕层构建技术

（一）合理耕层构建技术指标

1. 深松技术指标

一般隔2～3年进行。前茬实施免耕或翻耕作业1～2年后，可选择深松作业。深松深度30～35 cm，深松铲间隔40～60 cm。

2. 化肥施用指标

（1）玉米施肥标准。氮肥（N）225～250 kg/hm²，磷肥（P_2O_5）90～120 kg/hm²，钾肥（K_2O）75～90 kg/hm²。全部磷肥、钾肥及70%～80%的氮肥，可结合播前整地旋耕混合底施，也可在玉米播种时采用施肥播种机一次性完成播种和施肥作业，施肥深度10～15 cm，剩余氮肥在玉米大喇叭口期追施。也可在播种时选择玉米专用缓控释肥一次性基施，免去追肥。

（2）小麦施肥标准。氮肥（N）150～225 kg/hm²，磷肥（P_2O_5）90～120 kg/hm²，钾肥（K_2O）40～90 kg/hm²。可结合播前整地旋耕混合土壤，也可在小麦播种时采用免耕施肥播种机一次性完成播种和施肥作业，施肥深度10～15 cm。

3. 耕层土壤培肥技术指标

（1）施用有机肥。结合播前整地，施用农家肥、有机肥或生物有机肥等。农家肥用量一般为15 000～30 000 kg/hm²；施用时通过翻耕或旋耕等措施尽量与土壤混匀，做到土肥相融。商品有机肥用量为2 000～4 500 kg/hm²，生物有机肥的用量为1 500～2 250 kg/hm²。商品有机肥可在播前整地或播种时施用，生物有机肥可在播种时施用。

（2）秸秆还田技术指标采用联合收割机，秸秆就地全量还田，均匀抛撒于田面，长度不超过5 cm，后期在整地时秸秆与表层土壤混合均匀。

（二）合理耕层构建技术

1. 秸秆还田和残茬处理技术

前茬作物春玉米（或冬小麦）秸秆在收获时可用联合收获机自带粉碎装置粉碎还田，也可在人工收获后采用秸秆粉碎还田机粉碎。在冬春季休闲期风大的地区，可选用秋季玉米收获后整秆覆盖，翌年春季播前将残存长秸秆粉碎再还田。

2. 深松技术

前茬实施免耕或翻耕作业后，可选择深松作业。局部深松时，机具采用铧型铲或者其他适宜的深松机，深松铲间隔 40～60 cm。全方位深松时，机具采用 V 形全方位深松机或者其他适宜的深松机。不翻动土壤，不破坏地表覆盖，深松深度 30～35 cm。

3. 深翻技术

前茬实施深松或者免耕 1～2 年后，可选择深翻作业。一般土壤重量含水量 10%～15%或土壤湿度达到田间持水量的 40%～60%时，较为适宜进行翻耕作业。采用铧式犁全面深翻耕土壤，翻埋秸秆残茬或结合施用有机肥，深翻耕要求深度 20～25 cm，并将秸秆残茬全部掩埋于土中。

4. 播前整地技术

在播前如果地表不平整、作物残茬和杂草较多，可采用旋耕机浅旋平整地表，形成适合播种的表土层。若秋季玉米收获后秸秆覆盖地表，可在播前采用秸秆粉碎机将残存长秸秆粉碎至长度 3～5 cm 还田，以便播种。

5. 免耕机播种技术

（1）玉米免耕机播种技术。选择玉米免耕施肥播种机播种或玉米单粒播种机，播种深浅一致，落籽均匀，播行直，不漏播，不重播。播后田面镇压，踏实表土。玉米播种量为 37.5～45.0 kg/hm^2，播种深度为 3～5 cm，行距为 50～60 cm，株距为 25～30 cm，或行距为 40～80 cm 的宽窄行。种植密度：5.25 万～7.50 万株/hm^2。

（2）小麦免耕机播种技术。播种前利用旋耕等方式，切碎地表残留的秸秆平整土地，也可以采用免耕播种机直接播种。小麦指标：播种选择在 9 月下旬和 10 月上旬进行，播种量为 112.5 kg/hm^2，行距为 20 cm。

6. 土壤培肥技术

采用秸秆还田、施用有机肥，并配合施用化肥等技术，形成黑垆土土壤培肥的综合技术。以秸秆全量粉碎还田或覆盖还田为宜，在秸秆粉碎还田时配合施用生物有机肥（1 500～3 000 kg/hm^2）和氮肥（尿素 75 kg/hm^2），促进秸秆腐解。

第三节　西北高原黑垆土区旱地合理耕层构建技术模式

一、小麦农田深松-免耕机播种综合技术模式

（一）模式概述

该模式针对小麦收获后土壤翻耕过程引起的水分蒸发损失严重、土壤有机质矿化快、土壤结构破坏严重等问题，通过小麦收获后留高茬覆盖，并结合深松技术、免耕机播种技术和田间施肥管理技术，形成小麦农田深松-免耕机播种综合技术模式，从而改善土壤结构，减少土壤水分蒸发，增加土壤蓄水保墒能力，提高土壤有机质含量及肥力，增加小麦产量和肥

料利用效率。

（二）主要技术环节

1. 小麦高留茬机收技术

在6月中下旬进行小麦收获，大块田采用自走式全喂入谷物联合收割机（喂入量≥5 kg/s），小块田采用自走履带式全喂入谷物联合收割机（喂入量≤1.5 kg/s）。

2. 土壤深松技术

在7月上旬进行机械深松，一般3年深松1次，局部深松时采用凿型铲，全方位深松时采用V形铲。采用130马力*以上四轮驱动拖拉机配套4铲以上深松机或V形全方位深松机。深松深度35 cm，深松铲间隔40～60 cm。

3. 休闲期杂草控制技术

8月中旬至9月中旬休闲期化学除草或人工除草。

4. 免耕机施肥播种技术

在9月下旬在播种小麦前进行施肥，施肥量氮肥（N）为150～225 kg/hm²，磷肥（P_2O_5）为90～120 kg/hm²，钾肥（K_2O）为40～90 kg/hm²。可结合播前整地旋耕混合土壤，也可在小麦播种时采用免耕施肥播种机一次性完成播种和施肥作业，施肥深度10～15 cm。

5. 小麦生育期间综合管理技术

在小麦生育期间进行病虫害控制技术、杂草控制技术。

（三）应用效果及适用范围

1. 应用效果

（1）不同耕作措施下肥料利用率。各耕作处理的氮肥利用效率表现为：深松/翻耕>免耕/深松>连年翻耕>连年免耕（表12-17），与连年翻耕相比，深松/翻耕和免耕/深松处理的氮肥利用效率均有所增加，增加幅度分别为21.62%、19.59%。

表12-17　示范区肥料利用率变化

处理	地上部分吸氮量（kg/hm²）	氮肥用量（kg/hm²）	氮肥利用率（%）				
			田块1	田块2	田块3	田块4	平均
连年翻耕	136	150	33.67	35.35	33.84	31.32	33.54
连年免耕	131	150	31.33	32.85	32.39	30.12	31.67
深松/翻耕	146	150	40.33	42.35	41.745	38.72	40.79
免耕/深松	145	150	39.67	41.65	41.055	38.08	40.11

（2）不同耕作下的小麦产量。由表12-18可知，与连年翻耕相比，翻耕、免耕与深松相互配合，小麦产量均可得到提高。

* 马力为非法定计量单位，1马力=735.5 W。

表 12-18　小麦产量变化

处理	田块 1	田块 2	田块 3	田块 4	平均（kg/hm²）
连年翻耕	5 617	5 250	4 935	4 883	5 171
连年免耕	5 457	5 100	4 794	4 743	5 024
深松/翻耕	6 484	6 060	5 696	5 636	5 969
免耕/深松	6 356	5 940	5 584	5 524	5 851

2. 适用范围及注意事项

适用于降水量较少的半湿润易旱区和半干旱地区。在小麦收获后实行留高茬覆盖以减少水分蒸发，且与深松技术＋免耕播种技术相结合提高土壤蓄水保墒能力，一般 2～3 年深松 1 次，形成深松/免耕/翻耕的轮耕模式。在深松后的休闲期，注意防治杂草。

二、黑垆土玉米秸秆粉碎还田深翻技术模式

（一）模式概述

该模式通过玉米秸秆粉碎还田，结合土壤深翻技术，把大量秸秆与土壤相互混合，从而提高土壤有机质，改善土壤结构，增加土壤蓄水保墒能力，提高土壤生产力，从而增加作物产量及肥料利用效率。针对黄土高原水分蒸发量大的特点，把深翻、深松、免耕相互配合，形成轮耕技术，最大程度地提高水分利用效率。

（二）主要技术环节

1. 技术流程

前茬作物春玉米收获→残茬处理→深翻（或深松）→表土作业→免耕机播种→田间管理→玉米收获。

2. 残茬处理

前茬作物春玉米秸秆在收获时可用联合收获机自带粉碎装置粉碎还田，也可在人工收获后采用秸秆粉碎还田机粉碎。在冬春季休闲期风大的地区，可选用秋季玉米收获后秸秆覆盖，翌年春季播前将残存长秸秆粉碎还田。

3. 深翻或深松作业

一般隔年进行。秋季玉米收获秸秆粉碎后，选择深翻（25～30 cm）或深松（35 cm）作业。土壤湿度达到田间持水量的 40%～60%时较为适宜深翻或深松作业。深松时采用铧型铲或 V 形全方位深松机，深松间隔 40～60 cm。

4. 玉米播种

表土作业后采用玉米免耕播种机进行播种。玉米播种量为 37.5～45 kg/hm²，播种深度为 3～5 cm，行距为 50～60 cm，株距为 25～30 cm，或行距为 40＋80 cm 的宽窄行。种植密度：5.25 万～7.50 万株/hm²。播后田面镇压，踏实表土。适宜播期为 4 月 15 日至 5 月 10 日，日平均气温达到 16～18 ℃时；或者春季 5～10 cm 层地温稳定在 10 ℃以上，土壤重量

含水率 14%～20%时为宜。

5. 施肥

氮肥（N）225～250 kg/hm²，磷肥（P_2O_5）90～120 kg/hm²，钾肥（K_2O）75～90 kg/hm²。全部磷肥、钾肥及 70%～80%的氮肥，可结合播前整地旋耕混合底施，或者在玉米播种时采用玉米免耕施肥播种机一次性完成播种和施肥作业，施肥深度 10～15 cm，剩余氮肥在玉米大喇叭口期追施。也可在播种时选择缓控释肥一次性基施。

（三）应用效果及适用范围

1. 应用效果

（1）不同耕作措施下肥料利用率。各耕作处理的氮肥利用效率表现为：深松/翻耕>免耕/深松>连年免耕>连年翻耕（表 12－19），与连年翻耕相比，其他耕作处理的氮肥利用效率均有所增加，其中深松/翻耕和免耕/深松处理增加幅度较大，分别为 20.56%、18.62%。

表 12－19　不同耕作下玉米田块肥料利用率

处理	地上部分吸氮量（kg/hm²）	氮肥施用量（kg/hm²）	氮肥利用率（%）				
			田块 1	田块 2	田块 3	田块 4	平均
连年翻耕	208	300	33.05	34.43	35.46	36.49	34.43
连年免耕	209	300	33.37	34.76	35.81	36.85	34.76
深松/翻耕	229	300	39.85	41.51	42.76	44.00	41.51
深松/免耕	227	300	39.20	40.84	42.06	43.29	40.84

（2）不同耕作措施下玉米产量。由表 12－20 可知，各处理的玉米产量表现为：深松/翻耕>深松/免耕>连年翻耕>连年免耕，其中深松/翻耕增产幅度最大。与连年翻耕相比，深松/翻耕、免耕/深松处理的玉米产量均有所增加。

表 12－20　不同耕作下玉米田块的产量（kg/hm²）

处理	田块 1	田块 2	田块 3	田块 4	平均
连年翻耕	9 690	10 200	10 659	10 812	10 340
连年免耕	9 263	9 750	10 189	10 335	9 884
深松/翻耕	11 528	12 135	12 681	12 863	12 302
深松/免耕	11 258	11 850	12 383	12 561	12 013

2. 适用范围及注意事项

适用于半湿润易旱区和半干旱地区的黑垆土分布区。针对比较黏重的黑垆土一般采用翻耕＋深松的方式效果更好。遇到降水量较少年份，翻耕后要及时耙耱防止冬季和春季水分过度蒸发。

第十三章
新疆河谷平原黑钙土区旱地合理耕层构建理论与技术

黑钙土发育于温带半湿润半干旱地区草甸草原和草原植被下的土壤。其主要特征是土壤中有机质的积累量大于分解量，土层上部有黑色或灰黑色肥沃的腐殖质，在此层以下或土壤中下部有石灰富积的钙积层，故名黑钙土。新疆黑钙土是非地带性土壤，主要分布在伊犁河流域的昭苏盆地，总面积 1.12×10^4 km^2，其中耕地面积 5.47×10^4 万 hm^2。黑钙土的成土母质多为厚薄不等的黄土状物质，肥力通常很高，加上团粒结构较好，水、热、通气、耕性等条件比较优越，是很好的宜农宜牧土壤资源。由于伊犁河谷黑钙土区雨热不同步易出现季节性干旱、土壤受困于传统耕作措施出现犁底层，以及长期的重用轻养导致肥力下降等因素制约，导致该地区主要栽培作物小麦和油菜产量和品质下降。因此，构建新疆河谷平原黑钙土合理耕层对该地区粮油作物稳产高产和农业可持续发展有重要作用。

第一节　新疆河谷平原黑钙土区旱地合理耕层评价

一、区域概况、关键障碍及改善方法

（一）区域概况

新疆伊犁河谷是亚欧大陆干旱地带的一块“湿岛”，土地肥沃，草原辽阔，物产丰富，是新疆最重要的粮食、油料、畜牧、甜菜、亚麻、水果生产基地，在新疆农业生产中占有重要的地位。伊犁河谷位于天山山脉西部，三面环山。伊犁河谷气候寒冷湿润，属于温带大陆性气候，年平均气温 10.4 ℃，年日照时数 2 870 h。年降水量 417.6 mm，山区达 600 mm，是新疆最湿润的地区。土壤类型主要为灰钙土、黑钙土、沼泽土、灰潮土和草甸土，其中新疆河谷平原黑钙土，又分为三个亚类——黑钙土、草甸黑钙土和耕作黑钙土。伊犁河谷平原黑钙土分布区的寒冷湿润气候条件使得土壤进行强烈的腐殖质积聚过程，同时，碳酸钙积累也很明显，导致土壤剖面中部形成明显的钙积层。20 世纪 90 年代末，黑钙土土壤富含有机质，表层土壤有机质含量在 8%～14%，而近年来随着过量使用化肥以及长期的非保护性耕作导致土壤有机质急剧下降。黑钙土内草本植物的根系较发达，死亡后形成大量的腐殖质，可以形成有机胶体，同时，活的根系在根际周围可以分泌出有机酸，并与土粒相互作用，而植物根在生长过程中的挤压作用，使黑钙土形成良好的团粒结构。新疆维吾尔自治区黑钙土主要分布于伊犁河谷，区域概况如下。

1. 伊犁河谷雨养旱地农业生产状况

伊犁河谷耕地面积为 55.19×10^4 hm^2，占全疆耕地面积的 13.4%。其中，水浇地 45.04×10^4 hm^2，占耕地面积的 81.6%，旱地为 9.34×10^4 hm^2，占耕地面积的 16.92%，是全疆雨养旱地比例最多的地区。昭苏县、尼勒克县、特克斯县、新源县、巩留县、察布查尔锡伯自治县，海拔 600～1 800 m 地带均有雨养旱地分布，面积为 8.75×10^4 hm^2，占全伊犁河谷雨养旱地面积的 93.72%①。

① 资料来源：2016 年新疆统计年鉴，不包括兵团。

伊犁河谷雨养旱地主要种植小麦和油菜以及少量的马铃薯、红花以及其他特用作物。其中春小麦的种植面积为最大，达到60%以上。河谷内旱作区土壤类型主要为黑钙土（主要分布在昭苏盆地），栗钙土，灰钙土等草原土壤，多数土壤自然肥力相对较低。由于河谷气候、海拔、降水、积温、土壤类型存在很大差别，故形成了不一样的旱田作物种植结构和耕作制度。在传统农业生产力水平状况下，土地长期连续耕作必然会导致土地生产力的下降。本研究主要关注伊犁河谷平原黑钙土，故将试验基地选在昭苏盆地，区域概况如下。

（1）气候状况。新疆维吾尔自治区黑钙土多分布于昭苏县，该县隶属于新疆维吾尔自治区伊犁哈萨克自治州，位于天山北麓西端，伊犁哈萨克自治州西南部，伊犁谷地特克斯河上游的山间盆地。地处东经180°18′～181°51′，北纬42°14′～43°23′，东西长136 km，南北宽128 km，总面积1.11×10^4 km^2。昭苏县气候冷凉湿润，属典型的温带山区冷凉气候类型，年平均温度3.2 ℃，极端最高气温33.5 ℃，极端最低气温－40.1 ℃，>10 ℃年平均有效积温为1 328.1 ℃，年平均无霜期132 d。年平均降水量512 mm，其中作物生长季节的4—8月降水量占全年降水量的75%，年平均蒸发量1 251 mm，年平均日照时数2 699 h。可见，特有的光热资源及冷凉气候极其有利于小麦和油菜的生长发育。

（2）种植结构基本情况。以种植油菜、小麦为主，2016年，昭苏县的农作物播种面积为55 420 hm^2，粮食作物播种面积为42 760 hm^2，其中小麦的播种面积为42 470 hm^2，占总播种面积的76.6%，占粮食作物的播种面积为99.3%，油菜的播种面积为5 970 hm^2，占农作物播种面积的10.8%，小麦和油菜种植面积总和占农作物播种面积的87.4%。种植作物结构单一，不利于轮作倒茬。由于长期连作，外加自然气候干旱，小麦、油菜病虫害发生较严重，故小麦品质差，油菜产量低。

2. 伊犁河谷雨养黑钙土种植区土壤耕层现状

在2015年对伊犁河谷平原黑钙土分布区域进行调研，对春小麦种植地块和油菜种植地块的土壤耕层状况进行了调研，分别在新疆生产建设兵团第4师第76团和77团共调查样点38个，其中76团黑钙土区春小麦样点10个，油菜样点5个，第77团小麦区采样点8个，油菜采样点15个。由表13-1可以看出，黑钙土的犁底层深度在19.9～30 cm，平均值为26.4 cm。土壤容重在1.02～1.61 g/cm^3，平均值为1.38 g/cm^3。土壤紧实度为381～834 kPa，平均值为534.2 kPa，孔隙度为46.2%～55.7%，平均值为49.88%。沙粒含量为48.36%～57.46%，平均值为53.48%；粉粒含量为32.19%～40.12%，平均值为35.42%；黏粒含量为10.54%～12.28%，平均值为11.11%。犁底层深度、紧实度和机械组成的各粒径变异性较大；土壤容重和孔隙度变异性相对较小。黑钙土0～30 cm的颗粒组成以沙粒为主，占50%以上，粉粒占35%以上，耕层黏粒含量为11%左右。土壤质地含沙量相对较高，土壤保水性较差。

表13-1 黑钙土区域耕层30 cm深度土壤物理性质状况（n=38）

物理性状	犁底层深度（cm）	容重（g/cm^3）	紧实度（kPa）	孔隙度（%）	机械组成（%）		
					沙粒	粉粒	黏粒
最低值	19.9	1.02	381	46.2	48.36	32.19	10.54
最高值	30	1.61	834	55.7	57.46	40.12	13.28

（续）

物理性状	犁底层深度（cm）	容重（g/cm^3）	紧实度（kPa）	孔隙度（%）	机械组成（%）		
					沙粒	粉粒	黏粒
平均值	18.4	1.38	534.2	49.88	53.48	35.42	11.1
标准差	6.23	0.21	231.2	6.55	6.21	4.34	1.04

昭苏县黑钙土调查样点的土壤化学性质如表 13-2 所示，耕层土壤的 pH 变幅为 7.2～8.3，平均值为 7.96，属典型的偏碱性土壤，土壤的电导率最小值为 0.78，最大值为 1.23，平均值为 1.14。阳离子交换量（CEC）变幅为 10.26～27.12 cmol/kg，平均值为 18.43 cmol/kg。0～30 cm 土层的 $CaCO_3$ 含量较高，达到 100 g/kg 以上，这也是土壤 pH 呈碱性的原因。有机质含量变幅为 14.5～26.0 g/kg，平均值为 20.2 g/kg，说明土壤有机质含量呈中等偏下水平。

表 13-2 黑钙土区域耕层 30 cm 深度土壤化学性质状况（$n=38$）

化学性状	pH	电导率（mS/cm）	有机质（g/kg）	$CaCO_3$（g/kg）	阳离子交换量（cmol/kg）
最低值	7.2	0.78	14.5	87.8	10.26
最高值	8.3	1.23	26.0	131.0	27.12
平均值	7.96	1.14	20.2	115.0	18.43
标准差	0.21	0.32	6.7	8.7	4.12

表 13-3 表示伊犁河谷平原黑钙土调查样点的土壤肥力变化，由表可以看出，土壤全氮的含量在 1.12～2.36 g/kg，其中平均值为 1.58 g/kg，土壤全磷的含量在 1.06～1.73 g/kg，平均值为 1.31 g/kg，土壤全钾的含量在 19.25～28.21 g/kg，平均值为 22.34 g/kg，土壤碱解氮的含量在 76.48～189.23 mg/kg，平均值为 134.39 mg/kg，土壤有效磷的含量在 8.57～22.34 mg/kg，平均值为 15.23 mg/kg，土壤速效钾的含量在 103.34～190.89 mg/kg，平均值为 158.25 mg/kg。以上说明伊犁河谷平原黑钙土区土壤肥力水平总体呈现相对的"缺氮、少磷、富钾"的养分状态。

表 13-3 黑钙土区域耕层 30 cm 深度土壤肥力状况（$n=38$）

土壤养分	全氮（g/kg）	全磷（g/kg）	全钾（g/kg）	碱解氮（mg/kg）	有效磷（mg/kg）	速效钾（mg/kg）
最低值	1.12	1.06	19.25	76.48	8.57	103.34
最高值	2.36	1.73	28.21	139.23	22.34	190.89
平均值	1.58	1.31	22.34	92.39	15.23	160.25
标准差	0.46	0.19	4.38	20.5	3.48	23.56

表 13-4 表示伊犁河谷平原黑钙区从 1984 年至 2015 年土壤调查点的土壤肥力的演变，可以看出，年鉴统计的当前土壤有机质的含量与调查采样点的数据差别不大，分别为 1.6% 和 1.74%，调查点平均值略高，由表可以看出，随着年代的增加，土壤有机质含量显著下降，其中 2008 年的土壤有机质含量较 1984 年下降了 76.2%，2015 年的土壤有机质相比

2008年下降了20%，这说明新疆黑钙土耕作区正遭受着土壤有机质含量急剧下降的危机。土壤碱解氮含量与有机质含量表征类似，呈现明显下降的趋势，由1984年的242 g/kg下降到2015年的82 g/kg，降低幅度达到66.1%。土壤有效磷含量随着年代增加呈现“先降低，后升高”的规律，整体含量变化不大，这与采样点的平均值15.23 mg/kg几乎没有差别。土壤速效钾的含量呈现缓慢下降的趋势，在2015年的含量为158 mg/kg，比1984年的含量216 mg/kg降低了26.9%。在2015年的调查土壤速效钾含量与统计值差不大。综上所述，从可以评价土壤肥力的指标上看，有机质含量和碱解氮含量下降最大，速效钾含量缓慢下降，而有效磷含量整体变化不大。

表13-4　黑钙土区历年来土壤肥力状况演变

年份	有机质（g/kg）	碱解氮（mg/kg）	有效磷（mg/kg）	速效钾（mg/kg）
1984	82	242	14	216
2002	78	235	12	206
2008	20	96	8	196
2009	21	98	8	196
2010	20	97	7	263
2011	21	95	7	190
2012	20	98	8	266
2013	18	85	18	153
2014	18	88	19	168
2015	16	82	15	158

资料来源：新疆统计年鉴2017；新疆生产建设兵团统计年鉴2016。

（二）关键障碍

1. 气候障碍

新疆生产建设兵团农四师伊犁河谷平原黑钙土区，属于高寒半湿润冷凉型气候，降水量不均导致的季节性干旱是限制该地区农业发展的主要因子。增加休闲期自然降水入渗量、减少土壤蒸发、提高土壤含水量和生育期的水分利用效率，才能够提高作物产量。因雨热不同步造成的季节性干旱和霜冻等主要灾害性天气，成为制约伊犁河谷平原黑钙土垦区旱作农业可持续发展的主要气候障碍因素。

2. 土壤障碍

土壤耕层理化性状决定着土壤水、肥、气、热的协调和供应，对作物生长发育和水肥资源的高效利用有重要意义。土壤的紧实度和容重是土壤物理状态的直观反映，其大小深刻影响着土壤的入渗性、透气性、持水性、溶质迁移性及土壤的抗侵蚀性等方面，是判断土壤耕层质量的重要物理指标。土壤pH、阳离子交换量和电导率等是影响土壤耕层质量的重要化学指标。土壤有机质、土壤全量和速效态的氮、磷、钾养分是评价土壤耕层质量的重要肥力指标（也可划分为化学指标）。随着现代的大型机械入地以及浅耕、常规旋耕等措施的应用，导致了伊犁河谷平原黑钙土犁底层上移，耕层变浅，土壤结构遭到严重变劣，土壤的蓄水供水能力变差，致使作物产量稳定性降低、品质变差等问题。

（1）黑钙土物理结构变差且存在犁底层。表 13-1 已经表明，土壤质地沙粒占到 50% 以上，因此，土壤的保水保肥效果差，漏水漏肥现象严重。此外，调查区耕层 20～30 cm 的土壤容重达到 1.38 g/cm^3，并且土壤的紧实度较大会导致水分入渗困难。伊犁河谷区通常采用传统机械进行浅耕、旋耕，由于旋耕刀和犁铧对土壤的挤压、打击作用，一般仅可达到地表下 0～20 cm，连续采用常规耕作会使 20 cm 以下土壤层变紧、变硬，出现明显的犁底层（或犁底层上移，图 13-1），土壤孔隙度和通透性降低，这导致黑钙土土壤浅层水分散失较快，储水能力下降，对干旱期的土壤影响较大，将严重影响到小麦和油菜出苗率以及保苗率。此外，由于导致 20～30 cm 土层出现水分和养分的"阻隔层"，导致浅层地下水补给不上，这与毛管孔隙的阻断有关系，并对处于干旱条件下的作物不耐旱，造成长时间萎蔫，最后影响小麦和甜菜的产量。耕作方式和采用地表覆盖对土壤水分的影响较大。相比常规耕作，深耕和深松能够增加土壤持水量，利于提高作物水分利用效率和产量。覆盖栽培是旱作农业高效用水的核心技术，主要包括地膜覆盖和秸秆覆盖，其中秸秆覆盖是一种绿色可持续种植方式，增产效应显著。秸秆覆盖后土壤团粒结构改善，降水入渗增加，土壤蒸发降低，土壤储水量提高，且随覆盖秸秆的腐解还田，土壤水肥气热状况得到有效调节，秸秆覆盖下冬季土壤的热量损失降低 40%、结冻变缓，储存更多降水供小麦在春季利用。在中国西北地区，秸秆覆盖表现出"高温时降温、低温时增温"的效应，能缓冲土壤温度的变化，为作物生长创造良好环境。因此，为改善伊犁河谷黑钙土区的土壤耕层结构变差的问题，可以采

图 13-1　伊犁河谷平原黑钙土土壤剖面

取深松耕以及秸秆覆盖还田的方式。

（2）土壤有机质含量逐年下降。伊犁河谷黑钙土区土壤耕层质量下降的根本原因是土壤有机质含量变低。传统的土地耕翻、清除秸秆和机械灭茬是常用的作业方式，加剧了有机质的分解，而农田重用轻养的土地利用方式导致土壤有机质补充来源少。在自然因素和长期不合理的耕作管理方式下，伊犁河谷平原黑钙土土壤肥力持续下降。昭苏县黑钙土耕作 25 年后进行土壤指标测定发现，有机质含量下降了 56.6%，碱解氮含量下降了 41.2%，有效磷含量下降 36.3%。这与作者调查研究相似，作者的研究表明土壤有机质在 30 年内降低幅度达到 66.1%。由于有机质含量低，土壤中通过有机质的胶结作用形成的有机-矿质复合体少，从而使土壤中水稳性团聚体分布很少，土壤结构差，表层土壤以块状结构为主，土壤耕性差，易板结，土壤水分的蒸发快，保水性差。土壤有机质也直接影响到土壤养分的供应，在旱地土壤中，有机质含量与土壤肥力、生产力呈显著正相关。有机质不仅直接影响到土壤氮素含量和氮素供应，而且还影响到磷素以及微量元素的有效性。有机质含量高的土壤有效磷含量高，而且也提高了土壤中微量元素的有效性，减少黑钙土中碳酸钙对养分的固定。通过有机质的络合作用可提高金属性微量元素的溶解性、移动性，避免其发生沉淀反应等。

（3）耕层土壤有效养分失衡严重。由调查数据可以看出，黑钙土区耕层土壤全量养分和速效养分均呈现降低趋势。黑钙土耕层土壤营养元素也存在比例失调现象，伊犁河谷当前施肥策略多表现为“多施氮，少施磷，不施钾”和“不施有机肥”，造成土壤氮相对丰富，而土壤的磷和钾含量降低，此外微量元素也表现为降低趋势。出现了缺磷、缺钾、缺微量的现象。此外，在长期浅耕旋耕等耕作措施容易引起了土壤养分表聚，造成旱区土壤出现“上肥下瘦”现象，养分在土壤表层聚集，作物根系不深扎，易出现小麦倒伏现象，降低作物产量。因此，土壤养分比例失调，有效养分降低，是黑钙土耕层结构变差的又一主要障碍因素。

（三）改善方法

1. 打破犁底层和构建疏松耕层，提高土壤蓄水保墒

新疆雨养旱地黑钙土年均降水量达 511.8 mm，为全疆之首，而年均蒸发量为 1 261.6 mm。水分是影响黑钙土区作物生长的第一环境因素。如何使有限的降水最大限度地保留到土壤中，实现蓄水保墒，提高水分利用效率，已成为该地区耕层构建方面最为关心的问题。黑钙土中，受传统耕作措施以及土壤团粒结构的影响，一方面犁底层上移，导致土壤水分渗透性下降，以及土壤通透性下降，不利于水分入渗，引起径流，使水分不能最大限度地入渗到土壤中，已引起间歇性干旱。另一方面，土壤本身形成的团粒结构较少，水稳性差，从而使土壤在干湿变化过程土壤孔隙状况存在较大差异，干旱时发生龟裂，主要形成块状结构，结构体之间孔隙大，水分散失快，不利于保墒。针对此生产中的关键障碍问题，首先通过改变传统的耕作措施“弃浅耕，变深松耕”的方法。深松耕作能够打破犁底层，耕层深度增厚可达 10 cm，改善土壤通透性，提高土壤蓄水能力和增加耕层活土量 20%，实现粮食增产和耕地可持续利用。深松加深耕而不翻转土壤，打破犁底层，改善土壤的渗透性能，深松可以提高土壤含水量 2～3 个百分点，水分利用率提高 9.7%，提高旱地蓄水保墒性能，从而达到抗旱增产的目的。因此，通过深松和深耕打破犁底层，增加土壤的透气性和储水能力，提高水肥利用效率，是伊犁河谷平原黑钙土区构建合理耕层的一个关键技术步骤。

2. 均衡施肥和重施有机肥，构建肥沃耕层

黑钙土耕层土壤正遭受着养分失衡，有机质含量严重下降，由从前的肥沃土壤向贫瘠土壤转变。如何克服和改善这一土壤障碍、需从施肥策略和施肥习惯进行改善。第一，合理平衡施肥，调整肥料配方，增加磷和钾肥投入，实现土层养分均衡营养。第二，增补有机物肥，提高土壤有机质，并可改善土壤结构，提高土壤的生物学性状。我国有机肥资源丰富，但是利用不合理，造成污染。伊犁河谷种植区作物秸秆在许多地区没有得到充分利用，别是小麦种植区，集中焚烧现象仍然存在，污染了环境又浪费了资源。通过施用粪肥或作物秸秆不仅可以提升土壤肥力、提高肥料利用率，而且可以增加作物产量，因此，克服黑钙土区耕层土壤肥力下降的关键措施是平衡施肥和多施有机肥。

3. 开展秸秆覆盖，实现增温保墒

针对黑钙土区属大陆性温半干旱半湿润冷凉的气候类型，种植作物在苗期往往会出现冻害，并由于黑钙土区耕层含沙量较高，保温性能较差，造成苗期生长缓慢，因此在冷凉的黑钙土区，应合理控制秸秆覆盖的量和覆盖的方法，否则会导致土壤温度进一步降低。因此解决这一障碍因素需采取合理的秸秆覆盖技术。

二、合理耕层特征

（一）作物与耕层结构及功能关系

1. 小麦和油菜产量与耕层土壤物理性状的关系

（1）小麦和油菜产量与耕层土壤容重的关系。相关分析表明，土壤容重与小麦和油菜产量关系均达差异极显著（图 13－2）（$P<0.001$），相关系数分别为 0.683 9*** 和 0.614 7***。因此，土壤容重的大小可作为衡量黑钙土耕层构造的特征指标。

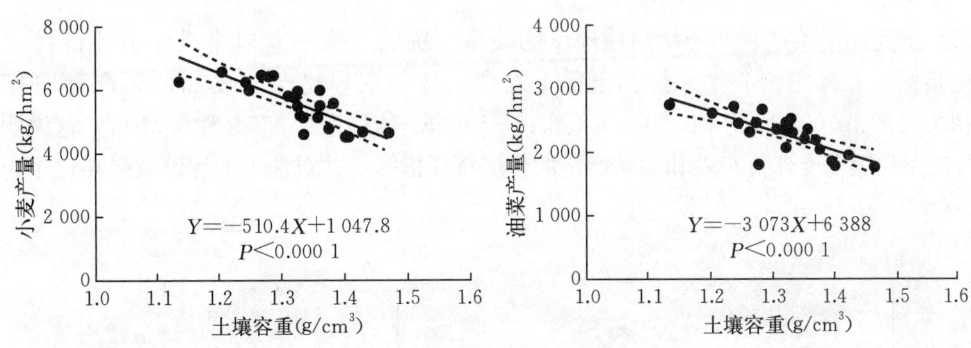

图 13－2　小麦和油菜产量与土壤容重的关系

（2）小麦和油菜产量与耕层土壤孔隙度的关系。相关分析表明，土壤孔隙度与小麦和油菜产量均达到极显著的正相关（$P<0.0001$）（图 13－3），线性回归方程为 $Y=203X-4576$ 和 $Y=81X-1758$。相关系数 R^2 分别为 0.683 9*** 和 0.562 6***。因此，土壤孔隙度的大小可作为衡量黑钙土耕层构造的特征指标。

（3）小麦和油菜产量与耕层土壤田间持水量的关系。相关分析表明，土壤田间持水量（WHC）与小麦产量有显著的正相关（$P=0.0434$），R^2 为 0.172 7。但与油菜产量没有明

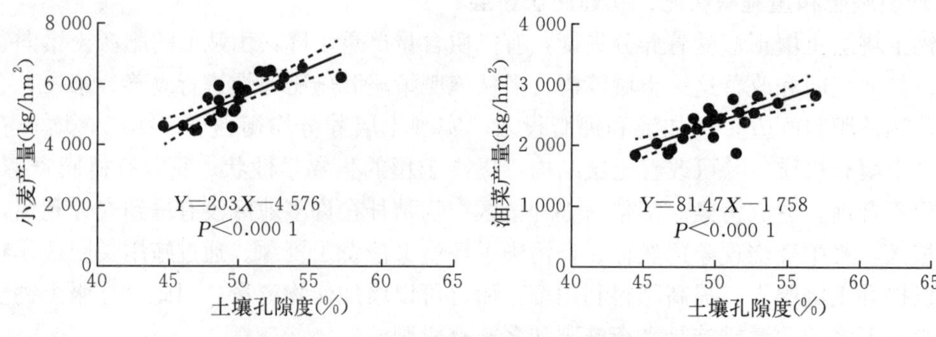

图 13-3　小麦和油菜产量与土壤孔隙度的关系

显的相关性（$P>0.05$），R^2 为 0.012 5（图 13-4）。因此，土壤田间持水量的大小可以作为评价小麦产量的耕层特征指标，但是不能作为评价油菜产量的指标。

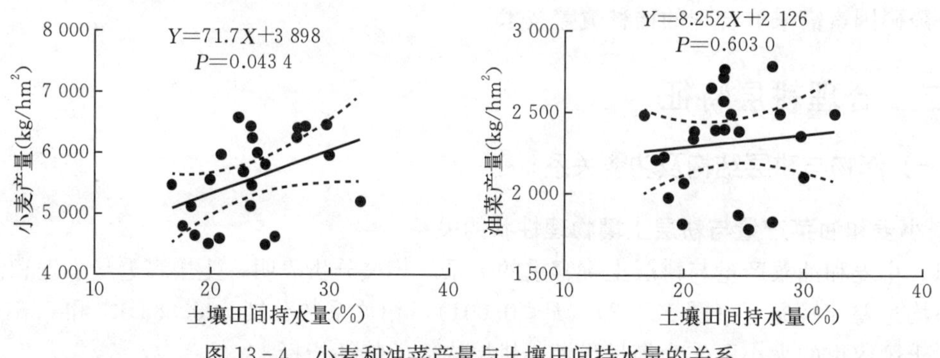

图 13-4　小麦和油菜产量与土壤田间持水量的关系

（4）小麦和油菜产量与土壤耕层厚度的关系。耕层厚度一直以来是作为评价耕层质量的重要指标。在新疆河谷平原黑钙土区，发现土壤耕层厚度与小麦和油菜产量均有显著的正相关（$P=0.007\,4$，$P=0.004\,1$）（图 13-5）。R^2 分别为 0.283 9 和 0.310 7，这说明耕层厚度可以作为黑钙土评价小麦和油菜产量的耕层特征指标，并对油菜的评价效果相比于小麦更显著。

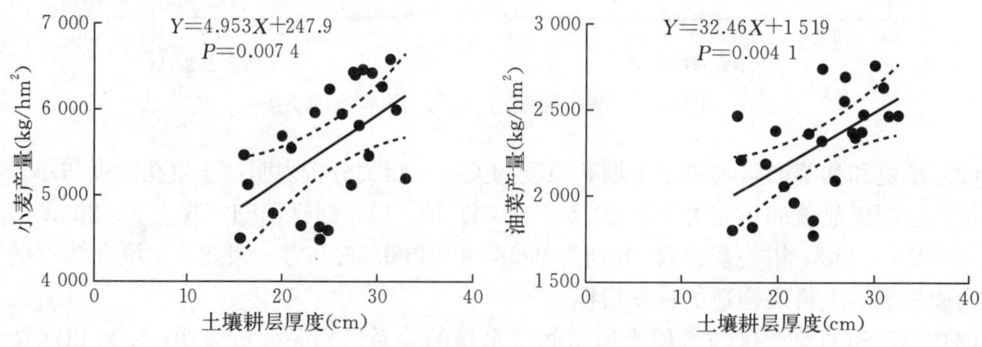

图 13-5　小麦和油菜产量与土壤耕层厚度的关系

2. 小麦和油菜产量与耕层土壤化学性状的关系

（1）小麦和油菜产量与土壤 pH 的关系。pH 是土壤化学性质的重要衡量指标。在河谷平原黑钙土，发现土壤 pH 与小麦和油菜产量均有极显著的正相关（$P=0.000\ 3$，$P=0.003$）（图 13-6）。R^2 分别为 0.449 6 和 0.351 8，这说明土壤 pH 可以作为黑钙土评价小麦和油菜产量的耕层特征指标，并对小麦的评价效果更显著。

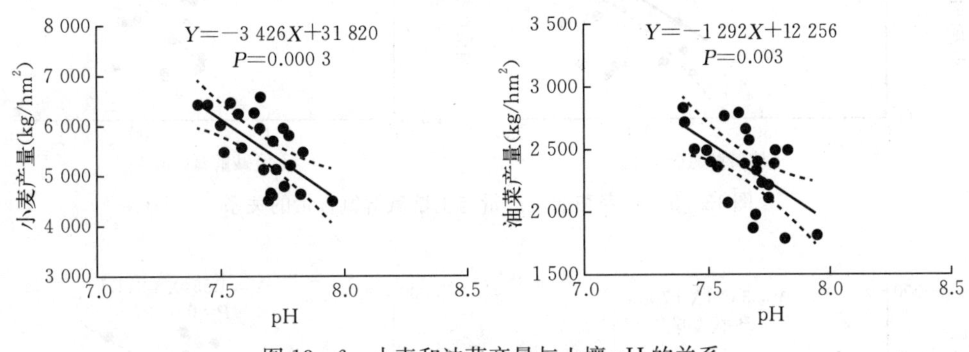

图 13-6　小麦和油菜产量与土壤 pH 的关系

（2）小麦和油菜产量与土壤全氮含量关系。土壤全氮含量是土壤氮素水平衡量的重要标准。在河谷平原黑钙土，土壤全氮含量与小麦和油菜产量均没有极显著的相关关系（$P=0.076\ 1$，$P=0.227\ 1$），R^2 分别为 0.136 和 0.053 4（图 13-7）。这说明土壤全氮可能是一个相对稳定的指标，对黑钙土小麦和油菜产量的影响不敏感，而土壤的速效氮可能与作物产量更相关。

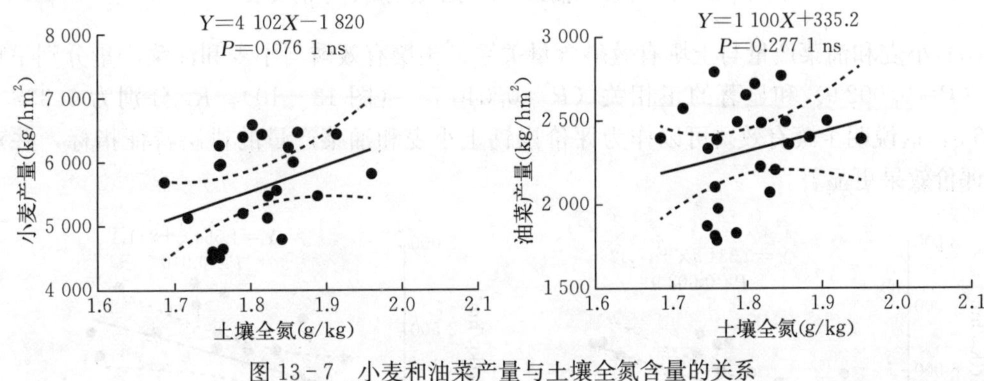

图 13-7　小麦和油菜产量与土壤全氮含量的关系

（3）小麦和油菜产量与土壤碱解氮含量关系。碱解氮是土壤中可被利用的氮。在河谷平原黑钙土，土壤碱解氮与小麦和油菜产量分别呈现显著（$P=0.024$）和极显著的正相关（$P=0.001\ 9$）（图 13-8）。R^2 分别为 0.215 2 和 0.361 2，这说明土壤碱解氮可以作为评价黑钙土小麦和油菜产量的耕层特征指标，并对油菜的评价效果更好。

（4）小麦和油菜产量与土壤全磷含量关系。土壤全磷是土壤重要的养分指标。在河谷平原黑钙土，作者发现土壤碱解氮与小麦和油菜产量分别呈极显著（$P=0.002\ 9$）和显著（$P=0.040\ 7$）的正相关，（图 13-9）。R^2 分别为 0.006 99 和 0.007 35，这说明土壤全磷可以作为评价黑钙土小麦和油菜产量的耕层特征指标，并对小麦的评价效果更显著。

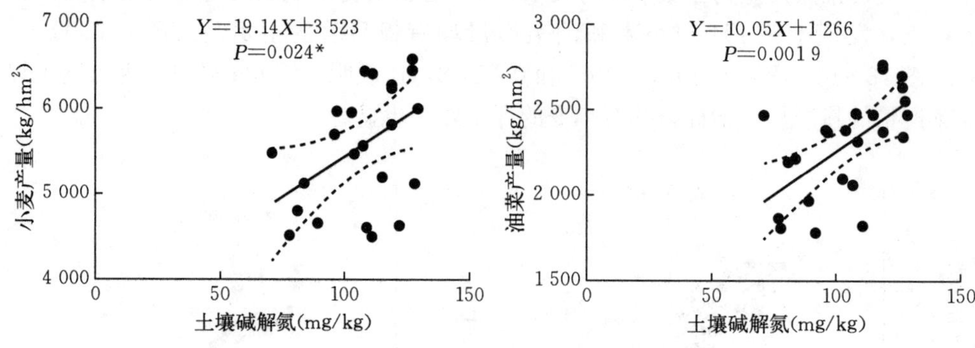

图 13-8　小麦和油菜产量与土壤碱解氮含量的关系

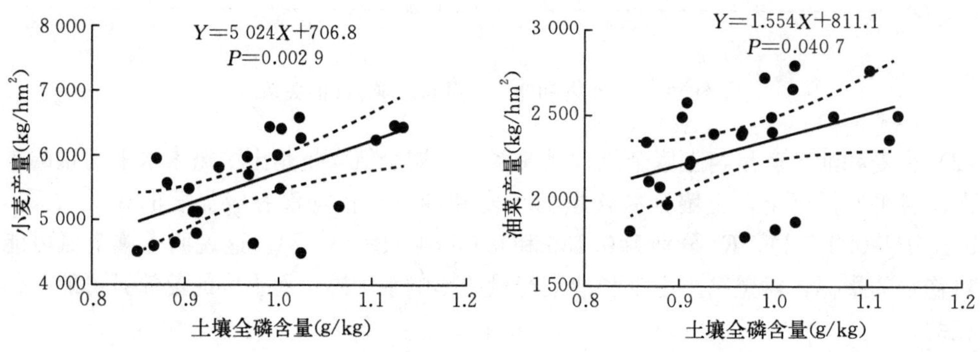

图 13-9　小麦和油菜产量与土壤全磷含量的关系

（5）小麦和油菜产量与土壤有效磷含量关系。土壤有效磷与小麦和油菜产量分别呈现极显著（$P=0.002\ 9$）和显著的正相关（$P=0.040\ 7$）（图 13-10）。R^2 分别为 0.338 1 和 0.176 9，这说明土壤有效磷可以作为评价黑钙土小麦和油菜产量的耕层特征指标，并对小麦的评价效果更显著。

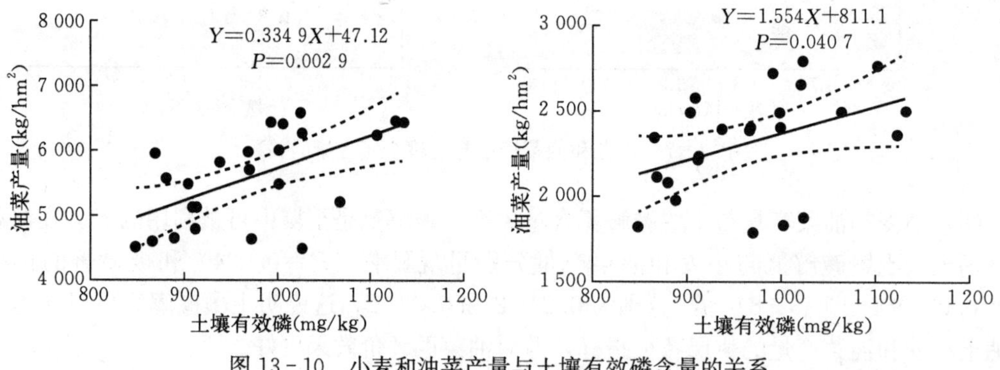

图 13-10　小麦和油菜产量与土壤有效磷含量的关系

（6）小麦和油菜产量与土壤速效钾含量关系。土壤速效钾与小麦和油菜产量没有呈现明显的相关关系（$P=0.697\ 8$，$P=0.690\ 3$）（图 13-11），R^2 分别为 0.006 99 和 0.007 35。

这说明土壤速效钾不能作为评价黑钙土小麦和油菜产量的耕层特征指标，这可能与黑钙土本身土壤钾水平很高有关。

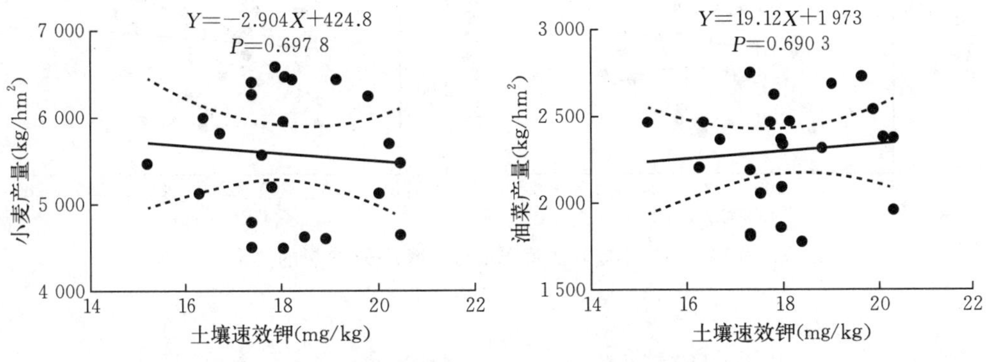

图 13-11　小麦和油菜产量与土壤速效钾含量的关系

（7）小麦和油菜产量与土壤有机碳含量关系。土壤有机碳是评价土壤肥力与耕层质量的重要指标之一。在本研究中，土壤有机碳与小麦和油菜产量均呈现极显著正相关关系（$P=0.006\ 5$，$P=0.010\ 5$）（图 13-12）。R^2 分别为 0.290 8 和 0.254 2，这说明土壤有机碳可以作为评价黑钙土小麦和油菜产量的耕层特征指标。

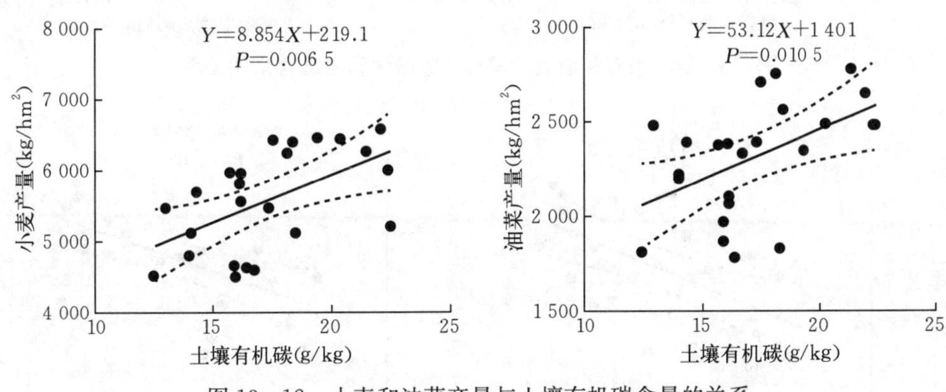

图 13-12　小麦和油菜产量与土壤有机碳含量的关系

（8）小麦和油菜产量与土壤 CEC 含量关系。土壤 CEC 与小麦和油菜产量均没有明显的相关关系（$P=0.689\ 25$，$P=0.671\ 4$）（图 13-13）。R^2 分别为 0.007 41 和 0.008 33，这说明土壤 CEC 不能作为评价黑钙土小麦和油菜产量的耕层特征指标。

3. 小麦和油菜产量与耕层土壤生物性状的关系

土壤微生物量碳（MBC）和土壤微生物量氮（MBN）是土壤重要的生物学指标。土壤 MBC 与小麦和油菜产量均呈极显著正相关关系（$P=0.000\ 5$，$P=0.012\ 4$）（图 13-14）。R^2 分别为 0.428 8 和 0.252 3。相似地，MBN 与小麦和油菜产量同样呈极显著的正相关关系（$P=0.003\ 6$，$P=0.017\ 5$）（图 13-15），这说明土壤微生物量碳、氮可以进行表征和评价黑钙土的耕层特征的生物学指标。

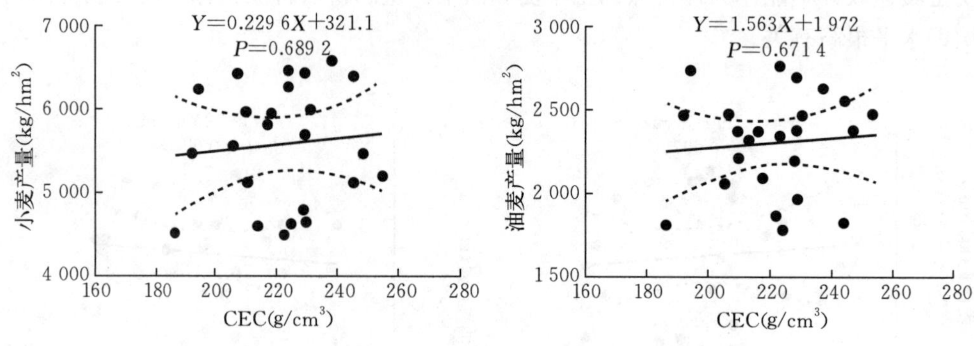

图 13-13　小麦和油菜产量与土壤 CEC 含量的关系

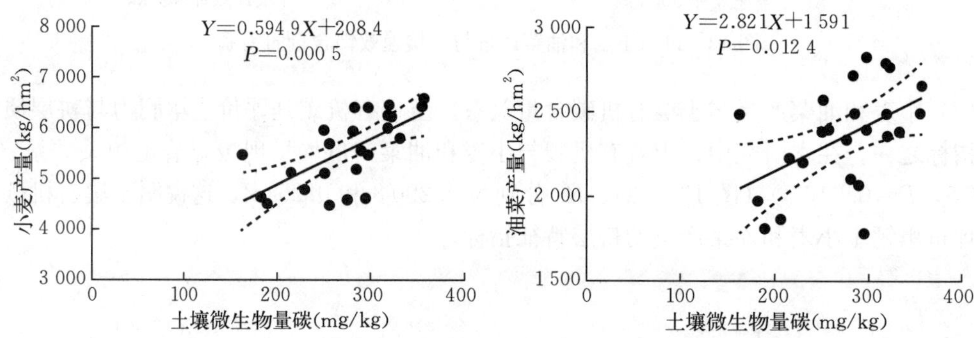

图 13-14　小麦和油菜产量与土壤微生物量碳含量的关系

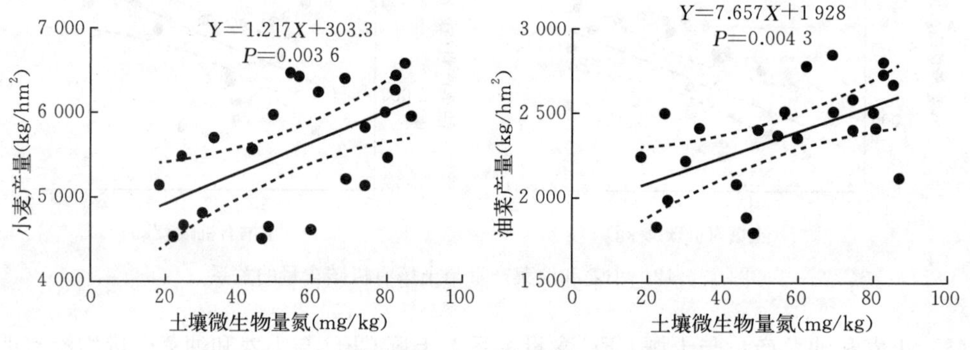

图 13-15　小麦和油菜产量与土壤微生物量氮含量的关系

（二）合理耕层评价

准确提取适宜评价指标是耕层土壤质量评价的重要环节，而在评价指标筛选中，除了利用原始变量作为评价指标外，Larson 等提出采用土壤参数最小数据集来鉴别评价指标间的相互关系以及反映对土壤特性和作物的影响。从大量土壤参数中筛选出相对独立、影响土壤质量的敏感性指标建立最小数据集。本项目以河谷平原黑钙土地耕层土壤为研究对象，通过聚类分析和主成分分析分别建立最小数据集，并采用土壤质量指数法验证最小数据集指标合理性，探讨了应用最小数据集衡量黑钙土耕层土壤质量特征的可行性和适用性。

1. 基于聚类分析黑钙土耕层最小数据集（MDS）建立

基于聚类分析法中R型聚类，对全量数据集14个评价指标进行分类且分类意义明确。图13-16表明，在聚合水平5～10，指标可明显划分为4类，pH、土壤容重（BD）、土壤全磷（TP）和土壤全氮（TN）归为第一类，表征土壤稳定性肥力水平；土壤有机质（SOC）、土壤速效钾（AK）、耕层厚度（PT）和土壤田间持水量（WHC）归为第二类，表征土壤耕层生产性能；土壤有效磷（AP）、土壤阳离子交换量（CEC）归为第三类，表征耕层养分特征；土壤微生物量碳（MBC）和土壤微生物量氮（MBN）归为第四类，表征土壤耕性生物特征。

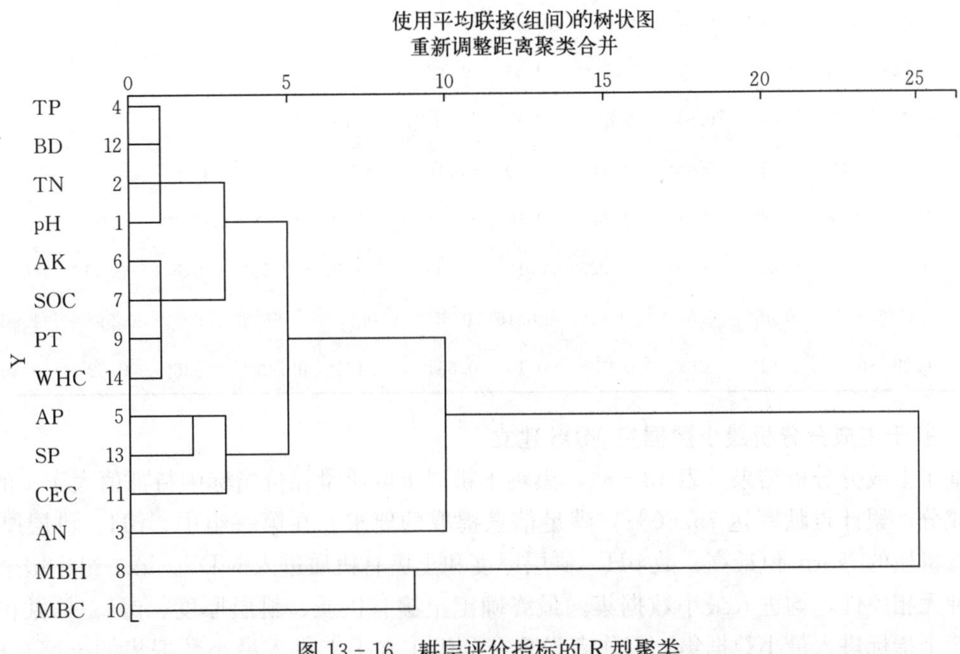

图13-16　耕层评价指标的R型聚类

由表13-5可知，第一类中土壤pH与TP（-0.56^{**}）、BD（0.473^{*}）均为高度相关，pH是衡量土壤酸碱度的主要指标，土壤酸化导致黑钙土壤板结，总磷水平降低，选择pH进入最小数据集。SOC与耕层厚度（0.92^{***}）和田间持水量（0.654^{**}）均呈现高度相关，有机质含量的增加会促进耕层厚度的增加；通过合理施肥提高土壤有机质含量，可对土壤田间持水量进行有效的调控，选择有机质进入最小数据集。耕层厚度是土壤生产力的基本限制条件，黑钙土垦区近年来重用轻养以及耕作不合理，耕层厚度逐渐变薄，耕作条件变差，研究表明，土壤质量评价指标中耕层厚度累积使用频率达50%，是反映土壤质量的重要指标，则耕层厚度进入MDS。第三类中，有效磷与CEC（0.56^{**}）、土壤紧实度SP（0.41^{*}）显著相关，在黑钙土区耕层质量评价中选择有效磷进入MDS。在第四类中，MBC与MBN相关性显著（0.74^{***}），两者选一项指标即可，选MBC进入MDS。最终确定耕层厚度、土壤有机质、pH、有效磷和土壤微生物量碳共5个指标进入最小数据集。

表 13-5 土壤理化性状的相关性矩阵

	pH	TN	AN	TP	AP	AK	SOC	CEC	PT	MBC	MBN	BD	SP
pH	1.00												
TN	−0.33	1.00											
AN	−0.5*	0.12	1.00										
TP	−0.56**	0.35	0.53**	1.00									
AP	−0.36	0.19	0.67**	0.43*	1.00								
AK	−0.23	−0.31	0.24	0.12	0.04	1.00							
SOC	−0.52**	0.18	0.77***	0.66**	0.83***	0.06	1.00						
CEC	−0.32	−0.13	0.462*	0.23	0.56**	0.34	0.52**	1.00					
PT	−0.53**	0.25	0.82***	0.61**	0.81***	0.17	0.92***	0.61**	1.00				
MBC	−0.52**	0.42*	0.80***	0.66**	0.61**	0.10	0.749**	0.29	0.80	1.00			
MBN	−0.48*	0.18	0.78***	0.35	0.74**	0.16	0.73***	0.50**	0.88***	0.74***	1.00		
BD	0.473*	−0.21	−0.46*	−0.51**	−0.23*	0.16	−0.655**	−0.10	−0.56**	−0.59**	−0.59**	1.00	
SP	−0.47*	0.21	0.46*	0.52**	0.41*	−0.16	0.65**	0.10	0.56**	0.593**	0.59**	−1.00	1.00
WHC	−0.29	0.07	0.61**	0.60**	0.61**	0.10	0.654**	0.424*	0.743**	0.635**	0.62	−0.36	0.36

2. 基于主成分分析最小数据集 MDS 建立

基于主成分分析结果（表 13-6），黑钙土耕层土壤质量评价指标中特征值大于 1 的有 3 个主成分，累计贡献率达 75.60%，满足信息提取的要求。在第一组中，pH、耕层厚度和土壤有机质的 Norm 值最高，故 pH、耕层厚度和土壤有机质进入 MDS。第二组土壤全氮和速效钾无相关性，均进入最小数据集。最终确定土壤有机质、耕层厚度、pH、总氮和速效钾共 5 个指标进入最小数据集。但作者发现在分组 1 水平上进入最小数据集的土壤有机质、耕层厚度、pH 3 个土壤理化性质包含在基于聚类分析的数据集中，而第二组的总氮和速效钾不在其中，并且基于相关关系分析，剔除这 2 个指标。

表 13-6 主成分分析最小数据集

评价指标	分组	PC1	PC2	PC3	Norm
pH	1	−0.640	0.058	−0.462	1.754
AN	1	0.844	0.216	0.066	1.241
TP	1	0.712	−0.147	0.388	1.247
AP	1	0.836	0.041	−0.307	1.392
SOC	1	0.925	0.039	−0.104	1.789
CEC	1	0.520	0.626	−0.098	1.345

（续）

评价指标	分组	PC1	PC2	PC3	Norm
PT	1	0.951	0.170	−0.016	1.292
MBC	1	0.872	−0.104	0.222	1.389
MBN	1	0.862	0.134	−0.154	1.462
BD	1	−0.738	0.473	0.298	1.546
SP	1	0.738	−0.473	−0.298	1.370
WHC	1	0.734	0.204	−0.034	1.293
TN	2	0.290	−0.574	0.539	1.232
AK	2	0.126	0.726	0.314	1.246
主成分特征值		7.59	1.87	1.124	
主成分方差贡献率（%）		54.211	13.358	8.028	
主成分方差累计贡献率（%）		54.211	67.57	75.598	

（三）合理耕层结构与功能特征

土壤质量指数（soil quality index，SQI）是对土壤质量评价指标的集成，土壤质量指数越大，则土壤质量越高。根据评价指标对耕层土壤质量的正负效应，建立指标与土壤生产力之间的隶属函数，耕层厚度、土壤饱和导水率、土壤有机质、全氮、有效磷和速效钾与耕层质量呈正相关，界定为S型函数；土壤容重、黏粒、粉粒、沙粒以及pH与耕层质量存在适宜临界范围，则界定为抛物线型函数，评价指标的最小值和最大值作为函数的转折点。

基于不同数据集，各指标权重均由主成分分析获得。分别对3种数据集指标做主成分分析，提取评价指标的公因子方差，各指标公因子方差占公因子方差之和的比例即为各数据集中评价指标权重值，计算不同数据集的土壤质量指数，计算公式如下：

$$SQI = \sum_{i=1}^{n} w_i \cdot N_i$$

式中，w_i 是第 i 个评价指标权重，N_i 是第 i 个评价指标隶属度值，n 为评价指标个数。

基于黑钙土耕层质量MDS诊断结果，以基于聚类分析得出的最小数据集指标，土壤有机质、耕层厚度、pH、有效磷和土壤微生物量碳共5个指标进入最小数据集，作为合理耕层诊断指标。土壤质量指数（SQI）取值范围在0～1，其值越高，表明各诊断指标对作物生长贡献率越大，作物产量越高，根据耕层土壤质量与作物产量的对应关系，判定土壤质量指数（0＜SQI≤0.33）属于低产耕层。土壤质量指数（0.33＜SQI≤0.66）属于中产耕层，土壤质量指数（0.66＜SQI≤1）为高产耕层。最终经过计算确定合理耕层的评价指标体系（表13-7）。

表 13-7 伊犁河谷平原黑钙土区合理耕层评价指标

合理耕层评价指标	具体指标	参数
物理指标	耕层厚度	>20.2 cm
化学指标	pH	7.35～7.87
	有机质含量	>19.2 g/kg
	有效磷	>26.53 mg/kg
生物指标	土壤微生物量碳	>318.2 mg/kg

第二节 新疆河谷平原黑钙土区旱地合理耕层构建技术

一、土壤耕作与培肥对耕层结构与功能的影响

（一）土壤耕作与培肥对耕层结构的影响

1. 不同耕作与培肥对耕层土壤团聚体的影响

土壤团聚体是良好的土壤结构体，其特点是具有多孔性与水稳性。具体表现在土壤孔隙度大小适中，持水孔隙与充气孔隙的并存，并有适当的数量和比例。因而使土壤中的固相、液相和气相相互处于协调状态，所以一般都认为，团聚体多是土壤肥沃的标志之一。如表13-8所示，常规耕作土壤>2 mm的团聚体含量大于保护性耕作和深松，其中在秸秆还田条件下，常规耕作相比保护性耕作增加了30.2%。而深松和免耕处理的1～2 mm团聚体的含量相比常规耕作也有所减少。在0～20 cm土层，与CN处理相比，深松和免耕处理增加了0.25～0.5 mm和0.5～1.0 mm的水稳定性团聚体含量。而CN处理在各施肥处理的小团聚体均最小。对不同施肥措施而言，化肥配施秸秆或牛粪相比单施化肥会增加>0.25 mm团聚体的含量，而减少<0.25 mm的团聚体含量。综合而言，采取深松免耕播种配合增施有机肥的耕作模式有利于中团聚体的形成。

表 13-8 不同处理对土壤团聚体性状的影响

施肥	耕作	含量（%）						
		>2 mm	1～2 mm	0.5～1 mm	0.25～0.5 mm	0.106～0.25 mm	0.053～0.106 mm	<0.053 mm
CF	SR	19.31	15.25	16.18	22.89	14.96	5.4	6
	SN	18.37	15.65	17.52	29.11	11.6	2.8	5.76
	CN	21.97	17.26	14.65	25.71	9.89	7.19	2.84
CM	SR	15.98	16.51	27.62	26.16	9.4	1.72	3.6
	SN	13.6	14.3	28.06	29.04	5.91	1.86	6.78
	CN	24.71	16.83	24.98	23.16	5.66	1.84	3.96

（续）

施肥	耕作	含量（%）						
		>2 mm	1～2 mm	0.5～1 mm	0.25～0.5 mm	0.106～0.25 mm	0.053～0.106 mm	<0.053 mm
CS	SR	17.98	13.51	26.62	27.19	7.4	2.72	4.6
	SN	17.6	15.3	26.06	29.04	4.51	2.86	4.63
	CN	21.71	15.83	23.98	24.16	7.66	2.84	3.96

注：CF 指常规化肥，CM 指有机肥配施有机肥（牛粪），CS 指有机肥配施秸秆（小麦），SR 指深松＋春旋，SN 指深松＋免耕播种，CN 指常规翻耕＋免耕播种。

2. 不同耕作与培肥对耕层土壤容重的影响

耕作和施肥对土壤容重均产生极显著的影响（图 13－17）。深松处理相比翻耕处理在各培肥条件下均显著降低了土壤的容重，其中 CM/SN 和 CS/SN 处理相比 CM/CN 和 CS/CN 处理分别降低了 8.75%和 11.9%。秸秆还田处理相比单施化肥和配施牛粪更能降低土壤的容重，例如，CS/SN 相比 CM/SN 和 CF/SN 降低了 5.56%和 9.16%。耕作措施相比施肥措施对土壤调控的效应更强（解释变量分别为 71%和 21%）。两者交互措施没有达到显著差异。说明，深松和有机培肥对降低容重有显著的积极作用。

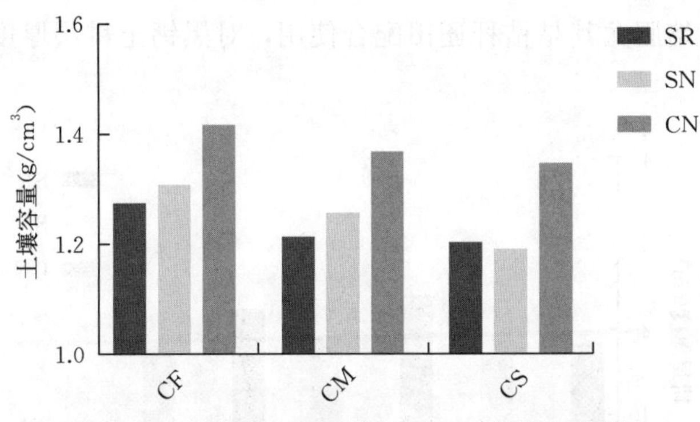

图 13－17　不同处理对黑钙土耕层土壤容重的影响

3. 不同耕作与培肥对耕层土壤孔隙度的影响

耕作和施肥对土壤孔隙度均产生极显著的影响（$P<0.0001$），两者交互措施同样达到显著差异水平（图 13－18）。深松处理在各培肥条件下相比常规耕作（翻耕）均显著增加了土壤的孔隙度，其中 CM/SR 处理和 CS/SR 处理比 CM/CN 和 CS/CN 处理分别增加了 17.2%和 31.5%。保护性耕作在一定程度上降低了土壤的孔隙度。秸秆还田处理相比单施化肥和配施牛粪更能提高土壤的孔隙度，例如，CS/SR 相比 CF/SR 分别增加了 16.1%。与容重表现一致，耕作措施相比施肥措施对土壤调控的效应更强（耕作措施和施肥措施解释变量分别为 55.6%和 27.5%）。说明，深松配合有机培肥尤其是秸秆还田对增加孔隙度有显著的正效应。

4. 不同耕作与培肥对耕层厚度的影响

土壤耕层厚度是反映耕层质量的重要指标之一。耕作和施肥对土壤耕层厚度均产生极显

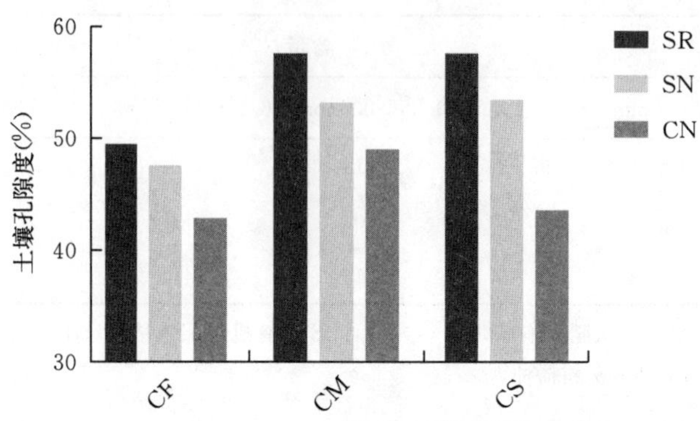

图 13-18　不同处理对黑钙土土壤孔隙度的影响

著的影响（$P<0.001$）。深松处理在各培肥措施下相比常规耕作显著增加了土壤的耕层厚度（图 13-19），而深松加保护耕作在一定程度上会增加土壤的耕层厚度。例如，CM/SR 和 CS/SR 处理比 CM/CN 和 CS/CN 分别增加了 25.8%和 25.7%，CM/SN 相比 CM/SR 提高了 16.6%。在化肥配施秸秆条件下表现出相同的趋势。秸秆还田处理相比单施化肥和配施牛粪更能增加土壤的耕层厚度，例如，CS/SN 相比 CM/SN 增加了 14.8%。耕作措施相比施肥措施对土壤耕层厚度的调控效应更强（解释变量分别为 74.1%和 13.4%）。说明，深松、免耕播种和有机培肥尤其是秸秆还田配合使用，对黑钙土耕层厚度的提高起到显著的作用。

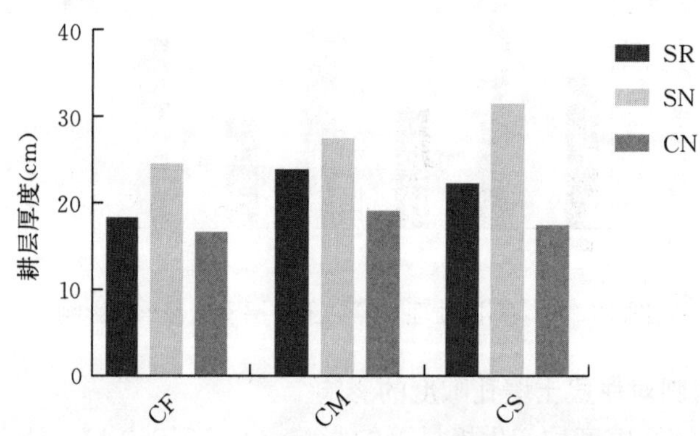

图 13-19　不同处理对黑钙土耕层厚度的影响

5. 不同耕作与培肥对耕层土壤田间持水量的影响

深松处理及免耕与否在各培肥措施下相比常规耕作均显著增加了土壤的田间持水量（图 13-20），其中 CS/SN 和 CS/SR 处理相比 CS/CN 分别增加了 21.7%和 14.7%，在化肥配施牛粪条件下表现出相同的趋势。秸秆还田处理和配施有机肥处理相比单施化肥处理更能增加土壤的田间持水量，例如，CS/SN 和 CM/SN 相比 CF/SN 增加了 16.6%和 9.1%。耕作措施相比施肥措施对土壤调控的效应更强（解释变量分别为 41%和 35%）。两者交互措施有达到显著差异。说明，深松和有机培肥对土壤的田间持水量提高起到更显著的作用。

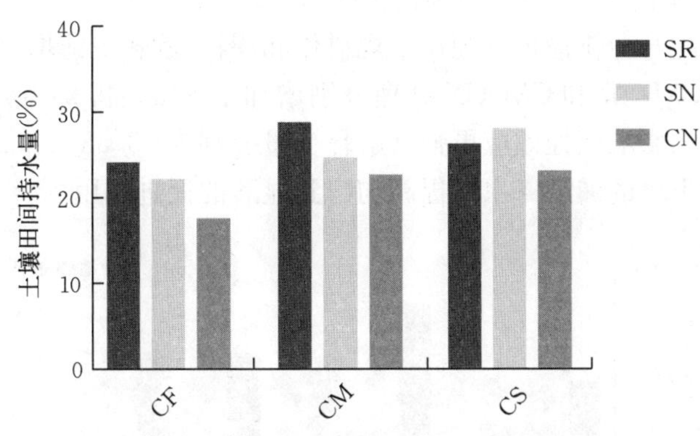

图 13-20　不同处理对土壤田间持水量的影响

(二) 土壤耕作与培肥对耕层功能的影响（化学及生物学性状）

1. 不同耕作与培肥对耕层土壤全氮含量的影响

土壤全氮是表征土壤氮素肥力的重要指标，可以作为旱地耕层质量构建的重要化学指标。耕作和施肥对土壤耕层厚度均产生极显著的影响（$P<0.001$），两者交互措施达到显著性差异（图 13-21）。有机培肥措施秸秆还田和增施牛粪相比化肥单施在三种耕作模式下均显著增加了土壤全氮含量。其中 CM/SN 和 CS/SN 相比 CF/SN 分别增加了 36.8% 和 14.7%，在其他耕作条件下表现出相同的趋势。深松/免耕处理相比深松/旋耕和常规耕作更能增加土壤的全氮水平，例如，CM/SN 相比 CM/SR 和 CM/CN 处理分别增加了 8.3%和 32.7%。施肥措施相比耕作措施对土壤全氮的影响调控效应更强（解释变量分别为 55.7%和 26.1%）。说明有机培肥和深松/免耕对土壤的全氮水平提高起到显著的促进作用。

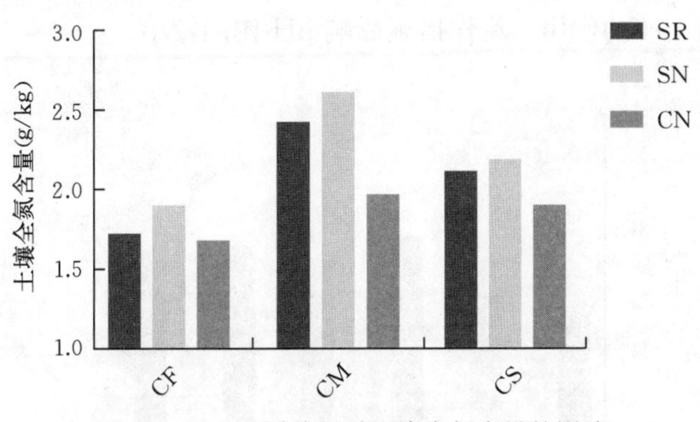

图 13-21　不同处理对土壤全氮含量的影响

2. 不同耕作与培肥对耕层土壤碱解氮含量的影响

土壤碱解氮相比土壤全氮更能反映土壤可利用氮素的供应状况，也是表征土壤氮素肥力的重要指标，可以作为旱地耕层质量构建的重要化学指标。耕作和施肥对土壤耕层厚度均产生极显著的影响（$P<0.0001$），二者交互作用效果显著（图 13-22）。秸秆还田和增施牛粪相比化肥单施在 3 种耕作模式下均显著增加了土壤碱解氮含量。其中以配施牛粪表现最

好。CM/SN 和 CS/SN 相比 CF/SN 分别增加了 34.2%和 25.9%，在其他耕作条件下表现出相同的趋势。深松配合免耕播种处理比常规耕作和深松/旋耕更能增加土壤的碱解氮水平。例如，CM/SN 相比 CM/SR 和 CM/CN 处理分别增加了 8.5%和 24.7%。施肥措施相比耕作措施对土壤碱解氮的影响调控效应更强（解释变量分别为 63.58%和 21.68%）。说明有机培肥和深松、免耕对土壤的碱解氮水平提高均起到显著的促进作用。

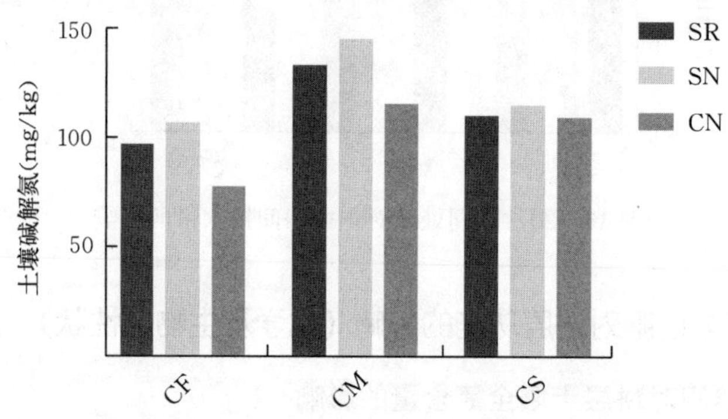

图 13-22　不同处理对土壤碱解氮含量的影响

3. 不同耕作与培肥对耕层土壤 pH 的影响

土壤 pH 反映土壤的酸碱状况，是土壤的重要化学指标。施肥对土壤 pH 均产生极显著的影响（$P<0.01$），而耕作措施对土壤 pH 没有显著的影响，二者交互作用差异同样不显著（图 13-23）。长期化肥单施相比秸秆还田和增施牛粪在 3 种耕作模式下显著降低了土壤的 pH。例如，CF/SR 和 CM/SR 和 CS/SR 分别降低了 5.0%和 4.3%，在其他两种耕作条件下表现出相同的趋势。施肥措施相比耕作措施对土壤 pH 的影响调控效应更强（解释变量分别为 36.1%和 15.4%）。说明单施化肥对降低河谷平原黑钙土壤的 pH 起到显著的促进作用，有机肥具有缓冲 pH 的作用。耕作措施影响 pH 作用较小。

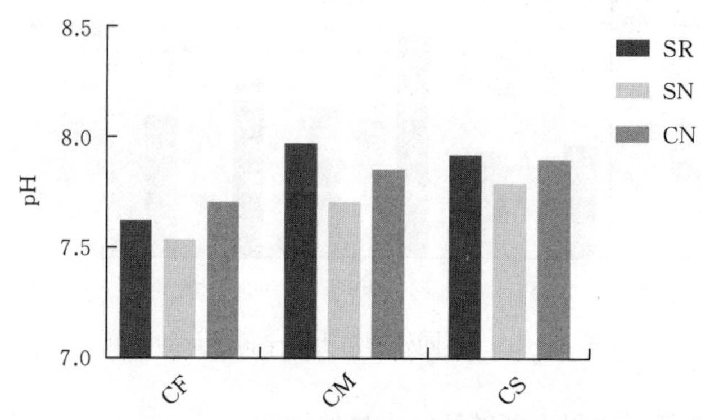

图 13-23　不同处理对土壤 pH 的影响

4. 不同耕作与培肥对耕层土壤有效磷含量的影响

土壤有效磷是反映土壤速效养分贡献的重要指标，也是表征土壤磷素肥力的重要指标，可以作为旱地耕层质量构建的重要化学指标。耕作和施肥对土壤有效磷均产生极显著的影响

（$P<0.0001$，$P=0.0037$）。有机培肥：秸秆还田和增施牛粪相比化肥单施在3种耕作模式下均显著增加了土壤有效磷含量（图13-24）。其中以配施牛粪处理表现最好。CM/SR和CS/SR相比CF/SR分别增加了45.7%和26.1%，在其余耕作条件下表现出相同的趋势。耕作措施中，深松/免耕和深松/旋耕处理比常规耕作更能增加土壤的有效磷水平，而深松/免耕和深松/旋耕处理、免耕处理差异不显著。例如，CM/ST相比CM/CT增加了16.3%和3.1%。施肥措施相比耕作措施对土壤有效磷的影响调控效应更强（解释变量分别为68.1%和11.9%）。两者交互措施没有达到显著差异。说明有机培肥和深松对黑钙土土壤的有效磷水平提高起到明显的促进作用。

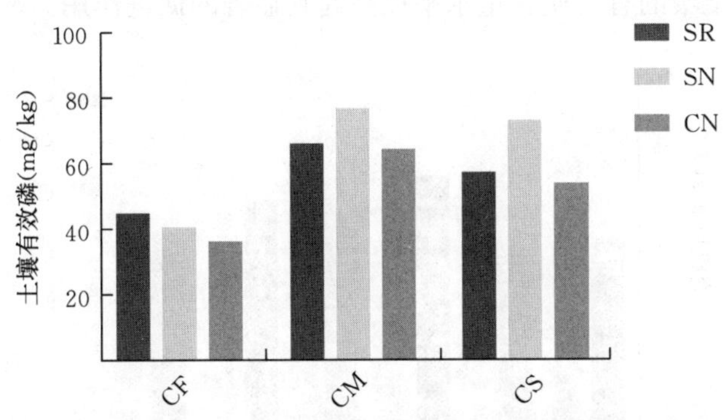

图13-24　不同处理对土壤有效磷含量的影响

5. 不同耕作与培肥对耕层土壤速效钾含量的影响

土壤速效钾反映土壤速效钾的丰缺状况，也是表征土壤钾素肥力的重要指标，可以作为旱地耕层质量构建的重要化学指标。施肥和耕作对土壤速效钾均产生极显著的影响（$P<0.0001$，$P<0.01$）（图13-25）。秸秆还田和增施牛粪相比化肥单施在3种耕作模式下均显著增加了土壤速效钾的含量，其中以配施牛粪表现最好。CM/SR和CS/SR相比CF/SR分别增加了33.3%和16.7%。免耕和深松处理比常规耕作更能增加土壤的速效钾水平。施肥措施相比耕作措施对土壤碱解氮的影响调控效应更强（解释变量分别为48%、22%）。两者交互措施没有达到显著差异。说明有机培肥和深松、免耕对土壤的速效钾水平提高起到显著的促进作用。

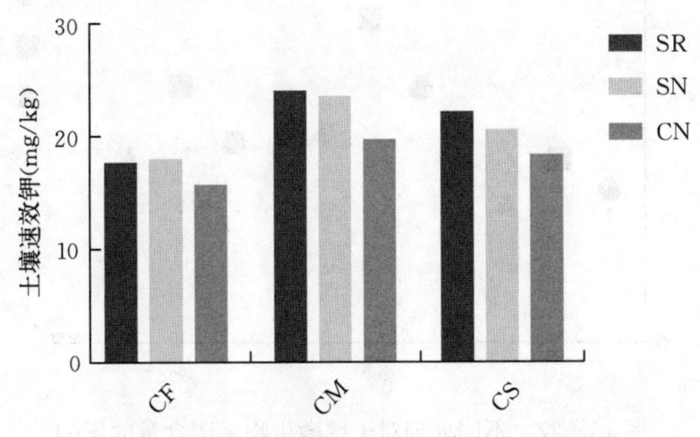

图13-25　不同处理对土壤速效钾含量的影响

6. 不同耕作与培肥对耕层土壤有机质含量的影响

土壤有机质是反映土壤质量和土壤肥力的重要指标，是反映旱地耕层质量构建的重要化学指标。耕作和施肥对土壤耕层厚度均产生极显著的影响（$P<0.0001$，$P<0.0001$）（图 13－26）。秸秆还田和增施牛粪相比化肥单施显著增加了土壤有机质含量。配施牛粪和秸秆还田表现出相接近的水平。CM/SR 和 CS/SR 相比 CF/SR 分别增加了 17.6%和 29.4%。深松＋免耕处理相比常规耕作更能增加土壤的有机质含量。例如，CS/SN 相比 CS/CN 增加了 20.7%。施肥措施相比耕作措施对土壤有机质的影响调控效应更强（解释变量分别为 54.1%和 34.3%）。两者交互措施也达到显著的差异（$P<0.01$）。说明有机培肥和深松/免耕播种对土壤的有机质含量水平提高起到显著的促进作用。

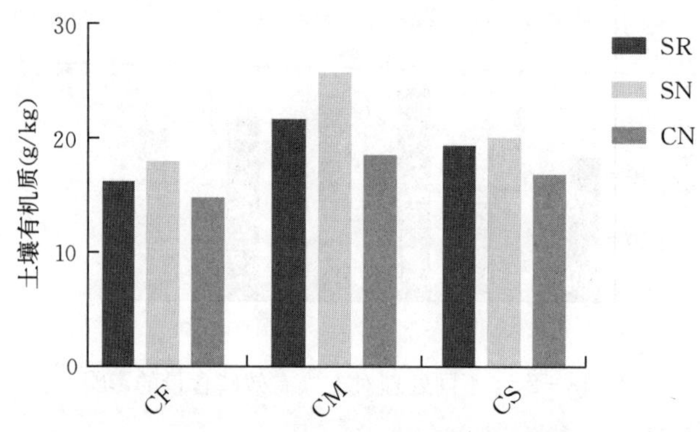

图 13－26　不同处理对土壤有机质含量的影响

7. 不同耕作与培肥对耕层土壤微生物量碳含量的影响

土壤微生物量碳是反映土壤生物肥力的重要指标，是反映旱地耕层质量构建的重要生化指标。耕作和施肥对土壤微生物量碳均产生极显著的影响（$P<0.0001$，$P<0.0001$），两者交互作用同样达到显著性差异（$P<0.05$）（图 13－27）。秸秆还田和增施牛粪相比化肥单施显著增加了土壤的微生物量碳含量。配施牛粪相比秸秆还田表现出更优的水平。CM/SN 和 CS/SN 相比 CF/SN 分别增加了 40.5%和 26.2%。深松配合免耕播种处理相比常规耕作

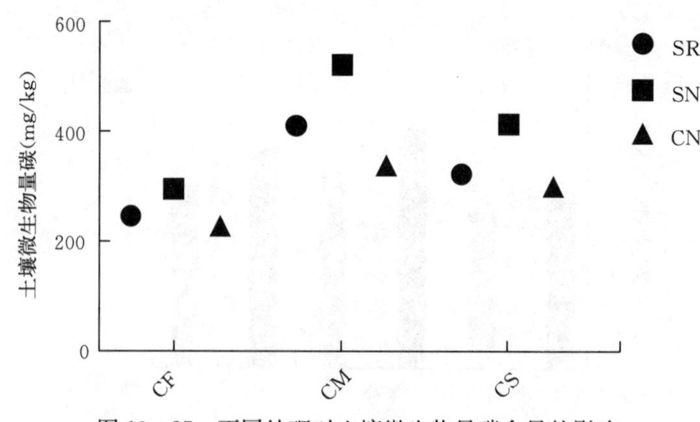

图 13－27　不同处理对土壤微生物量碳含量的影响

更能增加土壤的微生物量碳含量。例如，CM/SN 相比 CM/CN 增加了 27.3%，比 CM/SR 处理仅增加 10.6%。施肥措施相比耕作措施对土壤有机质的影响调控效应更强（解释变量分别为 57.6%和 37.6%）。说明有机培肥和深松对黑钙土土壤的有机质含量水平提高起到显著的促进作用。

8. 不同耕作与培肥对耕层土壤微生物量氮含量的影响

土壤微生物量氮是反映土壤生物肥力的另外一种重要指标，和 MBC 一样是反映旱地耕层质量构建的重要生化指标之一。耕作和施肥对土壤耕层厚度均产生极显著的影响（$P<0.0001$，$P<0.0001$），二者交互作用效果显著（$P<0.05$）（图 13-28）。有机培肥秸秆还田和增施牛粪相比化肥单施显著增加了土壤的微生物量氮含量。配施牛粪相比秸秆还田表现出更优的水平。深松+免耕处理相比常规耕作和深松+旋耕更能增加土壤的微生物量氮含量。施肥措施相比耕作措施对土壤微生物量 N 的影响调控效应更强（解释变量分别为 74%和 15%）。说明有机肥配施更能增加土壤的微生物量 N 含量，配合耕层调控措施深松+免耕处理可进一步增加土壤的微生物量 N，这主要是深松增加土壤的孔隙度和含氧量，利于微生物的呼吸，从而增加土壤的生物性质。

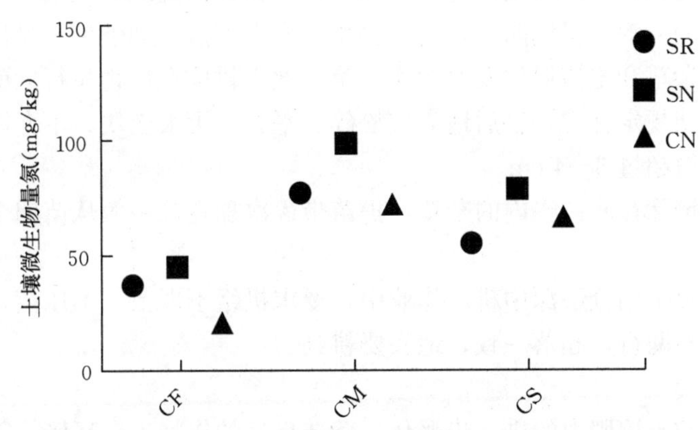

图 13-28　不同施肥处理对土壤微生物量氮含量的影响

二、合理耕层构建技术

（一）合理耕层构建技术指标

1. 冬前整地

伊犁河谷平原气候冷凉，日照充足，是小麦和春油菜高产栽培的有利条件。但土地大多不平整，往往造成小麦和油菜播种深浅不一致，影响出苗；又因山区多雨，往往造成降水渍水，流水冲刷土壤，冲坏和淹死幼苗。因此，播前整地十分重要。要求待小麦和油菜秸秆还田后，进行冬前整地，人工平整或机械平整一遍。

整地的农业技术要求：一是使地块达到齐、平、净、墒、碎、实六字标准，成为待播状态。二是整地要疏松表层，切断毛管，以达到蓄水保墒。三是整地要消灭大土块和土块架空现象，使土壤细碎，以利于种子发芽和作物根系生长。

整地对农机具的要求：一是有良好的切碎土块、切断作物残茬和秸秆的性能。整地后能使地表具有疏松的表层和适宜的紧密度。二是能有效地平整地面。三是有一定的翻土和搅土的能力，用以覆盖秸秆和残茬以及有机肥。

2. 秋季深松作业

作业要求：不翻动土壤，不破坏地表覆盖，深松深度 25～35 cm，耕时一定要耕后带耙，合口过冬；深耕不仅能破坏土壤毛细管，减少水分蒸发，便于蓄积雪水，而且还能消灭一部分地下害虫。每隔 2～3 年对土壤深松 1 次，逐步培育一个较厚的熟化层，为农作物生长提供良好的水、肥、气、热条件，从而促进作物生长。

3. 春季耙耱保墒、镇压提墒

开春后，气温回升，表层土壤开始解冻 2～3 cm，此时土壤含水量高，应及早顶凌耙耱，破除板结、弥合土缝，切断毛管，减少水分散失。进一步采取镇压技术，镇压强度适宜范围为 700～800 g/cm^2，确保土地墒情良好的情况下及时播种，达到出苗早、苗齐、苗壮、苗匀的效果，为后期管理奠定基础。土壤含水率为 20%左右时较适宜。

4. 中耕

在小麦和油菜生长的中间时期，进行行间中耕，其目的是疏松土壤，防止盐碱上升，提高地温，促进养分的分解，保墒防旱，为作物生长发育创造有利条件。具体作业要求如下：

（1）根据地面杂草和土壤墒情及时中耕。第一次中耕应在作物显行后就应开始。

（2）耕深应达到规定标准，耕后地表应松碎、平整、无大土块、不允许有脱沟现象，地表起伏不平整度不得超过 3～4 cm。

（3）要求全部铲除行间耕幅内的杂草，护苗带逐次加宽，一般从苗期 10 cm 加大到后期的 15 cm。

（4）中耕作业要采用分层深中耕。作业中，要求机组不埋苗，不压苗，不铲苗。

（5）不错行、不漏行，起落一致，地头要耕到。

5. 培肥地力

为弥补黑钙土的土壤肥力的进一步恶化，营造良好的作物生育环境，需大力推行农作物秸秆还田以及全面增施有机肥，提高土壤有机质含量。

有机肥品种可以选择商品有机肥或者农家粪肥，商品有机肥可在播种时配合免耕播种施肥进行，农家肥可以在播种前进行施用，配合旋耕技术使之与土壤均匀混合。商品有机肥 3 000～6 000 kg/hm^2 为宜，农家肥使用量在 12 000～15 000 kg/hm^2。作物秸秆采取全量粉碎还田，长度一般小于 3 cm，在冬季整地将秸秆与表层土壤混合均匀。

（二）构建操作技术

1. 小麦秸秆粉碎还田

在伊犁河谷平原区，割茬高度要整齐一致，一般茬高在 15～20 cm。小麦收获时，秸秆粉碎长度小于 3 cm，抛撒均匀度大于 80%；均匀或条带式分布于田间，中间有 4 个月左右的休耕期；通过秸秆的均匀撒施，实现地表覆盖还田，可以降低水分蒸发，有利于蓄积更多降水。此外，也可采取直接粉碎翻埋还田技术，翻埋深度 20 cm，结合旋耕使之充分混匀。

2. 土壤合理施肥运筹

（1）春油菜施肥策略。一是油菜是需肥相对较多的作物，所以必须施足底肥；二是油菜的营养临界期在苗期，播前基肥是关键；三是肥料最大的效率期在花角期，巧施叶面肥促增收。

底肥深施：可在入冬前深耕之后冬施底肥，每公顷地施重过磷酸钙 75 kg、复合肥 150 kg、磷酸二铵 150 kg。底肥经过长时间的分解，完全被土壤吸收，以保证油菜全生育期及时、足量的养分供应。

以产定肥，施足基肥：油菜产区耕地面积大，应增施有机肥，此外配合施用磷酸二铵 150～225 kg/hm^2、复合肥 75～150 kg/hm^2、尿素 50～75 kg/hm^2。这种采取有机无机相结合的方式不仅改善土壤肥力而且保证了油菜幼苗期及时得到速效养分，形成健壮根系，同时有机肥为后期的养分供应提供保障。为壮苗以及整个生育期良好生长打下基础。

叶面喷肥：在花角期每公顷用 3 kg 尿素、3 kg 磷酸二氢钾和 1.5 kg 硼肥进行叶面追肥 2～3 次。

（2）春小麦施肥策略。科学运筹化学肥料施用配比，降氮控磷增钾，具体施纯氮 225 kg/hm^2，氮肥运筹基苗肥与穗肥比例 7∶3。在降氮的同时调整磷、钾肥用量，N∶P∶K 由当前生产上不足 1∶0.3∶0.3 提高至 1∶0.5∶0.45 甚至以上水平。有利于提高小麦的结实率和千粒重。

3. 土壤培肥技术

（1）有机肥种类选择。选用完全腐熟的农家肥，如牛粪、羊粪、鸡粪、猪粪等，其中鸡粪和猪粪选择上应进行重金属和抗生素的检测，以免施入土壤带来二次污染。除畜禽粪便以外，也可选用农作物秸秆等混合有机肥或工业化生产的颗粒有机肥代替。

（2）施用量。农家肥用量 18 000～30 000 kg/hm^2 为宜，商品有机肥施用量在 4 500～6 000 kg/hm^2 为宜。

（3）施用方法。春季将农家肥或混合有机肥利用机械或人力均匀撒到农田里作基肥，结合耕翻-旋耕作业，将农家肥混拌于 0～20 cm 土层当中；颗粒有机肥用播肥机均匀播入 8～10 cm 土层当中，也可用机械或人工撒施农田地表，结合耕翻-旋耕-灭茬作业与 0～20 cm 土层土壤混合。以上有机肥的施用方法需根据具体的栽培技术进行选择，如采取免耕播种，则使用商品有机肥以便随免耕播种施肥机一起施入土壤，以减少人为扰动。

4. 秸秆粉碎-灭茬-旋耕-深松一体化技术

在上季小麦和油菜收获时随带进行秸秆粉碎和灭茬处理，秸秆粉碎还田要求长度$<$5 cm，均匀抛撒地表，之后进行旋耕，将秸秆切入土层，旋耕深度在 15～20 cm。深松 30～35 cm，然后进行耙压，耙压能破碎坷垃，沉实土壤，防透风失墒。深松一般每 2 年进行 1 次，用于打破犁底层。尽量采取少免耕技术，推广灭茬、旋耕、施肥、播种、镇压一体作业机械。

5. 春季免耕播种-镇压提墒一体化

免耕播种行距 10～15 cm，播幅 5～7 cm，播深 3～4 cm，春季尽量减少土壤扰动，适宜作业土壤含水率为 18%～22%。镇压强度适宜范围为 600～800 g/cm^2。

第三节 新疆河谷平原黑钙土区旱地合理耕层构建技术模式

以保护性耕作技术为依托，重点推广小麦和油菜机收秸秆覆盖、还田、机械化深松、杂草控制、免耕播种机播种和田间培肥管理综合技术。

一、旱地深松秸秆半覆盖还田技术模式

（一）模式概述

该模式针对昭苏黑钙土垦区苗期气候冷凉，易造成小麦出苗受阻形成缺苗漏苗，并且会在小麦苗期发生冻害，严重限制了小麦的高产稳产。采用小麦秸秆半量覆盖还田，以起到增温保墒作用。此外针对因传统的机械耕作-浅耕和浅旋导致的犁底层上移，土壤结构破坏严重等问题，通过采用小麦秋收后深松技术、免耕播种技术和田间施肥管理技术，形成小麦农田深松-免耕播种综合技术模式，打破犁底层，从而改善土壤结构，减少土壤水分蒸发和增加土壤温度，以实现小麦高产稳产和提高肥料利用率。

（二）主要技术环节

1. 作业要求

（1）深松深度。25～35 cm，30 cm 为宜，在小麦秋收后，可选择秋季小麦收获后整秸秆覆盖深松。深松作业质量符合 NY/T 1418 的要求。

（2）频率。间隔 2～3 年深松 1 次。

（3）作业时间。根据区域农机作业特点选择秋季深松。小麦收获后，可有效积蓄夏季降水。

2. 覆盖还田

技术小麦收获后覆盖还田。采用机械收割小麦，在小麦收获后直接进行秋冬覆盖。覆盖量以 3 000～3 500 kg/hm^2 为宜，相当于半量还田。一般小麦秸秆长度不超过3 cm，覆盖秸秆厚度 5～10 cm，以“地不露白，草不成坨”为标准，同时每公顷施用 75～120 kg 尿素，调节碳氮比，促进微生物的分解作用。

3. 免耕播种技术

用新型小麦免耕施肥播种机条播，行距 10～15 cm，播幅 5～7 cm，播深 3～4 cm，覆土厚 2.5～3.0 cm。小麦均衡施肥技术采取基肥＋追肥施用模式，施用氮肥（N）225～300 kg/hm^2、磷肥（P_2O_5）90～120 kg/hm^2、钾肥（K_2O）为 60～90 kg/hm^2，氮肥为尿素、磷肥为磷酸二铵，钾肥为磷酸钾和复合肥，基追比采用 3∶7。出苗后，小麦长势弱，在小麦分蘖期至拔节期追肥 1～2 次，追施尿素 80～120 kg/hm^2。

4. 施肥技术

小麦苗期叶面喷施磷酸二氢钾和各种微肥，目的是促根壮苗、增强光合作用。小麦孕穗期、扬花期喷施磷酸二氢钾，可促进灌浆成熟，提高产量和品质。

5. 小麦生育期间综合管理技术

在小麦生育期间进行病虫害控制技术、杂草控制技术以及防倒伏控制技术。

（三）推广应用

试验于2017年伊犁河谷平原进行推广应用，核心试验区位于第77团。其中，春小麦品种为陇春25号，基肥为每公顷750 kg的复合肥，养分比例为N：P_2O_5：K_2O=20：20：5，春小麦整个生育期施肥量为每公顷N总用量为300 kg，P_2O_5为90 kg，K_2O为60 kg。耕作技术设定为：常规传统耕作（CT）、深松+免耕播种（ST/NT）和深松+免耕播种+秸秆还田（ST/NT/SC）3种处理。

1. 不同处理对表土温度的影响

如图13-29所示，深松+免耕处理相比常规旋耕处理可以增加土壤的温度。而在深松基础上配合秸秆覆盖可以进一步增加小麦生长前期地表温度，这有利于河谷平原初春的小麦早播，促进发芽，出全苗，而且后期气温升高的情况下，深松+秸秆覆盖又可以降低土壤温度，减少蒸发。

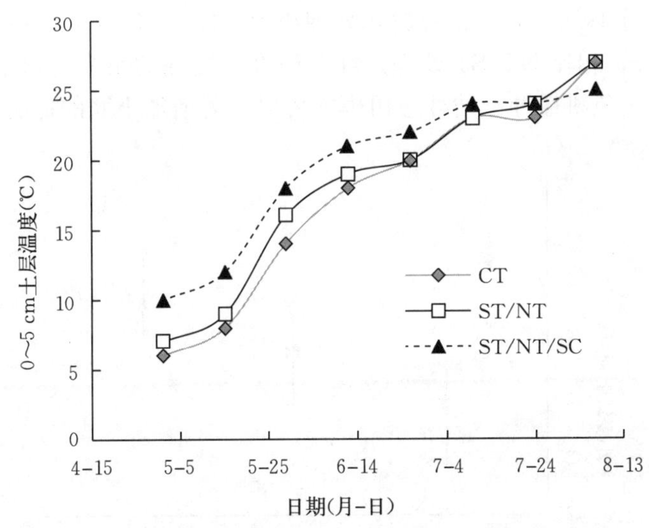

图13-29　不同处理对土壤表层温度的影响

2. 不同处理对小麦产量的影响

由图13-30所示，常规耕作处理的春小麦产量最低，仅为4 905 kg/hm²，而采取保护性耕作措施的深松+免耕播种的小麦产量为5 715 kg/hm²，最高处理为深松+免耕播种+秸秆还田处理为6 450 kg/hm²，与CT处理相比，NT/ST和NT/ST/SR处理分别增加了16.5%和31.4%，相比NT/ST处理，NT/ST/SR处理的小麦产量也可以增加12.9%。说明秸秆半量覆盖还田配合深松免耕播种技术模式可以显著增加伊犁河谷黑钙土耕作区小麦的产量。

3. 不同处理对小麦氮肥利用率的影响

由图13-31所示，常规耕作处理的春小麦氮肥利用率最低，仅为29.6%，而采取保

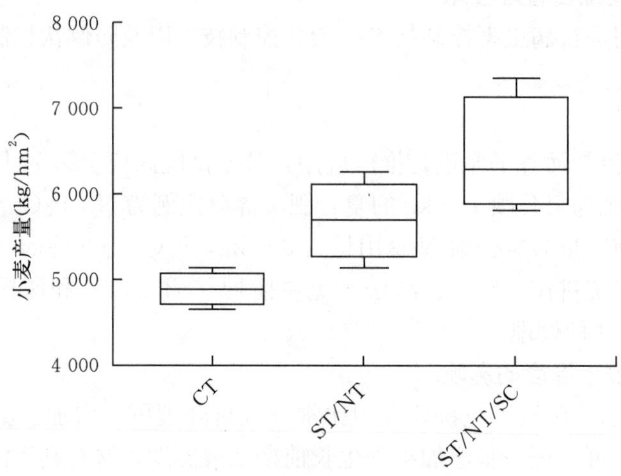

图 13-30　不同处理对小麦产量的影响

护性耕作的深松+免耕播种处理的小麦氮肥利用率为 34.2%，最高处理为深松+免耕播种+秸秆还田处理为 38.6%，与常规耕作处理相比，NT/ST 和 NT/ST/SR 处理分别增加了 15.5%和 30.4%，相比 NT/ST 处理，NT/ST/SR 处理的小麦氮肥利用率也可以增加 12.9%。说明深松+免耕播种+秸秆还田模式可以显著增加小麦的氮肥利用率。

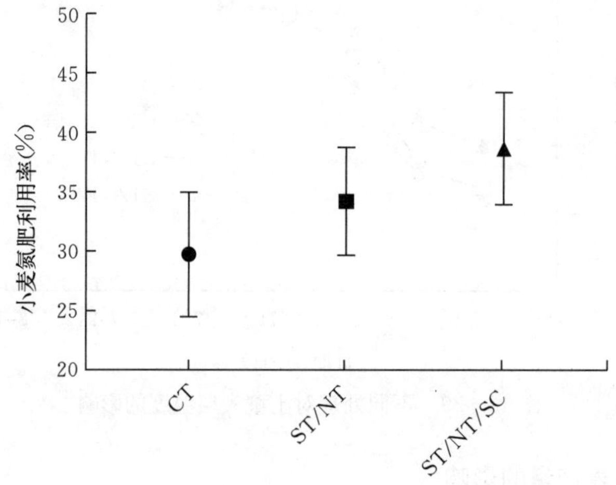

图 13-31　不同处理对小麦氮肥利用率的影响

二、有机均衡施肥免耕播种技术模式

(一) 模式概述

本模式主要针对伊犁河谷旱作雨养区近年来土壤有机质含量逐渐降低、小麦和油菜生长季节降水少且多分布在作物的生长后期，这样使得春季追肥难造成后期养分亏缺，因此，选用增施有机肥和均衡 NPK 施肥模式，配合免耕播种技术提出以下施肥原则。

（二）主要技术环节

1. 技术流程

前茬作物小麦或油菜收获残茬处理→深松或深翻→秸秆粉碎还田→免耕播种施肥一体化→田间综合管理（除草、防病）→作物收获。

2. 技术要领

（1）小麦和油菜。在秸秆还田基础上，坚持“有机培肥＋平衡施肥”（“适氮、重磷、补钾”）的施肥方针。

（2）有机肥种类选用造粒的商品有机肥，商品有机肥应符合 NY 525 的要求。

（3）有机肥施用方法。有机肥采取全部一次性基施，随免耕播种施肥一体机进行施用，保证与土壤充分混合，有机肥使用量商品有机肥施用 3 000～6 000 kg/hm^2，化学肥料使用量可以相应减少 20%～40%。

（三）推广应用

试验于 2017 年伊犁河谷平原进行推广应用，核心试验区位于第 77 团。其中，甜菜品种为青杂 7 号，施用商品有机肥 3 000 kg/hm^2，含氮量 1.5%，甜菜全生育期，每公顷 N 肥总用量为 240 kg、P_2O_5 为 72 kg、K_2O 为 48 kg。耕作技术设定为全量化肥单施＋常规耕作（CF/CT），全量化肥＋免耕播种（CF/NT）有机无机肥配施＋常规耕作（COM/CT），有机肥无机肥配施＋免耕播种（COM/NT）4 种处理。

1. 不同处理对黑钙土区油菜产量的影响

由图 13－32 所示，全量化肥单施＋常规旋耕处理的春油菜产量最低，为 2 049 kg/hm^2，而采取保护性耕作的措施有机无机肥配施＋免耕播种处理的油菜产量最高，为 2 524 kg/hm^2，相比 CF/CT 处理和 CF/NT 处理相比分别增加了 23.24%和 15.3%，相比 COM/CT 处理，油菜产量也可以增加 7.69%。说明有机无机肥配施＋免耕播种可以显著增加油菜的产量。

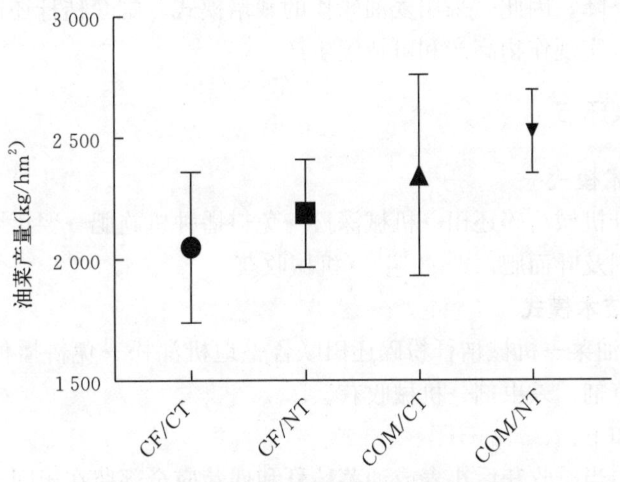

图 13－32　不同处理对油菜产量的影响

2. 不同处理对黑钙土区油菜氮肥利用率的影响

由图 13-33 所示，全量化肥单施+常规耕作处理的氮肥利用率最低，为 30.1%，而采取保护性耕作的措施有机无机肥配施+免耕播种处理的油菜氮肥利用率最高，为 34.8%，相比 CF/CT 处理和 CF/NT 处理分别增加了 15.7%和 8.8%，相比 COM/CT 处理，油菜氮肥利用率也可以增加 4.3%。说明有机无机肥配施+免耕播种模式可以显著增加油菜的氮肥利用率，在河谷平原黑钙土区可以作为一种有效的技术模式。

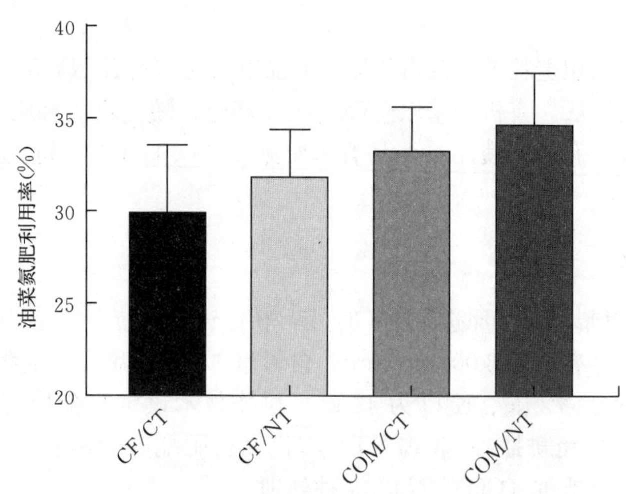

图 13-33　不同处理对油菜氮肥利用率的影响

三、旱地麦油轮作秸秆粉碎还田技术模式

（一）模式概述

伊犁昭苏黑钙土区小麦和油菜长期单一种植条件下土壤耕层质量下降、连作障碍明显，且已造成作物产量下降。因此，采用麦油轮作的栽培模式，配套秸秆还田、深松和免耕播种等耕作技术模式，以实现作物高产和可持续生产。

（二）主要技术环节

1. 油菜耕作技术模式

当季春小麦秸秆机械粉碎还田→机械深松→免耕播种机施肥→翌年 4 月免耕播种油菜→喷洒除草剂、杀虫剂及叶面肥（2～3 遍）→机械收获。

2. 春小麦耕作技术模式

当年 10 月收获油菜→机械秸秆粉碎还田联合整地机深松→免耕播种机施肥→翌年 4 月免耕播种→喷洒除草剂、杀虫剂→机械收获。

主要技术环节如下：

（1）灭茬耕翻。当季收获后小麦或油菜秸秆和残茬应全部留在田间。运用联合收获机自带粉碎装置粉碎还田，应旋耕灭茬，使秸秆与土壤混合均匀，然后进行深翻作业，一般进行深翻（25～30 cm）以达到与土壤均匀混合，油菜秸秆还田量 6 000～7 500 kg/hm²。

（2）撒施化肥。小麦和油菜秸秆含氮量少，在腐解过程中需吸收氮、磷等元素，为避免与下茬作物争肥，需补施一定量的氮和磷。

（3）水分调节。秸秆翻埋入土后，要浇足水，以利秸秆腐解，促进种子发芽和幼苗生长。

（三）推广实例

试验于 2017 年 4 月在昭苏县开展，春小麦品种为宁春 16 号，前一季作物为种植油菜。秸秆粉碎还田，平衡施肥，肥料配比为复合肥和尿素混施，每公顷施磷酸二铵 150～225 kg、复合肥 75～150 kg、尿素 75 kg。试验处理为：常规旋耕＋秸秆不还田（CT）、深松＋免耕播种＋秸秆不还田（NT/ST）、深松＋免耕播种＋秸秆还田（NT/ST/SR）。于上茬油菜收获后，进行耕作处理。翻耕处理为普通铧式犁，深度在 15～20 cm，深松为翼铲式深松机，深度为 35 cm 左右，深松铲间距为 40 cm。春小麦条播，行距为 20 cm，每公顷施磷酸二铵 150～225 kg。

1. 不同处理对春小麦产量的影响

由图 13－34 所示，常规旋耕＋秸秆不还田的春小麦产量最低，仅为 4 811 kg/hm²，而采取保护性耕作措施的深松＋免耕播种＋秸秆不还田的小麦产量为 5 758 kg/hm²，最高处理为深松＋免耕播种＋秸秆还田处理的 6 345 kg/hm²，与 CT 处理相比，NT/ST 和 NT/ST/SR 处理分别增加了 19.7％和 31.9％，相比 NT/ST 处理，NT/ST/SR 处理的小麦产量也可以增加 10.2％。说明深松＋免耕播种＋秸秆还田可以显著增加小麦的产量。

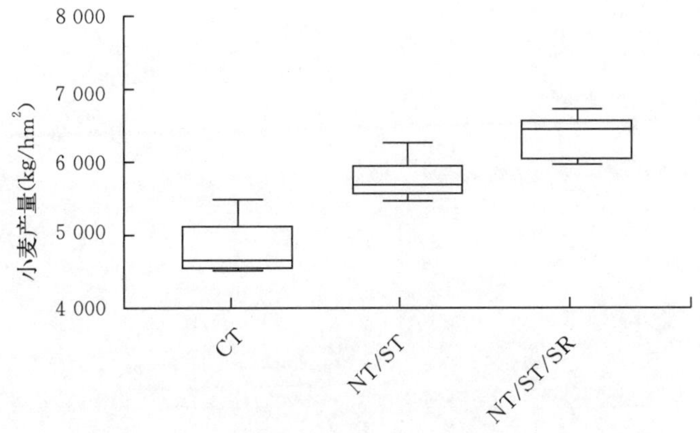

图 13－34　不同耕作和施肥处理对小麦产量的影响

2. 不同处理对春小麦氮肥利用率和磷肥利用率的影响

由图 13－35 所示，常规旋耕的春小麦氮肥利用率最低，仅为 30.38％，而采取保护性耕作措施的深松＋免耕播种＋秸秆不还田的氮肥利用率为 34.4％，最高处理为深松＋免耕播种＋秸秆还田处理的 39％。与 CT 处理相比，NT/ST 和 NT/ST/SR 处理分别增加了 13.2％和 28.4％。对于磷肥利用率而言，与 CT 处理相比，NT/ST 和 NT/ST/SR 处理分别增加了 10.6％和 20.7％，相比 NT/ST 处理，NT/ST/SR 处理的磷肥利用率也可以增加

9.2%。说明，深松＋免耕播种＋秸秆还田模式可以显著增加小麦的氮肥利用率和磷肥利用率。

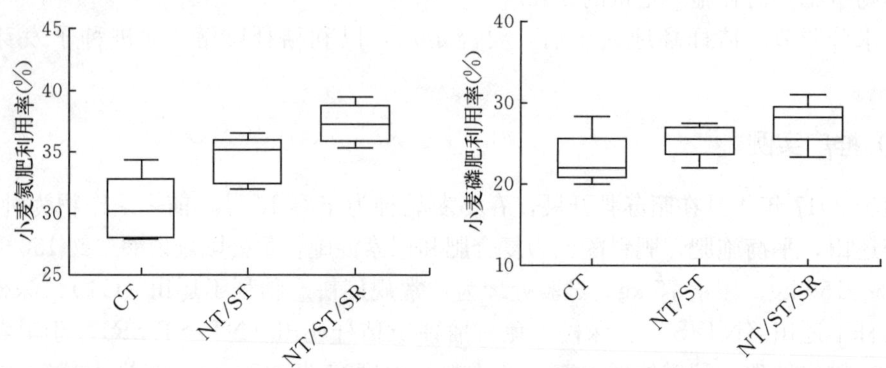

图 13-35 不同施肥和耕作处理对小麦氮肥利用率和磷肥利用率的影响

第十四章
新疆河谷平原栗钙土区旱地合理耕层构建理论与技术

第一节　新疆河谷平原栗钙土区旱地合理耕层评价

栗钙土是草原土壤形成过程在干草原自然植被下发育而成的土壤，主要分布在新疆、内蒙古地区。栗钙土区雨养旱地土壤生态环境条件较好，但由于长期的重用轻养，耕作不合理、肥料施用不当，使土壤结构变差、理化性状呈劣变趋势，耕地质量下降。针对目前栗钙土耕层存在的问题，作者调查了栗钙土耕层结构，分析存在的障碍因素，确定栗钙土合理耕层评价指标及研究合理耕层构建技术，提出合理耕层构建技术模式，从而创建栗钙土合理耕层。

一、区域概况、关键障碍及改善方法

（一）区域概况

1. 河谷栗钙土形成环境条件及特征

（1）栗钙土形成环境条件。伊犁河谷位于中国天山山脉西部，南、北、东三面环山，西部敞开，地处北纬 42°14′～44°50′，东经 80°09′～84°56′。独特的地形使大西洋及地中海的湿润气流收入河谷后会有大量积存，造就了河谷丰沛的降水，北边阻挡了北冰洋和西伯利亚地区的冷空气，南边阻挡了南疆塔克拉玛干盆地干热风的天然屏障。伊犁河谷栗钙土成土母质多为黄土状物，此为坡积物与冰碛物，其颗粒组成虽因母质类型不同而有很大的差异，但总体来说，质地偏轻，多属沙壤、轻壤与砾质沙壤。昭苏、尼勒克、特克斯谷地黄土母质分布广泛，但土层较薄。栗钙土属于草原土壤形成过程，栗钙土在这种干草原植被条件下，其成土的主要特点是明显的生物积累过程和钙化（碳酸钙积累）过程，同黑钙土相比，有机质含量较低，且主要集中 0～25 cm 表土层。腐殖酸积累过程已逐渐减弱，而钙化过程加强，此外，还伴随着盐化、碱化和草甸化过程。栗钙土各种组成物质相互影响、相互作用、相互制约，处在复杂的理化、生物化学的转化之中，具有复杂的理化、生物学特性，以及供应和协调植物生长发育所需水分、养分、部分空气和热量的能力。

（2）栗钙土物理性状。伊犁河谷雨养旱地栗钙土耕层厚度为 18～30 cm，平均 22.89 cm。土壤容重 1.21～1.44 g/cm^3，平均 1.31 g/cm^3。孔隙度 42.53%～51.73%，平均 47.76%。沙粒含量 51.72%～70.72%，平均 59.50%；粉粒含量 18.40%～34.40%，平均 28.46%；黏粒含量 9.88%～13.88%，平均 12.05%。土壤三相组成当中：气相 33.0%～41.0%，平均 36.46%；液相 11.5%～17.50%，平均 14.24%；固相 45.5%～54.50%，平均 49.30%。耕层厚度、机械组成各粒径、液相的变异性较大；土壤容重、孔隙度、气相、固相变异性相对较小（表 14-1）。

表 14-1　伊犁河谷雨养旱地栗钙土耕层土壤物理性状（2016 年，新源县）

项目	耕层厚度（cm）	容重（g/cm^3）	孔隙度（%）	机械组成（%）			三相组成（%）		
				沙粒	粉粒	黏粒	气相	液相	固相
最低值	18.0	1.21	42.53	51.72	18.40	9.88	33.0	11.50	45.50

（续）

项目	耕层厚度（cm）	容重（g/cm³）	孔隙度（%）	机械组成（%）			三相组成（%）		
				沙粒	粉粒	黏粒	气相	液相	固相
最高值	30.0	1.44	51.73	70.72	34.40	13.88	41.0	17.50	54.50
平均值	22.89	1.31	47.76	59.50	28.46	12.05	36.46	14.24	49.30
标准差	4.23	0.07	2.89	7.29	5.83	1.68	2.55	2.09	2.86
变异系数（%）	18.48	5.53	6.05	12.25	20.48	13.94	6.99	14.67	5.80

（3）栗钙土化学特性。伊犁河谷雨养旱地栗钙土有机质含量为13.24～47.22 g/kg，平均33.54 g/kg。全氮含量1.07～2.23 g/kg，平均1.66 g/kg。全磷含量0.84～0.99 g/kg，平均0.91 g/kg。全钾含量19.52～22.33 g/kg，平均21.36 g/kg。碱解氮115.85～191.20 mg/kg，平均157.70 mg/kg；有效磷12.20～23.75 mg/kg，平均18.29 mg/kg；速效钾190.0～285.0 mg/kg，平均231.67 mg/kg。土壤有机质、全氮、碱解氮、有效磷、速效钾变异性较大。近几十年的重用轻养造成河谷栗钙土土壤有机质、全氮、碱解氮有一定的变化幅度，速效钾含量相对丰富。另外，土壤pH8.02～8.70，平均8.40；阳离子交换量（CEC）18.81～26.65 cmol/kg，平均22.80 cmol/kg，属高保肥性能的土壤（表14-2）。

表14-2 伊犁河谷雨养旱地栗钙土耕层土壤化学性状（2016年，新源县）

项目	有机质（g/kg）	pH	CEC（cmol/kg）	全量养分（g/kg）			速效养分（mg/kg）		
				氮	磷	钾	碱解氮	有效磷	速效钾
最低值	13.24	8.02	18.81	1.07	0.84	19.52	115.85	12.20	190.0
最高值	47.22	8.70	26.65	2.23	0.99	22.33	191.20	23.75	285.0
平均值	33.54	8.40	22.80	1.66	0.91	21.36	157.70	18.29	231.67
标准差	12.78	0.19	3.06	0.42	0.05	0.89	31.22	3.12	35.20
变异系数	38.10	2.26	13.42	25.30	5.49	4.17	19.80	17.06	15.19

（4）栗钙土理化特性评价。根据第二次全国土壤普查结果，基本评价是新疆土壤缺氮、少磷、钾丰富。经过30多年的耕作开垦，土壤养分状况发生了很大变化，总体含量由20世纪80年代的“缺氮少磷钾丰富”变为“富氮平磷钾有余”。根据调查结果，有机质含量从20世纪80年代到目前年均增长率为－0.13%，有机质含量下降比较明显。河谷雨养旱地栗钙土区0～40 cm土层速效钾平均含量较丰富，土壤有机质与其他速效养分含量仍处于四级水平（图14-1）。

2. 耕作种植制度

（1）种植制度。伊犁河谷雨养旱地栗钙土区主要种植小麦、油菜、向日葵以及其他特用作物为主。其中小麦的种植面积为最大，达到60%以上，种植模式为一年一熟制，一般单产水平在3 750～4 500 kg/hm²，干旱年份为2 250 kg/hm²甚至绝产。产量潜力为5 250～6 000 kg/hm²。

（2）耕作制度。河谷旱作区域栗钙土土壤耕作主要采取两种方式为主，第一种为作物收获后（夏、秋季）或播种前利用铧式犁翻耕（25 cm）＋联合整地（切、耙、磨，深度10～

图 14-1　伊犁河谷雨养旱地栗钙土土壤剖面

15 cm）后进行播种；第二种为翻耕（25 cm）+旋耕（12～15 cm）后进行播种。其中夏秋季翻耕，播种前联合整地较为普遍。

（二）关键障碍

河谷栗钙土长期的重用轻养、单一耕作、土壤培肥不合理等造成土壤结构变差，有机质含量和有效养分含量偏低，土壤沙粒偏多，土层薄，漏水漏肥等问题。再加上干旱少雨，蒸发量大，降水量年内分布不均匀，尤其旱地春季作物生长季节缺水，农作物生长发育受干旱影响，导致减产甚至绝产。

1. 耕层结构不合理，土壤保水、保肥能力差

（1）三相比不合理。作物收获后使用浅耕或旋耕等耕作技术措施，使 0～20 cm 土层土壤长期处于裸露、干旱、松散状态，易蒸发土壤水分，加上降水量与作物生育期内需水规律不一致。20 cm 以下土层土壤紧实度和容重高，20～40 cm 土层平均土壤容重≥1.35 g/cm^3，犁底层加厚，土壤保水、保肥能力下降，使耕层土壤三相比长期处于不合理结构比例状态。其中，水分和空气是主要的矛盾，影响土壤养分与温度。根据调查测定，栗钙土旱作区不同产量水平 0～40 cm 土层土壤固、气、液三相比例高产田 48：36：16，中产田 47：39：14，低产田 52：37：12。按照旱作农田理想的土壤三相比（固相 50%，气相和液相各 25%），存在一定差距，故为土壤水、肥、热相互关系的关键障碍因素之一。

（2）沙粒含量高。从河谷雨养旱地栗钙土土壤质地分析结果来看，0～100 cm 土层高产田沙粒 50.0%～55.0%、粉粒 30.0%～34.0%、黏粒 12.0%～14.0%；中产田沙粒 50.0%～68.0%、粉粒 20.0%～34.0%、黏粒 10.0%～12.0%；低产田沙粒 60.0%～70.0%、粉粒

18.0%～27.0%、黏粒 8.0%～16.0%。随产量水平降低沙粒比例增加，土壤颗粒以沙粒为主。进一步分析结果显示，土壤分形维数在 2.67～2.73，高产田保持较高的土壤分形维数，土壤分形维数与粉粒、黏粒达极显著正相关（$P<0.01$），与沙粒极显著负相关（$P<0.01$）。土壤粗细颗粒影响土壤水分、空气和热量运动，同时影响养分的转化等作物根系生长的环境条件。

（3）耕层浅。耕层厚度与耕作方式有关，长期采用浅耕使土层厚度维持在 22～23 cm，旋耕小于 15 cm，导致土壤耕层变浅，犁底层上移加厚。多年旋耕在耕层以下形成坚实的犁底层，影响降水入渗、作物根系下扎，不利于蓄水和深层土壤水分的利用。

2. 耕层土壤有机质含量低，养分不均衡

由于采用传统的一年一熟制，且普遍存在连作现象，每年作物收获后立即进行 22～23 cm 的翻耕使主要耕层在作物收获后处于裸露、曝晒状态。其土壤温度高，加速了土壤有机质分解，影响>0.25 mm 水稳性团聚体的形成，团聚体稳定性下降，造成了表层土壤养分流失和风蚀。再加上农业生产重用轻养，主要培肥以化肥为主，从而导致农田土壤退化的同时造成了土壤肥力不均衡。调查表明，河谷雨养旱作区栗钙土不同产量水平土壤有机质含量差异明显（$P<0.05$）。低产田土层薄，且有机质含量低。

（三）改善方法

1. 增加土壤有机质，提高耕层肥力

由于河谷旱作区栗钙土土层较薄，长期的重用轻养，导致土壤有机质含量低，土壤基础肥力低。因此，重视农家肥、颗粒有机肥、秸秆还田等培肥措施，用养结合，提高耕层有机质含量；有机无机相结合的原则，合理施用化肥，避免盲目施用氮肥和磷肥，减少土壤养分的过剩和淋失；结合 2～3 年深松 1 次，深度≥35 cm，打破犁底层，对耕层进行扩容，提高耕层蓄水能力，促进作物根系生长；结合深松深施有机肥、秸秆深层还田，提高稳定层以下土层有机质含量和保水、保肥能力，提高肥料利用率；尽量减少翻耕和旋耕次数，提高植物残体地面覆盖度，避免土壤长期处于裸露、曝晒，保护土壤生态环境和结构的稳定性，保持耕层土壤功能性和结构性指标最佳状态；采取表土镇压等耕作措施，增加土壤尤其 20 cm 以下土层有机质含量。

2. 增加耕层土壤团聚体，改善土壤肥力

土壤大团聚体是土壤结构最基本的单元，影响土壤的各种理化性质，团聚体的稳定性直接影响土壤表层的水、土界面行为，特别是与降水入渗和土壤侵蚀关系十分密切。河谷区长期不合理的耕作方式使土壤水稳性团聚体数量下降，土壤结构性差，保水能力下降，种植作物生育中、后期易受旱；采用粗放的施肥、耕作等管理措施，影响土壤团聚体的团聚度和稳定性，导致土壤水稳性团聚体的稳定性。可减少翻耕、旋耕等耕作次数来保护表土层土壤合理团聚体结构，通过深松、深施有机肥等耕作、培肥措施来提高土壤团聚体数量。增加和保护大团聚体内部持水孔隙和团聚体之间的充气孔隙，使土壤中的固相、液相和气相相互处于协调状态。这种孔隙状况为土壤水、肥、气、热的协调创造了良好的条件。另外，河谷旱作区应重视秸秆还田或留高茬提高地表覆盖度，避免夏季翻耕暴晒导致的跑墒、有机质分解等问题。利用冬前深耕改土、春季镇压等方式来提高冬季雪水入渗利用效率，解决土壤跑墒、干旱缺水等问题。

二、合理耕层特征

（一）作物与耕层结构及功能关系

1. 耕层结构与作物产量

（1）耕层结构特征。伊犁河谷旱地栗钙土中产田和低产田耕层厚度差异不显著，而高产田耕层厚度达到27.67 cm，显著高于中、低产田，分别较中、低产田高27.68%、43.14%。因耕作措施及耕作机械等差异，使高产田耕层厚度大于中、低产田，随着耕层厚度不断增加，小麦产量呈增加趋势（图14-2）。

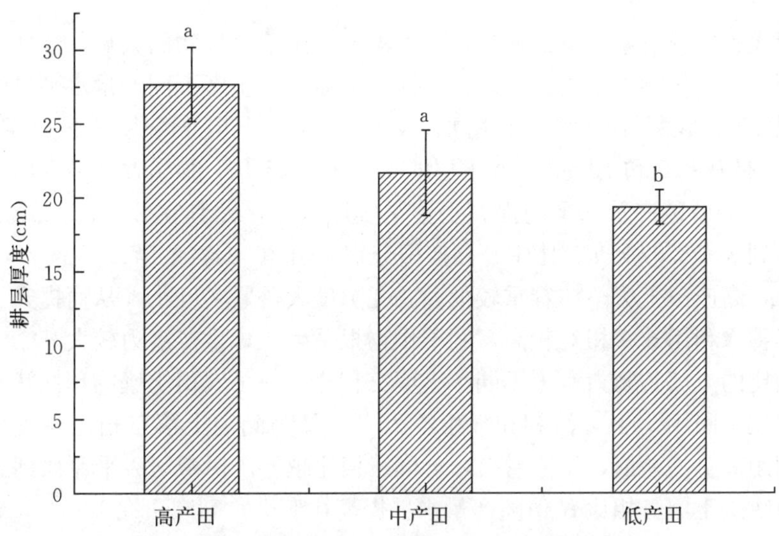

图14-2　伊犁河谷雨养旱地栗钙土耕层厚度

注：不同的小写字母表示差异达5%显著水平。

土壤容重作为土壤重要的物理性质之一。伊犁河谷平原栗钙土区低产田土壤容重在0～10 cm和20～40 cm土层均显著高于高产田和中产田（$P<0.05$），其中20～40 cm土层低产田达到最大1.42 g/cm^3，是同土层中产田和高产田的1.03～1.05倍；在0～10 cm土层，高产田土壤总孔隙度最大，为53.58%，较中、低产田分别增加了1.15%、10.07%。说明长期浅耕或旋耕措施使栗钙土稳定层以下形成坚硬的犁底层，影响耕层土壤通透性，使土壤保水、保肥能力下降，影响作物根系生长，导致作物减产（表14-3）。

表14-3　伊犁河谷雨养旱地栗钙土耕层物理性状（2018年，新源县）

土层（cm）	产量水平	容重（g/cm^3）	孔隙度（%）	紧实度（kPa）
0～10	高	1.23±0.04b	53.58±1.31a	318.0±4.00c
	中	1.25±0.06b	52.97±2.40a	375.0±26.63b
	低	1.36±0.02a	48.68±0.66b	484.0±19.73a

（续）

土层（cm）	产量水平	容重（g/cm³）	孔隙度（%）	紧实度（kPa）
10～20	高	1.31±0.04a	50.74±1.46a	565.33±50.63a
	中	1.32±0.02a	50.31±0.67a	623.0±61.53a
	低	1.37±0.03a	48.16±0.64a	862.67±44.29a
20～40	高	1.35±0.03b	49.06±0.53a	1 467.33±92.51b
	中	1.37±0.02b	48.30±0.90ab	1 645.0±59.22b
	低	1.42±0.02a	46.42±2.10b	2 308.67±54.37a

注：不同的小写字母表示差异达5%显著水平。

土壤的紧实程度影响着土壤的通气性、温湿度、土壤微生物的数量与活性、养分的转化与吸收，进而影响到作物根系的生长。伊犁河谷平原栗钙土区不同产量水平旱作农田土壤紧实度均表现出随土壤深度的增加而增加。20～40 cm 土层土壤紧实度达到 1 467.33～2 308.67 kPa，是0～10 和 10～20 cm 土层的 1.70～7.25 倍，显著高于 0～10 和 10～20 cm 各土层（$P<0.05$）。随产量水平的提高土壤紧实度减少，尤其在 20～40 cm 土层，低产田土壤紧实度达到 2 308.67 kPa，比中、高产田分别高出 40.34%、57.34%。

总体看来，高产田土壤整体容重较低，总孔隙度大，紧实度小，从而提升了土壤蓄水保墒能力，土壤蓄水利用效率相对较高，利于作物根系生长，生产潜力较大。

不同三相比的土壤其肥力水平不同。土壤三相比反映了农田土壤物理性状是否良好，理想的土壤三相比是固相 50%，液相和气相各 25%。R 为测定土壤三相比与适宜状态下土壤三相比在空间距离上的差值，R 值越大，土壤三相比越差。伊犁河谷平原栗钙土区不同产量水平旱作农田耕层土壤三相比 R 值随产量水平提高在变小，高产田在 10～20 cm 土层达到最小，为 10.73，比同土层中产田、低产田降低了 40.26%～45.75%。说明高产田土壤固相、液相和气相比例，较中产田、低产田相对理想，利于作物根系生长。进一步分析得知，高、中产田 10～20 cm 土层土壤三相比 R 值最小，20～40 cm 土层最大，0～10 cm 土层介于二者之间；低产田土壤三相比 R 值 20～40 cm 土层最大，10～20 cm 土层次之，0～10 cm 土层最小。不同产量下，20～40 cm 土层土壤三相比 R 值均最大，土壤三相比例较差（表 14-4）。

表 14-4 伊犁河谷雨养旱地栗钙土土壤三相比（2016 年，新源县）

土层（cm）	产量水平	土壤三相比			三相 R 值
		气相	液相	固相	
0～10	高	0.36±0.03a	0.16±0.01a	0.48±0.02b	12.31±2.42b
	中	0.39±0.01a	0.14±0.01b	0.47±0.02b	15.84±0.31a
	低	0.35±0.03a	0.12±0.01b	0.53±0.03a	15.42±1.60b
10～20	高	0.34±0.03a	0.17±0.01a	0.49±0.03a	10.73±2.22b
	中	0.38±0.03a	0.14±0.01b	0.48±0.03a	15.05±2.66a
	低	0.37±0.02a	0.12±0.01b	0.51±0.02a	15.64±0.37a

（续）

土层（cm）	产量水平	土壤三相比			三相 R 值
		气相	液相	固相	
20～40	高	0.38±0.01a	0.16±0.01a	0.46±0.01a	13.53±0.37a
	中	0.41±0.05a	0.14±0.01b	0.46±0.04a	16.99±3.91a
	低	0.38±0.02a	0.13±0.01b	0.49±0.03a	15.69±0.50a

注：不同的小写字母表示差异达5%显著水平。

土壤水稳性团聚体是评价土壤结构性能的重要指标。伊犁河谷平原栗钙土区不同产量水平旱作农田耕层土壤>0.25 mm水稳性团聚体含量随土壤深度增加而减少。高、中、低产田20～40 cm土层>0.25 mm水稳性团聚体含量随产量水平递减，减幅在增加。而同一土壤深度，>0.25 mm水稳性团聚体含量随产量水平在增加；高产田>0.25 mm水稳性团聚体各土层含量的平均值分别较中、低产田提高5.43%、10.21%。培肥、间隔耕作、深松等技术措施能够促进大团聚体结构的形成，有利于增强大团聚体结构的稳定性（表14-5）。

表14-5　伊犁河谷雨养旱地栗钙土耕层土壤水分及团聚体变化特征（小麦田）

土层（cm）	产量水平	土壤含水量（cm^3/cm^3）	田间持水量（cm^3/cm^3）	>0.25 mm水稳性团聚体含量（%）
0～10	高	0.17±0.01a	0.31±0.01a	66.84±0.71a
	中	0.14±0.01b	0.30±0.01a	63.39±1.17a
	低	0.12±0.01bc	0.29±0.01a	61.73±0.45b
10～20	高	0.17±0.01a	0.31±0.01a	64.23±2.14a
	中	0.14±0.01b	0.32±0.01a	61.07±1.07b
	低	0.12±0.01ab	0.30±0.02a	57.90±2.43c
20～40	高	0.16±0.01a	0.32±0.01a	63.96±2.80a
	中	0.14±0.01a	0.29±0.01a	60.51±1.06b
	低	0.13±0.01a	0.29±0.03a	57.32±1.57c

注：不同的小写字母表示差异达5%显著水平。

（2）耕层结构与作物产量关系。伊犁河谷雨养旱地栗钙土水稳性团聚体含量与容重、紧实度、三相比 R 值呈负相关关系；田间持水量与土壤紧实度呈显著负相关（$P<0.05$）；土壤总孔隙度与其容重呈极显著负相关关系（$P<0.01$）。而作物产量与土壤水稳性团聚体含量、土壤含水量等呈极显著正相关关系（$P<0.01$），与耕层厚度显著正相关（$P<0.05$），与土壤三相 R 值呈显著负相关关系（$P<0.05$），与土壤容重、紧实度呈负相关关系，但不显著。不同培肥、耕作措施影响河谷旱作区栗钙土耕层土壤结构参数变化，主要影响水稳性团聚体含量及稳定性，进而影响土壤水分、空气、热量运动和养分转化，形成不同土壤结构环境和肥力水平，影响作物产量（表14-6）。

表 14-6 伊犁河谷雨养旱地栗钙土结构参数与小麦产量关系

	耕层厚度	容重	孔隙度	紧实度	三相比 R 值	土壤含水量	田间持水量	水稳性团聚体	产量
耕层厚度	1								
容重	−0.585	1							
孔隙度	0.595	−0.999**	1						
紧实度	−0.250	−0.035	0.016	1					
三相比 R 值	−0.528	−0.080	0.083	0.336	1				
土壤含水量	0.808**	−0.510	0.508	−0.343	−0.796*	1			
田间持水量	0.425	−0.478	0.489	−0.742*	−0.115	0.449	1		
水稳性团聚体	0.726*	−0.553	0.554	−0.660	−0.548	0.827**	0.808**	1	
产量	0.775*	−0.544	0.548	−0.448	−0.745*	0.939**	0.508	0.843**	1

注：**表示在 0.01 水平（双侧）上显著相关。*表示在 0.05 水平（双侧）上显著相关。

2. 耕层功能特征与作物产量的关系

（1）耕层功能变化特征。河谷旱作区不同产量水平栗钙土土层（0～40 cm）全磷和全钾含量差异不明显；全氮含量的最高值出现在高产田 0～10 cm 土层（2.07 g/kg），最低值出现在低产田的 0～10 cm 土层（1.04 g/kg）。高产田犁底层全氮含量分别较中、低产田高 19.7%和 56.2%，差异显著（$P<0.05$）。高产田 0～10 cm 土层碱解氮、有效磷、速效钾含量分别为 192.30 mg/kg、22.27 mg/kg、277.0 mg/kg，较低产田高 62.2%、40.3%、34.5%（$P<0.05$）；10～20 cm 土层碱解氮、速效钾含量为 173.30 mg/kg、269.67 mg/kg，分别较低产田高 50.6%、48.4%（$P<0.05$）；20～40 cm 土层碱解氮、有效磷、速效钾含量为 137.79 mg/kg、17.0 mg/kg、200.33 mg/kg，分别较低产田高 80.8%、124.6%、70.5%（$P<0.05$）（表 14-7）。

表 14-7 伊犁河谷雨养旱地栗钙土耕层土壤化学特性

土层（cm）	产量水平	全氮（g/kg）	全磷（g/kg）	全钾（g/kg）	碱解氮（mg/kg）	有效磷（mg/kg）	速效钾（mg/kg）
0～10	高	2.07±0.25a	0.94±0.06a	22.94±1.21a	192.30±3.87a	22.27±2.38a	277.00±12.53a
	中	1.96±0.49a	0.94±0.04a	22.04±0.36a	191.42±12.21a	19.84±0.48a	234.33±4.04b
	低	1.04±0.05b	0.94±0.03a	21.34±2.51a	118.57±6.96b	15.87±1.65b	206.00±8.89c
10～20	高	1.89±0.17a	0.90±0.09a	20.79±0.96a	173.30±18.21a	20.03±2.22a	269.67±11.68a
	中	1.61±0.36a	0.89±0.06a	20.93±1.19a	155.57±11.04a	16.67±0.75a	221.33±10.02b
	低	1.39±0.23a	0.86±0.03a	20.15±0.24a	115.07±9.91b	15.07±5.29a	181.67±12.70c
20～40	高	1.64±0.07a	0.81±0.09a	19.34±0.80a	137.79±35.87a	17.00±3.85a	200.33±17.62a
	中	1.37±0.08b	0.86±0.07a	19.03±1.43a	130.48±21.76a	11.17±0.45b	200.00±7.00a
	低	1.05±0.04c	0.76±0.02a	17.72±1.35a	76.23±7.11b	7.57±1.39b	117.33±11.15b

注：不同的小写字母表示差异达 5%显著水平。

不同产量水平各土层全磷含量差异不明显。河谷旱作栗钙土区不同产量水平耕层全量养分含量差异不明显，根据第二次全国土壤普查养分分级标准，均属二级水平；而土壤速效养分含量在不同产量水平地块差异显著，表土层、稳定层和犁底层速效养分含量尤其碱解氮含量变化比较明显，是决定土壤肥力（化学特征）高低的主要因素。

有机质是土壤肥力的核心，对土壤养分供应能力和供应强度具有十分重要的影响。不同产量水平栗钙土高、中、低产田 0～10 cm 土层土壤有机质含量分别为 45.55 g/kg、42.78 g/kg、16.34 g/kg，高、中产田分别较低产田高 178.8%和 161.8%（$P<0.05$）；10～20 cm 土层土壤有机质含量分别为 39.50 g/kg、39.22 g/kg、17.82 g/kg，高、中产田分别较低产田高 121.7%和 120.1%（$P<0.05$）；20～40 cm 土层土壤有机质含量分别为 25.28 g/kg、21.23 g/kg、8.31 g/kg，高、中产田分别较低产田高 204.2%和 155.5%（$P<0.05$）。按照第二次全国土壤普查养分分级标准，河谷旱作区不同产量栗钙土耕层有机质含量仍然维持 2～4 级水平。而各产量水平随耕层深度土壤有机质含量呈降低趋势。高、中产田土壤有机质含量从 0～10 cm土层到 10～20 cm 土层分别下降 15.3%、9.1%，从 10～20 cm 土层到 20～40 cm 土层分别下降 56.3%、84.7%，而低产田从 10～20 cm 土层到 20～40 cm 土层下降 120%。栗钙土有机质含量在各土层当中从 10～20 cm 土层到 20～40 cm 土层降幅最大，该趋势随产量水平下降更加明显（图 14-3）。

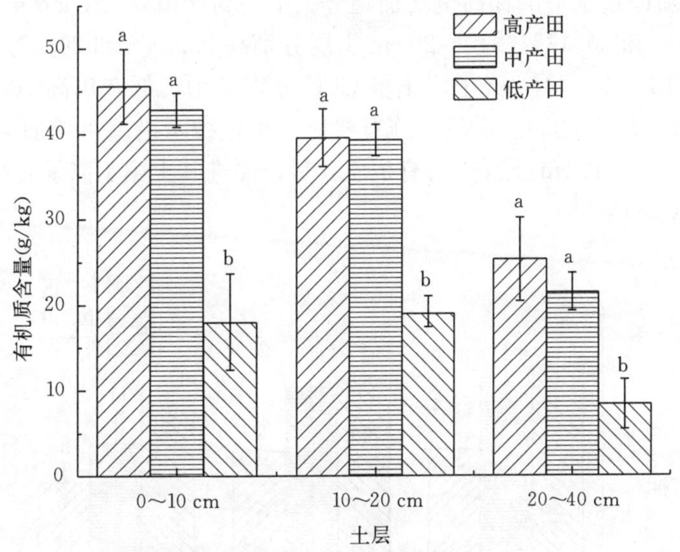

图 14-3　栗钙土耕层土壤有机质含量

注：不同的小写字母表示差异达 5%显著水平。

土壤 pH 的高低影响土壤养分元素的有效性，最终影响作物产量形成。伊犁河谷平原雨养旱地栗钙土区不同产量水平条件下不同土层土壤平均 pH 分别为：高产田 8.48、中产田 8.26、低产田 8.49，略偏碱性。各产量水平土壤 pH 差异不明显，总体呈现出低产田的 pH 较高，三层平均值达 8.49（图 14-4）。

土壤阳离子交换量（CEC）的大小反映了土壤保肥性的高低。不同产量水平栗钙土不同

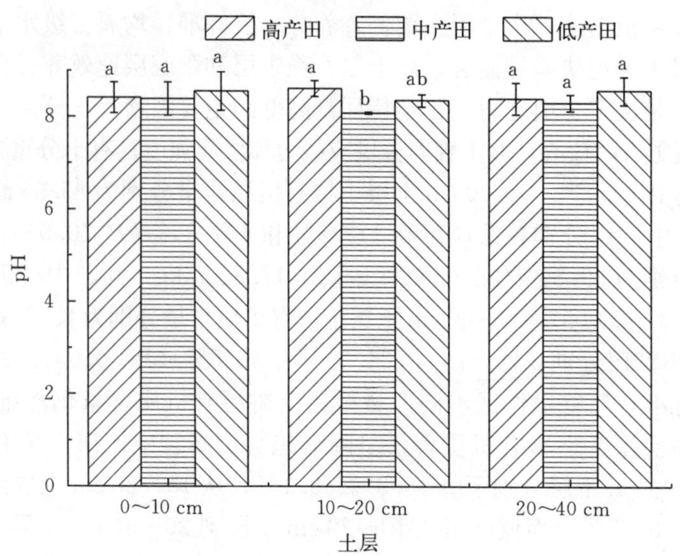

图 14-4 栗钙土耕层土壤 pH

注：不同的小写字母表示差异达 5%显著水平。

土层土壤 CEC 均随产量水平的提高呈增加趋势。中、高产田 0～10 cm 土层土壤 CEC 分别较低产田高 24.11%和 30.42%，10～20 cm 土层分别高 23.43%和 26.07%，均达显著差异（$P<0.05$）。高产田在 20～40 cm 土层土壤 CEC 分别较中、低产田高 16.01%和 33.89%，与低产田差异显著（$P<0.05$）。通过增施有机肥、耕作技术措施可增加河谷旱作区低产田栗钙土耕层，尤其 20～40 cm 土层土壤有机质含量，促进其土壤阳离子交换量的增加，提高低产田土壤肥力（图 14-5）。

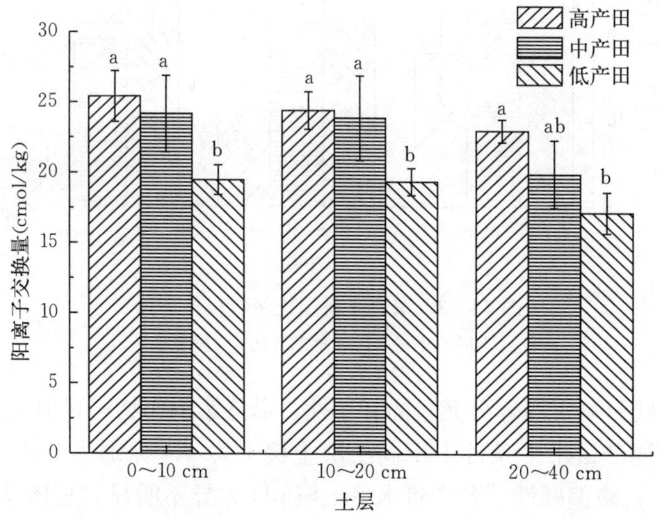

图 14-5 伊犁河谷雨养旱地栗钙土耕层土壤阳离子交换量（CEC）

注：不同的小写字母表示差异达 5%显著水平。

(2) 耕层功能特征与作物产量的关系。不同产量水平栗钙土冬小麦产量与其耕层土壤有机质、速效钾含量极显著正相关（$P<0.01$）；与 CEC、全氮、碱解氮含量显著正相关（$P<0.05$）；与全磷、全钾、有效磷相关性不显著。有机质与 CEC 与全钾、碱解氮、速效钾显著正相关（$P<0.05$），与全氮极显著正相关（$P<0.01$）。可以看出，河谷旱作区栗钙土农田小麦产量与耕层有机质、CEC、碱解氮的含量有密切关系（表 14-8）。

表 14-8　伊犁河谷雨养旱地栗钙土耕层土壤化学特征与作物产量的相关性

	有机质	pH	CEC	全氮	全磷	全钾	碱解氮	有效磷	速效钾	产量
有机质	1									
pH	−0.259	1								
CEC	0.816**	−0.024	1							
全氮	0.829**	−0.065	0.956**	1						
全磷	0.362	−0.843**	0.237	0.253	1					
全钾	0.649	0.009	0.712*	0.668*	0.270	1				
碱解氮	0.940**	−0.379	0.761*	0.784*	0.536	0.586	1			
有效磷	0.689*	−0.052	0.666	0.730*	0.342	0.562	0.823**	1		
速效钾	0.943**	−0.135	0.786*	0.806**	0.371	0.624	0.951**	0.849**	1	
产量	0.827**	0.104	0.711*	0.771*	0.056	0.361	0.724*	0.615	0.858**	1

注：**表示在 0.01 水平（双侧）上显著相关。*表示在 0.05 水平（双侧）上显著相关。

（二）合理耕层评价

伊犁河谷雨养旱地栗钙土耕层土壤质量特征差异明显。沙粒、粉粒和黏粒平均质量分数分别为（59.49±7.29）%、（28.46±5.83）%和（12.05±1.68）%，变异系数分别为 12.25%、20.48%和 13.92%，属于中等变异。土壤气相、液相、固相平均质量分数分别为（36.46±2.55）%、（14.24±2.09）%和（49.28±2.86）%，变异系数为 7.01%、14.72%和 5.81%，气相和固相属于弱变异，液相属于中等变异。孔隙度为（47.76±2.89）%，变异系数 6.05%，属于弱变异。耕层平均厚度为（22.89±4.23）cm，变异系数 18.46%，属于中等变异。土壤含水量平均值（0.14±0.02）cm^3/cm^3，变异系数为 14.76%，属于中等变异；田间持水量（0.30±0.01）cm^3/cm^3，变异系数为 3.34%，属于弱变异。水稳性团聚体含量为（64.29±4.04）%，变异系数为 6.28%。容重平均值为（1.31±0.07）g/cm^3，变异系数为 5.53%。土壤紧实度平均值为（515.67±169.78）kPa，变异系数为 32.92%。根据第二次全国土壤普查养分分级标准，有机质、全氮、全磷、全钾平均值分别为（33.54±12.78）g/kg、（1.66±0.42）g/kg、（0.91±0.05）g/kg 和（21.36±0.89）g/kg，均为二级，含量丰富，其中有机质、全氮变异系数为 38.10%、25.37%，属于中等变异，全磷、全钾变异系数为 5.34%、4.15%属于弱变异；碱解氮、速效钾平均值分别为（157.70±31.22）mg/kg、（231.67±35.20）mg/kg，分别处于二级、一级，含量较高；有效磷平均值为（18.29±

3.12）mg/kg，位于三级，处于中等水平；阳离子交换量平均值为（22.80±3.06）cmol/kg，保肥能力强。平均pH为8.40±0.19，土壤偏碱性（表14-9）。

表14-9　伊犁河谷雨养旱地栗钙土耕层土壤质量评价参数统计特征

土壤参数	最小	最大	平均	标准差	变异系数（%）	偏度	峰度	k-s检验
沙粒（%）	51.72	70.72	59.50	7.29	12.25	0.36	−1.83	0.184
粉粒（%）	18.40	34.40	28.46	5.83	20.48	−0.58	−1.25	0.043
黏粒（%）	9.88	13.88	12.05	1.68	13.92	0.09	−2.18	0.181
容重（g/cm³）	1.21	1.44	1.31	0.07	5.53	0.25	0.06	0.2
孔隙度（%）	42.53	51.73	47.76	2.89	6.05	−0.25	0.06	0.2
紧实度（kPa）	280.00	848.50	515.67	169.78	32.92	0.99	0.96	0.043
土壤含水量（cm³/cm³）	0.11	0.17	0.14	0.02	14.76	0.35	−1.05	1.04
田间持水量（cm³/cm³）	0.29	0.32	0.30	0.01	3.34	−1.07	0.42	0.004
水稳性团聚体含量（%）	56.41	68.76	64.29	4.04	6.28	−1.02	0.40	0.2
气相（%）	33.00	41.0	36.44	2.55	7.01	0.19	−0.23	0.2
液相（%）	11.50	17.50	14.22	2.09	14.72	0.44	−0.95	0.2
固相（%）	45.50	54.50	49.28	2.86	5.81	0.27	0.13	0.2
厚度（cm）	18.00	30.0	22.89	4.23	18.46	0.64	−1.10	0.014
有机质（g/kg）	13.24	47.22	33.54	12.78	38.10	−0.78	−1.31	0.019
pH	8.02	8.70	8.40	0.19	2.24	−0.68	1.83	0.2
CEC（cmol/kg）	18.81	26.65	22.80	3.06	13.42	−0.11	−1.87	0.2
全氮（g/kg）	1.07	2.23	1.66	0.42	25.37	0.12	−1.42	0.2
全磷（g/kg）	0.84	0.99	0.91	0.05	5.34	0.22	−0.40	0.2
全钾（g/kg）	19.52	22.33	21.36	0.89	4.15	−0.99	1.24	0.2
碱解氮（mg/kg）	115.85	191.20	157.70	31.22	19.79	−0.72	−1.66	0.005
有效磷（mg/kg）	12.20	23.75	18.29	3.12	17.06	−0.36	1.97	0.116
速效钾（mg/kg）	190.0	285.0	231.67	35.20	15.19	0.31	−1.33	0.2

产量与土壤有机质、速效钾、土壤水稳性团聚体、土壤含水量等极显著相关（$P<0.01$），相关系数分别为0.827、0.858、0.843、0.939；与土壤阳离子交换量、全氮、碱解氮、耕层厚度、土壤三相比R值等显著相关（$P<0.05$），相关系数分别为0.711、0.771、0.724、0.775、−0.745。由此，耕层土壤有机质、速效钾、耕层厚度、水稳性团聚体、阳离子交换量、全氮、碱解氮、土壤三相比R值等指标可作为伊犁河谷雨养旱地栗钙土合理

耕层指标参数。

（三）合理耕层结构与功能特征

1. 河谷雨养旱地栗钙土耕层理化性质

新疆河谷平原栗钙土区旱地高产田地块 0～40 cm 耕层土壤有机质含量 42.53 g/kg、全氮 1.98 g/kg、碱解氮 182.80 mg/kg、速效钾 273.33 mg/kg、水稳性团聚体 67.80%、土壤阳离子交换量 24.92 cmol/kg、耕层厚度 27.67 cm、土壤三相比 R 值 12.19。中产田地块有机质含量 41.0 g/kg、全氮 1.78 g/kg、碱解氮 173.49 mg/kg、速效钾 227.83 mg/kg、水稳性团聚体 65.45%、土壤阳离子交换量 24.05 cmol/kg、耕层厚度 21.67 cm、土壤三相比 R 值 15.96。低产田地块有机质含量 17.08 g/kg、全氮 1.21 g/kg、碱解氮 116.82 mg/kg、速效钾 193.83 mg/kg、水稳性团聚体 59.61%、土壤阳离子交换量 19.43 cmol/kg、耕层厚度 19.33 cm、土壤三相比 R 值 14.88。以高产田为目标，经过合理的耕作、培肥措施，河谷平原栗钙土区旱地具有较大的增产潜力（表 14－10）。

表 14－10　伊犁河谷雨养旱地栗钙土耕层理化性质与产量

产量水平	有机质 (g/kg)	全氮 (g/kg)	碱解氮 (mg/kg)	速效钾 (mg/kg)	水稳性团聚体（%）	阳离子交换量 (cmol/kg)	耕层厚度 (cm)	三相比 R 值	籽粒产量 (kg/hm²)
高	42.53	1.98	182.80	273.33	67.80	24.92	27.67	12.19	5 250.99
中	41.00	1.78	173.49	227.83	65.45	24.05	21.67	15.96	4 549.08
低	17.08	1.21	116.82	193.83	59.61	19.43	19.33	14.88	3 571.50

2. 伊犁河谷平原雨养旱地栗钙土合理耕层指标参数

通过对伊犁河谷平原雨养旱地小麦、油菜等作物产量、耕作制度与耕层状况（耕层结构参数与功能参数），确定了耕层土壤紧实度、三相比、土壤机械组成、全量养分含量和速效养分含量等合理耕层结构与功能参数适宜范围，进而描述合理耕层结构特征与土壤环境特征，阐明了新疆旱地农田作物产量关键限制因子，为河谷平原常年年均降水量≥300 mm 的雨养旱作区栗钙土合理耕层技术指标提供了科学依据（表 14－11）。

表 14－11　栗钙土合理耕层指标

合理耕层指标		指标取值
耕层厚度（cm）		27～35
土壤三相	气相	0.20～0.25
	液相	0.15～0.25
	固相	0.50～0.65
土壤容重（g/cm³）		1.20～1.35
紧实度（kPa）		650～1 000
有机质（g/kg）		30～50
全氮（g/kg）		1.5～2.0

（续）

合理耕层指标	指标取值
碱解氮（mg/kg）	200～240
速效钾（mg/kg）	150～200
阳离子交换量（cmol/kg）	20～30

第二节 新疆河谷平原栗钙土区旱地合理耕层构建技术

一、土壤耕作与培肥对耕层结构与功能的影响

（一）土壤耕作与培肥对耕层结构的影响

1. 有机物料还田对耕层物理性质及产量的影响

（1）有机物料还田对栗钙土土壤容重的影响。不同有机物料还田方式对其土壤容重有一定影响。小麦秸秆和颗粒有机肥混合还田 0～30 cm 耕层使伊犁河谷雨养旱地栗钙土0～10 cm、10～20 cm 和 20～40 cm 土层土壤容重分别较不施肥减少 0.01～0.06 g/cm^3、0.01～0.08 g/cm^{3}和 0.01～0.10 g/cm^3。留茬还田在 0～10 cm、10～20 cm 和 20～40 cm 土层土壤容重分别较不施肥降低 0.80%、1.50%和 1.40%，而全量还田分别降低 3.30%、4.10%和 4.60%。秸秆全量还田土壤容重整体低于留茬还田，在不同土层比留茬还田分别降低 0.77%～4.03%、2.89%～4.31%和 1.39%～4.96%。而秸秆还田与颗粒有机肥混合施用对降低栗钙土 20～40 cm 土层土壤容重效果较明显（$P<0.05$）（表 14-12）。

表 14-12　伊犁河谷雨养旱地栗钙土有机物料还田对土壤容重（g/cm^3）的影响

处理	土层深度		
	0～10 cm	10～20 cm	20～40 cm
CK	1.30±0.01a	1.38±0.02a	1.44±0.01a
$T_1S_1O_1$	1.29±0.01b	1.38±0.02a	1.43±0.04a
$T_1S_1O_2$	1.30±0.01a	1.37±0.01a	1.42±0.01a
$T_1S_1O_3$	1.29±0.01b	1.35±0.01b	1.41±0.01a
$T_1S_2O_1$	1.28±0.01b	1.34±0.01b	1.41±0.02a
$T_1S_2O_2$	1.25±0.01c	1.33±0.01b	1.37±0.01b
$T_1S_2O_3$	1.24±0.02c	1.30±0.01c	1.34±0.01b

注：不同的小写字母表示差异达 5%显著水平。秋翻+深松（幅宽 50 cm，深 50 cm）T_1；留茬还田 S_1，全还田 S_2；颗粒有机肥（总养分 $N+P_2O_5+K_2O\geqslant5\%$，有机质$\geqslant45\%$）$O_1$ 表示 600 kg/hm^2、O_2 表示 1 200 kg/hm^2、O_3 表示 2 400 kg/hm^2，CK 表示不施肥。

(2) 有机物料还田对栗钙土孔隙度的影响。有机物料还田栗钙土土壤孔隙度整体高于不施肥处理。秸秆全量还田土壤总孔隙度在 0～10 cm、10～20 cm 和 20～40 cm 土层较留茬还田分别增加 0.74%～4.21%、3.41%～4.75%和 2.26%～5.65%。一定量秸秆还田再加 1 200 kg/hm^2 颗粒有机肥，在一定程度上可增加栗钙土不同土层土壤总孔隙度（表 14 - 13）。

表 14 - 13　伊犁河谷雨养旱地栗钙土有机物料还田对土壤孔隙度（%）的影响

处理	土层深度		
	0～10 cm	10～20 cm	20～40 cm
CK	50.94±0.38b	47.80±0.79c	45.66±0.38b
$T_1S_1O_1$	51.32±0.38b	47.80±0.77c	45.91±1.48b
$T_1S_1O_2$	50.82±0.28b	47.55±0.38c	46.42±0.46b
$T_1S_1O_3$	51.45±0.25b	49.06±0.44b	46.67±0.31b
$T_1S_2O_1$	51.70±0.43b	49.43±0.44b	46.92±0.65b
$T_1S_2O_2$	52.96±0.25a	49.81±0.38b	48.43±0.27a
$T_1S_2O_3$	53.33±0.62a	50.82±0.43a	49.31±0.21a

注：不同的小写字母表示差异达 5%显著水平。秋翻+深松（幅宽 50 cm，深 50 cm）T_1；留茬还田 S_1，全还田 S_2；颗粒有机肥（总养分 $N+P_2O_5+K_2O \geqslant 5\%$，有机质≥45%）$O_1$ 表示 600 kg/hm^2、O_2 表示 1 200 kg/hm^2、O_3 表示 2 400 kg/hm^2，CK 表示不施肥。

(3) 有机物料还田对栗钙土土壤含水量的影响。有机物料还田可增加栗钙土土壤总孔隙度，降低土壤容重，提高保水、保肥能力。0～40 cm 土层土壤含水量较不施肥处理提高 7.72%～37.36%。秸秆全量还田土壤水分百分率在 0～10 cm、10～20 cm 和 20～40 cm 土层较留茬还田分别增加 7.26%～18.64%、12.88%～14.61%和 8.21%～14.23%（表 14 - 14）。

表 14 - 14　伊犁河谷雨养旱地栗钙土有机物料还田对土壤含水量（%）的影响

处理	土层深度		
	0～10 cm	10～20 cm	20～40 cm
CK	12.89±0.50d	13.88±1.58d	14.29±1.16d
$T_1S_1O_1$	13.89±0.50c	14.88±1.58bc	16.07±0.29c
$T_1S_1O_2$	14.36±1.85bc	15.13±1.93bc	16.16±1.26c
$T_1S_1O_3$	15.83±0.09ab	16.35±1.70abc	17.23±1.01bc
$T_1S_2O_1$	16.48±0.51a	17.02±0.51ab	17.39±0.74bc
$T_1S_2O_2$	16.48±0.66a	17.08±2.25ab	18.46±1.71ab
$T_1S_2O_3$	16.98±0.81a	18.74±1.36a	19.63±0.84a

注：不同的小写字母表示差异达 5%显著水平。秋翻+深松（幅宽 50 cm，深 50 cm）为 T_1；留茬还田为 S_1，全还田为 S_2；颗粒有机肥（总养分 $N+P_2O_5+K_2O \geqslant 5\%$，有机质≥45%）$O_1$ 表示 600 kg/hm^2、O_2 表示 1 200 kg/hm^2、O_3 表示 2 400 kg/hm^2，CK 表示不施肥。

(4) 有机物料还田对栗钙土土壤三相比 R 值的影响。有机物料还田措施在一定程度上降低了栗钙土耕层土壤三相比 R 值。留茬还田 0～10 cm、10～20 cm 和 20～40 cm 土层分别较不施肥措施降低土壤三相比 R 值 15.7%、16.5% 和 25.9%，而全量还田分别降低 30.8%、40.7%和 59.8%。分析不同秸秆还田量对土壤三相比 R 值的影响结果，秸秆全量还田土壤三相比 R 值整体低于留茬还田，表现出土壤的三相比例相对合理。比较秸秆全量还田下不同颗粒有机肥施用量可知，随颗粒有机肥的增加土壤三相比 R 值总体表现出降低趋势（表 14-15）。

表 14-15　伊犁河谷雨养旱地栗钙土有机物料还田对土壤三相比 R 值的影响

处理	0～10 cm	10～20 cm	20～40 cm
CK	15.78±0.62a	13.18±1.78a	12.11±1.36a
$T_1S_1O_1$	14.72±0.44b	11.94±2.04b	10.11±0.58bc
$T_1S_1O_2$	13.85±2.47bc	11.52±2.33bc	10.01±1.56bc
$T_1S_1O_3$	12.34±0.19cd	10.50±1.97bc	8.75±1.17cd
$T_1S_2O_1$	11.67±0.40d	9.83±0.77bc	8.59±0.80cd
$T_1S_2O_2$	12.44±0.88cd	9.93±2.86bc	7.66±2.21cd
$T_1S_2O_3$	12.08±0.87cd	8.35±1.48c	6.50±1.10d

注：不同的小写字母表示差异达 5%显著水平。秋翻＋深松（幅宽 50 cm，深 50 cm）为 T_1；留茬还田为 S_1，全还田为 S_2；颗粒有机肥（总养分 $N+P_2O_5+K_2O \geqslant 5\%$，有机质≥45%）$O_1$ 表示 600 kg/hm^2、O_2 表示 1 200 kg/hm^2、O_3 表示 2 400 kg/hm^2，CK 表示不施肥。

（5）有机物料还田对小麦产量的影响。有机物料还田显著促进小麦个体生长发育，提高地上部生物量的积累，有利于籽粒产量形成。留茬还田＋颗粒有机肥较不施肥措施提高小麦籽粒产量 65.1%，增加生物量 69.8%；而全量还田加颗粒有机肥较不施肥措施增加小麦籽粒产量 77.1%，增加生物量 79.7%。不同量有机物料还田处理当中，秸秆全还田＋颗粒有机肥 1 200 kg/hm^2 处理籽粒产量为 6 006.90 kg/hm^2，较留茬还田＋颗粒有机肥 1 200 kg/hm^2 处理增产 13.98%（表 14-16）。

表 14-16　伊犁河谷雨养旱地栗钙土有机物料还田对小麦产量的影响

处理	千粒重（g）	籽粒产量（kg/hm^2）	地上部分生物量（kg/hm^2）	收获指数
CK	28.19c	3 216.0 d	6 982.80 d	0.46ab
$T_1S_1O_1$	37.43a	5 355.30b	12 039.0b	0.44b
$T_1S_1O_2$	36.87a	5 270.25b	11 620.65b	0.45ab
$T_1S_1O_3$	36.01a	5 298.60b	11 915.55b	0.44b
$T_1S_2O_1$	35.15b	5 071.95c	10 905.60c	0.47a
$T_1S_2O_2$	37.37a	6 006.90a	13 407.30a	0.45ab
$T_1S_2O_3$	37.25a	6 006.90a	13 340.70a	0.45ab

注：不同的小写字母表示差异达 5%显著水平。秋翻＋深松（幅宽 50 cm，深 50 cm）T_1；留茬还田 S_1，全还田 S_2；颗粒有机肥（总养分 $N+P_2O_5+K_2O \geqslant 5\%$，有机质≥45%）$O_1$ 表示 600 kg/hm^2、O_2 表示 1 200 kg/hm^2、O_3 表示 2 400 kg/hm^2，CK 表示不施肥。

2. 不同耕作方式对耕层物理性质及产量的影响

(1) 不同耕作方式对栗钙土土壤容重的影响。栗钙土采用不同耕作方式其耕层土壤容重均随土层深度呈渐增趋势。各土层土壤容重总体表现为免耕>传统耕作>翻耕+深松。与免耕相比，采取不同耕作措施处理容重均有所降低，翻耕+深松对土壤容重降低作用明显($P<0.05$)；在0～10 cm、10～20 cm和20～40 cm土层中翻耕+深松土壤容重较传统耕作降低2.98%、2.82%和3.36%，较免耕降低5.11%、3.49%和4.0%（表14-17）。

表14-17　伊犁河谷雨养旱地栗钙土耕作方式对土壤容重（g/cm^3）的影响

耕作方式	土层深度		
	0～10 cm	10～20 cm	20～40 cm
免耕	1.37±0.01a	1.43±0.01a	1.50±0.01a
传统耕作	1.34±0.03b	1.42±0.01a	1.49±0.02a
翻耕+深松	1.30±0.01c	1.38±0.02b	1.44±0.01b

注：不同的小写字母表示差异达5%显著水平。

(2) 不同耕作方式对栗钙土土壤孔隙度的影响。不同耕作方式土壤孔隙度总体表现为翻耕+深松>传统耕作>免耕，不同土层土壤孔隙度随土层深度增加而降低，与土壤容重的变化相反。0～10 cm土层翻耕+深松土壤孔隙度最大，分别较传统耕作和免耕增加5.44%、3.30%；在10～20和20～40 cm土层，翻耕+深松土壤孔隙度显著高于传统耕作和免耕措施（$P<0.05$）（表14-18）。

表14-18　伊犁河谷雨养旱地栗钙土耕作方式对土壤孔隙度（%）的影响

耕作方式	土层深度		
	0～10 cm	10～20 cm	20～40 cm
免耕	48.30±0.45c	46.16±0.28b	43.40±0.39b
传统耕作	49.31±0.89b	46.29±0.22b	43.65±0.57b
翻耕+深松	50.94±0.38a	47.80±0.79a	45.66±0.38a

注：不同的小写字母表示差异达5%显著水平。

(3) 不同耕作方式对栗钙土土壤含水量的影响。翻耕+深松耕作措施0～40 cm土层平均土壤含水量略高于其他处理。各土层不同耕作方式土壤含水量均随着土层深度增加呈增加趋势。翻耕+深松处理在0～10 cm土层土壤含水量较传统耕作和免耕分别增加0.78%、11.50%；在10～20 cm土层，翻耕分别增加1.38%、7.76%；在20～40 cm土层，翻耕+深松和常规耕作分别较免耕增加4.0%、4.0%（表14-19）。翻耕+深松技术在一定程度上改善耕层土壤物理性状，提高土壤蓄水、保水能力。

表 14-19 伊犁河谷雨养旱地栗钙土耕作方式对土壤含水量（%）的影响

耕作方式	土层深度		
	0～10 cm	10～20 cm	20～40 cm
免耕	11.56±1.02a	12.88±0.08a	13.74±1.06a
传统耕作	12.79±0.50a	13.69±0.41a	14.29±1.16a
翻耕＋深松	12.89±0.50a	13.88±1.58a	14.29±1.16a

注：不同的小写字母表示差异达5%显著水平。

（4）不同耕作方式对栗钙土土壤三相比 R 值的影响。不同耕作方式翻耕栗钙土各土层土壤三相比 R 值总体表现为传统耕作＜翻耕＋深松＜免耕。在 0～10 cm 土层，翻耕＋深松和传统耕作土壤三相比 R 值较免耕措施分别降低 2.89%、6.52%；在 10～20 cm 土层分别降低 5.24%、6.82%，在 20～40 cm 土层分别降低 3.35%、4.62%。采用翻耕＋深松等耕作技术措施在一定程度上使栗钙土耕层土壤三相比更接近于理想状态（表 14-20）。

表 14-20 伊犁河谷雨养旱地栗钙土耕作方式对土壤三相比 R 值的影响

耕作方式	土层深度		
	0～10 cm	10～20 cm	20～40 cm
免耕	16.25±1.46a	13.91±0.16a	12.53±1.18a
传统耕作	15.16±0.50a	12.96±0.47a	11.95±1.31a
翻耕＋深松	15.78±0.62a	13.18±1.78a	12.11±1.36a

注：不同的小写字母表示差异达5%显著水平。

（5）不同耕作方式对小麦产量的影响。伊犁河谷平原雨养旱地栗钙土不同耕作方式旱作小麦千粒重、籽粒产量、收获指数均表现为翻耕＋深松＞传统耕作＞免耕。翻耕＋深松技术小麦籽粒产量和收获指数最大，分别为 5 511.15 kg/hm² 和 0.49，较传统耕作和免耕技术分别提高 20.71%、8.89%和 24.28%、40.0%。可以看出，伊犁河谷平原雨养旱地栗钙土旱作小麦采取翻耕＋深松的间隔耕作措施对改善土壤物理性状，促进小麦根系生长，提高地上部生物量积累和籽粒产量形成有明显的促进作用（表 14-21）。

表 14-21 伊犁河谷雨养旱地栗钙土耕作方式对小麦产量的影响

耕作方式	千粒重（g）	籽粒产量（kg/hm²）	地上部分生物量（kg/hm²）	收获指数
免耕	34.63a	4 434.45c	12 567.30a	0.35c
传统耕作	35.63a	4 565.55b	10 101.30c	0.45b
翻耕＋深松	36.13a	5 511.15a	11 228.10b	0.49a

注：不同的小写字母表示差异达5%显著水平。

（二）土壤耕作与培肥对耕层功能的影响

1. 有机物料还田对耕层土壤化学性质的影响

（1）有机物料还田对栗钙土土壤有机质的影响。伊犁河谷平原雨养旱地栗钙土连续三年采用秸秆留茬还田＋颗粒有机肥、秸秆全量还田＋颗粒有机肥等土壤培肥措施提高了土壤有机质含量。留茬还田＋颗粒有机肥处理较不施肥在 0～10 cm、10～20 cm 和 20～40 cm 土层分别提高土壤有机质含量 6.30%、26.97%和 10.60%；全量还田＋颗粒有机肥较不施肥分别在 0～10 cm、10～20 cm 和 20～40 cm 土层提高土壤有机质含量 22.84%、40.75%和 13.50%。可以看出，秸秆全量还田＋颗粒有机肥的培肥措施明显提高栗钙土耕层土壤有机质含量。其中，秸秆全量还田条件下配施颗粒有机肥 1 200 kg/hm^2，结合深松、颗粒有机肥深施等农机农艺相结合的土壤培肥方式，有效地提高了伊犁河谷平原雨养旱地栗钙土犁底层以下土层土壤有机质含量（表 14－22）。

表 14－22　伊犁河谷雨养旱地栗钙土有机物料还田对土壤有机质（g/kg）的影响

处理	土层深度		
	0～10 cm	10～20 cm	20～40 cm
CK	34.68d	27.39e	25.23c
$T_1S_1O_1$	42.74b	33.14d	29.19b
$T_1S_1O_2$	34.69d	37.90c	33.70a
$T_1S_1O_3$	33.12e	33.29d	20.82e
$T_1S_2O_1$	46.31a	36.88c	22.56d
$T_1S_2O_2$	44.36ab	47.86a	29.06b
$T_1S_2O_3$	37.13c	40.50b	34.29a

注：不同的小写字母表示差异达 5%显著水平。秋翻＋深松（幅宽 50 cm，深 50 cm）为 T_1；留茬还田为 S_1，全还田为 S_2；颗粒有机肥（总养分 $N+P_2O_5+K_2O \geqslant 5\%$，有机质≥45%）$O_1$ 表示 600 kg/hm^2、O_2 表示 1 200 kg/hm^2、O_3 表示 2 400 kg/hm^2，CK 表示不施肥。

（2）有机物料还田对栗钙土土壤速效养分含量的影响。不同有机物料还田方式对伊犁河谷平原雨养旱地栗钙土 0～20 cm 土层速效养分含量有一定的影响。一定量的有机物料还田措施提高了土壤速效养分含量，秸秆全量还田＋颗粒有机肥可以显著提高栗钙土耕层土壤速效养分，尤以秸秆全还田＋颗粒有机肥 1 200 kg/hm^2 措施土壤速效养分保持较高水平（表 14－23）。

（3）有机物料还田对栗钙土土壤阳离子交换量（CEC）的影响。不同方式的有机物料还田可有效改善伊犁河谷平原雨养旱地栗钙土耕层土壤阳离子交换量。留茬还田＋颗粒有机肥在 0～10 cm、10～20 cm 和 20～40 cm 土层土壤阳离子交换量分别较不施肥处理提高 16.26%～23.44%、30.80%～42.92%和 16.91%～35.32%，而全量还田＋颗粒有机肥分别提高 23.92%～37.32%、27.27%～49.49%和 23.38%～34.32%。其中，秸秆全量还田条件下配施颗粒有机肥 1 200 kg/hm^2 培肥措施使栗钙土耕层土壤具有较高的土壤阳离子交换量（表 14－24）。

表 14-23 伊犁河谷雨养旱地栗钙土有机物料还田对土壤碱解氮、有效磷、速效钾的影响

土层（cm）	处理	碱解氮（mg/kg）	有效磷（mg/kg）	速效钾（mg/kg）
0～10	CK	106.10d	10.10b	185.0b
	$T_1S_1O_1$	149.70b	6.80e	193.0b
	$T_1S_1O_2$	131.00c	6.90e	157.0c
	$T_1S_1O_3$	124.80c	7.40d	133.0d
	$T_1S_2O_1$	235.00a	27.10a	289.0a
	$T_1S_2O_2$	140.70b	10.00b	192.0b
	$T_1S_2O_3$	138.70b	8.50c	132.0d
10～20	CK	99.10d	8.70c	127.0e
	$T_1S_1O_1$	110.90c	5.50e	135.0d
	$T_1S_1O_2$	122.70b	8.40cd	194.0a
	$T_1S_1O_3$	67.20e	8.20d	196.0a
	$T_1S_2O_1$	128.30b	8.20d	167.0c
	$T_1S_2O_2$	154.90a	12.30a	202.0a
	$T_1S_2O_3$	147.70a	11.40b	179.0b
20～40	CK	85.60b	7.70b	114.0c
	$T_1S_1O_1$	86.70b	5.90c	108.0d
	$T_1S_1O_2$	81.80c	5.80c	136.0b
	$T_1S_1O_3$	73.50d	5.30d	88.0e
	$T_1S_2O_1$	72.80d	7.80b	103.0d
	$T_1S_2O_2$	103.30a	8.70a	112.0cd
	$T_1S_2O_3$	99.10a	7.90b	175.0a

注：不同的小写字母表示差异达5%显著水平。秋翻+深松（幅宽 50 cm，深 50 cm）为 T_1；留茬还田为 S_1，全还田为 S_2；颗粒有机肥（总养分 $N+P_2O_5+K_2O\geqslant5\%$，有机质$\geqslant45\%$）$O_1$ 表示 600 kg/hm^2、O_2 表示 1 200 kg/hm^2、O_3 表示 2 400 kg/hm^2，CK 表示不施肥。

表 14-24 伊犁河谷雨养旱地栗钙土有机物料还田对土壤阳离子交换量（cmol/kg）的影响

处理	土层深度		
	0～10 cm	10～20 cm	20～40 cm
CK	20.90d	19.80d	20.10d
$T_1S_1O_1$	24.30c	28.30a	27.20a

（续）

处理	土层深度		
	0～10 cm	10～20 cm	20～40 cm
$T_1S_1O_2$	25.80b	26.50b	25.20b
$T_1S_1O_3$	25.40bc	25.90bc	23.50c
$T_1S_2O_1$	27.40a	26.10bc	24.80b
$T_1S_2O_2$	28.70a	29.60a	25.40b
$T_1S_2O_3$	25.90b	25.20c	27.00a

注：不同的小写字母表示差异达 5%显著水平。秋翻＋深松（幅宽 50 cm，深 50 cm）为 T_1；留茬还田为 S_1，全还田为 S_2；颗粒有机肥（总养分 $N+P_2O_5+K_2O\geqslant5\%$，有机质≥45%）$O_1$ 表示 600 kg/hm²、O_2 表示 1 200 kg/hm²、O_3 表示 2 400 kg/hm²，CK 表示不施肥。

2. 不同耕作方式对耕层化学性质的影响

（1）耕作方式对栗钙土土壤有机质的影响。在伊犁河谷平原雨养旱地栗钙土采取翻耕＋深松等耕作措施有效提高耕层土壤有机质含量。分析各土层有机质含量，以翻耕＋深松土壤有机质含量最高。在 0～10 cm、10～20 cm 和 20～40 cm 土层，土壤有机质含量分别达到 44.36 g/kg、47.86 g/kg 和 29.06 g/kg。深松＋深施颗粒有机肥提高 20 cm 以下土层土壤有机质含量有一定的效果（表 14－25）。

表 14－25　伊犁河谷雨养旱地栗钙土耕作方式对土壤有机质（g/kg）的影响

耕作方式	土层深度		
	0～10 cm	10～20 cm	20～40 cm
免耕	38.62b	31.37c	19.84b
传统耕作	35.05c	36.71b	29.04a
翻耕＋深松	44.36a	47.86a	29.06a

注：不同的小写字母表示差异达 5%显著水平。

（2）耕作方式对栗钙土土壤速效养分的影响。比较同一土层不同耕作措施，0～10 cm、10～20 cm 和 20～40 cm 土层土壤速效养分含量以翻耕＋深松技术最高，其中，0～10 cm 土层碱解氮、有效磷、速效钾含量较免耕和传统耕作分别提高 29.32%、6.38%、45.45%和 34.38%、17.65%、36.17%；10～20 cm 土层分别提高 52.01%、51.85%、85.32%和 20.73%、39.77%、43.26%；20～40 cm 土层分别提高 53.72%、22.54%、62.32%和 13.77%、10.13%、14.29%。可以看出，深松、翻耕等深耕耕作措施改善栗钙土耕层土壤物理性状的同时显著提高了其速效养分含量（表 14－26）。

表 14-26　伊犁河谷雨养旱地栗钙土耕作方式对土壤碱解氮、有效磷、速效钾含量的影响

土层（cm）	耕作方式	碱解氮（mg/kg）	有效磷（mg/kg）	速效钾（mg/kg）
0～10	免耕	108.80b	9.40b	132.0c
	传统耕作	104.70b	8.50c	141.0b
	翻耕＋深松	140.70a	10.0a	192.0a
10～20	免耕	101.90c	8.10c	109.0c
	传统耕作	128.30b	8.80b	141.0b
	翻耕＋深松	154.90a	12.30a	202.0a
20～40	免耕	67.20c	7.10c	69.0c
	传统耕作	90.80b	7.90b	98.0b
	翻耕＋深松	103.30a	8.70a	112.0a

注：不同的小写字母表示差异达 5%显著水平。

(3) 耕作方式对栗钙土土壤阳离子交换量（CEC）的影响。翻耕＋深松等耕作措施可提高土壤阳离子交换量，增强土壤保肥能力。各土层土壤阳离子交换量（CEC）综合表现为翻耕＋深松＞传统耕作＞免耕。在 0～10 cm、10～20 cm 和 20～40 cm 土层翻耕＋深松栗钙土耕层土壤阳离子交换量分别为 28.70 cmol/kg、29.60 cmol/kg 和 25.40 cmol/kg，分别较免耕和传统耕作提高 13.89%、23.85%、27.00%和 7.49%、3.86%、7.17%（表 14-27）。

表 14-27　伊犁河谷雨养旱地栗钙土耕作方式对土壤阳离子交换量（cmol/kg）的影响

耕作方式	土层深度		
	0～10 cm	10～20 cm	20～40 cm
免耕	25.20c	23.90b	20.00c
传统耕作	26.70b	28.50a	23.70b
翻耕＋深松	28.70a	29.60a	25.40a

注：不同的小写字母表示差异达 5%显著水平。

二、合理耕层构建技术

（一）合理耕层构建技术指标

通过对伊犁河谷平原雨养旱地小麦、油菜等作物产量、耕作制度与耕层状况（耕层结构参数与功能参数）、栽培管理技术进行调研与观测分析，大田试验研究和模拟验证，明确了新疆旱地农田作物产量关键限制因子，确定了合理耕层指标。针对存在的问题，通过耕作、有机物料还田等技术研究，确定合理耕层构建技术指标。

1. 深松

土壤容重≥1.40 g/cm³，总孔隙度≤45%进行，深度≥35 cm，深松铲间距为 50 cm，幅宽 300 cm 为宜，夏季作物收获后，隔 3 年 1 次。

2. 翻耕

翻耕深度≥27 cm，春、秋季作业。

3. 联合整地

深度≥15 cm，播种前，土块直径≤5 cm，耕层土壤大孔隙比例达到 30%～45%；秸秆、肥料完全混拌 0～20 cm 土层。

4. 镇压

适宜作业土壤含水率为 18%～22%，镇压强度为 600.0～800.0 g/cm²，播种前、后各进行作业。

5. 有机肥

农家肥 3.0×10^4 ～ 4.50×10^4 kg/hm² 或颗粒有机肥（有机质≥45%）900.0～1 200.0 kg/hm²。

(二) 合理耕层构建技术与土壤耕作制度

1. 合理耕层构建技术

(1) 深松＋镇压土壤保墒技术。采取深松＋表土镇压的蓄水、保墒技术可以创造“虚实并存”的土壤结构，增加雨水、雪水入渗并在土壤中储存。理想的土壤三相比结构有利于土壤通气，微生物活动，促进养分分解，使土壤养分有效化。栗钙土采取深松＋表土镇压的扩容、保墒综合耕作技术措施改善土壤水分往下入渗的同时，防止深层土壤水分快速蒸发。与此同时，深松作业与秸秆覆盖配合使用，可延缓径流，提高雨水、雪水入渗。

(2) 增施有机肥、土壤均衡培肥技术。增施有机肥料可增加或保持栗钙土耕层有机质含量，结合深施有机肥＋深松等农机、农艺技术相结合，可提高有机质在耕层分布的厚度，改善耕层理化性质，提升土壤肥力。根据近年来重用轻养、重施无机化肥的现状，用有机肥替代无机肥归还土壤有机质、培肥地力是保障伊犁河谷雨养旱地栗钙土当前耕层改良的重要土壤培肥技术措施。

2. 土壤合理耕层构建耕作制度

(1) 翻耕、灭茬、镇压。作业时间为每年春季进行，避免夏（秋）季翻耕使土壤长期曝晒，有机质分解，跑墒等。翻耕深度要≥27 cm，联合整地≥13 cm，作业后要求土块直径≤5 cm，表土层土壤大孔隙比例达到 35%～50%，联合整地后要求保证地平土碎、耕层无土垡架空。适宜作业土壤含水率为 18%～22%。镇压强度适宜范围为 600.0～800.0 g/cm²。包括镇压、灭茬、施肥、平地等作业内容；防止地表形成前茬作物秸秆、根茎等堆积，影响小麦播种质量。达到表土合墒、平整、整齐、彻底灭茬镇压的目的。

(2) 深松。秋季农作物收获后进行深松（隔 3 年深松 1 次），选用框式、翼铲式和弯刀式等深松机。深松深度达到 35 cm，深松铲间距 50 cm，深浅一致，不使生土上浮，不产生大块和明显沟痕，作业深度误差不超过±2 cm。深松机工作部件作业覆盖宽度≥作业总宽度 50%。不翻乱表土层、打破犁底层、底层深松、增厚耕层、表土合墒，适宜作业土壤含水率为 12%～22%，创造 0～40 cm 土层土壤虚实并存的土壤储水库。

(3) 施肥。

① 有机肥施用。春季联合整地之前，田间均匀撒施完全腐熟农家肥 3.0×10^4～4.50×10^4 kg/hm²，或用播肥机将颗粒有机肥 900.0～1 200.0 kg/hm² 播撒在地表后进行耕地作业。

② 化肥施用。选用速效化肥，如尿素、磷酸二铵、硫酸钾等，或相近 N∶P_2O_5∶K_2O 比例的缓释复混（复合）肥。选用速效化肥时，全部的 P_2O_5、K_2O 和 1/3 的 N 作基肥。春季农机具能够进地作业时，肥料按计算的量和比例混合均匀，用播肥机在联合整地作业前播入 8～10 cm 土层当中，播完肥料及时进行灭茬-旋耕-平地-镇压作业。

第三节 新疆河谷平原栗钙土区旱地合理耕层构建技术模式

一、雨养旱作栗钙土合理耕层构建技术模式

（一）技术内容

改传统的浅耕、连年夏季翻耕、旋耕等耕作方式为间隔翻耕、深松＋联合整地＋镇压模式。通过间隔深松＋翻耕模式增加耕层蓄水库容，提高土壤蓄水能力，通过表土镇压技术减少土壤水分蒸发，提高保水能力。翻耕＋翻耕＋翻耕＋深松，4 年为 1 个周期。

改化肥为有机肥与化肥配合施用，通过施用有机肥提高土壤有机质含量，增加土壤团聚体含量及稳定性，提高土壤阳离子交换量，提高土壤肥力特性，提高肥料的利用率，增强养分供给能力。

（二）技术流程

施肥＋翻耕→联合整地（切、耙、磨、平、镇压）→播种＋镇压→施肥＋翻耕→联合整地（切、耙、磨、平、镇压）→播种＋镇压→施肥＋翻耕→联合整地（切、耙、磨、平、镇压）→播种＋镇压→深松＋施肥→联合整地（切、耙、磨、平、镇压）→播种＋镇压。

（三）技术规范

1. 翻耕

作业时间为每年春季进行，翻耕深度要≥27 cm，作业后要求土块直径≤5 cm，表土层土壤大孔隙比例达到 35%～50%。

2. 深松

秋季农作物收获后进行深松（隔 3 年深松一次），深松深度达到 35 cm，深松铲间距 50 cm，深浅一致，不使生土上浮，不产生大块和明显沟痕，作业深度误差不超过±2 cm。

3. 联合整地

联合整地≥13 cm，联合整地后要求保证地平土碎、耕层无土垡架空。适宜作业土壤含水率为 18%～22%。镇压强度适宜范围为 600.0～800.0 g/cm²。

4. 施肥

（1）有机肥。翻耕前，田间均匀撒施完全腐熟农家肥 3.0×10^4～4.5×10^4 kg/hm²，或用播肥机将颗粒有机肥 900.0～1 200.0 kg/hm² 播在地表后进行耕地作业。颗粒有机肥也可结合新型深松施肥机，进行深松的同时，施入 20～30 cm 土层位置。

（2）化肥。选用速效化肥，春季农机具能够进地作业时，根据目标产量计算肥料施用的量，混合均匀，全部的 P_2O_5、K_2O 和 1/3 的氮作基肥或作种肥。施用种肥时种子与化肥应隔离，避免烧种。化肥入土深度为 8～10 cm 为宜。

其余 2/3 氮肥于作物生育前期，用播肥机播入土壤当中或人工撒施在地表，及时进行覆土。

（四）适用范围

适用于伊犁河谷常年平均降水量 300 mm 以上旱地春播作物种植当中及周边生态、土壤条件相似的地区春小麦、油菜生产。集成翻耕、深松、旋耕、灭茬、镇压保墒耕作技术结合有机肥技术，改善土壤保肥保水能力，增加土壤团聚体含量和阳离子交换量，提高肥料和土壤水分的利用率。

（五）应用效果

2016—2018 年，分别在新源县、昭苏县、裕民县进行栗钙土旱地合理耕层构建技术集成示范。平均氮肥效率为 7.48%，平均单产增加 528.86 kg/hm²，平均增收 1 203.9 元/hm²，累计示范面积 1 132.0 hm²，累计增效 150.32 万元，累计增产 683.37×10^3 kg（表 14－28）。

表 14－28　伊犁河谷雨养旱地栗钙土合理耕层构建技术模式示范效果

地点	年份	面积（hm²）	增产（kg/hm²）	氮肥效率（%）	增收（元/hm²）	累计增效（万元）	累计增产（10^3 kg）
新源县	2016 年	33.33	472.2	8.5	1 086	3.62	15.74
	2017 年	33.33	562.5	8.0	1 182	3.94	18.75
	2018 年	33.33	490.5	7.0	1 005	3.35	16.35
昭苏县	2016 年	333.33	883.5	8.0	2 032.05	67.74	294.5
	2017 年	666.67	487.5	8.0	1 023.75	68.25	325.0
裕民县	2017 年	18.67	428.25	7.11	1 173.45	2.19	7.994
	2018 年	13.33	377.55	5.8	925.05	1.23	5.034

二、雨养旱作栗钙土区小麦、油菜 2+1 轮作模式

（一）技术内容

改传统连作或单作模式为小麦、油菜轮作模式；间隔耕作，增施有机肥，秸秆还田，减少化肥投入，实现用养结合，农机农艺相结合。

（二）技术流程

小麦→小麦→油菜，三年一周期，即：（第一年）施肥＋翻耕＋秸秆翻埋→联合整地（切、耙、磨、平、镇压）→小麦播种＋镇压→（第二年）施肥＋翻耕＋秸秆翻埋→联合整地（切、耙、磨、平、镇压）→小麦播种＋镇压→(第三年）小麦收获后深松＋施肥→联合整地＋秸秆混拌（切、耙、磨、平、镇压)→油菜播种＋镇压。

（三）技术规范

1. 选地

选择地势平坦、耕层深厚，肥力中上等、便于机械化作业，小麦连作不超过 2 年的地块。

2. 品种及种子处理

（1）品种。选用抗逆性强、高产、优质小麦或油菜品种，使用通过国家或省级审定且适应当地种植的品种，种子质量要求达到国家良种质量标准。

（2）种子处理。选用国家法律、法规允许的农药制剂，应符合 GB/T 8321 与 GB/T 15671 的要求。

3. 机械整地

（1）深松。隔两年深松一次，油菜种植年进行，选用框式、翼铲式和弯刀式等深松机。可按照《深松、耙茬机械作业质量》（NY/T 741）的要求进行。

（2）翻耕。小麦种植年，播种前进行翻耕。可按照《铧式犁作业质量》（NY/T 742）的要求进行。

（3）耙磨、镇压、灭茬。翻耕后利用联合整地机或动力耙进行耙磨，镇压强度为 600.0～800.0 g/cm^2。土块直径≤5 cm，作物秸秆粉碎长度≤5 cm。

4. 基肥

（1）小麦。符合《肥料合理使用准则》（NY/T 496）的要求，施用优质、腐熟的农家肥 3.0×10^4 kg/hm^2、尿素 225.0～300.0 kg/hm^2、磷酸二铵 225.0～300.0 kg/hm^2，混合拌匀，翻耕前用播肥机均匀播入 5～8 cm 土层，结合翻耕、联合整地等将有机肥和化肥施入 10～25 cm 土层。

（2）油菜。结合整地，基施农家肥 30.0～45.0 m^3/hm^2、磷酸二铵 225.0～300.0 kg/hm^2、硼砂 3.75～4.50 kg/hm^2。

5. 播种

（1）小麦。0 ℃以上气温稳定在 5～12 ℃时进行播种。适播期内播种量为 300.0～375.0 kg/hm^2。

（2）油菜。日平均气温稳定通过 6～8 ℃播种，春季干旱时应抢墒或顶凌播种。采用大型播种机械进行播种，播种深度 2.5 cm 左右，实现开沟、播种、施肥、覆土、镇压一次完成。

6. 种肥

（1）小麦。种肥为磷酸二铵，用量为 120.0～150.0 kg/hm^2，要求做到种、肥分箱分层，不得与种子混合，施肥深度为 8～10 cm。

（2）油菜。施用尿素 150.0～187.5 kg/hm^2。种肥具体使用量根据土壤肥力或基肥施用情况而定。

7. 追肥

（1）小麦。春小麦 3～4 叶期，结合春季降水顺着麦行方向机械追施尿素 150.0～225.0 kg/hm^2。

（2）油菜。抽薹后开花前，结合降水追施尿素 150.0～187.5 kg/hm^2。油菜开花初期，叶面喷施磷酸二氢钾 3 000.0 g/hm^2、尿素 3 000.0 g/hm^2、硼肥 1 500.0 g/hm^2，用水量 225.0～450.0 kg/hm^2，防止油菜“花而不实”。

8. 收获

（1）小麦。小麦蜡熟末期是收获的最佳时期。蜡熟末期的长相为植株茎秆全部黄色，叶片枯黄，茎秆尚有弹性，籽粒含水率 22%左右，籽粒颜色接近本品种固有光泽、籽粒较为坚硬，应及时收获，晾晒，及时入库。收割机收获留茬高度 20 cm 左右，用于秸秆还田。

（2）油菜。在黄熟期收获最为适宜，此时主轴花序荚果已转为黄色，分枝基部的荚果开始褪色，种皮由绿转为红褐色。在早、晚或阴天进行收获，避开高温天气收割，减少机械收获损失。留茬高度 20 cm 左右，用于秸秆还田。

（四）适用范围

适用年平均降水量 280～500 mm 的雨养旱地栗钙土区小麦、油菜种植生产。

第十五章
东北平原北部旱地合理耕层构建农机配套

第一节 不同土壤类型的障碍因素及作业要求

一、白浆土障碍因素及作业要求

（一）障碍因素

1. 黑土层薄

黑土层的厚度，各类土壤之间差异很大。三江平原各类土壤黑土层厚度一般为20～40 cm，黑土的黑土层厚度为30～80 cm，草甸土一般在50 cm左右，黑钙土为30～40 cm，而白浆土的黑土层厚度只有10～20 cm。一般来看，10～20 cm的黑土层占有最高比例。另据三江平原东部地区143个剖面调查结果，三种类型白浆土黑土层厚度平均为12.8 cm，厚度范围6～20 cm。按一般耕层厚度为18～22 cm计算，白浆土的黑土层尚不足耕层的厚度。经过长期土壤耕作，部分白浆层混入黑土层，黑土层有机质含量下降，颜色变浅，土壤易板结，通气透水能力降低，严重影响土壤自然肥力，因此，传统的土壤耕作应避免白浆层混入黑土层。

黑土层厚薄与作物产量密切相关。从生产实践来看，白浆土区以黑土层厚者生产水平较高。据早期调查结果，黑土层达25 cm的土壤小麦每公顷产量1 953 kg，黑土层19 cm的土壤小麦每公顷产量1 257 kg，黑土层15 cm的土壤小麦每公顷产量只有1 048.5 kg。研究结果进一步证明，黑土层厚度与小麦、大豆、玉米产量呈显著正相关。黑土层从0～10 cm、10～20 cm到20 cm以上，每增加一档，小麦每公顷产量则相应增加105 kg。

2. 存在障碍性土层

从整体来看，白浆土黑土层薄并不止于基础肥力低的问题，关键是它提高了其下的障碍性土层——白浆层的出露部位。黑土层之下，即是厚度一般为20 cm左右的白浆层，这一层次在成土过程中天然形成的土壤理化生物学性状与黑土层存在天壤之别，养分含量仅相当于黑土层的1/5～1/3，片状结构板结紧实，透水速度虽然略快于其下的淀积层，但比黑土层低一到两个数量级，成为一个明显的隔水层次。土壤溶液中溶氧量低，微生物活性差。尤其是干旱时，土壤硬度可以达到40 kg/cm^2，远超根系穿透能力。近地表只有20 cm左右出现明显结构性和功能性障碍层次，是白浆土旱田作物生产的天然障碍。

3. 土壤酸化

不同耕作制下白浆土pH变化较为明显，土壤呈现酸化趋势。18年不施任何肥料的土壤pH也呈下降趋势，施用尿素和磷酸二铵可加速白浆土酸化，12年平均下降0.47个pH单位，长期新鲜秸秆还田不能缓解土壤pH下降，只有施入腐熟有机肥才能防止土壤pH下降；翻耕、免耕和深松耕作方式不影响土壤pH变化；大豆长期连作可使土壤酸化。

（二）作业要求

（1）玉米收获时，留茬高度不高于20 cm，玉米秸秆粉碎均匀抛撒于地面。

(2) 玉米茬需要全量深翻还田，翻耕深度 25 cm 以上。

(3) 大豆茬地采用耙茬深松起垄联合作业机。

(4) 玉米、大豆轮作。

(5) 最后一遍中耕加深松，深松深度不少于 30 cm。

二、盐碱土障碍因素及作业要求

(一) 障碍因素

东北平原盐碱土区，主要位于松嫩平原西部，该区域生态环境脆弱，由于气候干旱、地表排水不畅、地下水位高等自然因素，加上过度开垦等人为因素，使这里成为中国北方土地荒漠化最严重的地区之一。20 世纪 70 年代以来，土地盐碱化面积每年增加 1.4%，许多地块在 20 世纪 50 至 60 年代初期可以种植玉米，80 年代后被迫改种向日葵等耐盐碱但耗地力的作物，当地农民收入水平很难提高，严重制约区域经济发展。东北平原盐碱地旱田利用中主要存在着以下问题。

1. 耕层土壤盐碱化

东北平原盐碱土区受自然因素和人为因素的影响，耕地土壤盐碱化日趋严重，随着盐碱化程度的提高，作物生长发育受抑制的程度加大，严重影响作物产量的形成和提高。当土壤盐碱化达到一定程度时，就会在耕层土壤表面汇集，出现一定的碱斑，主要是耕层土壤表层盐分碱化度含量高所致，它和作物的产量有直接关系。东北平原盐碱土区旱田表层多含有以 Na_2CO_3 和 $NaHCO_3$ 为主形成的“苏打碱斑”，在轻度盐碱地中苏打碱斑的面积一般占 5%～20%，其特点是表层呈灰白色，沙性大，黏粒下移至一定深度。碱斑土壤的含盐量和 pH 一般较周围非碱斑土壤高，干时土壤板结坚硬，常规耕整播种困难，湿时黏重紧实，通透性极差，作物种子难以发芽出土，根系难以下扎延伸，作物长势极差。再加上种植结构单一，地面作物覆盖率低，促使土壤盐碱在表层强烈积聚，如不加治理，碱斑还会逐年加重，从而影响整块地的作物产量。土壤表层盐碱化和碱斑情况如图 15-1 和图 15-2 所示。

图 15-1 土壤表层盐碱化

图 15-2　碱　斑

2. 土壤贫瘠

受东北平原盐碱土区苏打盐碱土旱田耕层土壤 pH、碱化度和盐分含量较高的影响，耕层土壤有机质和有效养分含量较低，耕层地力相对弱、耕层结构质量差是旱田盐碱地肥力的主要特征。由于受传统习惯的影响和经济条件的限制，东北大部分地区仍沿袭着广种薄收、粗放经营的生产方式。重用轻养，重化肥、轻农肥，重产出、轻投入，这种掠夺式的经营方式，使全区土壤养分平衡失调，有机质含量下降。东北盐碱土区旱田在轻、中度盐碱土上尽管作物能够生长，但由于土壤整体肥力欠佳，最终导致产量不高。

3. 耕层结构不合理

伴随着东北平原种植业迅速发展和粮食产量的逐年增加，松嫩平原耕地质量不断地下降。由于人为管理不当，特别是大水漫灌、长期的过量化肥施用、种植制度不合理即掠夺式种植、小型农机具的连年使用导致耕层变浅，犁底层加厚，土壤容重下降，紧实度增加，三相比不合理，土壤板结严重等已造成一定数量土壤的次生盐渍化，严重阻碍了作物根系的深层分布和水肥吸收功能，致使作物水肥资源利用率降低、抗逆减灾能力和产出能力变弱，制约了作物的高产稳产和耕地可持续利用。当耕地发生盐碱化后，由于未及时采取措施进行精耕细作，培肥改土，从而加重了该区耕地盐碱化的程度。可以预见，随着土壤理化性状渐趋恶化，若不采取相应科学措施，由于土壤盐碱化而造成的土壤质量下降、生产力的破坏问题将在东北平原耕地愈演愈烈。

（二）作业要求

（1）玉米收获时，留茬高度不高于 20 cm，玉米秸秆粉碎均匀抛撒于地面。

（2）玉米茬需要全量深翻还田，翻耕深度 25 cm 以上。

（3）大豆茬地采用耙茬深松起垄联合作业机。

（4）玉米、大豆轮作。

（5）最后一遍中耕加深松，深松深度不少于 30 cm。

（6）建议多施有机肥，增加土壤肥力。

三、风沙土障碍因素及作业要求

（一）障碍因素

1. 耕层土壤黏粒含量少，阻碍团聚体的形成，结构不合理

一般风沙土区低产田耕层土壤黏粒平均含量为14%，低于高产田耕层土壤黏粒含量。由于东北风沙土成土母质为第四纪风积沙，耕层土壤质地中细沙占80%～90%，物理性黏粒甚少，黏粒含量10%～20%。黏粒含量少，沙粒含量高，导致土壤透水性好，渗透速率大，田间持水量低（19%～28%），土壤保水保肥能力弱，肥料主要以淋溶损失为主，水分和肥料利用率都比较低。高产田耕层土壤团聚体平均重量直径为0.67 mm，比低产田耕层土壤平均重量直径高出36%，这表明风沙土耕层土壤黏粒含量少，减少土壤团聚体的形成。团聚化的减少，影响土壤三相比，高产田耕层土壤三相结构距为12，而低产田为15，高产田比低产田降低20%。

2. 耕层土壤发育不全，有机质及养分匮乏，土壤缓冲能力差

东北风沙土属于未成年土，土壤发育不全，受土壤沙性母质影响大，土壤有机质含量低于一般农业土壤。高、低产田耕层土壤有机质平均含量分别为14.2 g/kg和7.5 g/kg，低产田比高产田耕层土壤有机质低47%。低产田耕层土壤全量氮、磷含量分别为0.51 g/kg和0.35 g/kg，分别低于同一微单元内高产田60%和41%。土壤阳离子交换量是土壤吸收性能的重要指标，关系到土壤中养分的保存和供应，影响土壤的缓冲性能。低产田阳离子交换量为8.5 cmol/kg，比高产田低33%。

（二）作业要求

（1）采用保温性耕作，尽量避免风蚀。

（2）采用免耕深松相结合，增加耕层深度。

（3）建议多施有机肥，增加土壤肥力。

第二节 东北平原北部构建旱地合理耕层关键机具研制

东北平原北部旱地种植模式较多，一种机具不能适应多种种植模式。为了降低农机具的成本，使一种机具可以适应多种种植式。根据东北平原北部旱地合理耕层构建的技术需求，结合土壤特性和该区域的种植模式，对整地机具进行研制，设计开发适于东北平原北部不同种植模式的农机具，使一种农机具可以使用两种种植模式，降低农机具的成本。为了对东北平原北部白浆土区中的白浆土进行改良，构建白浆土区合理耕层，设计开发了用于白浆土改良的变幅液压双向翻转深翻犁，提高了白浆土改良效果。另外，为了监测不同耕深的土壤温度和湿度等土壤数据，探索不同耕深、不同的土壤温湿度对粮食产量的影响，构建旱地合理耕层，设计开发了田间信息远程获取无线传输系统。

一、通用大垄联合起垄机

课题组根据生产实际和实验要求，对通用大垄联合起垄机进行了研究。提出了通用大垄联合起垄机的设计要求和功能要求。

（一）设计要求

（1）具有起垄、深松和整形于一体的功能。

（2）既能起 130 cm 的大垄，也能起 110 cm 的大垄。

（3）划印器伸缩可调，液压控制起落。

（4）幅宽可调，可分别调整为 440 cm 或 520 cm。

（5）配套动力为 100～140 马力。

（6）130 cm 大垄顶部宽为 100 cm，110 cm 大垄顶部宽为 85 cm。

（7）作业速度：4～8 km/h。

（8）外形尺寸：长 6 200 mm，宽 2 000 mm，高 1 400 mm。

（9）垄距为 110 cm 或 130 cm。

（二）通用大垄联合起垄机总体设计配置

通用大垄联合起垄机总体设计配置如图 15－3 所示。

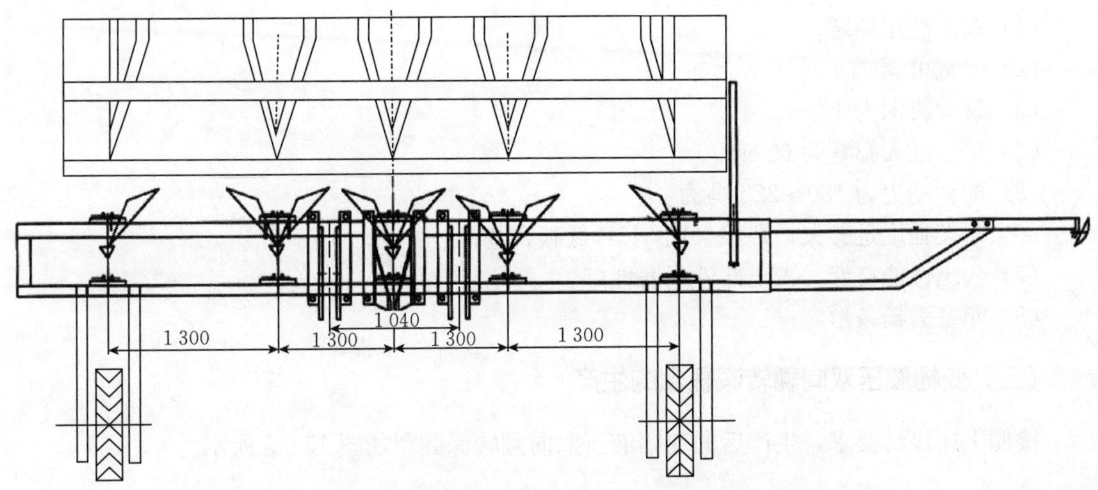

图 15－3　通用大垄联合起垄机（四垄可调整形）总体配置（mm）

（三）通用大垄联合起垄机的生产

按照上述设计要求，生产的通用大垄联合起垄机如图 15－4 所示。

图 15-4　通用大垄联合起垄机

二、变幅液压双向翻转深翻犁

变幅液压双向翻转深翻犁主要用于白浆土改良，白浆土改良是“东北平原北部旱地构建合理耕层配套农机具研究与示范”课题的主要研究内容。

课题组根据生产实际和实验要求，对白浆土改良变幅液压双向翻转深翻犁进行了研究。提出了白浆土改良变幅液压双向翻转深翻犁的设计要求和功能要求。

（一）设计要求

（1）双向液压翻转。
（2）幅宽可调。
（3）最大耕深为 42 cm。
（4）单体最大幅宽为 60 cm。
（5）配套动力为 180～220 马力。
（6）犁架强度足够大，犁架采用 345B 低碳合金钢。
（7）入土性能良好，入土部件耐磨性好。
（8）犁壁为栅条形。

（二）变幅液压双向翻转深翻犁的生产

按照上述设计要求，生产后的变幅液压双向翻转深翻犁如图 15-5 所示。

三、田间信息远程获取与无线传输系统

（一）设计要求

（1）传感器测取的信息可无线传输至远程终端，不受距离远近限制。

图 15-5　变幅液压双向翻转深翻犁

（2）该系统数据传输方式有 3 种：第一种是通过网络传输数据；第二种是通过 GPRS 传输数据；第三种是不通过网络或 GPRS 直接传输数据。当传感器与远程终端距离小于 2 km 时，应能不通过网络或 GPRS 实现远程获取与无线传输。当传感器与远程终端之间距离大于2 km，可通过网络或 GPRS 实现远程获取与无线传输。

（3）具有自动优化选择传输方式的功能，即当距离小于 2 km 时可自动选择无线传输，当距离大于 2 km 时自动选择通过网络或 GPRS 实现远程获取与无线传输。也可以人为设定选择其中一种传输方式。

（4）所有数据传输控制能在办公室计算机操作下实现，可以用计算机随时设定数据传输时间。

（5）能实现土壤水分和温度及环境光照、风速、温度、空气湿度、降水量等指标信息多点并行传输，即能将这些信息实时传到多台计算机上，使传输数据自动实时显示。

（6）能提供太阳能供电、蓄电池供电和有线供电 3 种供电方式。要求蓄电池持续供电时间在 3 d 以上。

（7）所有元器件均封装在一箱体内，且可加锁防止被盗或破坏，带避雷系统。

（8）4 层 3 点 3 种模式的土壤湿度传感器：土壤湿度的测量范围是 0～100%，土壤湿度的测量精度是±1%，土壤湿度的分辨率是 0.1%，土壤湿度的响应时间是 1 s。

（9）4 层 3 点 3 种模式的土温度传感器：地温的测量范围是－40～70 ℃，地温的测量精度是±0.1 ℃，地温的分辨率是 0.1 ℃。

（10）空气温度传感器：环境温度的测量范围是－40～80 ℃，环境温度的测量精度是±0.2 ℃，环境温度的分辨率是 0.1 ℃。

（11）空气湿度传感器：测量范围是 0～100%；测量精度是±1%RH，分辨率是 0.1%RH。

（12）雨量传感器：降水量的测量范围是 0～999.9 mm；降水量的测量精度是±0.3 mm；降水量的分辨率是 0.2 mm。

（13）蒸发传感器：蒸发的测量范围是 0～100 mm；蒸发的测量精度是±1.5%；蒸发的

分辨率是 0.1 mm。

(14) 风速传感器：风速的测量范围是 0～75 m/s；风速的分辨率是 0.1 m/s；测量启动风速是 0.3 m/s。

(15) 风向传感器：风向的测量范围是 0～360°；风向的测量精度是±3°；风向的分辨率是 1°；风向的启动风速是 0.3 m/s；风向的抗风强度是 75 m/s。

(16) 大气压力传感器：大气压力的测量范围是 45～110 kPa；大气压力的测量精度是±0.03 kPa；大气压力的分辨率是 0.01 kPa。

(17) 二氧化碳传感器：二氧化碳的测量范围是：0～2 000 mg/kg；二氧化碳的测量精度是±20 mg/kg；二氧化碳的分辨率是 0.1 mg/kg。

(二) 田间信息远程获取与无线传输系统的设计与开发

按照上述设计要求，设计开发的田间信息远程获取无线传输系统如图 15-6 所示。

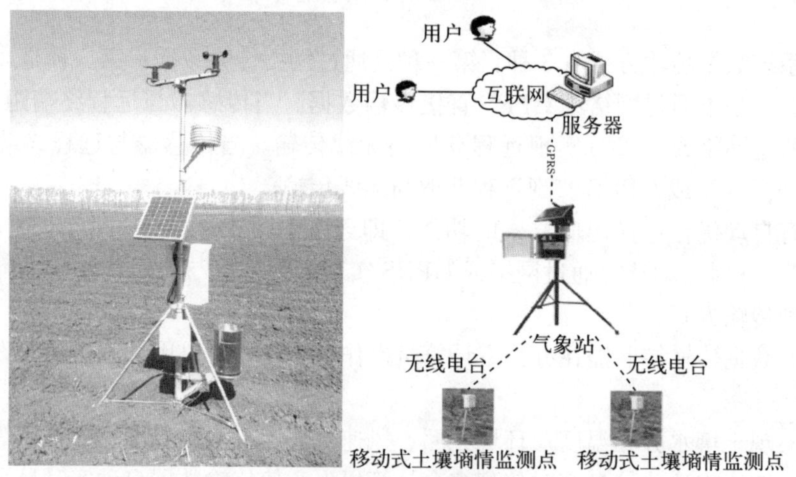

图 15-6　田间信息远程获取无线传输系统

第三节　农业机具系统选型与编组

一、农业机具系统选型

在确定机械化作业项目和机械化程度的基础上，根据东北平原北部旱地耕作特点选择合适的农具和拖拉机型号。

(一) 农业机具选型应考虑的问题

1. 农具选型

农具选择的区域性强，它与作物种类及生产工艺方案的关系密切。正确选择农具型号除要考虑当地生产条件外，还要从配套性能、作业质量、通用性、可靠性以及价格等方面来考虑。农具的选型是一个复杂问题，一个生产单位选择农机型号时，应注意以下几个问题。

(1) 农具型号应能符合与拖拉机配套的要求。所选农具与拖拉机组成机组时，要求能达到合理的编组，取得良好的运用效果。为了提高农具（如播种机，中耕机等）的利用率，应避免一种农具只能与一种拖拉机编组。

(2) 农具型号应与当地农艺要求相适应。由于有些地方的农艺要求变化不定，使农具不能适应，有碍机械化发展。所以农机与农艺必须紧密配合，相互适应、相互协调，促进农田作业机械化。

(3) 农具类型的合理选择。小地块一般选择悬挂式农具，大地块选择半悬挂式或牵引式农具，农忙季节可考虑一部分自走式机器。

(4) 对农具的其他要求。

① 使用的可靠性。若农具每年使用时间少，如经常发生故障，将影响作业任务的进行，所以必须选择可靠性高的农具。

② 操作简单，使用方便，维护安全。

③ 价格低廉。

2. 拖拉机选型

近年来我国生产的拖拉机型号较多，通过产品整顿，产品质量和“三化”程度有所提高。同时，随着拖拉机产量的增加，供应情况将得到改善，这就为合理选择拖拉机型号创造了条件。一个生产单位选择拖拉机型号时应注意以下几个问题。

(1) 型号数要适宜。一个生产单位的拖拉机型号数过多是不利的，但过少也不一定恰当。型号数主要应依据生产单位的自然条件、生产规模、机械化项目的多少和机械化程度的高低来确定。一般来说，如果生产单位规模较小，机械化作业项目较少和机械化程度较低，拖拉机型号应该少一些。反之，拖拉机型号数应适当增加。这是由于一种型号的拖拉机不可能对多种作业项目和复杂的运用条件都适应。在我国当前条件下，机械化程度较高的农场和农机专业合作社，一般可选取 2 个左右的型号，而不宜超过 3 个型号，并尽可能选取同系列产品。如果是引进产品，也应是同一厂家的系列产品，尽可能避免选用不同系列的拖拉机，否则会给生产单位的使用、维修、零配件供应、技术培训等带来很多困难。

(2) 拖拉机类型选择要适宜。对于拖拉机类型的选择，主要是从轮式（两轮驱动、四轮驱动）、履带式（或半履带式）、机耕船等类型中选取。在深泥脚的水田区，机耕船比较实用。在浅泥脚的水田区，选用水旱通用型或变型拖拉机比较适宜，特别是水旱通用的四轮驱动拖拉机，具有更好的适应性。对于旱作区，在土壤特别黏重和消耗动力大的作业项目较多的条件下，可适当选择一部分履带式拖拉机。这是因为履带式拖拉机附着性能好，比较适合重负荷作业要求。但履带式拖拉机通用性较差，所以选择履带式拖拉机时，应慎重考虑其所占的比例，以满足深耕、深松、开沟、推土等作业项目的需要。在土壤不黏重而且具有良好的通过性、土壤水分比较合适、地面较平坦时，选择轮式拖拉机较为适宜。轮式拖拉机具有较好的通用性和机动性，一般比履带式拖拉机的年利用率高。四轮驱动拖拉机兼有两轮驱动和履带式的某些优点，但价格比两轮驱动拖拉机高，所以当地区条件对两轮驱动和履带式都不太理想时，可考虑四轮驱动拖拉机。在丘陵山地，选择稳定性较好的履带式或四轮驱动拖拉机较适宜。对某些特殊地区，如沼泽地、陡坡地等还需要选择特殊的变型拖拉机。

(3) 拖拉机大小的选择要适宜。影响选择拖拉机大小的主要条件是地块大小、道路条件以及作业比阻的大小等。在地块较大、规划整齐、道路条件较好以及作业比阻较大的地区，应选择较大的拖拉机。反之，应选择较小的拖拉机。一般认为，选择机型大小应能使该机组在本地区大多数地块上作业时的工作行程率高于85%。从提高劳动生产率看，大型机组优于小型机组。拖拉机大小的标志是基本工作挡的额定牵引力，功率可以作为参考指标（因同样额定牵引力条件下，速度不同，功率也不同）。拖拉机基本工作挡的牵引力单位一般为t。所以应根据当地条件，从拖拉机系列型谱中，选择适宜日常吨级的拖拉机。

(4) 拖拉机型号比例选择要适宜。一个生产单位选择拖拉机的型号在一种以上时，就需要合理处理各型号之间的比例。如果配备比例不当，将使某些型号利用率不高或不得不担负不适合该型号拖拉机的作业。一般来说，拖拉机型号的比例取决于与它们相适应的作业项目工作量之间的比例，例如，中耕型拖拉机数量主要应按中耕作业项目的工作量来考虑。

(5) 其他条件的考虑。选择拖拉机时还应考虑到拖拉机的可靠性、价格、使用和维护的方便性，零配件的供应情况以及操作驾驶条件的安全性、舒适性等。

如果有多种型号的拖拉机可供选择，为了择优选择，应根据本地区的条件，对比（可按照作业项目分别对比）每种型号的拖拉机每标定马力小时生产率和单位作业成本。

(二) 选型方法

常用的农业机器选型方法有专家调查法、实验对比法和综合评判法等。

1. 专家调查法

专家调查法又称德尔菲法。专家选择合理与否是关系到选型好坏的关键一环。接受调查的专家应具有一定的相关专业知识，并在相关领域内有广泛的知识，同时还应注意所选专家的结构和分布，这包括知识结构、工作岗位和工作部门，专家的人数可根据选型工作需要确定，一般应不少于10人。

2. 实验对比法

实验对比法是先引进少量的作业机组，通过实验综合考察机组的经济性、可靠性、区域适应性等，然后确定是否进行大量引进的一种方法。

3. 综合评判法

综合评判法是先确定各评价指标的权重，通过综合评判模型，计算综合评价值，据此进行选型的一种方法。

二、机组编组

在生产单位，一般配备了一定型号和数量的机具。为了获得较好的运用指标，必须根据已有机具的性能，结合具体运用条件，确定合理的作业机和动力机搭配，形成作业机组，这就是编组的目的与任务。由于已有机具的性能是一定的，编组时只能在机具性能许可的范围内选择合理的作业幅宽和作业速度。如果机组的三个组成部分匹配适宜又和当地运用条件相适应，就可以达到每标定马力生产率高、成本低，否则其效果相反。

悬挂式、半悬挂式和自走式机组的幅宽大多是定值，所以对于这些机组的编组主要是确定作业速度的问题。

在地块较大并以大功率拖拉机为动力的生产单位，牵引式机组的编组有重要的实际意义。因为大型拖拉机可以牵引多台或多组农具，这就有可能通过调整机组内农具台数或组数的办法来获得比较合理的作业幅宽和速度。下面主要研究牵引式机组的编组原则和方法，对其他类型机组也可作参考。

（一）编组计算

编组可参考某些已有资料或用试验法进行，最终以机组实际达到的主要运用指标来评定。主要的评定指标是机组小时生产率、公顷耗油、公顷成本和作业质量。需要对比不同功率的机组时，可用每标定马力小时生产率指标。编组计算方法如下：首先应根据当地农业技术要求，结合运用条件和运用要求，考虑有哪几个速挡可供选择。有些作业的允许速度范围较宽，有些作业则较窄，如中耕、移植等。如果作业允许的速度范围很窄，选择速挡的余地就不大，如果作业允许的速度范围较宽，应以达到最佳运用指标为准则来选择速挡。

1. 确定各挡的标定或正常牵引力 P_{T_n} 或 P_T

如有和当地运用条件相近的拖拉机牵引特性资料，可较方便地查出各挡的牵引力。在牵引特性上，除牵引力外，还可查出标定牵引功率、工作速度和小时耗油量等。希望利用标定牵引功率最高的挡位，但也需结合其他条件考虑。当缺少适合当地运用条件的牵引特性和资料时，可采用计算方法求出各挡的标定牵引力（P_{T_n}）和最大附着力 F_{max}。

2. 确定农具的比阻

可用拉力计实测出当地土壤条件下农具的比阻，也可从有关资料中查得。当采用复式作业时，农具的比阻为各农具比阻之和。采用联结器时还应求出联结器的阻力。

3. 计算各挡能牵引的农具最大工作幅宽并确定牵引的农具数量

拖拉机各速挡下可能牵引的农具最大工作幅宽，当附着力足够时

$$B_{max}=\frac{P_{T_n}-G_T i}{K+g_M i+g_H(f_H+i)} \tag{15-1}$$

当附着力不够时

$$B_{max}=\frac{P_T-G_T i}{K+g_M i+g_H(f_H+i)} \tag{15-2}$$

式中，B_{max}——可能牵引的农具最大工作幅宽（m）；

P_{T_n}——标定牵引力（N）；

P_T——正常牵引力（N）；

G_T——拖拉机重量（kg）；

K——农具比阻（kg/m）；

i——百分比坡度值；

g_M、g_H——每米农具幅宽重量、每米联结器幅宽重量（kg/m）；

f_H——联结器滚动阻力系数。

$$K=\frac{R_M}{B} \tag{15-3}$$

式中，R_M——农具的牵引阻力（N）；

B——农具的工作幅宽（m）。

如果机组内无联结器，且在平地上工作，则：

$$B_{max}=\frac{P_{T_n}}{K} \tag{15-4}$$

当附着力不够时：

$$B_{max}=\frac{P_T}{K} \tag{15-5}$$

在该挡下应联结的农具台数或组数：

$$n=\frac{B_{max}}{b} \tag{15-6}$$

式中，n——农具台数或组数；

b——每台或每组农具的幅宽（m）。

表15－1列出几种拖拉机的合理牵引力利用系数概值可供参考。

表15－1　拖拉机在不同作业中合理的牵引力利用系数

机型	作业种类		
	耕地	播种及中耕	谷物收获
东方红802/1002	0.76～0.94	0.84～0.96	0.81～0.95
铁牛55/654	0.76～0.93	0.82～0.95	0.79～0.95

4. 各挡编组计算的对比选择

通过计算求出各挡的作业幅宽及牵引力利用系数后，需进行对比选择。对比指标主要是机组技术生产率及公顷油耗等。应选用技术生产率最高和油耗最低的方案。

（二）编组的实地考察

编组计算时，各挡的农具比阻 K 值都按定值计算，未考虑速度、土壤水分、农具状态等，因此，编组计算后，尚须在机组作业过程中进行实地考察。

1. 编组负荷程度的实际检查

在实际工作中可用仪器来测定发动机的负荷程度，但一般生产单位缺乏这种测定设备，因而在生产中常用以下几种方法来检查机组的负荷情况。由发动机的转速值间接估计发动机负荷程度，因为发动机转速和驱动轮转速有一定比例关系，所以可用测定驱动轮每分钟转数的办法来检查发动机负荷程度。或在作业中换用高一挡工作，如发动机负荷正常，则可断定原来的挡位下发动机负荷太轻。在耕地时还可从规定耕深逐渐再增加耕深，一直到发动机超负荷，由耕深增加的数值可判断发动机的负荷程度，此外在进行作业过程中，还可根据发动机声音、冒烟情况、水温和排气温度等判断发动机负荷程度。在作业中如有少许时间超负荷，而大部分时间不超负荷，可认为负荷程度正常。如果作业中，根本不发生超负荷情况，则表明负荷程度偏低；经常发生超负荷情况，则表明负荷程度过高，需要考虑改变编组。当作业中阻力变化较大时（如上下坡），发动机负荷程度变化也较大，此时可用机动变速（根据负荷情况机动地改变挡位）的办法，保持合理负荷程度。因换挡变速一般需要停车，浪费时间，所以如在各次换挡之间行走路程太短时，不宜采用经常换挡的办法。

2. 对机组实际作业指标进行测定

为了改进编组，在实际生产中应对机组的主要作业指标进行实际测定分析。测定时间要适当长些，可连续测定几个班次，测定机组也要尽可能多些（3 台以上）。一般的测定项目主要是时间利用率、平均小时生产率、公顷油耗和作业质量等。

第四节　农业机械系统优化配备

一、全年机组任务及生产率确定

根据具体生产单位全年生产工艺过程，确定全年机组生产作业时间、生产率及需要完成的作业任务。具体项目内容包括：作业项目、起止日期、动力机械、作业机械、日作业小时数（h/d）、生产率（hm^2/h）、日生产率（hm^2/d）、作业量（hm^2）。

二、农事阶段划分及变量设置

根据表 15－1 对农事阶段进行划分。在农事阶段图中横向连通的连续日期为某作业项目的延续时间，两端分别表示该作业项目的开始和结束日期。由于在某作业项目的延续日期内，可能包含其他作业项目的开始或结束日期，含有相同作业项目的一段连续日期为一个农事阶段。依此原则划分的农事阶段与实际农业机械化生产调度工作相吻合，在设置变量时，将每个农事阶段投放的机组数量都设置成决策变量，这样就可以得到全年的作业计划。例如，某生产单位在同一个作业阶段有 3 项作业交叉进行，农业生产的基本作业要求如表 15－2 所示。

表 15－2　农业生产的基本作业要求

作业项目	作业起止日期	延续作业天数（d）	气象系数	作业面积（m^2）	机组日生产率（m^2/日）
1	5 月 1—15 日	15	0.9	2.668×10^7	2.001×10^5
2	5 月 8—22 日	15	0.8	3.335×10^7	3.335×10^5
3	5 月 9—25 日	17	0.8	2.001×10^7	4.669×10^5

3 项作业在各农事阶段中投入的机组数及农事阶段划分如图 15－7 所示。

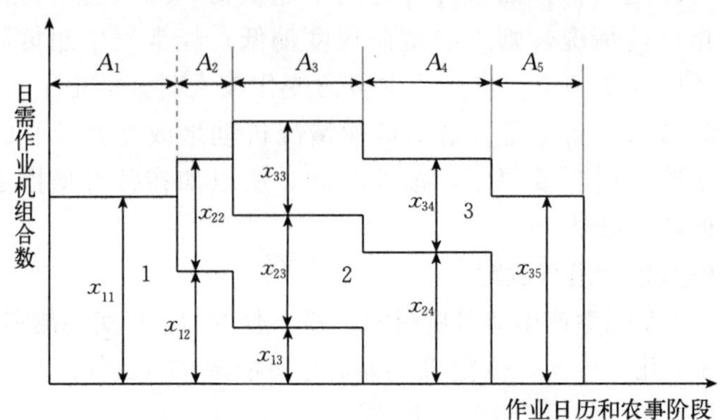

图 15－7　3 项作业所需机组数及农事阶段划分

图 15－7 中，x_{ij} 为第 i 项作业在第 j 个农事阶段中需要配备的机组台数（i＝1，2，3；j＝1，2，3，4，5）；x 为完成三项作业需要配备拖拉机台数；x_i 为完成第 i 项作业需要配备的农具台数（i＝1，2，3）；A_j 为第 j 个农事阶段（j＝1，2，3，4，5）；1、2 和 3 分别代表第一项作业、第二项作业和第三项作业。

三、建立数学模型

（一）建立目标函数

目标函数是以机组全年作业成本之和最小为目标，可将其分为 3 部分，分别为动力机固定费用、作业机械固定费用和机组作业的可变费用。

（二）约束条件

（1）作业量约束。
（2）动力机配备约束。
（3）作业机配备约束。
（4）非负约束。

（三）模型求解

由于所建立的数学模型是一个整数线性规划问题，且约束条件较多。对于约束条件较多的整数线性规划求解过程比较复杂，可借助 Lingo 软件进行求解。Lingo 软件既可以求解非线性规划，也可以求解整数线性规划，功能十分强大。

四、东北平原北部旱地不同作物的生产工艺

东北平原北部旱地种植的作物主要有：玉米、大豆、水稻和小面积杂豆等，主要以玉

米、大豆、水稻的机械化生产为研究对象。在调研过程中，得到东北平原北部玉米、大豆、水稻的生产工艺过程如图 15-8、图 15-9 和图 15-10 所示。

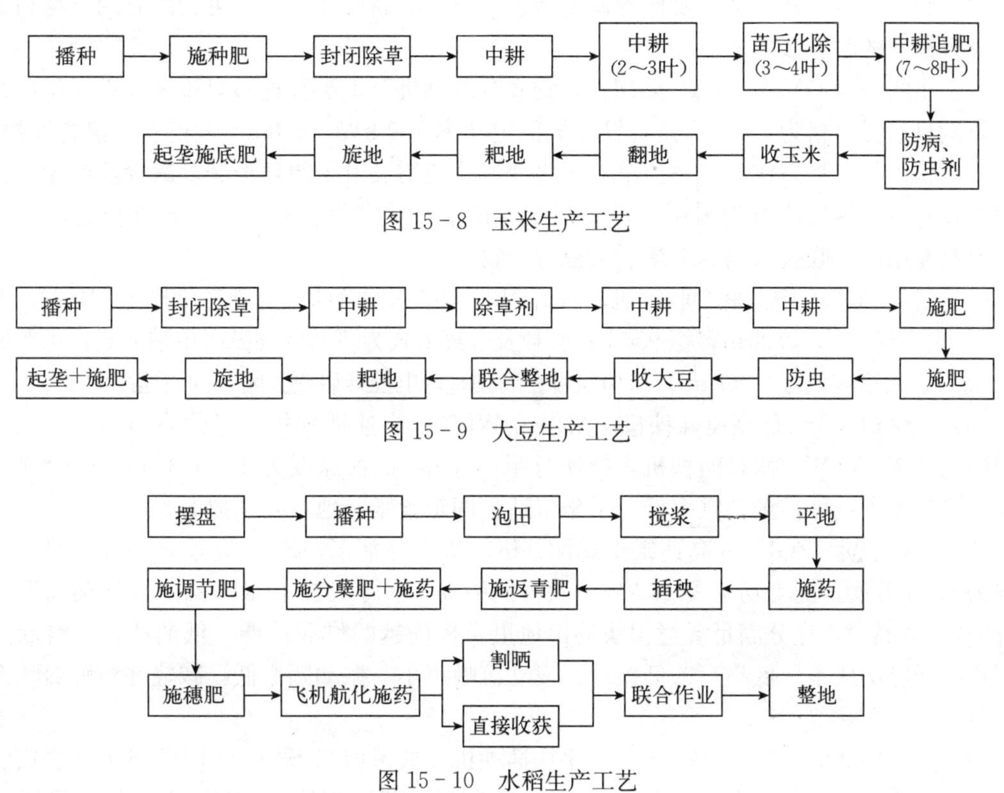

图 15-8　玉米生产工艺

图 15-9　大豆生产工艺

图 15-10　水稻生产工艺

五、农业机器系统的选型及编组

(一) 农业机器系统选型

东北平原北部玉米、大豆和水稻的生产工艺过程，对八五二农场为例作业机和动力机进行选型。作业机和动力机的选型结果如下。

1. 作业机

(1) 约翰迪尔 S660 谷物联合收割机。约翰迪尔 S660 谷物联合收割机参考价格为 210 万元，发动机额定功率为 240 kW，提升功率 18 kW，最高行驶速度 28 km/h，粮箱容量高达 10 600 L，作业高效省时；卸粮速度达到 116.3 L/s，收获作业更高效；配备 950 L 大容量油箱，保证农忙季节长时间连续作业。

(2) 约翰迪尔 W100 联合收割机。约翰迪尔 W100 联合收割机参考价格为 25.9 万元，发动机额定功率 105 kW。采用技术成熟的切流滚筒+逐稿器式脱粒分离机构，可高质量地收获小麦、大豆和杂粮等易脱粒作物，且分离出的茎秆质量好。先进的长齿玉米专用筛，减少清理维护时间，收获玉米更高效。配备约翰迪尔 4045 涡轮增压电控发动机，动力提升至 105 kW，燃油效率更高。

(3) 凯斯 6088 轴流滚筒联合收获机。凯斯 6088 轴流滚筒联合收获机参考价格为 200 万元，发动机额定功率 227 kW。单个滚筒脱粒、分离、并产生有助于提供清洁工作环境的空气真空。带有凹板，和其他重要保养调整装置的单个滚筒设计相比，可为所有的作物和工作条件设置最大的收获效率。

(4) 雷沃谷神 GM80（4LZ－8M）谷物联合收割机。雷沃谷神 GM80（4LZ－8M）谷物联合收割机参考价格为 19.8 万元，发动机额定功率 130 kW，2.6 m^3 大粮仓，粮仓容积大，可减少卸粮次数，提高作业效率。滚筒无级变速系统增设电子闭环控制，减少滚筒掉转。可选配多种割台，纵轴流滚筒采用液压无级变速调节，适宜收获难脱、易破碎作物，主收小麦，换装专用部件收获水稻、玉米、大豆等作物。

(5) 凯斯 7130 全喂入联合收割机。凯斯 7130 全喂入联合收割机参考价格为 215 万，发动机额定功率 260 kW；燃油箱容积 950 L；脱粒及分离形式为凯斯专利纵向单轴流式；生产能力为 30 kg/s；粮箱容积为 10.57 m^3；粮箱盖可在驾驶室内电控开启或关闭；卸粮速度为 112 L/s。

(6) 久保田 WP60D 高速插秧机。久保田 WP60D 高速插秧机参考价格为 9.4 万元，发动机额定功率 13 kW。六行插秧机，插秧行距 30 cm，插秧深度为 2～5.3 cm。四轮独立式悬挂，高速完美插秧；振动频率低，乘坐舒适；四轮紧紧贴地，安全放心。

(7) 沃得骁龙 2ZGF－6 高速乘坐式插秧机。沃得骁龙 2ZGF－6 高速乘坐式插秧机参考价格为 8.95 万元，配套功率表 15 kW。六行插秧机。水冷三缸 15 kW 高压共轨柴油发动机（另储备 3.7 kW），充分满足湿烂田块的田地里发挥优越的作业性能。低油耗、燃料低损耗为用户降低经济成本。低噪声、低振动，发动机噪声小，振动频率低，减轻并缓解驾驶人员的疲劳。

(8) 久保田 2ZS－6（SPW－68C）手扶插秧机。久保田 2ZS－6（SPW－68C）手扶插秧机参考价为 2.4 万元，配套功率为 3.3 kW。六行插秧机，高能力 OHV 发动机，采用大功率新型 OHV 汽油发动机，具有振动频率低、声音分贝小、节省油量和高效等特点。它有足够的动力保证插秧机高效连续运行，也可以在烂田中自由行驶。

(9) 洋马 YR60DZF 高速乘坐式插秧机。洋马 YR60DZF 高速乘坐式插秧机参考价格为 14.7 万元，发动机额定功率 15.6 kW。六行插秧机，配置高效 HMT 行走变速箱（液压变速＋齿轮传动），比传统 HST 变速箱传动效率高出 15%；载秧台水平控制装置，保持秧台在水平状态下作业，使栽幅内插秧深度稳定均匀；高速仿形插植机构，高速取秧不伤秧，高速插秧不推秧，保证插秧良好的直立性；插秧深度自动补偿装置与油压感度及减震装置，准确控制插秧深度。

(10) 阳光野马 4SZ－4.0 自走式割晒机。阳光野马 4SZ－4.0 自走式割晒机参考价格为 14.4 万元。割晒机摆环箱传动、拨禾轮传动分布割台两侧，割台运转平稳，割茬易于保持一致。拨禾轮传动采用无级变速，操作在驾驶室任意实施，控制灵活。主传动皮带轮采用双槽结构，传动可靠、不丢转。

(11) 联正 4GZ－4.2 割晒机。联正 4GZ－4.2 割晒机参考价格为 12.3 万元。割幅 4 m，额定功率 56 kW，转速 2 500 r/min，作业效率 1.334～2.668 hm^2/h，最小的转弯半径 3 m，最低地隙 0.55 m。

(12) 沃得巨龙 4LZ－5.5A 联合收割机。沃得巨龙 4LZ－5.5A 联合收割机参考价格为

11.2万元，国内率先采用先进的中冷增压发动机，加大到93 kW，油耗更低，动力储备更足。割幅达到3.2 m，国内首家将履带机割幅增加到3.2 m，最大限度上满足东北区域大田块作业的需求。液压水平旋转卸粮方式，卸粮速度更快、更方便，卸粮时间控制在2 min以内。

(13) 约翰迪尔S440联合收割机。JDS440联合收割机参考价格为105万元，具有先进的全轴流脱粒分离机构。三茬流单垂直轴流脱粒分离系统使物料分布均匀，具有优良的作物加工性能和较高的生产水平能力和卓越的收获品质。只要更换适当的配件，就可以收获各种各样的作物。先进的饲喂系统，通过控制高度和位置记忆，大大提高了不同生长幅度和倒伏作物的收获效率。

(14) 洋马YH880 (4LZ-3.5A) 全喂入稻麦联合收割机。洋马YH880 (4LZ-3.5A) 全喂入稻麦联合收割机参考价格为20.6万元。洋马4TNV98T型增压进气65 kW柴油发动机，电控引擎，节能环保，动力稳定；大粮箱、大油箱、高位液压式卸粮装置，省工高效；大升限割台，拨禾轮刚性传动设计，拾禾稳定、输送可靠；倒伏、高秆作物收割适应强。

(15) 约翰迪尔3518CT联合收割机。约翰迪尔3518CT联合收割机参考价格为71万元，配备恒定额定转速功能的约翰迪尔6068发动机，功率为150 kW，在大负荷作业时，主机不丢转，清选系统可以正常工作。清选干净，不跑粮。分离机构采用约翰迪尔双轴流板齿分离滚筒，使得机器的喂入量高达11 kg/s。

2. 动力机

(1) 东方红LX1354轮式拖拉机。东方红LX1354轮式拖拉机参考价22.5万元，配套发动机额定功率为95.6 kW，速度范围为1.8～31.5 km/h，装配东方红6缸发动机，油耗低，扭矩储备大，动力经济性好，排放达到国家Ⅱ级标准；动力输出采用斜齿传动机械，可换轴头，传动平衡，承载力大，具有全独立3挡转速 (540 r/min、860 r/min、1 000 r/min) 供选择，满足复合作业要求。

(2) 约翰迪尔6B-1404A轮式拖拉机。约翰迪尔6B-1404A轮式拖拉机参考价格为31.9万元，发动机额定功率105 kW，PawerCore干式空气滤芯，过滤效果好，维护成本低。高压共轨燃油系统，燃油效率高。24个前进挡降低了相邻挡的速度差，提高拖拉机适用性，保证作业效率。动力换向无需停车，减少因停车起步造成的油耗增加，钩式挂接头缩短农具挂接时间，避免因球头生锈导致销子卡死。

(3) 雷沃欧豹M554-B轮式拖拉机。雷沃欧豹M554-B轮式拖拉机参考价格为73万元，配套发动机额定功率为40.4 kW。机械多片湿式制动器，制动性能可靠；电器系统采用防水插接件，可靠性高；双作用离合器，加强型底盘，可满足多种速度要求的农田和工程作业需要。

(4) 凯斯210轮式拖拉机。凯斯210轮式拖拉机参考价为85万元，发动机额定功率为159 kW，凯斯NEF系列发动机，涡轮增压/中冷，高压共轨燃油系统，全负载动力换挡，带有自动节油系统，配备冷暖空调及良好的通风系统，给用户提供一个舒适的工作环境；可配套机具重耙、犁、旋耕机、播种机和起垄机等进行田间作业。

(5) 凯斯600轮式拖拉机。凯斯600轮式拖拉机参考价为220万元，发动机额定功率为453 kW，拖拉机在低挡位作业时也可以达到额定功率值，最大功率500 kW。驾驶室配置：钢结构防翻车式密封空调驾驶室，副驾座椅，双门，装自动导航驾驶系统，是中国最大功率拖拉机。

(6) 纽荷兰 T8040 轮式拖拉机。纽荷兰 T8040 轮式拖拉机参考价格为 128 万元，发动机功率为 221 kW。四轮驱动，配备了 GPS 自动导航驾驶系统，全功率换挡传动，方便驾驶员在各种工况下快速方便地调整位置，实现不停车换挡。驾驶室简单易懂的仪表板和符合人体工程学的控制布局，为驾驶员提供舒适的工作环境；一体式玻璃门使进出拖拉机更方便，驾驶室内噪声低于 69 dB。

(7) 约翰迪尔 8520 轮式拖拉机。约翰迪尔 8520 轮式拖拉机参考价格 82 万元，发动机额定功率 152 kW，发动机最大功率 168 kW，约翰迪尔 PowerTech 6.8 L、6 缸电子控制直喷式柴油发动机，高压共轨供油技术，可变几何截面涡轮增压器，尾气再循环系统，空对空中冷，排放标准，钢结构防翻车密封空调豪华驾驶室。带副驾驶座椅，带有自动导航系统液压输出端盖系统。

(8) 久保田 M954K 轮式拖拉机。久保田 M954K 轮式拖拉机参考价格为 16.4 万元，配套发动机额定功率为 70 kW。搭载久保田自行设计开发的 4 冲程 4 缸立式水冷柴油发动机，具有足够的动力和强大的牵引力，电力储备也足以应付重型作业。16 气门设计、燃油中央直喷系统，涡轮增压装置，在保证大排气量的同时，实现了高效节能的效果。

(9) 东风 1204 轮式拖拉机。东风 1204 轮式拖拉机参考价格为 15.8 万元，发动机额定功率为 90 kW。速度范围：1.8～33 km/h。悬挂式操纵踏板，弹性减震座椅，前后可调，全地板，具有良好的操纵舒适性，可选装驾驶室，气刹制动装置。

(10) 东方红 LX954 轮式拖拉机。东方红 LX954 轮式拖拉机参考价 13.6 万元，配套发动机额定功率为 70 kW，速度范围为 2.17～36.74 km/h，装配东方红增压中冷发动机，扭矩储备大，节能环保，动力经济性好，排放达到国家Ⅱ级标准，广泛适用于各种农田作业和运输等其他作业。

(11) 维美德 T191 轮式拖拉机。维美德 T191 轮式拖拉机参考价格为 57.5 万元，发动机额定功率 152 kW，电子控制高压共轨发动机，带增压和空对空中冷装置，配备了 GPS 自动导航驾驶系统。维美德拖拉机综合其多功能性、易于操作、优美的北欧式车身设计和经久耐用的特点，确保在各种恶劣条件下都能带来最高效率的作业表现。

(二) 农业机器系统编组

拖拉机是生产的主要动力，在动力机选型后需要与相应的作业机组成不同的机组，完成各项作业。作业机械中有自走式作业机械，这类农业机械本身具有动力，利用自身的动力配合自身的作业机械可以进行相应的农业生产。拖拉机最大限度利用自身功率的方法就是让其与其他作业机械合理编制成组，从而达到动力最大化。

结合东北平原北部的实际生产需要和不同作物的农业机械化生产工艺过程，以及每项作业的要求选择作业机，满足农业生产要求的八五二农场机组匹配结果如表 15-3 所示。

表 15-3 机组匹配结果

作业项目	动力机机型	动力机功率 (kW)	作业机机型
播种玉米	东方红 LX1354 拖拉机	95.6	格兰 2BQJ-8 播种机

（续）

作业项目	动力机机型	动力机功率（kW）	作业机机型
播种玉米	东方红 LX954 拖拉机	70	马克 MS8200－6 播种机
播种大豆	东方红 LX1354 拖拉机	95.6	马克 MS8200－12 播种机
播种大豆	凯斯 210 拖拉机	157	格兰 2BQJ－12 播种机
搅浆平地	东方红 LX954 拖拉机	70	沃得 1JSL－200B 搅浆机
搅浆平地	东方红 LX954 拖拉机	70	1JSM－320 搅浆机
封闭除草、叶面处理、喷除草剂、施肥	东方红 LX954 拖拉机	70	东方红 3W－1200 喷雾机
封闭除草、叶面处理、喷除草剂、施肥	约翰迪尔 4730 自走式喷雾机	180	
封闭除草、叶面处理、喷除草剂、施肥	凯斯 3230 自走式喷雾机	164	
中耕、起垄	东方红 LX1354 拖拉机	95.6	德沃 3ZG－7 中耕机
中耕、起垄	东方红 LX954 拖拉机	70	德沃 3ZG－5 中耕机
联合整地	凯斯 600 拖拉机	446	凯斯 9300 联合整地机
联合整地	凯斯 600 拖拉机	446	凯斯 530B 联合整地机
耙地	凯斯 210 拖拉机	157	1BZP－6.2 偏置重耙
耙地	凯斯 210 拖拉机	157	1BZP－5.7 偏置重耙
旋地	东方红 LX954 拖拉机	70	亚澳 1GKNB－180 旋耕机
旋地	凯斯 210 拖拉机	157	沃得 1GZMN－240 旋耕机
玉米翻地	凯斯 210 拖拉机	157	贝松 RB71 翻转犁
玉米翻地	约翰迪尔 8520 拖拉机	151	MM153－5 翻转犁
水稻整地	东方红 LX954 拖拉机	70	1LS－440 灭茬犁
水稻整地	东方红 LX954 拖拉机	70	运科 1LS－525 灭茬犁
插秧	久保田 WP60D 插秧机	12.7	
插秧	洋马 YR60DZF 插秧机	15.4	
割晒	野马 4SZ－4.0 割晒机	58.9	
割晒	联正 4GZ－4.2 割晒机	55.2	
收获大豆、玉米	约翰迪尔 S660 收割机	236	
收获大豆、玉米	凯斯 6088 收获机	224	
收获大豆、玉米	凯斯 7130 收割机	257	
水稻收获	沃得巨龙 4LZ－5.5A 收割机	91	
水稻收获	约翰迪尔 3518 收割机	148	

六、农业机器系统优化配备

以机组全年作业成本之和最小为目标函数，以动力机配备、作业机械配备、作业量要求和变量非负为约束条件，建立农业机器系统优化配备的数学模型，优化后的农业机器系统与现行系统如表 15－4 所示。

表 15－4　优化后的农业机器系统与现有的农业机器系统配备

序号	农具名称	整数线性规划优化结果（台）	现行系统配备量（台）
X_1	东方红 LX1354 拖拉机	224	258
X_2	东方红 LX954 拖拉机	368	402
X_3	凯斯 210 拖拉机	83	85
X_4	凯斯 600 拖拉机	21	58
X_5	约翰迪尔 8520 拖拉机	0	30
X_6	凯斯 3230 自走式喷雾机	42	50
X_7	约翰迪尔 4730 自走式喷雾机	0	30
X_8	WP60D 插秧机	151	150
X_9	洋马 YR60DZF 插秧机	79	90
X_{10}	野马 4SZ－4.0 割晒机	57	94
X_{11}	联正 4GZ－4.2 割晒机	132	100
X_{12}	约翰迪尔 S660 收获机	0	33
X_{13}	凯斯 6088 收获机	28	23
X_{14}	凯斯 7130 收割机	24	45
X_{15}	沃得巨龙 4LZ－5.5 收割机	122	100
X_{16}	约翰迪尔 3518 收割机	63	90
X_{21}	格兰 2BQJ－8 播种机	63	60
X_{22}	马克 MS8200－6 播种机	0	60
X_{23}	马克 MS8200－12 播种机	62	50
X_{24}	格兰 2BQJ－12 播种机	0	50
X_{25}	1JSM－320 搅浆机	134	70
X_{26}	沃得 1JSL－200B 搅浆机	0	80
X_{27}	东方红 3W－1200 喷雾机	102	150
X_{28}	德沃 3ZG－7 中耕机	224	300
X_{29}	德沃 3ZG－5 中耕机	368	350
X_{30}	凯斯 9300 联合整地机	0	20
X_{31}	凯斯 530B 联合整地机	21	30

（续）

序号	农具名称	整数线性规划优化结果（台）	现行系统配备量（台）
X_{32}	亚澳 1GKNB－180 旋耕机	81	120
X_{33}	沃得 1GZMN－240 旋耕机	122	180
X_{34}	贝松 RB71 翻转犁	58	60
X_{35}	MM153－5 翻转犁	0	30
X_{36}	1LS－440 灭茬犁	125	80
X_{37}	运科 1LS－525 灭茬犁	0	80
X_{38}	1BZP－6.2 偏置重耙	4	50
X_{39}	1BZP－5.7 偏置重耙	79	50
	总计	2 837	3 508
	总作业成本（万元）	10 558.68	14 423.75
	单位成本（元/hm^2）	1 439.82	1 966.875

由表 15－4 可知，优化后的农业机器系统中农机配备量为 2 837 台，目前农场农具配备量为 3 508 台，减少了 671 台。目前，农场的农具数量处于饱和状态，并没有充分利用现有的机器。优化后农场减少了 10 种农具，且每种机器都存在着浪费情况，所以目前农场不再需要增添农具。优化前农场全年作业成本为 14 423.75 万元，优化后年作业成本为10 558.68 万元，节省了 3 865.07 万元。农场现有耕地面积为 7.33×10^4 hm^2，优化后每公顷成本为 1 440元，比优化前单位成本节约了 527 元。可见农场不仅农具设备存在着不合理现象，资金也存在着浪费现象。

第十六章

东北平原中南部合理耕层构建技术农机配套

第一节　东北平原中南部构建旱地合理耕层农机需求

一、棕壤区关键障碍农机需求及作业

（一）棕壤区关键农机需求

针对棕壤区耕层浅（不足 15 cm），缓冲能力弱、水肥气热矛盾，进行机械土壤改良，改良棕壤机械组成，调节土壤对水、气、养分的含量、保持、供应与热状况、耕作性能、发苗性、宜种性等生产性能；实现机械改土，解决东北平原中南部棕壤土旱作农业区农田耕层“浅、实、少”的问题，构建合理耕层协调土壤水、肥、气、热矛盾，有机养分消耗与积累矛盾；改进土壤固、液、气三相比，使土壤水、肥、气、热以及微生物的关系相互协调，加速养分释放，积累腐殖质，培肥地力，创造有利于作物抗逆生长的良好耕层结构和土壤环境。构建合理的耕层，对农机的需求主要是：间隔耕作秸秆条深混还田机械。

（二）棕壤区配套机具作业农机农艺技术要求

1. 间隔耕作秸秆条带还田机械作业农机农艺技术要求

条带秸秆混拌还田机是在垄沟进行深松后将垄台上秸秆收集入垄沟内混拌还田，而不动垄台上的土，保证垄台的水分不流失，且行间土壤虚实并举。但现有的关于秸秆混拌的还田机具大部分都是全幅耕作，直接将粉碎的秸秆掩埋在土层下；而掩埋的秸秆腐烂效果往往并不理想，秸秆在第二年播种时容易被翻出来影响种床环境。间隔耕作秸秆条带还田机，在秸秆混拌的同时配备清垄装置，既能使秸秆集中还田，也能满足在原垄台的播种需求。

（1）整机可以连续完成深松、秸秆收集、秸秆和土壤混拌还田等联合作业，且各项作业参数均能调节。

（2）切土节距、耕深、沟底不平度等作业参数需要达到东北棕壤区的农艺要求。技术参数：耕深≥25 cm；切土节距≤10 cm（碎秸秆长度）；沟底不平处凸起高度≤5 cm；碎土率≥80%；无漏耕现象。

（3）整机与输出功率为 50 kW 左右的拖拉机悬挂连接，实际作业速度为 3～5 km/h。

（4）机具主要针对玉米收获后配备秸秆粉碎机的联合收割机作业后，在耕地中杂乱平铺的玉米碎秸秆进行作业。

（5）对于垄作玉米耕地，秸秆混拌的幅宽横跨 2 条垄的 3 个垄沟（垄距 600 mm）。

2. 玉米联合收获机械作业农机农艺技术要求

（1）玉米收获机械大致有摘穗、剥皮、脱粒、秸秆放铺、秸秆粉碎回收、还田等功能。玉米收获机械工艺流程应能满足栽培制度和农艺要求，机器的作业质量指标应能达到国家或行业标准。

（2）摘收玉米果穗时应尽量减少损失和损伤，其落地果穗不大于 3%；落粒损失不大于

2%；籽粒破碎小于1%；机器带有剥苞叶装置时，苞叶的剥净率应大于70%。

（3）茎秆切碎长度100～150 mm，秸秆切碎合格率≥95%，使用可靠性≥90%。

（4）具备20～25 cm高留茬秸秆粉碎功能，冬季秸秆覆盖，待来年春季播种前条带还田。

二、褐土区关键障碍农机需求及作业

（一）褐土区关键农机需求

针对褐土区障碍问题，干旱、有机质及磷缺乏、水土流失、障碍土层（砂姜层），推广旱作农业的土壤耕作措施构建合理耕层，合理施肥，提高土壤肥力水平。采取第一年秸秆立茬覆盖垄沟免耕播种技术模式：秋季收获后留茬高度30～40 cm，其余秸秆覆盖地表，覆盖秸秆长度50 cm以上。第二年春季在茬带间（垄沟处）免耕直播，播种密度60 000株/hm²，施肥量600 kg/hm²，行距60 cm。在玉米拔节期（株高在30～40 cm时）进行中耕、破茬、培垄、深松、施肥一次性作业，深松宽幅15～20 cm，深松深度达到有效耕层25～30 cm，在培垄侧距离植株5 cm处追肥，追肥深度为10～15 cm，追肥量为110～150 kg/hm² 尿素，培垄高度为10 cm，根茬粉碎还田，不产生直径大于5 cm土块和根茬。秋季收获留高茬秸秆覆盖，第三年播种位和深松位互换，以后按此模式循环。最终有效耕层达到25 cm以上，犁底层小于5 cm，播种位容重在1.25～1.3 g/cm³，深松位容重在1.1～1.2 g/cm³，播种前秸秆覆盖度大于60%，土壤含水量高于15%。对农机的需求主要是免耕播种机、中耕深松培垄施肥机等。

（二）褐土区配套机具作业农机农艺技术要求

1. 免耕播种机作业农机农艺技术要求

（1）选用优良品种。要求玉米种子的发芽率达到95%以上，纯净度不低于96%，不能有杂物存在，且应大小均匀，以免影响种子的流动。为了防治病虫害，播种前适时对所用种子进行药剂拌种、包衣或浸种处理，提高种子发芽率。

（2）秸秆覆盖量。防止残茬秸秆对机器的堵塞（当秸秆覆盖量≥0.8 kg/m² 时），高留茬300～400 mm的原垄免耕，播后秸秆覆盖率大于30%。

（3）播种量。玉米一般播种量为22.5～30 kg/hm²。

（4）种植密度。玉米种植密度要与品种要求相适应，一般播种量在37.31～52.24 kg/hm²，耐密紧凑型玉米品种密度要达到6.27×10^4～7.02×10^4株/hm²，大穗型品种密度要达到4.78×10^4～5.52×10^4株/hm²，高产田适当增加。

（5）种植行距。根据农艺和玉米机收要求，坚持农机与农艺相结合的原则，大力推广玉米等行距免耕播种，播种行距一般在60～70 cm，以利于玉米机收和提高产量。在行距一定的情况下，通过调整播种株距，达到不同玉米品种所要求的种植密度。

（6）破茬入土深度。破茬入土深度70～100 mm，要求打碎玉米根茬的“五叉股”；留田根茬不可被钩翻露出地表（防止田间空穴及地轮颠簸影响播种质量）。清垄器入土30～40 mm，要求能清茬而少扰动土壤。

（7）播种深度。播种深度一般控制在3～5 cm，沙土和干旱地区播种深度应适当增加1～2 cm。假如播种时地表有干土层，则应实行深开沟、浅覆土，保证种子种在湿土上。在春季地温较低或无霜期短的地方播种时还应注意尽量将种行上的秸秆分到两边，以便种行能多吸收阳光，以利于地温提高和玉米生长。

（8）种肥合理施用。伴随播种施用的化肥尽可能选用颗粒肥，如尿素、二铵等，粉状化肥容易结块，流动性差，会影响施肥效果。播种前应对化肥进行检查，不允许有大于 0.5 cm 以上的块状肥加入肥盒，以免堵塞肥管影响施肥量；所加化肥应当干燥，不允许用潮湿易结块的化肥。最好肥、种分施在不同的垂直面内，肥料在种侧 50～100 mm、种下 30～50 mm（按施肥量选定），深度要达到 8～10 cm，施肥量 149.25～298.51 kg/hm^2。

（9）播种适宜的土壤墒情。黏土含水率为 21%～22%，沙土地 16%～17%，二合土 18%～19%。如果墒情不好，播前应及时补墒，没有特殊情况，尽量避免播后、出苗前浇水。

（10）覆土压强。压种轮应压下种子与湿土接触，覆土压强约 40 kPa，保证出苗率。

2. 中耕深松培垄施肥机作业农机农艺技术要求

（1）整机结构。深松培垄施肥联合作业机需要结构简单，机具调整方便，作业之前调整好机具的工作部件的位置，尽量降低整机质量，以便于拖拉机悬挂；进行中耕作业时要保证深松深度和培土高度稳定、施肥深度稳定，施肥量要达到要求。

（2）配套动力。配套动力 32.5 kW 以上的拖拉机，机组速度 5～7 km/h；深松培垄施肥联合作业机整体平稳性好，整机质量轻便，整机外形尺寸适中。

（3）耕幅。根据农艺要求，能够确定联合作业机农作物的行距，要求深松培垄施肥联合作业机能够根据不同的农艺要求来实时调整机具的行间距。

（4）对联合作业机工作效果的要求。在进行中耕作业时，由于植株高度约在 50 cm，垄间距也在 40～60 cm，因此要求在作业之前调整好工作部件的位置间距，特别是深松培垄部件和施肥铲，应该放置于垄沟中安全位置，避免作业过程中损伤植株以及埋没植株，阻碍植株生长。

（5）深松培垄施肥联合作业机能够根据田间不同的土壤环境，来调节施肥深度、深松深度和培垄高度等，各部件之间调节过程中要紧固，避免发生掉落、弯曲等事件，整个作业过程中机具要平稳，效果力求达到最好。

（6）对深松培垄施肥联合作业机关键部件的作业要求。深松培垄部件要能够深松达到 25 cm，有效地打破犁底层，培垄高度要达到 22 cm，尽可能减少对土壤的扰动。同时，在选择施肥铲的种类时，要保证不能够打乱土层而且能够完成施肥任务。

三、草甸土区关键障碍农机需求及作业

（一）草甸土区关键农机需求

针对草甸土区以小四轮拖拉机为主要动力的耕作制度，不进行秋翻，灭茬时旋耕深度浅，作业幅度窄，仅限于垄台，难以涉及垄帮底处；整地、播种、施肥及耥地等田间作业也很少能触动垄帮底处，由此形成了“波浪型”犁底层构造剖面结构。草甸土的“波浪型”剖面结构，导致土壤的保水、保肥能力降低，土壤和作物的抗逆性减弱；作物苗期“烧苗”、后期脱肥现象发生频繁；在作物旺盛生长时期，降水频度和降水量较小时，易出现干旱现象，而在短期内降水频度和降水量较大时，因土壤接纳降水能力较弱，易产生垄沟径流，造

成水分和养分流失，使雨水和肥料的利用率降低，进而影响作物产量，增加粮食生产成本，农民种粮的收入减少。针对草甸土区耕层障碍构建合理的耕层，主要选择铧式犁和深松机。

（1）每年秋收时，采用联合收割机作业，在收获籽粒的同时，将秸秆粉碎全部还田，粉碎程度视收割机的工作状况而定。

（2）采用秸秆粉碎机进行二次作业，秸秆粉碎至10～12 cm。

（3）边粉碎，边采用大功率拖拉机带五铧犁进行翻耕，翻耕深度为30 cm左右，将全部秸秆深埋入土壤底层，切记一定要保质保量，以不影响第二年播种为标准。

（4）深翻后，采用重耙镇压，防止失水跑墒。

（5）第二年春季采用平播播种，玉米密度为5.97～10^4 株/hm^2。

（6）田间管理根据玉米品种及气候状况适时进行。

（7）深翻结合秸秆还田最好每2～3年进行1次。

（二）草甸土区配套机具作业农机农艺技术要求

1. 翻耕机作业农机农艺技术要求

秋季玉米收获后，用翻转犁翻地，茬子翻入土壤中，翻地深度为20～40 cm。以铧式犁为主要翻耕机具配套，应满足以下农业技术要求。

（1）应有良好的翻土和覆盖性能，能翻动土层，地表残茬、杂草和肥料应能充分覆盖，耕作后地表应平整。

（2）应有良好的碎土性能，耕后土层应松碎，尽可能满足耕后直接播种的要求。

（3）耕深应均匀一致，沟底平整。

（4）不重耕，不漏耕，地边要整齐，垄沟尽量少而小。

（5）北方系列犁可分为中型犁和重型犁两类，耕深范围是20～40 cm。单犁体耕宽为25～35 cm，犁体数为2～5个。中型犁适用于地表残茬较少的轻质和中等土壤，重型犁适用于残茬较多的黏重土壤。

2. 深松机作业农机农艺技术要求

（1）土壤适耕条件。土壤含水量在15%～22%。

（2）深松方式。深松整地方式可分为全面深松和局部深松两种。全面深松是用深松犁全面松土，这种方式适用于配合农田基本建设，改造浅耕层的土壤，深松深度为25～30 cm。局部深松是用凿型铲、双翼铲或铧进行松土与不松土相间隔的局部松土，用于创造虚实并存的耕层结构，虚部蓄水，实部提墒，应用范围较广。具体到不同的土壤类型和耕作制度，要综合考虑其差异性，合理选择深松方式，达到最佳深松目的。

（3）作业周期。深松间隔年数应主要根据田间机械作业的多寡和土壤紧实程度而定，作业多、机具设备对土壤压实明显，致使土壤过于密实时（容重大于1.5 g/cm^3），可进行一次深松或浅松，其后视情况而定。或根据土壤条件、土壤坚实度和机具进地密度等确定深松作业周期，一般2～4年深松1次即可。不宜深松过频与深松过深。

（4）深松时间。深松的主要目的是蓄纳相对较多的雨水，因此，一般应把深松作业安排在雨季前进行。一是秋季作物收获后或秋整地前，9月下旬至12月上旬，以接纳秋、冬两季的雨水和雪水，有效抵御春寒。二是夏季作物收获后或春播前，3月上旬至6月上旬，可充分接纳夏季雨水，防止形成土壤表面径流，达到抗旱或排涝效果。

（5）深松间隔。玉米地深松应与当地玉米种植行距相同，若玉米种植的模式为大小垄距，即宽行 80～90 cm，窄行 30～40 cm，应在雨季前的宽行进行深松，深松宽度为 50 cm。

（6）深松深度。深松深度的选择应根据深松的目的和土壤类型的差异，因地制宜。根据土壤容重和犁底层厚度确定，一般 25～40 cm 为宜。如以打破犁底层、增加蓄水保墒能力为目的，可在深松前进行测定，根据犁底层耕层状况决定深松作业深度，一般为 25～35 cm。

（7）深松深度。深松作业深度要一致，不得漏松，苗期作业深度，玉米为 25～30 cm，小麦为 23～30 cm，秋季作业深度为 30～40 cm。

（8）深松质量。深松作业要求深度一致，各行深度误差在 2 cm 以内，要求行距一致，对于有垄地块按垄距要求确定行距。全面深松地块深松行距一般为 35 cm，间隔深松一般为 40～60 cm，松后的裂沟要合墒抹平。深松后地表平坦松碎，无隔墙或隔墙小于 3～5 cm。土壤板结的地块深松后要及时镇压。

四、黑土区关键障碍农机需求及作业

（一）黑土区关键农机需求

东北黑土区由于多年严重水土流失，原本较厚的黑土层现在只剩下 20～30 cm，有的地方黑土消失殆尽，黄土裸露，导致东北旱涝风沙灾害严重，存在着黑土肥力退化、水土流失、土壤盐渍化、旱涝灾害、土壤沙化、土壤酸化等一系列影响黑土区土壤质量、土地生产力发挥和黑土资源持续利用等方面的问题。这些问题对东北粮食安全生产构成了重要威胁。新技术及其配套机具在吉林省四平、梨树、公主岭、白城、松原、辽源等中西部地势平坦的区域大面积推广应用。在吉林省中部地区核心示范区年平均产量增产 10%左右。构建合理的耕层，对农机的需求主要如下。

1. 深松机具需求

（1）深度要求。一是深松深度应达到 25 cm 以上，可以打破目前黑土区由于小型机具灭茬打垄形成的犁底层。

（2）深松幅度与作业效果。宜采取行间窄幅深松，深松幅度以达到深松区域可以接纳伏期阵性强降水即可。深松作业幅上下土壤均达到深松效果，处于疏松状态。

2. 播种机具需求

高通过性的免耕播种机具，能够满足秸秆全覆盖条件下的免耕播种作业；常规精量播种机具，在耕整后苗床上能够实现播种、镇压一次性提墒保苗。

3. 新型整地机具需求

可以替代现有以旋耕、灭茬机具为主的整地机具。减少对土壤的高强度作业，完成有秸秆还田或无还田条件下的整地作业。

（二）黑土区配套机具作业农机农艺技术要求

1. 灭茬旋耕起垄作业农机农艺技术要求

春季用播种机播种，结合播种进行侧深施种肥，秋季玉米收获后用灭茬机灭茬整地，以备翌年春季播种。常规灭茬打垄处理在 20 cm 以下容重达到 1.47 g/cm^3，以灭茬机和旋耕机为主要机具配套，长期小四轮灭茬打垄作业，苗带适墒重镇，土壤容重达到 1.2 g/cm^3 左右，灭茬打垄（上虚下实耕层）。应满足农机农艺技术要求。

（1）要选择合适的作业时间。一般可选择在秋季作物收割后或春季作物播种前进行，春季作业优于秋季作业。春季作业时，根茬经过冬季长时间的风吹日晒，水分基本被蒸发掉，茬部干脆，容易粉碎，埋在土壤中也不易腐解，不会分解和破坏土壤中的氮肥。加上春季所有根系都失去了活力，土质较秋季疏松，能减小灭茬机的工作阻力。

（2）要做好准备工作。灭茬作业前，应清除田间的障碍物，填平沟坎，保持地块平坦，以保证机具的作业质量。

（3）准备灭茬还田的作物收获时留茬高度要适当。如果留茬太低，就会降低根茬培肥土壤的能力，留茬过高，又会影响灭茬机的作业质量。玉米和高粱等秸秆较粗的作物，留茬高度应控制在 10 cm 左右，小麦、大豆、棉花等秸秆较细的作物，留茬高度应在 5 cm 左右。

（4）要根据不同作物及其根系发达程度确定灭茬深度。玉米、高粱、棉花等作物根系发达，灭茬深度应控制在 10～20 cm；小麦、大豆等作物灭茬深度应为 8～10 cm。

（5）单体作业幅宽应以不漏切根茬、不破坏垄界为准则。由于不同地区、不同作物的种植垄距不同，单体作业幅宽应控制在 25～30 cm 为宜。

（6）根茬粉碎程度要符合要求。根茬粉碎后，其切断长度在 5 cm 以内的要占 80%左右，5～10 cm 的只能占 20%左右，站立漏切的根茬不得超过 0.5%。

（7）被灭茬机粉碎后的根茬，地表覆盖率不超过 40%，地下覆盖率不低于 60%；若是同时配有起垄装置的灭茬机组，则整体碎茬覆盖率应达到 98%以上。

（8）灭茬作业的同时对土壤加工越细碎越好，一般碎土率应为 90%～95%，这样可以增加土壤的孔隙和通风透光性。

（9）根茬粉碎还田作业后，应进行镇压保墒。秋季进行灭茬作业的地块，可等到来年春季镇压，春季进行灭茬作业的地块，在灭茬作业 1 d 后即可开始镇压，镇压作业可由机引 V 形镇压器或牲畜拉磙子完成。

2. 秸秆粉碎还田和旋耕碎土联合作业农机农艺技术要求

根据 JB/T 6678 规定，玉米、高粱等作物秸秆粉碎合格长度不大于 100 mm，小麦、水稻等作物秸秆粉碎合格长度不大于 150 mm。与拖拉机配套的秸秆粉碎机的农业技术要求：轮辙间秸秆粉碎长度合格率≥92%，轮辙中秸秆粉碎长度合格率≥85%，轮辙间留茬平均高度≤75 mm，轮辙中留茬平均高度≤85 mm，秸秆抛撒不均匀度≤20%，生产率≥0.33 hm^2/h。与联合收获机配套的秸秆粉碎还田机的农业技术要求：秸秆粉碎长度合格率≥85%，留茬平均高度≤80 mm，秸秆抛撒不均匀度≤30%。

（1）秸秆切碎合格率要满足国家标准要求：玉米秸秆切碎合格长度不大于 100 mm，秸秆切碎合格率不低于 85%。

（2）留茬高度，应符合保护性耕作农艺要求，如小麦 20～25 cm。

（3）作业速度的选择：可选用Ⅰ～Ⅱ速作业。作业时，刀具不入土，尽可能减少对土壤的搅动。

（4）秸秆应均匀铺撒，注意作业中尽量避免中途停车，以防止秸秆成堆堵塞。

（5）谷物收获后对条铺秸秆进行切碎时，为了使铺撒宽度达到或接近收割机的工作宽度，所用的粉碎机必须带有铺撒装置。

（6）旋耕作业应根据地势、土质和土壤适耕性等条件进行。黏重土壤含水量在15%～25%时都可进行作业，沙壤土在10%～30%为宜。土壤含水量过大或过小，旋耕后土块破碎程度不好时，应停止作业。

（7）旋耕碎土深度应保持在12～15 cm，耕深要一致，耕深小于12 cm时应停止作业。

（8）耕幅要一致，不得漏耕。耕幅应在1.6～1.95 m。围耕时地头应整齐，不丢边、不剩角。

（9）整机适应性好，整机作业范围广。

第二节　东北平原中南部构建旱地合理耕层关键机具研制

一、1GTJH-3型条带秸秆混拌还田机研制

东北平原中南部属于高寒易旱区，气温低、无霜期短，冬春季寒冷风大，水土流失和春旱严重，不利于播后种子的发芽。目前长年采用小型动力作业，耕层浅，土壤容重增加，从而造成了土壤板结，土壤失墒严重，加速了水土流失及土壤肥力下降。通过对东北春玉米耕作条件和方式研究，提出了苗带紧、行间松、松紧兼备的合理耕层构建技术。秸秆还田和深松耕作相结合的作业模式可以改良土壤结构，且环保增产。针对公益性行业（农业）科研专项经费项目"旱地合理耕层构建技术指标研究"。鉴于国内外学者研究状况，根据东北棕壤区耕层障碍性问题配套一种秸秆混埋还田机，可一次完成深松、清垄、混埋、镇压等多项联合作业。通过耕作、秸秆还田措施，创造虚实兼备的耕层结构，增加了耕层厚度和有机质，增加土壤颗粒孔隙度和透气性等，有助于改善土壤耕层结构，提高农作物的产量。

（一）总体结构

由于生产上应用的秸秆还田机大部分都是全幅耕作，直接将粉碎的秸秆撒在地表，影响播种机作业。适于东北平原中南部棕壤的条带秸秆混埋还田机，是在垄沟进行深松后，将垄台上秸秆收集入垄沟内混埋还田，而不动垄台上的土，保证垄台的水分不流失，使行间土壤虚实兼备。整机可以连续完成深松、秸秆收集、秸秆和土壤混埋还田等作业。主要由清垄装置、防堵深松装置、混埋装置、镇压器等组成。机具结构如图16-1所示。防堵深松装置安装3组，主要由防堵圆盘和轻型深松铲组成，安装在机架横梁的最前端，分别位于各个混埋带正前方。4个清垄器分别安装在深松铲的侧后方，避免收集到沟内的秸秆被深松铲工作时带出。混埋刀轴位于机具中间，主要功能为秸秆与土壤的混埋。3组镇压辊分别装在混埋带的正后方，压实耕作后的土壤防止土壤风蚀。整个机具除混埋装置外其余都由U形螺栓固定，方便调节。该机具切土节距、耕深、沟底不平度等作业参数需要达到东北棕壤区的农艺要求，据此确定混埋深15 cm，切土节距≤10 cm（碎秸秆长度），沟底不平凸起高度≤5 cm，碎土率≥80%，无漏耕现象。整机与输出功率为50 kW的拖拉机悬挂连接，实际作业速度为4～

6 km/h。对于垄作玉米耕地，秸秆混埋的幅宽横跨两垄的 3 个垄沟内作业（垄距 550～600 mm），分有 3 个混埋区间。每个混埋区间的宽度为 320 mm，在混埋区间内对称放置 2 个刀盘，刀盘的中心距为 140 mm，刀盘厚度为 10 mm。

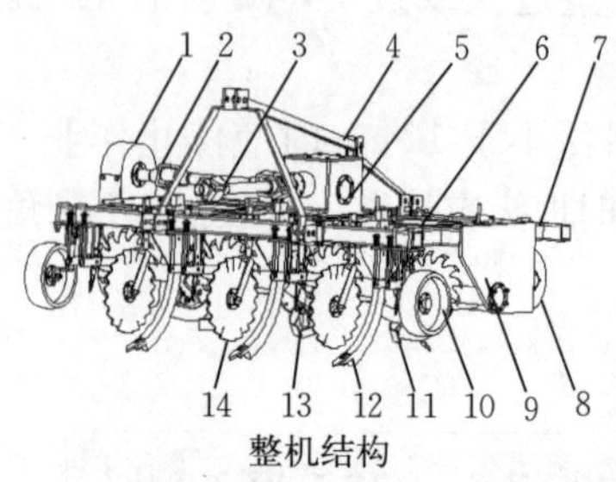

整机结构

制造加工

田间试验

图 16－1　条带深松清垄秸秆混埋联合作业机

1. 侧传动箱　2. 侧传动轴　3. 万向节联轴器　4. 三点悬挂装置　5. 减速箱　6. 罩壳　7. 机架　8. 镇压辊　9. 刀轴固定板　10. 限深轮　11. 混埋刀轴　12. 轻型深松铲　13. 清垄器　14. 防堵圆盘

（二）技术参数

条带秸秆混拌还田机的主要技术参数如表 16－1 所示。

表 16－1　条带深松清垄秸秆混埋联合作业机的主要技术参数

项目	技术参数
配套动力（kW）	50
外形尺寸（长×宽×高）（mm）	1 692×2 250×1 346
工作行数	3
适应行距（mm）	550～600
工作幅宽（mm）	1 650～1 800
混埋刀	C形刀，混埋深度为 150 mm，混埋刀辊半径为 300 mm
深松铲	凿型深松铲，深松深度为 250 mm 深松宽度为 40 mm，调节范围为 200～300 mm
清垄装置	圆盘螺旋线型清垄爪，圆盘直径 330 mm，入土深度 20 mm
镇压器	单体式橡胶镇压辊
生产率（hm^2/h）	0.47～0.67
整机质量（kg）	665
防堵部件	波纹圆盘式破茬部件
运输间隙（mm）	360

二、1JHL－2 型螺旋式秸秆深埋还田机研制

中国秸秆资源十分丰富，目前年产各种作物秸秆 6×10^{11}～8×10^{11} kg，但是仅有 1/4 的

秸秆用于还田，大量秸秆被焚烧、堆积或遗弃，既造成资源浪费，又造成环境污染。秸秆深埋，在分解过程中进行矿化释放养分，同时也进行腐殖化，增加土壤有机质含量，降低土壤容重，增加土壤孔隙度，改善土壤结构，进而提高保水、透气、保肥等效果，提高了土壤本身调节水、肥、气、热的能力，有效地改善土壤耕层结构。不同秸秆还田方式对土壤功能的影响，得出在玉米连作的土壤中，秸秆深埋能显著提高土壤中的微生物量、含碳量，降低真菌数量，提高土壤活性。结合目前中国秸秆还田机械的研究现状以及东北地区玉米田间土壤的实际情况，依据农学和土壤专家提出在东北地区推行的“苗带紧，行间松”和隔行深埋的技术要求，研制了一种秸秆深埋还田机，为旱地合理耕层构建配套机具，满足秸秆隔行深埋的要求，减少机具的进地次数，降低农民的生产成本，具有重要的科学研究价值与生产应用前景。

（一）整机结构

螺旋式秸秆深埋还田机整机结构如图 16－2 所示。它采用三点悬挂的方式与拖拉机挂接。由前端至后端依次设置的关键部件有秸秆粉碎装置、输送装置、螺旋式开沟装置、落料装置、覆土装置及镇压装置，其他重要部件包括机架、前置传动箱、传动零部件(带传动、链传动等)、后置传动箱等。秸秆粉碎装置的主轴通过皮带传动连接前置传动箱的动力输出轴；输送装置倾斜安装，前端靠近秸秆粉碎装置，后端与落料装置相接；螺旋式开沟装置采用单轴式双螺旋线对称形式的开沟器，安装在后置传动箱下方。落料装置位于螺旋式开沟装置和覆土装置之间。覆土装置采用螺旋形式的覆土器，覆土量大，不易变形，由上输送辊通过带传动提供动力，镇压装置通过 U 形螺旋连接于机架尾部横梁上。该机具在作业过程中可一次性完成秸秆粉碎收集、秸秆深埋、镇压等多项联合作业，能够实现“苗带紧，行间松”和隔行深埋的农业技术要求和秸秆深埋还田机的作业要求。

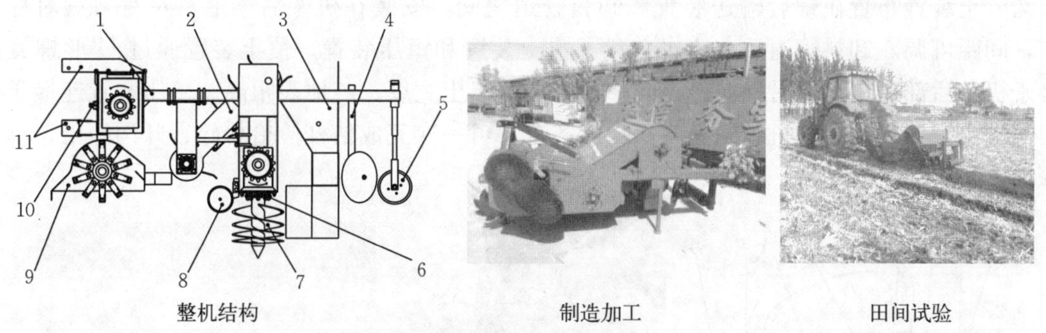

整机结构　　制造加工　　田间试验

图 16－2　螺旋式秸秆深埋还田机

1. 机架　2. 输送装置　3. 落料装置　4. 覆土装置　5. 镇压装置　6. 后置传动箱　7. 螺旋式开沟装置　8. 圆盘开沟器　9. 秸秆粉碎装置　10. 前置传动箱　11. 悬挂装置

（二）技术参数

1JHL－2 型螺旋式秸秆深埋还田机的主要技术参数如表 16－2 所示。

表 16－2　1JHL－2 型螺旋式秸秆深埋还田机的主要技术参数

项目	技术参数
配套动力（kW）	100
外形尺寸（长×宽×高）（mm）	2 790×1 490×1 560
工作行数	2
适应行距（cm）	55～60
工作幅宽（mm）	1 200
甩刀种类	Y 形甩刀
输送装置种类	弹齿式输送装置
开沟器种类	螺旋式开沟器
开沟深度（mm）	200～300
开沟宽度（mm）	400
整机质量（kg）	820

三、1JH－2 型气力式秸秆深埋还田机研制

（一）整机结构

1JH－2 型气力式秸秆深埋还田机主要由机架、传动箱、破茬装置、捡拾粉碎装置、气力输送装置、开沟分土装置、覆土装置、镇压装置等部分组成，如图 16－3 所示。破茬装置对称安装在机架前梁上，捡拾粉碎装置布置在破茬装置后方，气力输送装置由螺旋输送装置、风机、输送管道和卸料管道等组成；开沟分土装置由开沟装置和布置在开沟装上的分土板组成。螺旋输送装置布置在捡拾粉碎装置后方，风机安装机架左侧与螺旋输送装置同轴，开沟分土装置布置在螺旋输送装置和卸料管道之间，安装在机架后梁上，左右刀盘对称安装，间距可调。卸料管道后方依次布置了覆土装置和镇压装置。覆土装置通过 U 形螺旋连接于机架后部横梁上可沿轴向、径向移动，调节覆土宽度、与地表距离。镇压装置连接于机架尾端由螺栓固定。整机结构紧凑，功能齐全，可一次完成秸秆捡拾粉碎、开沟碎土、秸秆深埋、覆土镇压等功能。

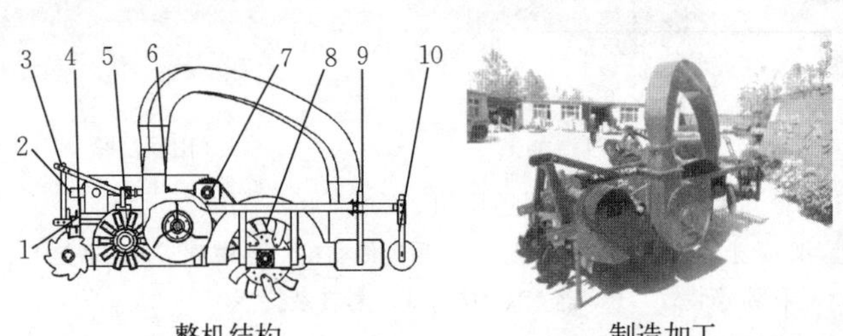

整机结构　　制造加工　　田间试验

图 16－3　气力式 1JH－2 型秸秆深埋还田机

1. 机架　2. 前传动箱　3. 悬挂装置　4. 破茬装置　5. 捡拾粉碎装置　6. 气力输送装置　7. 后传动箱　8. 开沟分土装置　9. 覆土装置　10. 镇压装置

（二）技术参数

气力式秸秆深埋还田机适用于东北平原中南部棕壤土区合理耕层构建的秸秆深埋还田的技术要求，主要技术参数如表 16-3 所示。

表 16-3　气力式秸秆深埋还田机主要技术参数

类别	技术参数
配套动力	100
外形尺寸（长×宽×高）（mm×mm×mm）	2 900×1 600×1 800
整机质量（kg）	915
工作行数	2
适应行距（mm）	500～600
工作幅宽（mm）	1 300
甩刀种类	Y 形甩刀
破茬部件	阿基米德螺线形犁刀
输送装置种类	气力式输送装置
风机转速（r/min）	1 850
开沟分土装置	双圆盘开沟装置
刀盘转速（r/min）	215、245
开沟深度（mm）	270
开沟宽度（mm）	300～400（可调）
覆土方式	刮板式覆土铲
动力传递方式	拖拉及动力输出轴+链轮+带轮

四、东北玉米垄作新型免耕播种机研制

保护性耕作是指减少田间作业工序，减轻土壤风蚀、水蚀，改善耕层土壤结构，提高农作物产量的一项先进的农业耕作技术。免耕播种作为保护性耕作技术的一项重要技术，是目前东北玉米垄作区主要推行的种植模式，在地表有作物残茬的未耕地上进行播种作业，田间工况复杂，对免耕播种机的工作性能要求较高。针对轻量化播种机及其下压力的研究，国外有的研究指出：滚动圆盘式破茬犁刀要切开残茬与土壤，每行单体需要 2.22 kN 的下压力。我国东北玉米垄作区实行免耕播种的土壤坚实度较大，而且玉米残茬秸秆粗壮，给免耕播种机的入土性能带来困难，现在使用的免耕播种机大多通过增大重量来增加破茬下压力，两行机达 1×10^3～1.5×10^3 kg。而播种机自身重力过大，造成播种后垄台被压平，垄形被严重破坏失去垄作优势、加剧对土壤的压实而犁底层加厚上移、作业时能耗增大等问题。在不加大整机重量的前提下，如何使破茬开沟播种装置有足够的下压力来保证破茬盘入土深度和播深稳定性是当前免耕播种机亟待解决的问题。轻型免耕播种机集破茬清垄、侧深施肥、精量播种、镇压覆土功能于一体，采用悬挂式与拖拉机联结成作业机组，借助拖拉机的液压系统

位置调节法对播种机的破茬装置施加下压力，保证播种机的破茬深度；利用免耕播种机单体的仿形四连杆机构来控制播种深度。

（一）整机结构

玉米垄作新型免耕播种机三点悬挂于拖拉机后方，主要由悬挂点、机架、破茬犁刀、清垄器、施肥开沟装置、播种仿形机构、播种开沟器、压种覆土装置、排肥地轮、排种地轮、水平圆盘排种器、种子箱、外槽轮排肥器和肥料箱等组成，如图 16－4 所示。破茬犁刀和清垄器组成的切拨防堵装置和施肥开沟装置左右对称安装在机架前梁上，播种仿形机构、播种开沟器、压种覆土装置、排种地轮和种子箱等组成的播种单体左右对称安装在机架的后梁上，安装时切拨防堵装置与播种开沟器前后对正。外槽轮排肥器和肥料箱安装在支架的左右两侧横梁上，驱动外槽轮排肥器的排肥地轮安装在后梁上，位于两个播种单体之间。播种时底肥施肥量较大，为防止烧苗，采用侧深施肥，因此施肥开沟器与破茬犁刀和播种开沟器左右错开一定距离。整机结构紧凑，功能齐全，可一次完成破茬清垄、侧深施肥、精量播种和覆土镇压的功能。两行播种机的播种行距、破茬犁刀的破茬深度、侧深施肥距离、播种开沟深度、播种粒距和施肥量均为可调。玉米垄作新型免耕播种机通过三点悬挂装置与拖拉机连接。位于免耕播种机最前方的破茬犁刀将垄台上的玉米秸秆、根茬和土壤切开，紧靠其后的导肥管施加口肥。导肥管两侧的清垄器将垄台上的杂草和秸秆等杂物推向垄沟。随着免耕播种机前进，排肥地轮紧贴地面受地面摩擦力产生转动，获得的动力经链传动传至外槽轮排肥器，排肥器排出底肥，排肥仿形开沟器在种侧 50～100 mm 处开出比种沟深 30～50 mm 的肥沟，底肥经导肥管排入沟底。排肥系统有 2 个外槽轮排肥器，同时排出口肥和底肥。播种地轮受地面摩擦力获得动力，通过链传动传给水平圆盘排种器，排种器排出的种子经导种管落入种沟内，经压种覆土和播种地轮镇压，完成施肥播种过程。

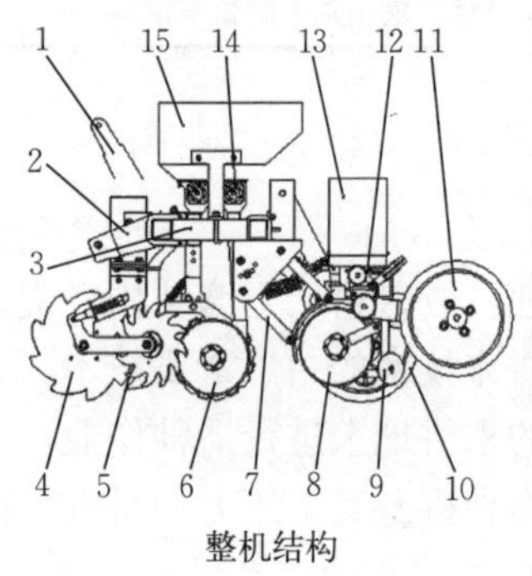

整机结构

制造加工

田间试验

图 16－4　玉米垄作新型免耕播种机

1. 上悬挂点　2. 下悬挂点　3. 机架　4. 破茬犁刀　5. 清垄器　6. 施肥开沟装置　7. 播种仿形机构　8. 播种开沟器　9. 压种覆土装置　10. 排肥地轮　11. 排种地轮　12. 水平圆盘排种器　13. 种子箱　14. 外槽轮排肥器　15. 肥料箱

（二）技术参数

玉米垄作新型免耕播种机适用于中国东北玉米垄作区春季玉米免耕播种，主要技术参数如表 16-4 所示。

表 16-4　玉米垄作新型免耕播种机的主要技术参数

类别	参数
外形尺寸（长×宽×高）(mm×mm×mm)	1 924×1 048×1 152
配套动力（kW）	22.05 kW 以上轮式拖拉机
结构质量（kg）	470
工作行数	2
适应行距（mm）	550～600
工作幅宽（mm）	1 100～1 200
破茬部件	阿基米德螺线形犁刀
清垄部件	清垄轮
施肥开沟器	缺口盘＋光面圆盘
播种开沟器	光面双圆盘
排种器型式	水平圆盘式
种箱容积（L）	14
排肥器型式	外槽轮式
口肥箱容积（L）	13
底肥箱容积（L）	21
压种轮	橡胶轮
覆土方式	V 形安装的双圆盘小轮
动力传递方式	地轮＋链传动
播种粒距（mm）	170～340（可调）
运输间隙（mm）	302

五、2ZZ-3 型深松培垄施肥联合作业机研制

玉米根系的生长离不开水分的滋养，中耕深松培垄施肥是玉米种植过程中的重要生产环节。深松可以破坏犁底层，提高蓄水能力，加深耕层，能够使耕层结构虚实并存，也使土壤侵蚀明显减少；深松技术可以提高农作物产量，缓解土壤板结，提高土壤含水率。试验表明垄作可以提高土壤蓄水能力，中耕培垄也可以扩大土壤表面积，令耕层更加充分地吸收太阳辐射，使苗期土壤温度得以提高。中耕施肥能够促进玉米根系快速生长，同时能够使玉米根系不断向下深扎，根系不断延伸扩大能够提高吸收能力，提高农作物年终产量。机械施肥更能够减少人力，提高作业效率。为此针对东北平原褐土区旱地合理耕层构建技术指标机具配套要求，研制了一种满足玉米作物机械化技术要求的深松培垄施肥联合作业机。可一次完成深松、分层施肥、培垄等一体化复式联合作业，达到深耕改土、间隔施肥、中耕培垄等技术要求。

(一) 总体结构

2ZZ－3 型深松培垄施肥联合作业机主要结构如图 16－5 所示，整机结构简单，可一次性完成深松、培土和侧深施肥等田间作业。该机具由悬挂机构、圆盘刀、限深轮装置、施肥装置、机架、开沟器和深松培垄装置组成。机架由前后横梁和左右支梁焊合而成，是整个机器的支架，其他部件均安装在机架上。圆盘刀通过 U 形夹固定在机架上，可以根据实际作业深度进行调节。限深轮通过 U 形夹固定在机架上，通过控制地面距离机架的高度进而控制深松深度。施肥装置包括肥箱、电子排肥器、开沟器和施肥管组成。深松培垄装置由深松铲柄、深松铲尖、犁壁等组成，是机器的主要部件，可同时进行深松培垄。悬挂机构主要通过销轴与拖拉机进行连接，可进行高度调节，下悬挂可根据实际作业情况调节宽度。2ZZ－3 型深松培垄施肥联合作业机在作业过程中能够一次性完成深松、侧深施肥和培土等田间作业。拖拉机通过悬挂装置带动联合作业机进行作业，鉴于土地土块板结严重，机具用圆盘刀将土块切开，限深装置控制机具离地高度来保证机架离地高度，肥料通过电子排肥器运送到施肥开沟器，在作业过程中利用惯性从而落到垄侧，最后深松培垄部件在垄台进行深松培垄作业。

整机结构　　制造加工　　田间试验

图 16－5　深松培垄施肥联合作业机结构简图

1. 上悬挂　2. 机架　3. 下悬挂　4. 限深装置　5. 圆盘刀装置　6. 深松培垄装置　7. 开沟器　8. 施肥装置

(二) 技术参数

联合作业机的主要技术参数如表 16－5 所示，2ZZ－3 型深松培垄施肥联合作业机配套动力为 32.5 kW 以上，机具外形尺寸长宽高分别为 1 300 mm×2 400 mm×1 400 mm，深松培垄部件可以自主调节，深松深度可以控制在 25～30 cm，施肥深度调节范围为 10～18 cm，作业幅宽达到 1.5 m。

表 16－5　2ZZ－3 型深松培垄施肥联合作业机的主要技术参数

类别	技术参数
配套动力（kW）	32.5 以上
外形尺寸（mm）	1 300×2 400×1 400
工作行数	3
适应行距（cm）	50～60

（续）

类别	技术参数
工作幅宽（mm）	1 500～1 650
深松铲形式	凿型深松铲
培垄后实体高度（mm）	220
生产率（hm^2/h）	0.89～1.25
整机质量（kg）	485
施肥深度（cm）	10～18

第三节　东北平原中南部构建旱地合理耕层机具选型与编组

一、配套机具合理选型与使用

机具的选型与编组是机具管理的第一道环节。机具的选型与编组要考虑 8 个因素。即机具的生产效率，机具对作业质量的保证程度，能源和原材料的消耗程度，机具的可靠性，机具使用和维修的方便性，机具的安全性和环保性，机具的成套性以及机具的使用寿命和投资费用。机具选型与编组时，应遵循适用性原则和经济性原则。机具的适用范围，机具的技术指标、能源消耗量和劳动力占用量。

机具需要量的计算：机具需要量的计算虽受多种因素的影响，但主要考虑农机工作需求量和农机工作定额 2 个因素。农机需要量计算可用下列 3 种方法：

（1）拖拉机需要量（马力或标准台数）＝机耕总面积（hm^2）/每马力（或标准台）负担的耕地面积定额（hm^2）。

（2）拖拉机需要量（马力或标准台数）＝机耕全年总工作量（hm^2）/每马力（或标准台）负担的年工作定额（hm^2）。

（3）拖拉机需要量（马力或标准台数）＝农忙季节每天应完成工作量（hm^2）/每马力（或标准台）日工作定额（hm^2）。

机具动力机的型号和数量确定之后，就可以根据各项作业的数量和要求，选择作业机具和其他配套农具的种类和型号，并分别确定其需要量。

机具合理使用的标志是高效、优质、低耗和完全地为农业生产经营服务，并且要不断提高生产经济效益。合理使用机具，要执行动力机械的试运转制度，要根据机具的性能、结构、使用范围、工作条件、合理安排作业项目和工作负荷；要严格根据机具说明书的要求和企业的具体情况，制定操作规程，并严格贯彻执行。对于农机操作人员，必须做到“三懂四会”。即懂机械结构原理、懂机务操作规程、懂农业生产知识，会使用、会维修、会保养、会排除一般故障。合理使用机具的基本要求是：①提高机具的工作效率。主要是提高机具的利用率和机具的班次工作效率。②保证机具作业质量。一是保证不误农时，二是保证符合农业技术措施的要求，农机和农艺相结合。③降低机具作业成本。机具作业成本主要包括油料费，维修费，劳动报酬、折旧费、管理费等项目。其中影响最大的是油料费和维修费。因此要特别加强油料和维修的管理。④保证安全生产。在生产中，确保机务人员人身安全和机具安全，既是关系到生命财产的重要问题，也是农业机械作业达到高效、优质、低耗的基本保证。

二、棕壤区构建合理耕层机具选型与编组

1. 玉米间隔耕作秸秆冬前条深混还田技术模式机具选型与编组

机具作业配套工艺模式，在秋季收获，收获机秸秆粉碎还田覆盖，秸秆全量还田，翌年春季免耕播种。

工艺流程：秋季收获机秸秆粉碎全量还田覆盖→条带秸秆深埋还田（≥25 cm）→春季免耕播种施肥（大垄双行 40 cm×80 cm；正常垄作行距 60 cm）→机具打药→收获机秸秆粉碎全量还田。

2. 玉米间隔耕作秸秆冬覆春条深混还田技术模式

机具作业配套工艺模式，在秋季收获之后，留高茬秸秆覆盖，翌年春季播种前清垄秸秆归带深旋还田，清垄带免耕播种。

工艺流程：秋季收获机秸秆粉碎还田留高茬→春季条带清垄秸秆深埋还田（≥25 cm）→春季清垄带免耕播种施肥（大垄双行 40 cm×80 cm；正常垄作行距 60 cm）→机具打药→收获机秸秆粉碎还田留高茬。结合辽宁省铁岭县张庄合作社的实际生产需要，根据作业模式工艺，以及每项作业的要求，对机具进行选型配套，选择满足农业生产要求的机组，如表 16－6 所示。

表 16－6　机具选型与编组

作业项目	动力机机型与作业机机型	外形尺寸（长×宽×高）（mm）	动力机功率（kW）	作业幅宽（mm）	适应行距（mm）	作业行数（行）	作业效率（hm^2/h）
玉米收获	博远 4YZB－4 式玉米收获机	6 970×2 320×3 400	103	2 320	500～600	4	0.34～0.80
玉米收获	春雨 CP M40 型（4YZP－4M）玉米收获机	8 080×2 600×3 500	154	2 300	510～650	4	0.34～0.80
玉米收获	新疆牧神 4YZB－4 自走式（穗茎兼收）玉米联合收获机	9 750×3 270×3 950	118	2 750	550～680	4	0.4～0.85
条带秸秆深埋还田	1GTJH－3 型条带秸秆混拌还田机	1 692×2 250×1 346	52	1 650～1 800	500～600	4	0.47～0.67
免耕播种机	吉林康达 2BMZF－2 免耕播种机	1 300×1 250×970	22	800～1 400	400～700	2	0.64～1.12
免耕播种机	德邦大为 2BMG 全秸秆覆盖免耕播种机	3 000×2 000×1 900	30～50	800～1 400	400～700	2	0.6～1.1
喷药机	3W－500 喷药机	1 300×900×1 200	50	10 000		2.01～3.35	

三、褐土区构建合理耕层机具选型与编组

根据褐土区秸秆立茬覆盖垄沟免耕播种技术模式：第一年秋季收获后留茬高度30～40 cm，其余秸秆覆盖地表，覆盖秸秆长度50 cm以上。第二年春季在茬带间（垄沟处）免耕直播，在玉米拔节期（株高在30～40 cm时）进行中耕、破茬、培垄、深松、施肥一次性作业，秋季收获留高茬秸秆覆盖，第三年播种位和深松位互换，以此循环。

结合的辽宁省褐土区北票市蒙古营镇实际生产需要，根据作业模式工艺，以及每项作业的要求，对机具进行选型配套，选择满足农业生产要求的机组，如表16-7所示。

表16-7　机具选型与编组

作业项目	动力机机型与作业机机型	外形尺寸（长×宽×高）(mm)	动力机功率 (kW)	作业幅宽 (mm)	适应行距 (mm)	作业行数 (行)	作业效率 (hm^2/h)
玉米收获	中联收获4YZ-3W玉米收获机	6 190×2 300×3 259	103	1 825	400～650	3	0.4～0.6
玉米收获	勇猛4YZ-5A玉米收获机	9 270×3 475×3 700	140～190	280～333	600～700	5	0.53～1.1
玉米收获	勇猛4YZ-5B玉米收获机	9 270×3 315×3 700	140～190	280～333	650～650	5	0.53～1.1
深松培垄施肥联合作业	深松培垄施肥联合作业机	1 300×2 400×1 400	32.5	1 500～1 650	400～650	3	0.89～1.25
免耕播种	中科东地免耕播种机	3 300×2 155×1 625	24	1 500～1 650	400～650	2	0.8～1.6
免耕播种	2BMG-4德邦大为全秸秆覆盖免耕播种机	3 690×4 000×1 950	55～80	1 500～1 650	400～700	4	1.3～2.4
喷药	江苏埃森SWAN3WP-500喷雾机	3 430×1 750×2 360	17.10	1 200	400～650		1.8～2.8

四、草甸土区构建合理耕层机具选型与编组

秋季收获时，采用联合收割机作业，在收获籽粒的同时，将秸秆粉碎全部还田。采用秸秆粉碎机进行二次作业，秸秆粉碎至10～12 cm。边粉碎，边采用大功率拖拉机带五铧犁进行翻耕，翻耕深度为30 cm左右，将全部秸秆深埋入土壤底层。深翻后，采用重耙镇压，防止失水跑墒。来年春季采用平播播种，玉米密度为5.97×10^4株/hm^2。机具作业工艺流程：秋季收获后秸秆粉碎还田→秸秆粉碎机二次作业（秸秆粉碎至10～12 cm）→深翻整地→镇压保墒→免耕播种分次施肥→收获机秸秆粉碎还田。

吉林省草甸土区占东北地区草甸土面积41%，大多分布在河谷低地，如松花江、黑龙江及其主要支流的沿岸地区。结合的吉林省草甸土区实际生产需要，根据作业模式工艺，以及每项作业的要求，对机具进行选型配套，选择满足农业生产要求的机组，常用的北方铧式系列犁如表16-8所示，机具选型配套如表16-9所示。

表 16-8　北方旱地铧式犁系列主要机型

序号	型号	犁体幅宽（cm）	设计耕深（cm）	适应耕深（cm）	犁体纵向间距（mm）	圆犁刀个数（个）	小前犁	质量（kg）	外形尺寸（长×宽×高）（mm）	配套拖拉机额定功率（kW）
1	1L-435	35	27	20～30	700	1	无	500	2 900×1 710×1 445	30
2	1LE-435	35	27	20～30	800	1	有	560	3 530×1 950×1 610	30
3	1LDP-335	35	27	20～30	800	1	有	650	3 280×1 725×1 600	30
4	1LDB-435	35	27	20～30	800	1	有	920	5 110×2 200×1 275	30
5	1LDB-535	35	27	20～30	800	1	有	1 020	—	30
6	1LDJ-435	35	27	20～30	800	1	有	1 164	5 810×2 190×980	30
7	1LDJS-435J	35	27	20～30	800	1	有	1 084	5 810×2 190×980	30
8	1LDS-330	30	40	30～42	700	1	无	400	2 420×1 910×1 670	30
9	1LDS-330S	30	40	30～42	700	1	无	400	2 212×1 855×1 696	30

注：型号含义 1 指耕耘整地机械；L 指犁；B 指半悬挂；D 指大间距；P 指耕耙犁；J 指牵引犁；S 指深耕犁；L 指菱形犁。

表 16-9　机具选型与编组

作业项目	动力机机型与作业机机型	外形尺寸（长×宽×高）（mm）	动力机功率（kW）	作业幅宽（mm）	适应行距（mm）	作业行数（行）	作业效率（hm^2/h）
秸秆还田	兴发 1JQ-180 秸秆粉碎还田机	1 300×2 050×1 100	55～60	1 800	400～700	4	0.6
免耕播种机	吉林康达 2BMZF-2 免耕播种机	2 800×2 000×1 600	37～48	800～1 400	400～700	2	0.64～1.12
免耕播种机	吉林康达 2BMZF-2 免耕播种机	3 690×3 940×2 470	40～51	1 800～3 900	400～700	4	0.96～2.4
免耕播种机	DEBONT 德邦大为	3 500×1 940×1 870	60～80		400～700	4	1.5～2.5
喷药机	SWAN3WP-500 喷雾机	3 430×1 750×2 360	17～10	12 000			0.74

五、黑土区构建合理耕层机具选型与编组

东北黑土的主要分布地区为松嫩平原的东部、北部和三江平原西部，东北黑土区总面积 1.02×10^9 hm^2，其中黑龙江省 4.53×10^8 hm^2，吉林省 1.87×10^8 hm^2，辽宁省 1.23×10^8 hm^2。近年来，耕层土壤结构恶化。长期小型机械的耕整地作业，具有犁底层厚、实、硬，耕层浅、实、少的问题。耕层整体通透性变差，水、肥、气、热协调能力下降。结合的吉林省黑土区实际生产需要，根据作业模式工艺，以及每项作业的要求，对机具进行选型配套，选择满足农业生产要求的机组，如表 16-10 所示。

表 16 - 10　机具选型与编组

作业项目	动力机机型与作业机机型	外形尺寸（长×宽×高）(mm)	动力机功率 (kW)	作业幅宽 (mm)	适应行距 (mm)	作业行数（行）	作业效率 (hm^2/h)
玉米收获	谷王 CC30	8 350×2 550×3 450	140	2 000	450～650	4	0.33～0.53
玉米收获	约翰迪尔 Y210	9 300×3 050×3 800	106	2 600	600～650	4	0.53～1.0
玉米收获	东方红 4YZ - 4	8 430×2 890×3 790	110	2 800	600～700	4	0.50～1.0
玉米收获	福田雷沃 CC04	6 970×2 660×3 530	110	2 200	580/550～650	4	0.30～0.9
玉米收获	新疆牧神 4YZB - 4	9 300×3 250×3 430	118	3 000	400～750	4	040～0.85
秸秆还田	兴发 1JQ - 180 秸秆粉碎还田机	1 300×2 050×1 100	55～60	1 800	400～700	4	0.6
秸秆还田	亚澳 1GZN - 350 深松起垄联合耕整机	箱体中心高 610	88～135	3 500	550～700	5	0.53～1.73
秸秆还田	运科 SGTN - 490 联合整地机		180～200	4 900	550～700	—	2.8～3.5
秸秆还田	连云港 1GSM - 320 双轴灭茬旋耕起垄机	16 600×32 700×12 900	73.5～88.2	3 200	550～700	—	0.17～1.7
免耕播种机	吉林康达 2BMZF - 2 免耕播种机	1 300×1 250×970	22	800～1 400	400～700	2	0.64～1.12
免耕播种机	MTR No - Till2 马斯奇奥 4 行免耕	3 250×2 000×1 500	50～66	2 800	650	4	1.6～2.2
免耕播种机	众荣 2BM - 4	3 600×2 000×1 500	50～66	2 800	580～680	4	1.5～2.5
免耕播种机	DEBONT 德邦大为	3 500×1 940×1 870	60～80	2 800	400～700	4	1.5～2.5
喷药机	ZP9500（3WP - 500）自走式喷杆喷雾机	4 110×9 900×2 730	16.7	11 500	550～700	—	0.36
喷药机	美诺 3800 背负式	4 120×3 500×2 910	80～220	22 000～24 000	550～700	—	0.67～0.91
喷药机	3WPZ - 800 华玺自走式	5 300×2 460×3 100	36.8	13 700	550～700	—	0.92～1.34

第四节　验证与应用

一、玉米秸秆条带混埋还田机的田间验证与应用

（一）田间工况

为了检测条带秸秆混拌还田机的作业性能，2016 年在辽宁省铁岭市蔡牛镇张庄合作社

进行了机具性能验证。蔡牛镇位于铁岭市西部，距铁岭市区 29 km，东隔辽河，西北与调兵山市接壤。现有耕地面积 1×10^{8} m²，其中水田 1.3×10^{7} m²，旱田 8.6×10^{8} m²。地势平坦、土壤肥沃、水资源丰富，属平原农业大镇。盛产多种农作物和经济作物，粮食总产量稳定在 5×10^{7} kg，玉米是当地的主要经济作物，土壤条件为棕壤土，容重为 1.41 g/cm³，土壤平均含水率为 15.50%，土壤坚实度平均为 978 kPa，秸秆平均长度为 5 cm、覆盖量 1.0 kg/m²；行距平均为 60 cm，株距 24 cm，垄台宽度平均为 15 cm，垄高平均为 14 cm。

（二）试验方法

试验需要设备有弹簧秤，米尺，秒表，土壤湿度测试仪，土壤坚实度仪等。试验测试区的边长为 50 m，前后预备测区的长度为 20 m。测区内的作物为玉米，残茬的密度为 4 个/m，其平均高度为 400 mm，而田间地表基本为平地。项目执行期内 2016 年在辽宁省铁岭市蔡牛镇张庄合作社留有玉米根茬的垄作未耕地块进行试验。按照 NY/T 500 规定了秸秆混埋质量的试验方法和机械行业推荐标准 JB/T 8401.2 对条带秸秆混埋还田机的相关性能进行检测，检测内容主要包括混埋率、垄高、垄顶宽和碎土率等。在稳定工作区域内选择具有代表性的测点进行测量，测点的选择完全依照 GB/T 5262—2008 中 4.2 规定的五点法进行。制定试验方案选用正交表 L8（27）来安排试验。试验影响因素为刀具类型、机器前进速度和工作深度；试验指标为土壤与秸秆混埋率、碎土率。

1. 混埋率

机器作业后的地表秸秆混埋率，按公式 16－1 计算。

$$Y_1=\frac{m_1-m_2}{m_1}\times100\% \tag{16-1}$$

式中，Y_1——混埋率（%）；

m_1——取样点作业前单位面积的秸秆质量（kg/hm²）；

m_2——取样点作业后单位面积的秸秆质量（kg/hm²）。

测试选取 10 个测点，每个测点随机选择。

2. 碎土率

沿着作业方向在已耕作过的地上测 50 cm×50 cm 样区内的全耕层土块，土块由其最大边长分为小于 4 cm，4～8 cm 和大于 8 cm 三类土块。测出各类的土块质量，并以小于 4 cm 占总质量的百分比为碎土率，按公式 16－2 计算。

$$Y_2=\frac{M_1-M_2}{M_1}\times100\% \tag{16-2}$$

式中，Y_2——碎土率（%）；

M_1——土块总质量（kg）；

M_2——大于 4 cm 边长的土块质量（kg）。

机具田间试验，如图 16－6 所示。试验结果及分析如表 16－11 所示。

通过对条带深松清垄秸秆混埋联合作业机关键部件清垄装置、防堵深松装置、混埋装置和镇压装置等优化设计，确定了各关键部件的结构形式和参数。达到了一次作业完成破茬、深松、清垄、混埋和镇压等多功能联合作业，减少了拖拉机进地作业次数。通过耕法、秸秆

图 16-6　机具田间验证与应用

表 16-11　试验结果及分析

试验号	秸秆覆盖量（kg/m^2）	机具速度（km/h）	工作深度（cm）	混埋率（%）	碎土率（%）
1	1.2	6.0	20.0	94	94
2	1.2	6.0	16.2	93	91
3	1.2	4.0	20.5	90	92
4	1.2	4.0	17.4	87	90
5	0.8	6.0	20.5	93	95
6	0.8	6.0	15.3	89	88
7	0.8	4.0	20.0	95	90
8	0.8	4.0	15.2	87	94
9	1.0	5.0	15.4	95	96
10	1.0	5.0	19.0	91	91
11	1.0	5.0	15.0	87	95
12	1.0	5.0	18.0	93	89
平均值 $\overline{X}$	1.0	5.0	17.71	91.17	92.08
标准差 S	0.16	0.82	2.14	2.97	2.53
变异系数 CV（%）	0.16	0.16	0.12	0.03	0.28

还田措施创造虚实兼备的耕层结构，增加了耕层厚度和有机质，增加土壤孔隙度和透气性等，建立了合理耕层结构。通过机具田间正交试验分析，建立了试验指标与因素间的数学模型。确定了影响混埋率和碎土率因素主次顺序为：刀型＞工作深度＞机器前进速度。通过田间试验验证，确定了机具最佳作业条件：秸秆覆盖量为 1.0 kg/m^2 时，机器前进速度 5 km/h，

工作深度为 15.43 cm，混埋率为 95.06%，碎土率为 96.02%。

二、螺旋式开沟秸秆深埋还田机的田间验证与应用

（一）田间工况

经过现场实际测量，玉米留茬高度平均为 18 cm，垄距为 55 cm，平均株距为 35 cm，田间秸秆覆盖量为 0.8 kg/m^2。按照对角线寻测试点，测得不同土壤深度的含水率和坚实度：深度为 5 cm 时，土壤含水率为 22.8%，土壤坚实度为 223.2 kPa；深度为 10 cm 时，土壤含水率为 23.8%，土壤坚实度为 248.0 kPa；深度为 15 cm 时，土壤含水率为 25.6%，土壤坚实度为 953.1 kPa；深度为 20 cm 时，土壤含水率为 27.3%，土壤坚实度为 1 092.2 kPa；深度为 25 cm 时，土壤含水率为 28.9%，土壤坚实度为 1 277.8 kPa。

（二）试验方法

田间试验主要设备和仪器为：John Deere1354 型拖拉机、螺旋式秸秆深埋还田机、SM-2 型高精度土壤水分测量仪（澳作生态仪器有限公司）（测量范围 0.05～0.6 m^3/m^3，精度在 0～40 ℃时为 0.05 m^3/m^3）；SC900 型土壤紧实度测量仪（澳作生态仪器有限公司）（量程 0～45 cm、0～7 000 kPa，最大加载 95 kg，分辨率 2.5 cm、35 kPa，质量 1.25 kg）、皮尺、卷尺、直尺、秒表、电子秤等。试验指标为深埋率，该机具主要目的是将秸秆深埋，因此，深埋率是该机具试验主要指标。按公式 16-3 计算。

$$Y=\frac{m'_1}{m'_2}\times 100\% \tag{16-3}$$

式中，Y——深埋率（%）；

m'_1——掩埋深度大于 20 cm 的秸秆质量（kg）；

m'_2——测试区域秸秆质量（kg）。

田间试验的目的是确定不同的影响因素对秸秆深埋率的影响规律，寻找一组最佳的因素参数组合从而使秸秆深埋率最大，首先通过 Design-Expert 中的 Box-behnken 试验方法对回归方程进行检验，判断回归方程的类型，通过极差和方差分析确定试验因素对指标的影响大小并排序，最后通过对回归方程求最优解求出最佳组合。试验共进行 12 次，其中零水平组合重复 4 次，每组试验机具前进 50 m（图 16-7），验证结果如表 16-12 所示。通过对秸秆粉碎和输送装置动力学分析，确定了秸秆粉碎装置的作业幅宽 120 cm，秸秆粉碎轴的转速为 1 620 r/min，弹齿式输送装置的工作宽度为 80 cm，输送带的输送速度为1.415 m/s，Y 形甩刀刀尖线速度 40 m/s。秸秆捡拾效果良好，满足了机具作业要求。通过对螺旋开沟过程中土壤颗粒的运动和受力分析，确定了螺旋开沟器的结构尺寸参数和运动参数，螺旋式开沟器螺旋升角最大为 16°，叶片厚度为 3 cm；开沟器转速为 268 r/min，开沟深度为 30 cm，开沟宽度为 40 cm，满足秸秆深埋要求。通过 3 因素 3 水平正交试验研究，确定了影响机具工作性能因素的主次顺序为：前进速度>开沟器转速>开沟深度。工作性能最佳参数组合，机具前进速度为 3 km/h、开沟器转速为 270 r/min，开沟深度为 28 cm 时，满足了东北平原中南部的秸秆深埋还田的技术要求，为秸秆深埋还田机的优化设计和评价提供科学依据和方法。

图 16－7　机具田间验证

表 16－12　验证结果

试验号	前进速度（km/h）	开沟器转速（r/min）	开沟深度（cm）	深埋率（%）
1	4	290	30	92.3
2	4	290	26	92.14
3	4	250	30	94.28
4	4	250	26	95.6
5	2	290	30	95.6
6	2	290	26	94.2
7	2	250	30	90.1
8	2	250	26	88.5
9	3	270	28	90.4
10	3	270	28	91.5
11	3	270	28	90.13
12	3	270	28	91.2
平均值 $\overline{X}$	3	270	28	92.16
标准差 S	0.82	16.33	1.63	2.21
变异系数 CV（%）	0.27	0.06	0.06	0.02

三、气力式秸秆深埋还田机田间验证与应用

（一）田间工况

田间试验在辽宁省铁岭市蔡牛镇张庄合作社进行，为春季玉米留茬地，留茬高度平均为

18 cm，玉米播种行距 58 cm，平均株距 35 cm。秸秆覆盖量平均为 1.3 kg/m²，土壤为棕壤土，含水率均值 17.5%。5 cm 深处土壤的平均含水率为 14.5%，土壤坚实度为 1 258 kPa；10 cm 深处土层土壤平均含水率为 16%，土壤坚实度为 1 294 kPa；20 cm 深处土壤平均含水率为 19.4%，土壤坚实度为 1 344 kPa；25 cm 深土壤平均含水率为 20%，土壤坚实度为 1 495 kPa；通过实地测量，土壤的内摩擦角为 36.90°。

（二）试验方法

试验主要仪器设备为东方红 LX1000 型拖拉机（100 kW）；SM－2 型高精度土壤水分测量仪（澳作生态仪器有限公司），测量范围 0.05～0.6 m³/m³，0～40 ℃时精度为 0.05 m³/m³；SC900 型土壤紧实度测量仪（澳作生态仪器有限公司），量程 0～5 cm、0～7 000 kPa，最大加载 95 kg，分辨率 2.5 cm、35 kPa，质量 1.25 kg；皮尺、卷尺、直尺等。以秸秆覆盖量、拖拉机前进速度和开沟深度为试验因素，试验指标为秸秆深埋合格率。将作业区域内的碎秸秆清理收集后，按试验所需的秸秆量将秸秆均匀铺撒在作业区域内，每组试验重复 3 次。将作业区域分为 5 个区，每个区域内随机选取 5 个点，以该点为中心画出 180 cm×60 cm 的矩形区域采集所需的试验数据。田间验证及作业效果如图 16－8 所示，验证结果如表 16－13 所示：当秸秆覆盖量均值为 1.3 kg/m²、拖拉机前进速度 4 km/h 下，开沟深度为 268.7 mm，秸秆深埋率为 93.2%。

机具田间作业

作业效果测量

图 16－8　机具田间验证

表 16－13　验证结果

试验号	秸秆覆盖量（kg/m²）	前进速度（km/h）	开沟深度（mm）	深埋率（%）
1	1.2	4	270	94.7
2	1.4	4	269	94.5
3	1.6	3	266	93.2
4	1.2	4	270	89.3
5	1.4	3	269	92.6
6	1.4	4	269	94.2
7	1.2	3	274	94.8
8	1.2	4	271	92.2

（续）

试验号	秸秆覆盖量（kg/m^2）	前进速度（km/h）	开沟深度（mm）	深埋率（%）
9	1.6	5	266	90.9
10	1.2	5	265	93.7
11	1.2	5	270	94.3
12	1.4	4	265	94.5
平均值 $\overline{X}$	1.3	4	268.7	93.2
标准差 S	0.14	0.71	2.59	1.65
变异系数 CV（%）	0.11	0.17	0.01	0.02

四、东北玉米垄作新型免耕播种机田间验证与应用

（一）田间工况

机具田间试验在沈阳农业大学科技试验田进行，试验所用地块长 326 m，宽 67 m，玉米根茬秸秆免耕覆盖。试验田土壤类型为棕壤土。用 SC900 型数字式土壤坚实度测量仪（美国芝加哥 Spectrum 技术公司，测深范围 0～45 cm，测压范围 0～7 MPa）测量土壤坚实度，地表土壤紧实度为 121 kPa，5 cm 深处为 347 kPa，10 cm 为 482 kPa，15 cm 为 957 kPa。用 SM-2 型高精度土壤水分测量仪（澳作生态仪器有限公司，精度为 5%）测定土壤含水率，0～10 cm 土壤含水率为 12.3%，10～20 cm 为 14.8%。用角型玻璃温度计（河北华宇仪表厂，测量范围−20～50 ℃）测量土壤温度，5 cm 深土壤温度为 15.4 ℃，10 cm 深为 12.5 ℃，15 cm 深为 11.1 ℃。配套动力为东方红-30 型拖拉机。

（二）试验方法

免耕播种机播种深度和工作阻力分别由相应的传感器测得。试验前，先分别对 KTRC-100L 型直线位移传感器（台州市椒江西域电子厂）和应变式负荷传感器 QLLY 型拉压力传感器（蚌埠启力传感系统工程有限公司，量程为 0～700 kg）进行标定，得到位移与电压的关系式、拉压力与电压的关系式。试验时，直线位移传感器采集的电压信号直接传送至 NI USB-6008 型多功能数据采集卡（美国国家仪器有限公司，松下 LC-R123R4PG 型蓄电池供电）；拉压力传感器采集到的电压信号经 BSQ-2 型变送器（蚌埠传感器系统工程有限公司）传送至 NI USB-6008 型多功能数据采集卡，再传送到 LabVIEW Signal-Express 2011 软件。后期数据处理时，将电压信号由 LabVIEW Signal-Express 2011 软件导入 Excel 软件，用 Excel 软件对传感器标定式进行计算，得到播种深度和工作阻力数据。机具田间验证如图 16-9 所示。由图 16-9 整机田间试验可见，由于利用拖拉机液压系统位置调节方式控制播种深度，可以得出镇压轮压实土壤深度经实际田间测量平均为 10 mm，相对依靠自重增加下压力的免耕播种机工作效果良好。目前农业生产使用的机型依靠重量增加下压力达到开沟深度的免耕播种机，垄台被压平，失去垄作优势。免耕播种机作业后土壤压实状况如 16-9 所示，为免耕播种机作业后垄形断面图，作业时清垄器入土深度平均为 20 mm，破茬犁刀入

土深度平均为 75 mm，播种开沟器开沟深度平均为 46 mm，测深施肥开沟器入土深度平均为 76 mm。在垄上播种后由镇压轮压实土壤。镇压轮自重再加上弹簧下压力作用下经试验测得平均为 411 N，镇压轮轮胎宽度为 70 mm，经计算镇压轮对土壤的压强为 41.94 kPa，达到了辽宁省播种重镇压 39.2 kPa 的农业技术要求，且小于地表原始的土壤坚实度 121 kPa。田间验证结果如表 16-14 所示。

机具田间作业

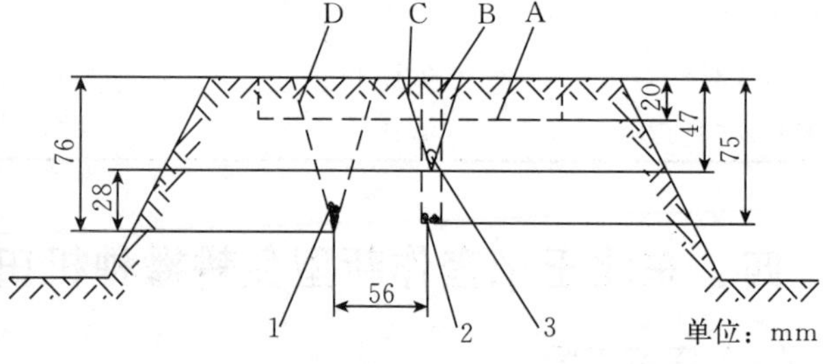

播种后垄形断面

图 16-9 整机田间试验

A. 清垄器动土范围 B. 破茬犁刀工作深度 C. 播种开沟 D. 侧深施肥开沟

1. 底肥 2. 口肥 3. 玉米种子

表 16-14 整机田间性能试验测试结果

试验序号	破茬深度（mm）	种深（mm）	粒距（mm）	每穴种粒数	肥深（mm）	种肥间距（mm）
1	78	46	280	1	75	60
2	82	49	254	1	65	50
3	74	42	271	1	80	45
4	70	47	245	2	75	50
5	77	50	264	1	85	55
6	74	44	302	1	70	60
7	75	45	275	1	70	70
8	80	47	270	1	75	50
9	75	50	266	1	80	55
10	76	43	243	1	75	65
平均值 $\overline{X}$	76.10	46.30	267	1.10	75	56
标准差 S	2.52	2.83	12.8	0.18	5.77	7.75
变异系数 CV（%）	3.30	6.11	4.80	16.40	7.70	1.40

通过对 2BQM-2 型玉米垄作免耕播种机优化设计，整机自重 4 700 N，是东北地区目前使用的免耕播种机重量的一半。作业时保持田间垄形结构，发挥垄作优势，降低了生产成本和工作能耗。当机器前进速度为 1.25 m/s 时，由表 16-14 所示，2BQM-2 免耕播种机播深 46.30 mm，标准差 2.83，变异系数 6.11%，其免耕播种机播种深度稳定。切拨防堵装

置破茬深度平均为 76.10 mm，标准差 2.52，变异系数 3.30%，说明免耕播种机当机器前进速度为 1.25 m/s 时，播种深度可以实时调节，达到了免耕播种机农业技术要求。

五、深松培垄施肥联合作业机田间验证与应用

（一）田间工况

试验在辽西褐土区北票蒙古营镇项目示范田进行，试验地块平均垄距为 45～50 cm，垄高为 7 cm，垄台宽 27 cm，沟底宽 16 cm，平均株距为 30 cm，玉米苗平均高度为 500 mm，如图 16－10 所示。土壤平均含水率为 12.5%，土壤深度 15 cm 坚实度平均为 1 970 kPa。

机具田间作业

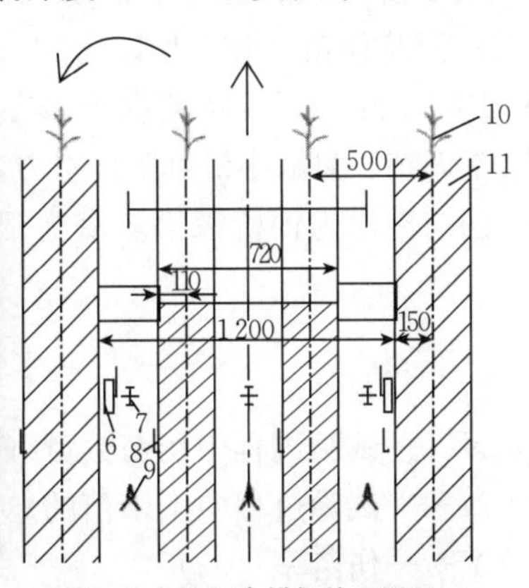

深松培垄施肥中耕部件配置图

图 16－10　田间验证

1. 变送器　2. 蓄电池　3. 拉压力传感器　4. 数据采集卡　5. 笔记本电脑
6. 限深轮　7. 圆盘刀　8. 施肥开沟器　9. 深松培垄装置　10. 苗行　11. 保护带（理论要求 15 cm，最小不要少于 10 cm）

（二）试验方法

东方红 SG404 型号拖拉机，深松培垄施肥中耕机，直尺、卷尺、SM－2 型高精度土壤水分测量仪、SC900 型土壤紧实度测量仪和 QLLY 型拉压力传感器。SM－2 型高精度土壤水分测量仪（澳作生态仪器有限公司），测量范围 0.05～0.6 m^3/m^3，精度在 0～40 ℃时为±0.05 m^3/m^3；SC900 型土壤紧实度测量仪（澳作生态仪器有限公司），量程 0～45 cm、0～7 000 kPa，最大加载 95 kg，分辨率 2.5 cm、35 kPa，质量 1.25 kg；QLLY 型拉压力传感器（蚌埠启力传感系统工程有限公司），用于测试作业时上下拉杆所受力。其量程为 0～700 kg，供电电压为直流 12 V，采用柱式 S 形结构，强度好，测试精度高、稳定性好。KTRC－100L 型直线位移传感器（台州市椒江西域电子厂），用于测量土壤工作部件作业深度变化，其有效量程为 10 cm，最大容许直流电压 24 V。BSQ－2 型变送器（蚌埠传感器系统工程有限公司），把力学量转换成标准电压信号输出，直接与控制设备接口或与计算机联网，具有调零、调增益功能；National Instruments USB－6008 型数据采集卡（美国国家仪器公司），采用总线供电，USB 接口，可提供 8 个模拟输入通道、2 个模拟输出通道、12 个数字输入/输出通道以及一个带全速 USB 接口的 32 位计数器，具备基本的数据采集功

能，其应用范围较广，使用方便，可实现高移动性的便携式数据测量；松下 LC-R123R4PG 型蓄电池。

试验方案选择不同深松深度、前进速度、培土器开角作为 3 个影响因素，以伤苗率作为指标。根据辽宁省地方标准深松深度应打破犁底层至其下方 3 cm，一般在 25 cm 以上，选用了 25 cm、27 cm、29 cm 作为深松深度的 3 个因素水平，限深轮与深松铲垂直距离进行调整，保持长距离使用，其平均深度符合试验设计要求。普通中耕机具作业速度为 2～10 km/h，本试验前进速度设置为常用的深松培土机作业速度 5 km/h、6 km/h、7 km/h 3 个水平。理论分析表明，培土器开角越大，阻力越大，开沟越宽，对土壤扰动也就越大，伤苗率也就越高。本试验主要研究深松培垄部件的工作效果和所受比阻的大小，随着培土器开角加大，培土高度加大，但是伤苗率和工作阻力加大，根据实际测量可确定了培土器开角的角度分别为 60°、90°和 120° 3 个水平。中耕深松是在玉米苗高约为 50 cm 的情况下进行的，作业时要保证不伤苗、不埋苗，且减小机具工作阻力，是重要的农业生产中耕作业要求。本文田间试验研究以比阻、伤苗率作为评价深松培垄施肥联合作业机性能的评价指标。伤苗率按公式 16-4 计算。

$$Y=\frac{X}{N}\times 100\% \tag{16-4}$$

式中，X——试验过程中伤苗数量（株）；

N——试验过程中玉米苗的总数（株）；

Y——伤苗率（%）。

验证前将深松培垄施肥中耕机与东方红 SG404 拖拉机后悬挂相连。通过分析测力框架的结构以及其受力分析，可知测力装置可以将悬挂点上的力合成一个力，这个力即为机具前进时所受的工作阻力。所以在安装传感器时，只需要将传感器安装在带有悬挂的测力框架上即可。作业时，以 5 km/h 作业，前轮距为 120 cm，后轮距外口为 120 cm，后轮距内口为 72 cm，跨 2 垄作业；3×50－120＝30 cm，30÷2＝15 cm 为护苗带，而内口为 72－50＝22 cm，22÷2＝11 cm 为内口护苗带，可以耕作。如图 16-10 所示，3 垄苗安装有 4 个施肥管，机车实行三区套作业左转弯可保证不漏施肥。

通过对整机的田间性能验证（表 16-15），对伤苗率影响的主次顺序依次为深松深度、培土器开角、前进速度；最优组合为深松深度为 27 cm，起垄犁开角为 70°，前进速度为 5 km/h，伤苗率均值为 3.31%。各项作业指标达到了农艺要求。深松培垄同时作业减少了动力消耗，减少了工作阻力，为旱地合理耕层的构建配套机具提供了参考。

表 16-15 验证结果

试验号	前进速度（km/h）	深松深度（cm）	培土器开角（°）	伤苗率（%）
1	4	25	60	2.62
2	4	25	70	3.25
3	5	29	80	3.92
4	4	27	70	3.28
5	4	29	80	3.87

（续）

试验号	前进速度（km/h）	深松深度（cm）	培土器开角（°）	伤苗率（%）
6	4	29	80	3.55
7	6	27	70	3.23
8	4	25	60	2.9
9	6	29	80	3.89
10	6	27	70	3.39
11	5	25	60	2.81
12	6	27	60	2.97
平均值 $\overline{X}$	5	27	70	3.31
标准差 S	0.90	1.63	8.17	0.42
变异系数 CV（%）	0.18	0.06	0.12	0.12

第十七章

华北平原、西北高原及新疆河谷平原旱地合理耕层构建农机配套

第一节　华北平原、西北高原及新疆河谷平原构建旱地合理耕层农机需求

华北平原、西北高原以及新疆河谷平原雨养旱地由于连年采用不合理耕作模式，出现了耕层结构“浅、实、少”的情况，致使作物水肥利用率降低、抗逆减灾能力和产出能力减弱，制约了作物高产稳产和土地可持续利用。结合合理耕层构建技术指标的研究内容、各种土壤特性以及区域特点，对解决各个区域关键障碍需要的农机具进行了筛选，概述了农机具的作业流程以及作业的农艺标准要求，为解决华北平原、西北高原以及新疆河谷平原雨养旱地耕层存在的关键障碍，实现作物的稳产高产提供了参考。

一、华北平原农机需求及作业流程

（一）华北平原关键障碍农机需求

在华北平原潮土区，传统耕作机械田间作业频繁，长期以旋代耕、以耙代耕，使土壤容重增加，土壤紧实度提高，造成了土壤板结，犁底层加厚上移，形成了坚硬、封闭的犁底层，影响作物产量，制约了农业生产的可持续发展。在华北平原砂姜黑土区，砂姜黑土自身存在旱、涝、僵、瘦等障碍，加之近年来不合理的耕种措施，以及农家肥施用量急剧减少、化肥施用量迅速增加、作物秸秆焚烧不还田等原因，导致砂姜黑土有机质含量难以提升。另外，大型农业机械在耕作、播种和收获等农事操作中的大量使用，旋耕机械的广泛应用，导致耕层变浅、犁底层上移等耕层结构问题日益严重，阻碍了作物根系生长，严重影响作物产量的增加。

结合华北平原雨养旱地潮土区和砂姜黑土区构建合理耕层的关键障碍和该区域多为中小型地块以及土壤黏重的特点，采取合理的机械化耕整地技术、机械化种植技术，对构建合理的耕层，疏松土壤，改善土质结构，恢复土壤肥力，创造良好的土壤环境条件，促进作物生长，实现农业稳产增产具有重要意义。耕整地应选用圆盘犁、翻转犁进行翻地作业，选用旋耕机进行旋耕作业，选用全方位深松机和振动深松机进行深松作业；机械化播种应选用玉米精量免耕播种机进行玉米免耕播种作业，选用小麦施肥播种机进行小麦播种作业，选用小麦旋耕施肥播种机和免耕播种机进行小麦少免耕播种作业；秸秆处理选用秸秆还田机进行秸秆还田作业。

（二）华北平原农机农艺作业流程

1. 耕整地装备作业流程和农艺要求

（1）翻耕整地。对上茬作物根茬较硬，没有实行保护性耕作的地区，小麦播种前需进行耕翻整地。采用圆盘犁或者翻转犁，根据不同耕深、土壤比阻选配合适功率的拖拉机进行翻耕作业，清除土壤杂草、土壤残留病害虫卵，疏松土壤，保持透气和水分的充足，提高土壤肥力。华北平原翻耕农艺要求：耕深≥20 cm，深浅一致，无重耕或漏耕，耕深及耕宽变异

系数≤10%。犁沟平直，沟底平整，垡块翻转良好、扣实，以掩埋杂草、肥料和残茬。

(2) 旋耕整地。为获得平整的播种种床，采用卧式旋耕机具，选配合适功率的拖拉机进行旋耕整地作业，使地表平整，满足播种要求。旋耕农艺要求：旋耕深度要达到 12 cm 以上，旋耕深浅一致，耕深稳定性≥85%，耕后地表平整度≤5%，碎土率≥50%。必要时镇压，为提高播种质量奠定基础。

(3) 深松。为打破犁底层，根据华北平原潮土和砂姜黑土的特点，采用全方位深松机或振动深松机，选配合适功率拖拉机提供作业动力，进行隔年深松作业，间隔 2～3 年深松 1 次。华北平原深松农艺要求：深松整地深度≥30 cm，稳定性≥80%，土壤膨松度≥40%，深松后应及时合墒。华北平原潮土区和砂姜黑土区土壤黏重，深松机作业阻力较大，机具作业动力消耗大，对拖拉机动力要求较高，对深松作业的推广应用造成了一定的困难，因此研究一种适合华北平原合理耕层构建的振动减阻深松机具，对减小深松机具牵引阻力，提高作业质量具有重要意义。

2. 播种装备作业流程和农艺要求

(1) 玉米免耕精量播种。玉米播种一般在 5 月下旬至 6 月中旬进行，小麦收获后采用免耕播种机直接进行播种作业。采用勺轮式玉米精量免耕播种机和气吸式玉米精量免耕播种机，配备合适功率的拖拉机提供动力进行播种作业，一次作业可完成开沟、深施肥、播种、覆土、镇压等工序。华北平原玉米免耕播种农艺要求：行距 500～700 mm，播种深度 30～50 mm，施肥深度 60～100 mm，株距为 20 cm 左右，株数保证在 60 000 株/hm^2 以上。

(2) 小麦播种。玉米收获后秸秆粉碎还田，然后进行翻耕+旋耕+小麦播种或进行免耕播种。小麦播种机采用小麦复式播种机或小麦免耕播种机，选用合适功率的拖拉机配套提供动力，小麦复式播种机一次作业可完成施肥、播种、覆土、镇压等工序，小麦免耕播种机在秸秆覆盖地表条件下进行施肥播种作业，一次作业可完成开沟、施肥、播种、覆土镇压等工序，开沟能力强，种、肥上下分层同沟。华北平原小麦播种农艺要求：等行距播种，播种行距 22～26 cm，单行播幅 8 cm，播种深度 3～5 cm，播深一致，播后镇压。

3. 秸秆还田作业流程和农艺要求

农作物秸秆直接粉碎还田是增加土壤有机质、培肥地力、改善土壤结构、提高地温、增强蓄水保质能力、实现农业生产节本增效的一项重要措施。采用秸秆还田机，选配合适的拖拉机提供动力，刀轴高速旋转对地面上秸秆进行砍切作业，将上茬作物秸秆粉碎并均匀抛撒在地面。粉碎后秸秆留茬高度受秸秆还田机限位辊控制，调节限位辊的角度，可改变秸秆的留茬高度。华北平原秸秆还田农艺要求：秸秆切碎后的长度 3～5 cm，割茬高度小于 5 cm，漏切率小于 2%。

二、西北高原农机需求及作业流程

(一) 西北高原关键障碍农机需求

西北高原黄绵土区黄绵土本身具有粉沙含量高、土质疏松、抗冲蚀性极弱、极易发生侵蚀的特点，加之连年不合理的耕作制度，导致目前犁底层浅、有机质含量低、养分含量不均衡、蓄水保水能力差等问题，严重影响了作物产量增加。西北高原黑垆土区水分和养分是影响黑垆土质量的主要因素，由于长期采用传统种植制度和耕作模式，导致耕层变浅、犁底层上移、土壤结构变差，土壤蓄水、供水能力变差，土壤有机质含量降低等问题，使得作物产量稳定性降低。

结合西北高原黄绵土区和黑垆土区构建合理耕层的关键障碍和该区域地块较小、地势不平坦、地形较为复杂、作业机具通过性较差的特点，采用轻简型机具进行作业。因此推荐：耕整地机械采用小型翻转犁、旋耕机、轻简型深松机。机械化播种采用6～10行小麦施肥播种机或小麦免耕施肥播种机，玉米3～4行免耕播种机。秸秆处理选用秸秆还田机进行秸秆还田作业。

（二）西北高原农机农艺作业流程

1. 耕整地装备作业流程和农艺要求

（1）翻耕整地。采用小型翻转犁配备合适功率的拖拉机，对未耕原茬地进行深层土壤和浅层土壤的翻动作业。与普通翻地犁相比增加了一组工作部件和机架翻转机构，通过翻转可以实现双向往复作业，没有沟壑，作业效率高，该地区可采用1铧、2铧、3铧翻转犁进行翻耕作业。西北高原翻耕整地农艺要求：翻地深度20～25 cm，深浅一致，无重耕或漏耕，并将秸秆残茬全部掩埋于土中。

（2）旋耕整地。采用框架旋耕机配备合适功率的拖拉机，驱动刀辊旋转，对田间土壤进行耕整地作业。西北高原旋耕农艺要求：表土细碎、地表平整，满足播种要求。

（3）深松。采用间隔深松机配套合适功率拖拉机对土地进行深松作业，对整个土层进行有间隔的局部深松作业，在耕层中创造一种疏松土壤和免耕的紧实土壤以一定间隔和深度立体虚实并存的耕层结构，起到打破犁底层、增加土壤蓄水、减少水分蒸发的作用。西北高原深松农艺要求：深松铲间隔40～60 cm，深松深度30～35 cm，不翻动土壤，不破坏地表覆盖。西北高原地区具有地块较小、地形复杂、作业机具通过性较差的特点，深松机具在设计时要在保证深松深度的同时尽可能轻巧简捷，结合西北高原地理环境与土壤特点，开发一种适合西北高原地区合理耕层构建的轻简型深松机具，对减少作业功耗，提高深松质量具有重要意义。

2. 播种装备作业流程和农艺要求

（1）玉米免耕精量播种。根据西北高原地块、动力特点，选取3～4行勺轮式精量免耕播种机配套小四轮拖拉机进行播种作业，一次作业即可完成开沟、播种、施肥和覆土镇压等多项工序，具有播种均匀、播深一致、行距稳定、省种高效等特点。西北高原播种农艺要求：播种深度为3～5 cm，行距为50～60 cm，株距为25～30 cm，或采用行距为40 cm＋80 cm的宽窄行，种植密度52 500～75 000株/hm^2。播后田面镇压，踏实表土。

（2）小麦播种。采用小麦施肥播种机或小麦免耕播种机配合合适功率的拖拉机进行播种作业，播种前利用旋耕等方式，切碎地表残留的秸秆平整土地，也可直接采用免耕播种机直接播种，一次作业可完成开沟、施肥、播种、镇压、覆土等多项工序，且播种深浅可调，播量大小可调。西北高原播种农艺要求：播种量为112.5 kg/hm^2，行距为20 cm，施肥深度10～15 cm，播种深度3～5 cm，播深均匀一致。

3. 秸秆还田机作业流程和农艺要求

作物收获后，采用横卧式秸秆粉碎还田机配套合适功率的拖拉机对上茬作物秸秆进行粉碎还田作业，将作物均匀抛撒在地表。西北高原秸秆还田农艺要求：秸秆长度小于 5 cm，均匀抛撒在地表。

三、新疆河谷平原农机需求及作业流程

（一）新疆河谷平原关键障碍农机需求

新疆河谷平原黑钙土区由于自然因素和长期采用不合理的耕作模式，导致犁底层上移，耕层变浅，耕层结构变差，土壤的蓄水供水能力降低，土壤养分表聚，作物根系不深扎，易出现小麦倒伏现象，降低了作物产量。新疆河谷平原栗钙土有机质含量和有效养分含量偏低，土壤沙粒偏多，土层薄，漏水漏肥，加之长期重用轻养，采用浅耕或旋耕等耕作技术措施，耕作方式不合理，导致孔隙度下降，土壤耕层变浅，犁底层上移、加厚，土壤保水、保肥能力下降，使耕层土壤三相比长期处于不合理结构比例状态，影响降水渗入土壤深层、阻止作物根系下扎，造成作物产量稳定性下降。

结合新疆河谷平原黑钙土区和栗钙土区构建合理耕层的关键障碍和该区域地块面积较大且地势平坦的特点，该地区农机具多采用大型高效联合作业机具进行作业。因此，耕整地应采用大型深翻犁、联合整地机、大型深松机具；播种应采用大型小麦施肥播种机、小麦免耕施肥播种、油菜施肥播种机以及油菜免耕施肥播种机；中耕采用弹齿式中耕机。

（二）新疆河谷平原农机农艺作业流程

1. 耕整地装备作业流程和农艺要求

（1）翻耕整地。采用悬挂式翻转犁、半悬挂式翻转犁配套大功率拖拉机进行深翻作业，作业一般春季进行，隔年耕翻 1 次，深松与耕翻可交错进行。新疆河谷平原翻耕农艺要求：翻耕深度≥27 cm，表土层土壤大孔隙比例达到 35％～50％。

（2）联合整地。在翻耕作业后的地表或未进行翻耕作业的地表采用联合整地机械配套大功率拖拉机进行联合整地作业，一次作业可完成灭茬碎土、耕层浅松、底层深松、整平合墒、镇压碎土等多项工序，使耕地达到待播状态，防止地表形成前茬作物秸秆、根茎等堆积，影响小麦播种质量。西北高原联合整地农艺要求：联合整地≥13 cm，土块直径≤5 cm，表土层土壤大孔隙比例达到 35％～50％，地平土碎、耕层无土垡架空。

（3）深松。采用大型全方位深松机配套大功率拖拉机在秋季农作物收获后进行深松作业，间隔 2～3 年深松 1 次。新疆河谷平原深松农艺要求：黑钙土区深松深度 25～35 cm，30 cm 为宜；栗钙土区深松深度 35 cm，深松铲间距 50 cm，深浅一致，不使生土上浮，不产生大块和明显沟痕，作业深度误差不超过±2 cm。现有深松机械功能比较单一，作业效率较低，且作业阻力较大，难以满足新疆河谷平原作业要求，需研发一种适合新疆河谷平原雨养旱地耕层构建的高效联合深松机具，使松耙、松旋相互耦合，以提高深松作业质量，实现高效作业。

2. 播种装备农机作业流程和农艺要求

（1）小麦播种。采用小麦施肥播种机或者小麦免耕播种机配套大功率拖拉机，在耕整过的地表或未耕整地面按照农艺要求进行播种作业，一次作业可完成开沟、施肥、播种、镇压、覆土等多项作业，实现高效、高质量播种作业，其中播种深浅可调，播量大小可调。新疆河谷平原播种农艺要求：黑钙土区要求行距 10～15 cm，播幅 5～7 cm，播深 3～4 cm；栗钙土区要求播量 300～375 kg/hm^2，行距 15 cm，播深 4～5 cm。

（2）油菜播种。采用大型油菜施肥播种机或者油菜免耕播种机配套大功率拖拉机，在耕整过的地表或未耕整地面根据农艺要求的种植密度，以一定播种量将油菜种子均匀地播在种床适宜位置，一次性开沟、施肥、播种、镇压、覆土开畦沟等多项作业，实现高效、高质量播种作业。新疆河谷平原播种农艺要求：芥菜型或甘蓝型油菜播量 7 500.0 g/hm^2 左右。白菜型油菜播量 1.50×10^4～2.25×10^4 g/hm^2，播种深度 2.5 cm 左右。

3. 中耕机械农机作业流程和农艺要求

为预防春季干旱，保住土壤墒情，及时消灭越冬杂草，苗期要对麦田进行中耕除草松土作业，结合区域特点采用中耕除草作业机配套合适动力拖拉机进行中耕作业，一次作业可完成松土、除草、镇压等工序，具有作业效率高、作业效果好、不发生漏耕的优点。新疆河谷平原中耕农艺要求：苗期中耕 2～3 次，中耕深度以松土而不损伤根系为原则。

第二节　华北平原、西北高原及新疆河谷平原构建旱地合理耕层关键机具研制

目前我国华北和西北地区雨养旱地深松作业评价指标尚不完善、缺乏与土壤类型相适应的深松机具。根据华北和西北雨养旱地合理耕层构建的技术需求，结合土壤特性和区域特点，对关键深松部件进行研究，研制适于华北平原雨养旱地耕层构建的振动减阻型深松机具，重点分析减阻技术和振动机构（结构形式、结构参数和工作参数），旨在减小深松机具的牵引阻力、提高深松质量；研制适于西北高原雨养旱地耕层构建的轻简型深松机具，重点研究与西北高原地理环境相适应的轻简机具，满足深松要求、提高深松质量；研制适于新疆河谷平原雨养旱地耕层构建的高效联合作业整地机具，重点研究松耙、松旋相互耦合的优化结构，提高深松质量、实现高效作业。

一、适宜华北平原的振动减阻型深松机具研制

针对华北地区潮土、砂姜黑土黏性大，耕作时土壤阻力大，配套动力要求高的特点。提出了振动深松的设计方案，研制了一种振动减阻型深松机具。振动减阻型深松机具的设计要求及其原则：①机具性能与指标应符合国家颁布的相关标准；②机具结构布局应合理且工作性能可靠；③机具耕作深度与行间距可调，满足不同农艺要求；④机具应具有较好的减阻效果，降低配套动力需求；⑤机具作业后，利用镇压装置将土块打碎并压实土壤，保水保墒。

（一）自激式振动减阻型深松机具整体结构

根据上述机具设计准则，确定了振动减阻型深松机具的整体结构。机具主要由三点悬挂装置、限深轮总成、机架、振动深松单体、镇压轮总成5部分组成，如图17－1、图17－2所示。深松机通过三点悬挂装置与拖拉机连接；限深轮总成通过U形螺栓固定在机架两侧，实现深松机耕作深度的实时调节；振动深松单体作为深松机的核心部件，采用前二后三

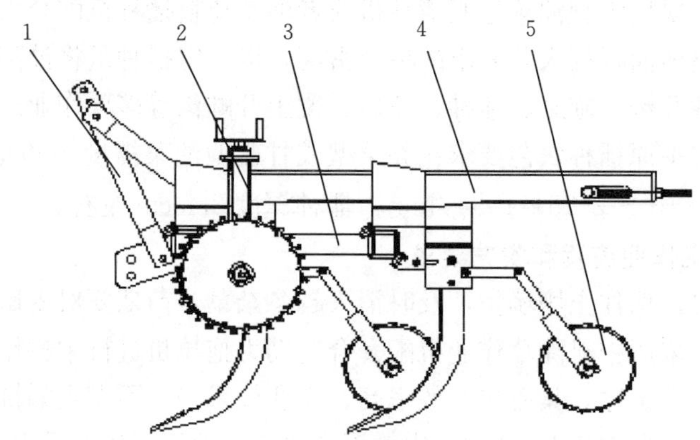

图17－1　振动减阻型深松机具侧视图

1. 三点悬挂装置　2. 限深轮总成　3. 机架　4. 振动深松单体　5. 镇压轮总成

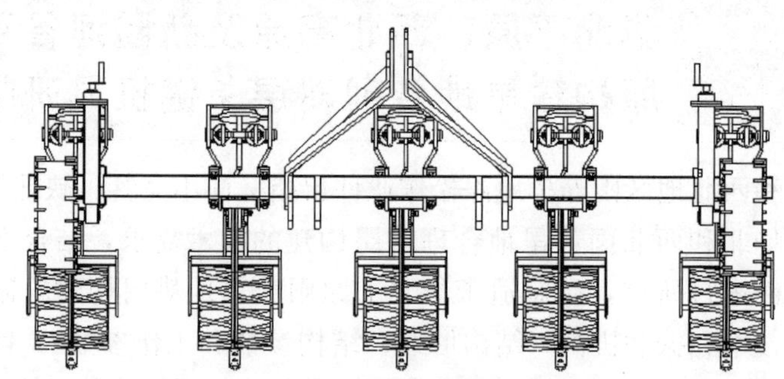

图17－2　振动减阻型深松机具主视图

的布置方式，通过U形螺栓固定在机架上，通过调节螺栓在机架上的位置可以改变深松铲之间的距离，使深松行距符合当地的耕作需求；镇压轮总成通过销轴与振动深松单体铰接，安装在深松铲后方。

振动深松单体作为机器的核心部件，是实现深松机自激振动的关键，弹簧作为自激振动的激振源，连接在深松铲与机架之间。当耕作阻力发生变化时，深松铲由于弹簧的作用上下摆动，起到减阻效果。此外，在深松机工作过程中，增设弹簧的预紧力机构，可使深松机适应不同地区的土壤特性，增强深松机的适用性。如图17－3所示，振动深松单体主要由座体连接板、橡胶垫、钩子连接板、弹簧、铲柄固定板、铲尖、深松铲、销轴套、羊角钩子、镇压轮连接板、调节销轴、调节丝杠等部件组成。弹簧通过钩子一端与羊角钩子挂接，另一端与调节销轴挂接，调节销轴作为主要的受力原件，在设计时对其结构参数进行确定，对其强

度进行校核计算；橡胶垫对深松铲有限位作用，保证深松铲的入土深度不受土壤物理特性的影响，在耕作中当土壤阻力大于弹簧预紧力时，拉伸弹簧，在弹簧复位的过程中，橡胶垫有缓冲的作用，减小对座体连接板的冲击力，同时也保证了深松机的耕作深度前后一致。预紧力调节装置可实现弹簧预紧力的调节，适应不同土壤条件下的作业，在机组工作时，预紧力调节装置首先将弹簧预紧力调整到预定值，耕作单体随拖拉机牵引前行，深松铲尖入土作业，机具耕作中由于耕深变化、土壤力学性质不均匀、土壤有杂物等原因使土壤对深松机构的作用力不断发生变化，当深松机的耕作阻力大于弹簧预紧力时，弹簧受到拉伸，铲柄绕着销轴套摆动，此时铲尖会有一定程度的抬升，机具耕作阻力减小，弹簧恢复初始状态，如此弹簧形成了拉伸-恢复的连续循环，保证机器作业的可靠性。此外深松铲和铲尖作为深松作业的主要触土部件，其结构和参数对减阻具有重要影响，是实现振动减阻的关键部件。

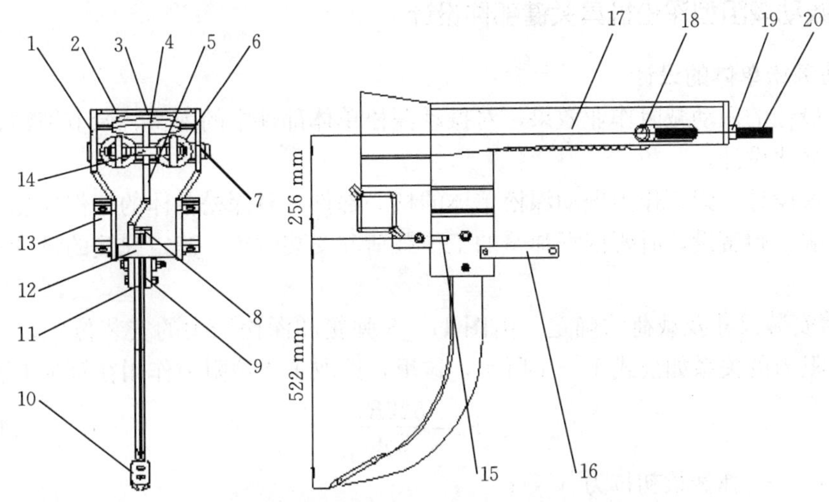

图 17-3　振动深松单体主视图与侧视图

1. 第一座体　2. 座体连接板　3. 橡胶垫　4. 连接盘　5. 钩子连接板　6. 弹簧　7. 第二座体　8. 连接板　9. 铲柄固定板　10. 铲尖　11. 深松铲　12. 销轴套　13. 固定座　14. 羊角钩子　15. 连接板　16. 镇压轮连接板　17. 弹簧罩　18. 调节销轴　19. 调节螺母　20. 调节丝杠

振动减阻型深松机具的主要关键参数见表 17-1。

表 17-1　振动减阻型深松机具的主要技术参数

项目	单位	参数值
配套动力	kW	66～88.2
整机外形尺寸（长×宽×高）	mm	2 800×1 591×886
整机结构重量	kg	500
耕作行数		3～5
耕作行间距	mm	600
耕作深度	mm	200～400
生产率	hm^2/h	0.9

（二）振动减阻型深松机具工作原理

机具开始工作时，拖拉机通过后悬挂装置挂接并提供动力带动深松机进行作业，深松铲逐渐入土，耕深逐渐增加。由于地轮的限深作用，深松机达到预定深度后，耕深不再增加。耕作中由于土壤力学性质的不均匀性，作用在深松铲上的力不断发生变化。当作用力与弹簧预紧力相同时，系统处于平衡状态；当作用力大于弹簧预紧力时，打破系统的平衡状态，深松铲绕着铰接点摆动，使深松铲向上抬起；当土壤阻力小于弹簧预紧力时，深松铲在弹簧的拉动作用下恢复到平衡位置。同时，深松铲在弹簧遇到较大障碍物时迅速抬起，可以有效地保护深松铲柄，增加铲柄的使用寿命。镇压装置跟在深松铲后方，对表层土壤进行压实，蓄水保墒。

（三）振动减阻型深松机具关键部件设计

1. 振动深松单体的设计

为实现最佳的振动减阻作业效果，对振动深松单体部件中的弹簧、调节销轴、深松铲及铲尖进行了优化设计。

（1）弹簧设计。弹簧作为振动深松单体的核心部件，对深松单体的工作性能和减阻效果具有重要影响。弹簧设计时要依据弹簧的工作载荷和安装位置，确定弹簧的设计参数和安装尺寸。

① 弹簧安装尺寸及载荷的确定。由图 17－3 弹簧和深松铲尖的安装位置，可以得到弹簧力与耕作阻力的关系如公式 17－1 所示，这里，选取了土壤阻力作用在铲尖上。

$$F_0=\frac{522R_0}{256} \tag{17-1}$$

式中，F_0——弹簧最初拉力（N）；

R_0——土壤阻力（N）。

土壤对机具的阻力与土壤的类型有很大关系，不同的土壤类型对机组的耕作阻力有很大的差异，初选土壤阻力的取值范围为 3～5 kN。根据公式（17－1）可以得到弹簧的初始拉力 F_0＝6 118 N，最大工作载荷为 F_{max}＝10 196 N。

② 弹簧选取。根据弹簧的载荷与 GB 1222 和 GB/T 1239.6 的要求，选定弹簧材料为热轧弹簧钢 65 Mn，其抗拉强度和许用切应力分别为 σ_b＝980 MPa、$[\tau]$＝380 MPa，切变模量 $G=79\times10^3$ MPa，根据机械设计手册进行弹簧参数的确定。

预选旋绕比：根据 GB/T 1239.6，一般取 $C=\frac{D}{d}\approx4\sim8$，由此得出曲度系数 K，见公式 17－2。

$$K=\frac{4C-1}{4C-4}+\frac{0.615}{C} \tag{17-2}$$

式中，K——圆截面弹簧丝曲度系数；

C——弹簧旋绕比。

这里预选旋绕比 4.1，根据公式 17－2 得到弹簧曲度系数 K 为 1.39。

按公式 17－3 计算弹簧丝直径。

$$d=1.6\sqrt{\frac{KCF_{max}}{[\tau]}} \tag{17-3}$$

式中，d——弹簧丝直径（mm）；

F_{max}——弹簧最大工作载荷（N）。

根据公式 17-3 计算得到，弹簧丝直径 $d=20$ mm。

按公式 17-4 确定弹簧刚度：

$$k=\frac{F_{max}-F_0}{\lambda_{max}} \tag{17-4}$$

式中，k——弹簧刚度（N/mm）；

F_{max}——弹簧最大工作载荷（N）；

λ_{max}——弹簧工作最大拉伸位移（mm）。

根据公式 17-4 计算得到，弹簧的刚度 $k=81.56$ N/mm。

按公式 17-5 计算弹簧的有效圈数：

$$n=\frac{Gd}{8C^3k} \tag{17-5}$$

式中，n——弹簧的有效圈数；

G——弹簧的切变模量，值为 79×10^3 MPa。

根据公式 17-5 计算得到，弹簧的有效圈数 $n=35$ 圈。

根据以上结果，求出弹簧外径、内径和自由长度等参数，不符合安装要求，重新选择旋绕比，重新进行计算。

通过上述计算可以得到弹簧的基本尺寸，用 Solidworks 完成弹簧的三维建模，得到弹簧的三维模型如图 17-4 所示，弹簧的一端与羊角钩子挂接，另一端与预紧力调节销轴挂接，保证弹簧在不断拉伸与恢复过程不产生滑动。

图 17-4　拉伸弹簧三维图

（2）预紧力调节装置的设计。在深松机工作过程中，通过调节弹簧预紧力，可使深松机适应不同地区的土壤特性，增强深松机的适用性。如图 17-5、图 17-6 所示，弹簧预紧力调节装置由调节丝杠、调节螺母、调节板、调节销轴和弹簧罩组成。弹簧罩两侧加工有长孔，调节销轴通过长孔与弹簧罩配合，调节板与弹簧罩焊接，调节板开有圆孔，调节丝杠穿过圆孔通过钩子与调节销轴挂接，调节螺母与调节丝杠通过螺纹配合，其一端与调节板接触。在深松机开始工作时，通过特制手柄转动调节螺母使调节丝杠在水平方向移动，带动调节销轴在弹簧罩的长孔中移动，拉伸弹簧实现弹簧预紧力的调节。调节板上焊接有两根矩形辊，增强了调节板的强度，保证了作业的可靠性，弹簧罩还可以起到保护弹簧的作用，这种调节方式简单方便，能够快速改变弹簧预紧力使之符合作业需求，提高机具的作业效率。其中调节销轴是主要受力零件，要对销轴的直径进行确定，并对其强度进行校核，以保证机具作业的可靠性。

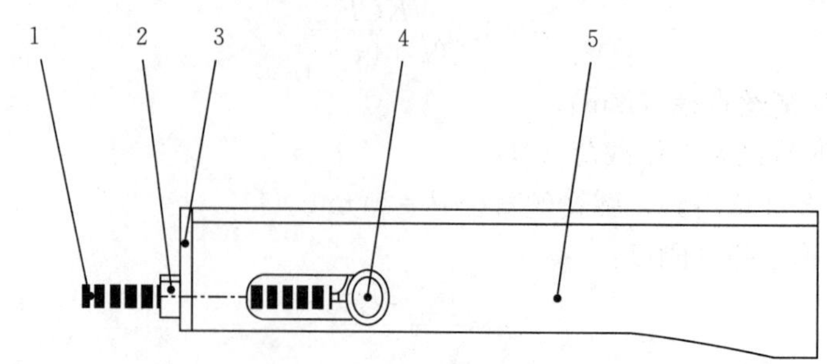

图 17-5　预紧力调节装置示意图

1. 调节丝杠　2. 调节螺母　3. 调节板　4. 调节销轴　5. 弹簧罩

图 17-6　预紧力调节装置三维图

① 调节销轴直径的确定。调节销轴作为调节装置的关键部件，其强度决定着机具的工作性能和预紧力的调节范围。销轴选用材料为 45 号钢，其许用切应力 $[\sigma]=100$ MPa。

工作时销轴的受力如图 17-7 所示，其中 F 为弹簧对销轴的拉力，等于弹簧的预紧力；F_t 为丝杠对销轴的拉力，与弹簧的拉力大小相同，方向相反。

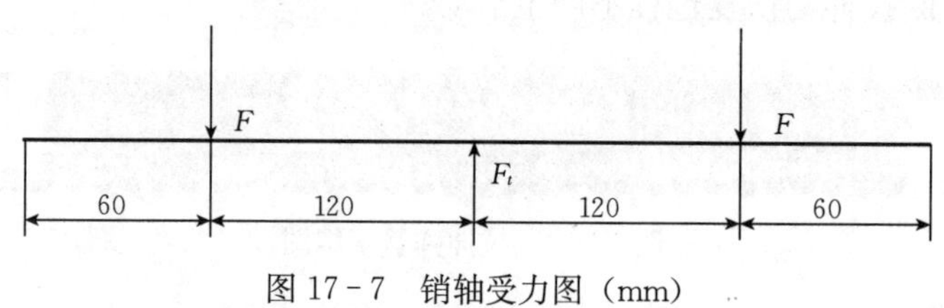

图 17-7　销轴受力图（mm）

根据图 17-7 所示的销轴受力图可得图 17-8 所示的弯矩图。

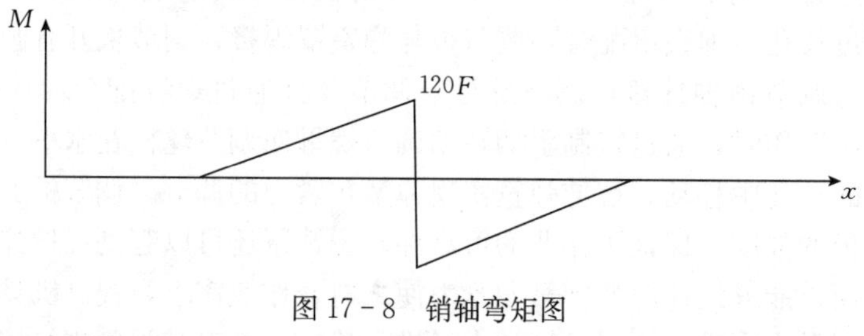

图 17-8　销轴弯矩图

在销轴工作过程中，为了保证销轴具有足够的强度，其直径 d 应满足公式 17-6：

$$d \geqslant \sqrt[3]{\frac{32M_{max}}{\pi [\sigma]}} \qquad (17-6)$$

式中，M_{max}——弹簧的最大弯矩（N·mm）；

$[\sigma]$——销轴许用切应力，值为 100 MPa。

通过计算得到销轴的最小直径 d=50 mm，这里选取销轴直径为 52 mm。

② 调节销轴强度的校核。调节销轴材料选取 45 号钢，其力学性能如表 17-2 所示，在工作时调节销轴主要受剪切力的作用，零件的失效评定指标定为剪切强度，其值 $[\tau]$=148 MPa。对调节销轴进行约束，限制其水平方向的移动。首先将调节销轴分为若干段，根据销轴的受力情况，将销轴受到的最大载荷布置在作用点上，最大载荷值即弹簧的最大载荷（F=10 196 N）。

表 17-2　45 号钢材料的力学性能

材料	屈服强度（MPa）	抗拉强度（MPa）	弹性模量（GPa）	密度（kg/m^3）	泊松比
45 号钢	355	600	209	7.9	0.269

通过 Solidworks 软件的仿真模块 Simulation 对调节销轴的强度进行校核。建立的调节销轴模型，将设计的模型导入 Simulation 进行仿真分析。得到调节销轴应力云图、位移云图和应变云图。

从图中可以看出，调节销轴应力最大的区域为调节螺杆挂接处，其值为 72 MPa，小于材料许用剪切应力 148 MPa，调节销轴强度符合要求；由调节销轴位移图可知，在弹簧的最大工作载荷下，最大位移处为销轴的两端，最大位移量为 4.5 mm；应变云图反映出，调节销轴的最大应力处与最大应变的位置一样，符合物理特性。

(3) 深松铲的设计。深松铲作为深松机的主要工作部件，其结构对牵引力大小、作业深度与耕作质量都有影响。在切削土壤时振动深松机与非振动深松机有着本质的区别，振动深松机属于二维切削，既有水平方向的切削，也有垂直方向的切削；而非振动深松机只有水平方向的切削，属于一维切削。二维切削相比于一维切削，在受力时具有较大的优越性。深松铲在作业时可以分为切削和提升两个阶段，无论是切削还是提升阶段，其水平分力都远远小于非振动切削的水平分力，从而可以减小机具在耕作时的牵引阻力。深松铲由铲柄和铲尖两部分组成，铲柄和铲尖设计参数的合理选择能够降低深松机的耕作阻力、能耗和机具的变形程度。

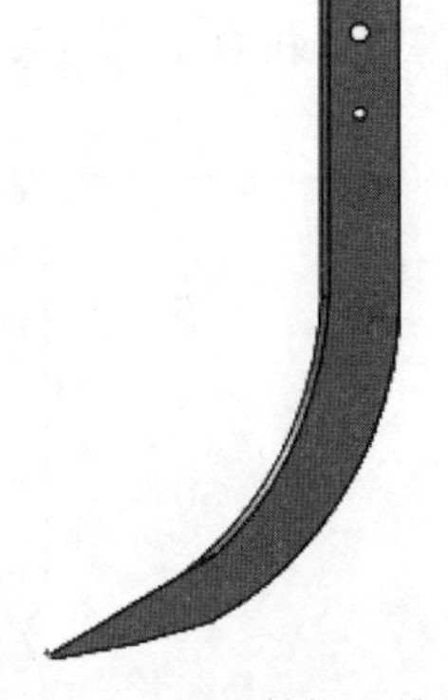

图 17-9　深松铲柄三维图

① 铲柄的设计。铲柄根据形状可分为弧形铲柄、立式铲柄和倾斜式铲柄。弧形铲柄对土壤有一定的抬升作用，受力更加合理，并且在深松机作业时能够很大程度上减少挂草现象。根据深松机的耕作深度要求，设计的深松铲柄如图 17-9 所示，铲柄的结构参数如表 17-3。

深松铲柄的部分设计参数如表 17-3 所示。

② 铲柄强度校核。在机具工作过程中，作用在深松铲柄上的力主要来自于土壤，土壤作用在铲柄上的力错综复杂，因此为了优化深松铲柄的参数，对其进行强度分析显得至关重要。设计时深松铲柄材料选取 45 号钢。零件的失效评定指标定为屈服强度，取静载安全系数 $n=1.2$，许用应力 $[\sigma]=296$ MPa。

表 17-3 铲柄结构设计参数

项目	单位	参数
铲柄材料		65Mn
铲柄总长	mm	720
最大入土深度	mm	400
铲柄厚度	mm	25
铲柄宽度	mm	60
上螺纹孔直径	mm	18
安全螺纹孔直径	mm	14
固定螺纹孔直径	mm	10
下端倾角	°	17

对铲柄限制自由度，对其施加约束，对铲柄上的两个螺栓孔进行固定约束，使之符合实际中的安装与工作状况。对铲柄施加载荷，铲柄的受力情况可参考图 17-10，其中铲柄的受力可以分为 AB 和 BC 两段，在机具作业过程中 AB 段等同于单面楔的工作状态，BC 段等同于双面楔的工作状态，因此，对深松铲柄的 AB 段和 BC 段均施加载荷。根据田间试验数据得出，机具工作过程中受到的最大阻力为 9.21 kN，耕作深度为 35 cm。

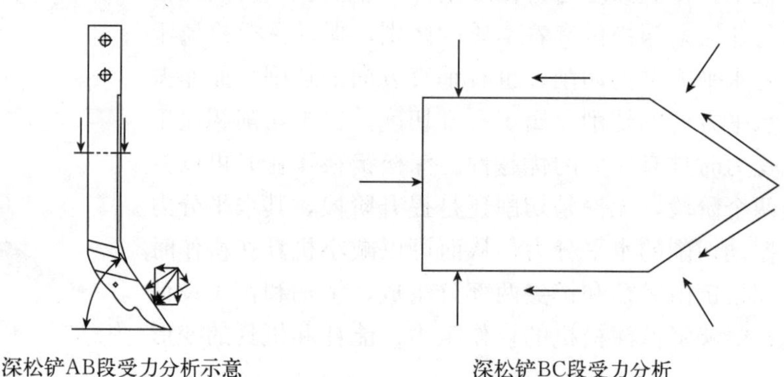

图 17-10 深松铲受力分析示意

通过 Solidworks 建立深松铲柄模型，将设计的模型导入 Solidworks Simulation 进行仿真分析。得出铲柄应力云图、位移云图和应变云图。可以得出，深松铲柄应力最大的区域为固定铲柄的螺栓孔，其值为 230 MPa，小于材料许用应力 296 MPa，铲柄强度符合要求；由铲柄位移图可知，铲柄的最大位移处为铲尖位置，与真实情况相符，最大位移量为 1.06 mm，不会对机具整体产生显著的影响；应变云图反映出，深松铲柄的最大应力与最大应变的位置一样，符合物理特性。

③ 深松铲尖的设计。常见的深松铲尖有凿型铲、鸭掌铲和双翼铲 3 种。凿型铲宽度较窄，和铲柱宽度相近，形状有平面形和圆脊形 2 种。平面形结构简单，工作阻力小，强度高，制作方便，磨损后易更换，既适用于行间深松，又适用于全面深松；圆脊形深松铲尖碎土性能较好，且有一定的翻土作用。鸭掌铲和双翼铲铲头较大，用于分层深松时松表层土壤或行间深松；深松铲尖入土角度对深松阻力有较大的影响，当铲尖入土角度较大时，将会增加机具的耕作阻力，一般铲尖入土角度在20°左右时，深松机的耕作阻力较小。根据相关标准，设计了如图 17－11 所示的深松铲尖。

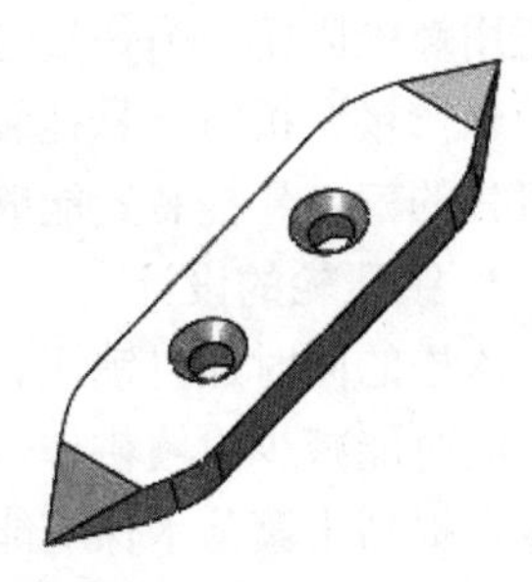
图 17－11　深松铲尖三维图

深松铲尖的部分设计参数如表 17－4 所示。

表 17－4　铲尖结构设计参数

项目	单位	参数
材料		65Mn
铲尖总长	mm	170
铲尖宽度	mm	40
铲尖厚度	mm	10
螺纹孔中心距	mm	40
固定螺纹孔直径	mm	10
铲尖入土角度	°	17

2. 三点悬挂装置的设计

机具与拖拉机的挂接方式主要有悬挂式、牵引式和半悬挂式 3 种，针对华北平原雨养旱地地块面积多为中小型的实际情况，采用悬挂式连接方式。设计的悬挂装置如图 17－12 所

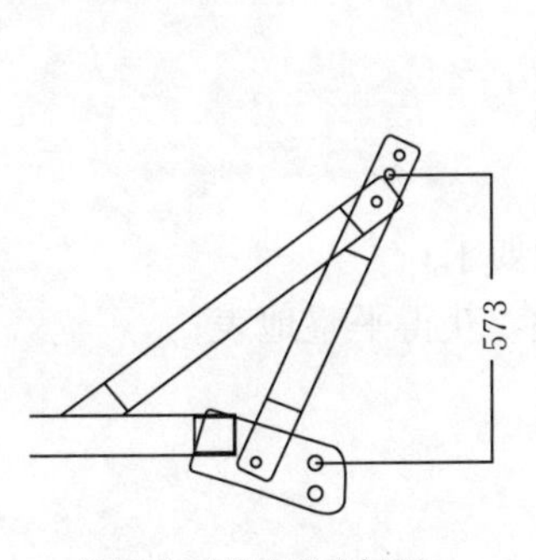

机组上下悬挂垂直间距

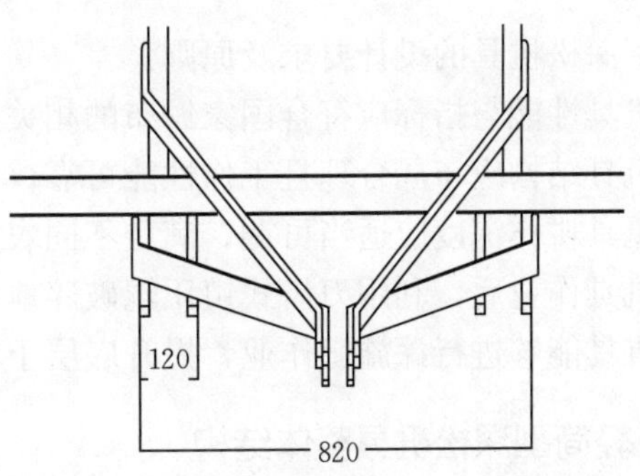

机组下悬挂装置水平间距

图 17－12　三点悬挂装置示意（mm）

示，悬挂装置由下悬挂装置固定座、上拉杆和斜拉杆组成。下悬挂装置固定座与机架焊接，相邻两固定座之间的距离为 80 mm，与拖拉机的下悬挂装置用销轴铰接；上拉杆的一端与固定座用螺栓固定，另一端与斜拉杆连接，上拉杆之间的距离为 40 mm，与拖拉机的上悬挂点用销轴铰接，机组下悬挂装置的水平距离为 700 mm，上下悬挂装置的垂直距离为 573 mm，此机具的三点悬挂装置能够保证深松机与不同的拖拉机的配套使用。

3. 镇压轮的设计

深松的同时加以镇压，可对深松后土壤进行一定程度的粉碎，增加耕作后地表的平整度；同时能减少土壤耕作过后土壤水分蒸发流失，降低土壤大孔隙率，从而增加土壤毛细管效应，提高土壤蓄水保墒能力。

目前，根据形状的不同镇压轮可分为圆柱形镇压轮、凹面镇压轮、凸面镇压轮、圆锥复合镇压轮、胶圈镇压轮等几种；根据镇压幅宽又分为整幅镇压和单幅镇压。整幅镇压时由一个镇压轮完成镇压工作，镇压轮横向长度等于机具作业幅宽；单幅镇压时由多个镇压轮完成镇压工作，每个镇压轮完成单行镇压工作。单幅镇压的方式使机具结构更加紧凑，对不平整的深松地表有较好的适应性，镇压范围覆盖深松铲对土壤的扰动范围，而不会对没有土壤扰动的行间进行重复压实，具有较好的工作性能。

设计的镇压轮为圆柱形单幅镇压轮，镇压轮直径为 300 mm，如图 17－13 所示。为了增大镇压轮的碎土能力，镇压轮圆周倾斜均布 8 根直径 10 mm 圆钢，具有不粘土、不堆土、摩擦力矩大、转动灵活的优点。

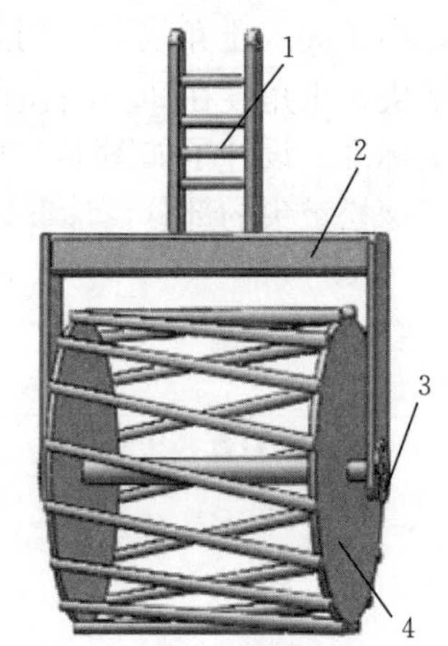

图 17－13　镇压装置三维图
1. 挂钩　2. 连接架
3. 轴承盖　4. 镇压轮组合

二、适宜西北高原的轻简型深松机具研制

西北高原地区黄绵土、黑垆土耕层土壤多呈粒状和碎块状，质地疏松，另外该地区地块较小，地势起伏较大，不宜采用大型耕整地机具作业，因此，研制了一种适宜本地区的轻简型深松机具。

轻简型深松机具的设计要求及原则：

（1）机具性能与指标应符合国家颁布的相关标准；

（2）机具结构应布局合理且工作性能可靠；

（3）机具耕作深度应适当可调，满足不同农艺作业要求；

（4）机具作业后，利用刀齿式镇压辊破碎地表土块，获得平整地表；

（5）机具能够进行深施肥作业，提升底层土壤肥力。

（一）轻简型深松机具整体结构

根据西北高原黄绵土和黑垆土的土壤特点和西北高原区域特点，确定了轻简型深松机具的整体结构，如图 17－14 所示，主要由机架、深松部件、施肥部件等组成。机具通过三点

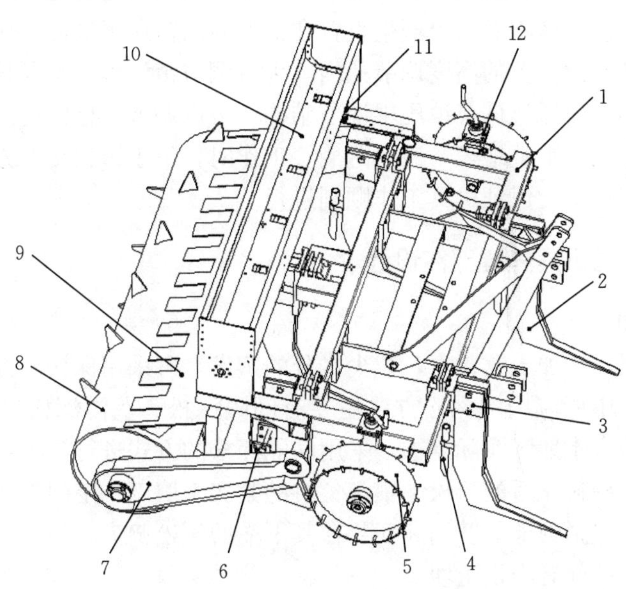

图 17-14　轻简型深松机具结构

1. 机架　2. 深松铲　3. 深松铲固定架　4. 施肥管　5. 地轮　6. 镇压辊调节结构　7. 镇压辊连接板　8. 镇压辊　9. 刮泥板　10. 肥箱　11. 弹性结构　12. 连接架

悬挂的方式和拖拉机相连，深松铲以前 2 后 3 的方式通过深松铲固定架挂接在机架下方，有效耕作行间距为 50 mm。肥箱通过装有弹簧的弹性结构固定在机架后部，可以保证肥箱内有一定流动性、不堵塞。输肥管固定在深松铲后部，且下部开有朝后方向的开孔，孔端面与竖直方向成 45°，避免工作时土壤堵塞。地轮位于机架的两侧，实现耕深调节；镇压辊位于机具的后端，通过连接板与机架相连，通过链轮传动控制排肥。镇压辊调节机构焊接在镇压辊连接板和支架之间，中间通过柱销调节高度。刮泥板位于镇压辊上部 10 mm，通过两端焊接与两侧镇压辊支架连接板固定。

轻简型深松机主要技术参数如表 17-5 所示。

表 17-5　轻简型深松机具的主要技术参数

项目	单位	参数值
配套动力	kW	≥85
耕作行数		5
耕作行间距	mm	500
作业幅宽	mm	2 500
深松深度	mm	200～400

（二）轻简型深松机具工作原理

工作时，拖拉机通过三点悬挂机构带动机具，在前进的过程中，深松铲逐渐入土，同时，镇压辊通过链条带动肥箱施肥装置转动，位于肥箱的肥料经送肥管通过置于深松铲后面的深松施肥管施肥，深松施肥后的土壤被设置在机架后的镇压辊破碎、压实。通过镇压辊调节结构，将柱销插到不同位置的高度调节孔内，可以调节镇压辊的不同悬挂高度，因镇压辊也对机架有限深作用，故通过调节镇压辊调节结构，可以调节深松深度。此外，镇压辊对深松带进行适度压实作用，平整地表，避免跑墒。工作时，位于镇压辊上方的刮泥板可以有效去除镇压辊上粘连的土壤，保证机具工作顺利进行。

（三）轻简型深松机具关键部件设计

1. 深松铲的设计

为了打破犁底层，增加土壤蓄水，减少水分的蒸发，可采用深松的方式适时对土地进行作业。当前，在生产中所应用的深松方法主要有间隔深松、垄沟深松、浅翻深松、振动深松、全面深松等。结合本地区实际需求，采用间隔深松的方式进行深松作业。间隔深松其实质是通过耕作创造一种耕作后的疏松土壤与免耕的紧实土壤以一定间隔和深度立体并存的耕层结构，其工作部件包括上部的铲柄和安装在其下端的深松铲尖，相邻工作部件按一定间隔横向配置，作业后两铲间有未松土埂。

深松铲柄的部分设计参数如表 17 - 6 所示。

表 17 - 6　铲柄结构设计参数

项目	单位	参数
铲柄材料		65Mn
铲柄总长	mm	700
最大入土深度	mm	400
铲柄厚度	mm	25
铲柄宽度	mm	100
上螺纹孔直径	mm	18
安全螺纹孔直径	mm	14
固定螺纹孔直径	mm	10
下端倾角	°	17

深松作业机具深松铲的铲尖按结构不同可分为鸭掌型、凿型、箭型、双翼型及锥型等，其中，凿型铲、箭型铲应用最为广泛。依据本地区的地块特点和设计要求，结合凿型铲作业阻力小、箭型铲方便入土的特点，设计了如图 17 - 15 所示的深松铲尖。设计的深松铲后端部分与凿型铲结构相似，工作面为长窄行，前端与箭型铲结构相似，设有倾斜尖端，减少入土阻力。

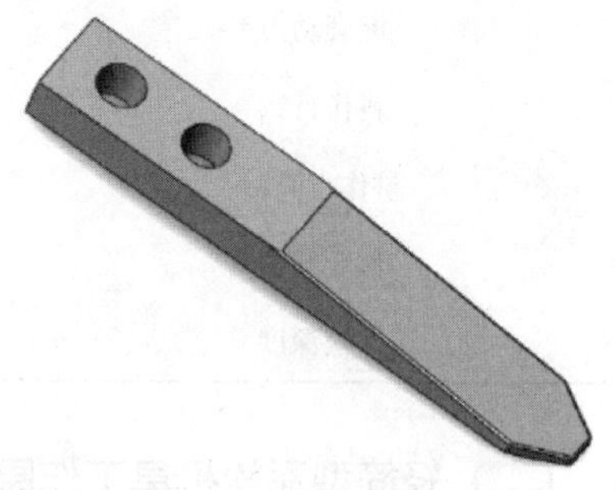

图 17 - 15　深松铲尖三维图

深松铲尖的部分设计参数如表 17 - 7 所示。

表 17-7　铲尖结构设计参数

项目	单位	参数
材料		65Mn
铲尖总长	mm	250
铲尖宽度	mm	40
铲尖厚度	mm	10
螺纹孔中心距	mm	40
固定螺纹孔直径	mm	10
铲尖入土角度	°	17

2. 镇压辊的设计

镇压辊是农业机械中典型的滚动触土部件，用于压实土壤。无论是传统耕作还是保护性耕作，土壤压实作业都是影响作物产量的重要因素之一。一个性能良好的镇压装置需要具备以下几种条件：

（1）作业前，可根据不同作物的农艺要求调节镇压力大小；

（2）作业过程中，无粘土和推土、壅土现象；

（3）镇压后的地表无鳞状裂纹出现。

根据作业要求设计了一种表面带有刀齿的镇压辊，通过辊体表面刀齿破碎深松沟两侧较大的土块，不仅能够避免镇压辊打滑，还能获得更好的碎土、镇压效果。

镇压辊正常转动的条件见公式 17-7。

$$R \geqslant \frac{\omega_r}{Qf} \tag{17-7}$$

式中，R——镇压辊半径（mm）；

ω_r——轴套中的摩擦力矩，单位为牛毫米（N・mm）；

f——土壤与镇压辊之间的摩擦因数；

Q——镇压辊的重力及附加载荷（N）。

根据公式 17-7 可知，相同重量下，镇压辊直径和宽度越大，其滚动阻力越小，并且直径对滚动阻力的影响要显著大于宽度，且增大直径能减少滑移率和壅土阻力。但镇压辊直径过大时，会增加机器的制造成本，同时也受到整机稳定性要求的限制。根据农业机械设计手册，一般田间作业镇压辊直径以 300～700 mm 为宜。结合既要保证镇压强度又要减轻总体重量的原则选取镇压辊直径为 400 mm。

镇压辊宽度应该根据机具工作幅宽而确定，若镇压辊宽度小于工作幅宽，易造成镇压不全面，形成沟状；若宽度过大，会造成阻力增大，并对未耕地表造成不必要的压实。因此，镇压辊的宽度应略大于耕宽，而小于垄宽。保证镇压强度的同时需要减轻重量，因此，镇压辊宽度选为2 600 mm。设计的镇压辊如图 17-16 所示。

3. 地轮的设计

地轮的主要功能是限制深松机具的耕作深度，考虑到各地区由于配套动力或土壤条件不

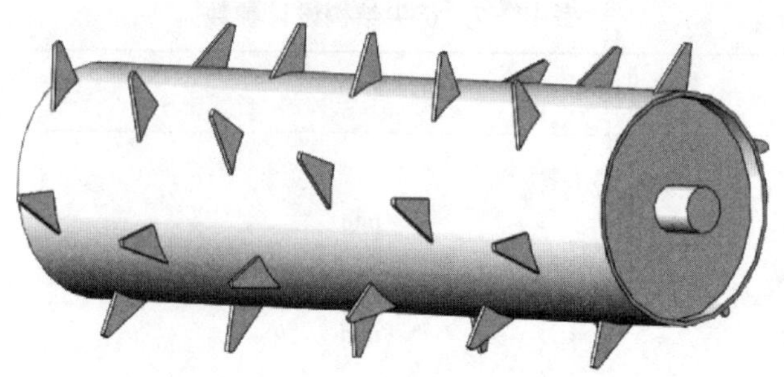

图 17－16　镇压辊三维图

同，对深松深度的要求也存在差别，将地轮设计为高度可调，可实现机具在不同耕作深度下作业，能够有效提高机具的适用性。

设计的地轮如图 17－17，主要由调节丝杠、轴承法兰盘、调节上方管、固定座、紧固螺栓、调节下方管、地轮轴、地轮圈组合、U 形齿等组成。耕作深度调节通过调节丝杠实现，与调节丝杠配合的螺母焊接在调节下方管内部，调节下方管的下端与地轮轴焊接，地轮轴与地轮圈组合能通过轴承相对转动。旋转调节螺杆使地轮圈组合上、下运动，实现深松机具耕作深度快速调节。其中地轮直径 400 mm，宽度 140 mm，可实现耕作深度 25～40 cm 范围内调节。

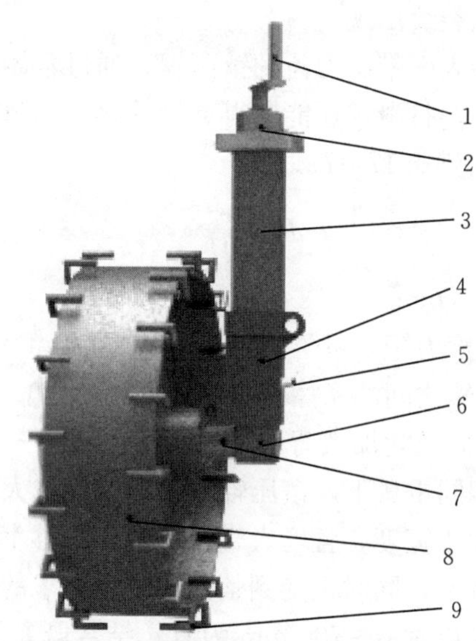

图 17－17　地轮组合三维图

1. 调节丝杠　2. 轴承法兰盘　3. 调节上方管　4. 固定座　5. 紧固螺栓　6. 调节下方管　7. 地轮轴　8. 地轮圈组合　9. U 形齿

三、适宜新疆河谷平原的联合作业整地机具研制

新疆河谷平原地区黑钙土、栗钙土区地块面积较大且地势平坦，机具以大型联合高效为

目标，为尽可能打破犁底层同时减少机具进地作业次数，研制了一种适于本地区的深施肥松耙联合作业整地机具。

深施肥松耙联合作业整地机具的设计要求及原则：

（1）机具性能与指标应符合国家颁布的相关标准；

（2）机具结构应布局合理且工作性能可靠；

（3）机具耕作深度应适当可调，满足不同农艺要求；

（4）一次性完成深松土壤、深施肥、碎土灭茬的作业。

（一）深施肥松耙联合作业整地机整体结构

联合作业整地机主要由机架、深松机构、电控施肥机构、限深机构以及对置交叉式圆盘耙组构成，如图 17－18 所示。深松机构的深松铲采用前 2 后 3 的安装方式，能有效减少深松阻力；采用直柄深松铲进行工作，在耕深增加或工作阻力增大时不易变形，能确保正常工作；深松铲柄上方采用弧面形状，当遇到过大阻力时会折断安全螺栓向后翻转保护机具。电控施肥机构安装于机架上部，排肥管位于深松铲后，深松的同时进行深施肥作业，与以往地轮驱动施肥不同的是设有电控施肥机构，直接控制各工作行的排肥量，提高了施肥的均匀性。机具的最后配以对置交叉式圆盘耙组，采用球面缺口圆盘耙进行作业，四排耙片交叉布置，使秸秆与土壤混合更均匀，地表更平整。在深松机构和缺口圆盘耙组之间设有限深机构，可以通过调节限深机构控制深松铲的工作深度，使其可以满足不同的工作条件，同时还对整个机具起着支撑作用，保证机具的正常工作。

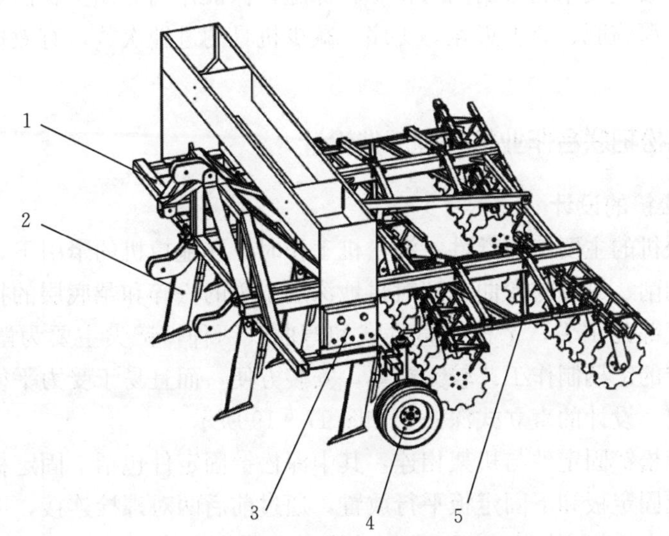

图 17－18　联合作业整地机结构

1. 机架　2. 深松机构　3. 电控施肥机构　4. 限深机构　5. 对置交叉式圆盘耙组

联合作业整地机主要技术参数如表 17－8 所示。

表 17-8　联合作业整地机的主要技术参数

项目	单位	参数值
配套动力	kW	≥110
耕作行数		5
作业幅宽	mm	3 000
耙片个数		32
耙片间距	mm	190
耕作行间距	mm	600
深松深度	mm	200～400
耙耕深度	mm	80～100

（二）深施肥松耙联合作业机工作原理

深施肥松耙联合作业机采用三点悬挂方式与拖拉机相连，通过拖拉机的后悬挂装置牵引机具进行作业。限深机构位于机具的前半部，分布在机架两侧，工作前根据实际需要调节限深机构深度，以保证需要的耕作深度；工作时，深松铲工作深度逐渐增加，达到限深机构设定深度时，耕深不再增加。机具采用前松后耙的连接方式，通过机架相连。电控施肥机构位于深松机构上部，工作前设置各行的电机转速以保证各行的施肥量。机具工作时，深松打破坚硬犁底层的同时将肥料深施，保证作物后期生长需要。机具一次作业可完成深松土壤、深施肥、碎土灭茬等工序，减少机具的进地次数，有效提高作业效率、保护土壤。

（三）深施肥松耙联合作业机关键部件设计

1. 直立式深松铲的设计

深松铲是深松机的主要工作部件，深松机工作时，在拖拉机的牵引下，深松铲通过对土壤剪切、挤压、切削、撕裂与弯曲达到对耕地深层土壤的松碎和犁底层的打破。深松铲主要包括深松铲柄和底部的铲尖，铲柄有直立式和弯曲式两种，铲尖主要为凿型、箭型和双翼型。直立式深松铲的铲柄制作工艺较为简单，安装方便，而且易于受力平衡，可减小偏牵引力，使工作更稳定。设计的直立式深松铲如图 17-19 所示。

深松铲通过深松铲固定件与机架相连，其中深松铲固定件包括上固定板、下固定板以及两个固定侧板，上固定板和下固定板平行放置，通过前后两对螺栓连接，可通过前后两对螺栓之间的空隙套接在机架主梁上，以此可方便调节深松铲的位置。深松铲下固定件下方是两个下沿为内凹弧线边的固定侧板，两侧板之间通过两条长的加强筋固定，增加强度。铲尖设置在铲柄的前端，同时为了降低铲柄的磨损、降低深松阻力，在铲柄与铲尖之间配以深松铲前筋，深松铲前筋从铲尖向上延伸到铲柄朝向铲尖尖端的前壁面上部，其横截面是一个上窄下宽的梯形结构。铲尖前方有一入土倾角，与地平面角度为 17°。铲尖呈前窄后宽、上窄下

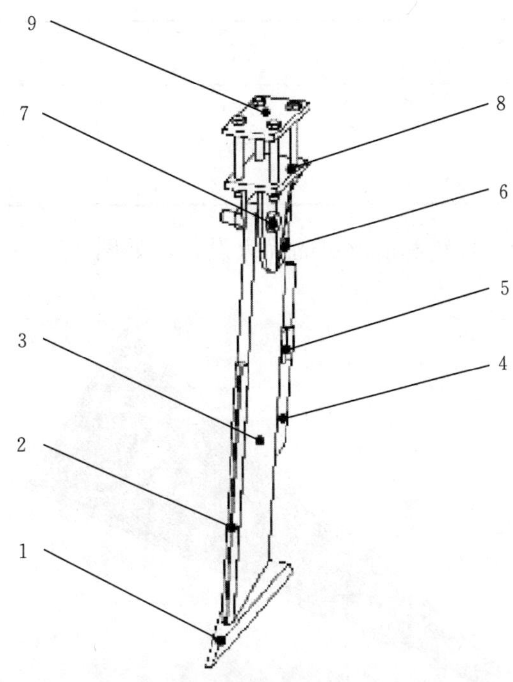

图 17-19　直立式深松铲结构图

1. 深松铲尖　2. 深松铲前筋　3. 深松铲柄　4. 排肥管　5. 排肥管固定件　6. 安全螺栓　7. 固定螺栓　8. 深松铲下固定板　9. 深松铲上固定板

宽的梯形凸台结构，方便进土，能有效降低工作时的阻力，同时能有效深松底层土壤，方便深施肥。

两个固定侧板垂直于下固定板平行设置，一端焊接在下固定板表面上，铲柄后端夹在两个固定侧板之间，通过安全螺栓、固定螺栓相连，安全螺栓位于固定螺栓的后下部，其中安全螺栓的直径小于固定螺栓的直径，通过螺母旋紧的方式将铲柄固定锁死在两个固定侧板上，固定螺栓的直径小于固定侧板上与之配合的穿孔，且螺栓上的螺母不作锁死旋紧。同时，铲柄上方设计成弧面状，当遇到较大的工作阻力导致不能工作时，下方的安全螺栓就会折断，深松铲绕着固定螺栓向后翻转，以此保护机具。

直柄深松铲柄的部分设计参数如表 17-9 所示。

表 17-9　铲柄结构设计参数

项目	单位	参数
铲柄材料		65Mn
铲柄总长	mm	750
最大入土深度	mm	420
铲柄厚度	mm	25
铲柄宽度	mm	140
上螺纹孔直径	mm	18

（续）

项目	单位	参数
安全螺纹孔直径	mm	14
固定螺纹孔直径	mm	10
下端倾角	°	17

深松铲尖的设计结合凿形铲和箭形铲的优点设计，如图 17－20 所示。其部分设计参数如表 17－10 所示。

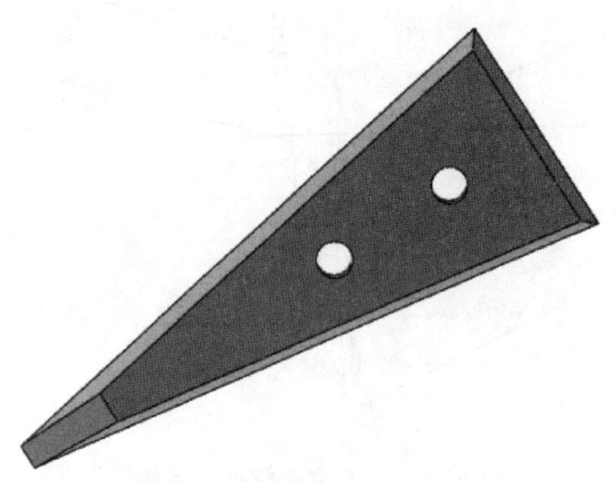

图 17－20　深松铲尖结构

表 17－10　铲尖结构设计参数

项目	单位	参数
材料		65Mn
铲尖总长	mm	300
铲尖宽度	mm	40
铲尖厚度	mm	12
螺纹孔中心距	mm	50
固定螺纹孔直径	mm	12
铲尖入土角度	°	17

2. 电控施肥装置的设计

深施肥可以提高肥料的利用率，有利于作物对养分的均衡吸收，延长肥料有效期，提高化肥利用率。另外，由于作物的根系都有向肥、向水性，深施肥料，有利于作物根系发育，增强吸肥吸水能力，从而增强作物抗逆性，有利于植株的发育，提高作物的产量。在深松的同时进行肥料的深施，提高了机具的工作效率，减少了机具的进地次数，有利于保护土壤，为后期作物生长发育提供了基础。

电控施肥是一种新型的施肥作业及田间管理的方法，使传统农业上进行统一施肥作业的模式发生了质的改变，在保证了作物正常生长的同时避免了过量施肥造成的生产成本增加和对土、水环境的污染，取得了显著的经济效益和环境效益。采用伺服电机直接驱动控制排肥量的方式结构简单、易于控制且控制精度优于步进电机，故本设计采用伺服电机控制施肥。

排肥器机构常见的主要有外槽轮式、转盘式、离心式、螺旋式等几种类型。其中，外槽轮式排肥器应用最为广泛，外槽轮式排肥器具有控制简单、控制精度高等优点。影响其施肥量的主要因素：外槽轮的有效工作长度，试验证明其与施肥量是成正比关系的；外槽轮的转速，在一定范围内随着转速的增加施肥量逐渐升高。对外槽轮式排肥器的主要参数设计如下：

外槽轮式排肥器每转排肥量见公式 17－8。

$$q=q_1+q_2=\pi dL\gamma\left(\frac{\alpha f}{t}+C_n\right) \qquad (17-8)$$

式中，q——排肥器每转排肥量（g/r）；

q_1、q_2——排肥器每转强制层和带动层的排肥量（g/r）；

d——外槽轮直径（cm）；

L——外槽轮的工作长度（cm）；

γ——肥料容重（g/cm^3）；

α——肥料对凹槽的充满系数，与转速有关；

f——每个凹槽的端面积（cm^2）；

t——槽的节距（cm）；

C_n——带动层的特性系数，与转速有关。

3. 机架的设计

为满足联合作业整地的要求，对联合作业机架进行了优化设计，如图 17－21 所示。前机架为矩形框架结构，由型钢焊接而成，包括两条平行布置的横梁以及焊接在两条横梁之间的多根支撑柱。前横梁上焊接有悬挂梁，悬挂梁包括两根对置的斜梁和一根顶梁，顶梁与前横梁平行，两根斜梁的一端焊接在前横梁上，另一端分别与顶梁的两端焊接在一起，由此构成梯形的悬挂梁，悬挂梁所在平面与前机架所在平面互相垂直。

深施肥松耙联合作业机采用三点悬挂的方式与拖拉机相连，悬挂装置包括一个上悬挂和

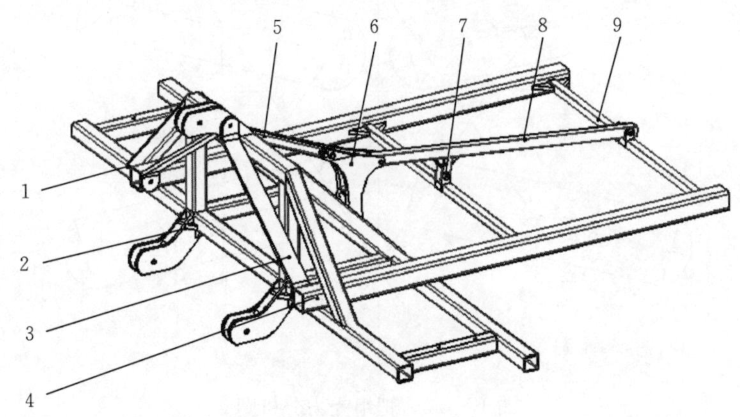

图 17－21　机架结构图

1. 前机架　2. 悬挂装置　3. 斜拉杆　4. 主梁　5. 后拉杆　6. 连接装置　7. 支撑杆　8. 后横梁上拉杆　9. 支撑梁

两个下悬挂，上、下悬挂分别与悬挂梁、前机架相连接，连接方式为焊接，连接处的两面添加加强筋，保证强度。两条主梁关于机架中心线平行对称布置，两条主梁垂直于前机架的前、后横梁而焊接在前机架的前横梁和后横梁上，两条主梁的前端均超出前机架前横梁一段距离，通过两根斜拉杆与悬挂装置的上悬挂相连，两个斜拉杆呈八字形布置，一端分别焊接在两条主梁超出前横梁的位置，另一端分别与上悬挂的两个极板焊接连接。另外，安装后的斜拉杆与前机架及悬挂梁不直接接触，保持一定的距离，工作时不会因为距离太近形成干涉。

主梁前部与前机架直接焊接相连，中后部分别与两根支撑梁焊接以固定主梁的后端，防止主梁变形。为了减轻机具的重量，支撑梁的尺寸小于主梁的尺寸，与主梁的连接处通过加强筋紧固，保证连接强度。连接装置包括两个连接片，每个连接片包括一个下连接段和与下连接段上部连接的两个斜向连接段，其整体正面呈 Y 形，两个连接片间隔预定距离平行设置，下连接段下端焊接在后横梁中心位置上，连接装置作用是将前机架与后机架后部的支撑梁相连，为后机架尤其是后部的支撑梁提供一个斜向上的约束，降低主梁与前机架连接处的压力；连接片的两个斜向连接段相互之间，以及两个斜向连接段与下连接段之间均为弧线过渡，两个连接片的下连接段之间通过加强片焊接，截面呈 H 形，提高强度，防止变形。

4. 耙组的设计

依据旱耕地区的土壤特点和耕作模式，多使用圆盘耙耙地。工作时，前部深松打破坚硬的犁底层，后部的耙组进行浅耕灭茬、松土除草等作业。按照耙组的配置方式，圆盘耙分为单列、双列，对置式和偏置式等。其中偏置式圆盘耙耙地后地面平整、无沟埂，目前应用较多，但由于耙组非对称排列，侧向力不宜平衡，调整比较困难，作业时只宜单向转弯；对置式圆盘耙的侧向力由左右耙组相互平衡，调整方便，工作平稳，便于左右转弯，但由于后列耙组都向内翻土，耙组中间有埂，两侧有沟。针对以上问题，采用交错对置排列的方式，使得中间沟底平坦，且适用于宽幅的大地块整地机具作业。圆盘耙在水平面内的受力如图 17－22 所示。

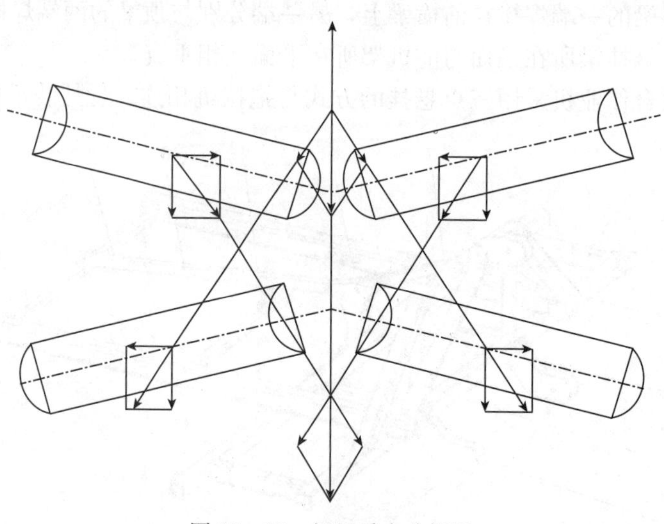

图 17－22　耙组受力分析图

对置圆盘耙组由于左、右耙组对称，合力位于中心线上，与牵引方向一致。左右耙组的侧向力（Rx 和 Ry）相互抵消，故而不存在偏牵引或不平衡的情况。

圆盘耙片采用球面圆盘，按其外形分为无缺口和有缺口圆盘耙片两种。无缺口的耙片制造较大、磨刃方便，但会出现打滑的现象；有缺口圆盘耙片入土性能好，切碎土块和作物残茬的能力较强，选用有缺口圆盘耙片进行工作。

耙片直径（D）的计算，根据耙深要求，按公式 17-9 计算：

$$D=Ka \tag{17-9}$$

式中，K——径深比，选取范围为 3～5，设计时耙深大取小值，反之取大值；

a——设计耙深，单位为毫米（mm）。

耙片直径还要满足公式 17-10 的条件：

$$D>2a+d \tag{17-10}$$

式中，d——间管最大外径（mm）。

依据本地区的要求，设计耙深为 80～100 mm，确定耙片的直径为 500 mm，制造材料为弹簧钢，符合相关国家规定。设计的对置交叉式圆盘耙组如图 17-23 所示。

图 17-23　耙组三维图

第三节　华北平原、西北高原及新疆河谷平原构建旱地合理耕层机具选型与编组

根据不同地区不同土壤合理耕层构建的关键障碍，分别提出了相应的适宜作物高产稳产合理耕层构建技术模式，针对该技术模式，结合华北平原、西北高原和新疆河谷平原雨养旱地的土壤特性及区域特点，对适宜相应区域构建合理耕层的机具进行了选型编组，实现农机农艺结合，以利于合理耕层构建技术模式的推广应用。

一、华北平原构建旱地合理耕层机具选型与编组

华北平原雨养旱地潮土区和砂姜黑土区主要以种植小麦、玉米为主，常年采用传统的耕作模式造成了土壤板结、犁底层加厚上移等问题，严重影响了作物产量的稳定性。为解决华北平原耕

层存在的问题，相关农艺专家根据不同的土壤状况提出了相应的技术模式，对潮土区提出了小麦深松旋耕秸秆还田丰产高效技术模式，对砂姜黑土区提出了秸秆全量还田增厚耕层模式。根据不同的种植模式配备合适的机具，并对机具进行编组，对促进合理耕层的构建具有重要作用。

（一）小麦深松旋耕秸秆还田丰产高效技术模式机具选型与编组

该模式机械作业的主要技术规程为小麦联合收获机收获→秸秆还田→联合作业机械收获玉米→玉米秸秆切碎均匀抛撒→深松加旋耕（采用玉米季免耕机械直接播种，小麦季采用每年深松或 2～3 年隔年深松，要求深松深度 30 cm，深松后旋耕 2 遍，旋耕深度 15 cm）→小麦机械播种。根据该模式的主要操作规程，结合华北地区潮土的土壤特点和区域特点，对相应机具进行选型编组，选择满足农业生产要求的机组，具体如表 17 - 11 所示。

表 17 - 11　机具选型与编组

作业项目	作业机型	外形尺寸（长×宽×高）(mm)	动力机功率 (kW)	作业幅宽 (mm)	作业效率 (hm^2/h)
秸秆粉碎	1JH - 200 型秸秆切碎还田机	1 300×2 300×1 060	52～73	2 000	0.6～1.0
	1JH - 250 型秸秆切碎还田机	1 460×3 000×1 150	66～88	2 500	0.7～1.2
旋耕	1GQN - 230H 旋耕机	2 570×1 030×1 160	55.1～66.2	2 300	0.5～0.9
	1GQN - 200 旋耕机	2 310×1 110×1 010	44.1～58.8	2 000	0.3～0.7
深松	1SZ - 460 型振动深松机	910×1 840×1 200	45～60	2 400	1.0～1.5
	1S - 250 深松机	2 000×2 600×1 520	89～106.6	2 500	0.8～1.4
小麦播种	2BXF - 12J 小麦播种机	1 600×2 150×960	22～36.8	2 000	0.7～1.2
	2BXS - 12B 旋耕施肥播种机	2 030×2 350×1 030	51.5～58.5	2 000	0.4～0.7
玉米播种机	2BYSF - 4 勺轮式玉米播种机	1 500×2 273×980	18.3～29.4	2 400	0.7～1.2
	2BYQF - 4 气吸式玉米播种机	1 500×2 200×980	51.5～61.2	2 400	1.2～1.9

（二）秸秆全量还田增厚耕层模式机具选型与编组

该模式机械作业的主要技术规程为玉米机械收获→秸秆粉碎还田→铧式犁翻耕作业→旋耕机旋耕整地 2 遍→小麦播种机播种小麦→小麦机械收获→秸秆粉碎还田→玉米种肥一体播种机播种玉米。根据该模式的主要操作规程，结合华北地区砂姜黑土的土壤特点和区域特点，秸秆还田机械、旋耕机械、小麦播种机械、玉米播种机械可参考潮土区机具的选型与编组，仅增加对翻耕机械的选型与编组，具体如表 17 - 12 所示。

表 17 - 12　机具选型与编组

作业项目	作业机型	外形尺寸（长×宽×高）(mm)	动力机功率 (kW)	作业幅宽 (mm)	作业效率 (hm^2/h)
翻耕机械	1LF - 535 液压翻转犁	3 650×1 850×1 560	73.5～95.6	1 750	1.0～1.7
	1LY - 425 圆盘犁	3 130×1 450×1 250	49.5～59.7	1 000	0.2～0.5

二、西北高原构建合旱地理耕层机具选型与编组

西北高原黄绵土区和黑垆土区由于连年不合理的耕作制度，均出现了犁底层上移、耕层变浅、有机质含量降低等问题，使得作物产量稳定性降低。为解决西北高原耕层存在的问题，相关农艺专家根据不同的土壤状况提出了不同的技术模式，对黄绵土区提出了黄绵土区冬小麦农田深松施肥技术模式，对黑垆土区提出了小麦农田深松-免耕播种综合技术模式和黑垆土玉米秸秆粉碎还田深翻技术模式。根据不同的种植模式提供合适的机具选型，并对机具进行了编组。

（一）黄绵土区冬小麦农田深松施肥技术模式机具选型与编组

该模式机械作业的主要技术规程为前茬作物玉米联合收获机收获→秸秆粉碎处理→深松＋旋耕→机械播种镇压→田间管理→小麦联合收获机收获。根据该模式的主要操作规程，结合西北地区黄绵土的土壤特点和区域特点，对相应机具进行选型编组，选择满足农业生产要求的机组，具体如表 17－13 所示。

表 17－13　机具选型与编组

作业项目	作业机型	外形尺寸（长×宽×高）（mm）	动力机功率（kW）	作业幅宽（mm）	作业效率（hm^2/h）
秸秆还田	1JH－172 型秸秆粉碎	1 950×1 350×1 050	≥51.5	1 720	0.3～0.5
	1JH－185 型秸秆粉碎还田机	2 100×1 350×1 050	≥58.8	1 850	0.3～0.8
旋耕	1GQN－200KH 型框架式旋耕机	2 246×1 075×1 178	51.5～58.8	2 000	0.3～0.7
	1GKN－160 型框架旋耕机	1 020×1 832×1 152	29.4～33.1	1 600	0.2～0.6
深松	1S－280 型深松机	2 500×3 000×1 140	≥70	2 800	0.6～1.3
	1S－200 型深松机	2 020×1 500×1 400	44.1～58.8	2 000	0.4～0.6
小麦播种	2BF－10 谷物施肥播种机	2 665×1 924×1 100	13.2～18.0	1 750	0.7～0.8

（二）小麦农田深松-免耕播种综合技术模式机具选型与编组

该模式机械作业的主要技术规程为小麦高留茬机收技术（采用自走式全喂入谷物联合收割机进行小麦收获）→土壤深松技术（间隔 3 年采用深松机械进行深松 1 次）→休闲期杂草控制技术（休闲期化学除草或人工除草）→免耕施肥播种技术（采用免耕施肥播种机一次性完成播种和施肥作业）→小麦生育期间综合管理技术（在小麦生育期间进行病虫害控制、杂草控制）。根据该模式的主要操作规程，结合西北地区黑垆土的土壤特点和区域特点，其中深松机械可参考黄绵土区机具的选型与编组，仅增加对小麦免耕机械的选型与编组，具体如表 17－14 所示。

表 17－14　机具选型与编组

作业项目	作业机型	外形尺寸（长×宽×高）（mm）	动力机功率（kW）	作业幅宽（mm）	作业效率（hm^2/h）
小麦免耕播种	2BFM－12 免耕播种机	1 780×2 245×1 280	≥44.7	1 800	0.3～0.9
	2BFG－14 旋耕施肥条播机	1 900×2 420×1 200	≥66.5	2 200	0.7～1.2
	2BMF－9 谷物免耕施肥播种机	1 650×1 360×1 090	36.8～51.5	1 358～1 800	0.7～1.1

(三) 黑垆土玉米秸秆粉碎还田深翻技术模式机具选型与编组

该模式机械作业的主要技术规程为前茬作物春玉米收获→残茬处理→深松（或免耕或翻耕)→表土作业→免耕播种→田间管理→玉米收获。根据该模式的主要操作规程，结合西北高原黑垆土区土壤特点和区域特点，其中秸秆还田机械、深松机械、旋耕机械可参考黄绵土区的选型与编组，仅仅增加对翻耕机械和玉米免耕机械的选型与编组，具体如表 17－15 所示。

表 17－15　机具选型与编组

作业项目	作业机型	外形尺寸 （长×宽×高）(mm)	动力机功率 (kW)	作业幅宽 (mm)	作业效率 (hm^2/h)
翻耕	1LYF－230 机械双向翻转犁	1 380×960×1 080	22～29.4	600	0.2～0.3
	1LF－335 双向液压翻转犁	2 470×1 430×1 300	47.7～67.1	1 050	0.5～0.7
玉米播种	2BFY－4 玉米免耕施肥播种机	1 150×2 273×980	36.8～58.8	2 400	0.7～1.0
	2BMZJ－3 玉米免耕精量播种机	1 550×1 500×1 130	14.7～29.7	1 800	0.5～0.9

三、新疆河谷平原构建旱地合理耕层机具选型与编组

新疆河谷平原雨养旱地黑钙土区和栗钙土区主要以种植小麦、油菜为主，由于自然因素和长期采用不合理的耕作模式，导致了犁底层上移、耕层变浅、耕层结构变差等问题。为解决新疆河谷平原耕层存在的问题，相关农艺专家根据不同的土壤状况提出了不同的技术模式，对黑钙土区提出了旱地深松秸秆半覆盖还田技术模式、有机均衡施肥免耕播种技术模式、旱地麦油轮作秸秆粉碎还田技术模式。对栗钙土区提出了合理耕层构建技术模式、旱地小麦轻简化栽培管理技术模式和新疆雨养旱地春油菜直播栽培技术模式。结合新疆河谷平原地块面积大地势平坦等特点和合理耕层构建的技术配套模式，对该区域提供合适的机具选型配套，并对机具进行编组。

(一) 新疆河谷平原黑钙土区技术模式及对应的机具选型与编组

1. 旱地深松秸秆半覆盖还田技术模式

机械作业的主要技术规程为小麦机械化收获→深松作业→免耕播种→田间施肥管理，利用小麦农田深松-免耕播种，可打破犁底层，改善土壤结构，减少土壤水分蒸发和增加土壤温度，实现小麦高产稳产和提高肥料利用率。

2. 有机均衡施肥免耕播种技术模式

机械作业的主要技术规程为前茬作物小麦或油菜收获残茬处理→深松或深翻作业→免耕播种施肥→田间综合管理（除草、防病)→作物机械化收获。

3. 旱地麦油轮作秸秆粉碎还田技术模式

(1) 油菜耕作技术模式。春小麦机械收获并进行秸秆粉碎还田→机械深松→免耕播种机施肥→次年 4 月免耕播种油菜→田间管理→机械收获。

(2) 春小麦耕作技术模式。机械收获油菜→秸秆粉碎还田→联合整地机进行深松整地→免耕播种机施肥→次年 4 月免耕播种小麦→田间管理→机械收获小麦。

根据黑钙土区 3 种合理耕层构建耕作模式的主要操作规程，结合新疆河谷平原黑钙土土壤特点和区域特点，对相应机具进行选型编组，选择满足农业生产要求的机组，具体如表 17-16 所示。

表 17-16　机具选型与编组

作业项目	作业机型	外形尺寸（长×宽×高）(mm)	动力机功率 (kW)	作业幅宽 (mm)	作业效率 (hm^2/h)
深松	1S-300 深松机	2 838×3 250×1 603	≥88	3 000	1.0～1.5
	1SZL-350 型深松整地联合作业机	3 120×4 400×1 500	132.3～191.1	3 500	0.1～0.2
翻耕	1LFT-550 翻转犁	5 200×3 260×1 800	154.4～205.8	2 500	1.5～2.5
	1LF-755 半悬挂调幅犁	—	132.4～161.8	3 850	1.15～2.3
联合整地	1ZL-7.0 型联合整地机	5 700×4 100×1 100	>132	7 000	2.1～6.2
	1ZL-3.6 联合整地机	6 000×3 800×1 300	66.2	3 600	2.5～3.2
小麦免耕播种	中机美诺 6124 免耕播种机	4 190×4 750×2 360	89.5	3 600	1.1～1.8
	2BMG-24 免耕施肥播种机	4 700×5 800×175	74	4 560	2.4～3.6
油菜免耕播种	中机美诺 6119 免耕播种机	4 190×4 750×2 130	73.5	3 610	1.1～1.8
	2BMF-20 分体式免耕施肥播种机	6 185×4 000×2 490	91.9	3 810	1.5～2.5

（二）新疆河谷平原栗钙土区技术模式及对应的机具选型与编组

1. 合理耕层构建技术模式

机械作业的主要技术规程为翻耕＋施肥→联合整地（切、耙、磨、平、镇压）→播种后镇压→翻耕＋施肥→联合整地（切、耙、磨、平、镇压）→播种后镇压→翻耕＋施肥→联合整地（切、耙、磨、平、镇压）→播种后镇压→深松＋施肥→联合整地（切、耙、磨、平、镇压）→播种后镇压。

2. 旱地小麦轻简化栽培管理技术模式

机械作业的主要技术规程为深松与耕翻交错进行（隔 2～3 年深松一次＋隔年耕翻 1 次）→耙磨、镇压、灭茬→采用小麦播种机进行播种作业→机械化田间管理→机械收获。

3. 新疆雨养旱地春油菜直播栽培技术模式

机械作业的主要技术规程为前茬作物收获后深耕灭茬→播前耙细、镇压、平整地面→进行播种采用大型小麦播种机械进行播种作业→机械化田间管理（中耕松土）→机械收获。

根据栗钙土区 3 个合理耕层构建耕作模式的主要操作规程，结合新疆河谷平原栗钙土土壤特点和区域特点，对相应机具进行选型编组，其中深松机械、翻耕机械、联合整地机械可参考黑钙土区机具的选型与编组，仅仅增加对耙地机械、小麦播种机械、油菜播种机械和中耕松土机械的选型与编组，对相应机具进行选型编组，选择满足农业生产要求的机组，具体如表 17-17 所示。

表 17-17　机具选型与编组

作业项目	作业机型	外形尺寸 （长×宽×高）（mm）	动力机功率 （kW）	作业幅宽 （mm）	作业效率 （hm^2/h）
耙地	1BX-3 动力驱动耙	1 520×3 020×1 200	80～118	3 000	0.6～2.5
	1BD-3 动力驱动耙	1 500×3 100×1 200	80～184	3 000	0.6～2.5
小麦播种	2BXF-24 小麦施肥播种机	3 800×4 430×1 800	55～74	3 600	1.4～2.2
油菜播种	2BFSF-24 种肥分施播种机	4 640×4 380×1 700	40.4～88.2	3 600	1.4～2.2
中耕松土	TS3ZS 系列中耕机	—	44.1	2 100	1.1～2.1

第四节　验证与应用

根据华北和西北雨养旱地合理耕层构建的技术需求，结合土壤特性和区域特点，研制了适宜不同区域作业的深松机具，对机具进行了试验验证，验证了机具可靠的作业性能，并在相应的区域进行推广应用。

一、振动减阻型深松机具验证与应用

为验证振动减阻型深松机具的作业效果，对振动减阻型深松机具进行了田间试验（图 17-24），试验面积 0.8 hm^2。在不同作业速度和耕作深度条件下，设置振动与非振动深松 2 个对照组，验证振动减阻型深松机具的减阻效果和土壤扰动结果。

图 17-24　振动减阻型深松机具田间试验与应用

试验结果表明：机具作业性能稳定，深松深度可满足 25～35 cm 作业要求，耕深稳定性系数≥90%。作业深度 25～35 cm 条件下，与非振动深松机具相比，振动减阻型深松机具减少了 10%～25%的耕作阻力。随着耕作深度、作业速度增加，非振动深松机具与振动减阻型深松机具的耕作阻力均增加，但振动减阻型深松机具耕作阻力增加速率较小，有效地减小了高速作业时机具的耕作阻力，降低了拖拉机的动力消耗。

非振动深松机具、振动减阻型深松机具作业后地表如图 17-25 所示。振动减阻型深松机具作业后地表蓬松，扰动面积大且表层没有明显沟壑；而非振动深松机具作业留有明显沟壑，沟壑两边表层土壤被翻埋，容易跑水跑墒。在深松行上挖取土壤截面，如图 17-26 所示。振动减阻型深松机具作业后的土壤剖面呈倒梯形，分布较多的蓬松状小土块，而非振动深松机具作业后的土壤剖面更为坚实。非振动深松机具对土壤的切削为一维切削，只有水平方向的作用力，深松过后会形成一条沟。振动减阻型深松机具对土壤的切削为二维切削，既有水平方向的力，又有垂直方向的力，切削土壤的过程伴有“抖动”作用，因此，能够获得更好的土壤扰动效果。

振动减阻型深松机具

非振动深松机具

图 17-25　深松作业后地表

振动减阻型深松机具

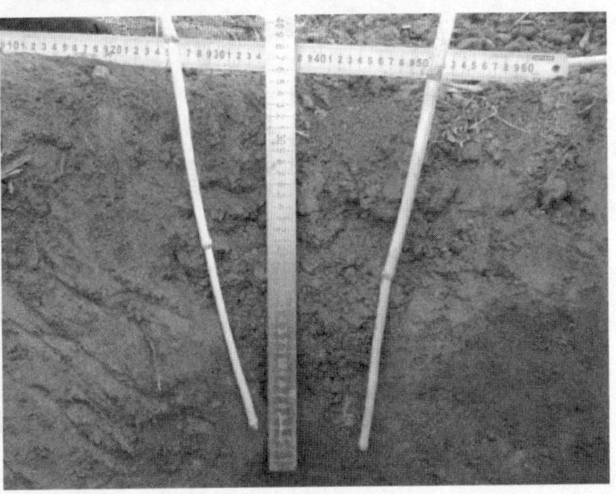

非振动深松机具

图 17-26　深松作业后土壤剖面

二、振动深松施肥机具验证与应用

为验证振动深松施肥机具的作业效果，在河北固安加工试制样机并进行了初步田间试验，试验结果表明：振动深松施肥机能够有效松动土壤，降低土壤容重，深松深度可达 35 cm，有效打破犁底层，表层土壤扰动面积小，有利于蓄水保墒。

在样机初步试验的结果和存在问题分析的基础上，优化了振动单元连杆结构形式和参数，降低了振动幅度；改进了轴承安装方式，减少了振动部件支撑轴承的故障发生率。并在河北固安进行了田间性能试验，试验结果表明：优化改进后，机具深松作业效果良好，作业稳定性和驾驶员工作舒适度有明显提高。

对振动深松施肥机进行了性能检测，如图 17－27 所示。检测指标包括深松深度、施肥量、总排量稳定性变异系数以及各行排肥量一致性变异系数。检测结果：深松深度 25～35 cm 范围能均可实现，施肥量 75～450 kg/hm^2 可调，总排量稳定性变异系数≤7.8％，各行排量一致性变异系数≤13％。检测结果表明，研发的振动深松施肥机作业效果良好，满足技术要求。

振动深松施肥机

深松作业后地表状况

图 17－27　振动深松施肥机作业

三、轻简型深松机具验证与应用

对轻简型深松机具进行验证试验，并在多个试验点进行了推广应用。

轻简型深松机具在河南豪丰农业装备有限公司试验地进行了田间试验。试验结果表明，轻简型深松机具的深松深度可达 35 cm，达到作业要求；施肥装置可实现深松的同时增施有机肥以提高土壤肥力，改善土壤结构；镇压机构能够将深松带压实，使深松后平整地表、避免了跑墒跑水，同时镇压机构能够将深松时翻起的大土块压平，便于后续播种作业。

将轻简型深松机 4 台套分别发往山东东平（华北平原潮土试验点）、安徽怀远（华北平原砂浆黑土试验点）、陕西富平（西北高原黄绵土试验点）和武功（西北高原黑垆土试验点）

进行田间深松试验，在山东东平和安徽怀远田间试验情况见图 17－28 和图 17－29。在山东东平召开的华北平原潮土区合理耕层构建技术指标及集成示范现场演示与培训会上，进行了深松作业和深松机使用现场演示和培训（图 17－30），该深松机作业效果良好，受到了当地农技推广部门领导、农机手和农民的好评，现场培训农民技术员和农机手 20 余名。

图 17－28　在山东东平进行田间试验

图 17－29　在安徽怀远进行田间试验

图 17－30　现场示范和演示

主要参考文献

艾东，1992. 世界干旱区的分布［J］. 干旱区地理，15（3）：100-101.

安俊朋，李从锋，齐华，等，2018. 秸秆条带还田对东北春玉米产量、土壤水氮及根系分布的影响［J］. 作物学报，44（5）：774-782.

安俊朋，2017. 秸秆条带还田对玉米根系分布及土壤理化特性的影响［D］. 沈阳：沈阳农业大学.

边少锋，马虹，薛飞，等，2000. 吉林省西部半干旱区深松蓄水耕作技术研究［J］. 玉米科学，8（1）：67-68.

陈海涛，查韶辉，顿国强，等，2016. 2BMFJ 系列免耕精量播种机清秸装置优化与试验［J］. 农业机械学报，47（7）：96-102.

陈建军，2003. 大庆市土地盐碱化遥感监测与动态分析［J］. 干旱区资源与环境（4）：101-106.

陈新，刘晓冬，刘晓艳，2004. 大庆市重要类型土壤的性质［J］. 大庆石油学院学报（4）：15-17.

陈延华，王乐，张淑香，等，2018. 长期施肥下褐土生产力的演变及其影响因素［J］. 植物营养与肥料学报，24（6）：1445-1455.

程红军，2013. 利用 Z 指数确定吉林省旱涝指标及干旱分布特征［J］. 吉林气象，1：5-8.

程宏波，牛建彪，柴守玺，等，2016. 不同覆盖材料和方式对旱地春小麦产量及土壤水温环境的影响［J］. 草业学报，25（2）：47-57.

程思贤，刘卫玲，靳英杰，等，2018. 深松深度对砂姜黑土耕层特性、作物产量和水分利用效率的影响［J］. 中国生态农业学报，26（9）：1355-1365.

程耀，1987. 农业机器选型配备的数学规划模型及其解法［J］. 农机化研究（4）：16-21.

崔顺吉，姚敏，1984. 三江平原地区增种水稻及其改良白浆土的几个问题［J］. 黑龙江农业科学（3）：8-10.

崔涛，史智栋，杨丽，等，2016. 弹簧预紧力可调式振动深松机设计与试验［J］. 农业机械学报，47（9）：96-102.

邓羽松，丁树文，施悦忠，等，2014. 安溪崩岗洪积扇不同土地利用方式土壤性质差异及肥力评价研究［J］. 中国农学通报，30（34）：165-170.

邸文祥，马烈，1990. 农业经济与管理概论［M］. 北京：农业出版社.

俄胜哲，丁宁平，李利利，等，2019. 黄土高原黑垆土施肥的作物累积产量及土壤肥力贡献［J］. 土壤学报（1）：12.

樊军，郝明德，党廷辉，2001. 长期定位施肥对黑垆土剖面养分分布特征的影响［J］. 植物营养与肥料学报，7（3）：249-254.

范兰，吕昌河，于伯华，等，2016. 华北平原小麦-玉米两作生产潜力与产量差［J］. 中国农学通报，32（9）：33-40.

范颖丹，柴守玺，程宏波，等，2013. 覆盖方式对旱地冬小麦土壤水分的影响［J］. 应用生态学报，24（11）：3137-3144.

冯起，徐中民，程国栋，1999. 中国旱地的特点和旱地农业研究进展［J］. 世界科技研究与发展，21（2）：

54－59.
冯悦晨，2017. 耕作方法及石膏对苏打盐碱土的改良作用［J］. 土壤肥料（15）：70.
高洪伟，2004. 稻麦收获机型选型及其决策支持系统的研究［D］. 南京：南京农业大学.
高焕文，2003. 高等农业机械化管理学［M］. 北京：中国农业大学出版社.
高增刚，2005. 黄土高原地区土地资源可持续利用研究［D］. 杨凌：西北农林科技大学.
耿端阳，2011. 新编农业机械学［M］. 北京：国防工业出版社.
龚子同，1999. 中国土壤系统分类（理论·方法·实践）［M］. 北京：科学出版社.
龚子同，黄荣金，张甘霖，2014. 中国土壤地理［M］. 北京：科学出版社.
顾国安，宋瑞玲，邓西海，1993. 新疆旱地的利用和保护［J］. 干旱区地理，16（4）：58－62.
郭斗斗，黄绍敏，张水清，等，2014. 多种潮土有机质高光谱预测模型的对比分析［J］. 农业工程学报，30（21）：192－200.
郭继勋，姜世成，孙刚，1998. 松嫩平原盐碱化草地治理方法的比较研究［J］. 应用生态学报（8）：425－428.
韩宽襟，高焕文，万鹤群，1990. 农机配备非线性规划模型的完善及其序列规划逼近算法［J］. 北京农业工程大学学报，10（2）：1－8.
何进，李洪文，高焕文，2006. 中国北方保护性耕作条件下深松效应与经济效益研究［J］. 农业工程学报，22（10）：62－67.
何琏，2000. 中国三江平原［M］. 哈尔滨：黑龙江科学技术出版社.
何奇镜，边少锋，刘武仁，2009. 现代化耕作改制研究文集［M］. 长春：吉林科学技术出版社.
何淑勤，郑子成，宫渊波，2011. 不同退耕模式下土壤水稳性团聚体及其有机碳分布特征［J］. 水土保持学报，25（5）：229－233.
贺丽燕，杜昊辉，王旭东，2018. 渭北高原典型黑垆土区土壤物理性状及其对小麦产量的影响［J］. 应用生态学报，29（6）：1911－1918.
黑龙江省土地管理局，黑龙江省土壤普查办公室，1992. 黑龙江土壤［M］. 北京：农业出版社.
侯光良，李继由，张谊光，1993. 中国农业气候资源［M］. 北京：中国人民大学出版社.
侯贤清，李荣，贾志宽，等，2017. 西北旱作农田不同耕作模式对土壤性状及小麦产量的影响［J］. 植物营养与肥料学报，23（5）：1146－1157
胡春胜，程一松，2011. 中国生态系统定位观测与研究数据集：农田生态系统卷　河北栾城站（1998—2008）［M］. 北京：中国农业出版社.
胡钧铭，陈胜男，韦翔华，等，2018. 耕作对健康耕层结构的影响及发展趋势［J］. 农业资源与环境学报，35（2）：95－103.
胡双熙，1994. 陇东和陇中黑垆土的发生与演变［J］. 土壤学报，31（3）：295－304.
胡文斌，2001. 现代农业企业机器选型配套系统的开发与研究［D］. 武汉：华中农业大学.
黄昌勇，徐建明，2000. 土壤学［M］. 北京：中国农业出版社.
黄静，吴祥云，闫晗，2013. 不同土地利用方式对风沙土理化性质的影响［J］. 环境化学，32（11）：2090－2098.
黄瑞采，吴珊眉，高锡荣，1989. 变性土的腐殖质特性与暗色起源探讨［J］. 南京农业大学学报（12）：72－78.
机械设计手册编委会，2004. 机械设计手册［M］. 北京：机械工业出版社.
吉林省土壤肥料总站，1998. 吉林土壤［M］. 北京：中国农业出版社.
贾洪雷，2005. 东北垄蓄水保墒耕作技术及其配套的联合少耕机具研究［D］. 长春：吉林大学.
靳海洋，谢迎新，李梦达，等，2016. 连续周年耕作对砂姜黑土农田蓄水保墒及作物产量的影响［J］. 中国农业科学，49：3239-3250.
荆绍凌，王冰寒，李淑华，2013. 玉米秸秆还田以促进吉林省玉米生产可持续发展［J］. 农业与技术，8：3-5.
李宝筏，2018. 农业机械学［M］. 北京：中国农业出版社.
李春梅，高素华，2002. 我国北方干旱半干旱地区水资源演变规律及其供需状况评价［J］. 水土保持学报，16（2）：68-71.
李凤民，1999. 论我国半干旱地区农业生产力与生态系统可持续发展［J］. 资源科学，21（5）：25-30.
李福，李城德，岳云，2010. 我国北方旱地业生产潜力及发展对策［J］. 甘肃农业科技（7）：50-53.
李建东，郑慧莹，1995. 松嫩平原盐碱化草原改良治理的研究［J］. 东北师大学报自然科学版（1）：110-113.
李娟，李军，程科，等，2016. 渭北旱塬玉米田保护性轮耕土壤固碳效果与增产增收效应［J］. 农业工程学报，32（5）：104-111.
李取生，李晓军，刘长江，等，2003. 松嫩平原旱地碱化土壤改良与淋洗制度研究［J］. 水土保持学报，17（2）：145-148.
李取生，李秀军，李晓军，等，2003. 松嫩平原苏打盐碱地治理与利用［J］. 资源科学（1）：15-16.
李取生，裘善文，邓伟，1998. 松嫩平原土地次生盐碱化研究［J］. 地理科学，18（3）：268-272.
李生秀，2004. 中国旱地农业［M］. 北京：中国农业出版社.
李玮，乔玉强，陈欢，等，2014. 秸秆还田和施肥对砂姜黑土理化性质及小麦-玉米产量的影响［J］. 生态学报，34：5052-5061.
李霞，张东兴，王维新，等，2015. 受迫振动深松机性能参数优化与试验［J］. 农业工程学报，31（21）：17-24.
李晓龙，高聚林，胡树平，等，2015. 不同深耕方式对土壤三相比及玉米根系构型的影响［J］. 干旱地区农业研究，33（4）：1-7，29.
李新举，张志国，1999. 秸杆覆盖对盐渍土水分状况影响的模拟研究［J］. 土壤通报，30（4）：176-177.
李秀军，2002. 松嫩平原西部盐碱地特点及合理利用研究［J］. 农业现代化研究，23（5）：361-364.
李秀军，李取生，王志春，等，2002. 松嫩平原西部盐碱地特点及合理利用研究［J］. 农业现代化研究，23（5）：361-364.
林成谷，1983. 土壤学［M］. 北京：农业出版社.
林奇胜，刘红萍，张安录，2003. 论我国西北干旱地区水资源持续利用［J］. 地理与地理信息科学，19（3）：5.
林绍森，唐永金，2005. 几种作物产量预测模型及其特点分析［J］. 西南科技大学学报（自然科学版），20（3）：55-60.
刘丹，张霞，李军，等，2018. 渭北旱塬农田不同耕作模式对土壤性状、玉米产量和水分利用效率的影响［J］. 应用生态学报，29（2）：573-582.
刘东生，安芷生，袁宝印，1985. 中国的黄土与风尘堆积［J］. 第四纪研究，6（1）：113-127.
刘芬，同延安，王小英，等，2013. 陕西关中灌区冬小麦施肥指标研究［J］. 土壤学报，50（3）：556-563.
刘芬，王小英，赵业婷，等，2015. 渭北旱塬土壤养分时空变异与养分平衡研究［J］. 农业机械学报，46（2）：110-119.
刘慧屿，刘慧颖，娄春荣，等，2018. 不同秸秆还田模式对风沙土玉米生育特性及土壤活性碳、氮的影响［J］. 土壤通报，49（1）：133-139.
刘晚苟，山仑，2003. 不同土壤水分条件下容重对玉米生长的影响［J］. 应用生态学报，14（11）：1906-1910.
刘维，李祎君，何亮，等，2018. 基于SPI判定的东北春玉米生长季干旱对产量的影响［J］. 农业工程学报，34 (22)：121-127.

刘卫玲，程思贤，周金龙，等，2018. 深松（耕）时机与方式对土壤物理性状和玉米产量的影响 [J]. 河南农业科学，47：7-13.

刘武仁，郑金玉，罗洋，等，2013. 不同耕层构造对玉米生长发育及产量的影响 [J]. 吉林农业科学，38 (5)：1-3.

罗志成，1994. 北方旱地农业研究的进展与思考 [J]. 干旱地区农业研究，12 (1)：4-13.

吕殿青，邵明安，王全九，2000. 垄沟耕作条件下的土壤水分分布试验研究 [J]. 土壤学报，40 (1)：147-150.

马爱平，王娟玲，靖华，等，2009. 土壤耕作方式对小麦产量及水分利用的影响 [J]. 河南科技学院学报，37 (2)：1-4.

马超，周静，刘满强，等，2013. 秸秆促腐还田对土壤养分及活性有机碳的影响 [J]. 土壤学报，50：915-921.

马力，王福林，吴昌友，等，2010. 基于整数非线性规划的农机系统优化配备研究 [J]. 农机化研究，32 (8)：11-15.

毛红玲，李军，贾志宽，等，2010. 旱作麦田保护性耕作蓄水保墒和增产增收效应 [J]. 农业工程学报，26 (8)：44-51.

梅楠，刘琳，隋鹏祥，等，2017. 秸秆还田方式对土壤理化性质及玉米产量的影响 [J]. 玉米科学，25 (6)：87-94.

苗淑杰，乔云发，陆欣春，等，2018. 东北风沙土区不同玉米产量田块土壤剖面基础性质差异研究 [J]. 玉米科学，27 (4)：6.

聂影，2013. 土壤耕层构建技术及其机具研究 [J]. 农业科技与装备，230 (8)：34-35.

潘保原，宫伟光，张子峰，2006. 大庆苏打盐渍土壤的分类与评价 [J]. 东北林业大学学报 (2)：57-59.

潘迪，陈聪，2013. 基于整数线性规划的农机装备优化配置决策支持系统研究 [J]. 中国农机化学报，34 (2)：35-37，29.

潘世强，赵亚祥，金亮，等，2016. 2BFJ-6 型变量施肥机外槽轮式排肥器的设计与试验研究 [J]. 中国农机化学报，37 (1)：40-42.

潘文胜，付青枝，赵从容，2008. 洪汝河流域砂姜黑土区旱涝渍灾害成因与防治 [J]. 节水灌溉 (5)：25-26.

朴海淑，2016. 不同播期下土壤水分和容重对苗期玉米根际生物学特性的影响 [D]. 长春：吉林农业大学.

乔金友，张雪珍，衣佳忠，等，2017. 基于非线性规划农业机器系统优化模型及应用 [J]. 东北农业大学学报，48 (12)：80-88.

乔云发，苗淑杰，陆欣春，等，2018a. 不同土壤耕作方式对东北风沙土区玉米田土壤质量及产量的影响 [J]. 水土保持通报，38 (3)：19-23.

乔云发，苗淑杰，陆欣春，等，2018b. 耕作方式和有机肥对风沙土区玉米产量的影响 [J]. 安徽农业科学，46 (4)：124-127.

乔云发，钟鑫，苗淑杰，等，2019. 基于最小数据集的东北风沙土农田耕层土壤质量评价指标 [J]. 水土保持研究，26 (4)：132-138.

秦红灵，高旺盛，马月存，等，2008. 两年免耕后深松对土壤水分的影响 [J]. 中国农业科学，41 (1)：78-85.

裘善文，1997. 松嫩平原盐碱地与风沙地农业综合发展研究 [M]. 北京：科学出版社.

曲璐，司振江，黄彦，等，2008. 振动深松技术与生化制剂在苏打盐碱土改良中的应用 [J]. 农业工程学报，24 (5)：1-5.

盛连喜，马逊风，王志平，2002. 松嫩平原盐碱化土地的修复与调控研究［J］. 东北师大学报（3）：30－33.

石磊，王娟铃，许明祥，等，2016. 陕西省农田土壤紧实度空间变异及其影响因素［J］. 西北农业学报，25（5）：770－778.

石磊，许明祥，董丽茹，等，2016. 陕西省农田土壤物理障碍评价［J］. 干旱地区农业研究，34（3）：46－53.

石元亮，孙毅，许林书，等，2004. 东北沙土与生态建设［M］. 北京：科学出版社.

宋长春，2002. 松嫩平原土壤次生盐渍化过程模型研究［J］. 水土保持学报，16（5）：23－26.

宋振伟，郭金瑞，邓艾兴，等，2012. 耕作方式对东北春玉米农田土壤水热特征的影响［J］. 农业工程学报，28（16）：108－114.

苏思慧，王美佳，张文可，等，2018. 耕作方式与玉米秸秆条带还田对土壤水稳性团聚体和有机碳分布的影响［J］. 土壤通报，49（4）：841－847.

宿宁，2016. 精准农业变量施肥控制技术研究［D］. 北京：中国科学技术大学.

隋鹏祥，张文可，梅楠，等，2018. 不同秸秆还田方式对春玉米产量、水分利用和根系生长的影响［J］. 水土保持学报，32（4）：255－261.

隋鹏祥，张心昱，温学发，等，2016. 耕作方式和秸秆还田对棕壤土壤养分和酶活性的影响［J］. 生态学杂志，35（8）：2038－2045.

隋鹏祥，2016. 秸秆还田方式对土壤养分及酶活性的影响［D］. 沈阳：沈阳农业大学.

孙怀文，1993. 砂姜黑土的水分特性及其与土壤易旱的关系［J］. 土壤学报，30：423－431.

孙建，刘苗，李立军，等，2010. 不同耕作方式对内蒙古旱作农田土壤水热状况的影响［J］. 生态学报，30（6）：1539－1547.

田家治，裴泽莲，高占文，等，2015. 1LF－2型秸秆深埋翻耕犁的设计［J］. 农业科技与装备，247（1）：15－16.

田平，姜英，孙悦，等，2019. 不同还田方式对玉米秸秆腐解及土壤养分含量的影响［J］. 中国生态农业学报（中英文），27（1）：100－108.

王川，邵陆寿，施六林，等，2014. 秸秆深埋保护性耕作复合机具设计［J］. 中国农机化学报，35（1）：117－120.

王沣，王美佳，苏思慧，等，2018. 水分胁迫下秸秆还田对玉米产量和根系空间分布的影响［J］. 应用生态学报，29（11）：3643－3648.

王福林，戴有忠，1988. 农业机器系统配备的线性规划法的建模方法改进与分析［J］. 农机化研究（3）：5－9.

王鸿斌，赵兰坡，2005. 不同耕作制度对土壤渗透性和玉米生长的影响研究［J］. 水土保持学报，19（6）：197－200.

王会肖，1999. 华北平原水资源供需与作物水分利用效率指征分析［J］. 生态农业研究，7（3）：11－15.

王慧，王宜伦，王瑾，等，2008. 多因素交互作用下玉米秸秆腐解对土壤速效养分的影响［J］. 中国农学通报（12）：298－300.

王激清，李君，刘社平，2010. 冀西北地区农田土壤养分现状、变化与评价——以宣化县为例［J］. 干旱区资源与环境，24（8）：158－163.

王立春，马虹，郑金玉，2008. 东北春玉米耕地合理耕层构造研究［J］. 玉米科学，16（4）：13－17.

王美佳，王沣，苏思慧，等，2019. 秸秆还田对土壤水稳性团聚体及其碳分布的影响［J］. 干旱区研究，36（2）：331－338.

王孟雪，张玉先，2013. 耕作措施对黑龙江省风沙土区玉米生长发育及产量的影响［J］. 水土保持通报，33

(4)：59-63.

王密侠，李新，1994. 北方旱区地下水位调控与盐渍化防治 [J]. 地下水，16 (4)：172-174.

王淑兰，王浩，李娟，等，2016. 不同耕作方式下长期秸秆还田对旱作春玉米田土壤碳、氮、水含量及产量的影响 [J]. 应用生态学报，27 (5)：1530-1540.

王淑英，樊廷录，丁宁平，等，2018. 黄土旱塬黑垆土长期肥料试验土壤磷素和磷肥效率的演变特征 [J]. 中国生态农业学报，26 (7)：1038-1047.

王维，韩清芳，吕丽霞，等，2013. 不同耕作模式对旱地小麦旗叶光合特性及产量的影响 [J]. 干旱地区农业研究，31 (1)：20-26.

王雪艳，2005. 振动深松技术与关键部件研究 [D]. 北京：中国农业大学.

王宇，韩兴，赵兰坡，等，2006. 硫酸铝对苏打盐碱土的改良作用研究 [J]. 水土保持学报，20 (4)：50-53.

王玉玲，李军，2014. 利于小麦-玉米轮作田土壤理化性状和作物产量的耕作方式研究 [J]. 植物营养与肥料学报，20 (5)：1139-1150.

王志春，2004. 松嫩平原盐碱化土地治理与农业持续发展对策 [J]. 中国生态农业学报，12 (2)：161-163.

魏丹，孟凯，2017. 中国东北黑土 [M]. 北京：中国农业出版社.

魏欢欢，王仕稳，杨文稼，等，2017. 免耕及深松耕对黄土高原地区春玉米和冬小麦产量及水分利用效率影响的整合分析 [J]. 中国农业科学，50 (3)：461-473.

魏猛，张爱君，李洪民，等，2018. 基于长期施肥下潮土磷素演变及农学阈值的研究 [J]. 西南农业学报，31 (11)：2373-2377.

武兰芳，陈阜，欧阳竹，等，2002. 种植制度演变与研究进展 [J]. 耕作与栽培 (3)：1-5.

向春阳，马艳梅，田秀平，2005. 长期耕作施肥对白浆土磷组分及其有效性的影响 [J]. 作物学报，31 (1)：48-52.

谢迎新，靳海洋，孟庆阳，等，2015. 深耕改善砂姜黑土理化性状提高小麦产量 [J]. 农业工程学报，31 (10)：167-173.

新疆维吾尔自治区统计局，2017. 新疆统计年鉴 [M]. 北京：中国统计出版社.

信乃诠，侯向阳，张燕卿，2001. 我国北方旱地农业研究开发进展及对策 [J]. 中国生态农业学报，9 (4)：3.

熊毅，李庆逵，1987. 中国土壤 [M]. 北京：科学出版社.

徐峰，2003. 不同生态环境背景下近十年中国耕地动态变化分析 [D]. 北京：中国科学院.

徐宗保，2009. 振动式深松中耕作业机的设计与试验研究 [D]. 哈尔滨：东北农业大学.

严昶升，1988. 土壤肥力研究方法 [M]. 北京：农业出版社.

颜春起，林鹤，1982. 白浆土水分特征及其形成原因分析 [J]. 土壤肥料 (1)：21-25.

颜明，王彩侠，王随继，等，2013. 1958—2007年黄土高原沙尘暴和降雨的时空变化研究 [J]. 中国沙漠，33 (3)：850-856.

杨丹，2013. SPSS宝典 [M]. 北京：电子工业出版社.

杨封科，高世铭，2003. 旱地农业可持续发展研究的进展 [J]. 甘肃农业科技 (7)：18-22.

杨晓波，2014. 玉米机械化深松整地效益分析 [J]. 农机使用与维修 (1)：17-18.

杨艳，刘丹，张霞，等，2018. 渭北旱塬不同耕作措施对土壤养分分布及作物产量的影响 [J]. 干旱地区农业研究，36 (1)：171-178.

依艳丽，万晓晓，沈月，等，2012. 不同利用方式及不同开垦年限白浆土的肥力变化 [J]. 沈阳农业大学学报，43 (4)：449-455.

殷涛，何文清，严昌荣，等，2014. 地膜秸秆双覆盖对免耕种植玉米田土壤水热效应的影响 [J]. 农业工程学报，30（19）：78-87.
于寒，梁烜赫，张玉秋，等，2015. 不同秸秆还田方式对玉米根际土壤微生物及酶活性的影响［J］. 农业资源与环境学报，32（3）：305-311.
余海英，彭文英，马秀，等，2011. 免耕对北方旱作玉米土壤水分及物理性质的影响［J］. 应用生态学报，22（1）：99-104.
詹其厚，陈杰，2006. 砂姜黑土区开发地下水发展补充灌溉的方式特点及效果研究［J］. 农业现代化研究，27：393-396.
詹其厚，陈杰，周峰，等，2006. 淮北变性土性状特点对其生产性能的影响及农业利用对策［J］. 土壤通报，37：1041-1047.
战秀梅，彭靖，李秀龙，等，2014. 耕作及秸秆还田方式对春玉米产量及土壤理化性状的影响［J］. 华北农学报，29（3）：204-209.
张丹，罗格平，许文强，等，2008. 新疆耕地土壤养分时空变化［J］. 干旱区地理，31（2）：254-263.
张凤荣，2002. 土壤地理学［M］. 北京：中国农业出版社.
张华，2001. 土壤质量指标和评价方法［J］. 土壤（6）：326-333.
张俊民，1986. 砂姜黑土综合治理研究［M］. 合肥：安徽科学技术出版社.
张仁陟，黄高宝，蔡立群，等，2013. 几种保护性耕作措施在黄土高原旱作农田的实践［J］. 中国生态农业学报，21（1）：61-69.
张姗，石祖梁，杨四军，等，2015. 施氮和秸秆还田对晚播小麦养分平衡和产量的影响［J］. 应用生态学报，26（9）：2714-2720.
张淑光，1988. 黄土侵蚀地区黑垆土的形成、分布和利用［J］. 水土保持学报，2（3）：65-73.
张文可，安俊朋，隋鹏祥，等，2018. 行间耕作对玉米生长发育及根系分布的影响［J］. 玉米科学，26（3）：108-114.
张义丰，王又丰，刘录祥，等，2002. 中国北方旱地农业研究进展与思考［J］. 地理研究，21（3）：305-312.
张宇，王石立，王馥棠，2000. 气候变化对中国小麦发育及产量可能影响的模拟研究［J］. 应用气象学报，11（3）：264-270.
张之一，1987. 黑龙江省白浆土形成机理及改良途径［J］. 黑龙江省八一农垦大学学报（2）：13-23.
赵德林，洪福玉，1983. 三江平原主要土壤土体构造特点与治理途径的探讨［J］. 中国农业科学（1）：54-61.
赵德林，刘峰，贾会彬，等，1992. 三江平原低产土壤与改良［M］. 哈尔滨：黑龙江科学技术出版社.
赵德林，刘峰，贾会彬，等，1994. 心土混层耕改造白浆土效果研究［J］. 中国农业科学，27（4）：37-44.
赵哈林，赵学勇，张铜会，等，2002. 北方农牧交错带的地理界定及其生态问题［J］. 地球科学进展，17（5）：740-747.
赵平，乔春蓉，赵登文，2003. 农业机器系统选型配套研究［J］. 农机化研究（3）：96-96.
赵秀娟，任意，张淑香，2017. 长期试验条件下褐土地力贡献率的演变特征及其影响因素分析［J］. 中国土壤与肥料，6：67-72.
郑洪兵，郑金玉，罗洋，等，2015. 长期不同耕作方式下的土壤硬度变化特征［J］. 农业工程学报，31（9）：63-70.
郑昭佩，刘作新，2003. 土壤质量及其评价［J］. 应用生态学报，14（1）：131-134.
周健民，沈仁芳，2013. 土壤学大辞典［M］. 北京：科学技术出版社.
朱宝国，贾会彬，于忠和，等，2012. 心土不同间隔混拌对白浆土物理性状及大豆产量的影响［J］. 农学学报，2（12）：22-25.

朱宝国，张春峰，贾会彬，等，2014. 白浆土心土间隔改良对土壤理化性状及作物产量的影响［J］. 土壤通报，45（3）：704－710.

朱宝国，张春峰，贾会彬，等，2017. 秸秆心土混合犁改良白浆土效果［J］. 农业工程学报，33（15）：57－63.

朱宝国，张春峰，贾会彬，等，2018. 深翻结合心土与不同改土物料混合改良白浆土的效果［J］. 农业工程学报，34（14）：107－114.

朱宝国，朱凤莉，张春峰，等，2014. 不同土壤改良剂对白浆土养分变化及大豆产量的影响［J］. 中国农学通报，30（24）：251－254.

朱振宁，2001. 大庆农场农业机器系统优化设计研究［D］. 哈尔滨：东北农业大学.

宗玉统，2013. 砂姜黑土的物理障碍因子及其改良［D］. 杭州：浙江大学.

Baumhardt R L，Jones O R，Schwartz R C，2008. Long－term effects of profile－modifying deep plowing on soil properties and crop yield［J］. Soil Science Society of American Journal，72：677－682.

Chai H M，Zhang W W，Cai H J，2009. Study on the soil moisture stress level in regulated deficit irrigation experiment［J］. Agriculture Science & Technology，10（2）：154－156.

Colombi T，Torres L C，Walter A，et al，2018. Feedbacks between soil penetration resistance，root architecture and water uptake limit water accessibility and crop growth－A vicious circle［J］. Science of The Total Environment，626：1026－1035.

Camarena E A，Graci C，Cabreta Sixto J M，2004. A Mixed Integer Linear Programming Machinery Selection Model for Multifarm Systems［J］. Biosystems Engineering，87（2）：145－154.

Eilers K G，Debenport S，Anderson S，et al，2012. Digging deeper to find unique microbial communities the strong effect of depth on the structure of bacterial and archaeal communities in soil［J］. Soil Biology and Biochemistry，50：58－65.

Frey S，Elliott E，Paustian K，1999. Bacterial and fungal abundance and biomass in conventional and no－tillage agroecosystems along two climatic gradients［J］. Soil Biology and Biochemistry，31：573－585.

Gao W，Hodgkinson L，Jin K，2016. Deep roots and soil structure［J］. Plant Cell and Environment，39：1662－1668.

Gu F，Ren T，Li B，et al，2017. Accounting for Calcareous Concretions in Calcic Vertisols Improves the Accuracy of Soil Hydraulic Property Estimations［J］. Soil Science Society of America Journal，81：1296.

Guo S L，Wu J S，Dang T H，et al，2010. Impacts of fertilizer practices on environmental risk of nitrate in semiarid farmlands in the Loess Plateau of China［J］. Plant Soil（330）：1－13.

Hansel C M，Fendorf S，Jardine P M，et al，2008. Changes in bacterial and archaeal community structure and functional diversity along a geochemically variable soil profile［J］. Applied and Environmental Microbiology，74：1620－1633.

Hojatollah L，Deng A，Nawaz M M，et al，2018. Integrative impacts of rotational tillage on wheat yield and dry matter accumulation under corn－wheat cropping system［J］. Soil & Tillage Research（184）：100－108.

Kautz T，Amelung W，Ewert F，et al，2013. Nutrient acquisition from arable subsoils in temperate climates a review［J］. Soil Biology and Biochemistry，57：1003－1022.

Kirkegaard J A，Lilley J M，Howe G N，2007. Impact of subsoil water use on wheat yield［J］. Australia Journal of Agriculture Research，58：303－315.

Lal R，Shukla M K，2004. Principles of Soil Physics［M］. New York：Marcel Dekker Inc.

Lu X J，Li Z Z，Bu Q G，et al，2014. Effect of rainfall harvesting and mulching on corn yield and water use in the corn belt of northeast China［J］. Agronomy Journal，106：2175－2184.

Luo J，Liang H，Yan L，et al，2013. Microbial community structures in a closed raw water distribution system biofilm as revealed by 454 - pyrosequencing analysis and the effect of microbial biofilm communities on raw water quality [J]. BioresourceTechnology，148：189 - 195.

Hamzaa M A，Anderson W K，2005. Soil compaction in cropping systems A review of the nature，causes and possible solutions [J]. Soil & Tillage Research，82：121 - 145.

Martino D L，Shaykewich C F，1994. Root penetration profiles of wheat and barley as affected by soil penetration resistance in field conditions [J]. Canadian Journal of Soil Science，74：193 - 200.

Mei N，Yang B，Tian P，et al，2019. Using a modified soil quality index to evaluate densely tilled soils with different yields in Northeast China [J]. Environmental Science and Pollution Research，26：13867 - 13877.

Passioura J B，2002. Soil conditons and plant growth [J]. Plant Cell and Environment，25：311 - 318.

Fountas S，Sorensen C G，2015. Farm machinery management information system [J]. Computers and Electronics in Agriculture (110)：131 - 139.

Shierlaw J，Alston A M，1984. Effect of soil compaction on root growth and uptake of phosphorus [J]. Plant and Soil，77：15 - 28.

Will C，Thürmer A，Wollherr A，et al，2010. Horizon - specific bacterial community composition of German grassland soils，as revealed by pyrosequencing - based analysis of 16S rRNAgenes [J]. Applied and Environmental Microbiology，76：6751 - 6759.

Yoder R E，1936. A direct method of aggregate analysis of soils and a study of the physical nature of erosion loess [J]. Journal of the American Society of Agronony，28：337 - 351.

You D B，Tian P，Sui P，et al，2017. Short - term eects of tillage and residue on spring maize yield through regulating root - shoot ratio in Northeast China [J]. Scientific Reports，7：13314.

Shao Y H，Xie Y X，Wang C Y，et al，2016. Effects of different soil conservation tillage approaches on soil nutrients，water use and wheat - maize yield in rainfed dry - land regions of North China [J]. European Journal of Agronomy，82：121 - 145.

Zhang Y J，Wang S L，Wang H，et al，2018. The eects of rotating conservation tillage with conventional tillage on soil properties and grain yields in winter wheat - spring maize rotations [J]. Agricultural and Forest Meteorology，263：107 - 117.

Zheng C Y，Jiang Y，Chen C，et al，2014. The impacts of conservation agriculture on crop yield in China depend on specific practices，crops and cropping regions [J]. The Crop Journal (2)：289 - 296.

Zhou M H，Buterbach - bahl K，2014. Assessment of nitrate leaching loss on a yield - scaled basis from maize and wheat cropping systems [J]. Plant Soil (374)：977 - 991.

图书在版编目（CIP）数据

旱地合理耕层构建理论与实践 / 齐华主编 . —北京：中国农业出版社，2024. 10

ISBN 978 - 7 - 109 - 26369 - 7

Ⅰ. ①旱…　Ⅱ. ①齐…　Ⅲ. ①旱地一耕作方法一研究　Ⅳ. ①S343. 1

中国版本图书馆 CIP 数据核字（2019）第 294934 号

旱地合理耕层构建理论与实践

HANDI HELI GENGCENG GOUJIAN LILUN YU SHIJIAN

中国农业出版社出版

地址：北京市朝阳区麦子店街 18 号楼

邮编：100125

责任编辑：廖　宁　冯英华

版式设计：王　晨　　责任校对：吴丽婷

印刷：北京通州皇家印刷厂

版次：2024 年 10 月第 1 版

印次：2024 年 10 月北京第 1 次印刷

发行：新华书店北京发行所

开本：787mm×1092mm　1/16

印张：33. 75

字数：825 千字

定价：298. 00 元